普通高等教育农业农村部"十三五"规划教材
全国高等农林院校"十三五"规划教材

园艺学进展

YUANYIXUE JINZHAN

陈昆松　徐昌杰　主编

中国农业出版社
北京

内容简介 NEIRONG JIANJIE

本书以果树、蔬菜、西瓜甜瓜、花卉等园艺植物为主要对象，从种质资源评价与品种创新、生长发育与调控、采后生物学与营养健康 3 个角度，介绍现代园艺科学研究前沿主题与产业相关技术发展趋势。全书设上、中、下 3 篇，共 20 章，既重点介绍前沿研究进展，又密切联系产业，是一部既具现代科学理论贡献又有产业应用指导价值的著作。

本书可供各高等院校作为高年级本科生和研究生教材使用，也可为广大园艺工作者提供参考。

编 写 人 员

园艺学进展

主编 陈昆松　徐昌杰

编者（按姓氏拼音为序）

包满珠	华中农业大学	曹锦萍	浙江大学
陈发棣	南京农业大学	陈建业	华南农业大学
陈昆松	浙江大学	冯辉	沈阳农业大学
高俊平	中国农业大学	韩振海	中国农业大学
郝玉金	山东农业大学	何桥	西南大学
何燕红	华中农业大学	洪波	中国农业大学
侯喜林	南京农业大学	胡大刚	山东农业大学
黄胜楠	沈阳农业大学	蒋甲福	南京农业大学
邝健飞	华南农业大学	李好	西北农林科技大学
李鲜	浙江大学	李明军	西北农林科技大学
李绍佳	浙江大学	梁国鲁	西南大学
林琼	中国农业科学院农产品加工研究所	林顺权	华南农业大学
刘同坤	南京农业大学	刘志勇	沈阳农业大学
陆旺金	华南农业大学	路来风	天津科技大学
马超	中国农业大学	马男	中国农业大学
马锋旺	西北农林科技大学	孙崇德	浙江大学
滕年军	南京农业大学	王鹏	南京农业大学
王忆	中国农业大学	吴婷	中国农业大学
吴巨友	南京农业大学	夏晓剑	浙江大学
向素琼	西南大学	徐昌杰	浙江大学
徐强	华中农业大学	殷学仁	浙江大学
喻景权	浙江大学	张波	浙江大学
张显	西北农林科技大学	张常青	中国农业大学
张绍铃	南京农业大学	郑晓冬	浙江大学

前　言

　　我国园艺产业发展已达到了前所未有的规模与地位。园艺植物栽培面积和产量均居世界首位，占我国种植业总产值的 50％ 以上。在产量稳定持续增长的同时，园艺产品的种类不断丰富、品质不断提升、供应时限和范围大幅度扩大，为满足人们对园艺产品多样化、高品质、高营养的需求做出了贡献。

　　园艺科学与基础生物学、食品、医学和工程等学科日益紧密地结合，成为解决产业问题的新路径，学科交叉融合创新已成为园艺学新时代的新特征。尤其是分子标记、基因组学、转录调控等现代生物学研究手段在园艺植物研究中得到普遍应用，为园艺植物产量、品质及抗性等性状形成提供了崭新的解析，并由此延伸发展出一系列适用的新技术，推动了园艺产业的发展。

　　早在 1994 年，为交流园艺科学与应用研究的进展和成就，浙江农业大学在杭州举办了中国园艺学会首届青年学术讨论会，为园艺学青年学者定期集聚交流搭建了一个新平台，并持续了 8 届，每次会议均编辑出版了《园艺学进展》论文集。多年来，为及时介绍园艺科学新进展和新成就，各高等院校和科研院所为园艺学专业高年级本科生和研究生开设了园艺科学进展等课程，但目前尚无相应的教材。

　　21 世纪以来，生物技术发展迅速，并在园艺学领域得到广泛应用。为全面介绍园艺学研究与产业应用前沿的最新进展，我们组织了来自全国各地 11 所高校或科研院所的 48 位一线园艺科技工作者，结合编者多年研究实践，编写了这本全新的教材，也作为延续《园艺学进展》论文集的一种新形式。

　　本书编者中既有园艺学一级或二级分支学科的学术带头人，也不乏国家杰出青年科学基金获得者、国家优秀青年科学基金获得者等人才。48 位编者的研究不但覆盖了果树、蔬菜、西瓜甜瓜、花卉 4 个园艺作物大类，也覆盖了我国华北、华东、华南、华中、东北、西南和西北各主要区域。本教材的编写，为园艺学教学发展提供了必要的知识基础，并为园艺产业技术研发提供了科技支撑。

　　全书共分为 3 篇，包含 20 章。上篇园艺植物种质资源评价与品种创新，包括 8 章。第 1 章园艺植物基因组学与生物技术，介绍园艺植物基因组学以及分子标记和生物技术等研究与应用的进展，由徐强编写。第 2 章果树种质资源，介绍果树起源演化、种质资源鉴定与创新利用上取得的进展，由林顺权编写。第3章蔬菜种质资源，介绍蔬菜种质资源保存方法、繁殖和更新途径、评价利用研究的进展，由侯喜林和刘同坤编写。第4章花卉种质资源，介绍花卉种质资源保存、评价和利用概况以及菊花等10种重要花卉种质资源研究现状，由陈发棣、蒋甲福和滕年军编写。第5章西瓜甜瓜资源与育种，介绍西瓜和甜瓜种质资源收集和优异种质挖掘、基因组学与生物技术及品种选育进展，由张显和李好编写。第6章果树育种，介绍传统育种、倍性育种、体细胞杂交育种、分子辅助育种、基因工程育种等在内的果树育种主要技术以及果树新品种保护现状，由梁国鲁、向素琼和何桥编写。第7章蔬菜育种，介绍蔬菜雄性不育育种、单倍体育种、分子标记辅助育种等主要育种技术研究进展以及大白菜、甘蓝、辣椒、番茄和黄瓜育种研究现状，由冯辉、刘志勇和黄胜楠编写。第8章花卉育种，介绍杂交育种、倍性育种以及转基因技术在一二年生花卉、兰科花卉、菊花和百合等重要花卉上的研究进展，由包满珠和何燕红编写。

中篇园艺植物生长发育与调控，包括6章。第9章果树营养研究现状及前景，介绍果树对养分的吸收、利用、分配和再利用特点以及矿质营养与产量、品质及采后生理等方面的关系，由韩振海、王忆和吴婷编写。第10章园艺作物生殖生物学，介绍园艺作物生殖过程中成花调控、雄性不育、自交不亲和、坐果及单性结实等方面的主要研究进展，由吴巨友、张绍铃和王鹏编写。第11章设施环境对园艺作物生长发育的调控，介绍设施特殊环境下的光照、温度、CO_2浓度和土壤环境变化对园艺作物生长发育的调控及其生物学机制，由夏晓剑和喻景权编写。第12章果实糖酸代谢及其调控，介绍果实糖酸组成、代谢途径及其关键酶和基因、糖酸积累特点、影响因素和调控措施及机制，由李绍佳、陈昆松和林琼编写。第13章园艺植物色素和香气物质代谢及其调控，介绍色素以及香气物质的组成、代谢途径、积累特点、影响因素和调控措施及其内在机制，由郝玉金、胡大刚、徐昌杰和张波编写。第14章园艺植物对非生物逆境的响应，阐述不同逆境对园艺植物生长发育、生理代谢的影响与伤害的分子生理机制以及抗逆途径，由李明军和马锋旺编写。

下篇园艺产品采后生物学与营养健康，包括6章。第15章果蔬成熟衰老生物学及调控，介绍基于乙烯、细胞膜、细胞壁的果实成熟衰老生物学及调控的最新研究进展，由殷学仁和陈昆松编写。第16章鲜切花采后生物学，介绍鲜切花采后花朵的开放衰老生理、失水胁迫生理以及花器官脱落生理等方面的研究进展，由马男、张常青、马超、洪波和高俊平编写。第17章园艺产品冷害发生及其调控机制，从生物膜、氧化胁迫以及能量代谢和转录及转录后调控等角度介绍园艺产品冷害发生及其调控的生理生化和分子机制，由陆旺金、陈建业和邝健飞编写。第18章园艺产品采后病害与控制，介绍我国园艺产品采后病害类型及其危害，侵染性致病真菌毒素及其限量标准以及基于物理、化学和生物的采后病害控制技术，由路来风和郑晓冬编写。第19章园艺产品贮藏与物流，围绕采收、预冷、商品化处理、冷链运输、物流信息化、物流装备、供应链模式等各环节关键问题，介绍园艺产品贮藏物流相关技术、工艺、设备等方面的进展，由孙崇德、曹锦萍、陈昆松和林琼编写。第 20 章果蔬产品营养与人类健康，介绍果蔬生物活性物质种类、分布和生物活性及作用机制等营养保健相关研究进展，由李鲜、孙崇德和陈昆松编写。

本书力求全面覆盖果树、蔬菜、西瓜甜瓜和花卉等园艺学各分支学科，从资源与育种、发育和品质形成与环境响应、采后生物学和物流与营养健康等方面对园艺科学研究的最新进展进行阐述，是一本以园艺学进展为主题的新教材。期望本书出版可为园艺专业师生和园艺科技人员提供参考。

编　者

2020 年 12 月

目 录

中篇　园艺植物生长发育与调控

下篇　园艺产品采后生物学与营养健康

15 果蔬成熟衰老生物学及调控 …………………………………………………… 243

图 目 录

表 目 录

上 篇
园艺植物种质资源评价与品种创新

园艺植物基因组学与生物技术

【本章提要】 生物技术应用于园艺植物遗传改良已逐步显示出其优越性，特别是在抗病虫、非生物逆境、花色和营养品质等多种性状改良方面体现出巨大的潜力，并已在多种园艺植物性状改良的分子育种上取得了成功。本章主要介绍园艺植物基因组学以及基于基因组信息在认知园艺植物生物学性状表现的生物学基础方面取得的研究进展，并从细胞工程、分子标记和转基因等方面对园艺植物遗传改良的研究进展进行了回顾，最后对基因组学和生物技术研究与应用进行了展望。

1.1 园艺植物基因组学

园艺植物基因组大小变异范围大，已完成基因组测序的物种中以基因组小于 1 Gb 的居多。截至 2017 年，已有 20 余种园艺植物的基因组被发表（图 1-1，表 1-1）。2007 年完成的葡萄全基因组测序，是园艺植物的首次报道，也是继拟南芥、水稻和毛果杨之后完成测序的第 4 例显花植物（Jaillon et al.，2007）。利用类似的测序策略，转基因番木瓜的基因组测序在 2008 年也取得了成功（Ming et al.，2008）。这两例基因组测序采用的是传统的桑格（Sanger）测序法，是一种非常精确，但成本很高且需要漫长时间的测序方法。二代测序技术（如 Illumina，SOLID，454）的出现和基于短读段（short-read）的基因组组装软件的成功研发，大大地推动了基因组测序的步伐。最明显的优势在于二代测序技术的成本显著降低，完成一个物种的基因组测序的成本

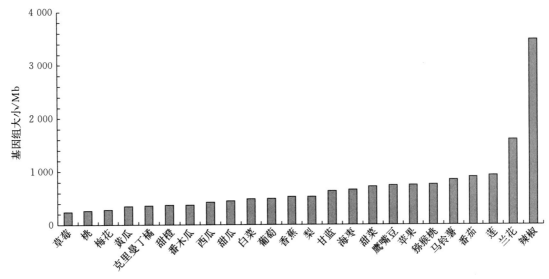

图 1-1　部分已完成测序的园艺植物基因组大小（截至 2017 年）

可以低到由一个研究小组承担，而之前基于一代技术（Sanger 测序法）的基因组测序和组装成本高昂、工作量大，一般是通过多个国家参与国际合作计划完成。黄瓜是第一个采用 Illumina 二代测序技术完成基因组测序并获得成功的植物（Huang et al.，2009）。甜橙、白菜、西瓜、梅花、猕猴桃和兰花均采用二代测序的策略，并结合不同大小插入片段文库（0.18～20 kb）的双末端测序技术（pair-end sequencing），成功完成了基因组组装（Xu et al.，2013；Wang et al.，2011；Guo et al.，2013；Zhang et al.，2012；Huang et al.，2013；Cai et al.，2015）。番茄、马铃薯和甘蓝则综合利用了两种平台，结合一代和二代测序数据完成了基因组组装（The Tomato Genome Consortium，2012；Potato Genome Sequencing Consortium，2011；Liu et al.，2014a）。梨和枣基因组采用了 BAC-by-BAC 结合二代测序的策略，从而克服了高度杂合遗传背景的影响（Wu et al.，2013；Liu et al.，2014b）。Wang 等（2017）利用三代测序技术完成了柚（*Citrus grandis*）基因组的组装，获得序列（contig N50 为 2.2 Mb）的完整性较已经完成的甜橙和克里曼丁橘序列（contig N50 分别为 50 kb 和 119 kb）有明显提升。

表 1-1　部分已经发表基因组的园艺植物（截至 2017 年）

中文名	拉丁文	英文名	参考文献
猕猴桃	*Actinidia chinensis*	kiwifruit	Huang et al.，2013
甜菜	*Beta vulgaris*	sugar beet	Dohm et al.，2014
甘蓝	*Brassica oleracea*	cabbage	Liu et al.，2014a
白菜	*Brassica rapa*	Chinese cabbage	Wang et al.，2011
辣椒	*Capsicum annuum*	hot pepper	Kim et al.，2014
番木瓜	*Carica papaya*	papaya	Ming et al.，2008
鹰嘴豆	*Cicer arietinum*	chickpea	Varshney et al.，2013
西瓜	*Citrullus lanatus*	watermelon	Guo et al.，2013
克里曼丁橘	*Citrus clementina*	clementine	Wu et al.，2014
柚	*Citrus grandis*	pummelo	Wang et al.，2017
甜橙	*Citrus sinensis*	sweet orange	Xu et al.，2013
甜瓜	*Cucumis melo*	melon	Garcia-Mas et al.，2012
黄瓜	*Cucumis sativus*	cucumber	Huang et al.，2009
草莓	*Fragaria vesca*	strawberry	Shulaev et al.，2010
苹果	*Malus domestica*	apple	Velasco et al.，2010
香蕉	*Musa acuminata*	banana	D'Hont et al.，2012
莲	*Nelumbo nucifera*	lotus	Ming et al.，2013
小兰屿蝴蝶兰	*Phalaenopsis equestris*	orchid	Cai et al.，2015
海枣	*Phoenix dactylifera*	date palm	Al-Dous et al.，2011
梅	*Prunus mume*	plum	Zhang et al.，2012
桃	*Prunus persica*	peach	IPGI et al.，2013
梨	*Pyrus bretschneideri*	pear	Wu et al.，2013
番茄	*Solanum lycopersicum*	tomato	TGC et al.，2012
马铃薯	*Solanum tuberosum*	potato	PGSC et al.，2011
葡萄	*Vitis vinifera*	grapevine	Jaillon et al.，2007
枣	*Zizyphus jujuba*	jujube	Liu et al.，2014b

进化问题是基因组研究的热点问题之一。葡萄基因组分析提出核心双子叶植物都经历了一个古老的六倍体化（hexaploidization）事件。葡萄是古老的物种之一，通过对其基因组内的比较，发现大量高度同源区段在基因组的 3 个不同位点出现，暗示着这些区段来源于一个祖先物种，可能存在一个基因组三倍化（genome triplication），使祖先二倍体进化成六倍体。Jaillon 等（2007）将葡萄基因组与拟南芥、水稻和毛果杨比较，结果表明该六倍体化发生的时间在单子叶植物与双子叶植物分化之后，后续的多个研究也都支持了这个假说，这个模型（命名为 γ 复制）也被基因组进化研究广泛接受。在这个模型下，葡萄单倍体基数是 19 条染色体，最接近于古老六倍体的 21 条染色体基数，因此葡萄基因组也经常被用作基因组进化研究的参照。番茄的基因组分析表明，其基因组不仅存在古老的 γ 复制事件，在 6 500 万年前还发生了一次茄科特异的基因组三倍化事件，并以果实成熟相关的转录因子功能为例阐释了复制后的基因获得了新功能（gene neofunctionalization）（The Tomato Genome Consortium，2012）。在苹果中，还发现一个苹果亚科（Maloideae）特异的基因组复制事件，之后多条染色体之间发生了融合、重组、易位以及丢失等事件，才形成了现代苹果（Velasco et al.，2010）。综合以上各个物种基因组的数据及其分析可知，基因组复制是植物物种进化的重要机制，但基因组复制后并不是简单的"拷贝-粘贴-保留"，而是存在着广泛的重组和丢失，保留下来的基因进化产生了新的功能，体现出生物能量节俭的"留下即有用"原则。基因组序列是阐释物种起源的重要基础数据，在甜橙（*Citrus sinensis*）起源分析中，利用甜橙、橘（*C. reticulata*）和柚（*C. grandis*）的全基因组数据，推测橘和柚对甜橙起源的贡献基本上符合 3∶1 的关系；进一步选择了各 3 种类型橘、柚和橙进行基因组重测序分析，利用全基因组序列信息进一步证实橘和柚的贡献比例符合 3∶1 的关系，结合叶绿体基因组信息，推测甜橙起源模型为甜橙＝（柚×橘）×橘（Xu et al.，2013）。近期扩大到橘野生材料、柚古老品种等 100 多个柑橘材料群体遗传学分析，利用多种生物信息软件及群体遗传学工具，发现甜橙确实符合（柚×橘）×橘的框架模型，但应该更新为甜橙＝（柚×橘 A）×橘 B。其中橘 A 和橘 B 不同，而且橘 B 相对比较现代，含有一定比例的柚（5％左右）遗传渗透。因此，甜橙基因组中大部分是橘柚杂合区域，也具有一定比例的橘纯合区域以及微量的柚纯合区域（3％左右）。

基因组研究也可以为特异生物学问题提供分子依据。总结已发表的基因组论文，生物学问题主要有三大类：

最大的一类是园艺植物的次生代谢调控。如黄瓜苦味物质是由葫芦素（cucurbitacin）决定的，并发现 *BI* 基因参与葫芦素的合成调控（Huang et al.，2009；Shang et al.，2014）。对葡萄酒品质相关代谢分析发现，萜类合成酶（terpene synthase，TPS）在葡萄基因组扩增 2 倍，其中单萜合成酶基因数量显著增加，占萜类合成酶基因总数 40％以上，表明单萜类物质在香气形成中有重要作用（Jaillon et al.，2007）。

第二类是与园艺产品风味品质相关的生物学性状解析。如甜橙果实富含维生素 C，通过对 4 条维生素 C 调控途径的基因表达与基因组进行比较分析，发现半乳糖醛酸酯途径是甜橙果实内大量合成维生素 C 的关键途径，半乳糖醛酸还原酶基因（*GalUR*）在此途径中扮演着关键因子的角色，该基因家族的扩增、快速进化、功能分化以及组织特异表达等可能与甜橙果实大量合成维生素 C 有关（Xu et al.，2013）。对枣树基因组研究发现，枣果同时具有柑橘和猕猴桃两种积累维生素 C 的分子机制，即一方面合成维生素 C 的 L-半乳糖途径大幅度增强（类似柑橘），另一方面维生素 C 再生途径中的关键基因——单脱氢抗坏血酸还原酶家族基因出现极显著扩张（类似猕猴桃）（Liu et al.，2014b）。Guo 等（2013）对西瓜基因组进行分析，从 62 个糖代谢酶基因及 76 个糖转运基因中筛选获得了 14 个可能的关键基因，并对西瓜果实积累糖的代谢和转运提出了一个模型。

第三类是发育相关的性状。如梅的早花现象，在低温（－3 ℃左右）休眠状态下有提早开花的调控机制。研究人员还探索了与梅花期相关，造成其能够在低温下打破休眠并开花的分子机制。研究共鉴定出 6 个 *DAM* 基因（与休眠相关的 MADS-box 转录因子）在梅的基因组中串联重复分布，并在 *DAM* 基因的上游找到 6 个 CBF 蛋白的结合位点；此外，推测 *DAM* 基因和过多的 CBF（胞嘧啶重复/脱水响应元件结合因子）结合位点是梅提早解除休眠的关键因子，这使得梅对低温非常敏感，从而导致梅在早春开花（Zhang et al.，2012）。在梨的基因组研究中发现，6 个 *S-haplotype specific F-box*（SFB）基因表现出串联重复，而且这些序列位于高度重复序列区，在一定程度上抑制了 S 位点的重组，这些基因组机制有可能与其自交不亲和性相关（Wu et al.，2013）。在马铃薯的研究中，利用转录组对参与块茎形成的基因进行大规模筛选，发现淀粉合成酶相关基因的表达在块茎形成中有 3～8 倍的提升，这些储存基因和编码淀粉合成基因是与块茎形成相关的调节因子（Potato Genome Sequencing Consortium，2011）。在番木瓜和椰枣的研究中特别关注了植物性别分化问题，通过基因组测序寻找到了性别连锁的染色体或基因组区域（Ming et al.，2008；Al-Dous et al.，2011），研究结果不仅对于理解植物性别分化有重要的理论价值，在生产实践中对于控制产量也有较大的利用潜力，因为大部分园艺植物雌性单株与雄性单株相比，表现出产量高以及整体农艺性状好的特点。柑橘进化过程中在生殖上表现出了另一种现象——无融合生殖，以柑橘原始种、野生种和栽培种的基因组为基础，Wang 等（2017）采用比较基因组、遗传学和基因表达分析方法解析了柑橘无融合生殖的分子基础，设计了"基因组＋群体"及"目的区域精细关联"的策略，锁定了控制柑橘多胚的关键基因 *CitRWP*。

1.2 生物技术在园艺植物中的应用

1.2.1 细胞工程及其应用

细胞工程是指在细胞水平进行大规模的细胞和组织培养，在园艺植物中一般是指通过无菌操作分离植物的器官、组织或原生质体，并利用合适的培养基通过严格控制外界光照和温度等环境条件，使其离体生长成幼苗的技术。

利用器官或组织进行离体培养在园艺植物中取得了广泛的成功，这与大部分园艺植物可以通过无性繁殖以及生产中对脱毒组培苗的大量需求等特点是紧密相关的。目前用于离体培养的器官和组织主要有茎尖、茎段、叶片、胚胎、胚乳和花药或花粉等。通过茎尖培养再生植株繁殖速度快、周期短，理论上一个茎尖在试管中一年内可以繁殖上百万个小苗；茎尖培养还能达到脱毒效果，可以快速繁殖无病毒苗木并较好地保持受体植物遗传稳定性，如在柑橘上，主要通过组织培养和嫁接相结合的茎尖微芽嫁接技术获得无病毒苗木，目前已广泛用于柑橘病毒病的脱除和我国柑橘无病毒良种繁育。

胚胎培养是指分离出植物的胚并进行离体培养成植株的技术。胚培养在园艺植物中的应用广泛，包括远源杂交育种、无核育种、多倍体育种、早熟育种、无融合生殖中的合子胚抢救以及其他胚败育的抢救等方面，并在葡萄、柑橘、苹果、桃、李、樱桃、草莓、杨梅、柿、枣、核桃、杏、石榴、橄榄、椰子、黄瓜、甘蓝、百合、菊花、梅、兰花、石斛、牡丹和八仙花等大量的园艺植物中取得了广泛的应用。

花药/小孢子培养是获得单倍体（haploid）或双单倍体（doubled-haploid，DH）的重要途径。在蔬菜作物中，小孢子（从花药中游离出来的天然分散的单倍体细胞）培养可以诱导胚胎发生和植株再生，直接产生纯合二倍体株系，从而大大简化自交纯合的过程，缩短了育种时间，加速新品种选育。小孢子培养在辣椒、番茄、萝卜、白菜、苦瓜、胡萝卜以及葫芦科等蔬菜作物取得了成功（董飞等，2011）。在果树作物上，花药培养取得成功的例子有限，这可能与大部分果树具有高度杂合的遗传背景有关。在长期生态适应和进化过程中，果树基因组大部分位点处于杂合状态，一旦通过花药培养将杂合背景纯化，往往导致植株死亡或是难以存活。由于花药/小孢子培养获得了单倍体和纯合二倍体，有利于排除基因组组装过程中杂合性带来的问题，对于果树、林木等杂合基因组测序具有重要价值。华中农业大学通过花药培养并结合分子标记鉴定，获得了甜橙纯合二倍体愈伤组织，为柑橘基因组测序等研究提供了珍贵的试材（Cao et al.，2011）。

在单细胞水平进行的离体培养主要是原生质体培养。原生质体由于其单细胞特性，不会出现嵌合现象而成为离体筛选、人工诱变、遗传转化、生理生化和细胞融合等研究的理想材料。原生质体培养在柑橘、苹果等果树上的应用在较早时期取得了成功，梨、枇杷、猕猴桃、桃、李、杏等利用原生质体培养也获得了再生植株（李学营等，2010）。在我国，邓秀新等（1988）获得第1例柑橘原生质体再生植株，此后又获得了近10例柑橘不同品种的原生质体再生植株。在蔬菜作物原生质体培养上也有广泛的研究和应用，至少获得了茄科、豆科、十字花科、葫芦科、伞形科、菊科和旋花科中的30多种作物的原生质体再生植株（张金鹏等，2015）。原生质体培养可以用来创制材料，如通过柑橘原生质体培养结合离体逆境筛选，获得了多例突变体资源；Gentile等（1992）在Femminello柠檬原生质体培养基中加入毒素，经培养得到了抗干枯病的突变体植株。近些年来，利用原生质体还可以开展基因功能和基因转化研究，包括基因瞬时表达、基因互作实验以及基因导入获得转基因植物等。

体细胞杂交是基于原生质体平台的细胞操作技术，又称为原生质体融合、细胞融合、超性杂交或超性融合，是指不同基因型的原生质体不经过有性杂交，在一定条件下融合再生杂种的过程。体细胞杂交在一定程度上可以克服杂交育种中的雌雄不亲和、性器官败育的障碍以及无性胚的干扰，实现胞质遗传重组，创造新的遗传资源和转移有益的农艺性状，在新材料创制和育种上有重要利用价值。体细胞杂交一般包括4个主要步骤，即双亲原生质体的制备、原生质体的融合、杂种细胞的筛选、体细胞杂种植株的再生和鉴定。原生质体融合采用的方式主要有：对称融合（symmetric fusion），指双亲原生质体对杂种的贡献率均为50%；非对称融合（asymmetric fusion），指对亲本之一原生质体进行物理或化学的钝化处理，另一原生质体不处理；配子体-体细胞融合（gameto - somatic fusion），指将花粉等配子体原生质体与体细胞原生质体融合；亚原生质体-原生质体融合（subprotoplast - protoplast fusion），指将小原生质体、胞质体和微小原生质体与体细胞原生质体融合等。在园艺植物中，体细胞杂交技术在无性繁殖、性器官败育或是有无融合生殖的物种中有较好的应用，常规育种手段难以对其进行遗传改良，而体细胞杂交技术是一种很好的替代手段。在马铃薯上，通过体细胞杂交将栽培种与野生种的原生质体进行融合，获得了具有抗性的体细胞杂种，21世纪初已有多例获得抗青枯病马铃薯体细胞杂种的报道。2013年Tarwacka等将具有晚疫病抗性的四倍体马铃薯野生种（*Solanum villosum*）和对晚疫病敏感的二倍体马铃薯（*S. tuberosum*）融合，产生的体细胞杂种对晚疫病具有高度抗性。在柑橘上，全世界通过细胞融合技术已获得近300例不同种间、属间的体细胞杂种植株，很多已开花、结果。从开花时期看，柑橘体细胞杂种比相应二倍体亲本和同源四倍体开花要晚；柑橘体细胞杂种果实大小一般介于双亲之间，果皮比双亲都要厚，果实一般含有种子，种子多胚，但也有例外（邓秀新等，2013）。近些年来，利用体细胞融合技术针对多籽优良品种HB柚进行无核改良取得了成功（Xiao et al.，2014）。

1.2.2　分子标记及其应用

分子标记是一种DNA标记，在园艺植物中应用的分子标记主要有限制性片段长度多态性

（restriction fragment length polymorphism，RFLP）、简单序列重复（simple sequence repeat，SSR）、扩增片段长度多态性（amplified fragment length polymorphism，AFLP）、随机扩增多态性 DNA（random amplification polymorphic DNA，RAPD）和单核苷酸多态性（single nucleotide polymorphism，SNP）标记等类型。在这些标记中，RFLP 标记是基于分子杂交的技术，得到的分子标记数据简单、明晰、可靠，在基因定位、基因拷贝数和数量性状位点（quantitative trait locus，QTL）分析中有广泛应用，但该技术的缺点是比较费时费力、所需要的 DNA 量大。SSR 标记主要是根据基因组中的简单重复序列（重复单元一般是 1～6 个碱基）的长短不同而开发的基于 PCR 的标记，该标记具有等位多态性、高效快速、专一敏感等特点，在遗传鉴定、QTL 定位、群体分析等方面有广泛的应用。RAPD 标记的实验步骤少、省工、省力、进度快，但重复性差，该标记适合于遗传信息或是前期研究特别少的物种。AFLP 标记结合了酶切和PCR 技术，通过两轮 PCR 巧妙地整合了随机性和专一性，获得的标记具有高多态性、高效率、高精确性等特点，在遗传定位、图谱构建、标记开发等方面有广泛的应用。AFLP 和 RAPD 标记都无须知道基因组的任何分子信息，AFLP 标记的重复性比 RAPD 明显提高，应用的范围更广。SNP 是近些年来发展特别快的新型标记，其类型丰富、数量大、密度高，主要基于芯片或是测序信息获得，在研究基础比较好的物种特别是完成了基因组测序的物种中有广泛的应用。

SSR 和 SNP 标记得到了越来越广泛的关注和应用，特别是当前园艺植物基因和序列信息可在公共数据库中大量获得。SSR 标记需要已知序列来设计引物和标记，序列可以从表达序列标签（expressed sequence tag，EST）数据、细菌人工染色体（bacterial artificial chromosome，BAC）序列、转录组、全基因组序列等中获得。SSR 标记的广泛应用得益于该标记位点丰富、分布比较均匀、多态性好且快速灵敏方便，在资源评价、新材料筛选、品种甄别等育种研究以及群体遗传、基因定位、图谱构建和性状连锁标记开发等基础研究方面均有很好的利用。SNP 标记近年来应用非常活跃，特别是在已经完成基因组测序的园艺植物上。SNP 标记具有数量巨大且均匀分布，分辨率可以达到每 200 个碱基 1 个标记的优点，因此以 SNP 标记开展物种起源与驯化、资源评价、基因组变异、群体进化和 QTL 定位等研究中的精细分析具有重要价值。当前 SNP 标记信息来源主要是基于测序和芯片，随着二代测序成本的进一步下降，SNP 标记的应用也会越来越广泛。SNP 标记开发主要基于基因组重测序，对于基因组比较小（<1 Gb）的物种比较适用。对复杂基因组来说，利用转录组序列获得基因表达区域的 SNP 信息也是很好的选择，同时还可以获得基因表达信息，通过转录组这一途径将是未来园艺植物基因组学研究的一个热点。获得 SNP 标记的另一途径是利用芯片杂交，当前园艺植物的芯片主要用于基因型鉴定（genotyping），随着测序成本下降的冲击，这方面的应用将会逐渐减少，相比之下，开发育种（breeding）利用的芯片成为当前园艺工作者的工作重点，在整合了基因型信息和性状信息之后产生综合型的育种芯片成为园艺学研究焦点。

分子标记在园艺植物的重要农艺性状的 QTL 定位、连锁标记开发和辅助选择育种等方面得到了广泛的应用。以蔷薇科果树为例（Troggio et al.，2012；Salazar et al.，2013），至少对 30 个重要农艺性状开展了遗传定位分析，包括：①果实相关性状，如果实颜色（果肉、果皮颜色）、果实品质（糖、酸、芳香物质种类及含量）、果实硬度、果实大小和形状、果实化渣性和乙烯产生量；②花相关性状，如开花特性（开花时间、对温度响应）、花色（花瓣、花药颜色）、雄性不育和自交（不）亲和性；③物种特性，如种子休眠、矮化、常绿或落叶及树体结构（分枝角度）；④逆境胁迫，如冷害、干旱等；⑤抗病虫性状，如斑点病、火疫病、白粉病、疮痂病、褐腐病、痘病毒、线虫等的抗性。在柑橘上，重要性状的定位主要集中在抗病位点（如衰退病）和无融合生殖性状。蔬菜作物番茄是开展 QTL 定位研究的经典作物之一，是果实研究和茄科作物遗传学研究的模式植物（Foolad et al.，2012），早期克隆的抗病基因如 $Cf-2$、$Cf-9$、$I2$、Mi、Pto、

Sw-5、Tm、Ve 等都是通过图位克隆获得的，近年来还在果实质量、大小和形状、果实风味和品质（糖、酸、脂肪酸、维生素 C、维生素 E、抗氧化物质、番茄红素含量）、果实产量、成熟度和货架期等都有 QTL 定位和分析（Foolad et al.，2012）。

1.2.3 转基因及其应用

转基因技术是指运用分子生物学技术将人工分离和修饰过的基因导入目的生物体的基因组中，并使之整合、表达和遗传，从而达到修饰原有植物遗传物质、改造不良的园艺性状、在原有遗传特性基础上增加新的功能特性，获得新品种，生产新产品。与传统育种技术相比，转基因技术具有以下特点：在基因水平上改造植物的遗传物质，更具有精确性和目的性；扩展了育种的范围，打破了物种界限，实现基因在生物界的共用性，丰富基因资源及植物品种。

园艺植物基因转化研究已建立了多种转化系统，应用的遗传转化方法主要有农杆菌介导的遗传转化系统、基因枪法、脂质体介导的转化、聚乙二醇（PEG）介导法和电击法，近期还有直接对基因组进行编辑的新兴技术，如锌指核酸酶（ZFN）、TALEN（transcription activator - like effector nuclease）和 CRISPR/Cas9（clustered regularly interspaced short palindromic repeat/CRISPR - associated protein 9）系统（Jia et al.，2014）。园艺植物大量利用农杆菌介导的遗传转化体系，主要包括根癌农杆菌（*Agrobacterium tumefaciens*）和发根农杆菌（*Agrobacterium rhizogenes*）。根癌农杆菌中的 Ti（tumor - inducing）质粒和发根农杆菌中的 Ri（root - inducing）质粒上均存在一个特定的被称为 T - DNA（transfer DNA）的 DNA 区段，它能共价地插入并整合到植物染色体基因组中，正是 T - DNA 片段的这种特性使得基因工程能够利用农杆菌这个天然的载体实现外源基因对植物细胞的转化，从而获得转基因植株。抗生素基因可以在遗传转化过程中用来筛选和鉴定转化细胞、组织和再生植株，但有争议的问题是抗生素基因水平转移的可能性，以及转基因食品中抗生素产物长期存在可能对人体有毒害。针对这一问题，目前开发出了一系列去除和不使用这些抗生素基因的转化体系，如位点特异性重组系统（site - specific recombination system）是利用重组酶催化两个短的、特定 DNA 序列间重组，去除选择标记基因，类似的重组系统还有酿酒酵母的 FLP/FRTs 位点特异性重组系统、噬菌体 P1 的 Cre/lox 系统和接合酵母的 R/RS 系统等。

随着对高产、抗逆、抗病虫、促进生长发育、提高营养品质及矿质元素利用效率等已知功能性状基因的不断挖掘，转基因技术以其特有的优势不断应用于园艺植物遗传改良，为园艺植物遗传改良开辟了一个具有广泛应用前景的新领域。1994 年，延熟保鲜番茄 FlavrSavr 获得美国食品药品监督管理局的批准进入市场销售，成为世界上第一个获许进行销售的转基因（转化多聚半乳糖醛酸酶的反义 cDNA）食品。1995 年，第一个转基因花卉作物——淡紫色的香石竹 Moondust 开发成功，把编码类黄酮羟化酶和二氢类黄酮还原酶的基因转到白色香石竹中，在转基因植物中积累了翠雀素，使香石竹呈淡紫色。1995 年抗病毒南瓜、1998 年抗病毒番木瓜、1999 年抗病毒马铃薯均获得了成功。但之后转基因园艺植物商业化进展缓慢。相比之下，园艺植物转基因的技术和研究在近 20 年取得了良好进展，在抗虫、抗病毒、抗真菌、抗逆、保鲜延熟、耐贮运、抗除草剂、雄性不育、色泽、香味、木本园艺植物的童期、砧木矮化等性状改良上发挥了作用，但成功进入市场的转基因植物不多（马兴帅等，2014；刘东明等，2015）。以番茄为例，共有超过 600 个番茄转基因系进行了田间试验，但截止到 2014 年在美国仅有 6 个番茄品种被批准上市。2015 年，美国食品药品监督管理局批准转基因马铃薯品种 Innate（黑斑和丙烯酰胺含量减少）以及转基因苹果品种 Arctic（擦伤或碰伤不会产生褐斑）上市。目前在我国允许商业化种植的转基因园艺植物主要有抗病毒番木瓜、耐贮藏番茄、抗黄瓜花叶病毒的番茄和甜椒、花色改变的矮牵牛和月季以及保鲜期延长的香石竹。通过转基因培育的新物种带来的生态效益值得未来深入系统地评价分析。

1.3　研究展望

三代测序技术，如 Helicos、PacBio 和 Nanopore，将进一步推动园艺植物基因组学研究。目前基于二代测序技术完成的基因组从整体质量来看，离拟南芥和水稻这种模式植物的基因组质量还相差甚远，对于进一步全基因组水平的精细检测如结构变异、获得与缺失变异（presence - absence variation，PAV）、转座子分析等还不够可靠。三代测序技术在人类基因组组装上已经取得成功，拼接的质量大大提升，目前在多种植物中都在尝试使用三代测序技术完成基因组组装。在甜橙基因组研究中，三代测序结合高通量染色体捕获技术（Hi - C）产生了高质量的基因组，9条染色体平均每条染色体仅剩下 3 个缺口，contig N50 达到 24.2 Mb（Wang et al.，2021）。相信随着三代技术相关软件不断成熟完善，计算服务器的性能日益提高，三代测序技术或是综合策略技术将会逐渐成为基因组研究的主流。

二代测序技术和分析已逐步成为常规研究手段，可以预计 5 年以后，二代测序技术将会成为实验室做 PCR 这般最为常规的技术。二代测序技术在基因组重测序、转录组分析、甲基化分析、分子标记开发等方面都会频繁使用，其稳定、快速、高通量和成本低的优点是目前三代测序技术无法比拟的。未来基因组学研究会有两个趋势：一是样品更加精细微小，如单细胞测序，现在很多研究表明，细胞水平也有异质性，因此用于转录组或是表观分析的样品将越来越精细；二是对生物学重复要求更高，类似于现在的 real - time 定量 PCR 要求 3～4 个重复，高通量测序也逐渐会要求有 3～4 个重复。

随着数十种重要园艺植物基因组测序的完成，利用基因组学和遗传学手段克隆和鉴定控制园艺植物自身生物学特性的关键基因将成为园艺学研究的前沿热点之一。园艺植物拥有许多大田作物所不具备的生物学特点或性状：园艺植物大多可以通过无性方式进行繁殖，嫁接是园艺植物独特和最重要的无性繁殖方式；木本园艺植物无融合生殖方式特别，繁殖后代整齐一致，对于砧木育种是优良性状，但导致的遗传变异缺乏对于接穗育种是不利的；体细胞水平的变异是木本园艺植物遗传变异的重要来源，基于体细胞变异的芽变育种是独具特色的育种途径；此外，与大田作物食用器官为成熟种子相比，园艺植物的产品器官丰富多样，根、茎、叶、花、果实、种子等不同器官均可作为食用或观赏器官，并且产品以鲜活、柔嫩、多汁的幼嫩器官或成熟器官为主。总而言之，园艺植物种类繁多，丰富多样，拥有很多独特的生物学性状。我国是多种园艺植物的起源中心，野生/半野生资源和地方良种资源丰富，是未来克隆基因、开发标记以及资源创新的重要材料基础。可以期待，材料优势和平台优势的结合将进一步推动未来 5～10 年我国园艺学在基因组学和生物技术领域的发展。

（徐强　编写）

主要参考文献

邓秀新，彭抒昂，2013. 柑橘学 ［M］. 2 版. 北京：中国农业出版社.

邓秀新，章文才，万蜀渊，1988. 柑橘原生质体分离及再生植株的研究 ［J］. 园艺学报，15 (2)：99 - 102.

董飞，陈运起，刘世琦，等，2011. 蔬菜游离小孢子培养的研究进展 ［J］. 山东农业科学 (3)：20 - 24.

李学营，鄢新民，王献革，等，2010. 原生质体培养及其在果树育种上的应用 ［J］. 河北农业科学，14 (4)：82 - 84.

刘东明，杨丽梅，方智远，等，2015. 甘蓝类蔬菜作物分子育种研究进展 [J]. 中国农业科技导报，17 (1)：15-22.

马兴帅，李云华，刘青林，2014. 转基因花卉的研究与市场化 [J]. 分子植物育种，12 (4)：835-842.

张金鹏，韩玉珠，张晓旭，等，2015. 蔬菜原生质体培养及融合的研究现状与展望 [J]. 北方园艺 (4)：192-195.

Al-Dous E K, George B, Al-Mahmoud M E, 2011. De novo genome sequencing and comparative genomics of date palm (Phoenix dactylifera) [J]. Nature Biotechnology, 29：521-527.

Cai J, Liu X, Vanneste K, et al, 2015. The genome sequence of the orchid Phalaenopsis equestris [J]. Nature Genetics, 47：65-72.

Cao H B, Biswas M K, Lu Y, et al, 2011. Doubled haploid callus lines of Valencia sweet orange recovered from anther culture [J]. Plant Cell, Tissue and Organ Culture, 104：415-423.

D'Hont A, Denoeud F, Aury J M, et al, 2012. The banana (Musa acuminata) genome and the evolution of monocotyledonous plants [J]. Nature, 488：213-217.

Dohm J C, Minoche A E, Holtgräwe D, et al, 2014. The genome of the recently domesticated crop plant sugar beet (Beta vulgaris) [J]. Nature, 505：546-549.

Foolad M R, Panthee D R, 2012. Marker-assisted selection in tomato breeding [J]. Critical Review in Plant Science, 31：93-123.

Garcia-Mas J, Benjak A, Sanseverino W, et al, 2012. The genome of melon (Cucumis melo L.) [J]. Proceedings of the National Academy of Sciences of the United States of America, 109：11872-11877.

Guo S, Zhang J, Sun H, 2013. The draft genome of watermelon (Citrullus lanatus) and resequencing of 20diverse accessions [J]. Nature Genetics, 45：51-58.

Huang S, Li R, Zhang Z, et al, 2009. The genome of the cucumber, Cucumis sativus L. [J]. Nature Genetics, 41：1275-1281.

Huang S, Ding J, Deng D, et al, 2013. Draft genome of the kiwifruit Actinidia chinensis [J]. Nature Communications, 4：2640.

International Peach Genome Initiative (IPGI), 2013. The high-quality draft genome of peach (Prunus persica) identifies unique patterns of genetic diversity, domestication and genome evolution [J]. Nature Genetics, 45：487-494.

Jaillon O, Aury J M, Noel B, et al, 2007. The grapevine genome sequence suggests ancestral hexaploidization in major angiosperm phyla [J]. Nature, 449：463-467.

Jia H, Wang N, 2014. Targeted genome editing of sweet orange using Cas9/sgRNA [J]. PLoS One, 9 (4)：e93806.

Kim S, Park M, Yeom S I, et al, 2014. Genome sequence of the hot pepper provides insights into the evolution of pungency in Capsicum species [J]. Nature Genetics, 46：270-278.

Liu M J, Zhao J, Cai Q L, et al, 2014b. The complex jujube genome provides insights into fruit tree biology [J]. Nature Communications, 5：5315.

Liu S, Liu Y, Yang X, et al, 2014a. The Brassica oleracea genome reveals the asymmetrical evolution of polyploid genomes [J]. Nature Communications, 5：3930.

Ming R, Hou S, Feng Y, et al, 2008. The draft genome of the transgenic tropical fruit tree papaya (Carica papaya Linnaeus) [J]. Nature, 452：991-996.

Ming R, van Buren R, Liu Y, et al, 2013. Genome of the long-living sacred lotus (Nelumbo nucifera Gaertn.) [J]. Genome Biology, 14：R41.

Potato Genome Sequencing Consortium (PGSC), 2011. Genome sequence and analysis of the tuber crop potato [J]. Nature, 475：189-195.

Salazar J A, Ruiz D, Campoy J A, et al, 2013. Quantitative Trait Loci (QTL) and Mendelian Trait Loci (MTL) analysis in Prunus: a breeding perspective and beyond [J]. Plant Molecular Biology Reporter, 32：1-18.

Shang Y, Ma Y S, Zhou Y, et al, 2014. Biosynthesis, regulation, and domestication of bitterness in cucumber [J]. Science, 346：1084-1088.

Shulaev V, Sargent D J, Crowhurst R N, et al, 2010. The genome of woodland strawberry (Fragaria vesca) [J].

Nature Genetics，43：109－116.

Tarwacka J，Polkowska－Kowalczyk L，Kolano B，et al，2013. Interspecific somatic hybrids *Solanum villosum* (＋) *S. tuberosum*，resistant to *Phytophthora infestans* [J]. Journal of Plant Physiology，170 (17)：1541－1548.

The Tomato Genome Consortium (TGC)，2012. The tomato genome sequence provides insights into fleshy fruit evolution [J]. Nature，485：635－641.

Troggio M，Gleave A，Salvi S，et al，2012. Apple，from genome to breeding [J]. Tree Genetics and Genomes，8：509－529.

Varshney R K，Song C，Saxena R K，et al，2013. Draft genome sequence of chickpea (*Cicer arietinum*) provides a resource for trait improvement [J]. Nature Biotechnology，31：240－246.

Velasco R，Zharkikh A，Affourtit J，et al，2010. The genome of the domesticated apple (*Malus × domestica* Borkh.) [J]. Nature Genetics，42：833－839.

Wang L，Huang Y，Liu Z A，et al，2021. Somatic variations led to selection of acidic and acidless orange cultivars [J]. Nature Plants，7：954－965.

Wang X，Wang H，Wang J，et al，2011. The genome of the mesopolyploid crop species *Brassica rapa* [J]. Nature Genetics，43：1035－1039.

Wang X，Xu Y T，Zhang S Q，et al，2017. Genomic analyses of primitive，wild and cultivated citrus provide insights into asexual reproduction [J]. Nature Genetics，49：765－772.

Wu G A，Prochnik S，Jenkins J，et al，2014. Sequencing of diverse mandarin，pummelo and orange genomes reveals complex history of admixture during citrus domestication [J]. Nature Biotechnology，32：656－662.

Wu J，Wang Z，Shi Z，et al，2013. The genome of the pear (*Pyrus bretschneideri* Rehd.) [J]. Genome Research，23：396－408.

Xiao S X，Biswas M K，Li M Y，et al，2014. Production and molecular characterization of diploid and tetraploid somatic cybrid plants between male sterile Satsuma mandarin and seedy sweet orange cultivars [J]. Plant Cell，Tissue and Organ Culture，116：81－88.

Xu Q，Chen L L，Ruan X A，et al，2013. The draft genome of sweet orange (*Citrus sinensis*) [J]. Nature Genetics，45：59－66.

Zhang Q X，Chen W，Sun L，et al，2012. The genome of *Prunus mume* [J]. Nature Communications，3：1318.

2 果树种质资源

【本章提要】本章重点介绍果树种质资源研究的主要进展，包括果树的起源、演化、传播与分布，种质资源的调查与搜集，种质资源的保存与繁殖更新，种质资源的分类与鉴定评价、利用与创新，果树植物的所有权、使用权和植物贸易等方面，以及上述各方面之间的联系。同时，简要介绍种质资源研究中值得注意的若干方法，包括野外调查方法、生物统计学方法、数据库方法等。最后，对我国种质资源研究与利用的未来发展趋势做出展望。

2.1 种质资源的含义

种质（germplasm）是指亲代传递给后代的决定生物性状表现的遗传物质。种质资源（germplasm resource）是指携带有遗传物质并能用以繁殖的生物体的统称，不但包括不同的种质类别，如栽培种及其所有品种、野生种、人工创造的种质材料，而且包括不同层次的种质载体，如生物群体、个体植株、器官、组织、细胞、染色体，甚至核酸片段等。在遗传学上，种质资源常被称为遗传资源（genetic resource），由于遗传物质是基因，且遗传育种研究主要利用的是生物体中的部分或个别基因，因此种质资源又被称为基因资源（gene resource）。育种学界也曾用品种资源指代种质资源，但严格地说，品种资源只是种质资源的一个组成部分。

植物种质资源学是研究植物的起源、演化、传播与分布，对种质资源进行调查与搜集、保存与繁殖更新，进行种质资源分类评价与鉴定、利用与创新等方面内容的科学。它建立在植物学、植物分类学、植物遗传学、植物生理学等基础与专业基础课的知识结构上，同时为作物育种学、栽培学、农产品贮运与加工等专业课程提供重要的理论依据。

果树种质资源学与其他植物或作物的种质资源学基本原理是共通的（韩振海等，1995），主要内容是相同的，但也有若干不同点，是值得果树种质资源研究者予以注意的。一是果树一般是多年生的，这有利于人们研究种质资源，在森林或保护区里可能生活着几百年树龄的野生果树，存在"几代同堂"的现象（图2-1），是宝贵的研究材料，而蔬菜、花卉等一年生植物则没有这样的情况。二是果树通常在遗传上是高度杂合的，实生后代变异大，因此，在生产利用上通常采用营养繁殖，这就给种质资源的采集和保存带来特殊的问题。

几十年生
十几年生
几年生

图2-1 野生枇杷"几代同堂"

2.2　种质资源的重要性

种质资源是经过长期自然演化和人工创造而形成的一种重要的自然资源，它在漫长的生物进化过程中不断得以充实与发展，积累了由自然选择和人工选择所引起的各种各样、极其丰富的遗传变异，蕴藏着控制各种性状的基因，形成了各种优良的遗传性状及生物类型。

种质资源对于地球生命、人类生存、育种实践及生物学研究都有非凡的重要性。

2.2.1　种质资源是地球生命的主宰

地球生命可以简要地概括为三大类，即菌物、植物和动物。动物依赖植物而生存和发展，菌物与植物和动物共生发展，这三大类地球生命（或生物）都依赖种质资源而存在和发展。没有种质资源，就没有菌物、植物和动物，地球的模样难以想象。

2.2.2　种质资源是人类赖以生存和发展的基础

人类是一种高级动物，依赖植物而生存和发展。人类的衣食住行都离不开植物，归根结底都离不开植物的种质资源。衣方面，离不开棉、麻等植物；食方面，素食全为植物，荤食来自动物，而动物也多以植物为食；住方面的木材，行方面的橡胶，都离不开植物种质资源。此外，种质资源还为各种工业品、医药品提供原料，在娱乐、旅游业中也起着重要作用。因此，种质资源不但对人类的衣食住行有重要的影响，而且对人类的发展也起到了不可替代的作用。在未来，正如 Harlan（1970）所言，人类的命运将取决于人类理解和发掘植物种质资源的能力。

2.2.3　种质资源对于育种实践的重要性

种质资源在作物育种中具有基础性与决定性的作用（曹家树等，2005；Marisa et al.，2012）。农业生产上，每一次飞跃都离不开品种的作用，而突破性品种的成功培育往往与新种质资源的发现有关。

2.2.3.1　种质资源是现代作物育种的物质基础，为品种改良提供原材料

作物品种是在漫长的生物进化与人类文明发展过程中形成的。在这个过程中，野生植物先被驯化成多样化的原始作物，经种植选育变为各色各样的地方品种，再通过不断地对自然变异、人工变异的自然选择与人工选择而育成符合人类需求的各类新品种。正是由于已有种质资源具有满足不同育种目标所需要的多样化基因，才使得人类的不同育种目标得以实现。从实质上看，作物育种工作就是按照人类的意图对多种多样的种质资源进行各种形式的加工改造，而且育种工作越向高级阶段发展，种质资源的重要性就越加突出。现代育种工作之所以取得显著的成就，除了育种途径的发展和新技术的应用外，关键还在于广泛地搜集和较深入地研究、利用了优良的种质资源。育种实践证明，在现有遗传资源中，任何品种和类型都不可能具备与社会发展完全相适应的优良基因，但可以通过选育，将具有某些或个别育种目标所需要的特殊基因有效地加以综合利用，育成新品种。例如，抗病育种可以从种质资源中筛选对某种病害的抗性基因，矮化育种可以从种质资源中选取优异的矮化基因，最后将二者结合育成抗病、矮化的新品种。

2.2.3.2 稀有特异种质对育种成效具有决定性的作用

从世界范围内近代作物育种的显著成就来看，突破性品种的育成及育种上突破性的成就几乎无一不取决于关键性优异种质资源的发现与利用。典型的例子如第一次绿色革命取决于作物矮秆基因的发现和利用，我国杂交水稻培育成功取决于矮败型不育系的发现与利用，苹果矮化密植栽培取决于短枝型苹果资源的发现与利用等。

未来作物育种上的重大突破仍将取决于关键性优异种质资源的发现与利用。一个国家或研究单位所拥有种质资源的数量和质量以及对所拥有种质资源的研究程度，将决定其育种工作的成败及其在遗传育种领域的地位。显然，将来谁在拥有和利用种质资源方面占有优势，谁就可能在农业生产及发展上占有主动权。我国作物种质资源数量居世界首位，并已发现了许多特异珍贵种质资源，它们是我国未来作物遗传育种产生新突破的重要物质基础。

2.2.3.3 野生种质资源的重要作用

种质资源是不断发展新作物的主要来源，现有的作物都是在不同历史时期由野生植物驯化而来的。从野生植物到栽培作物，就是人类改造和利用植物资源的过程。随着生产和科学的发展，现在和将来都会继续不断地从野生植物资源中驯化出更多的作物，以满足生产和生活日益增长的需要。人们常常可以从野生植物中直接选出一些优良类型，进而培育出具有经济价值的新作物或新品种（苗平生，1990；樊卫国等，2002；杨向晖等，2007；张冰冰等，2005；吴玉鹏等，2006）。

2.2.3.4 种质资源是生物学理论研究的重要基础材料

种质资源不但是选育新作物、新品种的基础，也是生物学研究必不可少的重要材料。不同的种质资源具有不同的生理和遗传特性以及不同的生态适应特点，对其进行深入研究，有助于阐明作物的起源、演变、分类、形态、生态、生理和遗传等方面的问题。

2.3 果树种质资源若干方面的研究进展

种质资源有广泛的研究内容，在此，仅就果树种质资源若干方面的重要进展进行提要式的介绍，同时着眼于各部分内容之间的联系，以期建立起系统的果树种质资源学知识结构框架。

2.3.1 果树植物的起源、演化、传播与分布

种质资源的分布格局是种质资源学的重要内容之一。如果不掌握资源分布的知识，对它们的研究利用就无从谈起，同时，也就不可能知道哪些植物正濒临灭绝、需要保护。此外，只有了解某些植物资源的分布地区，才有可能做出资源研究与开发利用的计划。

现在的植物分布是历史的产物，因此必须研究植物的起源、演化与传播。现在的植物分布为植物起源的研究提供一方面的证据，关于植物起源更准确的知识则来自对化石等方面的研究。起源于古代的植物经过一系列演化与传播，形成现在的分布格局，因此，通过起源、演化、传播与分布的研究，才会知道种质资源的来龙去脉。

对植物的起源、演化、传播与分布的研究总体上是很困难的事，幸而，一些科学家已经提供了很好的研究样式。其中，最著名的是苏联著名植物学家瓦维洛夫（Vavilov）所提出的作物起源中心学说（Vavilov，1935）。此后，荷兰的 Zeven（1970）和苏联的茹考夫斯基（1975）在瓦维洛夫学说的基础上，根据研究结果，将 8 个起源中心所包括的地区范围加以扩大，另又增加了

4 个起源中心，使之能包括所有已发现的作物种类，他们称这 12 个起源中心为大基因中心（megagene center）。瓦维洛夫的学说及其后继者所发展的有关理论，使人们对作物起源有了较好的了解，为研究作物的起源、演化、分布及其与环境的关系提供了依据，为种质资源的搜集、研究、利用工作提供了导向，对种质资源的研究及作物育种工作均有特别重要的意义。在 8 个或 12 个起源中心或大基因中心中，第一个就是中国-东亚中心，起源于这个中心的果树有桃、杏、梅、樱桃、山楂、枇杷、枣、银杏、柿、榛、甜橙、香橙、柚、龙眼、荔枝等。

显然，作物起源中心决定果树种质资源的分布概况，然而，果树种质资源也是在不断演化的。在果树中，很多种质资源可能都是通过多倍化演化而来。在这方面，草莓最为突出，有四倍体、六倍体，甚至八倍体；苹果、李、山楂也有三倍体和四倍体；柑橘除了三倍体和四倍体，还有五倍体等。初始出现的多倍体后代可能是不育的，因为染色体在减数分裂期间不能正常配对，但是，如果染色体的数目杂交后刚好成倍或者其他原因导致后代植株可育，那么就可能形成新的物种。据估计，有 30%～80% 的高等植物有多倍体来源。多倍体适宜生存的范围可能大于相应的二倍体，从而导致了该种植物分布范围的扩大。

除了物种演化，物种的传播也会进一步增加物种多样性。例如，香蕉最初在东南亚地区进行人工驯化，但是后来在乌干达形成了多样性的次级中心，在当地已确认的食用香蕉多达 140 种（裴盛基等，2009）。此外，引入物种后，会产生改变当地植物区系的累积效应，这可以通过柑橘属在地中海分布的例子来说明。在古罗马时期，唯一的柑橘属物种是香橼，这是一种典型的药用植物，后来在 4 世纪前后引入柠檬，在 10 世纪初引入了酸橙和柚，在 10—11 世纪，这些物种到达古伊比利亚半岛，甜橙则是 15 或 16 世纪引入的，宽皮柑橘（*Citrus reticulata* Blanco.）和葡萄柚是在 18—19 世纪引入的（Ramón - laca，2003）。

最后应该再次指出，清楚了解果树植物的分布状况，不但对于知道哪些植物正濒临灭绝，需要就地保护或迁地保存具有指引作用（林顺权等，2004），而且也是对植物种质资源开展利用研究的前提。

2.3.2　果树种质资源的调查与搜集

调查与搜集是种质资源研究的基础工作。

种质资源的调查，首先是文献及标本调查，这是利用前人知识的最基本的方法。文献调查中，掌握拉丁文的学者占有重要的优势。标本馆是向公众开放的，利用标本馆的能力越高，使用者的种质资源学研究水平就可能越高。当今，互联网已成为种质资源文献调查的"天书"，众所周知的 IPNI（International Plant Names Index）网站可以提供海量的关于种质资源种类的信息，从这一点来说，读懂"天书"的能力，尤其是排除"天书"中无用信息的能力，体现了种质资源调查者的基本素质。

当然，种质资源调查的关键还是野外调查。考察实物才是种质资源调查的根本，为种质资源的搜集奠定可靠基础。如果说望远镜是 19—20 世纪植物分类学家的基本装备，那么，全球定位系统（GPS）便是 21 世纪植物分类学家或种质资源调查者的基本装备。GPS 不但为种质资源调查者提供了极大的方便，而且其所记录的 GPS 信息（例如种质资源的群落面积、古树分布的经纬度和海拔高度等）更能充分体现调查者的劳动价值，也将为他人所共享。2021 年开始，中国可以使用自己的北斗卫星导航系统。

搜集种质资源的途径有 4 种，即直接考察收集、征集、交换和转引。

直接考察收集是获取种质资源的最基本的途径，是指到国内外野外实地考察收集，多用于收集野生近缘种、原始栽培类型与地方品种。考察收集的一个重点是近缘野生种的收集，这不仅因为栽培种的种质资源调查已经比较完善，中华人民共和国成立以来已进行了多次系统的种质资源调查，基本摸清了栽培种的家底；而且因为近些年来人们才越来越清晰地认识到需要通过近缘野生种给栽培种导入抗性基因，所以近缘野生种的调查就显得越来越重要。这类调查包括作物起源中心与各种作物野生近缘种众多的地区和本国不同生态地区的考察收集。我国的科技工作者已对各地的野生果树做了较多的考察，并先后发表了关于边疆或种质资源丰富地区野生果树方面的研究报告，如海南（苗平生，1990）、贵州（樊卫国等，2002）、云南（杨向晖等，2007）、黑龙江（张静茹等，2004）、吉林（张冰冰等，2005）和新疆（吴玉鹏等，2006）等地。

果树种质资源的搜集方法与蔬菜等作物不同，区别在于繁殖方式上的差异，果树多数是采用营养繁殖，而后者主要是有性生殖。

搜集果树种质资源的方法有 3 种。第 1 种方法是搜集种子，这是普通的搜集种质资源的方法，对于果树来说，就是采种播种。其优点是采用与其他作物相同的搜集方法，没有进行嫁接，排除了砧木的影响；而且可能由于花粉的作用，扩大了该物种的基因资源。其缺点是不能排除异种授粉的可能；而且果树童期长，等到开花结果做鉴定，可能要几年时间。第 2 种方法是剪枝嫁接，其优点是能最快地开花结果，有利于种质的评价和利用；能保持母树性状；可以嫁接在栽培种上，易适应迁地的自然环境和立地条件。缺点是必须小心评价砧木对它的影响。第 3 种方法是挖取小苗，即在搜集对象的树下挖取小苗，这是搜集种子的一种替代方法。其具有同采种播种一样的优点和缺点，同时它还有可能造成种质混淆的缺点，因此必须经过分子标记检测。

征集是指通过通信方式向外地或外国有偿或无偿索求所需要的种质资源，这是获取种质资源花费最少、见效最快的途径。20 世纪 50 年代中期起，我国已进行了多次种质资源的征集，由于采取了各种方式搜集种质资源，到 2000 年，中国农业科学院国家种质库中保存的主要作物种质资源总数已逾 30 万份。国家果树种质资源圃的许多种质资源也是征集而来的。

交换是指育种工作者彼此互通各自所需的种质资源。前述搜集来的种质资源是国家以及本单位的财富，同时也是全人类的财富，在允许的情况下，可以进行种质资源交换，使种质资源服务于全人类。

转引一般指通过第三者获取所需要的种质资源。我国 1994 年 8 月启动的引进国际先进农业科学技术计划（948 计划）项目的工作内容之一就是通过转引方式获得外国的种质资源。我国一系列的果树都获得了 948 计划项目的资助，引回大量的种质资源。

由于国情不同，各国搜集种质资源的途径和着重点也有异。资源丰富的国家多注重本国种质资源的搜集，资源贫乏的国家多注重外国种质资源的征集、交换与转引。美国原产的作物种质资源并不多，但从一开始就把国外引种作为主要途径（任国慧等，2013）。俄罗斯则一向重视广泛地开展国内外作物种质资源的考察采集和引种交换工作。我国的作物种质资源十分丰富，所以，目前和今后相当一段时间内主要着重于搜集本国的种质资源，同时也注意发展对外的种质交换，加强国外引种。

2.3.3 种质资源的保存与繁殖更新

种质资源的保存和繁殖更新都属于资源保护的范畴。我国对资源保护工作十分重视，进行了建立自然保护区和建立国家级种质资源圃等方面的重要工作。

《中华人民共和国自然保护区条例》第二条将"自然保护区"定义为："对有代表性的自然生态系统、珍稀濒危野生动植物物种的天然集中分布区、有特殊意义的自然遗迹等保护对象所在的陆地、陆地水体或者海域，依法划出一定面积予以特殊保护和管理的区域"。截止到 2018 年 5 月，中国国家级自然保护区名录收录 474 个自然保护区。其中，大多数与植物有关，相当一部分与果树有关。从最北的黑龙江呼中国家级自然保护区到最南的海南岛的尖峰岭国家级自然保护区，东起黑龙江的牡丹峰国家级自然保护区，西至托木尔峰国家级自然保护区，都有野生果树分布。

如何运用自然保护区的建设成果为果树种质资源工作乃至果树产业的发展服务，是目前更是未来要解决的重要课题。

与建立自然保护区互补的工作是进行种质资源圃的建设。我国从 1979 年开始，以农业部与地方（省、自治区、直辖市）投资合办的方式筹建了兴城梨和苹果圃等 14 个果树种质资源圃，至 1989 年通过国家验收时共计保存了苹果、梨、柑橘、葡萄、桃、李、杏、柿、枣、栗、核桃、龙眼、枇杷、香蕉、荔枝、草莓 16 个主要树种，后来又增加了云南特有果树圃、沈阳山楂圃、左家山葡萄圃和果梅杨梅种质资源圃（任国慧等，2013），涉及 31 个科 58 个属的果树，圃地面积超过 120 hm^2，共搜集保存种质 14 720 份以上（王力荣，2012）（表 2-1），使得我国果树种质资源圃的规模与水平在世界上居于前列（贾定贤，2007；王力荣，2012；任国慧等，2013）。建圃保存的同时，还对所搜集到的资源进行了初步的观察、鉴评，为深入利用和国内外交流提供了保障，也为开展深入研究创造了条件。此外，出版了《果树种质资源描述符》和《果树种质资源目录》，使我国对果树种质资源的交流和研究达到了一个新的水平（景士西，1993；贾定贤，2007；任国慧等，2013；王力荣，2012）。

表 2-1 国家果树种质资源圃保存种质情况

（王力荣，2012；任国慧等，2013；略有修改）

国家种质资源圃名称	设圃地点	保存的果树种类	保存数量（种）
国家果树种质公主岭寒地果树圃	吉林省公主岭市	苹果、梨等蔷薇科果树，猕猴桃、葡萄、越橘、沙棘、榛、胡桃等	936
国家果树种质熊岳李、杏圃	辽宁省营口市熊岳镇	李、杏	1 263
国家果树种质兴城梨、苹果圃	辽宁省兴城市	苹果、梨	1 570
国家果树种质新疆名特果树及砧木圃	新疆维吾尔自治区轮台县	苹果、梨、扁桃等蔷薇科果树，葡萄、核桃、石榴等	508
国家果树种质北京桃、草莓圃	北京海淀区香山瑞王坟	桃、草莓	700
国家果树种质太谷枣、葡萄圃	山西省太谷县	枣、葡萄	940
国家果树种质郑州葡萄、桃圃	河南省郑州市	葡萄、桃	1 777
国家果树种质眉县柿圃	陕西省眉县	柿	691
国家果树种质泰安核桃、板栗圃	山东省泰安市	核桃、板栗	741
国家果树种质南京桃、草莓圃	江苏省南京市	桃、草莓	1 014
国家果梅杨梅种质资源圃	江苏省南京市与苏州市	梅、杨梅	202
国家果树种质武昌砂梨圃	湖北省武汉市	梨	930
国家果树种质重庆柑橘圃	重庆市北碚区歇马镇	柑橘	1 225
国家果树种质云南特有果树及砧木圃	云南省昆明市	苹果、梨、枇杷等蔷薇科果树，猕猴桃、葡萄、板栗、柿、枣、杨梅、醋栗、沙棘等	448
国家果树种质福州龙眼、枇杷圃	福建省福州市	龙眼、枇杷	802
国家果树种质广州香蕉、荔枝圃	广东省广州市	香蕉、荔枝	430
国家果树种质沈阳山楂圃	辽宁省沈阳市	山楂	380
中国农科院左家山葡萄圃	吉林省吉林市昌邑区左家镇	山葡萄	365

世界自然保护联盟（IUCN）曾概括了迁地保存的作用，包括成为防止一些种质资源灭绝的最后避难所、恢复或加强野生种群的植物来源、有用植物品种选择或育种的种质来源、为研究过程中所需材料的采集提供方便、公众教育（如通过植物园中的展览）、生产植物产品（一些情况下）等。

如前所述，我国果树种质资源的数量是庞大的。18个果树种类的种质资源圃，保存有1万余份种质资源，每种果树平均500份以上，柑橘等遗传多样性丰富的树种保存有1 000份以上的种质。同其他作物的情况类似，急剧增加的种质资源数量给果树种质资源的保存带来很大的困难。为了解决这样的矛盾，Frankel（1984）和Brown（1989）提出并发展了核心种质（core collection）的概念，即以最少的遗传资源份数最大限度地代表该物种的遗传多样性。迄今为止，果树的核心种质研究已涉及桃（李银霞等，2007）、苹果、梨、枣、石榴、果梅、柚类和山葡萄等多种果树（王永康等，2010），建立了初步的核心种质或者进行了初步研究，但总体上研究不够深入和系统，应该进一步全面深入地研究核心种质构建的理论依据，开展核心种质研究的步骤、方法和内容以及核心种质的检验指标、核心种质的动态管理等。

尽管可以采用核心种质的方法，但对于数目众多的种质资源，如果年年都要种植保存，不但在土地、人力、物力上产生很大负担，而且往往由于人为差错、天然杂交、生态条件的改变和世代交替等原因，易引起遗传变异或导致某些材料原有基因的丢失。因而，世界各国都越来越重视种质资源的离体保存。

离体保存有广义和狭义之分。广义的离体保存是相对于种植保存这样的活体（整体）保存而言，包括采集种子或枝条进行贮藏保存、离体培养保存和基因文库技术。狭义的离体保存则仅指离体培养保存。

2.3.3.1　贮藏保存

贮藏保存主要是通过调控贮藏时的温度和湿度条件的方法，来保持作为种质资源的种子乃至枝条的生活力。新建的种质资源库大都采用先进的技术与装备，创造适合种质资源长期贮藏的环境条件，并尽可能提高运行管理的自动化程度。由于果树多为营养繁殖的植物，采用贮藏保存种质资源的并不多，如热带亚热带顽拗性种子极难采用贮藏保存法，但是，诸如番木瓜等用种子繁殖的以及一些干果类的果树也可以采用这种方法保存。

2.3.3.2　离体培养保存

植物体的细胞在遗传上是全能的，含有发育成一个完整植株所必需的全部遗传信息。利用这种方法保存种质资源，可以解决用常规的种子贮藏法所不易保存的某些资源材料，如具有高度杂合性的材料、不能异地保存的材料、不能产生种子的多倍体材料和无性繁殖植物等，可以大大缩小种质资源保存的空间，节省土地和劳力。另外，用这种方法保存的种质资源繁殖速度快，还可避免病虫的危害等（郝玉金，2000）。国外较早在葡萄等果树上采用这种方法保存种质，国内在柑橘和苹果（郝玉金，2000）、枇杷（刘义存，2014）等多种果树上进行了研究。目前，作为保存种质资源的细胞或组织培养物的有愈伤组织、悬浮细胞、幼芽生长点、花粉、花药、体细胞、原生质体、幼胚、茎尖等。

对组织和细胞培养物采用一般的试管保存时，要保持一个细胞系，必须做定期的继代培养和重复转移，这不仅增加了工作量，而且会产生无性系变异。因此，近年来发展了培养物的超低温（-196 ℃）长期保存法，如英国的Withers已用在液氮（-196 ℃）中保存后的30多种植物的细胞愈伤组织成功再生了植株。规范的超低温保存可以保证资源材料的遗传稳定性，我国在蔷薇科果树上做了较好的工作。赵艳华等（1998，1999，2003，2006，2008）在蔷薇科落叶果树上做了很多工作；刘义存等（2014）利用程序降温仪，将程序降温法和玻璃化法相结合，提出了一套稳定、高成活率、新型的枇杷属植物茎尖超低温保存的程序方法。

2.3.3.3　基因文库技术

自然界每年都有大量珍稀的动植物死亡灭绝，遗传资源日趋枯竭。建立和发展基因文库技术（gene library technology），对抢救和安全保存种质资源有重要意义。从植物中提取大分子量的DNA，用限制性内切酶将其切成许多DNA片段，然后再通过载体把该DNA片段转移到繁殖速度快的大肠杆菌中去，通过大肠杆菌的无性繁殖产生大量生物体中的单拷贝基因。这样建立的某一物种的基因文库，不仅可以长期保存该物种的遗传资源，而且还可以通过反复的培养繁殖筛选，获得各种目的基因。

种质资源的保存还应包括保存种质资源的各种资料，每一份种质资源材料应有一份档案，档案中记录有编号、名称、来源、研究鉴定年度和结果。档案按材料的永久编号顺序排列存放，并随时将有关该材料的试验结果及文献资料登记在档案中，档案资料储存入计算机，建立数据库（杨克钦等，1992）。

上述各种途径保存的种质资源都需要以一定的方式进行繁殖更新，繁殖更新是上述贮藏保存的常规任务。在迁地保存圃中，则由于果树多是多年生的，种植保存一茬，可以留存多年，从而可能忽视了繁殖更新。如果没有繁殖更新，果树种质同样有流失的危险，应该在没有危险时就进行繁殖储备，繁殖方式包括无性繁殖和有性繁殖。在一些特殊的情况下，如果需要并且可能，还可进行大量的繁殖，获得足够多的种质材料，回引到原产地，以保留或恢复原地理格局的遗传多样性。

2.3.4　种质资源的分类

为了开展有效的种质资源研究，必须对种质资源进行分类，尤其是对种质资源性质的分类。

首先，必须具备足够的自然分类系统的知识，因为自然分类是最基本的，是所有分类研究所不可或缺的。另外，还要对栽培学分类有一定的认识，它也可能对性质分类有所助益。

蔷薇科不但是人们公认的植物界四大科之一，而且也可以说是果树中最大的科，包括大部分的北方果树，如苹果亚科的苹果、梨、山楂、木瓜等，李亚科的桃、李、梅、杏等，此外，还有南方的枇杷以及南北方均宜的草莓等。果树中第二大科可推芸香科，该科中的柑橘属植物丰富多样，至少可以分出十几个种，种与种之间差别也较大，如柚、橙和宽皮橘等，还有金柑、黄皮这些消费者了解较少的柑橘属植物。除蔷薇科和芸香科果树外，还有几个科的果树是值得注意的，桃金娘科以其多样性而著称，如番石榴、莲雾、蒲桃、桃金娘、红果仔等，它们的果实千差万别。此外，葡萄、香蕉等较大宗果树也广受人们关注。

现有的教科书通常是自然分类系统与栽培学分类的混合体（俞德浚，1979；吴耕民，1984），这种混合体的好处是实用，不利之处是读者不易了解一些野生果树。例如，蔷薇科中几乎所有的栽培果树属于哪个属和种都是清楚的，然而，有些植物并不是栽培果树，但它的果实可食，是并不被人所熟知的、有一定潜力的野生果树，如香露兜（*Pandanus amaryllifolius* Roxb.），教科书中可能没有介绍。因此，了解这些具有利用潜力的野生果树在自然分类系统中的位置是一项困难但重要的工作。

栽培学分类是人为分类系统的一种，人为分类系统仅就形态、习性、用途上的某些性状进行分类，不考虑亲缘关系和演化关系（曲泽洲等，1990）。如就形态而言，可分为木本果树、藤本果树、草本果树等；就习性而言，可分为很多的种类，如乔化与矮化、抗性与不抗等；用途上，包括鲜食水果、加工果品等。这类不考虑亲缘关系和演化关系的简单分类，往往有其实用性，但是在亲缘关系上有可能相距甚远（水谷房雄等，2002）。

种质资源研究中最重要的是性质分类。按种质资源的性质可分为主栽品种、地方品种、原始栽培类型、野生近缘种和人工育种材料。它们的性质和特点分别如下：

（1）主栽品种。主栽品种是经由现代育种技术改良过的品种，或称改良品种。主栽品种适应当前新的消费习惯和生产方式，如红富士苹果、赤霞珠葡萄，它们是育种的基本材料，具有较好的丰产性和较广的适应性及抗逆性。但必须注意，主栽品种的遗传多样性较地方品种单一，即基因库较狭窄。

（2）地方品种。地方品种是指那些在局部地区内栽培的品种或古老的农家品种，是长期自然选择和人工选择的结果，大多没有经过现代育种技术的改良。它们可能具有特定的适应性，抗逆性强，适合当地特殊的饮食或观赏消费习惯和栽培习惯，有些材料虽有明显缺点，但可能具有某些罕见的特性或一些目前看来并不重要的特殊经济价值，往往容易因优良新品种的推广而被淘汰（特别是过时的或极为零星分散的品种），如桂北和粤北的砧板柚。地方品种可能是具有极大遗传价值和育种潜力的种质资源。

（3）原始栽培类型。原始栽培类型是具有原始农业性状的类型，是现代栽培作物的原始种或参与种，是经数千年的发展而产生的。不少原始栽培类型已经灭绝，现今往往要在人们不容易到达的地区才能搜集到。此类型基因库丰富，对本地区的气候条件适应性更强，是难得的育种材料，如粤东的三棱橄榄。

（4）野生近缘种。野生近缘种是生物进化长期自然选择的结果，是介于栽培类型和野生类型之间的不同程度的过渡类型，是先人人工选择的成果。它们具备生物多样性，常带有果树所缺少的某些抗逆基因，在育种上往往作为抗性资源加以利用，在生产上有些野生近缘种也作为嫁接砧木加以利用（刘孟军，1998；林顺权，2004）。由于人类对生态环境的不断干扰和破坏，很多野生近缘种已从开垦地上退走，有些已濒于灭绝。

（5）人工育种材料。人工育种材料是指通过各种育种途径获得的中间材料。这些材料可以是杂种后代、物理化学诱变育成的突变体、人工诱变的多倍体、体细胞融合材料、远缘杂交材料、转基因材料等。虽然它们具有某些缺点，还不能成为新的品种，但因具有一些明显的优良性状，仍不失为一种优良的亲本或种质资源。这类材料因育种工作的不断发展会日益增加，大大丰富了种质资源的遗传多样性。

2.3.5 种质资源的鉴定评价

对搜集保存的种质资源，必须进行全面的性状鉴定和研究，做出科学评价。可以说，知之越深，则用之越当。

种质资源鉴定技术经历了从外部形态到内部生化，最后深入到 DNA 的 3 个研究层次。种质资源鉴定技术正朝着综合化、自动化、计算机化的方向发展。

鉴定的内容一般包括农艺性状如生育期、形态特征、产量因素、生理生化特性、抗逆性、抗病性、抗虫性、对某些元素的过量或缺失的抗耐性，产品品质如营养价值、食用价值及其他实用价值。鉴定方法依性状、鉴定条件和场所分为直接鉴定（direct evaluation）和间接鉴定（indirect evaluation）、自然鉴定和控制条件鉴定（诱发鉴定）、当地鉴定和异地鉴定。为了提高鉴定结果的可靠性，供试材料应来自同一年份、同一地点和相同的栽培条件，取样要合理准确，尽量减少由环境因子的差异所造成的误差。由于种质资源鉴定内容的范围比较广、涉及的学科多，种质资源鉴定必须注意多学科、多单位的分工协作。不同学科技术在种质资源鉴定中的应用见表 2-2。

表 2-2　不同学科技术在种质资源鉴定中的应用

学科领域	鉴定依据	鉴定方法	鉴定效果
物理学	荧光特性 超显微结构特征 花粉表面特征 电导性	荧光鉴定法 荧光扫描图谱鉴定法 花粉电镜扫描鉴定法 电阻、电导率鉴定法	标记少，分辨率、稳定性可能不高
化学	化学成分	色谱鉴定法 层析鉴定法 酚类染色鉴定法 碘化钾鉴定法	多态性低
形态学	形态特征	种子形态特征鉴定法 幼苗形态特征鉴定法 植株形态特征鉴定法	直观、经济、多态性低
解剖学	组织构造特征	种皮解剖鉴定法 果皮解剖鉴定法 根皮率鉴定法 透射电镜法	除透射电镜法外，其他方法可靠性不高，最好结合其他技术
栽培学	农艺性状	栽培性状鉴定法	分辨率低
生理学	生理反应	激素反应敏感性鉴定法 次生物质鉴定法 光周期反应鉴定法 缺矿质元素反应鉴定法	稳定性差、标记少
细胞学	染色体特征	染色体计数鉴定法 染色体核型鉴定法	精度高、标记不多
生物化学	蛋白质生化特性	同工酶电泳鉴定法 醇溶蛋白电泳鉴定法 谷蛋白电泳鉴定法	多态性较高
分子生物学	DNA 序列差异	分子标记技术（如基于 Southern 杂交的 RFLP、以 PCR 技术为核心的 SSR、以电泳分离技术为基础的 SSCP、以基因芯片为核心的 SNP 等） 原位杂交技术鉴定法	多态性高、精度高、标记多

　　根据目标性状的直接表现进行鉴定的方式称为直接鉴定。对抗逆性和抗病虫害能力的鉴定，不但要进行自然鉴定与诱发鉴定，而且要在不同地区进行异地鉴定，以评价其对不同病虫生物型（biotype）及不同生态条件的反应。

　　能否成功地将鉴定出来的具有优异性状的种质资源用于育种，在很大程度上取决于对材料本身目标性状遗传特点的认识。因此，现代育种工作要求种质资源的研究不能局限于形态特征、特性的观察鉴定，还要深入研究其主要目标性状的遗传特点，这样才能有的放矢地选用种质资源。

　　在搜集、保存、研究鉴定种质资源的基础上，对种质资源进行恰如其分的评价，是有效合理地利用种质资源的重要前提。

　　评价涉及多层次的研究领域，需要多个学科协作、国际标准化以及编码化的种质资源的评价体系和有效的操作程序。

2.3.6　种质资源的利用

上述的果树种质资源的搜集、保存、鉴定等工作都是为了种质资源的利用。基因库的建立，使得种质资源的利用国际化和系统化。国际上常将储备的具有形形色色基因资源的各种材料的总和称为基因库或基因银行（gene pool，gene bank），其意是从这些材料可获得用于育种及相关研究所需要的基因。保存种质资源的种子库、繁殖圃可称为种质库、基因贮存库或基因库。育种者的主要工作就是从具有大量基因的基因库中，选择所需的基因或基因型并使之结合，育成新的品种。

种质资源是果树品种改良的基础，为果树品种改良提供原材料。随着遗传育种研究的不断深入，基因库的建拓工作已成为种质资源研究的重要工作之一。种质库中所保存的一个个种质资源，往往处于一种遗传平衡状态。处于遗传平衡状态的同质结合的种质群体，其遗传基础相对较窄。为了丰富种质群体的遗传基础，必须不断地拓展基因库。

此外，在世界范围内，野生果树种质资源的利用是当今的一个重要课题。在土耳其的克孜勒卡亚（Kizilkaya），当地人采集 100 种植物作食物，其中有 28 种是果实（Ertug et al.，2003）。在喀麦隆，有 300 多种可以食用果实的野生植物（Dounias et al.，2000）。在乌干达，当地已确认的食用香蕉就有 140 种。在我国的云南，酸豆（*Tamarindus indica* L.）、木奶果（*Baccaurea ramiflora* Lour.）等野生果树的利用也是十分普遍的。

野生果树种质资源除了果实的直接利用外，还有其他的广泛应用，如作为砧木，这是果树学界众所周知的。几乎所有的木本果树要发展成为大宗果树，必定在砧木利用上有较深入的研究，而野生果树则是砧木的最大来源。此外，野生果树还可以作为综合利用的原材料，包括作为观赏植物、蜜粉源、药材、能源植物等。

2.3.7　种质创新

种质创新（germplasm enhancement）泛指人们根据不同目的将各种变异（自然的或人工的）通过人工选择的方法创造成新作物、新品种、新类型、新材料。因此种质创新是种质资源有效利用的关键，是作物遗传育种发展的基础和保证。

种质创新的概念有狭义和广义之分。狭义的种质创新是指对种质做较大难度的改造，如通过远缘杂交进行基因导入、利用基因突变形成具有特殊基因源的材料、综合不同类型的多个优良性状而进行聚合杂交等。在种质资源研究中，一般指的是狭义的种质创新。广义的种质创新除了上述含义外，还应包括种质拓展（germplasm development），指使种质具有较多的优良性状，如将高产与优质结合起来；以及种质改良（germplasm improvement），泛指改进种质的某一性状。

1 万年前，人们开始有选择地驯化植物时，就已经开始进行无意识的种质创新。近 100 年来，由于遗传学、农艺学的发展，作物新品种选育作为一个独立学科形成了作物育种学，而种质创新则成为创造新材料、新类型的种质资源学的内容，因此又称为预育种。在我国科学地提出种质创新这一概念并引起人们注意，则始于 20 世纪 80 年代初。

随着生物技术、作物育种、农业生产的发展，种质创新工作的内涵和外延越来越专，其拓展的领域越来越广，创新量也越来越大。果树种质创新技术主要包括如下几方面：①自然突变体的筛选利用；②利用野生种改良果树；③运用物理化学方法创造新种质；④通过细胞工程创建新种质材料；⑤转基因。

2.3.8　果树植物的所有权、使用权和植物贸易

2.3.8.1　自然保护区内的种质资源所有权和使用权

首先关注自然保护区内的种质资源所有权和使用权。中国是社会主义国家，一切土地都是国有的。个人或企业可能只是一定期限内租用了土地，有使用权但没有所有权。这就使得我国的自然保护区的建立和自然资源的保护比其他许多国家更可行。

保护自然的目的是为了人民。然而，自然保护区原来必定住着或多或少的居民，我们不能无视他们的利益。

两个倾向是必须要防止的。一是保护区完全对当地人开放或者保护区管理机构保护不力，致使种质资源过度利用，过度放牧或过度用薪柴，甚至过度采集售卖，使自然保护区形同虚设，这是绝对不允许的。二是完全无视当地人的利益，不尊重传统。自然保护区的设立，有时采用了让少数居住于自然保护区的当地人外迁的方法，这是有违设立自然保护区的初衷的，当地人也多不喜欢这样的办法。让当地人住在原地，同时成为自然保护区的正面力量，则为上策。要回到尊重当地人的人格和传统的原点上来，那些长期居住在某一地区的人们是那里的主人，他们代表人类与大自然能够和谐相处，保护区管理者应该尊重他们。与此同时，需要防止第二个倾向掩盖前述的第一个倾向。

我国在西双版纳保护区、高黎贡山保护区先后采用了"社区共管"的办法，国际上采用"综合保护和发展项目"（发展经济的替代途径）的办法，这些办法都是值得总结和发扬的。

2.3.8.2　植物新品种权

植物新品种权是工业产权的一种类型，是指完成育种的单位或个人对其授权的品种依法享有的排他使用权。

国际上现行的植物新品种保护模式是1961年通过的第一个《国际植物新品种保护公约》（UPOV）。该公约规定，公约成员可以选择对植物种植者提供特殊保护或给予专利保护，但两者不得并用。多数成员均选择给予植物品种权保护。随着生物技术的发展，植物新品种保护要求用专利法取代该专门法的保护，强化培育者的权利。1991年，UPOV进行了第三次修订，增加了一些条款供成员选择使用，从而加大了对植物新品种的保护力度。该公约修订后规定，如果成员认为有必要，可以将保护范围扩展至生殖物质以外部分，任何从受保护的品种中获得的产品未经权利人同意，均不得进入生产流通。这显然明确许可成员对植物品种提供专利保护，从而放弃了UPOV（1978年文本）禁止双重保护的立场。

2.3.8.3　植物贸易

我国目前的种质资源有40万份，这笔巨大的财富怎样通过深入研究转化成现实的生产力呢？世界发达国家成功的经验、跨国种子集团的一些成功的模式都表明，由企业为主来开展商业化育种运作是一条捷径。

按照相关规定，国家对农作物种质资源享有主权，任何单位和个人向境外提供种质资源时，必须经所在地省、自治区、直辖市农业行政主管部门审核，再报农业农村部审批。

农业农村部规定，向国（境）外提供种质资源，按照作物种质资源分类目录管理。属于"有条件对外交换的"和"可以对外交换的"种质资源由省级农业行政主管部门审核，送交中国农业科学院作物品种资源研究所（以下简称品资所），品资所征得农业农村部同意后办理审批手续；

属于"不能对外交换的"和未进行国家统一编号的种质资源不准向国（境）外提供，特殊情况需要提供的，由品资所审核，报农业农村部审批。

国家允许并鼓励科研单位或企业以专利的方式向国外转让品种繁殖权。例如，中国科学院武汉植物园以拥有的金桃（JINTAO）猕猴桃品种，与意大利金色猕猴桃集团公司（Consorzio Ki-wigold）正式签订专利品种在欧洲产业化期限和拓展南美市场的专利转让合同，在 2000 年限定欧盟国家以 17.2 万美元转让 10 年的品种繁殖权后，继续以每年 13 600 欧元的专利费在欧盟国家延长至 2028 年；南美市场首期 3 万欧元，以后按每公顷 500 欧元收取转让费，并意向性以竞争性专利转让价格拓展北美和亚洲市场。随后，中国科学院武汉植物园与意大利金色猕猴桃集团公司又就武汉植物园培育的中华猕猴桃雄性品种磨山 4 号的繁殖权达成全球转让协议并在意大利签订转让合同，根据合同条款，意大利金色猕猴桃集团公司今后每繁殖 1 株磨山 4 号组培苗木作为商业栽培使用，将付给武汉植物园 0.4 欧元的品种使用费，使用年限为 28 年。这是我国首例以自主产权的专利方式成功地向国外转让品种繁殖权的作物新品种。

2.4 种质资源的研究方法

种质资源学是一门综合性的学科，涉及生物学和农学中的诸多研究方法。此处仅介绍种质资源研究中比较特别的几个方面。

2.4.1 野外调查方法

在种质资源领域有各种各样的野外调查，大致可以分为两类，一类称为公共调查，另一类称为单独调查。公共调查指国家或地区组织的调查，如苏联著名植物学家瓦维洛夫于 1923—1931 年组织植物考察队对世界上 60 个国家进行大规模的考察，又如我国对三峡库区的植物种质资源调查。这类调查往往旨在摸清种质资源的储量和利用情况，为发展规划提供依据、为编写志书积累素材等，可能涉及方方面面，需要制订考察计划、申报经费和时间安排、组建考察队、进行物资设备的准备等。

而单独调查是相对于公共调查而言的，并不是某个研究者单枪匹马的行动，而多是一个课题组的单独行动，为某个研究目的而进行的调查。这种调查也可以分为 3 个阶段，即准备阶段、实施阶段和后续阶段。

准备阶段包括评估进行此项研究的意义，获得必要的工具和设备（如 GPS、便携式电脑、标本夹、笔记本、望远镜、地图等），以及项目组选择集合和出发的时间等。

在野外植物调查的实施阶段，经常采用的一个方法是样方法。样方通常是一些比较小的区域，根据所记录的植物特征和相关的环境变量来设计其大小。在采用样方法之前，首先要确定样方的数量，样方设置的位置，样方的大小、形状以及记录的内容等指标。这些指标的确定取决于工作的具体目的、取样的难易程度、取样时间以及其他可利用的资源，还有统计学家和当地"土专家"的建议。所谓"土专家"，是指熟知当地植物的村民，可能是一个以采集药材为生的村民或者有一定文化知识、酷爱自然的村民。当地"土专家"的作用，对于有经验的种质资源调查者来说是毋庸讳言的，甚至是刻骨铭心的。他们能带领种质资源调查者，方便地找到所要调查的植物；提供当地的植物知识，包括植物的种类、分布、用途以及管理方法；他们对于近缘植物有较强的区分能力，能协助调查人员进行植物的分类。研究表明，生活在西双版纳农村的傣族人可以识别出分布在森林中和庭院内 80% 以上的植物物种（Wang et al.，2004）。

后续阶段则包括确保调查结果得到正确的分析和处理，对整个活动的结果进行准确总结并形成报告。

2.4.2　生物统计学方法

生物统计学方法是种质资源研究中使用十分广泛的一种方法。生物统计通过研究样本来了解总体，用样本的统计量来估计总体的参数。在种质资源调查中，统计学家，尤其是那些从未参加过野外工作的统计学家，通常会提倡随机取样的方法来设计样方的位置。但总体来说，随机取样在许多情况下很难或不可能实施，例如陡峭的区域或密集的森林等人们不能到达的地区。比较可行的办法是分层随机取样，即根据已有的知识将一个区域有目的地分为更小的单元，然后在每一个小的单元中进行随机取样。

2.4.3　数据库方法

数据库方法是种质资源研究的基本方法之一（杨克钦等，1992）。建立种质资源数据库的目的在于利用计算机的信息处理功能，对种质资源的丰富且有价值的数据进行系统整理，这些数据包括种质资源基本情况数据、植物学形态数据、基本农业性状数据、品质分析数据、抗逆性（含抗病虫害）鉴定数据等，使得这些数据信息资源为有需要者所共享。因此，设计建立品种资源数据库时应紧紧围绕这一总体目标，一般要求做到：适用于不同种类的果树，具有广泛的通用性；对品种的描述规范化，并具有完整性、准确性、稳定性和先进性；具有定量或定性分析的功能，程序功能模块化，使用方便。

建立种质资源数据库系统一般包括数据收集、数据分类和规范化处理、数据库管理系统设计等步骤。

2.4.4　遗传标记方法

客观评价种质资源的遗传特性，是科学合理利用种质资源的前提条件，遗传标记方法是种质资源研究的重要方法之一（郭文武等，1997；吴俊等，2002）。然而，由于遗传标记方法可能已在其他多个学科做过较为详细的介绍，限于篇幅，此处从略。

2.5　种质资源的现存问题与解决对策

衡量种质资源现状的一个重要指标是其多样性。不幸的是，国内外作物种质资源多样性正经受着异常严重的破坏。美国在过去 100 年间，苹果的种植品种丧失与更新程度达到 86%。有花植物中有 5%~10% 的物种处于受威胁或濒危之中，而 1 个物种灭绝可能影响到几十个物种的生存。与野生种、早期驯化种相比，现代品种基因的等位性变异越来越少，这已成为培育有突破性品种的瓶颈，主要存在的问题表现在以下两个方面。

2.5.1　人类活动及现代科技的发展对种质资源的影响

人类活动及科技发展对种质资源的不良影响是多方面的。首先，人类对自然资源的需求日趋增长，逐渐造成生态环境的破坏和生物资源流失。其次，大量砍伐和焚烧森林、过度放牧，使大量野生动物、植物失去栖身繁衍的场所，这个倾向近些年已得到抑制。再则，城市、工矿的发展占用了大量的绿地，造成土壤、水源和大气的污染；植被的破坏加剧了生态环境的恶化，反过来又导致了生物资源的进一步流失，形成了恶性循环。最后，现代科技的迅猛发展也产生了某些负面的影响，如农业机械的广泛应用，使不适应现代机械要求的品种有逐步消失的危险；化学肥料和农药的大规模使用，造成大量种质资源减少；用飞机喷洒农药，使野生资源也受到损失等。

2.5.2 作物改良理念的片面性造成种质资源的遗传侵蚀

长期以来，人类对品种良种化一直有片面性的要求，先是追求产量，后是追求品质，这在人类文明进化的过程中本是必要的，似乎也是无可厚非的。但是，更大的一致性倾向或遗传单一性，增加了果树对流行性病虫害或逆境潜在的遗传脆弱性，也就是说，果树的产量越来越高，品质也逐渐提高，然而果树的抗逆性却可能下降了，甚至有些栽培的当家品种似乎丢失了抗性基因。从未来的可持续发展的观点看来，上述理念的确存在片面性，即忽视了作物对逆境的抗性，传统的品种逐渐被改良品种所取代，并使之加速灭绝，减少了种质资源遗传多样性，增加了主要作物对流行性病虫害潜在的遗传脆弱性。

为了解决以上问题，在我国农作物种质资源研究工作中，必须采取可靠的方针加以应对，这个方针被概括为20个字，即"广泛收集、妥善保存、深入研究、积极创新、充分利用"。20世纪最后20年种质资源工作的重点是收集、保存、鉴定（刘旭等，1998），随着工作的深入，21世纪的工作转向以研究、创新和利用为主，重点进行本底调查、遗传多样性研究、特性鉴定和利用评价，积极进行种质创新，更好地为育种和农业生产服务。

（林顺权　编写）

主要参考文献

曹家树，秦岭，2005. 园艺植物种质资源学 ［M］. 北京：中国农业出版社.

樊卫国，朱维藩，范恩普，等，2002. 贵州野生果树种质资源的调查研究 ［J］. 贵州大学学报（农业与生物科学版），21（1）：32－38.

郭文武，史永忠，邓秀新，1997. 分子标记在果树种质资源及遗传育种研究中的应用 ［J］. 生物学杂志，14（3）：35－36.

韩振海，牛立新，王倩，等，1995. 落叶果树种质资源学 ［M］. 北京：中国农业出版社.

郝玉金，2000. 柑橘和苹果等果树种质资源的离体保存及其遗传变异 ［D］. 武汉：华中农业大学.

贾定贤，2007. 我国主要果树种质资源研究的回顾与展望 ［J］. 中国果树（4）：58－60.

景士西，1993. 关于编制我国果树种质资源评价系统若干问题的商榷 ［J］. 园艺学报，20（4）：353－357.

李银霞，安丽君，姜全，等，2007. 桃 ［*Prunus persica*（L.）Batsch.］ 品种核心种质的构建与评价 ［J］. 中国农业大学学报，12（5）：22－28.

林顺权，杨向晖，刘成明，等，2004. 中国枇杷属植物的自然地理分布 ［J］. 园艺学报，31（5）：569－573.

刘孟军，商训生，滕忠才，1998. 中国野生果树种质资源 ［J］. 河北农业大学学报，21（1）：102－109.

刘孟军，1998. 中国野生果树 ［M］. 北京：中国农业出版社.

刘旭，董玉琛，1998. 世纪之交中国作物种质资源保护与持续利用的回顾和展望 ［C］//中国科学院生物多样性委员会. 面向21世纪的中国生物多样性保护：第三届全国生物多样性保护与持续利用研讨会论文集. 北京：中国林业出版社.

刘义存，2014. 枇杷属种质资源离体培养保存研究 ［D］. 广州：华南农业大学.

苗平生，1990. 海南省的野生果树种质资源 ［J］. 园艺学报，17（3）：169－176.

裴盛基，淮虎银，Hamilton A，等，2009. 植物资源保护 ［M］. 北京：中国环境科学出版社.

曲泽洲，孙云蔚，1990. 果树种类论 [M]. 北京：农业出版社.

任国慧，俞明亮，冷翔鹏，等，2013. 我国国家果树种质资源研究现状及展望——基于中美两国国家果树种质资源圃的比较 [J]. 中国南方果树，42 (1)：114 - 118.

王力荣，2012. 我国果树种质资源科技基础性工作 30 年回顾与发展建议 [J]. 植物遗传资源学报，13 (3)：343 - 349.

王永康，吴国良，李登科，等，2010. 果树核心种质研究进展 [J]. 植物遗传资源学报，11 (3)：380 - 385.

吴耕民，1984. 中国温带果树分类学 [M]. 北京：农业出版社.

吴俊，魏钦平，束怀瑞，等，2002. 分子标记及其在果树种质资源研究中的应用（综述）[J]. 安徽农业大学学报，29 (2)：158 - 162.

吴玉鹏，牛建新，赵晓梅，2006. 新疆特色果树种质资源的分布及利用 [J]. 中国果业信息，23 (2)：22 - 24.

杨克钦，马智勇 . 1992. 国家果树种质资源数据库的建立 [J]. 中国果树 (4)：34 - 36.

杨向晖，刘成明，吴锦程，等，2007. 云南枇杷属植物资源及其分布 [J]. 果树学报，24 (3)：324 - 328.

俞德浚，1979. 中国果树分类学 [M]. 北京：农业出版社.

张冰冰，刘慧涛，宋洪伟，等，2005. 吉林省野生果树种质资源研究综述 [J]. 吉林农业科学，30 (2)：51 - 54.

张静茹，陆致成，巩文红，等，2004. 黑龙江省野生果树种质资源 [J]. 中国果树 (5)：19 - 20.

赵艳华，吴雅琴，2006. 离体茎尖的超低温保存及植株再生 [J]. 园艺学报，33 (5)：1042 - 1044.

赵艳华，吴雅琴，程和禾，等，2008. 李离体茎尖的超低温保存 [J]. 园艺学报，35 (3)：423 - 426.

赵艳华，周明德，1998. 包埋干燥超低温保存苹果离体茎类 [J]. 园艺学报，25 (1)：93 - 95.

赵艳华，周明德，1999. 马哈利樱桃离体茎尖超低温保存的研究 [J]. 园艺学报，26 (6)：402 - 403.

赵艳华，周锡明，吴永杰，2003. 苹果离体茎尖超低温保存方法的比较 [J]. 园艺学报，30 (6)：719 - 721.

水谷房雄，平塚伸，伴野洁，等，2002. 最新果树园艺学 [M]. 东京：朝仓书店.

Arber W，Ilimensee K，Peacock W J，1984. Symposium on genetic manipulation：impact on man and society [M]. Cambridge：Cambridge University Press.

Brown A H D，1989. Core collections：a practical approach to genetic resources management [J]. Genome，31 (2)：818 - 824.

Dounias E，Rodrihues W，2000. Review of ethnobotanical literature for central and west Africa [J]. Bulletin of the African Ethnobotany Network，2：5 - 117.

Ertuğ F，Howard P L，2003. Gendering the tradition of plant gathering in central Anatolia（Turkey）[M]. London：CAB International.

Frankel O H，1984. Genetic perspectives of germplasm conservation [M]. Cambridge：Cambridge University Press.

Harlan J R，1970. Cynodon species and their value for grazing and hay [J]. Herbage Abstracts，40：233 - 238.

Marisa L B，David H B，2012. Fruit breeding [M]. London：Springer New York Dordrecht Heidelberg.

Ramón - laca L，2003. The introduction of cultivated citrus to Europe via Northern Africa and the Iberian Peninsula [J]. Economic Botanic Botany，57：502 - 514.

Wang J，Liu H，Hu H，et al，2004. Participatory approach for rapid assessment of plant diversity through a folk classification system in a tropical rainforest：case study in Xishuangbanna，China [J]. Conservation Biology，4 (18)：1139 - 1142.

3 蔬菜种质资源

【**本章提要**】 中国是世界蔬菜的起源中心之一，蔬菜栽培有数千年的历史，在长期的栽培选择过程中，无论是起源种还是次生起源种，都演化出了多种多样的亚种、变种、类型和品种，使我国成为世人瞩目的蔬菜种质资源宝库。本章主要介绍我国蔬菜种质资源研究进展、蔬菜种质资源研究的新思路和蔬菜种质资源研究面临的挑战与发展策略。

3.1 我国蔬菜种质资源研究进展

种质资源又称遗产资源，是农作物亲代传递给子代的遗传物质的总体，它往往存在于特定品种之中，如古老的地方品种、新培育的推广品种、重要的遗传材料以及野生近缘植物，这都属于种质资源的范畴（廉华等，2002）。中国作为世界八大栽培作物起源中心之一，现拥有栽培蔬菜约29科214种（包括变种），其中有50多种蔬菜原产于我国，如荸荠、芥菜、白菜、萝卜、莲藕、韭菜、芜菁、芋头、慈姑等。现已保存在国家种质库的蔬菜种质材料近3.5万份，包括茄果类、瓜类和白菜类等，它们是改良蔬菜的基因来源。地球上的生态环境和生存方式千差万别，某种基因一旦从地球上消失就难以用任何先进方法再创造出来，因此，保护、研究和利用蔬菜种质资源是蔬菜品种改良所必需，是农业持续发展所必需（董玉琛，1999）。

3.1.1 蔬菜种质资源保护体系的建立及安全保存技术

3.1.1.1 蔬菜种质资源的搜集

从1986年起，蔬菜种质资源研究被纳入"七五"和"八五"国家科技攻关项目，全国30个科研机构与院校协作攻关，搜集、整理全国的蔬菜地方品种，并繁种更新、编目后入国家种质资源库长期保存。至2005年底，国家农作物种质资源库（圃）搜集、保存各类蔬菜种质资源35 580份，共214种。其中，国内资源约占资源总数的87%，来自全国除西藏以外的省、自治区、直辖市，以湖北、四川、山东、河南、江苏、河北、广东居多。国外资源约占13%，分别引自俄罗斯、亚美尼亚、立陶宛、韩国、日本、朝鲜、泰国、越南、印度、澳大利亚、美国、波兰、希腊、英国、荷兰、法国、意大利、丹麦、德国、捷克、匈牙利、保加利亚、以色列、古巴、巴西、阿根廷、秘鲁、赞比亚、津巴布韦、肯尼亚等63个国家或地区。在所有资源中，有性繁殖蔬菜种质资源132种（变种）33 280份，水生蔬菜12种1 538份，无性繁殖和多年生蔬菜种质资源70种762份（李世楠，2012）。

按照农业生物学特性，我国蔬菜种质资源分为：①根菜类；②白菜类；③甘蓝类；④芥菜类；⑤绿叶菜类；⑥茄果类；⑦瓜类；⑧葱蒜类；⑨豆类；⑩薯蓣类；⑪水生蔬菜类；⑫多年生菜类；⑬野生菜类；⑭其他菜类（表3-1）。

表 3-1　不同蔬菜类别的代表性蔬菜

类别	代表性蔬菜
根菜类	萝卜、胡萝卜、芜菁、根芥菜、根甜菜、牛蒡
白菜类	大白菜、普通白菜、菜薹、塌菜、薹菜
甘蓝类	结球甘蓝、花椰菜、芥蓝、球茎甘蓝
芥菜类	抱子芥、花叶芥、笋子芥、凤尾芥、卷心芥
绿叶菜类	茼蒿、薄荷、苦苣菜、莴笋、芹菜、菠菜、苋菜
茄果类	番茄、茄子、辣椒、香瓜茄、酸浆、树番茄
瓜类	苦瓜、南瓜、西葫芦、冬瓜、蛇瓜、瓠瓜、丝瓜
葱蒜类	韭菜、洋葱、葱、胡葱、薤头
豆类	菜豆、长豇豆、扁豆、蚕豆、豌豆、刀豆、四棱豆
薯蓣类	生姜、山药、豆薯、芋、甘薯、魔芋、马铃薯、菊芋
水生蔬菜类	莲藕、茭白、慈姑、荸荠、芡、水芹、蒲菜、莼菜
多年生菜类	黄花菜、百合、朝鲜蓟、辣根、紫背天葵、菊花脑
野生菜类	蒲公英、荠菜、野豌豆、马齿苋、马兰、桔梗、蕨菜
其他菜类	黄秋葵、玉米

　　“十五”期间，我国蔬菜种质资源搜集、保存的突出特点为加强了国外资源的引进，使国外资源的占有量由原来的不足 5% 提高到 13%。更为突出的是，无性繁殖蔬菜种质资源搜集保存工作的启动使一批即将消失的资源得到了保护。

　　至此，以国家农作物种质资源长期库、国家蔬菜种质资源中期库、国家种质武汉水生蔬菜资源圃、无性繁殖蔬菜种质资源圃为支撑的国家蔬菜种质资源安全保护体系已基本形成。

3.1.1.2　蔬菜种质资源的保存

　　(1) 就地和迁地保存法。就地保存是指在植物生长所在地通过保护植物原来所处的自然生态条件来保存植物种质。如我国长白山、卧龙山和鼎湖山 3 处自然保护区已被列为国际生物圈保护区。自然保护区保存是保存某些野生种质资源的最好方式，也就是原地保存，保留原有生态环境，使它们不致随自然栖息地的消失而灭绝。如水生蔬菜等采取田间保存活植株和用无性繁殖方式来保存种质。

　　迁地保存指把植株迁离其自然生长的地方，移栽保存在植物园、树木园或种质资源圃等地方。常针对资源植物原生态环境变化很大，难以正常生长和繁殖更新的情况，选择生态环境相近的地段建立迁地保护区，能有效地保存种质资源。

　　(2) 种子库保存法。从“七五”开始，农作物种质资源的保存一直以一种传统的方法（常温木柜、瓦罐或干燥器）和分散的形式（各省市农业科学院所）进行。在自然条件下，种子的活力是不断下降的，需要不断更新繁殖，否则将会造成种质的丢失。为此，国家建立了一个面积 3 200 m²、贮存量在 40 万份以上、寿命 50 年以上、相对湿度低于 57% 的种质长期库。随着“七五”全国蔬菜种质资源繁种、鉴定、入库工作的进行，中国农业科学院建立了一个面积 25 m²、容积 75 m³、温度 4～8 ℃ 的中期库（李锡香，2002）。此后，地方院所也纷纷建立起了中、短期库。

不同种类蔬菜及其他植物种子寿命的估测值见表 3-2。种子库较适宜保存那些生活力较强的种子,如大白菜、韭菜、莴苣、蕹菜、番茄的种子及大豆硬实种子等。一般采用干燥密封室温贮藏,种子含水量需在 8% 以下,多数种子能保持生活力达 10 年左右。中国吐鲁番、拉萨、西宁合建的一座面积为 800 m² 的种子库为兄弟省、区保存品种资源创造了条件。但是,对那些靠营养体繁殖后代的蔬菜,如马铃薯、姜、芋、莲藕、甘薯等,则不适宜用此法保存。一是因为需要年年制种保存;二是由于病毒易通过种薯或块根传播,而且在自然条件下,植株及薯块等极有可能遭受病虫害的侵袭而丧失健康种质的特性,也不便于种质的管理、交换与发放。因此,传统的种质保存方法难以满足形势发展的需要,人们陆续探索出新的种质保存方法。

表 3-2 不同种类蔬菜及其他植物种子寿命的估测值

(马缘生,1989,略有修改)

种子寿命(年)	蔬菜种类及其他植物
2~3	紫苏、蒜叶婆罗门参
3~4	大豆、狭叶羽扇豆、皱叶欧芹
4~5	旱芹、黄瓜、欧防风、番茄
5~6	洋葱、大头蒜、菊苣、向日葵、独行菜
6~7	胡萝卜、莴苣、黄羽扇豆、鸦葱、具角百脉根
7~8	花椰菜、多花菜豆、救荒野豌豆
8~9	马铃薯、天蓝苜蓿、白车轴草、大黄
9~10	玉米、绒毛花、菘蓝
10~11	尖叶菜豆、紫苜蓿、兵豆
11~12	具棱豇豆、野豌豆、大爪草
12~13	菠菜、燕麦
13~14	萝卜、芸薹、白芥、香豌豆、金甲豆
14~16	法国野豌豆、菜豆、豌豆、蚕豆、鹰嘴豆
16~18	甜菜
19~21	绿豆、长柔毛野豌豆

(3)低温保存法。根据种子的贮运特性,可将种子分为两类,即正常性种子和顽拗性种子(卢新雄,1992)。正常性种子指能忍耐正常性的干燥而不影响其寿命的种子。一般而言,粮食作物、蔬菜作物以及花卉的种子均属此类。采用低温保存法,可大大延续正常性蔬菜种子的寿命。孔祥辉(1993)发现,-40℃低温下保存大白菜和大葱种子效果优于-20℃的保存效果;对黄瓜、番茄等几种蔬菜种子进行贮存研究发现,-10~-40℃的低温更有利于保存(孔祥辉,1990);张海英等(1999)研究发现,小白菜种子经低温冷冻干燥处理后,室温贮藏寿命大大延长;顾淑云等(1994)通过研究发现,南通白菜、菜豌豆等在低温低湿贮藏条件下,种子发芽率下降幅度很小。

国际植物遗传资源委员会(IBPGR)推荐 5%±1% 种子含水量和-18℃低温作为世界各国长期保存种质的理想条件。在低温条件下保存的种子,一般贮存于低温且干燥的种质贮存库。根据年限和用途可将贮存库分为长期贮存库(long-term storage room)、中期贮存库(medium-term storage room)和短期贮存库(short-term storage room)3 种类型。自美国于 20 世纪 50 年代末期建成世界上第一座低温干燥的种子长期贮存库以来，世界各国已建成各种规格的作物品种资源库 450 余座，日本农业技术研究所采用的是干燥种子密封低温二重贮藏法。贮藏温度有两种：一种是 $-10\ ℃\pm1\ ℃$，为 30 年以上的极长期贮藏；另一种是 $-1\ ℃\pm1\ ℃$，是 10 年以上 30 年以下的长期贮藏，相对湿度均为 $30\%\pm7\%\sim50\%\pm7\%$。

（4）低含水量保存法。通过超干燥方法将 13 种主要蔬菜作物种子的含水量降至 5% 以下，分别贮存在 $-18\ ℃$、$4\ ℃$、常温和 $40\ ℃$ 4 个温度条件下。贮存 3 年后，不经过任何老化处理，检测处理后的种子的发芽率、发芽势、出苗率、生长量等指标（马缘生，1989），结果显示：$-18\ ℃$、$4\ ℃$、常温下贮存 3 年的各作物超干种子的生活力均无显著变化；$40\ ℃$ 贮存的大部分超干种子的生活力有不同程度地下降，如辣椒种子完全丧失了生活力，但韭菜种子在 $40\ ℃$ 下贮存，其生活力不但没有下降，反而有所升高，可能是热刺激造成的结果。说明超干燥常温短期（至少 3 年）贮存作为一种蔬菜种质资源节能保存方法是可行的。不同蔬菜作物常温下贮存，其最佳含水量水平不同，如大白菜 87-3 的最佳含水量在 $2\%\sim3\%$，黄瓜中农 5 号则在 3.5% 左右。

（5）组织培养保存法。利用组织培养技术保存种质资源的理论基础是植物细胞具有全能性的学说。离体的植物细胞，无论是体细胞还是生殖细胞，在合适的条件下均可诱导再生出完整的植株。这样，通过保存蔬菜作物的细胞、组织或器官，即可达到保存种质资源的目的。利用组织培养技术保存种质资源有许多优点，如可在相对小的空间内保存大量的种质；可长期保存体细胞胚、体细胞植株等；便于种质管理；可免除或减少烦琐的检疫手段；可免遭病虫害侵袭；通过保存无病毒茎尖材料，可断绝病虫害初侵染源。但此方法也有缺点，如材料不稳定，在继代过程中有时易发生变异等。

按组织培养技术保存种质的原理，可将该保存方法分为常温继代保存法、低温保存法、低氧低压保存法、干燥保存法以及添加生长调节剂保存法等。

① 常温继代保存法。常温继代保存法指在常温条件下，将培养材料进行定期或不定期继代保存，保存条件依培养温度、容器大小、培养物类型而异。如马铃薯植株在 600 ml 的容器内，在 $20\ ℃$ 条件下培养，继代间隔可达 1 年以上。

② 低温保存法。低温保存法指利用低温条件可抑制蔬菜植物生命活动而进行的保存，所用的温度一般为 $1\sim10\ ℃$。此法适宜保存耐寒的蔬菜作物种质，而不耐寒作物如紫苏属（*Perilla*）经冷贮后就很难存活。吴毅歆等（2006）以魔芋（*Amorphophallus konjac*）的不定芽为试材，在附加 $1\ mg/L\ 6-BA+0.05\sim0.1\ mg/L\ NAA$ 的 $MS-NH_4$ 培养基上，$4\ ℃$ 黑暗条件下保存 180 d 后，存活率仍达 100%。

③ 低氧低压保存法。低氧保存法是利用降低氧的含量会引起细胞代谢减慢的原理进行保存的方法，一般采用矿物油覆盖或减少容器内氧的浓度来保存种质。而低压保存法指的是在较低压力下保存蔬菜种质（组织或器官）的方法。

④ 干燥保存法。水是维持生命活动的重要因子，适当降低细胞中的水分，细胞代谢就会随之降低。用于干燥保存的蔬菜作物组织可先在含有 ABA 的 $0.15\ mol/L$ 蔗糖培养基上预培养，然后再进行干燥，这样有利于细胞的存活。

⑤ 添加生长调节剂保存法。添加生长调节剂保存法的原理是用生长延缓剂或抑制剂来达到延缓或抑制细胞生长的作用。常用的延缓剂有矮壮素（CCC）、多效唑（PP₃₃₃）、丁酰肼（B₉）等，常用的生长抑制剂有脱落酸（ABA）等。

（6）超低温保存法。超低温保存法指在 $-80\ ℃$ 以下的超低温中保存种质资源的一整套生物学技术。获得超低温的方法一般有干冰（$-79\ ℃$）、深冷冰箱（$-80\ ℃$）、液氮（$-196\ ℃$）及液氮蒸汽箱（$-140\ ℃$）（赵树仁等，1993）。由于冷源通常选用液氮，因此超低温保存又称液氮保存。超低温保存种质时，液氮罐既是冷冻器又是贮存容器，除了每隔 40～60 d 补充一次液氮外，不需机械空调设施，所用费用低于低温种质库。

超低温保存的一般程序为：无菌组织培养和细胞悬浮培养→加入冰冻保护剂→预处理→置于液氮中→培养物在液氮中贮藏→解冻→反复冲洗→检测生活力→对恢复活力的培养物再培养→诱导再生植株。

据石思信（1988）报道，美国国家种子贮存实验室对洋葱、甜菜、花椰菜、甘蓝、黄瓜、胡萝卜、莴苣、萝卜、茄子、马铃薯等的种子进行液氮保存都获得了成功。另据报道，西瓜种子（胡晋，1996）、甘薯、胡萝卜、薄荷、豌豆、埃及豆、草莓、木薯、苹果等的茎尖和分生组织液氮保存也获成功。赵树仁等（1993）在对番茄花粉超低温保存的研究中发现，－25 ℃ 下进行低温锻炼，可提高在液氮中冰冻花粉的生存率；负压环境对花粉的超低温保存有积极作用；自来水冲洗是液氮保存番茄花粉的较佳解冻方法；在液氮温度下，花粉游离脯氨酸（Pro）含量无变化；液氮中保存的番茄花粉能正常授粉结实，并能产生种子。

影响蔬菜超低温保存效果的因素很多，主要包括蔬菜作物材料的性质，冷冻前的预处理，包括继代及同步培养、预培养、0 ℃ 以上低温冷驯法、冰冻保护剂、冰冻方法、贮存、解冻、解冻后的处理、生活力测定及重新培养等。如豌豆茎尖生长点在 5％ 二甲基亚砜（DMSO）的 MS 培养基上预培养 2 d，存活率达 73％。Seibert 等（1977）提出在切取马铃薯茎尖进行冷冻保存之前，若先对植株进行 4 ℃ 低温处理 3 d，材料的存活率可由 30％ 提高到 60％。选用的冰冻保护剂一般应具备分子量小、易溶于水、低浓度对细胞无毒害、便于冲洗、进入细胞迅速（相对于透性保护剂而言）等条件，研究证明 DMSO 是最有效的冰冻保护剂。

（7）基因文库保存法。基因文库保存法是指从资源植物提取大分子 DNA，用限制性内切酶切成许多 DNA 片段，再通过一系列步骤把连接到载体上的 DNA 片段转移到繁殖速度快的大肠杆菌中，增殖成大量可保存在生物体的单拷贝基因，这样建立起的基因文库不仅可以长期保存该种类的遗传资源，而且可以通过反复的培养增殖，筛选获得各种需要的基因。

种质资源的保存不仅需要保存资源本身，还应该保存与该材料有关的档案资料。主要包括：①资源的历史信息，如名称、编号、系圃、来源、分布范围、原保存单位给予的编号、捐赠人姓名、有关对该资料的评价资料等。②资源入库的信息，含入库时的编号、入库日期、入库材料（种子、枝条、植株、组培材料等），以及数量、保存方式、保存地点与场所等。③入库后的鉴定评价信息，包括鉴定评价方法、结果及评价年度等，同时档案要按永久编号顺序存放。

3.1.2 蔬菜种质资源的繁殖和更新途径的建立与应用

3.1.2.1 种质资源的繁殖

种质资源的繁殖是世界各国种质资源库（圃）不得不面对且又具挑战性的一项任务。保持繁殖种质资源的遗传稳定性和遗传完整性的难度，在于对特性各异的作物的适宜繁殖群体的确定、繁殖方法的选择、采种技术的优化等。

（1）繁殖群体的确定。对菜薹种质内不同大小群体的遗传多样性进行鉴定和比较，发现大于 30 株的群体能反映其种质的遗传特征。为保证繁殖过程中群体内各单株之间能随机交配，确保繁殖后种质的遗传完整性，繁殖群体以 60 株左右为宜。

（2）繁殖方法的选择。以十字花科蔬菜为例，选取繁种群体（60 株为适宜）进行 3 种不同目数的防虫网（20 目、40 目、60 目）、4 种授粉方式（不授粉、人工授粉、熊蜂授粉和敞开授粉）的田间试验。结果表明，采用 40 目防虫网隔离并采用熊蜂授粉对十字花科蔬菜种质进行繁殖，不仅能提高种子的产量和质量，而且能保证后代的表型纯度和遗传多样性，是较适宜的繁殖方法。

（3）采种技术的优化。以栽培密度、施氮量、施磷量、施钾量4个因子为研究对象，建立了以菜豆种子产量为目标函数的数学模型。单因子对菜豆种子产量的影响均符合二次曲线关系，栽培密度、氮和钾的施用量对产量有极显著影响，而施磷量对产量的影响相对较小。各因子对菜豆种子产量作用的顺序为栽培密度＞施氮量＞施钾量＞施磷量。栽培密度与氮、磷和钾的交互作用相对较大。经计算机模拟分析，确定了每公顷菜豆种子产量2 805 kg以上的栽培因子优化组合方案：密度19.5万～21.3万株，施氮量为292.7～324.1 kg，施磷量为93.9～144.0 kg，施钾量为93.9～144.0 kg（李锡香等，2006）。

3.1.2.2　种质资源的更新

随着市场的变化及栽培条件、栽培技术的改进，现代蔬菜育种所要改良的目标性状也在不断变化，除了对丰产、抗病、优质、早熟性状越来越具体以外，又提出一些新的目标。而种质资源是育种工作的基础，进行种质资源的更新也是大势所趋。在育种工作中，许多优良的地方品种或从外地引入的优良品种除了可以直接用于生产外，也可用来作为育种的原始材料。蔬菜种质资源的更新就是在原有种质资源的基础上，利用常规育种手段、生物技术手段、辐射诱变手段、航空诱变手段对品种进行改良。

蔬菜育种越来越向高级阶段发展，遗传资源的重要性也就愈加显得突出。随着育种进程的加快，作物改良的遗传基础越来越狭窄，因此，品种改良中一些关键资源的获得已不是来自一般的栽培品种。已往的育种实践一再证明，各种作物的亲缘植物种质资源曾对育种工作做出过重要贡献，应特别注重在这类材料中筛选、寻找目的基因。采用细胞、染色体和基因水平的遗传工程技术，有选择地导入外来的核内或核外基因资源，将能拓展与创新蔬菜种质资源。

3.1.3　种质资源的评价

3.1.3.1　种质资源评价的意义

资源工作的最终目的在于利用，而利用的基础在于对资源的全面、客观评价。比如不结球白菜的抗寒育种，首先要掌握亲本的抗性资源，了解它们的抗性特性和产品品质、产量、耐抽薹性等一系列主要经济性状，当然最好是掌握这些目标性状的遗传特点，以便从中筛选出最适合的资源作为育种亲本。因此，资源评价是整个资源工作的中心环节。

3.1.3.2　种质资源评价的任务

种质资源评价的任务因资源工作的不同要求而有所不同。在育种原始材料圃中，资源工作从属于育种，资源评价为育种单位特定的育种目标服务，除了为生产直接提供良种、良砧外，更主要的是为其育种任务筛选比较适合的亲本，通常限于栽培类型或与其育种目标有关的野生类型。在国家种质资源圃中，资源评价的任务是为当前和未来的植物改良提供科学的资源信息和符合育种需要的种质资源，并在互利的基础上发展国际协作，使种质资源服务于全人类。

3.1.3.3　种质资源评价的内容

过去对不同植物、不同研究单位编制的评价项目，由于缺少明确的评价任务和编制评价系统应遵循的原则，所以内容繁简差异甚为悬殊，种质资源评价主要包括以下4个方面的内容：①为评价资源利用价值而编入的经济性状及农艺性状的评价项目，如有关产量、外观、肉质、成熟期、贮运性、丰产性，对各种病虫害、逆境的敏感性，乃至主要性状的遗传评价。②为资源分类、鉴别而编入的花、果、枝、叶等器官的植物学性状，乃至细胞学、同工酶谱等描述评价项目。③为分析比较资源间遗传差异而编入的影响表型的主要非遗传因素的调查项目，如生态环境、生长期、砧木种类、苗期发育状况等。④为资源管理、核查而编入的档案性项目，如学名、系谱、编号、来源、征集时间、征集地点、征集人姓名等。

经济性状及农艺性状的评价是评价系统的核心，特别是蔬菜品质、大小、产量等性状，更应该细致、精确地评价。在不同地区、不同单位间资源评价的项目在原则一致的前提下，可根据实际情况适当增减。如在气候温暖、不发生冻害，但土壤盐碱含量较高的地区，可在环境胁迫敏感性评价项目中删去冻害敏感性，而增加对土壤盐碱敏感性评价项目。对于品种内比较稳定而品种间差异显著的性状评价项目应予以充实。

3.1.4　种质资源的遗传多样性鉴定和核心种质的构建

3.1.4.1　种质资源的遗传多样性鉴定

遗传多样性是生态系统多样性和物种多样性的基础，任何物种都有其独特的基因库或遗传组织形式（夏铭，1999）。广义的遗传多样性是指地球上所有生物所携带的遗传信息的总和，但通常所说的遗传多样性是指种内的遗传多样性，即种内不同种群之间或一个种群内不同个体的遗传变异（田兴军，2005）。遗传多样性的表现形式是多层次的，可以从形态特征、细胞学特征、生理特征、基因位点及DNA序列等不同方面来体现，其中DNA多样性是遗传多样性的本质（沈浩等，2001）。

植物遗传多样性的研究不仅与资源的搜集、保存和更新密切相关，而且是种质资源创新和品种改良的基础。在遗传多样性评价的基础上，通过比较种质间的相似性和相异性，探讨作物的起源和演化，研究种质间的亲缘和系统分类关系，已经成为种质资源研究的重要内容。

孟淑春等（2005）通过对65份大白菜种质资源形态性状的调查与分析，发现在茸毛、中肋颜色、中肋长度、叶球质量等农艺性状方面存在显著差异，而且存在较大的极差，不同的性状在不同的材料之间表现出了不同程度的多样性。大白菜生长过程中的重要性状，如茸毛的变异系数达到了77.5%，中肋颜色的变异系数为53.5%，株高的极差达到60.0 cm，叶片长度极差达到了62.0 cm，直接影响植株开展度的中肋长度不仅变异系数较高，为40.0%，极差也较高，为49.6 cm。同时，质量性状中也存在着许多明显的差异。由此可见，我国的大白菜种质资源中存在着极其显著的遗传差异和丰富的多样性，如此多样的资源为进行大白菜新品种选育提供了丰富的物质基础。

韩建明等（2010）对125份不结球白菜的形态多样性进行了分析，结果表明不结球白菜具有丰富的形态多样性，地区中以江苏的不结球白菜平均多样性指数最高，达0.972，性状中以叶柄长的变异系数最大，达59.77%。通过多变量的主成分分析，第1主成分和第2主成分代表了不结球白菜形态多样性的48.4%。通过系统聚类，把125份不结球白菜种质资源聚成6类，普通白菜不同程度地分别与塌菜、菜薹、分蘖菜和薹菜聚在一起，说明普通白菜与其他种类间存在一定的亲缘关系。

对多年搜集到的白菜地方品种分3期播种，鉴定各品种生育、现蕾、抽薹、开花期及其与播种期的关系（曹寿椿等，1981），结果表明，各类型品种的现蕾、抽薹、开花期和生育期有明显差异，并呈现一定的规律性（表3-3）。同一品种在不同播期下，一般提早播种对早熟品种的现蕾、抽薹和开花期均有提前趋势，但对中、晚熟品种影响较小，主要是提早现蕾与抽薹，对开花期的影响不大。

表3-3　不结球白菜不同类型品种的现蕾、抽薹与始花期的多样性比较

（曹寿椿等，1981，略有修改）

类型		代表品种	现蕾期	抽薹期	始花期	春化型
普通白菜类	极早熟	广东矮脚乌、江门白菜等	12月上中旬	1月	2月中下旬	春性
	早熟	南京矮脚、高桩，苏州青，上海矮箕白菜，杭州早油冬、瓢羹白，常州短白梗，合肥小叶菜，徐州青梗菜，上海、杭州的火白菜等	1月上中旬	2月上中旬	3月上中旬	冬性弱
	中熟	南京白叶，杭州半早儿、晚油冬，上海二月慢、三月慢，无锡三月白等	2月上中旬	3月上中旬	3月下旬至4月上旬	冬性
	晚熟	南京四月白，上海四月慢、五月慢，苏州上海菜，杭州蚕白菜等	3月上中旬	3月下旬至4月上旬	4月上中旬	冬性强
塌菜类	早熟	上海小八叶	1月中旬至2月上旬	2月中旬至2月下旬	3月上旬	冬性
	中熟	常州乌塌菜	1月下旬至2月中旬	2月下旬至3月上旬	3月中旬	冬性
	晚熟	南京瓢儿菜、合肥黑心乌等	2月	3月上中旬	3月下旬	冬性强
菜薹类	早中熟	早菜心、青柳叶中等心等	11月中旬至12月上旬	11月下旬至12月中旬	12月中旬至翌年1月上旬	春性
	晚熟	紫菜薹、扬州菜薹等	1月	1月下旬至2月上旬	3月上旬	冬性弱
薹菜类	早中熟	花叶薹菜、糙薹菜、二伏糙薹菜等	2月上中旬	3月上中旬	3月下旬至4月上旬	冬性
	晚熟	圆叶薹菜、杓子头薹菜等	3月上中旬	3月下旬至4月上旬	4月上中旬	冬性强
分蘖菜	中晚熟	南通马耳朵	3月上中旬	3月下旬至4月上旬	4月上中旬	冬性
	晚熟	如皋毛菜	3月上中旬	3月下旬至4月上旬	4月上中旬	冬性强

李锡香等（2006）利用90份代表性黄瓜种质的随机扩增多态性DNA（random amplification polymorphic DNA，RAPD）数据探讨了黄瓜核心种质的构建方法，初步认为25%是构建黄瓜核心种质较为理想的取样比例，最大遗传距离法是利用RAPD数据构建黄瓜核心种质较为合适的方法。进一步的验证表明，按上述方法构建的核心种质能较好地代表初始群体，同时也不能忽视保留种质的作用。采用形态、RAPD和扩增片段长度多态性DNA（amplified fragment length polymorphism，AFLP）标记对不同来源和特性的黄瓜种质的遗传多样性进行了系统评价和分类研究，从形态和分子方面均证明中国黄瓜种质资源具有丰富的遗传多样性，北方地区黄瓜遗传多样性的演化和分布除受自然因素的影响外，受人文因素的影响较南方更大。西双版纳黄瓜（Cucumis sativus var. xishuangbannanesis）与其他野生和栽培种质的距离较远，群体内遗传多样性较低，说明它是一类处在演化较初级阶段的特殊群体。印度野生黄瓜的变种哈氏黄瓜

（*C. sativus* var. *hardwickii*）也远离栽培种质，具有许多栽培种质没有的特性和基因位点。这两类黄瓜种质在分类和育种材料遗传背景的拓展上均有重要的地位和价值。外来栽培种质虽然遗传背景较窄，但是也有一些中国栽培种质没有的特性或基因，所以有必要加强黄瓜种质资源的搜集和评价，进一步拓宽中国黄瓜种质资源基因库。

3.1.4.2 核心种质的构建

核心种质是种质资源的一个核心子集，以最少数量的遗传资源最大限度地保存整个资源群体的遗传多样性，同时代表了整个资源群体的遗传多样性，还代表了整个群体的地理分布。

韩建明（2007）对 195 份不结球白菜种质资源开展了核心种质构建研究。他们选择原始种质的 15%、20%、25%、30% 和 35% 取样水平，应用 Shannon 多样性信息指数、Simpson 遗传多样性指数、表型保留比率、表型频率方差、均值差异百分率、方差差异百分率、均值比、方差比、最大值、最小值、极差、变异系数等 12 个评价指标，结合数量性状和质量性状，就不同核心种质构建策略开展对比分析并进行检验。结果表明，30% 的取样水平，优先取样、多次聚类随机取样结合不加权类平均聚类法策略适于不结球白菜核心种质构建。这一研究从 195 份资源中确定了 59 份核心种质；经 10 个数量性状和 12 个质量性状的遗传多样性指数统计分析发现未达显著差异水平，表明构建的核心种质能够代表原始种质的遗传变异多样性，同时，核心种质的构建也能说明不结球白菜的起源中心。

3.1.5 种质资源的创新和利用

种质资源的搜集、保存和研究，最终目的是为了有效地利用。根据其类型及特点不同，利用方式也各不相同。

3.1.5.1 直接利用

本地区的材料或从气候相似的外地搜集的材料，对当地的气候、土壤、环境等条件适应能力强，可以直接进行利用。但须注意在利用前对性状表现混杂退化的品种，尤其是异花授粉作物，要进行提纯工作。例如针对白菜"晚春缺"的问题，南京农业大学白菜课题组 1960—1961 年，从春白菜晚抽薹品种资源中发掘出优良地方品种上海五月慢，经品比试验，较南京四月白迟抽薹 10～15 d，增产 17.3%～91.6%，自 1963 年始，在江苏、广西、江西直接繁种推广，有效地缓和了当地 4—5 月蔬菜淡季供应紧张的问题。

3.1.5.2 间接利用

对于从外地、外国搜集来的材料，由于地理环境、气候条件等生态因子存在差异，在当地表现可能不太理想。这类材料不能直接利用，可考虑通过杂交育种等途径，将其优良性状结合到本地区适应性强的品种中去。在杂交育种工作中首先考虑品种间杂交，期望通过基因的分离重组，将优良的性状集中于一个个体之中。而只有当其他材料无法解决其育种问题，在人力、物力、时间等条件允许的前提下，可以考虑利用野生或半野生材料进行远缘杂交，期望获得野生或半野生材料具有的某种特殊宝贵的性状，如对病虫害的高度抗性或对外界环境条件广泛的适应性等均可间接利用。针对杂种优势利用及其制种技术难题，曹寿椿等（1980）从优良地方品种矮脚黄自交后代中育成雄性不育两用系，不仅用于矮杂 1 号、矮杂 2 号、矮杂 3 号的大面积制种，而且优良亲本也能被育种工作者有效利用。

3.1.5.3　潜在利用

对于一些暂时不能直接利用或间接利用的材料，亦不可忽视。随着育种工作的进步及鉴定研究技术的不断提高，可以发现这类潜在基因资源，其利用价值不可低估。

3.2　蔬菜种质资源研究的新思路

应以系统化思想为指导，从生态学和植物学的观点出发，依据系统研究的基本原则，进行蔬菜种质资源的综合研究。蔬菜种质资源研究方法具有以下特点。

3.2.1　整体性

立足宏观研究，将不同的蔬菜种质资源作为完整的有机整体，分别从形态、栽培、分类、生理和遗传育种学各领域进行多学科的研究，以认识和掌握各类蔬菜的自然现象和自然规律，达到种质资源研究和开发利用的"整体效应"。

3.2.2　层次和相关性

蔬菜种质资源研究划分为资源的搜集整理，主要形态、栽培、生物特性等农艺性状鉴定，园艺学分类，按其分类进行抗性鉴定和综合利用五大层次，每个层次又分若干研究方向分别进行。要注意研究各层次或同一层次之间的相关性和种性的异同，揭示个体与群体、群体与环境之间的内在联系和特点。

3.2.3　动态和协同性

随着科技进步和先进测试仪器的应用，对蔬菜种质资源的研究已经从静态的种质个体扩展到生长发育的动态周期研究，从外部形态深入到内部机制，从定性研究发展到定量研究。同时，各层次的研究并不是完全孤立的，而是互相依赖、互相反馈、互相促进、协同发展，并不断引进和吸收新技术，以推动种质资源研究水平的不断提高。种质资源的研究，同样要遵循"理论与实践并重，近期与长远兼顾"的原则，在自然和人工条件下，采用田间试验和室内鉴定相结合的研究方法，并以有效利用种质资源、促进蔬菜生产和为现代育种服务为最终目的，以期探索种质资源系统化研究和利用的新思路，创建种质资源研究的新体系（侯喜林等，2012）。如图3-1为不结球白菜种质资源研究和利用模式图。

3.3　我国蔬菜种质资源研究面临的挑战与发展策略

3.3.1　我国蔬菜种质资源研究面临的挑战

随着现代农业的发展和基因组时代的来临，我国蔬菜种质资源研究与蔬菜生产和育种的发展不相适应的矛盾越来越突出。我国蔬菜种质资源丰富，但大多是未经"加工"的本土资源，由于研究水平较低，大多数达不到育种可利用的程度；具有自主知识产权和国际竞争力的"骨干"基因或种质缺乏；育种材料遗传背景匮乏，栽培品种面对多变环境的脆弱性越来越明显（李锡香

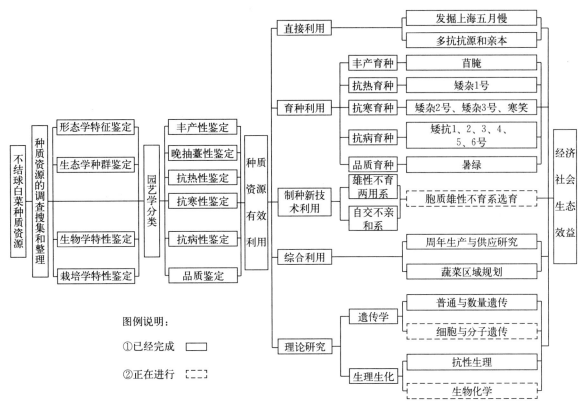

图 3-1 不结球白菜种质资源研究和利用模式图
(侯喜林等，2012)

等，2006）。面对上述新的挑战，蔬菜种质资源研究应加强以下几方面的工作。

（1）需要对我国蔬菜种质资源的"家底"进行全面、深入的探查。我国对现有搜集、保存的种质资源的系统整理不够，尤其是生物学混杂使得优异种质的遗传性状不稳定，这既不利于优异基因源的挖掘和种质的创新，也不利于种质资源的直接共享利用。种质资源鉴定、评价不够，种质有效数据信息严重缺乏，不利于对种质资源进行全面和深入的认识，难以满足育种和生产对种质资源不断变化的、多方面的需要。种质资源遗传多样性的系统评价和分类研究不足，尚不能全面了解蔬菜种质资源的"家底"。

（2）需要加强可共享遗传研究工具材料和优异种质的创制。由于缺乏可共享的各种遗传研究工具材料，我国相关基础研究重复，而且研究信息可交流性差。

（3）需要加大对国外种质资源搜集的力度。随着农作物种质资源搜集的全球化和各国对本土资源保护的加强，种质资源搜集的时间和空间越来越少。

（4）需要有更多优异性状聚合的种质不断投放生产，以满足生产和市场日益增多的需求。

3.3.2 我国蔬菜种质资源研究的发展策略

为了促进和提高我国蔬菜种质资源研究和共享利用的水平，进一步推动蔬菜种质资源研究的深入和持续发展，基于我国蔬菜种质资源的研究现状，可采取以下发展策略。

（1）从蔬菜种质资源基础性工作入手，搭建种质资源共享平台。以现有国家蔬菜种质资源保护体系为基础，重点开展蔬菜野生资源、稀特资源和国外资源的考察、搜集工作，进一步丰富现有基因库。完善中期库配套设施建设，加强无性繁殖蔬菜种质资源圃的建设，保障种质资源的安全性。加强种质资源的规范化整理和鉴定评价，提高种质资源及其相关信息的有效性，建立完善的蔬菜种质资源信息和实物共享体系，促进资源的分发和交换。

（2）从遗传多样性的研究入手，开展可共享基础研究材料的构建和优异基因源的挖掘工作。研究有效构建核心种质的策略与方法，整合分散在育种家手中的种质资源，构建主要蔬菜核心种质。通过对核心种质的遗传多样性分析，全面掌握主要蔬菜种质资源的遗传背景，明确其遗传多样性的分布规律及特点。基于核心种质，通过自交或小孢子培养，构建遗传多样性固定基础群体，解决因种质群体内杂合态或单株杂合态给种质资源的研究和利用带来的巨大困难。构建可共享的各种遗传研究工具群体。

（3）加强蔬菜种质资源自主创新研究，组成由资源研究者领衔、育种者参与的种质资源创新利用协作共享体系。以常规技术为基础，综合利用远缘杂交、细胞工程、分子标记技术、转基因技术等，利用挖掘出的重要优异基因源，针对我国育种和生产中的重大问题和需求，有重点地开展种质资源的创新研究，创制优异性状突出或优异性状聚合的、可利用程度不同的中间种质或优异种质。

（4）在核心种质构建的基础上，对重要资源材料进行基因组深度测序，可为蔬菜的功能基因组和比较基因组的研究奠定生物信息学基础。近年来，南京农业大学在不结球白菜分子生物学领域的研究取得了重要进展（Wang et al.，2015；Song et al.，2015；Xiao et al.，2014；Cheng et al.，2016；Liu et al.，2017；Duan et al.，2017；Huang et al.，2019），并在核心种质构建的基础上，联合国内外多家科研单位，率先对 100 份种质资源和 2 份杂种一代共计 102 份材料进行了基因组深度测序，为不结球白菜及其他芸薹属蔬菜的功能基因组和比较基因组研究奠定了生物信息学基础。揭示蔬菜遗传信息的奥秘，是改进蔬菜品质、提高蔬菜产量必不可少的前提与基础；为挖掘抗病、抗虫、抗逆等基因，分析基因功能，进而创造新品种，甚至为改进其他物种提供了可能；为进行分子设计育种奠定了基础，最终培育出更高产、更优质的蔬菜新品种，为全人类服务。

（侯喜林　刘同坤　编写）

主要参考文献

曹寿椿，李式军，1980. '矮脚黄'白菜雄性不育两用系的选育与利用［J］. 南京农学院学报，1（3）：59-67.

曹寿椿，李式军，1981. 白菜地方品种的初步研究Ⅱ. 主要生物学特性的研究［J］. 南京农学院学报，1（4）：67-77.

董玉琛，1999. 我国作物种质资源研究的现状与展望［J］. 中国农业科技导报（2）：38-42.

顾淑云，朱建华，1994. 利用低温低湿库贮藏蔬菜种子效果研究［J］. 种子科技（3）：27-28.

韩建明，2007. 不结球白菜种质资源遗传多样性和遗传模型分析及 bcDREB2 基因片段克隆［D］. 南京：南京农业大学.

韩建明，侯喜林，徐海明，2010. 不结球白菜种质资源形态性状多样性分析［J］. 生物数学学报，25（1）：137-146.

侯喜林，宋小明，2012. 不结球白菜种质资源的研究与利用［J］. 南京农业大学学报，35（5）：35-42.

胡晋，1996. 超低温保存对西瓜种子活力和生理生化特性的影响［J］. 种子（2）：25-29.

孔祥辉，1990. 几种蔬菜种子贮存条件的探讨［J］. 中国蔬菜（3）：31-33.

孔祥辉，1993. 大白菜和大葱种子-40℃低温贮存试验［J］. 种子（3）：9-11.

廉华，马光恕，2002. 蔬菜种质资源的作用及其创新方法［J］. 吉林农业科学，27（5）：47-51.

李世楠，2012. 蔬菜种质资源的保存与蔬菜育种［J］. 黑龙江农业科学（12）：160-161.

李锡香，2002. 中国蔬菜种质资源的保护和研究利用现状与展望［C］//全国蔬菜遗传育种学术讨论会. 全国蔬菜遗传育种学术讨论会论文集. 哈尔滨：哈尔滨地图出版社.

李锡香，沈镝，王海平，等，2006. 我国蔬菜种质资源研究进展与发展策略 [J]. 中国蔬菜，B01：3 - 9.

卢新雄，1992. 顽拗性种子的研究现状 [J]. 种子 (1)：34 - 36.

马缘生，1989. 作物种质资源保存技术 [M]. 北京：学术书刊出版社.

孟淑春，郑晓鹰，刘玉梅，等，2005. 大白菜种质资源形态性状的多样性分析 [J]. 华北农学报，20 (4)：57 - 61.

沈浩，刘登义，2001. 遗传多样性概述 [J]. 生物学杂志，18 (3)：5 - 7.

石思信，1988. 植物种子的低温和超低温保存 [J]. 种子 (1)：48 - 50.

田兴军，2005. 生物多样性及其保护生物学 [M]. 北京：化学工业出版社.

吴毅歆，隋启君，谢庆华，等，2006. 魔芋块茎脱毒高效快繁体系的构建 [J]. 西南农业学报，19 (4)：722 - 727.

夏铭，1999. 遗传多样性研究进展 [J]. 生态学杂志，18 (3)：59 - 65.

张海英，孔祥辉，1999. 低温冷冻真空干燥对小白菜种子常温多年贮存的效应 [J]. 中国蔬菜 (2)：21 - 23.

赵树仁，武丽英，1993. 番茄花粉超低温保存的研究 [J]. 园艺学报，20 (1)：66 - 70.

Duan W K，Zhang H J，Zhang B，et al，2017. Role of vernalization - mediated demethylation in the floral transition of *Brassica rapa* [J]. Planta，245 (1)：227 - 233.

Huang F Y，Wang J，Tang J，et al，2019. Identification，evolution and functional inference on the cold - shock domain protein family in Pak - choi (*Brassica rapa* ssp. *chinensis*) and Chinese cabbage (*Brassica rapa* ssp. *pekinensis*) [J]. Journal of Plant Interactions，14：232 - 241.

Liu T K，Li Y，Duan W K，et al，2017. Cold acclimation alters DNA methylation patterns and confers tolerance to heat and high increases growth rate in *Brassica rapa* [J]. Journal of Experimental Botany，68 (5)：1213 - 1224.

Seibert M，Wetherbee P J，1977. Increased survival and differentiation of frozen herbaceous plant organ cultures through cold treatment [J]. Plant Physiology，59：1043 - 1046.

Song X M，Ge T T，Li Y，et al，2015. Genome - wide identification of SSR and SNP markers from the non - heading Chinese cabbage for comparative genomic analyses [J]. BMC Genomics，16：328.

Wang Z，Tang J，Hu R，et al，2015. Genome - wide analysis of the R2R3 - MYB transcription factor genes in Chinese cabbage (*Brassica rapa* ssp. *pekinensis*) reveals their stress and hormone responsive patterns [J]. BMC Genomics，16：17.

Xiao D，Wang H，Basnet R K，et al，2014. Genetic dissection of leaf development in *Brassica rapa* using a genetical genomics approach [J]. Plant Physiology，164：1309 - 1325.

4　花卉种质资源

【本章提要】花卉种质资源是花卉育种的重要物质基础，是花卉产业可持续发展的源泉，也是丰富城市观赏植物多样性的重要素材。本章主要介绍花卉种质资源保存、评价和利用概况，进而介绍菊花、月季、百合、香石竹、非洲菊、杜鹃花、莲、蝴蝶兰、凤梨、红掌等重要花卉种质资源研究现状，最后对花卉种质资源研究工作提出对策并做展望。

4.1　花卉种质资源概况

花卉种质资源是指能将特定的遗传信息传递给后代并有效表达的花卉遗传物质的总称，包括栽培种、野生种、野生和半野生近缘种以及人工创造的新种质材料等。构成花卉种质资源的主要材料有种子，块根、块茎、球茎、鳞茎等无性繁殖器官，根、茎、叶、芽等营养器官，以及愈伤组织、分生组织、花粉、合子、细胞、原生质体、染色体、核酸片段等。

我国是一个花卉多样性十分丰富的国家，蕴藏着宝贵的花卉资源，是许多花卉的世界分布中心，拥有高等植物近 35 000 种，其中 1/2 以上为我国特有种，很多种类具有重要的经济价值。我国被誉为"世界园林之母"，花卉栽培有 2 000 多年的历史。

虽然我国的花卉种质资源十分丰富，但是我国在种质资源的调查、搜集、保存及利用方面却远落后于美国、英国、荷兰、法国、日本、以色列等花卉业发达的国家。从 17 世纪起，发达国家通过各种手段，不断从我国搜集花卉资源，大量采集名贵花卉的标本种子、球根等，进行分类研究，并开展杂交育种工作，对这些国家的花卉育种和产业发展起到了重要推动作用。如中国月季 19 世纪引入法国，解决了该国月季不能周年开花的问题。据武建勇等（2013）统计，英国爱丁堡皇家植物园（Royal Botanic Garden Edinburgh，RBGE）是世界现存历史最悠久的科研性植物园，目前保存活植物 17 000 多种，其中引自我国的有 1 700 多种，近 900 种为我国特有植物；美国哈佛大学阿诺德树木园（Arnold Arboretum）目前保存活植物 4 000 余种，其中引自我国的有 440 多种，200 多种为我国特有植物；美国莫顿树木园（The Morton Arboretum）目前保存活植物约 3 500 种，其中引自我国的有近 430 种，150 多种为我国特有植物。

从 20 世纪 80 年代开始，国内花卉科研工作者开始陆续开展花卉种质资源的调查、搜集、保存、评价及利用等方面的研究。中国科学院植物所、各地植物园及农林科研院所先后在所在地相似的地理范围内开展了野生花卉资源的调查研究（高俊平，2000），调查发现兰科植物全世界约有 320 属 2 万种，我国有 166 属 1 000 多种，主要分布在长江流域及其以南地区；报春花属植物全世界约有 500 种，我国约有 300 种，主要分布在四川、云南和西藏南部；全世界有蕨类植物 1.2 万余种，我国约有 2 600 种，约占世界总数的 1/5；世界上许多名花，如梅花、牡丹、菊花、百合、月季、玉兰、山茶、珙桐和丁香等均原产于我国，其中梅花品种有 300 多个、菊花品种有 3 000 多个；芍药属原产于我国的有 15 种，约占世界总数的 1/2，其中牡丹 6 种，全为我国特产。

4.1.1 花卉种质资源的保存

花卉种质资源是研究和育种的物质基础，没有资源就没有花卉产业的发展。传统花卉种质资源的保存方法主要有原地保存、异地保存和设施保存（设备保存、离体保存）3 种方式。

目前，有许多国家已经或正在建设花卉种质资源中心，其中最发达的是英国的全国植物和园林保护委员会（NCCPG）发起的英国国家植物保护计划，目前由多个国家植物园共收集了 5 万多种植物（Heywood，2003）。1999 年，美国农业部农业研究局（ARS）和俄亥俄州立大学（OSU）联合建设观赏草本植物种质资源中心（OPGC）作为美国国家种质库（NPGS）的一个组成部分，目前收集了大约有 200 属 3 200 种植物，可以提供给世界范围内的科研和育种人员利用。2007 年以来，OPGC 把主要精力都集中在了 6 个优先属，即海棠属（*Begonia*）、金鸡菊属（*Coreopsis*）、百合属（*Lilium*）、福禄考属（*Phlox*）、金光菊属（*Rudbeckia*）、堇菜属（*Viola*）的搜集方面，这是基于草本观赏植物种质委员会在评估了一些国家对草本观赏植物种质资源需求后给出的建议。美国农业部还在国家植物园（National Arboretum）建有观赏植物种质资源中心，主要对观赏乔木、灌木和草本植物进行搜集评价，该园位于华盛顿东北部，占地 180 hm²，目前收集了 182 属木本观赏植物，有 1 400 多份种子和 2 800 株露天保存的植株，该中心通过北美中国植物考察联盟（North America‐China Plant Exploration Consortium，NACPEC），在不同的植物园间进行种质资源的交流工作。

我国约有 160 个植物（树木）园，它们自 1989 年以来担负起我国稀有濒危植物迁地保护和研究的历史重担，主要对各地稀有濒危植物开展引种、迁地保护、濒危机制、回归等方面的研究，至今共迁地栽培我国本土植物 288 科 2 911 属约 20 000 种，分别约占我国本土高等植物科数的 91%、属数的 86%，物种数的 60%。国家在植物迁地保护方面的投入和基础设施建设都有很大的进展，如中国科学院的植物园系统保育植物物种数量仅次于美国、英国，位于全球第三位；中国农业科学院保存种质资源的份数仅次于美国，位于全球第二位（黄宏文等，2012）；贵州省植物园于 1990 年新建了珍稀濒危植物集锦园，大量引种珍稀濒危植物，对桫椤、银杉、金钱松、红花木莲、乐东拟单性木兰等 60 种 2 000 余株进行迁地保护；南京中山植物园 2001 年已迁地保育国家级重点保护植物 100 种以上，其中观赏树种 60 种，迁地保育使秤锤树免于灭绝。但这些方法往往存在占地面积大、成本高、易受外界环境影响等弊端，不能长期稳定保存种质资源。

超低温保存的长期稳定性对一些稀有、珍贵和濒危花卉种质资源来说意义重大。根据 2010 年联合国粮食及农业组织（FAO）的报告，全世界已建成 1 300 多座植物种质资源保存库，共保存各类植物种质 740 万份（含重复），数量最多的是美国国家种质库（NPGS），已保存各类植物种质资源 50.8 万份；英国皇家植物园邱园的千年种子库工程（MS‐BP）是目前世界上最大的种质设施保存库，该库于 2001 年建成并投入使用，计划到 2025 年完成收集保存全球 2.4 万种植物种质资源的目标（林富荣等，2004）。但上述大部分种质保存的对象涉及的观赏植物种类很少。在我国，中国作物种质资源信息系统（Chinese Crop Germplasm Resources Information System，CGRIS）保存了约 39.2 万份种质；1996 年中国科学院在西双版纳热带植物园建成热带濒危植物种质库；2001 年中国林业科学研究院建成了一座保存了我国部分主要造林树种种质资源以及西部地区部分灌木种质资源的低温库（林富荣等，2004）；2007 年建立的西南野生生物种质资源库，目前收集植物种子已达 5.4 万份，包括 7 271 种植物。

4.1.2 花卉种质资源的评价与利用

4.1.2.1 遗传多样性鉴定

在花卉品种分类与资源管理方面，我国 20 世纪 60 年代由陈俊愉、周家琪首创的花卉二元分类法已在梅花、桃花、莲、榆叶梅、山茶、牡丹、芍药、菊花等名花中推广应用（陈俊愉，1998）。荷兰农业科学院植物育种繁殖研究中心（CPRO - DLO）在花卉品种管理方面开发了花卉图像信息系统，可方便地用于花卉品种现代化系统研究，如品种鉴别及登录（潘会堂等，2000）。中国科学院植物研究所系统与进化植物学国家重点实验室开发了手机应用软件（APP）"花伴侣"，可方便大众对花卉植物进行识别，类似的还有中国农业科学院蔬菜花卉研究所开发的"花帮主"，杭州大拿科技股份有限公司推出的"形色"等。多种新技术、新方法被引入花卉种质资源研究领域，特别是分子生物学方法的应用将种质资源的研究推进到一个新的发展时期。戴思兰等（1998）应用 RAPD 技术对菊属 26 个分类居群进行分析，从分子水平上验证了栽培菊花的起源；陈向明等（2002）应用 RAPD 技术对 35 个牡丹栽培品种进行分析，发现供试品种间存在丰富的遗传多样性；陈林姣等（2003）应用 RAPD 技术对中国水仙进行遗传多样性检测，发现其遗传多样性水平偏低；郭立海等（2002）利用 RAPD 技术对月季（*Rosa chinensis*）品种和蔷薇品种进行了遗传多样性分析。另外，RAPD 技术还成功应用于丁香（*Syringa oblata*）、梅花（*Prunus mume*）、仙客来（*Cyclamen persicum*）、大花蕙兰（*Cymbidium hybridium*）等品种或种间亲缘关系的研究及蜡梅属（*Chimonanthus*）等的系统分类研究。

4.1.2.2 花卉种质资源的利用

花卉资源的利用主要有直接利用和间接利用两种。在国外有各种观赏植物的专类园进行开发利用方面的研究，如在澳大利亚观赏植物收集联盟（Ornamental Plant Collections Association，OPCA）有 70 多家专类园，在法国观赏植物收集联盟（Le Conservatoire des Collections Végétales Specialisées，CCVS）有 130 多家专类园（Heywood，2003）。在直接利用方面，如我国四川省农业科学院园艺研究所、云南农业大学花卉研究所等单位，历经多年联合攻关，对中国兰种质资源进行搜集、创新及繁殖技术研究，系统地收集保存了中国兰种质资源 437 份，兰属近缘种质资源 35 份，评价出可直接生产、推广应用的野生蕙兰优异品系 16 个（何俊蓉等，2014）；北京林业大学对蔷薇野生种和传统月季品种资源进行了调查、整理、分析和评价，筛选出华西蔷薇（*R. moyesii*）、刺蔷薇（*R. acicularis*）、黄刺玫（*R. xanthina*）等 10 个种可直接应用于园林绿化，并可作为育种亲本加以利用（白锦荣，2009）。世界三大观赏凤梨种苗供应商比利时德鲁仕公司、比利时爱克索特植物公司、荷兰康巴克公司掌握了世界上 90% 以上的观赏凤梨种质资源，拥有超过 90% 的观赏凤梨品种，其中不乏直接从保存的种质资源中选出的原生种（沈晓岚，2010）。间接利用主要是把种质资源用于杂交育种等工作。

在我国，大量野生资源还有待进一步引种驯化（张佳平等，2012）。据统计，我国已被引种利用的野生花卉不足 1/3，众多野生花卉还处于自生自灭状态（林夏珍，2001）。目前，对野生花卉资源进行专类专属引种研究的主要有北京植物园对百合属、石蒜属和绣线菊属的引种，武汉植物园对水生植物的引种，杭州、武汉、南京等地对鸢尾属的引种，中国科学院武汉植物研究所对细辛属植物的引种，上海、新疆克拉玛依市对宿根花卉的引种，中国科学院植物研究所对野生蕨类的引种等（林夏珍，2001）。对单种进行引种研究得比较多，如野生兜兰、白头翁（*Pulsatilla chinensis*）、金莲花（*Trollius chinensis*）、三色马先蒿（*Pedicularis tricolor*）等的引种栽培（林夏珍，2001）。但经驯化后应用于园林中的花卉种类却相对贫乏，如杭州、上海仅有

200 余种，北京只有 100 多种，"花城"广州也仅有 300 种左右。而一些国外城市，如伦敦、华盛顿、巴黎、东京等，则分别配置应用 1 500～3 000 种或更多的观赏植物（周涛等，2004）。这种差别与我国丰富的花卉资源是极不相称的。

利用野生花卉种质资源培育新品种，是野生花卉资源利用的主要途径之一。近年来，我国利用野生资源在牡丹、芍药、菊花、百合、金花茶等植物中已成功选育出一些优良品种（潘会堂等，2000）。除了作为观赏资源开发利用外，野生花卉资源应用的范围得到了拓展。目前，野生花卉的药用、食用、纤维、鞣质、芳香油、油脂、蜜源、饲料、固沙、杀虫等多种应用价值都不同程度地得到了开发，如野菊等是优质蜜源植物，龙胆类（Gentiana）等是药用植物，杜鹃类可提取芳香油，芫花、结香等是重要的纤维植物，歪头菜（Vicia unijuga）、苜蓿类（Medicago）、蒲公英等是良好的饲料植物，锦鸡儿类（Caragana）、岩黄芪类（Hedysarum）等是很好的防风固沙植物，瓦松类（Orostachys）、铁线莲类（Clematis）、翠雀花类（Delphinium）等植物可制杀虫剂。

我国花卉资源开发利用虽取得了一定成绩，但仍缺乏保护意识，对特有或占优势的花卉资源研究不深入，在国际上缺乏竞争力。

4.2 重要花卉种质资源研究现状

目前，各地建有各类花卉资源种质库上百个，种质资源库的规模和条件差异也较大，鉴于篇幅限制，本文仅对部分重要商品花卉的种质资源研究现状进行简要介绍。

4.2.1 菊花

菊花（Chrysanthemum morifolium）为菊科（Compositae）菊属多年生宿根花卉，是我国十大传统名花、世界四大切花之一，具有极高的观赏和应用价值，在国际花卉生产中占有十分重要的地位。我国是栽培菊花的起源中心，狭义菊属植物约 40 种，在我国分布的有 22 种，占 60% 左右，如甘菊、野菊、毛华菊、紫花野菊、菊花脑、异色菊、小红菊等（李辛雷等，2004）。菊花在我国已有 1 600 多年的栽培历史，日本菊花是在奈良时期随唐代文物由我国传入，17 世纪荷兰商人将菊花传到欧洲，18 世纪中期传到北美，现在世界各地广为栽培，品种达数千个。李鸿渐等（1990）曾根据花序、花瓣、花型、花色将 3 000 多个菊花品种分为 2 系（小菊、大菊）、5 类（平瓣、匙瓣、管瓣、桂瓣、畸瓣）、42 型（小菊 4 花型，大菊 38 花型）、8 色系（黄、白、绿、紫、红、粉红、双色、间色）。根据栽培形式，菊花可分为多头菊、独本菊、大立菊、悬崖菊、艺菊、案头菊等类型。

在拉脱维亚国家植物园（Latvian National Botanic Garden）建有专门的菊花种质资源保存中心，目前共收集 146 个类群。我国许多科研单位或部门也建有规模不同的菊花种质资源库（圃），南京农业大学从 20 世纪 40 年代开始从事菊花种质资源的搜集、保存、评价与创新研究工作，现建有中国菊花种质资源保存中心，收集保存各类资源 5 000 余份，其中品种 3 000 余个，实现了田间及室内离体缓慢生长保存。在此基础上，建立了菊花及其近缘种属植物园艺性状与抗/耐性状的评价体系，挖掘出 67 份优异抗性育种核心种质（表 4-1），明确了部分重要园艺性状和抗/耐性的形成机制（Zhang et al.，2011、2012），为菊花抗逆性状的遗传改良提供了基因储备。在菊花起源和系统进化方面，证实了菊属与亚菊属、蒿属的亲缘关系较近；创新地提出杂交引起的基因组、转录组和甲基化水平的快速改变可加速菊花及其近缘属植物的进化历程，且基因组非编码区删除及甲基化水平的上升或下降可使杂种后代快速二倍体化（Wang et al.，2013、2014），为利用远缘杂交拓宽菊花遗传基础和菊花种质创新提供了重要依据；利用单核苷酸多态性（single nucleotide polymorphism，SNP）标记，对菊花不同的品种类型进行了很好的分类，这种全基因组关联分析方法为菊花的起源进化、分类和重要观赏性状的遗传研究提供了全新的视角（Chong et al.，2016）；Song 等（2018）对菊花脑进行了全基因组测序，发现其是菊花的一个祖先物种，该研究提供了菊属物种祖先基因集的第一份参考基因组，对菊花的遗传多样性和分子生物学研究具有非常重要的参考价值。

表 4 - 1　鉴定获得的菊花优异抗性种质

序号	抗性	数量	近缘属植物	菊花品种
1	抗蚜虫	16	黄金艾蒿、黄蒿、牡蒿、香蒿、大岛野路菊	南农勋章、长紫、南农双娇、金莲、清露、韩 4、南农紫勋章、精云、南农小丽、韩 2、青心红
2	耐阴	13	龙脑菊、菊花脑、野菊、那贺川野菊、野路菊、大岛野路菊、若狭滨菊、阴岐油菊、毛华菊、细裂亚菊、盐菊、黄金艾蒿、香蒿	
3	耐盐	5	芙蓉菊、牡蒿、达摩菊、菊蒿、大岛野路菊	
4	抗黑斑病	6	达摩菊、花矶菊、矶菊、甘菊、神农架野菊、云南蓍	
5	耐涝	8	紫花野菊、小滨菊及其不同地理居群共 6 份	05（53）-4、05（47）-8
6	耐热	3		粉荷、火炬、紫荷
7	抗寒	16	紫花野菊、绢毛蒿、蓍、沈阳野菊、异色菊、太行菊、北京野菊、庐山野菊、甘菊、小滨菊、桤叶蒿	金陵黄鹤、03（6）-16、奥运锦云、金陵之光、奥运晚霞

　　另外，在河南开封收集菊花品种 1 600 多个；江苏南通唐闸公园的菊花品种保存基地有 200 多个传统大菊品种；广东中山小榄镇是远近闻名的菊艺之乡，也保存了丰富的栽培菊花品种。

　　在开发利用方面，我国菊花的栽培与药用历史悠久，有丰富的花文化遗产与医药文化遗产，与菊花相关的非物质文化遗产有 2 项国家级（菊花白酒传统酿造技艺和小榄菊花会）、3 项省级（滁菊制作技艺、菊花白酒酿制技艺、小榄菊花会），菊花资源有国家地理标志产品 4 种（杭白菊、滁菊、黄山贡菊、怀菊花）、国家地理标志商标 5 件（桐乡杭白菊、遂昌菊米、麻城福白菊、焦作怀菊、滁州贡菊）、国家农产品地理标志 3 种（麻城福白菊、开封菊花、小相菊花）。

4.2.2　月季

　　月季（*Rosa chinensis*）是蔷薇科蔷薇属的多年生木本花卉。蔷薇属植物全世界共有 200 多种，其中我国有 95 种，64 种为特有种，主要分布在甘肃、四川和云南地区。月季品种繁多，目前世界上现代月季品种已经达到 3 万多个，其中在欧洲苗圃销售的品种 2 800～2 950 个。现代月季品种基本来源于蔷薇属 15 个野生种的杂交和回交，有 10 个野生种原产我国，分别是月季花、香水月季、玫瑰、野蔷薇、硕苞蔷薇、华西蔷薇、密刺蔷薇、光叶蔷薇、黄蔷薇、异味蔷薇。中国蔷薇、月季栽培有 2 000 多年的历史，是现代月季的重要祖先，与欧洲原有蔷薇杂交并多次回交，选出许多优秀的月季、蔷薇的新类型、新品种。月季是我国十大传统名花之一，也是北京、天津、石家庄、南阳、常州、淮安及柳州等城市的市花，在我国大部分地区都有种植，其中以上海、南京、常州、天津、郑州和北京等地种植最为广泛。月季种类主要有藤本月季、大花香水月季（切花月季主要为大花香水月季）、丰花月季（聚花月季）、微型月季、树状月季、壮花月季、灌木月季及地被月季等。

我国虽然是月季的原产地之一，但与国外相比，我国在月季种质资源搜集、保存、利用、品种选育等方面还远落后于西方发达国家，目前国内月季产业中的主栽品种几乎全部来源于国外。如澳大利亚洛夫缔山植物园（Mount Lofty Botanic Garden）建有国家月季收集保存中心，几乎收集了所有现代月季品种。近年来，我国许多科研单位和企业开始重视月季种质资源的搜集和保存，将为我国月季育种及产业的发展奠定重要基础。如云南省农业科学院花卉研究所、昆明杨月季园艺有限责任公司、云南锦苑花卉产业股份有限公司、云南丽都花卉集团等单位收集保存了大量野生蔷薇、中国古老月季、现代月季野生种质资源和品种，建成了相应的种质资源库，累计收集、引种和驯化的月季品种达 1 100 多个；江苏省林业科学院建立了月季种质资源圃，保存了 1 000 多个月季品种、80 多个月季原种；沈阳市农业科学院花卉所建立了我国东北地区最大的月季种质资源圃，共收集月季品种近 2 300 个，其中从国外引进品种 1 700 多个，含有大花品种 649 个、丰花品种 991 个、微型品种 101 个、玫瑰品种 129 个、地被品种 24 个、藤本品种 400 个。

月季种质亲缘关系的研究方法包括形态学、孢粉学、细胞学、生化分析和 DNA 分子标记技术（李东丽等，2016）。西南大学研究人员对 90 份蔷薇属种质资源，包括 40 份野生种、21 份古老月季品种、29 份现代月季品种，进行了 SSR 遗传多样性研究，为月季杂交亲本选配、种质创新及新品种选育提供了理论指导。白锦荣（2009）对蔷薇野生种和传统月季品种资源进行了调查、整理、分析和评价，调查范围选择蔷薇属分布最为集中的云南、四川横断山脉地区，种质特点明显的新疆伊犁、阿尔泰，长白山和北京周边地区，共计搜集 43 种蔷薇属植物和 7 个变种，隶属 7 组 7 系，占我国蔷薇属种质资源的 44.8%。结合资源评价，筛选出华西蔷薇（R. moyesii）、刺蔷薇（R. acicularis）、黄刺玫（R. xanthina）等 10 个种可直接应用于园林绿化，并可作为育种亲本加以利用；川滇蔷薇、疏花蔷薇、复伞房蔷薇（R. bononii）等 15 种观赏性状较好、可直接或改良后选择其优良性状进行杂交育种，其后代可作为育种的中间材料进一步利用；调查和整理出 22 个中国传统月季品种，这些品种适应性广、抗性强、花型独特、芳香浓郁，为月季育种提供了物质基础。Zhu 等（2015）采用 SSR 分子标记和核糖体基因非编码序列（nrITS）对 64 份蔷薇属种质资源的亲缘关系进行了研究，结果表明，传统月季品种分别与合柱组、月季组聚在一起，亲缘关系较近，而与木香组、小叶组、芹叶组和金樱子组亲缘关系较远；野蔷薇和淡黄香水月季与现代杂种香水月季聚为一组；云南特有种中甸刺玫（小叶组）与桂味组的玫瑰和山刺玫聚为一类，而与缀丝花小叶组遗传距离较远；又用叶绿体和 nrITS 对月季种质资源研究，发现月季组和合柱组植物不是单起源，且两者与犬蔷薇组和法国蔷薇组亲缘关系较近。Debener 等（1999）运用 305 个 RAPD 和 AFLP 标记构建了玫瑰（Rose rugosa）的分子连锁图谱。Raymond 等（2018）对月季 La France 品种进行了基因组测序，该品种兼具欧洲品种强劲生长优势和中国品种反复开花的特性，通过基因组分析从中国祖先种的基因组片段中鉴定到了一些与反复开花相关的新的候选基因，该月季基因组为加速月季及其他蔷薇科物种的遗传改良奠定了基础。通过对月季品种 Old Blush 一个加倍单倍体的株系 HapOB 进行基因组测序和分析，结合遗传学和基因组学的方法，Hibrand Saint-Oyant 等（2018）鉴定了关键园艺性状的潜在遗传调控子，包括皮刺密度和花瓣数量，所提供的参考基因组是研究多倍化、减数分裂和发育的重要资源，通过性状相关的分子标记开发促进蔷薇科物种的育种。

目前，我国一些传统月季品种已遗失，还有很多蔷薇属植物至今没有得到开发，而其特有的抗病性、抗寒性、香味等优异性状也有待进一步研究利用。因此，深入考察和评价我国蔷薇属植物的现状，调查和搜集我国特有的传统月季品种，分析其亲缘关系，挖掘其特有种质，探讨其在世界月季育种工作中的地位与育种潜力，进行种质创新，对提高我国月季育种的水平、培育具有自主知识产权的特色品种具有重要意义。

4.2.3 百合

百合（*Lilium brownii* var. *viridulum*）是多年生鳞茎植物种群，是重要的商品花卉之一，具有观赏、药用和食用价值。全世界约有 115 种，我国是百合的自然分布中心，原产约 55 种，近 50 年来已培育的百合品种达 9 400 个。野生百合在我国的分布范围很广，尤其西南和华中地区分布较多，在云南、四川、甘肃、河南、河北、山西、湖北、宁夏、山东、江苏、青海、内蒙古、黑龙江、辽宁和吉林等地均有大量野生百合资源的分布，如野百合、岷江百合、宜昌百合、通江百合、渥丹、紫花百合、玫红百合、蒜头百合、大理百合、湖北百合、川百合、南川百合、宝兴百合、乳头百合、绿花百合、乡城百合等。目前，我国大部分百合原种仍处于野生状态，许多具有特殊优良性状的百合原种有待于进一步开发利用，如适宜培育切花品种的毛百合、东北百合等，其花朵直立向上、植株高大；湖北百合、毛百合、山丹、岷江百合等是抗病育种的重要亲本；条叶百合、青岛百合、岷江百合、毛百合、卷丹、山丹等可用于抗寒育种；山丹等适宜作促成栽培等。这些丰富多彩的百合原种是通过远缘杂交，改良百合株型、抗性等性状的重要亲本。根据叶序与花型，百合可分为 4 组：①百合组，叶散生，花大呈喇叭形，横向生长，观赏价值高，常见的有岷江百合（又称王百合）、麝香百合（又称铁炮百合）、野百合；②钟花组，叶散生，花色丰富，花朵向上，代表性种类有毛百合、滇百合、渥丹；③卷瓣组，叶散生，花朵倒悬，花瓣反卷呈钟状，代表性种类有卷丹、湖北百合；④轮叶组，叶轮生，花型不一，但有斑点，如青岛百合，其花朵向上开放，花瓣质地厚有光泽，有紫红斑点。

美国、俄罗斯、波兰、澳大利亚等国纷纷把一些百合种类列入法律保护范围（李守丽等，2006）。在资源搜集方面，荷兰的 CPRO‐DLO 通过低温组培的方法共收集保存了野生种及栽培品种 1 000 多份（van Tuyl et al.，1996）。由于我国是百合资源的重要分布中心之一，同时百合在花卉产业中占据重要地位，因此从 20 世纪 80 年代初国内很多科研单位就开始进行百合种质资源的调查、搜集、保存与快繁工作，经过 30 多年的努力，取得了一些可喜的成绩。如南京林业大学建立了百合低温缓慢生长保存技术体系，解决了具有重要育种价值的野生百合资源在南京露地越夏难题。苏州农业职业技术学院对我国西南山区、中部高海拔山区、西北秦岭地区、东北大小兴安岭地区的百合属植物资源进行调查与搜集，截至 2007 年底，该单位已收集野生百合 35 个种，1 000 多份资源；并采用细胞工程及田间保存相结合的方法，共计保存了 21 个种的 300 多份种质；收集商品品种 30 个，其中东方百合 15 个、亚洲百合 11 个、麝香百合 4 个；建立了野生百合及部分商品品种的组培快繁及产业化生产技术体系，开展了所搜集种质资源的育种利用研究，为后续百合种质创新奠定了坚实的基础。西北农林科技大学对秦巴山区野生百合种质资源开展了调查，并对部分资源进行了迁地保存。中国农业科学院蔬菜花卉研究所建立了百合种质资源收集保存圃及资源共享系统、百合病毒检测及脱毒原种生产技术体系；开发了百合 SSR 标记，为百合育种奠定了资源与技术基础（徐雷锋等，2014）。

4.2.4 香石竹

香石竹（*Dianthus caryophyllus*）又名康乃馨（carnation），是世界四大切花之一，其野生种分布于欧洲南部以及非洲西北山区，现已培育出数以百计的香石竹商用品种。香石竹为多年生宿根草本植物，须根系，茎丛生，节膨大，叶厚线形，对生，基部短鞘环抱节上，营养充足时许多品种的叶片向外卷曲，这是某些品种正常生长的标志之一。石竹属主要观赏种有香石竹、石竹（又称洛阳花）、须苞石竹（又称美国石竹、五彩石竹）。石竹属（*Dianthus*）植物多为一二年生或多年生草本，约有 300 种，其野生种群主要分布于欧洲和亚洲，少数分布于非洲和北美洲。在位于撒哈拉沙漠以南的非洲大陆分布有 20 种，其中南非 16 种、赞比亚 3 种、莫桑比克 1 种，北美洲只分布有 1 种（*D. repens*）。在我国，石竹属植物有 16 种，其中 2 种为中国特有种。我国野生石竹按花瓣齿裂或繸裂可归类于齿瓣组和繸裂组。齿瓣组花瓣顶缘齿裂，有花梗，花单生或呈疏聚伞花序，蒴果圆筒形，野生种类包括簇茎石竹（*D. repens*）、石竹（*D. chinensis*）、细茎石竹（*D. turkestanicus*）、高石竹（*D. elatus*）、多分枝石竹（*D. ramosissimus*）、狭叶石竹（*D. semenorii*）、变色石竹（*D. versicolor*）；繸瓣组花瓣细裂成繸状或流苏状，野生种大多分布于我国的新疆，主要种类包括玉山石竹（*D. pygmaeus*）、针叶石竹（*D. acicularis*）、瞿麦（*D. superbus*）、长萼石竹（*D. kuschakewicizii*）、天山石竹（*D. tianschanicus*）、准噶尔石竹（*D. soongoricus*）、繸裂石竹（*D. orientalis*）、土耳其石竹（*D. turkestanicus*）、大苞石竹（*D. hoeltzeri*），其中，玉山石竹仅分布于我国的台湾地区，为台湾特有种。新疆是我国石竹属植物的分布中心，特别是天山山脉和阿尔泰山山脉分布着丰富的野生石竹种质资源。董连新（2009）对位于新疆中部的天山山脉和北部的阿尔泰山山脉 2 个野生石竹自然分布区进行实地调查，共采集野生石竹标本 160 份和 26 个群体 528 个株系的种子，查清了当前新疆野生石竹的分布区域及资源现状；采用 PCR 产物直接测序方法对新疆野生石竹的 10 个种进行了内部转录区间隔区（ITS）序列测定，并对新疆野生石竹种间的亲缘关系进行了分析，结果发现 10 个野生种的种间遗传距离非常接近。

我国对香石竹的栽培始于 20 世纪初，而香石竹育种工作才刚刚起步，因此，对香石竹和石竹的遗传多样性进行研究，可以为香石竹的育种提供理论依据。吴雯等利用 RAPD 分析技术，对 5 种石竹、2 个香石竹盆栽品种、8 个香石竹大花切花品种以及 17 个香石竹小花切花品种进行 RAPD 分析，结果表明，利用 RAPD 技术可以很好地区分种间关系，32 份种质可分为石竹和香石竹两大类；另外，石竹野生种和人工栽培品种、香石竹盆栽品种和切花品种及香石竹大花型品种和小花型品种均可依此技术区分。云南省农业科学院花卉研究所等通过对香石竹品种资源的搜集与鉴定、杂交育种等研究，不仅获得了一批具自主知识产权的新品种，而且建立了一套较为完善的香石竹育种体系以及品种资源评价筛选技术与数据库，共引进品种 184 个，自主选育新品系 17 个，获国家授权新品种 4 个（云红 1 号、云红 2 号、云凤蝶和云之蝶）。香石竹种质资源主要依靠田间种质圃和离体库进行保存，其中离体保存因其无菌培养占用空间小、所需劳动力和维持开支少、易于国际交换等特点，越来越受到世界各国的重视。香石竹超低温保存也有很多研究报道，如林田等（2015）采用小滴玻璃化法超低温保存技术对香石竹种质资源保存进行了研究。

4.2.5 非洲菊

非洲菊（*Gerbera jamesonii*）又名扶郎花、灯盏花，为菊科（Compositae）大丁草属多年生宿根常绿草本花卉。其花朵硕大，花色丰富，姿态各异，装饰性强，且耐长途运输，在适宜条件下可周年生产供应鲜切花，为世界重要切花之一。大丁草属植物约有 80 种，主要分布于非洲，其次为亚洲东部及东南部。非洲菊最早由雷曼于 1878 年在南非德兰士瓦发现，同年将其送到英国邱园。19 世纪末，英国的林奇最早开展非洲菊杂交育种，他将非洲菊和绿叶非洲菊进行杂交，获得了杂交种。其后，法国的阿德奈选育出了用于切花的品种。1950 年以后，欧洲育成了一系列新品种，1980 年还育成矮生盆栽品种，花期几乎全年不断。日本也在重瓣非洲菊的育种上获得了成功。非洲菊花色基因遗传丰富，且异质性非常高，其子代花型、花色差异大，因此优良的杂交单株可借组织培养迅速大量繁殖成营养系。品种随着流行趋势更换很快，其花色以白、红、粉、橙、紫等为主，加上种间杂交融合容易，除以上固有色系外，也有许多中间色系。

目前对非洲菊种质资源的研究相对较少，主要集中在种质的保存、主要性状的相关性分析及花色素组分研究等方面。吕长平等（2012）把玻璃化超低温保存法应用于非洲菊种质资源保存研究中，并试图建立它们的再生系统。李云等（2009）对 13 个非洲菊品种进行了主要园艺性状遗传相关分析和通径分析，结果表明，花径大小、花梗粗度、单株分株数与产量极显著正相关，花径大小、花梗粗度和叶片大小 3 个性状对产量的形成具有较大的直接作用，可作为主要选择性状进行非洲菊的遗传改良。陈建等（2009）对 9 个不同花色非洲菊品种的花瓣花色素成分进行了特征颜色反应和紫外-可见光谱分析，发现不同花色品种的花色素主要由类黄酮、类胡萝卜素和花色素苷三大类组成，其中，黄色花主要含类胡萝卜素和类黄酮，白色花较为单一，只含黄酮类化合物，而紫色花和红色花主要由花色素苷和黄酮类化合物组成。

通过运用 AFLP 技术及简单序列重复区间（inter-simple sequence repeats，ISSR）标记技术等从分子水平上进行非洲菊种质资源遗传多样性分析，有助于加快非洲菊的育种进程，也为非洲菊的遗传改良和合理利用提供理论依据。聂京涛等（2011）利用 ISSR 分子标记技术对 75 份非洲菊材料进行了遗传多样性研究，发现非洲菊具有丰富的遗传多样性，他们将非洲菊材料聚类结果与其花色、花型、管状花颜色、花径做比较，发现其成一定的相关性。吴莉英等（2008）获得了非洲菊清晰的 AFLP 指纹图谱，为非洲菊分类鉴定等相关研究奠定了基础。

国内在对非洲菊进行引种、观察其生长适应性、评估其栽培利用价值等方面的研究比较多。云南省农业科学院通过各种渠道从国外引进 25 个非洲菊切花品种进行试种及品种比较试验，并对各个品种的生育期、植物学性状、产花量、抗病性、瓶插寿命及商品性等方面做了较为细致的综合评价，从中筛选出 11 个有市场前景的品种。福建省福鼎市林业科技推广中心从国内不同地区引入非洲菊品种进行栽培试验，证实非洲菊可以在闽东低山丘陵地区栽培。还有很多引种试验表明，非洲菊的一些品种适宜在南京、岭南等不同的气候与土壤条件下推广种植，为当地非洲菊生产提供了参考依据。

4.2.6　杜鹃花

杜鹃花（*Rhododendron simsii*）泛指杜鹃花科（Ericaceae）杜鹃花属植物，有"花中西施"的美誉。杜鹃花属是杜鹃花科中最大的属，全世界杜鹃花属植物近 960 种，我国约 542 种（不包括种下等级），其中特有种 400 多个，除新疆、宁夏没有杜鹃花属植物分布外，各地均有，但集中产于西南、华南，如云南、西藏和四川就有 403 种，是杜鹃花野生资源的分布中心。杜鹃花在地理分布上，最北可达北纬 65°的北极区内，南界为越过赤道的昆士兰，约南纬 20°；在垂直分布上，大部分种类分布在海拔 1 000～3 800 m 的亚热带山地常绿阔叶林、针阔叶混交林、针叶林或暗针叶林中，海拔 1 000 m 以下杜鹃花也多见分布，但种类较少。杜鹃花的园艺品种是由原种（野生资源）通过杂交或芽变不断选育出来的后代，主要分为五大品系，即春鹃品系、夏鹃品系、西鹃品系、东鹃品系、高山杜鹃品系。春鹃指先开花后发芽，4 月中下旬、5 月初开花的品种；夏鹃指春天先长枝发叶，5 月至 6 月初开花的品种；东鹃是日本的石岩杜鹃的变种及其众多的杂交后代，从日本引入，故称东鹃；西鹃是指欧美杂交的园艺栽培品种，尤其是比利时杜鹃，又称西洋鹃；高山杜鹃指杜鹃花科高山常绿灌木或小乔木植物，一般生长在海拔 600～800 m 的山野间，适应性强，经过人工驯化、培育可成为园林绿地中常绿品种。杜鹃花不仅极具观赏价值，有的种还可供食用、药用和提取精油、鞣质等（Prakash et al.，2007），黄杜鹃还可作为植物杀虫剂用于林业保护（Klocke et al.，1991）。

近年来，很多珍贵的杜鹃野生种由于气候变化、森林开采、人类活动等原因而濒临灭绝（Singh et al.，2009）。为此，濒危种质资源的系统发育、遗传规律等研究受到重视，基于分子标记的资源评价工作被深入开展（Riek et al.，2000）。Dunemann 等（1999）用 239 个 RAPD 标记、38 个 RFLP 标记、2 个 SSR 标记成功构建了北美杜鹃的分子遗传图谱，并对北美杜鹃缺绿病和花色等数量性状进行了 QTL 分析。肖政等（2016）运用相关序列扩增多态性（sequence‑related amplified polymorphism，SRAP）标记，将 30 份杜鹃花材料中的云锦杜鹃和光枝杜鹃、井冈山杜鹃和皱叶杜鹃、迎红杜鹃和兴安杜鹃、露珠杜鹃和大果杜鹃分别聚为一组，与基于表型特征的分类基本一致。营养体繁殖和种子繁殖技术体系也逐渐完善（Kumar et al.，2004）。

在野生种的收集上，英国爱丁堡植物园成效显著，中国科学院华西亚高山植物园、庐山植物园、昆明植物园等也开展了大量引种工作并取得较好的成绩。中国科学院昆明植物园 20 世纪 80 年代开始收集、保存杜鹃花属植物，先后收集并成功驯化马缨花、露珠杜鹃、大白花杜鹃、长蕊杜鹃、云南杜鹃、基毛杜鹃、粗柄杜鹃、灰背杜鹃、蓝果杜鹃、亮叶杜鹃、棕背杜鹃等杜鹃花属种质资源 246 种（含变种和品种），占我国原产杜鹃花种类的 40% 以上。在此基础上，对这些种质资源进行了评价，从中筛选出 169 份优异种质和 46 份关键育种亲本，为杜鹃花育种奠定了重要的资源基础。在湖南省森林植物园内建立的中国杜鹃花属植物种质资源异地保存库，占地近 33.3 hm²，该资源保存库自 2001 年开始建设以来，先后共收集、保存杜鹃花属植物 105 种、750 份种源、2 000 份居群，成为国内领先水平的杜鹃花属种质资源收集保存示范基地。中国科学院庐山植物园收集保存了常绿杜鹃、有鳞杜鹃、马银花、羊踯躅、映山红、糙叶杜鹃及毛枝杜鹃 7 个亚属的 481 种杜鹃花属植物资源，按照生态类型将其分为高山垫状灌木型、高山湿生灌木型、旱生灌木型、亚热带山地常绿乔木型及附生灌木型 5 种类型，是目前保存杜鹃花属植物最多的种质资源圃。

4.2.7 莲

莲（*Nelumbo nucifera*）又名荷花，分布于亚洲和大洋洲，主要生长在我国以及日本、印度、泰国、斯里兰卡、菲律宾、印度尼西亚一带，我国是荷的世界分布中心。美洲黄莲（*N. lutea*）分布在北美洲和南美洲北部，美国是黄莲的世界分布中心。从植物形态特征来看，美洲黄莲和中国莲很相近，仅体型大小、花色和叶片稍有差异，美洲黄莲花粉粒的极面观和赤道面观均无特殊于中国莲，另外，两个种间相互杂交可孕，完全不存在生殖隔离，因此，将美洲黄莲作为莲的亚种较为合理，中国荷花专家王其超和张行言按二元分类法已认定美洲黄莲为中国莲亚种，并建立了荷花品种分类新系统，包括温带型荷花品种分类系统和热带型荷花品种分类系统（1 系、2 群、3 类、8 型）（张行言等，2006）。孙祖霞（2012）利用 SRAP 和 ISSR 标记技术对 64 个荷花品种进行遗传多样性和亲缘关系研究，发现两种标记都将 64 个品种分为中国莲和中美杂交莲两个类群，野生型基本聚在中国莲种系里，重台类的品种大致聚在重瓣类品种中，中美杂交莲重瓣品种与少瓣品种大致分开，重瓣类群中大株型品种和中小株型品种大致分开，这为荷花分类系统提供了科学依据。

当前，全国多处建有荷花品种资源圃。如湖北省武汉市东湖风景区中国荷花研究中心的荷花品种资源圃，保存的品种达 340 个，培育新品种 200 多个。2014 年，上海辰山植物园建成了国际荷花资源圃，该资源圃占地总面积约 5 000 m²，主要分为大型荷花品种区、中型荷花品种区、小型荷花品种区、睡莲区及育种生产区 5 个区，共有 1 000 余池（盆）。第一批定植品种数量超过了 400 个，除大部分来自国内，如稀有品种普兰店中国古代莲、大洒锦、至尊千瓣、千瓣莲等，还有来源于美国、日本、泰国、印度等国的优良品种，如 Carolina Queen（美国）、大贺莲（日本）、Sattabongkot（泰国）、Nehru（印度）等，资源圃拥有的荷花品种资源在全球最具代表性。国际荷花资源圃以全球荷花资源考察和引种为基础，以居群和品种为单位，计划用 3～5 年时间基本收集国内野生荷花种质资源及重要品种、国外代表性野生荷花资源及优良品种，总计收集 80%以上世界荷花代表性品种 1 000 个左右，最终建设成为一个规模大、标准高、野生资源及品种最全的国际性荷花资源圃，服务于荷花的资源收集、保育、研究、科普及产业的可持续发展。另外，中国科学院北京植物园、湖南省农业科学院蔬菜研究所、江西广昌白莲研究所、南京艺莲苑花卉有限公司等单位也先后开展了荷花种质资源保存以及品种改良工作，保存各类荷花品种 300 余个。2013 年武汉植物园与美国、澳大利亚科学家合作完成了对中国古代莲的基因组测序和分析，发现莲基因组大约有 2.7 万个基因，全长 9.3 亿个核苷酸。该基因图谱的公布将有助于科学家深入研究莲特异的生物学特征，包括荷叶效应（荷叶表面纳米结构带来的抗水防尘的自洁功能）、荷花的生热作用（加快化学物质挥发，引诱昆虫来授粉）及种子千年不死的长寿秘密等（Ming et al.，2013），莲基因组草图的绘制必将促进连藕等经济作物的遗传改良，并有助于水生植物分子生物学的加速发展。

4.2.8　蝴蝶兰

蝴蝶兰（*Phalaenopsis aphrodite*）为兰科蝴蝶兰属植物，因花似蝴蝶而得名，有"洋兰皇后"的美誉。蝴蝶兰原产于亚洲及太平洋的某些岛屿，分布范围广。蝴蝶兰的原产地不同，生态习性也有差异。原产于较干旱地区的蝴蝶兰原生种，多具有较肥厚的叶片和根系；原产于光照较强的地区，则具有革质的叶片。有的原生种附生于森林上层的树木，有的附生于近地面的底层树上，还有的则为地生兰。大部分原生种生长在高温多湿的环境，靠气生根吸收外界环境中的水分，一般需要保持环境相对湿度在 70%～80%。

蝴蝶兰杂交常用的原生种有大白花蝴蝶兰（*P. amabilis*）和席氏蝴蝶兰（*P. schilleriana*），在标准大花类及粉红色蝴蝶兰的育种中有重要作用；斑点花类则多由标准大花类与原种或珍奇类杂交而来，其重要的亲本有 *P. lueddemanniana*、Ho's Francy leopard、Golden peoker 等；*P. gigtmrea* 是点花系品种中最重要的杂交亲本；荧光蝴蝶兰（*P. uiolalea*）是粉红色花系原始亲本的代表种；黄花品系的蝴蝶兰大多数是由原生种 *P. mannii* 杂交而来；大多数多花蝴蝶兰具有 *P. equestris* 的血统，此外还有 *P. lobbii* 和 *P. parishii* 等；珍奇类为小花类原生种初代杂交种及多代杂交种，其重要的原种亲本有 *P. lueddemanniana*、*P. amboinensis* 和 *P. violacea* 等，其中带有 *P. violacea* 血统的常具有香味；此外，爱神蝴蝶兰（*P. aphrodite*）、雷氏蝴蝶兰（*P. stuartiana*）和褐斑蝴蝶兰（*P. fuscata*）等也常作为蝴蝶兰育种中的常用亲本（杨阳，2012）。英国皇家园艺学会（Royal Horticultural Society，RHS）是国际上负责兰花品种登录的机构，已登录蝴蝶兰的杂交种数量达 3 万多个。

从分子标记技术和观赏性状变异特性两个方面开展研究，辅助蝴蝶兰杂交亲本的筛选，对提高蝴蝶兰杂交育种效率具有重要意义。明凤等（2003）对蝴蝶兰不同花色品种进行 RAPD 分析，将 12 个品种分为基色为白色和具有条纹的两个家族，这为近缘杂交获得新品种提供了理论依据。科学家完成了小兰屿蝴蝶兰（*P. equestris*）全基因组测序和组装，有一些特殊的发现，如古多倍化事件、景天酸代谢和兰花高度特异化的花朵形态相关基因变化等（Cai et al.，2015）。Zhang 等（2017）对拟兰亚科的深圳拟兰进行基因组测序分析，修正了兰花由辐射对称向两侧对称、由简单向复杂进化的认知，解析了兰科具有丰富多样性的原因，为制定兰花保护策略提供了依据，同时获得的控制兰花性状的一系列基因，为分子育种奠定了基础。

在种质资源收集方面，美国佛罗里达州霍姆斯泰德（Homestead）的 Orchid Jungle 收集了兰科 2 000 个种和约 2 万个杂交种，英国皇家植物园邱园（Royal Botanic Gardens，Kew）收集保存了 3 000 份兰科植物，科学家 Hugh Pritchard 和 Philip Seaton 发起和主持开展的"兰科植物种子贮存与可持续利用"项目，目前已收集和保存 250 种兰科植物种子，现在已成为一个全球性网络，有 22 个国家的 31 个研究所加入，下一步目标是至少收集保存 1 000 种兰科植物种子，并实现数据共享（Seaton et al.，2011）。目前，我国福建漳州创业园内建设有"兰花大世界"，占地面积 333 hm²，建设标准玻璃温室 200 hm²，国际兰花展馆 1 hm²，汇聚海峡两岸顶尖兰花企业，形成了以蝴蝶兰为主的高端专类园，建成集生产、销售、科研、科普、休闲旅游为一体的亚洲最大兰花产业园区。

4.2.9 凤梨

凤梨类植物归属于凤梨科（Bromeliaceae），原产于北美洲加勒比海沿岸至南美洲，仅有 1 种分布在非洲西海岸。根据子房位置、果实类型、种子特征、叶缘锯齿的有无、地生或附生等差异，凤梨类植物可分为沙漠凤梨、凤梨和空气凤梨 3 个亚科，有 56 属、2 656 种、342 变种。沙漠凤梨亚科（Pitcairnioideae，又称皮氏凤梨亚科或翠凤草亚科）为最原始的凤梨植物，大多数为地生，依赖其根部吸收养分与水分，绝大多数种类叶缘锯齿发达呈棘刺状，具蒴果及无翅干性种子，该亚科共有 16 属 900 种左右。凤梨亚科（Bromelioideae，又称积水凤梨亚科）为性状最多样化的亚科，其属最多但种最少，多数种类具有由螺旋状排列叶片而形成的"槽"，中央可以积聚水分，大多数种类为附生类，多数种类会结浆果和湿性种子，由鸟兽传播种子，其叶片常具刺状锯齿，该亚科共有 31 属 800 种左右。空气凤梨亚科（Tillandsioideae，又称铁兰亚科）为属最少但种最多的亚科，其绝大多数种类的叶缘无刺状锯齿，蒴果，干性种子带羽毛状的翅，种子由风力散布，多数是附生类，该亚科是最进化的亚科，也最具有适应力与传播力，共有 9 属 1 200 种左右。

根据凤梨在原产地的生活方式，可将凤梨类植物分成附生、地生两大类。附生种（epiphytic species）是指附生在树木等植物之上的种类，其由叶吸收养分；地生种（terrestrial species）是指与普通植物一样，其根系入地吸收养分和水分的种类。有时也将喜爱生活在悬崖、高山地区裸露的岩石和石砾之上的种类列为第三类，即岩生种（saxicolous species）。依据凤梨的生态习性还可将凤梨类植物分为地生型凤梨（terrestrial bromeliad）、积水型凤梨（tank bromeliad）和空气型凤梨（atmospheric bromeliad）三大类型。根据凤梨类植物的用途，可将其分为食用凤梨和观赏凤梨，能作为果树栽培的凤梨仅有菠萝（Ananas comosus），其他属植物主要用于观赏。近年来，人们从菠萝中选育出了不少的观赏品种，目前我国种植的绝大多数观赏凤梨品种都是从国外引进的。据估计，作为商品化生产的观赏凤梨原生种和品种有 180～200 个，但我国目前引进和生产的观赏凤梨品种仅有 60～70 个。凤梨中体型最大的是普雅花，它在营养生长时一般高 3～4 m，开花时可达到 9～10 m，非常壮观；最小的凤梨为空气草，一般高度只有 2～6 cm。

在资源保存方面，Zee 等（1992）发现将凤梨芽培养在蒸馏水中，可保存 12 个月；Arrabal 等（2002）以 Cryptanthus sinuosus 的茎轴为外植体，建立了一个有效的液体离体保存体系。

世界三大观赏凤梨种苗供应商比利时德鲁仕公司、比利时爱克索特植物公司、荷兰康巴克公司已开始应用生物技术开展育种工作，但目前育成的品种大多是杂交种和从种质资源中选出的原生种（沈晓岚，2010）。从 2002 年起，我国广州花卉研究中心开展了观赏凤梨种质资源的搜集、保存、研究、创新和资源库建设，迄今共收集观赏凤梨资源 523 份，建成了凤梨科种质资源库和种质资源管理数据库，研究观赏凤梨种质资源栽植保存、种子保存和离体保存技术，建立了种质资源保存技术体系；对观赏凤梨主要育种目标性状进行了观察、测量、鉴定，共观测 183 个观赏凤梨品种的 30 个性状，获得了大量观测数据，并鉴定出一批优异种质，为新品种选育奠定了基础。浙江省农业科学院花卉研究开发中心对 176 份彩叶凤梨种质资源进行了观赏性评价，发现 24 份资源在生产上可直接利用。

在观赏凤梨遗传标记的研究方面，Duval 等（2001）运用 RFLP 分子标记技术对 301 个凤梨样本进行多样性及亲缘关系分析，发现凤梨种质内存在着一定的基因交流，为提高种内的有性繁殖奠定了基础；Duval 等（2003）还运用同样的技术研究了凤梨属及其相关属的亲缘关系，为凤梨属分类学地位的确立提供了理论依据。Ruas 等（2001）则采用 RAPD 技术，探讨了 *Ananas* 与 *Pseudananas* 两个属 18 个样品之间的亲缘关系。Kato 等（2005）用 AFLP 分子标记对 *Ananas comosus* 的 DNA 多态性研究，证实凤梨种质内部存在着丰富的遗传变异。

4.2.10 红掌

红掌（*Anthurium andraeanum*）别称花烛、安祖花，为天南星科花烛属多年生草本植物，原产于中南美洲热带雨林。红掌花叶优美，高贵典雅，着生有平展的佛焰花苞和直立柱状的肉穗花序，因其花形奇特、花色艳丽、花期持久、周年开花、株型优雅等诸多优点，是目前国际花卉市场上流行的一种名贵花卉，成为仅次于热带兰的第二大热带花卉商品。红掌由法国著名植物学家 Elouard Andr 在 1896 年从哥伦比亚西南部引种到欧洲，比利时人 Jean Linden 率先栽培并开始销售，从此便作为商品风靡全球。20 世纪 70 年代，中国科学院北京植物研究所开始对红掌进行引种栽培，但一直到 20 世纪 90 年代，我国红掌规模化生产才发展起来，近年来发展迅猛，2013 年产值近 10 亿元，已成为世界主要的产地和消费市场之一。荷兰、美国、毛里求斯是世界红掌的主要生产中心。

目前，红掌遗传基础研究主要集中在遗传多样性和亲缘关系探讨。利用 SRAP 和 RAPD 分子标记对红掌品种的亲缘关系分析，发现品种间的聚类与佛焰苞的颜色和形态有关（王呈丹等，2013；Khan et al.，2010）。王呈丹等（2013）研究表明，所收集 33 个品种的聚类受佛焰苞大小影响较大，可能是因为数量性状间的相关性比较高，使数量性状间的差异具相同的变化。遗传多样性狭窄是当今植物育种获得突破性进展的主要限制因素之一，红掌已知品种的遗传多样性指数偏低，主要原因是收集的资源多是市场上销售的商品品种及其近似品种，主要来自 7 家育种公司，荷兰安祖公司和荷兰瑞恩育种公司的品种占总数的 63%，未包括原生种，而目前红掌栽培品种大多以红掌（*A. andraeanum*）为亲本培育。褚云霞等（2014）收集了 87 个红掌品种，构建了红掌已知品种数据库，计算 39 个 DUS 测试性状的变异系数和遗传多样性指数，对数量性状进行相关性分析，比较了直接筛选和聚类分析方法在筛选近似品种上的应用。由于现有红掌品种资源多由复杂的种间杂交选育而来，生殖特性差别较大，进一步了解现有红掌资源的开花、传粉、结实、种子活力等生殖生物学特性，可为育种工作提供理论指导。潘晓韵等（2010）对红掌及其他部分观赏花烛的种子采收、保存及无菌播种等技术进行了比较研究。常娟霞等（2014）对 13 个红掌品种进行了育种相关的生殖特性研究。广州花卉研究中心于 2004 年 3 月建成了国内首个红掌种质资源库，并在同年 5 月初步建成了国内首个红掌种质资源数据库。该中心收集了花烛属种质资源 112 份，其中红掌品种 104 个、火鹤花品种 6 个、观叶花烛品种 2 个，但收集到的红掌种质资源基本是国外专业育种公司选育的新品种，还未收集到花烛属（红掌）原生种，这将在一定程度上影响今后的种质资源创新利用和新品种选育成效。

4.3 花卉种质资源研究对策与展望

拥有丰富的花卉种质资源不仅是开展花卉育种工作的一个重要前提，也是花卉行业赖以发展的重要基础。世界花卉生产分工越来越细，花卉的生产也由高成本发达国家向低成本的发展中国家转移。我国素有"世界园林之母"之称，地跨 3 个气候带，拥有丰富的野生花卉和栽培花卉资源，是多种观赏植物的世界分布中心，是全球少见的花卉宝库。

自 20 世纪 80 年代以来，我国花卉种质资源研究取得了许多可喜的成绩，但还存在很多亟待解决的问题。第一，我国花卉种质资源十分丰富，几乎不可能对每一种花卉种类建立种质资源库或建立类似美国农业部的观赏植物种质资源中心，因此，在花卉种质资源库选择与建设方面需要根据国内外花卉产业发展的现状，有针对性地选择一些重要及我国特色的花卉种类建立相应的花卉种质资源库，以便为我国花卉资源保护和花卉产业发展提供资源保障。第二，花卉种质资源库的建设成本和维护费用很高，由于花卉种质资源库本身并不创造经济效益，因此保障花卉种质资源库正常运转是有待解决的一个重要问题。建议农业农村部把花卉列入国家种质资源圃建设行列，科技管理部门设立专项花卉种质维护资金，对拥有重要花卉种质资源库的单位给予连续支持。第三，花卉种质资源库信息交流困难，目前很多资源库中花卉种类的信息都是纸质材料保存，信息化程度不高，严重限制了花卉种质资源的利用。建议在国家有关部委支持下，由优势科研单位牵头建立中国花卉种质资源库信息平台。第四，生物遗传资源相关知识产权受到各国的高度重视，遗传资源获取与惠益分享议题谈判已经进入实质性阶段。2010 年达成了《名古屋议定书》，根据第五条规定，只有原产国的遗传资源或合法获得的遗传资源才有资格分享惠益，并且可以要求分享这些收集遗传资源嗣后的应用和商业化所产生的惠益。这就给我国追踪其流失国外资源的嗣后应用所产生惠益的公平分享提供了空间。我国应建立和完善相关法律、政策体系，研究遗传资源被收集、开发利用的追踪与监测技术，查明历史上和现阶段已经被引出的植物遗传资源情况，制定包括事先知情同意等相关条款在内的材料转让协议，为确保我国遗传资源在被开发利用时实现惠益分享提供技术支撑。第五，目前很多花卉种质资源未得到充分发掘和利用，为此需要整合传统育种和现代生物技术育种的优势，加大种质创新的力度。

随着科学技术的发展，先进的研究手段和方法如生物技术，已在种质资源研究工作中起到越来越重要的作用，种质创新已成为种质资源研究工作的核心，只有加强种质资源的鉴定工作，拓宽种质的遗传基础，丰富其遗传多样性，才能使花卉育种和产业发展取得突破性进展。

（陈发棣　蒋甲福　滕年军　编写）

主要参考文献

白锦荣，2009. 部分蔷薇属种质资源亲缘关系分析及抗白粉病育种 [D]. 北京：北京林业大学.

常娟霞，牛俊海，黄少华，等，2014. 红掌种子结实性、发育周期及杂交后代发芽力的变异分析 [J]. 基因组学与应用生物学，33 (2)：392 - 397.

陈建，吕长平，陈晨甜，等，2009. 不同花色非洲菊品种花色素成分初步分析 [J]. 湖南农业大学学报（自然科学版），35 (1)：73 - 76.

陈俊愉，1998. 国内外花卉科学研究与生产开发的现状与展望 [J]. 广东园林 (2)：3 - 10.

陈林姣，田惠桥，武剑，2003. 中国水仙与欧洲水仙品种 RAPD 指纹的研究 [J]. 热带亚热带植物学报，11 (2)：177 - 180.

陈向明，郑国生，孟丽，2002. 不同花色牡丹品种亲缘关系的 RAPD - PCR 分析 [J]. 中国农业科学，35 (5)：

546 - 551.

褚云霞，邓姗，顾可飞，等，2014. 红掌已知品种库的建立与应用 [J]. 中国农学通报，30 (19)：129 - 136.

戴思兰，陈俊愉，李文彬，1998. 菊花起源的 RAPD 分析 [J]. 植物学报，40 (11)：1053 - 1059.

董连新，2009. 新疆野生石竹种质资源收集、保存、评价及利用研究 [D]. 南京：南京林业大学.

高俊平，2000. 中国花卉科技二十年 [M]. 北京：科学出版社.

郭立海，金德敏，王斌，等，2002. 月季种质鉴定和多样性分析 [J]. 园艺学报，29 (6)：551 - 555.

何俊蓉，李枝林，蒋彧，等，2014. 中国兰种质资源收集与创新利用及名贵品种高效繁殖技术研究进展 [J]. 中国科技成果 (1)：56 - 57.

黄宏文，张征，2012. 中国植物引种栽培及迁地保护的现状与展望 [J]. 生物多样性，20 (5)：559 - 571.

李东丽，高述民，赵惠恩，等，2016. 月季种质资源亲缘关系研究进展 [J]. 生物学杂志，33 (2)：103 - 105.

李鸿渐，邵建文，1990. 中国菊花品种资源的调查收集与分类 [J]. 南京农业大学学报，13 (1)：30 - 36.

李辛雷，陈发棣，2004. 菊花种质资源与遗传改良研究进展 [J]. 植物学通报，21 (4)：392 - 401.

李守丽，石雷，张金政，等，2006. 百合育种研究进展 [J]. 园艺学报，33 (1)：203 - 210.

李云，李涛，2009. 非洲菊主要园艺性状的遗传效应研究 [J]. 湖北农业科学，48 (5)：1176 - 1177.

林富荣，顾万春，2004. 植物种质资源设施保存研究进展 [J]. 世界林业研究，17 (4)：19 - 23.

林田，杨华，李天菲，等，2015. 香石竹茎尖的改良小液滴玻璃化法超低温保存 [J]. 现代园林，12 (4)：322 - 323.

林夏珍，2001. 中国野生花卉引种驯化及开发利用研究综述 [J]. 浙江林业科技，21 (6)：72 - 75.

吕长平，栾爱萍，陈海霞，等，2012. 玻璃化法超低温保存非洲菊茎尖及植株再生 [C]//张启翔. 中国观赏园艺研究进展. 北京：中国林业出版社.

明凤，董玉光，娄玉霞，等，2003. 蝴蝶兰不同花色品种遗传多样性的分析 [J]. 上海农业学报，19 (2)：44 - 47.

聂京涛，潘俊松，何欢乐，等，2011. 非洲菊部分品种资源遗传多样性的 ISSR 分析 [J]. 上海交通大学学报（农业科学版），29 (3)：76 - 82.

潘会堂，张启翔，2000. 花卉种质资源与遗传育种研究进展 [J]. 北京林业大学学报，22 (1)：81 - 86.

潘晓韵，田丹青，葛亚英，等，2010. 红掌种子的贮藏和无菌播种 [J]. 浙江农业科学 (4)：757 - 762.

沈晓岚，2010. 观赏凤梨优良品种收集以及遗传转化研究 [D]. 杭州：浙江大学.

孙祖霞，2012. 荷花种质资源遗传多样性的 SRAP 和 ISSR 研究 [D]. 南京：南京农业大学.

王呈丹，牛俊海，张志群，等，2013. 红掌品种亲缘关系 SRAP 分析 [J]. 植物遗传资源学报，14 (4)：759 - 763.

武建勇，薛达元，赵富伟，2013. 欧美植物园引种中国植物遗传资源案例研究 [J]. 资源科学，35 (7)：1499 - 1509.

吴莉英，唐前瑞，李达，等，2008. 非洲菊的 AFLP 指纹图谱构建 [J]. 湖南林业科技，35 (4)：8 - 10.

肖政，苏家乐，刘晓青，等，2016. 杜鹃花种质资源遗传多样性的 SRAP 分析 [J]. 江苏农业学报，32 (2)：442 - 447.

徐雷锋，葛亮，袁素霞，等，2014. 利用荧光标记 SSR 构建百合种质资源分子身份证 [J]. 园艺学报，41 (10)：2055 - 2064.

杨阳，2012. 蝴蝶兰种质资源的综合评价 [D]. 南京：南京农业大学.

张佳平，丁彦芬，2012. 中国野生观赏植物资源调查、评价及园林应用研究进展 [J]. 中国野生植物资源，31 (6)：18 - 23.

张晓宁，2011. 香石竹种质资源小滴玻璃化法超低温保存技术研究 [D]. 武汉：华中农业大学.

张行言，王其超，2006. 热带型荷花的发现与荷花品种分类系统 [J]. 中国园林，22 (7)：82 - 85.

周涛，朴永吉，林元雪，2004. 中国野生花卉资源的研究现状及展望 [J]. 世界林业研究，17 (4)：45 - 48.

Arrabal R，Amancio F，Carneiro L A，et al，2002. Micropropagation of endangered endemic Brazilian bromeliad *Cryptanthus sinuosus* (Smith L. B.) for *in vitro* preservation [J]. Biodiversity and Conservation，11 (6)：1081 - 1089.

Cai J，Liu X，Vanneste K，et al，2015. The genome sequence of the orchid *Phalaenopsis equestris* [J]. Nature Genetics，47：65 - 72.

Chong X，Zhang F，Wu Y，et al，2016. A SNP - enabled assessment of genetic diversity, evolutionary relationships and the identification of candidate genes in chrysanthemum [J]. Genome Biology and Evolution，8：3661 - 3671.

Debener T，Mattiesch L，1999. Construction of a genetic linkage map for roses using RAPD and AFLP markers [J]. Theoretical and Applied Genetics，99：891 - 899.

Dunemann F，Kahnau R，Stange I，1999. Analysis of complex leaf and flower characters in *Rhododendron* using a molecular linkage map [J]. Theoretical and Applied Genetics，98：1146 – 1155.

Duval M F，Noyer J L，Perrier X，et al，2001. Molecular diversity in pineapple assessed by RFLP markers [J]. Theoretical and Applied Genetics，102（1）：83 – 90.

Duval M F，2003. Relationships in *Ananas* and other related genera using chloroplast DNA restriction site variation [J]. Genome，46（6）：990 – 1004.

Heywood V，2003. Conservation and sustainable use of wild species as sources of new ornamentals [J]. Acta Horticulturae，598：43 – 53.

Hibrand Saint – Oyant L，Ruttink T，Hamama L，et al，2018. A high – quality genome sequence of *Rosa chinensis* to elucidate ornamental traits [J]. Nature Plants，4（7）：473 – 484.

Kato C Y，Nagai C，Moore P H，et al，2005. Intra – specific DNA polymorphism in pineapple [*Ananas comosus* （L.）Merr.] assessed by AFLP markers [J]. Genetic Resources and Crop Evolution，51（8）：815 – 825.

KhanY J，Pankajaksan M，2010. Genetic diversity among commercial varieties of *Anthurium andreanum* Linden u-sing RAPD markers [J]. Journal of Plant Genetics and Transgenics，1（1）：11 – 15.

Klocke J A，Hu M，Chiu S，et al，1991. Grayanoid diterpene insect antifeedants and insecticides from *Rhododen-dron molle* [J]. Phytochemistry，30（6）：1797 – 1800.

Ming R，van Buren R，Liu Y，et al，2013. Genome of the long – living sacred lotus（*Nelumbo nucifera* Gaertn.）[J]. Genome Biology，14：R41.

Prakash D，Upadhyay G，Singh B N，et al，2007. Antioxidant and free radical scavenging activities of *Himalayan rhododendrons* [J]. Current Science，92（4）：526 – 532.

Raymond O，Gouzy J，Just J，et al，2018. The Rosa genome provides new insights into the domestication of mod-ern roses [J]. Nature Genetics，50（6）：772 – 777.

Riek D J，Mertens M，Dendauw J，et al，2000. Azalea（*Rhododendron simsii* hybrids）germplasm from China assessed by means of fluorescent AFLP [J]. Acta Horticulturae，521：203 – 210.

Ruas C F，Ruas P M，Cabral J R S，et al，2001. Assessment of genetic relatedness of the genera *Ananas* and *Pseudananas* confirmed by RAPD markers [J]. Euphytica，119（3）：245 – 252.

Seaton P T，Pritchard H W，2011. Orchid seed stores for sustainable use：a model for future seed banking activi-ties [J]. Lankesteriana，11：349 – 353.

Singh K K，Rai L K，Gurung B，2009. Conservation of Rhododendrons in Sikkim Himalaya：an overview [J]. World Journal of Agricultural Sciences，5（3）：284 – 296.

Song C，Liu Y，Song A，et al，2018. The Chrysanthemum nankingense genome provides insights into the evolution and diversification of chrysanthemum flowers and medicinal traits [J]. Molecular Plant，11（12）：1482 – 1491.

van Tuyl J M，van Holsteijn H C M，1996. Lily breeding research in the Netherlands [J]. Acta Horticulturae，414：35 – 43.

Wu Y，Wang W，Meng S，2013. Study on present status of plant germplasm resources conservation and counter-measures [J]. Agricultural Science and Technology，14（5）：732 – 737.

Wang H，Jiang J，Chen S，et al，2013. Rapid genomic and transcriptomic alterations induced by wide hybridiza-tion：*Chrysanthemum nankingense* × *Tanacetum vulgare* and *C. crassum* × *Crossostephium chinense*（Asteraceae）[J]. BMC Genomics，14：902.

Wang H，Jiang J，Chen S，et al，2014. Rapid genetic and epigenetic alterations under intergeneric genomic shock in newly synthesized *Chrysanthemum morifolium* × *Leucanthemum paludosum* hybrids（Asteraceae）[J]. Genome Biology and Evolution，6（1）：247 – 259.

Zee F T，Munekata M，1992. *In vitro* storage of pineapple（*Ananas* spp.）germplasm [J]. Horticultural Science，27（1）：57 – 58.

Zhang F，Chen S，Chen F，et al，2011. SRAP – based mapping and QTL detection for inflorescence – related traits in chrysanthemum（*Dendranthema morifolium*）[J]. Molecular Breeding，27（1）：11 – 23.

Zhang F，Jiang J，Chen S，et al，2012. Mapping single‐locus and epistatic QTL for plant architectural traits of chrysanthemum [J]. Molecular Breeding，30 (2)：1027‐1036.

Zhang G Q，Liu K W，Li Z，et al，2017. The *Apostasia* genome and the evolution of orchids [J]. Nature，549 (7672)：379‐383.

Zhu Z，Gao X F，Fougère‐Danezan M，2015. Phylogeny of *Rosa* sections *Chinenses* and *Synstylae* (Rosaceae) based on chloroplast and nuclear markers [J]. Molecular Phylogenetics and Evolution，87：50‐64.

5 西瓜甜瓜资源与育种

【本章提要】西瓜、甜瓜是我国重要的高效园艺作物。本章主要介绍西瓜、甜瓜资源与育种研究进展。我国已收集保存4 000余份西瓜、甜瓜种质，通过形态学、遗传学结合分子标记等技术，就遗传多样性分析和农艺性状鉴定等进行了大量研究，挖掘和创制出一大批优异种质。西瓜、甜瓜遗传密码的破译及遗传图谱的绘制为优异基因的挖掘奠定了基础，农杆菌介导法等遗传转化技术的逐渐成熟，为分子育种提供了技术支撑。利用传统育种结合分子技术，在品种选育方面取得了突破性成果，育成一批丰产、优质、抗病、特色的新品种，基本实现了品种专用化。

5.1 种质资源研究

5.1.1 种质资源收集与保存

目前，西瓜种质资源保存较多的国家有美国、俄罗斯、中国、印度、日本等。美国有两个西瓜种质库，一个是位于佐治亚州的格里芬（Griffin）试验站，另一个是位于科罗拉多州的国家种子贮存库（NSSL）。国外著名的甜瓜种质资源中心有欧洲葫芦科植物数据中心、俄罗斯植物种质中心、日本茨城农业生物资源中心及英国皇家植物园的千年种子库工程等。

我国西瓜、甜瓜中期库保存种质数量突破4 000份，涵盖了西瓜属的5个种和甜瓜属的14个种。为了丰富西瓜、甜瓜种质资源，我国多次从美国、日本大量引种，例如北京市农林科学院蔬菜研究中心于2003年从美国种质资源库引进了1 373份西瓜种质资源。对国家长期库编目的1 003份甜瓜统计分析表明，45.0%的编目甜瓜引自国外。同时，我国也多次进行了地方品种的调查和收集工作。通过对编入国家长期库的西瓜统计分析表明，目前收录西瓜地方品种261个，占编目西瓜品种总数的24.9%。

5.1.2 种质资源鉴定及研究

不同的种质具有不同的遗传性状，只有对种质资源进行系统的整理和深入的研究，了解和掌握各种种质材料的特征和特性，才能合理地利用这些材料，更好地开展育种工作。国际及国内一向重视种质资源的研究，不仅在西瓜、甜瓜遗传多样性分析、农艺性状鉴定和遗传表现上做过系统研究，同时也在种质抗病性、抗逆性等方面做了大量鉴定工作，并且随着分子技术的快速发展，多种分子标记技术如随机扩增多态性DNA（random amplification polymorphic DNA，RAPD）、相关序列扩增多态性（sequence - related amplified polymorphism，SRAP）、扩增片段长度多态性（amplified fragment length polymorphism，AFLP）、简单序列重复标记（simple sequence repeat，SSR）等被用于种质资源鉴定工作，加快了种质资源研究的进程。

5.1.2.1 遗传性状及农艺性状研究

遗传多样性研究是种质资源研究和利用的基础，大量的研究人员利用分子标记等手段对西瓜、甜瓜种质资源的遗传多样性进行了研究。Zhang 等（2012）开发出 23 个高效的 SSR 标记用于西瓜遗传多样性鉴定。Mujaju 等（2013）应用 13 个 EST－SSR 标记对从津巴布韦各省收集的 139 份西瓜资源进行了遗传多样性分析。Sheng 等（2012）结合形态学和分子特性（利用 SSR 标记）比较了中国西瓜生态型与其他国家如美国、日本、俄罗斯等的西瓜资源的遗传多样性，发现俄罗斯和美国的西瓜遗传特征相似，而中国的各种生态型与日本的相似。Yang 等（2016）利用单核苷酸多态性（single nucleotide polymorphism，SNP）标记对 37 个核心基因型西瓜进行了遗传多样性分析，揭示了这些核心种质资源的遗传关系，有利于西瓜的种质改良。Uluturk 等（2011）应用 SRAP 技术对 90 份西瓜种质进行了遗传多样性鉴定。Aierken 等（2011）运用分子标记手段对 120 份甜瓜材料的遗传多样性进行了分析，并研究了哈密瓜与中南亚甜瓜的近缘关系。Hu 等（2011）应用了 15 对叶绿体微卫星（cpSSR）对 67 份国内种质及 19 份国外种质进行了细胞质遗传变异多态性分析。张法惺等采用 SSR 分子标记技术对 96 份不同生态型西瓜种质资源的遗传多样性进行研究（黄华宁等，2014）。

农艺性状指农作物的生育期、株高、叶面积、果实品质等可以代表作物品种特点的相关性状。Cheng 等（2016）鉴定了 10 个数量性状位点（quantitative trait locus，QTL）用于西瓜果实品质分析，其中 4 个用于糖含量分析，6 个用于果实性状分析。美国学者 Yoo 等（2012）以 20 份不同瓤色的西瓜为材料，比较分析了类胡萝卜素、糖分、抗坏血酸（维生素 C）的含量。尚建立等（2012）以国内西甜瓜种质资源中期库中的 1 200 份西瓜种质为材料，对果实形状、果肉颜色、中心糖含量和种子千粒重等 12 项植物学性状进行了遗传多样性和相关性分析。文乐欣（2011）对 74 份甜瓜材料果肉的香气进行检测，并对其进行主成分分析，发现酯类物质是区分甜瓜不同类型的主要物质。

5.1.2.2 抗逆、抗病、抗虫种质资源研究

西瓜耐旱，喜干燥，不耐寒，在许多地区缺水仍然是影响西瓜产量和品质的重要因素。Zhang 等（2011）对美国农业部 820 份西瓜种质及 246 份西瓜育种自交系进行了苗期的快速抗旱性鉴定，筛选出 25 份抗旱性极强的西瓜种质。张海英等（2011）采用苗期持续干旱法，对 1 066 份西瓜种质资源开展大规模抗旱性筛选评价，筛选出一批抗旱西瓜种质。这些研究，为西瓜抗旱育种奠定了基础。另外，张爱华等对多份西瓜种质资源在人工模拟气候条件下进行了耐冷性分析，筛选出一批耐寒西瓜种质。

西瓜、甜瓜生长发育过程中容易受到病害侵袭，因此对抗病种质资源的掌握和利用对于抗病育种非常重要。目前，抗病材料的鉴定与研究主要针对枯萎病、蔓枯病、炭疽病、细菌性果斑病以及病毒病等危害较严重的病害，其中，枯萎病是目前西瓜生产上危害最严重的一种病害。佛罗里达大学对西瓜栽培品种进行抗枯萎病的鉴定工作，掌握了 40 多份商品品种的抗感程度。宋荣浩等（2009）对国内外引进和育成的 78 份西瓜品种资源进行了枯萎病和蔓枯病的人工接种双重抗性鉴定，筛选出 9 份高抗枯萎病的单抗种质。另外，耿丽华等（2010）建立了一套西瓜枯萎病菌生理小种鉴定技术体系，可以鉴定和区分出尖孢镰刀菌西瓜专化型生理小种 0、1 和 2，还可用于西瓜枯萎病菌生理小种分化与致病性测定以及抗枯萎病种质资源和品种的筛选鉴定。Wechter 等（2016）研究发现了西瓜材料 USVL246－FR2 和 USVL252－FR2 抗尖孢镰刀菌生理小种 2。在其他病害研究方面，Carvalho 等（2013）筛选出高抗细菌性果斑病的 BGCIA 979、

BGCIA 34 和 Sugar Baby 3 份西瓜种质。Ma 等（2015）筛选出 23 份抗西瓜细菌性果斑病的西瓜种质，这些种质主要起源于非洲。蔡晓雨（2013）筛选出 4 份抗西瓜花叶病毒 2 号（watermelon mosaic virus-Ⅱ，WMV-Ⅱ）和西葫芦黄化花叶病毒（zucchini yellow mosaic virus，ZYMV）病的材料。Kousik 等（2014）筛选出抗西瓜绵腐病的材料 USVL489-PFR、USVL782-PFR、USVL203-PFR 和 USVL020-PFR，可用于选育抗绵腐病的西瓜新品种。Ben-Naim 等（2015）评价了 291 份西瓜种质对白粉病生理小种 1W 的抗性，筛选出 8 份抗性种质。Hussain 等（2016）筛选出 2 份抗白粉病的西瓜种质（WT2257 和 Zcugma F$_1$）。Kim 等（2013）收集了 514 份西瓜种质并进行疫病抗性鉴定，发现 2 份高抗西瓜种质（IT185446 和 IT187904），这 2 份材料可用于选育抗性新品种或作为砧木用于西瓜嫁接栽培。在甜瓜研究方面，Huh 等（2013）筛选出 35 份材料抗枯萎病生理小种 1，11 份材料抗黑点根腐病以及 4 份材料兼具二者抗性。Wechter（2011）从 322 份甜瓜种质中筛选了 5 份细菌性果斑病抗性种质。Min-Jeong 等（2012）从 450 份甜瓜种质中筛选出了 5 份高抗疫病的材料。马鸿艳等（2009）从 109 份甜瓜种质中筛选出 19 份高抗白粉病材料。杨颖等（2010）对 267 份薄皮甜瓜种质资源进行根腐病抗性评价，筛选出 16 份高抗种质资源和 20 份抗病种质资源。

目前，在西瓜、甜瓜抗虫种质资源方面的研究较少。王志伟等（2011）对 35 份西瓜资源进行了抗南方根结线虫能力的评价。徐雪莲（2013）采用苗期蚜量比值法和田间离中率方法建立了切实可行的西瓜抗蚜性评级标准，并鉴定出黑皮和绿美人 2 个高抗品种、黑美人和惠兰 2 个抗性品种。Thies 等（2015）研究发现野生西瓜种质 RKVL318 具有抗根结线虫的特性，并且以此材料为砧木进行嫁接可有效缓解根结线虫对栽培西瓜的危害。

5.1.2.3 基因组学与生物技术

近几年，随着高通量测序技术的不断完善和测序成本的下降，西瓜、甜瓜基因组方面的研究取得了重大突破。我国完成了栽培西瓜全基因组的序列分析，获得了高质量的西瓜基因组序列图谱，并成功破译了西瓜遗传密码，研究成果于 2013 年在国际学术顶级刊物 *Nature Genetics* 上在线发表（Guo et al.，2013），标志着我国西瓜基因组学及转录组学研究已处于国际领先地位。比较基因组分析揭示了 11 条西瓜染色体的起源进化概况，证实它们来源于包含 7 条染色体的古六倍型双子叶植物祖先。除了基因组测序，国际西瓜基因组计划还开展了西瓜维管束与果实发育转录组测序，清晰绘制了西瓜植株信号传导和调控、果实成熟糖代谢与调控以及瓜氨酸代谢的基因网络（Guo et al.，2011）。Garcia-Mas 等（2012）在世界上首次完成了甜瓜双单倍体材料的全基因组测序，并于 2012 年发表在 *Proceedings of the National Academy of Sciences of the United States of America*（PNAS）杂志上。该项研究发现与甜瓜亲缘最近的是黄瓜，而甜瓜基因组比黄瓜基因组要大得多；同时，该研究构建了甜瓜遗传图谱，并鉴定了与甜瓜抗病能力相关的 411 个基因以及与甜瓜果实成熟相关的 89 个基因。此外，Blanca 等（2011）对来源于 54 个国家的包含野生近缘种、野生种、育种单系和栽培品种的 212 份甜瓜种质资源进行了转录组测序和遗传多样性分析，从基因型上将种质资源分为 8 大类，并且证明来自非洲和印度野生甜瓜的种质资源遗传多样性最为丰富。

在功能基因组学研究方面，侧重于抗性相关基因和功能性成分相关基因的研究。牛晓伟等（2012）构建了西瓜 cDNA 表达文库，并利用酵母双杂交手段研究发现寄主对尖孢镰刀菌 FonSIX6 响应的方式是调控抗病基因的表达，为克隆西瓜抗真菌基因提供理论参数。通过转录组分析干旱条件下西瓜 RNA 的变化发现，干旱抗性与解毒基因、激素信号基因、丝氨酸代谢基因等相关。冷害胁迫导致一个交替氧化酶途径操控的下调基因的识别，抑制性消减杂交技术研究表明西瓜线粒体交替呼吸途径在调控植物的低温胁迫响应中发挥重要的作用（Li et al.，

2011）。高峰（2013）通过构建正向和反向抑制性差减文库，发现 *Cm - EIL1*、*Cm - EIL2*、*Cm - ERF1*、*Cm - ERF2* 基因可能在甜瓜果实乙烯跃变过程中具有重要作用。乌斯呼吉日嘎拉（2014）利用转基因和 RNA 干扰（RNAi）技术研究发现，*α - Mcm* 基因能调控 *ACS6* 等成熟相关基因表达，并能在延长甜瓜果实成熟期和采后贮藏期方面发挥着重要的作用。Ren 等（2017）通过重测序和遗传转化研究发现，液泡膜糖转运基因（*ClTST2*）与转录因子基因 *SUSIWM1* 共同调控西瓜果实糖分积累。

DNA 甲基化是表观遗传的重要表现方式，西瓜多倍化或处于逆境时，会发生显著的甲基化改变，国内有研究对此做了初步的分析。杨炳艳等（2014）研究发现低温胁迫后，三倍体去甲基化率与上调表达量均大于二倍体，而且三倍体诱导出更多的差异基因参与了能量代谢调控、信号转导、物质运输等过程，说明 DNA 甲基化在三倍体抵抗低温胁迫中发挥了重要的作用。朱红菊等（2012）研究了二倍体和同源四倍体西瓜幼苗在 NaCl 胁迫后形态学指标差异和 DNA 甲基化变化情况，结果表明 NaCl 胁迫后 DNA 的去甲基化比率降低，超甲基化比率升高，并且其变化幅度四倍体大于二倍体，不同倍性西瓜幼苗的甲基化模式与其受伤害程度成负相关。

生物技术的发展首先是从组织培养开始逐渐发展起来的，由于这种再生技术能与外源基因导入很好地结合，所以得到了很快的发展。目前，以子叶为外植体的西瓜、甜瓜再生体系已比较成熟，但西瓜、甜瓜组培受基因型的限制较大，不同类型的品种需要不同的再生体系。张全美（2004）建立了西瓜下胚轴离体培养高效再生体系，同时建立了西瓜离体四倍体诱导技术体系，为西瓜遗传转化和多倍体育种奠定基础。王喜庆（2012）建立了小型西瓜离体培养技术体系，为组培诱导四倍体育成无籽小西瓜提供基础条件。许念芳等（2013）以子叶为外植体，建立了无籽西瓜的组培再生体系。西瓜、甜瓜的单倍体培养有花药培养、游离小孢子培养和子房或未受精胚培养。西瓜、甜瓜通过小孢子培养产生单倍体的难度较大，未授粉子房的离体培养是获得单倍体植株的有效途径之一。李玲等（2014）通过未授粉胚珠离体培养途径成功获得了再生植株，并且确定了最佳培养植物生长调节剂的组合。

西瓜、甜瓜转基因技术也已逐渐成熟，目前最常用的方法是农杆菌介导的转染法，但转化率较低。Huang 等（2011）利用农杆菌介导法构建了表达西瓜银斑病毒（watermelon silver mottle virus，WSMoV）、小西葫芦黄花叶病毒（ZYMV）、W 型番木瓜环斑病毒等编码基因的转基因西瓜材料。同样，Lin 等（2012）依据 WSMoV、黄瓜花叶病毒（cucumber mosaic virus，CMV）、黄瓜绿斑花叶病毒（cucumber green mottle mosaic，CGMMV）以及西瓜花叶病毒（watermelon mosaic virus，WMV）序列设计了兼具 4 种病毒特征的杂种 DNA 序列，通过农杆菌介导法将之转入西瓜中，转基因后代对上述病毒产生了不同程度的抗性。甜瓜的农杆菌介导法转化率也较低，有学者认为主要原因是农杆菌侵染造成甜瓜外植体分生组织解体，因此开发新的甜瓜遗传转化途径很有必要。高鹏等（2013a）利用甜瓜材料 M - 23 建立了甜瓜植株茎尖组织作为受体材料的遗传转化体系，避免了传统组织培养周期长、工作量大以及无菌操作要求高的缺陷。经过不断优化，栾非时课题组建立了高效的甜瓜再生体系并改良了农杆菌介导的遗传转化方法（Zhang et al.，2014a、2014b），经 PCR 鉴定，遗传转化效率高达 13%。郝金凤等（2014）利用庆大霉素基因作为筛选基因，通过优化转化条件，建立了农杆菌介导的甜瓜腋芽生长点遗传转化体系，转化率和幼苗移栽成活率均显著提高。另外，许珺然等（2014）通过花粉管通道介导银杏抗菌肽基因 *Gnk2 - 1* 于西瓜自交系 04 - 1 - 2 中。王学征等（2013）利用子房注射法实现抗真菌病原蛋白质——几丁质酶和葡聚糖酶双价抗真菌基因对甜瓜自交系的遗传转化。Switzenberg 等（2014）通过构建乙烯合成基因 *ACS* 过表达的甜瓜植株，进一步研究了乙烯在花性别分化中的作用。Zhang 等（2016）利用花粉管通道法将 *CmACS* 基因导入到甜瓜植株中。虽然以上大多数研究成果尚未在育种实践中利用，但为将来的发展提供了基础。由于生物工程技术具有强大的生命力，生物工程技术育种一定能在西瓜、甜瓜育种上发挥巨大的作用。

5.1.3 种质资源创新

根据育种研究与生产需要，采用新技术、新方法，特别是高新生物技术与常规育种技术相结合的复合技术，是实现种质创新突破的关键。

5.1.3.1 人工诱变

人工诱变一般包括化学诱变和物理诱变。应用秋水仙素等进行化学诱变是改变西瓜倍性的常规方法。张勇等（2012）采用剥离茎尖滴苗法研究了秋水仙素对厚皮甜瓜四倍体的诱导，诱导率达到 $20.0\%\sim54.4\%$。但秋水仙素毒性很大，且诱变效果不稳定。近年来，研究人员应用新型诱变剂胺磺乐灵（oryzalin）建立了操作方便、效率高的西瓜四倍体高效诱变技术体系，成功诱变获得多个西瓜四倍体材料或自交系，为无籽西瓜新品种选育奠定了研究基础。例如，张娜等（2013）采用胺磺乐灵对幼苗生长点进行剥滴处理，获得了稳定的四倍体材料，最终诱变率达 30.6%。物理诱变主要利用辐射诱发，其诱发的突变频率比自发突变频率高几百倍甚至上千倍，而且有较广的变异谱，可以诱发产生自然界少有的或常规难以获得的新性状、新类型。王恒炜等利用 $^{60}Co-\gamma$ 射线辐射处理西瓜品种 118 的干种子，选育出了西瓜新品种甘抗 9 号。Levi 等（2014）选育出新的西瓜四倍体且抗根结线虫的新材料 USVL-360，该材料作为砧木嫁接可有效提高西瓜对根结线虫的抗性。王双伍等（2010）研究经航天搭载的4 个纯系甜瓜种子，得到了生育期、产量、抗病性等目的性状明显优于对照的两个材料，并加以利用。

5.1.3.2 远缘杂交

远缘杂交通过将远缘野生或半栽培类型中的有用基因导入栽培品种来创造新品种，是一条重要的现代育种途径。野生种质资源在适应性及抗逆性如抗寒、抗旱、抗盐碱、抗病虫害等方面表现突出，在抗性育种中起到不可替代的作用。Orton 在饲用西瓜中发现抗病材料 Citron，将其与栽培品种伊甸园杂交育成世界上第一个抗枯萎病西瓜品种胜利者。厚皮甜瓜种质与薄皮甜瓜存在地理远缘关系，而前者具有薄皮甜瓜种质所不具备的多种抗性资源，且含糖量高、果实膨大速度快等。李德泽等（2006）通过厚皮甜瓜与薄皮甜瓜之间的杂交，成功获得一批带有厚皮甜瓜血缘的凤梨型和薄厚中间型的骨干系。东北农业大学利用引自美国的厚皮甜瓜 T02-1 和选自农家品种小白瓜的 T02-16 杂交获得了优质、高产的薄厚中间型甜瓜东甜 001。

5.1.3.3 分子生物技术的应用

分子生物学的发展及其与其他学科、技术的结合，使遗传工程这一新兴技术领域为创造新的西瓜、甜瓜种质开辟了一条新的途径。目前，国内西瓜、甜瓜转基因技术体系逐渐成熟，并主要应用于抗性种质资源的创新。Yu 等（2011）成功获得了转入 ZYMV-CP 基因与番木瓜环斑病毒 PRSV-W-CP 基因的西瓜株系，并进一步应用到西瓜育种研究。张明方等（2006）将葡聚糖酶基因和几丁质酶基因导入西瓜植株，为抗真菌的转基因工作奠定了基础。另外，在非生物逆境抗性转基因研究方面，Ellul 等（2003）转入酵母耐盐基因 HAL1 获得了耐盐植株。孙冶图等对甜菜碱基因转化做了初步探索，不过仅在检测水平上证实获得了转基因植株（莫言玲等，2012；栾非时等，2013）。

　　胚挽救技术是指在受精完成后易发生胚败育的杂种胚胎，在其停止发育前将其与母体分离，进行人工培养而获得杂种植株的技术。庄飞云等（2006）将 CC1（华南型黄瓜 *C. sativus* L.，$2n=14$）与 C1‐33（甜瓜属人工异源四倍体的一个株系，$2n=38$）进行杂交，获得 3 个果实，其中一个果实含有大约 180 个胚，胚胎挽救成活率接近 80%，染色体数为 26 条，为异源三倍体。体细胞无性系变异是指植物细胞或原生质体经愈伤组织再生植株过程发生的变异。贾媛媛等（2009）通过未成熟胚子叶的组织培养创造体细胞无性系变异，诱导出了齐田 1 号的同源四倍体甜瓜。

5.2　育种进展

　　近年来，育种工作者不仅在西瓜、甜瓜品质育种、抗病育种、倍性育种及分子育种等方面取得了重大成果，育成一批丰产、优质、抗病、具特殊性状的新品种，还不断地探索和创新育种方法，在倍性育种、分子育种、雄性不育等方面取得了突破性成果。

5.2.1　熟性与高产育种

　　早熟西瓜品种因其提早上市价格高，产量适中，近年发展较快，典型的优良品种有京欣 1 号、农科大 5 号、天骄 3 号、翠丽等。中熟西瓜品种适宜在北方露地栽培，其果实外形美观，肉质细脆，产量高，耐贮运，典型品种有豫西瓜 9 号、西农 8 号、农科大 6 号等。晚熟西瓜品种果实个大、味甜、皮厚，极耐运输，栽培模式主要为北方露地，供应全国 8—10 月的市场消费，典型品种有丰收 2 号、金花宝等。高产稳产是甜瓜优良品种的基本特征，也是重要的育种目标之一。高产目标分别为薄皮甜瓜产量在 30 000 kg/hm² 以上，厚皮甜瓜早熟品种在 37 500 kg/hm² 以上、中晚熟品种在 30 000 kg/hm² 以上。充分利用我国丰富的甜瓜种质资源，可育成优质高产品种，例如，厚皮甜瓜黄河蜜的产量可达 75 000 kg/hm²，河北农业大学选育的厚皮甜瓜品种黄丽的产量达 90 000 kg/hm²（栾非时等，2013）。

5.2.2　品质育种

　　生产的经济效益在很大程度上取决于品质，优良品质是西瓜、甜瓜育种的主要目标之一。随着人们对西瓜品种要求的提高及育种手段的进步，出现了小型瓜、迷你瓜、黄皮或黄瓤瓜、少籽西瓜等具特殊性状的西瓜品种。2011 年，我国研究人员展开了少籽西瓜育种技术创新及新品种选育的研究，利用 γ 射线诱变创造遗传稳定的不同对染色体易位的基础资源 98SU‐1 和 SJm，创建了高效少籽西瓜育种技术体系；开展染色体易位无籽西瓜育种研究，将染色体易位和 3X 双重败育叠加，育成易位 3X 无籽西瓜津蜜 8 号，并利用分子标记技术获得了与强雌系紧密连锁的分子标记 s1454‐1100，育成国内具有特色的少籽早熟西瓜新品种津花 4 号。杨红娟等采用杂交育种新技术，通过多亲杂交融合获得了抗病、优质、早熟的小果型西瓜新品种圣女红 2 号。刘文革等育出多个高番茄红素、瓜氨酸和维生素 C 含量的西瓜新品种并大面积推广应用，相关研究成果荣获 2015 年河南省科技进步二等奖。近年来，人们对黄瓤西瓜也产生了兴趣，目前我国已成功培育出一些黄瓤西瓜品种，如黄肉景龙宝等。除了黄瓤瓜外，市场上还出现了瓤色为红、橙、乳黄相间和商品性状极佳的"彩虹瓜"。还有一些特色品种，如压砂地专用中熟西瓜新品种宁农科 1 号、高番茄红素含量西瓜新品种绿野无籽等（高素燕等，2014）。

甜瓜的主要品质性状有外观品质、风味品质和营养品质。东北农业大学利用 T02-1×T02-16 获得了优质高产的薄厚中间型甜瓜品种东甜 1001。尹善发等（2004）按照系统育种法定向选择，育成了糖分、维生素 C 等含量高的薄皮甜瓜品种富尔 1 号。吴明珠等（2005）通过诱变得到了与常规栽培品种风味不同的酸味甜瓜，如风味 3 号、风味 4 号，其柠檬酸含量较一般甜瓜品种高 2 倍。张月华等（2014）开展高类黄酮含量甜瓜新品种的选育，先后选育出三雄 5 号、哈翠和绿乐 3 个甜瓜新品种。

5.2.3　抗病育种

近几年随着西瓜、甜瓜栽培面积的不断扩大，规模化栽培基地逐渐形成。但连续的重茬和粗放管理，导致枯萎病、炭疽病、白粉病等多种病害时有发生，严重影响了西瓜、甜瓜产业的健康发展。因此，抗病新品种的选育成为育种专家的工作重点。

西瓜枯萎病是目前西瓜生产上危害最严重的一种病害。美国科学家先后培育出一批抗病栽培品种，如 Calhoun Gray、Summit、Sugarlee、Dixielee 等。我国育种家以这些品种为材料，筛选培育出一批抗病品种，如郑抗系列、西农 8 号、京抗系列、抗病苏蜜等，其中西农 8 号的综合性状优良，在全国抗病性联合鉴定试验中其抗病性名列第一（寇清荷等，2012）。天津科润蔬菜研究所引进美国和中国台湾地区的抗病材料，筛选出抗枯萎病新品种津抗黑顶峰、津抗 3 号、津花魁等。河南省农业科学院选育出了中抗枯萎病的无籽西瓜新品种。西瓜炭疽病是一种世界性的病害，对西瓜的危害仅次于枯萎病。日本学者先后育成了光玉绿、南部绿、都锦 53 等抗病品种。我国研究者从国外引进一批抗源作为材料，先后选育出了京抗 2 号、京抗 3 号、浙蜜 1 号、翠玉、湘育 301 等抗炭疽病的新品种。蔓枯病是一种真菌性病害，在多阴雨季节发生严重，可致西瓜大量减产甚至绝产。顾卫红等（2006）经过 15 年攻关，育成了国内第一个适合南方阴雨地区栽培、高抗枯萎病兼抗蔓枯病和炭疽病的多抗西瓜新品种抗病 948。

我国在 20 世纪 70 年代末开始甜瓜抗枯萎病研究。林德佩等广泛收集甜瓜种质资源，通过抗病鉴定筛选出一批抗性种质材料。白粉病是甜瓜生产中广泛发生的一种世界性病害。美国育成了世界第一个抗白粉病甜瓜品种 PMR45，后来又以 PMR45 为亲本育成抗 *Podosphaera xanthii* 生理小种 2 的 PMR5、PMR6 和 PMR7。日本利用欧洲、苏联及美国材料培育出系列抗病材料，如平岐系列、平冢 3 号、伊节 1 号等抗生理小种 2 的品种。我国开展甜瓜抗白粉病的育种工作较迟，20 世纪 90 年代，新疆农业科学院引进抗白粉病种质，培育出一批抗白粉病的甜瓜品种，如金凤凰 2 号、抗病皇后、雪里红等。在抗蔓枯病品种选育方面，截止到 2012 年，我国审定的抗蔓枯病的甜瓜新品种有西农早蜜 1 号、桂蜜 12、农大 2 号等十多个。随后育种家们采用常规方法结合分子生物学方法选育出了一批抗病或耐病品种，如黄河蜜 6 号、蜜露、甘科状元等。

5.2.4　倍性育种

西瓜多倍体的栽培利用以四倍体和三倍体为主，通过人工诱导二倍体加倍获得四倍体西瓜材料是育种成功的关键。杨鼎新等（2011）用 X 射线对二倍体西瓜雄花的花粉进行照射，并用照射过的花粉对雌花进行授粉，从而成功获得无籽西瓜，这种新的技术克服了三倍体无籽西瓜的所有缺点，具有广阔的应用前景。目前生产上 80% 无籽西瓜为黑皮品种，因此对品种的要求是皮色漆黑、抗病且多以圆果为主，代表品种有津蜜 20、津蜜 30、隆发 3 号等。甜瓜的多倍体效应能增强植株的抗性、改善果实品质、优化耐贮性，是获得优良育种材料的有效途径。研究人员已获得多个甜瓜多倍体材料，如张文倩等（2010）通过涂抹法用秋水仙素对厚皮甜瓜进行诱变成功获得了四倍体甜瓜材料，金荣荣等（2011）以四倍体 BS-1058 为母本、二倍体 5-12 为父本杂交育成三倍体薄皮甜瓜哈甜 3 号。但目前甜瓜的栽培品种主要是二倍体，多倍体尚未应用到实际生产中。

5.2.5　分子标记辅助育种及生物技术应用

5.2.5.1　分子标记辅助育种

分子标记已广泛应用于西瓜、甜瓜种质资源发掘、品种鉴定和遗传进化分析，寻找与重要农艺性状紧密连锁的分子标记，是进行分子育种和图位克隆的基础。近年来，研究人员开发了许多与抗病、品质相连锁的分子标记，并应用于育种研究。张屹等（2013）开发了 3 个酶切扩增多态性序列（cleaved amplified polymorphism sequences，CAPS）/dCAPS 标记，可以有效区分栽培西瓜对枯萎病菌生理小种 1 的抗病、感病性，为枯萎病菌生理小种 1 抗性基因快速应用于栽培品种枯萎病抗性改良建立了有效的技术手段。Wang 等（2011）通过比较抗/感甜瓜枯萎病的生理小种 0、1 种质，开发了 AS-PCR 和 CAPS 标记，应用于甜瓜抗枯萎病育种。牛晓伟等（2014）发现 E4/M19、E1/M8、E29/M5 与抗炭疽病基因 $Rco-1$ 连锁。张春秋（2012）通过甜瓜-黄瓜比较基因组学分析，开发与抗白粉病的 $Pm-2F$ 基因紧密连锁的分子标记，进而通过精细定位成功克隆到 $Pm-2F$ 的候选基因。Soon 等利用 RAPD 和特定序列扩增（sequence characterized amplified regions，SCAR）标记出了控制甜瓜雄性不育的 $ms-3$ 基因。其他学者在绘制遗传图谱过程中还标记出了抗蚜虫基因（Vat）、雄全同株性型基因（a）、控制种子颜色的基因（$Wt-2$）和心皮数性状基因等（任军辉等，2010）。另外，周贤达等（2012）初步建立了西瓜杂交种纯度 SSR 分子鉴定技术体系。

利用分子标记技术建立指纹图谱进行品种鉴定是品种知识产权保护的有效工具，而筛选出用于构建甜瓜核酸指纹库的核心引物是关键技术问题。东北农业大学西甜瓜分子育种研究室在国内率先构建了基于 SSR 技术的甜瓜核酸指纹库。宋海斌等（2012）利用 20 份具有代表性的甜瓜品种（系）筛选 1 219 对 SSR 引物，得到多态性的引物 470 对。高鹏等（2013b）综合考虑扩增条带统计难易、多态性信息含量（PIC）、整合遗传连锁图谱等多种因素，最终选择其中 18 对扩增多态性丰富的引物作为核心引物（表 5-1），利用 18 对核心引物对 471 个甜瓜品种（系）进行分析，结果表明品种鉴别率较高，且 SSR 聚类结果能较好地反映供试材料亲缘关系。

表 5-1　甜瓜 18 对核酸指纹库核心引物
（高鹏等，2013b）

编号	引物名称	引物序列（5′-3′，正向引物/反向引物）
A	SSR12833	TCCCGACCTCTTCACGTAAC/GGAAGGCTCATACAGTGGGA
B	CMBR08	CCACTAAAGTTTCCTTATGTTTGG/TGGTTGAGGAAGACTACCATCC
C	CMBR05	CAGCGATGATCAACAGAAACA/GGCTGACACTCCCTGTACCT
D	GCM548	AACAGGTAGAGGAAAGCATG/TGACCCACTAGTACATCTCTC
E	SSR12083	GAATTGGCCCATCCTTCATT/GCCATTCCAAAAACTTTTCAAC
F	CMBR097	CGACAATCACGGGAGAGTTT/CATATTAGACCCATATTTGTTGCAT
G	MU4104-1	TTTCCCGCATTGATTTTCTC/GAGAAACGCTTCCCACAAAC

（续）

编号	引物名称	引物序列（5′-3′，正向引物/反向引物）
H	NR38	TAAAACACTCTCGTGACTCC/GATCTGAGGTTGAAGCAAAG
I	ECM147	GAAAGGTAGGAAGAAAGTGAAGA/ACTCTTGAAGCTGACCGATG
J	TJ138	AAAATGAAAACTCTTCGGCAAG/AAAACCCTTCTTGCCTTGT
K	CMBR002	TGCAAATATTGTGAAGGCGA/AATCCCCACTTGTTGGTTTG
L	CM26	CCCTCGAGAAACCAGCAGTA/CACCTCCGTTTTTCATCACC
M	MU9175 – 1	CAATTTCCAATCCATCTGCTC/ATCGAAATTCCTCCCTCGTT
N	MU5554 – 1	CCTTCATGATCCTCTACTAAACCC/TCTTCCATGCTTTTCTCGCT
O	SSR00398	ATTCAAACCCCGTTTAACCC/AGTGAAAATGGCGGAAACTG
P	ECM150	ACACACCTAATCTCCCTACCTTC/CTCAAACAACGTCAGCTGGT
Q	TJ10	ACGAGGAAAACGCAAAATCA/TGAACGTGGACGACATTTTT
R	CMBR154	GATTCTTCCTCCTTCTAAAGGATA/AATGTGGGTGAGAGGACATT

5.2.5.2　遗传图谱绘制

高密度分子遗传图谱的构建是进行基因组测序、图位克隆、寻找与表型性状紧密连锁标记进行分子辅助育种的重要工具和理论依据。邹明学等（2007）在世界上第一次通过查找国际共享西瓜 EST 数据库筛选可用的 SSR 序列并设计引物，开发 EST - SSR 标记并进行西瓜遗传图谱绘制；同时，他还将构建的框架遗传图与前期获得的图谱进行了有效整合，整合后的遗传图谱涵盖的 194 个标记位点分布在 17 个连锁群上（莫言玲等，2012）。Ren 等（2012）通过西瓜基因组测序发现了大量的 SSR、插入缺失（insertion - deletion，InDel）和结构变异（structure variation，SV）标记，利用栽培西瓜和野生西瓜重组自交系（recombinant inbred lines，RIL）群体构建了一张高密度遗传连锁图谱，并利用荧光原位杂交技术首次明确了图谱与染色体的对应关系，为发掘重要功能基因序列标记，开展分子育种研究奠定了很好的基础。该研究团队又利用西瓜 4 个亲本（包含 3 个亚种）的遗传图构建了一张整合图谱，该图谱对于西瓜育种和 QTL 分析、遗传种质资源分析、商业杂种鉴定有实用性（Ren et al.，2014）。Cheng 等（2016）利用 CAPS 和 SSR 标记构建了西瓜遗传连锁图谱，该图谱包括 125 个多态性标记，其中 82 个为 CAPS 标记，43 个为 SSR 标记。

甜瓜具较高的遗传多样性，近年来人们进行了甜瓜连锁图谱构建工作，已绘制不少遗传图谱。Baudracco 等在 218 株 F_2 代群体中用 34 个 RFLP 标记、64 个 RAPD 标记、1 个同工酶标记、4 个抗病基因位点标记和 1 个形态学标记构建了第一张甜瓜分子遗传图谱。王建设等（2007）首次利用 SRAP 技术构建了甜瓜分子遗传图谱，这也是中国人自己构建的第一张甜瓜分子遗传图谱。国际葫芦科遗传协会以 SSR 标记为锚定位点，将西班牙、以色列、日本、美国、法国和中国构建的甜瓜遗传图谱进行整合，最终形成一张整合的高密度图谱，为甜瓜相关分子生物学的研究奠定了坚实的基础（任军辉等，2010）。葫芦科作物基因组数据库（Cucurbit Genomics Database，CuGenDB）在 2012 年发表了 18 个甜瓜遗传图谱，其中整合了一个全长 1 150 cM、含有 1 966 个标记、共有 12 个连锁群的甜瓜遗传图谱。

5.2.5.3　转基因技术应用

优异基因挖掘与利用是使用分子手段进行育种的基础。随着全基因组测序工作的完成，对重要核心种质的重测序工作正在开展，基于新技术、新方法的优异基因挖掘方法相继出现，将大大加快优异基因高效挖掘和利用进程。抗逆和抗病相关基因的研究是当前研究的热点。程鸿等（2013）从甜瓜中克隆得到白粉病感病相关基因 CmMLO2 的 cDNA 序列，并通过 ihpRNAi 敲除 CmMLO2，获得对白粉病具有抗性的甜瓜材料；张曼等（2013）从西瓜中分离出类防御素基因 ClPDF2.6；薛莹莹等（2014）完成了西瓜抗病相关 NBS 类同源序列的克隆与分析，有助于深入阐释西瓜的抗病机制。在甜瓜研究方面，李金玉等（2006）从甜瓜抗霜霉病甜瓜品种中克隆到与霜霉病抗性相关的 cDNA 片段；Wolukau 等（2007）鉴定出 1 份蔓枯病新抗源 PI420145；2009—2013 年，刘文睿等人利用 SSR 或 ISSR 分子标记技术筛选到抗蔓枯病基因 Gsb1-4；哈矿武等（2010）筛选到甜瓜抗蔓枯病高代自交系 4G21 的抗性基因 Sb-x，并将其定位到 LG1 连锁群上。

通过转基因技术导入优异基因来提高西瓜、甜瓜的抗性和品质，是西瓜、甜瓜分子育种的一个重要方面。目前转基因技术主要用于种质创新，尚未应用于实际生产中。转基因对西瓜遗传改良的研究进展在本章"种质创新"部分进行了阐述。在甜瓜上的转基因研究发现，分别将雪花莲凝集素基因和苋菜凝集素基因（AcA）导入甜瓜，获得了具有抗蚜虫特性的甜瓜转基因植株；转入反义 ACC 合成酶基因的甜瓜与对照相比平均晚成熟 10 d，并积累大量糖分；在 GaHa 甜瓜父本中转入了反义 ACC 氧化酶基因后，果肉中 ACC 氧化酶活性和果肉乙烯合成量显著降低（Núñez-Palenius et al.，2007）；导入 CMV-CP 基因的转基因甜瓜，对 CMV 的侵染表达了较高的抗病性（徐秉良等，2005）；将西瓜花叶病毒外壳蛋白基因转入甜瓜，获得了对毒源 WMV-CP 有很强抗性的转基因甜瓜植株；将商陆（多年生草本植物）的抗病毒失活蛋白 RIT 基因（抗病）转入甜瓜，田间表现广谱性抗病毒病（吴明珠等，2003）。

5.3　西瓜甜瓜资源育种研究对策与展望

收集、评价和筛选优异种质资源，选育优良品种是西瓜、甜瓜产业可持续发展的基础和动力。我国不是西瓜、甜瓜的起源地，遗传资源的遗传背景相对狭窄，但通过不断地搜集、引进国外资源，我国的西瓜、甜瓜种质资源将会不断丰富。随着基因组学和生物技术的迅猛发展，在种质资源的评价、筛选、利用以及种质资源创新上取得重大成果。近年来，育种工作者在西瓜、甜瓜的品质育种、抗病育种、倍性育种及分子育种等方面均取得一系列成绩，育成一批丰产、优质、抗病、具特殊性状的西瓜、甜瓜新品种。这些新的优良品种在生产上已经或正在推广应用，实现了不同熟期、不同栽培方式、不同季节栽培的品种配套，基本上实现了品种专用化。

虽然我国在西瓜、甜瓜资源育种研究上取得了可喜的成绩，但还存在很多有待解决的问题。目前，我国生产中所用品种的经济性状、生态环境适应性和综合抗病性等还不能适应高速发展的市场及消费者多样化的需求。品种的优质与高产、广适与高产、抗性与品质的矛盾还没有很好地解决，致使近年来我国生产品种繁多，但主导品种少，其主要原因就是种质资源创新能力及育种方法研究滞后于育种和生产的需求。因此，需要加快种质资源的创新和筛选，尤其是加强野生西瓜、甜瓜种质资源的搜集、鉴定和利用工作，拓宽种质遗传基础，为培育有突破性的西瓜、甜瓜新品种提供关键种质材料。根据育种和生产的需要，建立西瓜、甜瓜种质资源核心种质，将现代生物技术与常规育种技术相结合，发掘、利用、创新优异基因资源，丰富种质库基因源。另外，进一步加强我国西瓜、甜瓜育种技术创新能力，构建高效育种技术体系，是提升我国西瓜、甜瓜产业核心竞争力的迫切需要，对巩固和提高我国西瓜、甜瓜育种优势，促进我国西瓜、甜瓜育种科技进步具有重要意义和深远影响。通过杂交聚合、生态筛选、抗性筛选等技术，结合单倍体育种和分子标记辅助育种技术，建立并完善优质、多抗、专用新品种选育技术体系及多倍体育种与杂种优势利用技术体系，使我国的育种水平得到显著提高，特别是在多倍体育种和抗逆育种技术方面达到世界先进水平，是我国西瓜、甜瓜瓜育种的主要目标。随着分子生物技术和生物电子学技术以及生物信息学技术的发展，相信不久的将来西瓜、甜瓜资源研究和创新会更加丰富多彩和日新月异，更好地满足人们的需求。

（张显　李好　编写）

主要参考文献

程鸿，孔维萍，何启伟，等，2013. *CmMLO 2*：一个与甜瓜白粉病感病相关的新基因［J］. 园艺学报，40（3）：540-548.

高峰，2013. 甜瓜果实发育相关基因的鉴定、表达特性及功能分析［D］. 呼和浩特：内蒙古大学.

高鹏，王学征，纪雪岩，等，2013a. 甜瓜茎尖法遗传转化体系的建立［J］. 东北农业大学学报，44（10）：56-60.

高鹏，王学征，栾非时，2013b. 甜瓜资源与品种核酸指纹鉴定关键技术［J］. 中国瓜菜，26（5）：65-66.

高素燕，焦定量，商纪鹏，2014. 我国西瓜育种研究进展［J］. 长江蔬菜（6）：1-4.

耿丽华，郭绍贵，吕桂云，等，2010. 西瓜枯萎病菌生理小种鉴定技术体系的建立和验证［J］. 中国蔬菜（20）：52-56.

韩金星，周林，黄金艳，等，2009. 西瓜种质资源的研究进展［J］. 长江蔬菜（10）：1-4.

郝金凤，荆培培，张丽，等，2014. 应用农杆菌介导的生长点转化方法建立甜瓜遗传转化技术［J］. 华北农学报，29（2）：116-120.

黄华宁，杨小振，马建祥，等，2014. 中国西瓜遗传育种研究进展［J］. 北京农业（12）：21-26.

黄学森，牛胜鸟，王锡民，等，2007. 转基因抗病毒病四倍体西瓜的培育［J］. 中国瓜菜（6）：1-4.

贾媛媛，张永兵，刁卫平，等，2009. 甜瓜同源四倍体的创制及其初步定性研究［J］. 中国瓜菜（1）：1-4.

寇清荷，梁志怀，王志伟，等，2012. 西瓜枯萎病生理小种鉴定与抗病育种研究进展［J］. 中国蔬菜（14）：9-17.

李德泽，聂立琴，刘秀杰，等，2006. 薄皮甜瓜种质资源创新与利用［J］. 北方园艺（2）：83-84.

栾非时，王学征，高美玲，等，2013. 西瓜甜瓜育种与生物技术［M］. 北京：科学出版社.

马鸿艳，祖元刚，栾非时，2009. 甜瓜种质资源苗期抗白粉病鉴定［J］. 东北农业大学学报，40（12）：18-23.

莫言玲，张显，张勇，等，2012. 西瓜分子育种研究进展［J］. 北方园艺（1）：194-199.

牛晓伟，唐宁安，范敏，2012. 西瓜 cDNA 表达文库构建及镰刀菌致病因子 FonSIX6 互作蛋白的筛选和鉴定［J］. 园艺学报，39（10）：1958-1966.

牛晓伟，唐宁安，范敏，等，2014. 西瓜抗炭疽病的遗传分析和抗性基因定位研究［J］. 核农学报，28（8）：1365-1369.

任军辉，赵光伟，刘斌，等，2010. DNA 分子标记在甜瓜上的应用研究进展［J］. 贵州农业科学，38（5）：27-31.

尚建立，王吉明，郭琳琳，等，2012. 西瓜种质资源主要植物学性状的遗传多样性及相关性分析［J］. 植物遗传资源学报，13（1）：11-15.

宋荣浩，戴富明，杨红娟，等，2009. 西瓜品种资源对枯萎病和蔓枯病的抗性鉴定［J］. 植物保护，35（1）：117-120.

王志伟，孙德玺，邓云，等，2011. 35 份西瓜资源对南方根结线虫抗性的评价［J］. 园艺学报，38（S）：2603.

吴会杰，刘丽锋，彭斌，等，2009. 西瓜抗病毒 RNAi 植物表达载体的构建［J］. 果树学报，26（4）：525-531.

乌斯呼吉日嘎拉，2014. 甜瓜 α-甘露糖苷酶基因的克隆、表达特性及功能分析［D］. 呼和浩特：内蒙古大学.

徐秉良，师桂英，薛应钰，2005. 黄河蜜甜 CMV-CP 基因转化及其抗病性鉴定［J］. 果树学报，22（6）：734-736.

许珺然，张显，张勇，等，2014. 抗菌肽基因 *Gnk2-1* 经花粉管通道法导入西瓜的初步研究［J］. 园艺学报，41（7）：1467-1475.

徐雪莲，2013. 西瓜抗蚜性鉴定极其机理研究［D］. 海口：海南大学.

杨炳艳，霍秀爱，刘云婷，等，2014. 低温胁迫下西瓜同源二倍体和三倍体甲基化及基因表达的差异分析 [J]. 园艺学报，41 (11)：2313 - 2322.

张屹，张海英，郭绍贵，等，2013. 西瓜枯萎病菌生理小种 1 抗性基因连锁标记开发 [J]. 中国农业科学，46 (10)：2085 - 2093.

张全美，张明方，2004. 提高西瓜离体培养植株再生效率的研究 [J]. 实验生物技术学报，37 (6)：437 - 441.

张勇，房勇霖，邓丽家，等，2012. 厚皮甜瓜四倍体的诱导及其特性变化 [J]. 北方园艺 (4)：104 - 107.

周贤达，王凤辰，周桂林，等，2012. 西瓜杂交种纯度 SSR 分子鉴定技术研究 [J]. 中国瓜菜，25 (5)：13 - 16.

邹明学，2007. 西瓜 EST - SSR 标记的开发及遗传图谱的构件与整合 [D]. 北京：首都师范大学.

朱红菊，刘文革，赵胜杰，等，2014. NaCl 胁迫下二倍体和同源四倍体西瓜幼苗 DNA 甲基化差异分析 [J]. 中国农业科学，47 (20)：4045 - 4055.

Ben - Naim Y，Cohen Y，2015. Inheritance of resistance to powdery mildew race 1W in watermelon [J]. Phytopathology，105 (11)：1446 - 1457.

Blanca J M，Canizares J，Ziarsolo P，et al，2011. Melon transcriptome characterization：simple sequence repeats and single nucleotide polymorphisms discovery for high throughput genotyping across the species [J]. The Plant Genome，4 (2)：118 - 131.

Carvalho F C Q，Santos L A，Dias R C S，et al，2013. Selection of watermelon genotypes for resistance to bacterial fruit blotch [J]. Euphytica，190 (2)：169 - 180.

Cheng Y，Luan F，Wang X，et al，2016. Construction of a genetic linkage map of watermelon (*Citrullus lanatus*) using CAPS and SSR markers and QTL analysis for fruit quality traits [J]. Scientia Horticulturae，202：25 - 31.

Ellul P，Rios G，Atares A，et al，2003. The expression of the *Saccharomyces cerevisiae HAL1* gene increases salt tolerance in transgenic watermelon [*Citrullus lanatus* (Thunb.) Matsun. & Nakai.] [J]. Theoretical and Applied Genetics，107 (3)：462 - 469.

Garcia - Mas J，Benjak A，Sanseverino W，et al，2012. The genome of melon (*Cucumis melo* L.) [J]. Proceedings of the National Academy of Sciences，109 (29)：11872 - 11877.

Guo S，Liu J，Zheng Y，et al，2011. Characterization of transcriptome dynamics during watermelon fruit development：sequencing, assembly, annotation and gene expression profiles [J]. BMC Genomics，12 (1)：454.

Guo S，Zhang J，Sun H，et al，2013. The draft genome of watermelon (*Citrullus lanatus*) and resequencing of 20 diverse accessions [J]. Nature Genetics，45 (1)：51 - 58.

Hu J B，Li J W，Li Q，et al，2011. The use of chloroplast microsatellite markers for assessing cytoplasmic variation in a watermelon germplasm collection [J]. Molecular Biology Reports，38 (8)：4985 - 4990.

Huang Y C，Chiang C H，Li C M，et al，2011. Transgenic watermelon lines expressing the nucleocapsid gene of watermelon silver mottle virus and the role of thiamine in reducing hyperhydricity in regenerated shoots [J]. Plant Cell，Tissue and Organ Culture，106 (1)：21 - 29.

Hussain S，Habib A，Ali S，et al，2016. Genetic and bio - chemical strategies for the management of powdery mildew disease of watermelon (*Citrullus lanatus*) [J]. Pakistan Journal of Phytopathology，28 (1)：93 - 100.

Kim M J，Shim C K，Kim Y K，et al，2012. Screening of resistance melon germplasm to Phytophthora rot caused by *Phytophthora capsici* [J]. Korean Journal of Crop Science，57 (4)：389 - 396.

Kim M J，Shim C K，Kim Y K，et al，2013. Evaluation of watermelon germplasm for resistance to Phytophthora blight caused by *Phytophthora capsici* [J]. The Plant Pathology Journal，29 (1)：87 - 92.

Kousik C S，Ling K S，Adkins S，et al，2014. *Phytophthora* fruit rot - resistant watermelon germplasm lines USVL489- PFR，USVL782 - PFR，USVL203 - PFR，and USVL020 - PFR [J]. HortScience，49 (1)：101 - 104.

Levi A，Thies J A，Wechter P W，et al，2014. USVL - 360，a novel watermelon tetraploid germplasm line [J]. HortScience，49 (3)：354 - 357.

Li Y，Zhu L，Xu B，et al，2011. Identification of down - regulated genes modulated by an alternative oxidase pathway under cold stress conditions in watermelon plants [J]. Plant Molecular Biology Reporter，30 (1)：214 - 224.

Lin C Y，Ku H M，Chiang Y H，et al，2012. Development of transgenic watermelon resistant to cucumber mosaic virus and watermelon mosaic virus by using a single chimeric transgene construct [J]. Transgenic Research, 21 (5): 983 - 993.

Ma S, Wehner T C, 2015. Flowering stage resistance to bacterial fruit blotch in the watermelon germplasm collection [J]. Crop Science, 55 (2): 727 - 736.

Mujaju C, Sehic J, Nybom H, 2013. Assessment of EST - SSR markers for evaluating genetic diversity in watermelon accessions from Zimbabwe [J]. American Journal of Plant Sciences, 4 (7): 1448.

Núñez - Palenius H G, Huber D J, Klee H J, et al, 2007. Fruit ripening characteristics in a transgenic 'Galia' male parental muskmelon (*Cucumis melo* L. var. *reticulatus* Ser.) line [J]. Postharvest Biology and Technology, 44 (2): 95 - 100.

Park D K, Son S H, Kim S, et al, 2013. Selection of melon genotypes with resistance to fusarium wilt and monosporascus root rot for rootstocks [J]. Plant Breeding and Biotechnology, 1 (3): 277 - 282.

Peng J C, Yeh S D, Huang L H, et al, 2011. Emerging threat of thrips - borne melon yellow spot virus on melon and watermelon in Taiwan [J]. European Journal of Plant Pathology, 130 (2): 205 - 214.

Ren Y, Guo S, Zhang J, et al, 2017. A tonoplast sugar transporter underlies a sugar accumulation QTL in watermelon [J]. Plant Physiology, 176 (1): 836 - 850.

Ren Y, McGregor C, Zhang Y, et al, 2014. An integrated genetic map based on four mapping populations and quantitative trait loci associated with economically important traits in watermelon (*Citrullus lanatus*) [J]. BMC Plant Biology, 14 (1): 33.

Ren Y, Zhao H, Kou Q, et al, 2012. A high resolution genetic map anchoring scaffolds of the sequenced watermelon genome [J]. PLoS One, 7 (1): e29453.

Sestili S, Giardini A, Ficcadenti N, 2011. Genetic diversity among Italian melon inodorus (*Cucumis melo* L.) germplasm revealed by ISSR analysis and agronomic traits [J]. Plant Genetic Resources, 9 (2): 214 - 217.

Sheng Y, Luan F, Zhang F, et al, 2012. Genetic diversity within Chinese watermelon ecotypes compared with germplasm from other countries [J]. Journal of the American Society for Horticultural Science, 137 (3): 144 - 151.

Switzenberg J A, Little H A, Hammar S A, et al, 2014. Floral primordia - targeted ACS (1 - aminocyclopropane - 1 - carboxylate synthase) expression in transgenic *Cucumis melo* implicates fine tuning of ethylene production mediating unisexual flower development [J]. Planta, 240 (4): 797 - 808.

Thies J A, Buckner S, Horry M, et al, 2015. Influence of *Citrullus lanatus* var. *citroides* rootstocks and their F₁ hybrids on yield and response to root - knot nematode, *Meloidogyne incognita*, in grafted watermelon [J]. HortScience, 50 (1): 9 - 12.

Wang S W, Yang J, Zhang M, 2011. Developments of functional markers for *Fom - 2* - mediated fusarium wilt resistance based on single nucleotide polymorphism in melon (*Cucumis melo* L.) [J]. Molecular Breeding, 27 (3): 385 - 393.

Wang T, Leskovar D I, Cobb B G, 2014. Respiration during germination of diploid and triploid watermelon [J]. Seed Science and Technology, 42 (3): 313 - 321.

Wechter W P, Levi A, Ling K S, et al, 2011. Identification of resistance to *Acidovorax avenae* subsp. *citrulli* among melon (*Cucumis* spp.) [J]. Plant Introductions. Hortscience, 46 (2): 207 - 212.

Wechter W P, McMillan M M, Farnham M W, et al, 2016. Watermelon germplasm lines USVL246 - FR2 and USVL252 - FR2 tolerant to *Fusarium oxysporum* f. sp. *niveum* race 2 [J]. HortScience, 51 (8): 1065 - 1067.

Wolukau J N, Zhou X H, Li Y, et al, 2007. Resistance to gummy stem blight in melon (*Cucumis melo* L.) germplasm and inheritance of resistance from plant introductions 157076, 420145, and 323498 [J]. HortScience, 42 (2): 215 - 221.

Yang X, Ren R, Ray R, et al, 2016. Genetic diversity and population structure of core watermelon (*Citrullus lanatus*) genotypes using DArTseq - based SNPs [J]. Plant Genetic Resources, 14 (3): 226 - 233.

Yoo K S, Bang H, Lee E J, et al, 2012. Variation of carotenoid, sugar, and ascorbic acid concentrations in watermelon genotypes and genetic analysis [J]. Horticulture Environment and Biotechnology, 53: 552 - 560.

Yu T A，Chiang C H，Wu H W，et al，2011. Generation of transgenic watermelon resistant to zucchini yellow mosaic virus and papaya ringspot virus type W [J]. Plant Cell Reports，30 (3)：359 - 371.

Zhang H J，Gao P，Wang X Z，et al，2014a. An efficient regeneration protocol for *Agrobacterium* - mediated transformation of melon (*Cucumis melo* L.) [J]. Genetics and Molecular Research，13 (1)：54 - 63.

Zhang H J，Gao P，Wang X Z，et al，2014b. An improved method of *Agrobacterium tumefaciens* - mediated genetic transformation system of melon (*Cucumis melo* L.) [J]. Journal of Plant Biochemistry and Biotechnology，23 (3)：278 - 283.

Zhang H J，Luan F S，2016. Transformation of the *CmACS - 7* gene into melon (*Cucumis melo* L.) using the pollen - tube pathway [J]. Genetics and Molecular Research，15 (3)：gmr. 15038067.

Zhang H Y，Wang H，Guo S G，et al，2012. Identification and validation of a core set of microsatellite markers for genetic diversity analysis in watermelon，*Citrullus lanatus* Thunb. Matsum. & Nakai [J]. Euphytica，186 (2)：329 - 342.

6 果树育种

【本章提要】果树育种是果树生产的基础。本章主要介绍包括传统育种、倍性育种、体细胞杂交育种、分子辅助育种、基因工程育种等在内的果树育种主要技术以及随着新的科学发现为果树育种发展提供的基础理论。同时，随着人们对果树资源和新品种创新的重视，品种保护意识逐步加强，本章也介绍了果树新品种保护法规方面的现状和发展趋势。

6.1 果树育种目标

果树育种就是利用自然发生或人工方法创造遗传性变异并进行选择，从而培育出果树新品种的过程。广义的果树育种还包括果树的良种繁育及防止良种退化。植物育种历史已逾万年，而真正主动有目的的果树育种自 19 世纪才开始。迄今为止，果树育种的主要作用体现在 4 个方面：①将大量的野生半野生果树驯化为栽培果树，培育适合不同栽培条件的栽培品种；②提高栽培果树的产量和品质；③提高栽培果树的抗性和适应性；④拓展果树在营养保健和医药行业的功能应用。

育种目标是设计育种时期望育出新品种的要求，目的是通过遗传改良实现较好的经济效益和生态效益，因此果树育种目标要反映该果树产业中存在的重要问题和发展趋势，由生物因素、生态因素和经济社会因素共同决定，并且会随着果树产业中存在的各种问题、消费者观念与市场的变化而有所改变。对于一个成功的育种计划，Burton（1981）用 6 个词语来阐释：变异、分离、评价、杂交、繁殖以及散发。与其他农作物相比，果树育种周期长，不同果树的育种目标有所差异。但总体来说，果树新品种选育的目标已从过去单纯的丰产、优质，转为选育以优质、丰产为基础，综合耐贮藏、抗病虫、抗逆性、适于不同加工用途和机械采收等性状，同时还对加工品质、营养品质、功能性成分含量和商品品质等方面予以重视。

6.2 果树传统育种

6.2.1 果树育种与选种

果树育种的最初阶段都采用实生选种，中国果树最早的选种至今已有 3 000 年以上的历史。果树的选种包含实生选种、芽变选种和引种驯化选种。

实生选种和芽变选种是果树最快捷和最富成效的育种方法。实生选种对改进群体遗传组成的进程作用较缓慢，但由于实生果树的变异普遍且变异性状多，对当地环境条件有较强的适应能力，因此实生选种自古以来就是果树应用最早、最广的一种育种方法。由于实生繁殖容易发生变异，多年生果树长期种植会出现自然芽变，现有的果树良种不少来自实生选种或芽变选种，如金冠苹果、元帅苹果、鸭梨、肥城桃和雪柑等。对于用种子繁殖的果树和野生果树，实生选种更是非常有效的育种途径，如板栗、核桃、榛子、猕猴桃、越橘等的选种，近年的枇杷新品种华白1号、金华1号也是实生选种获得的优良新品种。同时，果树砧木育种也常采用实生选种的方法。

芽变是体细胞突变的一种，由变异芽萌发的枝、叶、花或果实出现一些变异性状，如果实的颜色、大小、成熟期以及对病虫害和不良环境的抗性等变异。但由于芽变常局限于少数性状的变异，主要用于保持原有品种优良性状而改进个别不足之处的育种。芽变在苹果品种选育上作用非常明显，如在苹果实生变异中发现新品种元帅，其发生芽变又选出了红星、雷帅和新红星，保加利亚更是从元帅苹果中选出 150 个左右的芽变系。

6.2.2　果树育种与有性杂交

有性杂交育种一直都是培育果树新品种的一种重要方法，对改善果树品质和产量等性状起重要作用，由于有性杂交可以让基因重新组合，产生更多的变异类型，几乎所有的现代植物育种都在某种程度上利用了杂交技术。育种家很早就尝试用具有不同性状的植株杂交产生携带多种性状的后代，这可追溯到前孟德尔时代的利用草莓与凤梨草莓进行人工杂交，另有 17 世纪 Duchesne 在巴黎植物园进行的智利草莓（*Fragaria chiloensis*）与弗吉尼亚草莓（*F. virginiana*）杂交。果树 19 世纪进入人工杂交育种时期，各国科学家创造出许多有价值的果树新品种。英国的 T. A. 奈特通过对洋梨、桃、李、樱桃和草莓等的研究，认为人工杂交可以得到优良的后代。许多国家通过杂交育种育成了不少有价值的苹果、梨、葡萄、桃、柑橘和香蕉品种。重要的果树砧木，特别是抗寒、抗病虫砧木的材料也多由杂交育种得到。

明确育种目标和正确选择、选配亲本是杂交育种成功的关键。在苹果上，第一个抗黑星病品种 Prima，兼抗白粉病，品质与红玉相似，果实较大、早熟、较耐贮藏，就是美国利用多花海棠与瑞光杂交后代的两个姊妹系进行杂交，采取优质和抗病育种有机结合，经多所大学合作历经 6 个世代 9 种组合半个世纪的努力培育的，这种抗性育种的突破性进展就借助了苹果属植物的其他野生种质资源。2010 年美国农业部推出的越橘新品种 Sweetheart，早熟、丰产、果实大、品质优且成熟期集中，最为突出的特点是春、秋两季结果，被认为是越橘育种的一个重大突破，该品种的谱系相当复杂，遗传兔眼越橘、高丛越橘和矮丛越橘的基因和性状。因此，杂交育种中利用具有复杂遗传背景、品质优良的品种作为骨干亲本是育种成功的重要保证。

不育性、杂交不亲和性和种子的多胚性，加之目前对果树这类多年生木本植物的重要性状的遗传规律了解不够，使果树杂交育种的应用受到很大限制。因此，在进行杂交育种时，对果树种质资源进行搜集和深入评价，获得骨干亲本，并对有关性状遗传规律、早期鉴定和提早结果的理论技术展开研究，将成为进一步提高果树杂交育种水平的关键。

6.2.3　果树育种与嫁接杂交

果树嫁接杂交有别于常规的有性杂交，常用的植物嫁接是将植物体的芽或枝接到另一植物体的适当部位，使两者接合成一个新植物体的技术。从理论上说，嫁接是一种无性繁殖方式，应该不会改变嫁接当代及后代的遗传信息，但各国不少研究者发现，某些植物间嫁接后嫁接体性状发生了变异，而且这种变异可以稳定地遗传给后代（王燕等，2011）。而关于嫁接变异产生的条件及机制一直是备受争议，目前嫁接遗传变异机理主要有两种解说，即砧穗之间遗传物质的水平转移和表观调控诱导的遗传变异（王燕等，2011）。

嫁接杂交的概念，首先是由达尔文提出的，在他的著作中就记录了嫁接体表现出砧木和接穗的共同性状并尝试进行了解释。而在我国更早的明代《本草纲目》中就有类似的记载："李接桃而本强者，其实毛；梅接杏而本强者，其实甘。"（Liu et al.，2010）。嫁接是果树繁殖的主要和重要方式。而嫁接杂交产生遗传变异作为一种特殊的育种方法，与其他传统育种方法相比操作简单、应用方便（Harada，2010），能够克服不同属种间植物有性育种障碍。随着对嫁接杂交机理的逐步深入研究，嫁接杂交在植物遗传和果树育种中将会发挥其应有的作用。

6.2.4 果树育种与突变

突变育种又称诱变育种，主要是利用各种物理和化学手段，人工诱导植物遗传物质的变异，在短时间内获得突变体，再根据育种目标进行选择和鉴定，直接或间接育成新品种的一种育种途径。自从1934年利用核辐射育成第一个作物烟草突变品种Chlorina，其后30年突变育种进展不大，直到20世纪70年代突变育种迅速发展，目前世界各国已在多种作物上诱发获得了数以万计的早熟、矮秆、抗病、抗虫、优质、高光效、雄性不育、育性恢复以及具有某些特殊性状的遗传资源。

6.2.4.1 果树诱变的意义与诱变材料种类

对于无性繁殖的果树，诱变育种较为有利，适于改良品种的个别性状，如在果树上发现有短枝型变异、早熟变异、抗性变异、无籽变异和关于果实的风味品质、果肉颜色、果皮颜色、锈斑、肉质、汁液的变异，还发现有大果型变异、贮藏性变异和多倍体变异等。因此，诱变育种可用于抗病、优质和特异新种质的创造。果树诱变后可以嫁接繁殖，利于早结果、早鉴定和快速固定优良突变，缩短育种年限。

果树上用于诱变育种的材料较多，有种子、枝条、花粉、嫁接苗、组培苗和愈伤组织等。诱变的种子可直接进行播种，枝条用于扦插或嫁接，花粉可诱变后直接授粉，嫁接苗直接栽植，愈伤组织可用于组织培养。

6.2.4.2 果树诱变技术

诱变技术主要包含物理诱变、化学诱变和空间诱变。目前，低能离子注入、激光和空间诱变技术越来越显现出其优越性。在农作物诱变育种中，复合诱变研究颇多，推荐使用γ射线＋甲基磺酸乙酯（EMS）、γ射线＋叠氮化钠（SA）和SA＋EMS复合处理，但有关复合诱变在果树育种方面的应用研究报道还相当少见。

诱变技术如今常与其他生物技术结合用于育种实践。诱变技术与离体培养相结合，可有效地避免嵌合体的形成，具有不受环境条件限制、省力省时、扩大变异谱和提高变异率等优点。诱变技术也常与杂交育种相结合，可创造果树的新性状、新类型，二者结合能相互取长补短。有关果树诱变育种方面系统深入的研究将会有力地促进果树育种事业的发展。

6.2.4.3 诱变新品种（系）的育成

据FAO/IAEA官方网站（https：//mvd.iaea.org/）突变品种数据库资料显示，自1950年起至2019年9月，全世界已登记育成3308个突变新品种，其中我国登记育成826个。所有登记中果树突变新品种80个左右，具体为苹果13个，柑橘15个，欧洲甜樱桃9个，梨8个，桃7个，草莓5个，欧洲酸樱桃4个，香蕉3个，石榴、枣各2个，枇杷、无花果、李、杏、黑穗醋栗、醋栗、葡萄、扁桃、树莓、沙棘、木瓜、菠萝各1个，共涉及果树20种左右。我国在果树诱变育种方面开展了大量的研究，特别在梨（朝辐1号、朝辐2号、朝辐10号、朝辐11和辐向阳红梨）、苹果（东垣红）和柑橘（418红橘、420红橘、中育7号、中育8号和雪柑）上取得了较大的成果，育出了一些果树新品种，此外，在桃、香蕉、板栗、葡萄、枇杷、草莓、黑穗醋栗和山楂等果树上也育出了新品系，研究工作正在逐步地深入。

6.3 果树倍性育种

6.3.1 果树的单倍体与双单倍体

单倍体为只包含配子体染色体组成的孢子体，单倍体经染色体加倍即成为纯合的加倍单倍体（DH），即双单倍体。果树具有生殖周期长、基因高度杂合和常自交不亲和的特点，导致其无法通过传统育种方法获得纯系，单倍体和加倍单倍体为此提供了一种有力的遗传工具（张圣仓等，2011）。单倍体材料由于对研究果树起源与进化、DH 系高效育种等有重要价值，也是近年发展迅猛的基因组学、蛋白组学、转录组学和代谢组学研究的理想试材。单倍体和加倍单倍体在果树方面的研究起步较晚，但也已有几十年的历史，目前世界上主要栽培的果树如柑橘、苹果、葡萄、野芭蕉、西洋梨、沙梨、桃、甜樱桃、李、杏、猕猴桃、油橄榄、番木瓜、番荔枝、枇杷等都已获得了单倍体植株或愈伤组织（Germanà，2006）。杨振英等（2005）利用单倍体和加倍单倍体技术培育出的苹果品种华富已经通过辽宁省品种审定委员会的新品种审定。

果树单倍体的产生途径包含自然发生和人工诱导。自然发生的单倍体通常来源于异常生殖，如孤雌生殖或无配子生殖。许多果树能自然产生单倍体，如苹果、梨、桃、李、杏，但一般数量少、频率低，甚至在自然条件下不能正常生长而死亡，难以被利用。在柑橘上，曹立等（2014）通过自然海选获得了矮晚柚、克里迈丁、沃柑、爱媛 28 和琯溪蜜柚等 5 个品种共 7 个株系的单倍体植株。Bouvier 等（1993）采用人工授粉的方法，从 12 个西洋梨杂交组合产生的 10 078 株幼苗中，得到了 12 株单倍体，频率仅为 0.119%。因此，通过自然筛选和人工授粉获得单倍体的频率都不高，通过花粉（花药）培养获得单倍体是最直接的途径，果树花药培养单倍体的研究先后在柑橘、苹果、葡萄、草莓、荔枝、龙眼、油橄榄、枇杷等树种上取得成功。

6.3.2 果树多倍体

自然和人工多倍体为果树育种提供了另一种可能。最早于 1937 年 Blakeslee 和 Avery 证明了秋水仙素诱导染色体加倍和在多倍化中的有效性，从此使得育种者可以把两个或更多物种的整套染色体合并以获得新的物种。果树多倍体在抗病虫、抗逆性和少核等方面具有显著优势。多倍体来源主要包含从自然实生苗中发掘、从扇形嵌合体果实中分离、有性杂交培育、从组织培养过程中产生、人工诱变加倍、胚乳培养、原生质体融合和利用未减数配子等途径，特别是利用已有的多倍体品种进行杂交，如用二倍体和四倍体杂交育成三倍体最有效。果树倍性育种成果主要有三倍体无籽香蕉、四倍体葡萄、八倍体草莓、三倍体苹果、三倍体枇杷等，表 6-1 列出了主要果树的多倍体品种。

表 6-1　主要果树的多倍体品种

果树类型	倍性	种/品种	来源	参考文献
柑橘 （$x=9$）		塔希提柠檬（Tahiti）	已有品种鉴定	杨亦农，1985
	$3x$	Tacle、Winola、Garbi、Safor、Oroblanco、Melogold、Alkantara、Mandared、Mandalate、Lemox、Sweet Sicily、Early Sicily	杂交	Usman et al.，2008；Vardi et al.，1993；Aleza et al.，2010；Cuenca et al.，2010；Soost et al.，1986、1980；Russo et al.，2015；Recupeero，2005
	$4x$	山金柑（*Fortunella hindsii* Swing.）、枳[*Poncirus trifoliata*（L.）Raf.]	实生选种	杨亦农，1985；Aleza et al.，2011

（续）

果树类型	倍性	种/品种	来源	参考文献
苹果 ($x=17$)		生娘、横滨 5 号	不详	周广芳等，1997；吉田义雄等，1986
	3x	赤龙、绯之衣、大珊瑚、琼露、绿宝、宝玉、大绿、黑绿、虾夷衣	实生选种	赵胜建等，2004
		新乔纳金、红乔纳金	芽变	
		陆奥、世界一、桑旦（Suntan）、乔纳金、北海道 9 号、Spigold、新金冠	杂交	
	4x	杜次、天星（Tensei）	芽变	赵胜建等，2004；Fukushima et al.，1995
		Alpha68	杂交	周广芳等，1997
梨 ($x=17$)	3x	大水核子、海棠酥、软儿梨、皮胎果、婺源大叶雪梨、泗阳黄盖梨、猪头梨、CuRe、沙疙瘩梨、软枝青、埃昆切克、红那禾、杏叶梨、安梨	已有品种鉴定	蒲富慎等，1985；黄礼森等，1983；黄礼森等，1986；陈瑞阳等，1983
		布瑞·德尔、布瑞·阿曼里、坎提拉斯、杜切斯、底耳、布瑞阿曼、白它阿曼、别里克比尔涅	实生选种	周广芳等，1997；沈德绪，1995；赵胜建等，2004；何子顺等，2016；任爱华等，2006；王斐等，2014
		普里德、美而顿、安古列姆、龙园洋红、华幸	杂交	
		居里、留齐乌斯、默洛德·第堪卡、阿玛里拜瑞、纳尔阿木特、笛尔拜瑞、玉璧林达、芦卡斯	已有品种鉴定	И. М. 梁德诺娃等，1981；李树玲等，2005
	4x	大鸭梨	已有品种鉴定	黄礼森等，1990
		晋县大鸭梨、沙-01、巴梨、安久梨、丰产梨、巴脱莱脱、花盖王、天海	芽变	蒲富慎等，1985；周广芳等，1997；黄礼森等，1990；刘凤君，2003；刘孝林等，1995
		土佐锦、新长十郎	杂交	Ito et al.，1934
		大恩久、大巴梨	不详	蒲富慎，1988
	2x 与 3x 嵌合体	黄酥梅梨	不详	蒲富慎等，1985
	2x 与 4x 嵌合体	赵县大鸭梨、怀来大鸭梨、大鸭梨、鲁梨 1 号	芽变	蒲富慎等，1985；王强生等，1984；尹永胜，1999
葡萄 ($x=19$)	3x	尾玲（Yileyi）、戴拉王（King Dela）、蜜无核（Honey Seedless）、甲斐无岭（Kai Mirei）、夏黑（Summer Black）、无核早红（Earlyred Seedless）、马格拉契多倍体葡萄（Polivitis Magaracha）（果实有核）、红标无核、长野紫峰（Nagano Purple）	杂交	赵胜建等，2004；植原葡萄研究所，1998；Bessho et al.，2000；Matsumoto et al.，1993；贺普超，1999；郭紫娟，2004；刘爱玲等，2011
	4x	康能玫瑰、大无核白、大粒康拜尔、石原早生、红珍珠、大白沙斯拉、红皇后（Red Queen）、加利福尼亚康可（California Concord）、金巴尔卡托巴（Kimball Catawha）、伊顿（Eaton）、克洛锡厄（Clothier）、阿特金斯（Atkins）、杜伯特（Dubert）、道纳（Downer）、杜邦（Dupont）、里伯茨（Reberts）、大苏丹娜（Swltanina Gigas）	芽变	周广芳等，1997；赵胜建等，2004；石荫坪，1982；Alley，1957；Einset，1951；Einset，1954；Olmo，1936

（续）

果树类型	倍性	种/品种	来源	参考文献
葡萄 （x=19）	4x	巨峰、先锋、红富士、黑奥林、红瑞宝、龙宝、国宝	杂交	周广芳等，1997
		早黑宝	诱变	陈俊等，2001
	2x与4x嵌合体	大玫瑰香	芽变	周广芳等，1997；石荫坪等，1982
香蕉 （x=11）	3x	多数栽培品种，如香牙蕉、粉蕉、大蕉、龙牙蕉等	已有品种鉴定	劳世辉等，2012
猕猴桃 （x=29）	4x	软枣猕猴桃（红宝石星）、中华猕猴桃硬毛变种、狗枣猕猴桃、葛枣猕猴桃、大籽猕猴桃、对萼猕猴桃	不详	李志等，2016；邓秀新等，1986；熊治廷等，1985；Ferguson，1984
	6x	美味猕猴桃（陶木里、海沃德、秦美、金魁）、对萼猕猴桃、中华猕猴桃硬毛变种	不详	李志等，2016；韩礼星等，1998；李汝娟等，1988
枇杷 （x=17）	3x	无核国玉、华金无核1号、华玉无核1号	实生选种	郭启高等，2016；党江波等，2019
	4x	闽3号	诱变	黄金松等，1984
柿 （x=15）	6x	完全甜柿	不详	赵献民等，2011
	9x	平核无、刀根早生、宫崎无核、渡泽	不详	
山楂 （x=17）	3x	大金星、小面球、伏里红（又名西丰伏）、磨盘山楂	已有品种鉴定	蒲富慎等，1987；张育明等，1986；宋文芹等，1985；Gladkova et al.，1967；Moffett，1931
	3x	辽宁山楂（C. sanguinea）	野生种	
	4x	山楂（C. pinnatifida）、准噶尔山楂（C. songarica）、辽宁山楂（C. sanguinea）、毛山楂（C. maximowiczii）、阿尔泰山楂（C. maximomiczii）	野生种	
枣 （x=12）	3x	赞皇大枣	已有品种鉴定	曲泽洲等，1986

6.4 体细胞杂交与遗传改良

6.4.1 体细胞杂交技术

体细胞杂交又称原生质体融合、细胞融合、超性杂交或超性融合，是不同基因型的原生质体不经过有性杂交，在一定条件下融合再生杂种的过程。其融合方式有对称融合、非对称融合、配子体-体细胞融合和亚原生质体-原生质体融合等。对称融合和非对称融合结果均可能出现对称杂种、非对称杂种及胞质杂种，体配融合可以一步获得三倍体。常见的融合方法主要有 $NaNO_3$ 法、高pH-高 Ca^{2+} 法、聚乙二醇（PEG）法、电融合法、激光微束法和微融合技术等（邓秀新等，2013）。

6.4.2 体细胞杂交在果树遗传改良中的应用

据不完全统计，全球通过体细胞杂交技术已获得300余份不同种间、属间的柑橘体细胞杂种植株，而目前仍坚持利用该技术进行育种研究的主要是中国和美国。如我国华中农业大学邓秀新团队利用细胞融合技术开展了优良接穗品种间、不同砧木类型间、柑橘与近缘属间、二倍体与四倍体间、二倍体间、单倍体与二倍体间等多种组合方式的体细胞杂交，获得了系列柑橘体细胞杂种，并加以进一步综合利用。如融合温州蜜柑和脐橙双亲没有育性的体细胞，杂种后代具有育性；而伏令夏橙与默科特橘橙、无酸甜橙与佩奇橘柚、诺瓦橘柚与无酸甜橙等双亲都有种子的组合，融合后体细胞杂种果实基本无籽，这些体细胞杂种为四倍体，可进一步用于有性杂交培育三倍体或直接作为鲜食新品种。酸橙与枳、酸橙与枳橙等体细胞杂种兼具融合亲本的性状，可作为优良砧木（邓秀新等，2013）。

目前，柑橘体细胞杂种是重要的育种材料或中间材料，除了可作为杂交亲本培育三倍体外，其花粉可用于柚瘪籽果实生产，一些体细胞杂种还可以作为优良的柑橘砧木，对于柑橘遗传改良具有重要的实用价值。此外，原生质体融合还可以克服远缘杂交障碍，创制远缘杂种。

6.5 果树分子辅助育种

6.5.1 基因作图

基因作图包括以重组率为定位依据的遗传图谱以及以 DNA 片段实际位置为依据的物理图谱。2003 年启动建设的蔷薇科基因组数据库（genome database for rosaceae，GDR），集中公布了蔷薇科基因组学、遗传学和育种数据。截至 2019 年 10 月，该数据库提供了苹果、桃、梨、扁桃、杏、甜樱桃、草莓、树莓等蔷薇科植物的 341 张遗传图谱，包含 342 万个分子标记和 3 800 多个 QTL 位点。除此之外，大多数果树均有相关遗传连锁图谱的报道，因构建物理图谱的成本更高，所以物理图谱的报道较少。

基因作图可为全基因组序列拼接、图位克隆和分子辅助育种提供重要参考依据，近年有关 QTL 定位的研究报道呈增加趋势。

6.5.2 分子标记辅助育种

随着分子生物学和基因组学等学科的飞速发展，果树分子标记研究取得了长足进展，使育种家对基因型进行直接选择成为可能，分子标记辅助育种应运而生。分子标记辅助育种可实现目标植株的早期快速鉴定，从而大幅度提高育种效率，缩短育种年限，实现"精确育种"。由美国密歇根州立大学和华盛顿州立大学牵头组织的研究团队结合苹果、桃、樱桃、草莓的表型、基因型和单体型数据初步开发出了一款在线工具"Breeders Toolbox"，可根据特定育种目标筛选可用的杂交亲本组合和选择性标记，从而为实现快速、定向、高效培育和系统改良作物新品种提供了重要的参考依据。苹果、柑橘、葡萄、桃、枇杷等果树在抗性、果肉颜色、种子有无等果实品质性状等方面的分子标记辅助育种技术已逐步应用于科研实践。

6.5.3 基因组辅助育种

DNA 测序技术是现代分子生物学研究最常用的技术，从 20 世纪 70 年代第一代测序技术诞生以来，目前已经发展到第三代测序技术，且测序技术仍在不断更新。自 2007 年完成葡萄全基因组测序以来，现在已完成全基因组测序的果树有 20 种以上（表 6-2）。这些基因组测序和重测序研究，注释了一批重要性状的相关基因，为挖掘重要农艺性状相关基因和分子标记研究提供了良好的数据平台，为定向培育优质、高产、抗病和抗逆的果树新品种奠定了坚实的基础。在基于全基因组测序的基础上，可利用自然群体开展全基因组关联分析（genome-wide association studies，GWAS），省去产生后代群体的过程，缩短育种周期并降低育种成本。

表6-2　已完成基因组测序的果树树种（截至2020年11月）

中文名	拉丁名	发表时间	刊物	科属	基因组大小
葡萄	*Vitis vinifera*	2007.09	Nature	葡萄科葡萄属	490 Mb
番木瓜	*Carica papaya*	2008.04	Nature	番木瓜科番木瓜属	370 Mb
苹果	*Malus domestica*	2010.09	Nature Genetics	蔷薇科苹果属	742 Mb
森林草莓	*Fragaria vesca*	2010.12	Nature Genetics	蔷薇科草莓属	240 Mb
香蕉	*Musa acuminata*	2012.07	Nature	芭蕉科芭蕉属	523 Mb
梨	*Pyrus bretschneideri*	2012.11	Genome Research	蔷薇科梨属	527 Mb
西瓜	*Citrullus lanatus*	2012.11	Nature Genetics	葫芦科西瓜属	425 Mb
甜橙	*Citrus sinensis*	2012.11	Nature Genetics	芸香科柑橘属	367 Mb
梅	*Prunus mume*	2012.12	Nature Communications	蔷薇科李属	280 Mb
桃	*Prunus persica*	2013.03	Nature Genetics	蔷薇科李属	265 Mb
猕猴桃	*Actinidia chinensis*	2013.01	Nature Communications	猕猴桃科猕猴桃属	616.1 Mb
草莓	*Fragaria×ananassa*	2013.12	DNA Research	蔷薇科草莓属	698 Mb
枣	*Zizyphus jujuba*	2014.01	Nature communications	鼠李科枣属	443 Mb
越橘	*Vaccinium macrocarpon*	2014.06	BMC Plant Biology	杜鹃花科越橘属	470 Mb
菠萝	*Ananas comosus*	2015.11	Nature Genetics	凤梨科凤梨属	526 Mb
刺梨	*Rosa roxburghii*	2016.02	PLoS One	蔷薇科蔷薇属	480.97 Mb
黑莓	*Rubus occidentalis*	2016.05	Plant Journal	蔷薇科悬钩子属	293 Mb
核桃	*Juglans regia*	2016.05	Plant Journal	胡桃科胡桃属	606 Mb
银杏	*Ginkgo biloba*	2016.11	GigaScience	银杏科银杏属	10.61Gb
无花果	*Ficus carica*	2017.01	Scientific Reports	桑科榕属	356 Mb
龙眼	*Dimocarpus longan*	2017.03	GigaScience	无患子科龙眼属	480 Mb
甜樱桃	*Prunus avium*	2017.05	DNA Research	蔷薇科李属	353 Mb
石榴	*Punica granatum*	2017.06	Plant Journal	石榴科石榴属	360 Mb
杨梅	*Morella rubra*	2018.07	Plant Biotechnology Journal	杨梅科杨梅属	320 Mb
高丛越橘	*Vaccinium corymbosum*	2019.01	GigaScience	杜鹃花科越橘属	1.63Gb
阿月浑子	*Pistacia vera*	2019.04	Genome Biology	漆树科黄连木属	520 Mb
山核桃	*Carya cathayensis*	2019.05	GigaScience	胡桃科山核桃属	721 Mb
文冠果	*Xanthoceras sorbifolium*	2019.06	GigaScience	无患子科文冠果属	440 Mb
扁桃	*Prunus dulcis*	2019.09	Plant Journal	蔷薇科李属	240 Mb
板栗	*Castanea mollissima*	2019.09	GigaScience	壳斗科栗属	800 Mb
杏	*Prunus armeniaca*	2019.11	Horticultural Research	蔷薇科李属	222 Mb
油柿	*Diospyros oleifera*	2019.12	Horticultural Research	柿科柿属	850 Mb
枇杷	*Eriobotrya japonica*	2020.02	GigaScience	蔷薇科枇杷属	760 Mb

6.6 基因工程育种

6.6.1 无抗生素抗性标记选择系统

npt II（neomycin phosphotransferase II，新霉素磷酸转移酶II）或 *bar*（phosphinothricin acetyltransferase，草胺膦乙酰转移酶）基因是遗传转化中常用的选择性标记，它们分别对氨基糖苷类抗生素（如艮他霉素、卡那霉素和新霉素）和草丁膦、草铵膦、双丙氨膦除草剂具有抗性。正是因为这些抗药性选择性标记基因的影响，转基因植物的安全性一直备受争议，欧盟国家明令限制或禁止使用这种选择性标记基因。

近十年来，随着转基因技术的发展和不断完善，出现了一些不含选择性标记基因的转基因方法。Ballester 等（2008）利用多次重复转化（muti-autotransformation，MAT）载体，结合诱导型 *R/RS* 特异重组系统和 *ipt*（isopentenyl transferase，异戊烯转移酶）、*iaaM/H*（indoleacetamide hydrolase/tryptophan monooxygenase，吲哚乙酰胺水解酶/色氨酸单加氧酶）基因表达的转基因芽筛选法获得了无选择性标记的枳橙和甜橙转基因植株。López-Noguera 等（2009）利用 MAT-*ipt* 系统删除选择性标记基因，同时还提高了杏栽培品种 Helena 的再生和转化效率。Costa 等（2010）用 17-β-雌二醇诱导 XVE-Cre/*LoxP* 重组系统成功删除了 Brachetto 转基因葡萄中的 *npt* II 选择性标记基因。Dutt 等（2008）利用改良后的农杆菌共转化系统成功获得无选择性标记基因的汤姆森无核葡萄转基因植株。苹果（Malnoy et al.，2010）、柑橘（Ballester et al.，2010）、李（Petri et al.，2011）等果树也有利用无选择标记基因的载体获得无选择标记的转化植株。采用这种方法的前提是需要有高效的转化体系和再生体系，而且需要筛选的群体数目较大，因此成本较高、耗时更长。该法在苹果上的效率较高，为 13%～25%，在柑橘和李上的效率较低，分别为 1.7% 和 2.5%。乙烯、糖皮质激素、热处理等也被用于诱导标记基因删除。2011 年，Vanblaere 等利用地塞米松诱导的 Cre-*loxP* 系统获得抗苹果黑星病的 *HcrVf2*（*Rvi6*）同源转基因植株。Würdig 等（2013）利用湿滤纸处理转基因苹果植株叶片，热激诱导 Flp/*FRT* 重组酶转化系统获得一个删除了标记基因的转基因芽。

另一种去除选择性标记基因的方法是用正向选择系统，该系统利用植物可代谢的非植物源代谢化合物转化植物细胞，如编码大肠杆菌磷酸甘露糖异构酶（phosphomannose isomerase，PMI）的 *manA* 基因，含有 *manA* 基因的植物细胞利用甘露糖作为碳源，在仅含甘露糖或添加少量葡萄糖或果糖的情况下正常生长。这种方法已成功应用于苹果、柑橘、番木瓜和扁桃等果树转基因植株再生，葡萄的遗传转化则不宜采用这一方法（Gambino et al.，2012）。类似的选择标记还有 *xylA*（木糖异构酶）、*atlD*（阿拉伯糖醇脱氢酶）和 *AtTPS1*（海藻糖-6-磷酸合成酶）基因等。此外，利用转座子基因剔除标记基因也在果树育种中有少量应用。

基于对转基因植物的生物安全考虑，选择无抗生素抗性标记或删除抗生素基因的方法比传统的转基因方法更容易被人们接受，但果树遗传转化相对于草本植物而言要困难很多，即使一种成熟的方法在不同物种上的转化效率可能相差也很大。因此，科学家们仍在不断改良或创新遗传转化载体和转化方法。

6.6.2 组织特异性启动子

花椰菜花叶病毒 35S 组成型表达启动子是目前转基因表达验证中应用最广的启动子，它不具有时空表达特异性，可以调控基因在植物生长发育过程中大多数组织表达，这种组成型表达启动子有时会影响宿主植物的生长发育，导致形态异常或基因沉默等，不宜在育种中使用（Gambino et al.，2012）。因此，转基因育种应选择组织特异表达的启动子，不但可以引导目标基因的定向表达，减少对其他代谢途径的负面影响，而且使用植物源的高水平表达启动子更符合转基因植物生物安全的要求。目前，来源于果树转化其他植物或者源于其他植物并在果树中转化验证的部分启动子如表6-3所示，其为果树转基因定向育种提供了重要参考依据。

表6-3　果树中使用的部分植物源组织特异性启动子

启动子名称	来源	转化植物	表达位置	参考文献
$ACC-oxidase$	桃、苹果、番茄、香蕉	番茄、香蕉	果实	Moon et al.，2004
$AtPP2$	拟南芥	甜橙	维管组织	Miyata et al.，2012
$AtSUC2$	拟南芥	柑橘、草莓	维管组织、根	Dutt et al.，2012；Zhao et al.，2004
CaM	苹果	樱桃	叶脉、叶柄	Maghuly et al.，2008
CCR	桉树	葡萄	茎、叶、叶柄导管	Gago et al.，2011
$Cll11$	酸柠檬	番茄	内果皮、花	Sorkina et al.，2011
$CsPP2$	柑橘	甜橙	维管组织	Miyata et al.，2012
$CsSUS1p$	甜橙	拟南芥、烟草	韧皮部、叶面创伤	Singer et al.，2011
$CuLea5$	温州蜜柑	拟南芥	果实	Kim et al.，2011
$CuMFT1$	温州蜜柑	拟南芥	种子	Nishikawa et al.，2008
$DefH9$	金鱼草	草莓、树莓	果实	Mezzetti et al.，2004
DFR	葡萄	葡萄	果实	Gollop et al.，2002
$Expansion$	樱桃、黄瓜	番茄、黄瓜	果实	Karaaslan et al.，2010
$FaRB7$	草莓	烟草	根	Vaughan et al.，2006
$Faxyl1$	草莓	草莓	果实	Bustamante et al.，2009
$MSP1$	油橄榄	油橄榄	果实	Omidvar et al.，2010
pAL	葡萄	葡萄、烟草	种子	Li et al.，2005
$PMT45L$	温州蜜柑	拟南芥	果实	Endo et al.，2007
$PsTL1$	梨	烟草	花	Sassa et al.，2002
$REG-2$	水稻	香蕉	体细胞胚胎	Chong-Pérez，2013
SPS	香蕉	烟草	果实	Choudhury et al.，2008

6.6.3　基因编辑技术与果树育种

CRISPR基因编辑技术具有简单高效的优势，在功能基因组学研究和基因工程中发挥着越来越重要的作用。在植物中，CRISPR基因编辑技术已经成功地应用于基因敲除、敲入、转录抑制、转录激活和碱基替换等研究，对果树功能基因组学研究和遗传修饰育种同样具有重要的应用价值。近年来，CRISPR基因编辑技术已成功应用于葡萄、苹果、柑橘等果树育种中，这对于提高果树基因编辑效率、优化基因编辑体系具有重要的理论意义和应用价值。

6.6.4　主要果树转基因育种研究现状

果树的育种周期长，如苹果的童期为5～10年，有的甚至长达12年。据统计，选育一个新的苹果品种至少需要15～20年的时间，花费大概为40万欧元（Flachowsky et al.，2009）。因此，转基因育种是果树定向改良和育种的重要方法。在果树转基因育种中，猕猴桃转基因育种研究较早，自 1990 年首例报道猕猴桃遗传转化研究以来，开展了发根农杆菌 *rol* 基因、大豆 β-1,3 内切葡聚糖酶基因、水稻 *OSH1* 同源基因、拟南芥 Na$^+$/H$^+$ 反向运输基因、人类表皮生长因子合成基因、葡萄芪合酶基因、柑橘牦牛儿基牦牛儿基焦磷酸合成酶基因、番茄红素脱氢酶基因、β-胡萝卜素脱氢酶基因、β-胡萝卜素羟化酶基因、番茄红素合成酶基因、根癌农杆菌 *ipt* 基因等多种作物多个基因的遗传转化研究（Wang et al.，2012），但目前尚无转基因猕猴桃商业种植，其他果树则大多还处于遗传转化体系建立阶段，但转化效率较低，不同实验室间很难重复，仅有柑橘、苹果等少数果树开展了部分转基因株系的持续观察研究。

目前，全球已获批准可进行商业化种植的转基因果树有番木瓜、苹果、欧洲李和菠萝。番木瓜生产中尤以抗环斑病毒转基因品种的种植为主。2014 年，我国广东、海南以及新的转基因作物种植地——广西种植了 8 500 万 hm² 抗病毒木瓜，比 2013 年的 5 800 万 hm² 增加了 50%。

果树育种中常用的基因和主要果树转基因育种现状如表 6-4、表 6-5 和表 6-6 所示。

表 6-4　果树育种中常用基因

基因作用	相关基因	应用树种
缩短童期	*AP1*、*CO*、*FD*、*FLC*、*FT*、*LFY*、*MADS 4*、*SOC1*、*TFL1*	柑橘、苹果、梨、杏、枇杷、葡萄、荔枝
抗病	*AP-D*、*attA*、*attacin E*、*cecropins*、*CpTI*、*chit42*、*CrylAc*、*CTV-CP*、*D5C1*、*GFLV-CP*、*Hrap*、*hrpN*、*Lc*、*MB39*、*MdSPDS1*、*NPR*、*Pflp*、*PLDMV*、*PPV*、*PRSV*、*PRV*、*pthA*、*Rarl*、*RIP II*、*Shiva-1*、*Sgt1*、*TRSV*、*Vf*、*Vst1*、*Xa21*	苹果、李、香蕉、番木瓜、柑橘、葡萄、杏、桃、梨、枇杷
抗虫	*CAT*、*cpti*、*ICP*、*npt II*	核桃、苹果、草莓、越橘、葡萄、柑橘、猕猴桃
抗除草剂	*ALS*、*bar*	苹果
生长发育	*ACT*、*CYR2*、*GA20ox*、*gai*、*mybA1*、*Rol*、*TEF2*	苹果、柑橘、樱桃、葡萄
耐旱	*CPK20*、*myb 4*、*P5CSF129A*、*PIP1*	柑橘、苹果、香蕉、葡萄
耐盐碱	*APX*、*CBF3*、*CPK20*、*Fer*、*DREB*、*HAL2*、*IRT1*、*NHX1*、*rolC*、*SISP*、*SPDS1*	苹果、猕猴桃、葡萄、梨、草莓、柿、柑橘、香蕉、金橘
耐寒	*CBF*、*CPK21*、*EBP1*、*ICE*、*LTP*、*reB1BI*、*SOD*	番木瓜、葡萄、草莓
果实品质	*A6PR*、*ACO*、*ACS*、*Adh*、*AGPase*、*ANS*、*CCD1*、*Cel1*、*chi*、*chs*、*DAX*、*GGPS*、*MYB*、*MYB10*、*MYBA1*、*NSVitis3*、*pds*、*PFP*、*PSY*、*SAAT*	苹果、葡萄、桃、草莓、梨、猕猴桃
矮化	*Dw*、*GID1-3*、*GID2*、*rol*	柑橘、梨、葡萄
无核	*IaaM*	枇杷、葡萄、柑橘

表 6-5　主要果树转基因研究现状

（据 ISAAA 网站数据整理）

树种	基因改良目标	田间试验情况	批准	田间试验时间（年）	前景预测
苹果	黑星病、白粉病、火疫病等抗病育种，苹果蠹蛾抗虫育种；改善多酚含量和过敏基因；调控花期；改善乙烯代谢与延迟成熟；改良根系；雄性不育、单性结实、自花授粉结实等	61 个株系进入田间试验阶段，其中荷兰 4 个、比利时 2 个、瑞典 3 个、德国 1 个、美国 51 个	美国 3 个	欧洲，1989；美国，1991	已有商业种植

（续）

树种	基因改良目标	田间试验情况	批准	田间试验时间（年）	前景预测
杏	洋李痘疱病抗病育种	维也纳奥地利大学已育成一批抗病植株，处于隔离田间试验阶段	0	—	一段时间内可能不会有商业种植
鳄梨	抗病育种	美国有1个株系已进入田间试验阶段	0	2003	印度不久可能有商业种植
香蕉	黑叶斑病、枯萎病、香蕉束顶病毒病、香蕉苞片花叶病毒病等抗病育种，抗线虫病育种；提高维生素E、维生素A和Fe含量；改善乙烯代谢与延迟成熟；生产香蕉疫苗（乙肝、黄疸、霍乱、脊髓灰质炎、风疹/麻疹、痢疾）等	美国有4个株系进入田间试验阶段，其他还有以色列、澳大利亚和乌干达等国	0	2004	中长期内可能会有商业种植
蓝莓	耐除草剂育种	美国3个株系	0	2005—2006	无法预测
樱桃	根系和果实品质改良	欧洲3个株系（根系改良），加拿大2个株系	0	意大利，1998；加拿大，1996—1998	无法预测
板栗	抗真菌和耐除草剂育种	美国7个株系	0	2003—2008	无法预测
柑橘	抗蚜虫、真菌、细菌和病毒育种	西班牙7个株系（枳橙2个、柑橘5个），意大利1个柠檬株系，美国29个株系（葡萄柚18个，柠檬2个，枳橙6个，柑橘3个）	0	欧洲，1996—2008；美国，1999	无法预测
椰子	抗蛾虫和蝴蝶幼虫育种；抗病育种；改良脂肪酸组分育种（越南开展了生长快、寿命长品种改良育种）	目前仅限于实验室和温室试验，尚未进入田间试验	0	—	无法预测
柿	抗虫、抗真菌病害育种；耐旱和耐寒育种	美国4个株系	0	1998—2008	无法预测
葡萄	灰霉病、白粉病、霜霉病、扇叶病毒病抗病育种；耐除草剂、耐寒育种等；改善含糖量、色泽、果实大小；花果发育调控等	欧洲7个株系（法国5个，意大利1个，德国1个），美国59个株系，其他还有加拿大、南非和澳大利亚等	0	欧洲，1994；美国，1995	无法预测
猕猴桃	抗病和改良根系育种	意大利3个株系	0	1998	无法预测
芒果	抗真菌、细菌育种和抗虫育种；改善乙烯代谢与延迟成熟；改良根系；风味改良等	目前仅限于实验室和温室试验，尚未进入田间试验	0	—	无法预测
番木瓜	主要是抗环斑病毒育种（已成功）；抗真菌、细菌育种和抗虫育种；改善乙烯代谢与延迟成熟等	美国30个株系进入田间试验阶段，还有澳大利亚、中国、泰国、日本、印度尼西亚、菲律宾等其他国家	美国2个，加拿大1个，日本1个，中国1个	美国，1999—2009	美国夏威夷自1998年开始种植，加拿大2007年开始种植，一些东南亚国家有望进行商业利用，欧盟不允许种植和进口

（续）

树种	基因改良目标	田间试验情况	批准	田间试验时间（年）	前景预测
梨	抗细菌性病害育种；改善乙烯代谢与延迟成熟；改良根系等	瑞典 2 个株系（改良生根），美国 5 个株系（抗细菌性病害，改善乙烯代谢与延迟成熟）	0	瑞典，2004；美国，1999—2001	无法预测
菠萝	抗病毒病、细菌热腐病育种，抗线虫病育种；耐除草剂育种；调整花期；改善乙烯代谢与延迟成熟；增加糖分含量等	美国 6 个株系，其他还有澳大利亚	0	美国，1997—2006	无法预测
李	抗病毒病、真菌病害育种，抗线虫病育种；改善乙烯代谢与延迟成熟等	欧洲 4 个株系（西班牙、捷克和罗马尼亚），美国 11 个株系，暂无商业化种植，其他还有加拿大、阿根廷、新西兰、澳大利亚、印度等	美国 1 个	欧洲，2006—2007；美国，1992	已进行商业化种植
树莓	抗病毒病、真菌育种；改善乙烯代谢与延迟成熟等	意大利 1 个株系（延迟成熟），美国 12 个株系	0	意大利，2000—2004；美国，1995—2003	无法预测
草莓	耐除草剂育种；抗真菌和抗虫育种；改善乙烯代谢与延迟成熟；花期调控；根系改良等	欧洲 7 个株系（意大利 4 个，西班牙 2 个，英国 1 个），美国 40 个株系，其他还有加拿大、日本、阿根廷等	0	欧洲，1995—2003；美国，1994—2001	无法预测
核桃	根系改良；花期调控；抗虫、抗真菌、抗病毒和抗细菌性病害育种	美国 15 个株系	0	1989—2008	无法预测

表 6-6　果树转基因育种成功案例

树种	代号	商业名称	转入基因	改良性状	批准国家（批准时间）
苹果	GD743	北极™金冠（Arctic™ Golden Delicious）	$PGAS\ PPO$、$npt\ II$	无褐变、抗生素抗性	加拿大（2015）；美国（2015）
	GD784	北极™绿苹果（Arctic™ Granny Smith）	$PGAS\ PPO$、$npt\ II$	无褐变、抗生素抗性	加拿大（2015）；美国（2015）
	NF872	北极™红富士苹果（Arctic™ Fuji Apple）	$PGAS\ PPO$、$npt\ II$	无褐变、抗生素抗性	美国（2016）
欧洲李	C-5	蜜甜（HoneySweet）	$ppv-cp$、$npt\ II$、$uidA$	抗李痘病毒病、抗生素抗性	美国（2009）
番木瓜	55-1	彩虹（Rainbow）日出（SunUp）	$prsv-cp$、$npt\ II$、$uidA$	抗番木瓜环斑病毒病、抗生素抗性	加拿大（2003）；日本（2011）；美国（1997）
	63-1	—	$prsv-cp$、$npt\ II$、$uidA$	抗番木瓜环斑病毒病、抗生素抗性	美国（1996）
	Huanong No.1	华农 1 号（Huanong No.1）	$prsv-rep$	抗番木瓜环斑病毒病	中国（2006）
	X17-2	—	$prsv-cp$、$npt\ II$	抗番木瓜环斑病毒病、抗生素抗性	美国（2008）

　　转基因技术是一种新的尖端生物技术，在提高粮食产量、减少农药使用、生产含有更多营养成分的健康食物方面有巨大潜力。公众存在担忧情绪，主要是担心其被错误地利用。与任何食品一样，转基因食品的安全需要慎重对待和严格管理，转基因作物对生态环境的长远影响也需要更多地跟踪研究。面对转基因食品，需要的是严谨的科学态度，而不是简单地给予偏见或排斥。正如袁隆平院士所说："利用生物技术开展农作物育种是今后的发展方向和必然趋势，转基因技术是分子技术中的一类，因此必须加强转基因技术的研究和应用。对待转基因食品，特别是可直接食用的转基因品种应持科学慎重的态度，但也不能简单拒之。"

　　面对各国对转基因技术的重视和对转基因作物商品化、产业化的推广，一方面要利用传统技术进行研究，另一方面需要突破传统的转基因技术，通过对各种生物的基因组测序、转录组分析和蛋白质组研究来鉴定各种目标基因、外源基因，实现转基因技术从"钓鱼"到"撒网"的转变。可以说，转基因技术的突破将直接给各国在转基因市场上带来优势。

6.7　果树品种权保护

　　1997 年 3 月 20 日，国务院颁布了《中华人民共和国植物新品种保护条例》（以下简称《条例》），并于同年 10 月 1 日实施。1999 年 4 月 23 日，中国正式加入《国际植物新品种保护公约》（即《UPOV 公约》1978 年文本），我国是国际植物新品种保护联盟第 39 个成员，从而开启了中国植物新品种保护的国内外法制地位。到 2015 年 9 月黑山共和国加入（执行《UPOV 公约》1991 年文本）为止，国际植物新品种保护联盟（UPOV）已有 73 个成员。从《UPOV 公约》正式生效一直到 20 世纪 90 年代中叶，《UPOV 公约》的加盟成员主要是发达国家，发展中国家极少加入，近年来植物新品种保护制度也成为许多发展中国家无法回避的选择。

6.7.1　品种的定义与植物新品种授予品种权的条件

　　依据《国际植物新品种保护公约》，品种是指已知最低一级植物分类单元中的一个植物分类，不论授予育种家权利的条件是否充分满足，分类可以是通过某一特定的基因或基因型组合的特征的表达来下定义；由于表达至少一种所说的特性，因而不同于任何其他植物分类；经过繁殖后其适应性未变，被认为是一个分类单元。而我国 1997 年 3 月颁布的《中华人民共和国植物新品种保护条例》则采用狭义的定义："植物新品种，是指经过人工培育的或者对发现的野生植物加以开发，具备新颖性、特异性、一致性和稳定性并有适当命名的植物品种。"

　　依据《国际植物新品种保护公约》，当品种符合下列条件时应授予育种家权利：①品种需要满足新颖性、特异性、一致性、稳定性的条件；②育种家育出的品种是按照《国际植物新品种保护公约》中规定的名称命名的，申请者履行缔约方法律规定的手续，向当局提出申请，交纳必要的手续费，则对育种家权利的授予不应附带任何其他的条件。

　　我国申请品种权的果树新品种必须属于《中华人民共和国农业植物新品种保护名录》中发布的植物属或种，未列入保护名录的不能申请，可在网站（http：//www.cnpvp.net/）查询。

6.7.2　果树新品种保护的意义

　　植物新品种权是与专利权、著作权、商标权、工业设计权等平行的一种知识产权，目的主要是鼓励和保护农业及林业新品种的培养和开发。我国是世界水果生产大国，主要果品的种植面积和产量均居世界首位。但我国并非水果贸易强国，重要原因之一是缺乏具有我国自主知识产权的优质、特色品种。我国现已加入世界知识产权保护公约，长期大量依赖从国外引进品种已不现实，并且会为此支付高昂的费用。

果树新品种选育本身就是一项公益事业，对果树新品种保护不仅有益于育种人，而且也能让公众受益。果树是一类特殊的农作物，具有育种周期长（15～20 年）、经济寿命长（20～30 年）和无性繁殖等特点，与其他农作物相比，培育果树新品种花费的时间更长，而很多果树无性繁殖的特点使繁殖材料具有的不可控性，让品种保护更加困难。因此只有其新品种保护受到特别的重视，相应的育种者的利益才会得到保护，从而可以持续推进不断培育具有自主知识产权的果树新品种，进一步提高我国水果产业的国际竞争力，形成果业发展良性循环。

6.7.3 我国果树新品种名录

《条例》中规定，申请品种权的植物新品种应当属于国家植物新品种保护名录中列举的植物的属或者种。我国的植物新品种保护分为农业部分和林业部分，农业农村部为农业植物新品种权的审批机关，自 1999 年发布第 1 批《中华人民共和国农业植物新品种保护名录》以来，至 2019 年 9 月已到第 11 批；国家林业和草原局是林业新品种权的审批机关，自 1999 年开始发布至 2019 年 9 月共发布 6 批保护名录（表 6-7）。其中果树主要由农业农村部发布保护名录和新品种权审批，干果部分由国家林业和草原局发布保护名录和新品种权审批。

表 6-7　我国果树新品种保护名录

部分	批次	发布时间	保护果树
农业部分	第 1 批	1999 年 6 月 16 日	无
	第 2 批	2000 年 3 月 7 日	梨属 *Pyrus* L.
	第 3 批	2001 年 2 月 26 日	无
	第 4 批	2002 年 1 月 4 日	桃 *Prunus persica*（L.）Batsch.；荔枝 *Litchi chinensis* Sonn.；普通西瓜 *Citrullus lanatus*（Thunb.）Matsum et Nakai
	第 5 批	2003 年 8 月 5 日	苹果属 *Malus* Mill.；柑橘属 *Citrus* L.；香蕉 *Musa acuminata* Colla；猕猴桃属 *Actinidia* Lindl.；葡萄属 *Vitis* L.；李 *Prunus salicina* Lindl.，*P. domestica* L. 和 *P. cerasifera* Ehrh.
	第 6 批	2005 年 5 月 12 日	甜瓜 *Cucumis melo* L.；草莓 *Fragariaananassa* Duch.；桑属 *Morus* L.
	第 7 批	2008 年 4 月 21 日	龙眼 *Dimocarpus longan* Lour.
	第 8 批	2010 年 1 月 18 日	无
	第 9 批	2013 年 4 月 11 日	枇杷 *Eriobotrya japonica* Lindl.；樱桃 *Prunus avium* L.；芒果 *Mangifera indica* L.
	第 10 批	2016 年 4 月 16 日	杨梅属 *Myria* L.；椰子 *Cocos nucifera* L.；凤梨属 *Ananas* Mill.；番木瓜 *Carica papaya* L.；木波罗（波罗蜜）*Artocarpus heterophyllus* Lam.；无花果 *Ficus carica* L.；枸杞属 *Lycium* L.
	第 11 批	2019 年 2 月 22 日	西番莲属 *Passiflora* L.；芭蕉属 *Musa* L.；梅 *Prunus mume* Sieb. et Zucc.；可可 *Theobroma cacao* L.

（续）

部分	批次	发布时间	保护果树
林业部分	第1批	1999年4月22日	蔷薇属 *Rosa* L.
	第2批	2000年2月2日	核桃属 *Juglance*；枣 *Zizyphus jujuba*；柿 *Diospyros kaki*；杏 *Prunus armeniaca*；银杏 *Ginkgo biloba*；桃 *Prunus persica*
	第3批	2002年12月2日	木瓜属 *Chaenomeles* Lindl.；沙棘属 *Hippophae* Linn.
	第4批	2004年10月14日	榛属 *Corylus* Linn.；黄皮属 *Clausena* Burm. f.；石榴属 *Punica* Linn.；枸杞属 *Lycium* Linn.；桑属 *Morus* Linn.
	第5批	2013年1月22日	山核桃属 *Carya* Nutt.；栗属 *Castanea* Mill.；南酸枣 *Choerospondias axillaris*（Roxb.）B. L. Burtt et A. W. Hill；山楂属 *Crataegus* L.；沙棘属 *Hippophae* L.；杨梅 *Myrica rubra* Sieb. et Zucc.；越橘属 *Vaccinium* L.；枣属 *Ziziphus* Mill.
	第6批	2016年10月26日	无

6.7.4　果树新品种保护的现状与建议

我国果树新品种保护已经起步，目前已将育种活跃的主要植物属或种基本列入保护名录，列入保护名录的果树约50属或种（表6-7）。我国《条例》现在执行的是《UPOV公约》1978年文本，与《UPOV公约》1991年文本在保护范围、保护领域、品种权保护期限、实质性派生品种概念的引用及其商业化的规定、农民特权等方面存在较大差距。《UPOV公约》1991年文本要求UPOV新成员10年内保护所有植物属或种并且规定树木和藤本植物品种保护期限为25年，而我国《条例》规定为20年。

目前我国已申请品种权保护的品种中，绝大多数为玉米、水稻、小麦等大田作物，果树、蔬菜、花卉等园艺作物所占比例小，而在一些发达国家，花卉、果树、蔬菜等园艺作物的品种权保护比大田作物更受重视。

我国果树新品种保护从申请到获得授权的时间一般在3年左右。现有植物新品种测试（DUS测试）指南的果树只有柑橘、苹果、香蕉、葡萄、李、桃、梨、枇杷、草莓、荔枝、龙眼、芒果、猕猴桃、樱桃、西瓜和甜瓜等。建议从以下这些方面促进果树新品种保护：

（1）增强果树育种者、生产者以及管理者的新品种保护意识，开展新品种保护的申请、测试、维权等培训，使育种者掌握果树新品种保护的基本知识和方法，通过媒体、案例增强生产者对新品种保护的意识。

（2）缩短果树新品种授权周期，将品种审定与新品种测试结合以减少资金投入。

（3）除了继续扩大果树新品种保护的属和种外，还应将那些独具特色、经济价值较高、国际竞争能力较强、产业化程度较高的特色树种、品种尽快纳入保护范围，特别是将从中国特有野生植物中驯化的果树新品种尽快保护起来。

（4）建立果树新品种保护测试中心，并加强对果树新品种DUS测试指南基础研究。

（5）构建果树品种植物学性状数据库，为审查和近似品种的筛选提供可靠依据，也为解决纠纷提供技术支持。

（6）实施果树良种苗木补贴政策，加速果树优良新品种推广应用。

（7）开展果树新品种保护对果树生产、资源保护、贸易和产业竞争力等方面影响的研究，为开展和促进新品种保护提供理论支撑。

6.8 果树育种研究展望

6.8.1 果树育种存在的问题

果树育种就是通过选择（基因资源发掘）、杂交（有性杂交与体细胞杂交）、突变（自然突变和诱发突变、染色体数目或结构突变）和转基因等各种发现和创造变异的方法获得符合育种目标的遗传性变异，然后从中选择并育成优良品种的过程。与其他植物育种一样，果树育种经历了从选择育种到杂交育种再到分子育种的阶梯式发展过程。我国果树育种经过几十年的发展，已经形成了较为成熟的育种技术体系，对于推动我国果业的发展起到了一定的作用。我国果树资源丰富，但是具有自主知识产权的果树良种仍然较少，与世界果树育种存在的差距主要体现在如下几个方面：

（1）缺乏较好的果树育种目标和计划。育种目标和亲本选择存在一定的盲目性，缺少明确的育种战略计划和亲本性状的利用计划。

（2）严重缺乏供杂交的骨干亲本。我国果树育种的品种来源主要为本地品种和一些国外引进的品种，缺乏优秀的骨干亲本，其主要源于对果树种质资源遗传性状的研究不够深入，无法确定可靠的育种亲本，同时选用亲本的着眼点多在现有栽培品种上，较少从野生近缘种或地方品种当中去选择适宜的亲本，以致遗传基因狭窄。

（3）接穗与砧木品种的持续研究不够，特别是在抗逆性与品质方面滞后。以往我国果树育种的目标侧重于产量和果实品质方面，在其他方面的育种如抗病性、加工与耐贮性、特异品质、功能性育种等无大的突破。

（4）缺乏稳定增长的科研经费和较好的企业科研力量投入。

6.8.2 未来果树育种的发展动力

目前，20 种以上的果树已经完成测序，包含柑橘、苹果、香蕉、葡萄、番木瓜、梨、森林草莓、猕猴桃、蔓越橘、可可、海枣、桃、梅、桑等。随着更多的果树全基因组序列公布和相应分子生物学技术的发展，可选用的育种途径和技术越来越多，果树育种目标也越来越高（高产、优质、多抗、耐逆、资源高效利用、适于机械化栽培和提高保健医用功能成分含量等），因此，果树育种今后在预见性、精确性、育种成效和新品种综合性状等方面的要求也会越来越高。未来果树育种的发展动力具体可以从以下方面予以考虑。

（1）调整育种思维，打破传统的思维和育种方式，积极了解先进的育种技术，如分子标记技术、人工诱变技术、基因工程等。选育新品种时整合传统育种方法与分子育种方法，也将转基因技术、基因编辑技术与性状聚合结合起来，在更多、更深入地鉴定评价我国丰富种质资源的基础上，选择优异种质资源用于育种创新，更好地理解杂种优势并创造新的育种方法。

（2）运用遗传操作、表型分析和生理筛选等方法，比如双单倍体、反向遗传学、遗传转化、科学的表型分析方法、生物和非生物胁迫筛选、突变体筛选等。

（3）进行更多果树的测序，在各种生物和非生物基础上进行全基因组的表达分析，考虑怎样进行标记辅助育种、全基因组选择（GS）和运用基因编辑技术（GE），领会育种值预测、基因型与环境互作的重要性。

（4）加强果树新品种保护工作，加大在育种科研方面的投入力度，引导企业投入育种科研。

（5）品种育种属于公益性事业，国家应加大力度培养新一代果树育种者。

（梁国鲁　向素琼　何桥　编写）

主要参考文献

曹立，2014. 柑橘单倍体资源创新研究获社会资助 [J]. 中国果业信息，31（11）：59.

党江波，郭启高，向素琼，等，2019. 大果无核红肉枇杷新品种'华金无核1号'[J]. 园艺学报，46（S2）：2764-2765.

邓秀新，彭抒昂，2013. 柑橘学 [M].2版. 北京：中国农业出版社.

郭启高，李晓林，向素琼，等，2016. 白砂类大果无核枇杷新品种'无核国玉'[J]. 园艺学报，43（S2）：2717-2718.

郭紫娟，赵胜建，赵淑云，等，2004. 三倍体葡萄新品种"红标无核"的选育及栽培技术研究 [J]. 河北农业科学，8（1）：50-53.

何子顺，张虎平，张峰，2016. 梨多倍体及其利用研究进展 [J]. 山西果树（3）：15-18.

黄金松，许秀淡，陈熹，1984. 四倍体枇杷"闽三号"的培育 [J]. 中国果树（2）：27-29.

金良，葛晖，陈尚武，等，2013.2个葡萄 *GID*（*gibberellin insensitive dwarf*）基因的克隆与表达 [J]. 中国农业大学学报，18（4）：64-70.

劳世辉，盛鸥，魏岳荣，等，2012. 香蕉 A 基因组6个品种的核型分析 [J]. 园艺学报，39（3）：436-442.

张圣仓，魏安智，杨途熙，2011. 果树单倍体和加倍单倍体（DH）技术研究与应用进展 [J]. 果树学报，28（5）：869-874.

李树玲，穆瑞维，魏新，等，2005.6个西洋梨品种染色体数目鉴定 [J]. 天津农学院学报，12（4）：1-4.

刘忠松，罗赫荣，2010. 现代植物育种学 [M]. 北京：科学出版社.

罗有良，王中炎，2008. 中国果树新品种保护的现状与建议 [J]. 湖南农业科学（4）：150-152.

蒲富慎，黄礼森，孙秉均，等，1985. 我国野生梨和栽培品种染色体数目观察 [J]. 园艺学报，12（3）：155-158.

乔鑫，李梦，殷豪，等，2014. 果树全基因组测序研究进展 [J]. 园艺学报，41（1）：165-177.

曲泽洲，王永德，吕增仁，等，1986. 枣和酸枣的染色体数目研究 [J]. 园艺学报（4）：232-236.

沈德绪，1995. 果树育种学 [M].2版. 北京：中国农业出版社.

宋文芹，李秀兰，陈瑞阳，等，1985. 我国部分山楂属植物染色体数目的研究 [J]. 园艺学报（2）：73-76.

王斐，方成泉，姜淑苓，等，2014. 大果优质三倍体梨新品种'华幸'[J]. 园艺学报，41（11）：2355-2356.

王汝锋，崔野韩，2003. 国际植物新品种保护的起源、现状与发展趋势 [J]. 中国种业（1）：1-4.

王燕，谢辉，陈利萍，2011. 植物嫁接诱导的遗传变异机理的研究进展 [J]. 遗传，33（6）：585-590.

向素琼，梁国鲁，2003. 柑橘多倍体育种研究进展 [J]. 中国南方果树，32（1）：16-19.

杨德兴，2009.《国际植物新品种保护公约》与我国植物新品种保护制度的完善 [J]. 法制与社会（35）：79-80.

杨振英，薛光荣，苏佳明，等，2005. 富士花药培养选育出苹果新品种华富 [J]. 园艺学报，32（1）：172.

姚家龙，崔致学，1988. 猕猴桃属植物染色体数目研究 [J]. 果树科学（1）：24-25.

中国园艺学会，2008. 园艺学学科发展报告（2007—2008）[M]. 北京：中国科学技术出版社.

中国园艺学会，2012. 园艺学学科发展报告（2011—2012）[M]. 北京：中国科学技术出版社.

赵胜建，郭紫娟，2004. 三倍体无核葡萄育种研究进展 [J]. 果树学报，21（4）：360-364.

赵献民，龚榜初，吴开云，等，2011. 柿育种研究的现状与进展 [J]. 湖南农业科学（20）：21-24.

周衍平，王春艳，孙兆东，2009. 中国植物品种权保护制度实施评价 [J]. 山东农业大学学报（社会科学版）（1）：53.

Alley C J，1957. Cytogenetics of *Vitis*：Ⅱ. Chromosome behavior and the fertility of some autotetraploid derivatives of *Vitis vinifera* L. [J]. Journal of Heredity，48（5）：195-202.

Badenes M L，Byrne D H，2012. Fruit Breeding [M]. New York：Springer.

Ballester A，Cervera M，Peña L，2008. Evaluation of selection strategies alternative to *npt* Ⅱ in genetic transformation of citrus [J]. Plant Cell Reports，27（6）：1005-1015.

Ballester A，Cervera M，Peña L，2010. Selectable marker-free transgenic orange plants recovered under non-selective conditions and through PCR analysis of all regenerants [J]. Plant Cell，Tissue and Organ Culture，102：

329－336.

Bessho H，Miyake M，Kondo M，et al，2000. Grape breeding in Yamanashi，Japan－present and future [J]. Acta Horticulturae，538 (538)：493－496.

Bianchi G，Lovazzano A，Lanubile A，et al，2014. Aroma quality of fruits of wild and cultivated strawberry (*Fragaria* spp.) in relation to the flavour－related gene expression [J]. Journal of Horticultural Research，22 (1)：77－84.

Bouvier L，Zhang Y X，Lespinasse Y，1993. Two methods of haploidization in pear，*Pyrus communis* L.：Greenhouse seedling selection and in situ parthenogenesis induced by irradiated pollen [J]. Theoretical and Applied Genetics，87 (1)：229－232.

Burton G W，1981. Meeting human needs through plant breeding：past progress and prospects for the future. Plant Breeding Ⅱ [M]. Iowa：Iowa State University Press：433－466.

Bustamante C A，Civello P M，Martínez G A，2009. Cloning of the promoter region of *β-xylosidase* (*FaXyl1*) gene and effect of plant growth regulators on the expression of *FaXyl1* in strawberry fruit [J]. Plant Science，177：49－56.

Chong－Pérez B，Reyes M，Rojas L，et al，2013. Excision of a selectable marker gene in transgenic banana using a Cre/*lox* system controlled by an embryo specific promoter [J]. Plant Molecular Biology，83 (1－2)：143－152.

Choudhury S R，Roy S，Das R，et al，2008. Differential transcriptional regulation of banana sucrose phosphate synthase gene in response to ethylene，auxin，wounding，low temperature and different photoperiods during fruit ripening and functional analysis of banana *SPS* gene promoter [J]. Planta，229 (1)：207－223.

Costa L D，Mandolini M，Poletti V，et al，2010. Comparing 17－beta－estradiol supply strategies for applying the XVE－Cre/*loxP* system in grape gene transfer (*Vitis vinifera* L.) [J]. Vitis，49 (4)：201－208.

Cova V，Bandara N L，Liang W，et al，2015. Fine mapping of the *Rvi5* (*Vm*) apple scab resistance locus in the 'Murray' apple genotype [J]. Molecular Breeding，35 (10)：1－12.

Currie A，Scalzo J，Mezzetti B，2013. Breeding for enhanced bioactives in berry fruit [M]. Bioactives in Fruit：Health Benefits and Functional Foods，389－407.

Diamanti J，Mazzoni L，Balducci F，et al，2014. Use of wild genotypes in breeding program increases strawberry fruit sensorial and nutritional quality [J]. Journal of Agricultural and Food Chemistry，62 (18)：3944－3953.

Dubrovina A S，Kiselev K V，Khristenko V S，et al，2015. *VaCPK20*，a calcium－dependent protein kinase gene of wild grapevine *Vitis amurensis* Rupr. mediates cold and drought stress tolerance [J]. Journal of Plant Physiology，185：1－12.

Dubrovina A S，Kiselev K V，Khristenko V S，et al，2016. *VaCPK21*，a calcium－dependent protein kinase gene of wild grapevine *Vitis amurensis* Rupr. is involved in grape response to salt stress [J]. Plant Cell，Tissue and Organ Culture，124 (1)：137－150.

Dutt M，Ananthakrishnan G，Jaromin M K，et al，2012. Evaluation of four phloem－specific promoters in vegetative tissues of transgenic citrus plants [J]. Tree Physiology，32 (1)：83－93.

Dutt M，Li Z T，Dhekney S A，et al，2008. A co－transformation system to produce transgenic grapevines free of marker genes [J]. Plant Science，175：423－430.

Emanuelli F，Sordo M，Lorenzi S，et al，2014. Development of user－friendly functional molecular markers for *VvDXS* gene conferring muscat flavor in grapevine [J]. Molecular Breeding，33 (1)：235－241.

Ferguson A R，1984. Kiwifruit：a botanical review [J]. Horticulture Reviews，6：7－8.

Flachowsky H，Hanke M V，Peil A，et al，2009. A review on transgenic approaches to accelerate breeding of woody plants [J]. Plant Breeding，128：217－226.

Fukuda S，Ishimoto K，Terakami S，et al，2016. Genetic mapping of the loquat canker resistance gene *pse-c*，in loquat (*Eriobotrya japonica*) [J]. Scientia Horticulturae，200：19－24.

Gago J，Grima－Pettenati J，Gallego P P，2011. Vascular－specific expression of *GUS* and *GFP* reporter genes in transgenic grapevine (*Vitis vinifera* L. cv. Albariño) conferred by the EgCCR promoter of *Eucalyptus gunnii*

［J］. Plant Physiol Biochem，49（4）：413－419.

Gambino G，Gribaudo I，2012. Genetic transformation of fruit trees：current status and remaining challenges［J］. Transgenic Research，21：1163－1181.

Germanà M A，2006. Doubled haploid production in fruit crops［J］. Plant Cell，Tissue and Organ Culture，86（2）：131－146.

Gollop R，Even S，Colova－Tsolova V，et al，2002. Expression of the grape dihydroflavonol reductase gene and analysis of its promoter region［J］. Journal of Experimental Botany，53（373）：1397－1409.

Gong X，Zhang J，Liu J H，2014. A stress responsive gene of *Fortunella crassifolia FcSISP* functions in salt stress resistance［J］. Plant Physiology and Biochemistry，83：10－19.

Harada T，2010. Grafting and RNA transport via phloem tissue in horticultural plants［J］. Scientia Horticulturae，125：545－550.

He Z M，Jiang X L，Qi Y，et al，2008. Assessment of the utility of the tomato fruit－specific E8 promoter for driving vaccine antigen expression［J］. Genetica，133（2）：207－214.

James C，2014. Global Status of Commercialized Biotech/GM Crops：2014［M］. ISAAA：Ithaca，NY.

James F，Hancock，2007. Temperate Fruit Crop Breeding［M］. Dordrecht：Springer.

James N M，Jules J，1983. Methods in Fruit Breeding［M］. Laffayette：Purdue University Press.

Karaaslan M，Hrazdina G，2010. Characterization of an expansin gene and its ripening－specific promoter fragments from sour cherry（*Prunus cerasus* L.）cultivars［J］. Acta Physiol Plant，32（6）：1073－1084.

Kim I J，Lee J，Han J A，et al，2011. Citrus Lea promoter confers fruit－preferential and stress－inducible gene expression in *Arabidopsis*［J］. Canadian Journal of Plant Science，91：459－466.

Li Z T，Gray D，2005. Isolation by improved thermal asymmetric interlaced PCR and characterization of a seed－specific 2S albumin gene and its promoter from grape（*Vitis vinifera* L.）［J］. Genome，48（2）：312－320.

Liu Y S，Wang Q L，Li B Y，2010. New insights into plant graft hybridization［J］. Heredity，104：1－2.

Maghuly F，Khan M A，Borroto Fernandez E B，et al，2008. Stress regulated expression of the *GUS*－marker gene（*uidA*）under the control of plant calmodulin and viral 35S promoters in a model fruit tree rootstock：*Prunus incisa×serrula*［J］. Journal of Biotechnology，135：105－116.

Malnoy M，Boresja－Wysocka E E，Norelli J L，et al，2010. Genetic transformation of apple（*Malus×domestica*）without use of a selectable marker gene［J］. Tree Genet Genomes，6：423－433.

Mathieu S，Terrier N，Procureur J，et al，2006. *Vitis vinifera* carotenoid cleavage dioxygenase（VvCCD1）：gene expression during grape berry development and cleavage of carotenoids by recombinant protein［J］. Developments in Food Science，43：85－88.

Mezzetti B，Landi L，Pandolfini T，et al，2004. The *defH9－iaaM* auxin－synthesizing gene increases plant fecundity and fruit production in strawberry and raspberry［J］. BMC Biotechnology，4：4.

Miyata L Y，Harakava R，Stipp L C，et al，2012. GUS expression in sweet oranges（*Citrus sinensis* L. Osbeck）driven by three different phloem－specific promoters［J］. Plant Cell Reports，31（11）：2005－2013.

Moon H，Callahan A M，2004. Developmental regulation of peach ACC oxidase promoter－GUS fusions in transgenic tomato fruits［J］. Journal of Experimental Botany，55（402）：1519－1528.

Nishikawa F，Endo T，Shimada T，et al，2008. Isolation and characterization of a *Citrus* FT/TFL1 homologue（CuMFT1），which shows quantitatively preferential expression in *Citrus* seeds［J］. Journal of the Japanese Society for Horticultural Science，77（1）：38－46.

López－Noguera S，Petri C，Burgos L，2009. Combining a regeneration－promoting gene and site specific recombination allows a more efficient apricot transformation and the elimination of marker genes［J］. Plant Cell Reports，28（12）：1781－1790.

Omidvar V，Abdullah S N，Izadfard A，et al，2010. The oil palm metallothionein promoter contains a novel AGTTAGG motif conferring its fruit specific expression and is inducible by abiotic factors［J］. Planta，232（4）：925－936.

Ray P K，2002. Breeding tropical and subtropical fruits［M］. New Delhi：Narosa Publishing House.

Petri C，Hily J M，Vann C，et al，2011. A high‐throughput transformation system allows the regeneration of marker free plum plants（*Prunus domestica*）［J］. Annals of Applied Biology，159：302－315.

Rao S，Nagappa C，Surender Reddy P，et al，2014. Proline accumulates in transgenic red banana（*Musa acuminate* Colla）transformed with *P5CSF129A* gene［J］. Current Trends in Biotechnology and Pharmacy，8（4）：413－422.

Rinaldo，Amy Renee，2014. An investigation of the role of the regulatory gene *VvMYBA1* in colour，flavour and aroma metabolism using transgenic grapevines［D］. Adelaide：University of Adelaide.

Russo G，Recupero G R，Recupero S，et al，2015.'Sweet Sicily'and'Early Sicily'，two new triploids from the program of cra‐research center of citriculture and Mediterranean crops［J］. Acta Horticulturae，1065：215－221.

Sassa H，Ushijima K，Hirano H，2002. A pistil‐specific thaumatin/PR5‐like protein gene of Japanese pear（*Pyrus serotina*）：sequence and promoter activity of the 5′ region in transgenic tobacco［J］. Plant Molecular Biology，50：371－377.

Singer S D，Hily J‐M，Cox K D，2011. The sucrose synthase‐1 promoter from *Citrus sinensis* directs expression of the β‐glucuronidase reporter gene in phloem tissue and in response to wounding in transgenic plants［J］. Planta，234（3）：623－637.

Smith S，2008. Intellectual property protection for plant varieties in the 21st century［J］. Crop Science，48：1277－1290.

Soost R K，Cameron J W，1986.'Melogold'，a new pummelo‐grapefruit hybrid［J］. California Agriculture，40（1）：30－31.

Soost R K，Cameron J W，1980.'Oroblanco'，a triploid pummelo‐grapefruit hybrid［J］. HortScience，15（5）：667－669.

Sorkina A，Bardosh G，Liu Y Z，et al，2011. Isolation of a citrus promoter specific for reproductive organs and its functional analysis in isolated juice sacs and tomato［J］. Plant Cell Reports，30（9）：1627－1640.

Usman M，Fatima B，Gillani K A，et al，2008. Exploitation of potential target tissues to develop polyploids in *Citrus*［J］. Pakistan Journal of Botany，40（4）：1755－1766.

Vanblaere T，Szankowski I，Schaart J，et al，2011. The development of a cisgenic apple plant［J］. Journal of Biotechnology，154（4）：304－311.

Varshney，Rajeev K，Terauchi，et al，2014. Harvesting the promising fruits of genomics：applying genome sequencing technologies to crop breeding［J］. PLoS Biology，12（6）：e1001883.

Vaughan S P，James D J，Lindsey K，et al，2006. Characterization of *FaRB7*，a near root‐specific gene from strawberry（*Fragaria ananassa* Duch.）and promoter activity analysis in homologous and heterologous hosts［J］. Journal of Experimental Botany，57（14）：3901－3910.

Wang C H，Li W，Tian Y K，et al，2016. Development of molecular markers for genetic and physical mapping of the PcDw locus in pear（*Pyrus communis* L.）［J］. Journal of Horticultural Science and Biotechnology，91（3）：299－307.

Wang F，Gao Z H，Qiao Y S，et al，2014. *RdreB1BI* gene expression driven by the stress‐induced promoter *rd29A* enhances resistance to cold stress in Benihope strawberry［J］. Acta Horticulturae，1049：975－988.

Wang T，Gleave A P，2012. Applications of biotechnology in kiwifruit（*Actinidia*），innovations in biotechnology［M］. Rijeka，Croatia：InTechOpen publisher.

Wang X H，Tu M X，Li Z，et al，2018. Current Progress and future prospects for the clustered regularly interspaced short palindromic repeats（CRISPR）genome editing technology in fruit tree breeding［J］. Critical Reviews in Plant Sciences，37：233－258.

Würdig J，Flachowsky H，Hanke M V，2013. Studies on heat shock induction and transgene expression in order to optimize the Flp/*FRT* recombinase system in apple（*Malus*×*domestica* Borkh.）［J］. Plant Cell，Tissue Organ Culture，115（3）：457－467.

Xu Y，Hu W，Liu J，et al，2014. A banana aquaporin gene，*MaPIP1；1*，is involved in tolerance to drought and salt stresses [J]. BMC Plant Biology, 14 (1): 59.

Yang H F, Kim H J, Chen H B, et al, 2014. Carbohydrate accumulation and flowering - related gene expression levels at different developmental stages of terminal shoots in *Litchi chinensis* [J]. HortScience, 49 (11): 1 - 11.

Zeng D L, Tian Z X, Rao Y C, et al, 2017. Rational design of high - yield and superior - quality rice [J]. Nature Plants, 3 (4): 17031.

Zhang L, Yu H, Lin S, et al, 2016. Molecular Characterization of FT and FD homologs from *Eriobotrya deflexa* Nakai forma *koshunensis* [J]. Frontiers in Plant Science, 7: 8.

Zhao Y, Liu Q Z, Davis R E, 2004. Transgene expression in strawberries driven by a heterologous phloem - specific promoter [J]. Plant Cell Reports, 23 (4): 224 - 230.

7 蔬菜育种

【本章提要】蔬菜品种改良对于增加蔬菜产量、改进品质、提高生产的经济效益和社会效益有重要作用。本章介绍蔬菜作物雄性不育育种、单倍体育种、分子标记辅助育种等主要育种技术的研究进展以及大白菜、甘蓝、辣椒、番茄和黄瓜等主要蔬菜作物的育种研究现状，探讨了蔬菜育种研究的现存问题以及发展方向。

7.1 蔬菜育种技术研究进展

当今世界，控制农作物种子产业就等于掌握着世界农业竞争的主动权，各个国家都把加强农作物育种研究及推动种子产业发展作为政府支持农业的重要举措，投入大量资金支持农作物新品种选育。蔬菜育种，即根据市场和生产对蔬菜品种的需求制定育种目标，在收集与选择相应种质资源的基础上，采用一定的方法改良蔬菜品种的过程。蔬菜育种途径包括选种、杂交育种、杂种优势育种、诱变育种、倍性育种、生物技术育种等。由于杂种优势育种既能大幅度提高蔬菜的产量、增强抗性，又有利于保护育种者的权益，备受育种者的青睐，已成为多数蔬菜作物的主要育种方法，其所涉及的育种技术也有了很大发展。

7.1.1 雄性不育育种技术

利用雄性不育系配制杂交种，具有制种成本低、杂交率高等突出优点，特别是对于大白菜、甘蓝、花椰菜、萝卜等花器官小、单花结籽少的异花传粉蔬菜作物，是理想的杂交制种手段。雄性不育系的选育与利用，一直是蔬菜作物杂种优势育种的研究热点。近年来，十字花科蔬菜作物核基因雄性不育的研究与利用取得了突破性进展，甘蓝显性雄性不育系和大白菜复等位基因雄性不育系的成功选育，确立了我国在蔬菜杂种优势利用技术研究上的领先地位。

7.1.1.1 甘蓝显性雄性不育系的选育与利用

方智远等（1997）从甘蓝原始材料79-399的自然群体中获得了雄性不育植株79-399-3。在调查79-399-3的姊妹交及其衍生后代中分离出的不育株与正常可育株测交后代育性分离情况时，发现其可育株和不育株的分离比例为1∶1，正常可育株的自交后代完全可育，部分出现微量花粉的不育株自交后代育性成3∶1分离。这一结果表明，该不育材料的不育性受一对显性主效核基因控制，且微量花粉不育株也携带有不育基因，将该显性核不育基因定名为*CDMs 399-3*。研究发现，该不育材料不育株的测交后代中，不育株的育性分为稳定和环境敏感两种类型。稳定类型在不同年份及不同生态环境下不育株率和不育度均为100%；环境敏感类型在一定的遗传背景和环境条件下，可出现微量有活力的花粉，说明该材料的不育性除受显性主效基因控制外，还存在修饰基因的影响。

方智远等（2004）研究认为，甘蓝显性雄性不育材料利用的关键是使显性雄性不育基因纯合化。由于该不育材料的一部分不育株存在着环境敏感性，在一定的遗传背景和环境条件下，有些不育植株可产生微量有活力的花粉，将能够产生微量花粉的不育植株自交，其后代便可分离出不育基因纯合的显性不育株。通过连续多代的筛选鉴定，选育出了多份优良的纯合显性雄性不育系，包括 318P5、330L13、323P2 和 323P6 等，其不育性稳定，不育度和不育株率均达到 100%。

保存与扩繁纯合显性雄性不育材料是一个必须解决的问题。由于筛选出的纯合显性雄性不育株的不育性稳定，不能通过自交进行繁殖，需要在实验室条件下用组织培养的方法进行保存和扩繁。一般在春季 4—5 月取纯合显性雄性不育株的花枝或侧芽进行组织培养，9—10 月将生根的试管苗移植于大田，冬季在保护地内越冬春化，翌年春季开花用于配制不育系。以优良的纯合显性雄性不育系为母本，测交筛选出的保持系作父本，按 3∶1 的行比定植不育系和保持系，在隔离区内授粉繁殖，从纯合显性雄性不育系植株上采收的种子即是显性雄性不育系种子。

7.1.1.2　大白菜复等位基因遗传雄性不育系的选育与利用

雄性不育系的利用，是白菜类蔬菜杂种优势利用的理想制种手段。从 20 世纪 70 年代初到 90 年代初，在白菜核基因雄性不育系选育和利用上，无论是单隐性基因还是单显性基因遗传的雄性不育材料，都只能选育出不育株率稳定在 50% 左右的雄性不育两用系。由隐性单基因控制的雄性不育两用系称为甲型两用系，由显性单基因控制的雄性不育两用系称为乙型两用系。利用上述雄性不育两用系配制杂交种，需要在开花前拔除可育株，不但杂交制种成本大幅度提高，而且大面积制种时杂种纯度也难以保证。

冯辉等（1995）以不同来源的 9 个大白菜雄性不育两用系为试材，采用轮配方法进行两用系间不育株与可育株杂交，获得了 4 份具有 100% 不育株率的雄性不育材料 1NA、2NA、3NA 和 4NA。在对后续世代基因型鉴定过程中，发现其不育性由 1 个核基因位点的 3 个复等位基因控制。其中，Ms 为显性不育基因，Ms^f 为显性恢复基因，ms 为隐性可育基因，三者的显隐性关系为 $Ms^f > Ms > ms$。利用该类不育系统的甲型两用系不育株与乙型两用系可育株（系）杂交，可以获得具有 100% 不育株率的雄性不育系，遗传模型如图 7-1 所示。

由于配制不育系的保持系只能使甲型两用系不育株的不育性 100% 保持一代，故将其称为临时保持系。

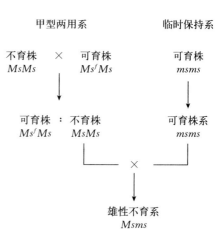

图 7-1　复等位基因遗传的大白菜雄性不育系遗传模型

利用该类不育系配制杂交种，需设置 5 个隔离区：①甲型两用系繁殖区。在这个区内只种植甲型两用系，开花时标记好不育株和可育株，只从不育株上采收种子，可育株在花落后拔除。②雄性不育系繁殖区。在这个区内按 1∶（3~4）的行比种植临时保持系和甲型两用系，而且甲型两用系的株距是正常栽培株距的 1/2，快开花时，根据花蕾特征（不育株的花蕾瘦小），拔除甲型两用系中的可育株，然后任其自然授粉，在甲型两用系不育株上收获的种子即为雄性不育系种子，下一年用于 F_1 种子生产。③F_1 制种区。在这个区内按 1∶（3~4）的行比种植父本系和雄性不育系，任其自然授粉，在不育系上收获的种子即为 F_1 种子。④临时保持系繁殖区。⑤父本系繁殖区（冯辉等，2011a）。

7.1.2　游离小孢子培养与单倍体育种

单倍体是指由未受精配子发育而成的含有配子染色体数的生物个体。来自二倍体生物（$2n=2x$）的单倍体细胞中只有 1 组染色体，称为单元单倍体，也是一倍体。单元单倍体一经加倍就能成为全部位点都是同质结合的双单倍体（doubled haploid，DH），其基因型高度纯合，遗传稳定。诱导作物形成单倍体，再使单倍体加倍成双单倍体，从而加速育种材料纯合化、加快育种进程的育种方法称为单倍体育种。

游离小孢子培养（isolated microspore culture）又称花粉培养（pollen culture），是指直接从花蕾或花药中游离出新鲜、发育时期适合的小孢子群体（未成熟花粉），通过离体培养再生植株的过程。Nitsch 等（1973）首先应用游离小孢子培养技术获得了毛叶曼陀罗的小孢子胚和再生植株。Lichter（1982）成功诱导出甘蓝型油菜小孢子胚及再生植株。此后，芸薹属作物游离小孢子培养技术进入快速发展期，游离小孢子培养先后在埃塞俄比亚芥、黑芥、大白菜、羽衣甘蓝、结球甘蓝、青花菜、芥蓝、小白菜、芜菁、紫菜薹和菜薹等作物上获得成功。

芸薹属蔬菜作物游离小孢子培养体系的建立和发展，为其单倍体育种奠定了技术基础。河南省农业科学院生物技术研究所蔬菜室采用游离小孢子培养技术育成了豫园、豫新系列大白菜新品种（栗根义等，2000；耿剑锋等，2003；张晓伟等，2004；原玉香等，2004；蒋武生等，2005）。耿建峰等（2001）利用小孢子培养产生的两个自交不亲和系配制出早熟耐热的花椰菜 DH 系杂交种豫雪 60。小孢子因其只有一套基因组染色体，易得到纯合的转基因植株，因此是良好的遗传转化受体材料。曹鸣庆（2005）以大白菜小孢子胚状体为外源基因的转化受体，得到了抗除草剂转基因植株。小孢子因具有单倍体和单细胞特性，且群体大，是理想的诱变材料。Huang 等（2014、2016）利用^{60}Co-γ 射线处理大白菜花蕾，然后分离其小孢子进行培养，创制出包括雄性不育、生育迟缓、叶片黄化、花瓣退化等多种类型的纯合突变体；利用 EMS 处理大白菜游离小孢子，然后对其进行培养，获得了雌性不育、极早抽薹、不结球等纯合突变体。

7.1.3　分子标记辅助育种

在蔬菜育种工作中，对目标性状的准确鉴定和选择十分重要，事关育种成效大小。长期以来育种工作者大多借用易于鉴别的形态学性状进行选择，但可用的形态性状数量有限，且易受环境影响。分子标记在蔬菜育种中的应用可以克服以上困难，有助于提高育种效率和育种过程的预见性。

7.1.3.1　质量性状的分子标记辅助选择

农作物一些重要的农艺性状都具有质量性状遗传的特点，如抗病性、抗虫性、雄蕊育性等，利用分子标记可在早期对这些性状进行间接选择，即所谓分子标记辅助选择（marker assisted selection，MAS）。利用分子标记不仅可以定位目标基因，而且可以利用与目标基因紧密连锁的分子标记追踪目标基因，其快速、准确的优越性已在育种实践中得到证实。朴钟云等（2010）以具有抗根肿病基因 *CRb* 的大白菜 DH 系 CR Shinkii 为抗源，通过分子标记辅助选择，选育出源自 BJN3 自交系的 9 份抗根肿病近等基因系。张新梅等（2009）开发了与甘蓝显性雄性不育基因 *CDMs 339-3* 紧密连锁的分子标记，用于雄性不育基因的转育。王晓武等（1998）利用分子标记 EPT11$_{900}$ 辅助甘蓝显性雄性不育基因转育获得了成功。

7.1.3.2 数量性状基因位点的分子标记辅助选择

蔬菜作物众多重要的农艺性状为数量性状，如产量、成熟期、品质等。数量性状是传统育种的难点，是育种效率的主要制约因素。以前由于缺乏足够的遗传标记，对数量性状的遗传分析仅建立在统计学的基础上，近年来，由于分子标记技术的快速发展，特别是完整遗传连锁图谱的建立，人们能够将复杂的数量性状分解成数量性状基因位点（quantitative trait loci，QTL）进行研究，QTL分析已成为蔬菜作物分子标记研究和应用的热点。孙秀峰（2008）以大白菜抗、感干烧心病品种杂交的 F$_2$ 代为群体，利用 280 个 AFLP 多态性位点，构建了含 105 个标记位点、11 个连锁群、覆盖长度 669.7 cM 的连锁图；利用该连锁图谱进行控制大白菜干烧心基因位点的QTL 定位，检测到 4 个与抗干烧心有关的 QTL 位点，分布在 4 个连锁群上，其中，2 个 QTL表现为增效加性效应，另外 2 个表现为减效加性效应，4 个 QTL 解释的遗传变异范围在 11.0%～58.9%，这一结果为大白菜抗干烧心分子标记辅助选择奠定基础。

7.2 主要蔬菜作物育种研究现状

据徐东辉调查统计，2013 年我国从事蔬菜育种的地市级以上科研机构有 179 个，育种人员 2 046 人，其中具有高级职称的有 988 人，约占 48%，这些科研院所有国家级 1 个、省级 33 个、地市级 109 个，高等院校有 36 所。各科研院所研究的作物基本上包括大宗蔬菜，如番茄、辣椒、黄瓜等，同时，地方农业科学院也兼顾一些当地特殊作物，如广东菜薹、广西节瓜等。我国的蔬菜育种科研平台，主要有国家工程实验室 1 个（作物细胞育种国家工程实验室），与育种有关的国家工程技术研究中心 5 个，国家蔬菜改良中心 1 个（分中心 5 个），农业部重点实验室 11 个，农业部科学观测试验站 36 个。"十二五"期间，蔬菜育种科研立项有国家科技支撑计划项目 3 个（主要蔬菜杂种优势利用与新品种选育、主要蔬菜良种繁育技术集成与产业化、水生蔬菜育种），"863"计划项目 1 个（主要蔬菜分子育种与功能基因组研究），"973"计划项目 1 个（主要蔬菜重要品质性状形成的遗传机理与分子改良），现代农业产业技术体系项目 3 个（大宗蔬菜产业技术体系、马铃薯产业技术体系、西甜瓜产业技术体系）。

我国蔬菜育种工作者育成的蔬菜品种众多，1959—2012 年全国共审定（鉴定、认定）、登记蔬菜品种 6 018 个，其中审定、认定、登记（或备案）、国家鉴定的有 4 722 个品种，包含杂交种3 583 个，杂交种比例总体呈上升趋势。截至 2012 年，主要蔬菜作物均已经过 3～4 代品种的更新换代。通过审定（鉴定、认定）的蔬菜品种主要集中在五大作物，包括大白菜 546 个，甘蓝214 个，辣椒 673 个，番茄 382 个，黄瓜 287 个，其育种研究的主要进展如下。

7.2.1 大白菜

大白菜是我国栽培面积最大的蔬菜作物，全国每年播种面积 267 万 hm^2，占全国蔬菜总播种面积的 15%左右。"十二五"期间，我国育成获植物新品种权的大白菜品种 6 个、国家级鉴定品种 7 个、省级审定品种 22 个、省级鉴定（登记、备案）品种 21 个。在育种技术研究方面，常规育种技术与细胞育种和分子育种相结合，创制了一批优良育种材料；完善了基于小孢子培养的单倍体育种技术体系，建立了高通量分子标记辅助育种技术（张凤兰等，2017）。

我国专家还主导完成了白菜基因组测序工作（Wang et al.，2011），使得白菜遗传进化和功能基因组研究得到快速发展。由于白菜基因与拟南芥基因存在高度的相似性，白菜基因组测序的完成，为利用丰富的拟南芥基因功能信息奠定了良好的基础，促进了我国白菜类作物的遗传改良，对于巩固和提高我国白菜类作物遗传育种研究的国际领先地位起到了重要作用。

7.2.1.1 育种技术与方法研究进展

（1）雄性不育育种技术。利用雄性不育系育种是配制大白菜一代杂种的理想手段，所以一直是白菜育种的一个研究热点。大白菜的雄性不育源，主要是异源胞质雄性不育和复等位基因遗传的核基因雄性不育。赵利民等（2007）将甘蓝型油菜萝卜细胞质雄性不育源（RC$_{97-1}$）导入大白菜中，育成了大白菜异源胞质雄性不育系。张书芳等（1990）发现了核基因互作雄性不育材料，育成了具有100％不育株率的核基因雄性不育系，并用其配制了一批优良杂交种。冯辉等利用发现的大白菜复等位基因遗传的雄性不育材料，育成了一批具有100％不育株率的大白菜核基因雄性不育系，并将大白菜核不育复等位基因通过有性杂交转入多种白菜类蔬菜作物中，创制出不同生态型的大白菜（李承彧等，2015）、青梗菜（辛彬等，2009）、矮脚黄（王昊等，2011）、奶白菜（冯辉等，2007）、乌塌菜（冯辉等，2011a）、小菘菜（尉利花等，2013）、白菜薹（王秋实等，2013）、紫菜薹（冯辉等，2011b）、菜薹（周鹏等，2010）和蕾用菜（杨宁等，2011）核基因雄性不育系。上述大白菜雄性不育系的选育和利用，确立了我国在这一领域研究上的领先地位。

（2）单倍体育种技术。大白菜游离小孢子培养始于1989年，日本学者Sato首次报道从一个早熟大白菜品种成功诱导出小孢子胚并再生植株。之后的几十年里，研究人员对大白菜小孢子胚胎发生机制、影响因素等进行了大量的研究和探索，取得了许多重要进展。我国大白菜小孢子培养研究工作起步较晚，然而应用于育种实践进行单倍体育种最早。曹鸣庆等（1992）和栗根义等（1993）几乎同时报道大白菜游离小孢子培养获得成功，此后众多学者对培养体系进行优化，包括供体材料培养条件、预处理方法、培养基中添加植物生长调节剂和活性炭、改善培养条件等。Zhang等（2011a）通过在培养基中添加对氯苯氧异丁酸（PCIB），提高了大白菜小孢子胚状体的发生率和再生率。为了实现小孢子双单倍体的规模化生产，李菲等（2014）研究利用机械取代人工挤压，可在短时间内同时提取多份样品，并可快速调整小孢子的培养浓度。一些简化操作程序、改进操作方法的研究结果，为实现大白菜工程化DH系育种应用奠定了基础。大白菜游离小孢子培养技术已日趋成熟，许多育种单位已经将其应用于育种实践，育成了一批大白菜优良新品种，如豫白菜7号、北京橘红心、豫新5号、豫白菜12、京秋1号、京翠70、沈农超级10号等。

（3）分子标记辅助选择技术。分子标记技术已成为重要的辅助育种手段应用于大白菜育种研究。基因组测序和重测序为规模化标记开发奠定了良好的基础，SSR和InDel成为大白菜分子标记研究的主流标记类型。Ge等（2012）利用139个F$_3$家系，定位了与控制大白菜叶片和叶球形成相关的7个性状的27个QTL。Yu等（2013）基于RIL群体的重测序，构建了一张包含2 209个高质量SNP标记的大白菜分子遗传图谱，定位了3个结球相关性状的18个QTL，筛选了与结球相关的3个候选基因，为进一步解析大白菜结球的分子机制打下良好的基础。

黄心大白菜、橘红心大白菜和紫色大白菜等优异大白菜种质创新和基因挖掘，是近年来的一个研究热点。李跃飞（2011）、Feng等（2012）、Zhang等（2013）、Su等（2015）先后对大白菜橘红心控制基因开展了精细定位和功能鉴定研究，明确了类胡萝卜素异构酶基因 *Bra031539* 的3′编码区1个501bp插入导致了基因功能丧失，造成番茄红素前体的大量积累，使得大白菜心叶呈现橘红色。张淑江（2014）将来源于红叶芥菜的紫色基因定位在大白菜A02染色体上，命名为 *Anm*，获得了与之紧密连锁的InDel标记。刘瑾等（2013）将来源于普通白菜的紫色基因 *BrPur* 定位于A03染色体，获得了与 *pur* 基因连锁距离为1.9cM的SSR标记BVRCP10-6。Wang等（2014a）采用群体分离分析法，将控制大白菜叶片紫色的基因 *BrPur* 定位于A03染色体末端，位于 2 个 InDel 标记 BVRCPI613 和 BVRCPI431 之间 0.6cM 的区间，覆盖基因组 54.87 kb。这些标记可用于大白菜紫色性状的分子标记辅助育种。

张明科等（2012）、Wu 等（2012）和 Wang 等（2014b）对大白菜耐抽薹性状进行 QTL 定位研究，探讨了 *FLC* 基因的序列变异与开花时间的关系，明确了 *FLC1* 的可变剪切与大白菜开花时间密切相关，认为位于 A07 染色体上 *BrFT2* 基因的第 2 个内含子转座子的插入导致了基因功能的丧失，引起花期延迟。

抗病基因的分子标记辅助育种也是热门研究方向，特别是对根肿病（陈慧慧等，2012；杨征等，2015）、病毒病（Qian et al.，2013；田希辉等，2014）、霜霉病（李慧等，2011；Yu et al.，2011；Zhang et al.，2012）的研究较为集中，找到了多个连锁标记，部分标记已用于大白菜辅助育种。李坤等（2010）检测到 2 个与大白菜干烧边性状相关的 QTL 位点。虞慧芳等（2010）获得了与大白菜抗霜霉病基因紧密连锁的 SSR 标记 RPP13MK。刘志勇等（2010）和张慧等（2010）获得了一批与大白菜雄性不育性相关基因连锁的分子标记。

7.2.1.2　新品种选育与利用

近年来，我国的大白菜育种工作者选育推广了一大批优良的大白菜新品种，其中秋季中晚熟品种在优质、抗病、耐贮等性状上表现突出；秋季早中熟品种的耐热性和抗病性显著增强，结球类型也多种多样；在春季耐先期抽薹品种选育方面有了长足的进步，选育出了一些抗病毒病、早熟的春大白菜品种，填补了我国在春结球白菜育种上的空白，缩短了与日本和韩国在春大白菜品种方面的差距。

秋播新品种包括京秋 3 号、京秋 4 号、金秋 70、金秋 90、东农 907、沈农超级 2 号、京秋 65、京翠 70、青研早 9 号、青研 8 号、晋白菜 7 号、金早 58、中白 62、秋白 80、珍绿 80、中白 62、琴萌 8 号、秋早 55、潍白 8 号、潍白 7 号、豫新 58、郑早 60、郑早 55 和德高 16 等；耐抽薹新品种有京春黄、潍春白 1 号、黔白 9 号、黔白 10 号和京春黄 2 号等；娃娃菜品种有京春娃 2 号和京春娃 3 号；苗用大白菜品种有京研快菜 2 号、京研快菜 4 号、30 快菜和速生快绿等；特殊品质或用途的品种，如球心叶为橘红色的金冠 2 号、北京橘红 2 号和天正橘红 58，苗、球兼用型品种早熟 8 号和新早 56 等。这些品种的推广满足了大白菜周年栽培、周年供应和产品类型多样化的需求，打破了国外品种在某些茬口和地区的垄断地位（张淑江等，2011；张凤兰等，2017）。

7.2.2　甘蓝

7.2.2.1　育种技术与方法研究进展

（1）小孢子培养体系优化与利用。近年来，甘蓝游离小孢子培养技术得到较大改进，并开始应用于品种改良实践。张恩慧等（2014）研究表明，甘蓝半成株在温室内 28 ℃条件下生长时，小孢子培养能够获得较高的胚产量。曾爱松等（2015）研究发现，在 NLN - 13 培养基中加入一定浓度的阿拉伯半乳聚糖及阿拉伯半乳聚糖蛋白，对小孢子胚状体诱导有明显的促进作用。高海娜等（2014）在分析甘蓝胚状体诱导成苗因素时发现，子叶形胚容易发育为单芽，鱼雷形胚和球形胚容易形成丛生芽；小孢子不定芽在添加一定比例的烯效唑和萘乙酸的生根培养基中生根率最高，且根系生长健壮。Lv 等（2014）利用游离小孢子培养技术获得 3 个农艺性状优良、高抗枯萎病的结球甘蓝优异 DH 系，并利用其配制出 3 个农艺性状优良的甘蓝杂交组合。

（2）分子标记辅助育种。陈琛（2011）根据甘蓝 EST 序列开发了 978 对 EST - SSR 引物，并将其应用于甘蓝指纹图谱构建、杂交种纯度鉴定、甘蓝显性雄性不育基因定位等。Zhang 等

（2011b）采用集群分析法，筛选获得了与甘蓝显性核不育基因 *MS-cdl* 紧密连锁的 SSR 标记和 SCAR 标记，并应用于甘蓝显性雄性不育材料的辅助转育，为甘蓝 *MS-cdl* 基因的克隆奠定了基础。甘蓝基因组测序信息的公布（Liu et al.，2014），极大地促进了甘蓝重要农艺性状分子标记的开发与利用。杨丽梅等（2016）通过杂交和多代回交转育创制了集高抗枯萎病、高结实率及其他优良农艺性状于一体的甘蓝亲本自交系，在转育过程中，抗枯萎病、高结实率等分子标记辅助选择的利用提高了转育效率，缩短了育种进程。

（3）利用基因工程技术创新甘蓝种质。甘蓝的小菜蛾、菜青虫等危害日趋严重，而甘蓝中缺乏抗虫种质资源，利用基因工程技术将抗虫基因导入甘蓝，是解决这一问题的有效途径。仪登霞（2014）采用农杆菌介导法，将抗虫蛋白基因 *crylla8* 和 *crylBa3* 导入甘蓝自交系中，获得了对小菜蛾和菜青虫具有极强抗性的双价转基因植株。何绍敏等（2015）采用农杆菌介导法，将反义 *MLPK* 基因导入甘蓝自交不亲和材料中，获得了 *MLPK* mRNA 积累量明显低于野生型的转基因植株，导致花期自交结籽数上升，花期自交亲和指数和蕾期自交亲和指数均明显高于野生型植株。

（4）雄性不育系选育与利用。甘蓝杂交种主要利用自交不亲和系和雄性不育系配制，其中雄性不育系主要是 Ogura CMS 的甘蓝雄性不育系和显性核基因雄性不育系（DGMS），两者都已经应用于杂交种选育实践。王庆彪等（2011）对显性核基因雄性不育系和细胞质雄性不育系（CMS）的制种产量及种子产量构成因素进行了分析，发现两类不育系在单株产量和小区产量方面存在显著差异，全株有效荚数和每荚种子粒数是导致产量差异的主要因素。*BoMF2* 是一个花药优势表达基因，在正常发育甘蓝花蕾的四分体末期有一个短暂的表达高峰，后期表达量迅速下降，但是在 Ogura CMS 雄性不育系花药中，*BoMF2* 从四分体末期一直到双核花粉期均有较高的表达量，其持续的异常表达与 Ogura CMS 绒毡层持续异常膨大相吻合（Kang et al.，2014）。中国农业科学院蔬菜花卉研究所利用甘蓝显性雄性不育系，已配制出一系列甘蓝杂交新品种，其中中甘 21 是 2012 年和 2013 年农业部唯一的甘蓝主推品种，是目前全国种植面积最大的早熟春甘蓝品种（杨丽梅等，2016）。

7.2.2.2　新品种选育与利用

"十二五"期间，通过国家审定或鉴定的甘蓝品种有 20 多个，包括中甘 9、春早、秦甘 1265、博春、苏甘 20、皖甘 8 号、惠丰 6 号、惠丰 7 号、惠丰 8 号和惠甘 68 等，这些新品种在叶球品质、抗病性、抗逆性等方面较原有品种有明显改进。针对甘蓝利用雄性不育系配制杂交种，制种产量不高不稳的问题，有关单位开展了系统的杂交制种技术研究。根据杂交种亲本的特征特性，在全国多地建立了良种繁育基地，采取避雨栽培、分期播种、分批定植、安全越冬、不同覆盖、水分控制、花期植物生长调节剂处理、设施保温、引蜂授粉、单亲收种等生产措施，促使双亲花期相遇，提高结实率和种子质量，增加制种产量。在杂交种主要繁育基地，加强基础设施建设和标准化良种繁育技术规程的示范推广，提高基地的装备和技术水平。在雄性不育繁殖基地实施穴盘育苗和机械化播种，通过采取采后加强通风、干燥等措施，提高了杂交种种子质量。目前，应用甘蓝雄性不育系规模化制种体系的制种面积已达到每年 100～133 hm² （杨丽梅等，2016）。

7.2.3　辣椒

7.2.3.1　育种技术与方法研究进展

（1）分子标记辅助育种。"十二五"期间，在国家"863"计划项目的支持下，我国辣椒分子标记辅助育种和分子聚合育种研究取得较大进展，多个辣椒农艺性状可以通过分子标记进行辅助选择。米志波等（2015）筛选到了用于雄性不育鉴定的分子标记。王立浩等（2016a）建立的辣椒抗病分子标记辅助选择技术，聚合了辣椒抗马铃薯 Y 病毒（PVY）、抗烟草花叶病毒（TMV）等多个抗性基因，并通过种间杂交和分子标记辅助选择，将抗番茄斑点萎蔫病毒（TswV）基因从中国辣椒（*Capsicum chinensis* Jacq.）转育到大果甜椒自交系中，配制出抗病性品种。

（2）单倍体育种。辣椒单倍体育种主要是通过花药培养创制小孢子 DH 系，加速育种材料基因纯合化。北京市海淀区植物组织培养技术实验室已经可以程式化、规模化培育辣椒小孢子 DH 系。王仲慧等（2015）研究了影响辣椒花药培养小孢子胚发生的因素，包括外源激素、碳源（蔗糖、麦芽糖、葡萄糖）、低温预处理、外源有机添加物、活性炭及植株开花时期等。张茹等（2015）研究了培养基添加 NAA 和 6-BA 对辣椒花药培养的影响。2004—2013 年 10 年间，通过国家或地方品种审定委员会审定的利用双单倍体育种技术选育的辣椒新品种有多个，包括海丰16（邢永萍等，2014）、海丰 1052（张树根等，2015）、豫 07-01（张晓伟等，2013）等。

（3）雄性不育与杂种优势利用。"十二五"期间，辣椒杂种优势利用研究得到了国家科技支撑计划项目的资助，创制出了一批优异育种材料和雄性不育系。该项目选育出对 TMV、黄瓜花叶病毒（cucumber mosaic virus，CMV）、青枯病具有复合抗性的优良辣（甜）椒自交系 62 份，辣（甜）椒雄性不育系 15 个，育成新的牛角椒和线椒细胞质雄性不育系及其保持系 2 份，稳定恢复系 4 份（王立浩等，2016b）。

7.2.3.2 新品种选育与利用

根据生产模式和品种差异性，可将全国分成 6 个辣椒主栽区域：①南菜北运基地，主要包括广东、海南、广西、福建、云南等地。②北方露地生产区，主要包括北京、河北、山西、山东、内蒙古、东北等地。③高山蔬菜种植区，主要包括湖北长阳、河北张家口、甘肃、新疆等地。④夏菜基地，主要包括湖南、贵州、四川、重庆等地。⑤北方保护地辣椒种植区，主要包括山东、河北、辽宁等地，多采用早春和秋延晚塑料大棚栽培。⑥华中露地栽培区，主要包括河南、安徽、河北南部等地（耿三省等，2015）。其栽培模式多样化，促进了适应性、专用型品种的选育。"十二五"期间，我国各地新育成的辣椒品种有 1 000 多个，几乎涵盖了各种类型辣椒品种，以线椒、羊角椒、螺丝椒、干椒品种为多（王立浩等，2016b）。上述新品种的选育成功，较好地满足了栽培方式多样化和基地化生产对辣椒品种的需求。

7.2.4 番茄

7.2.4.1 育种技术与方法研究进展

（1）分子标记辅助选择。分子标记辅助选择技术已大量应用于番茄品种改良，可以缩短育种年限，加速育种进程，其中应用最多的是抗病基因的筛选鉴定。在番茄抗番茄黄化曲叶病毒（TYLCV）育种上，Zamir 等（1994）将耐 TYLCV 的主效基因（$Ty-1$）定位到番茄第 6 染色体上的着丝粒端。$Ty-2$ 被 Garcia（2008）定位在第 11 号染色体长臂终端，在 TG36（84.0 cM）和 TG393（103.0 cM）之间。$Ty-3$ 被 Ji 等（2007）定位在第 6 号染色体上，距离 $Ty-1$ 仅20 cM。Ji 等（2008）又将 $Ty-4$ 定位在第 3 号染色体上 C2-At4g17300（81.0 cM）与 C2-At5g60160（83.3 cM）之间。2008 年，一个源于秘鲁番茄 TY172 的新抗病主效基因 $Ty-5$ 和 4个微效 QTL 被 Anbinder 等（2009）分别定位，其中，$Ty-5$ 定位在 4 号染色体上，其他 4 个微效 QTL 分别被定位在 1、7、9、11 号染色体上。上述抗（耐）TYLCV 病基因的分子标记已应用于分子标记辅助育种。

（2）转基因育种技术。番茄被用作模式植物，已广泛应用于植物遗传转化研究。利用转基因技术进行番茄品种改良取得了很大进展，已经获得了抗虫、抗病毒病、抗真菌病、抗除草剂、抗逆、延长贮藏期、改善风味和雄性不育等转基因番茄。吴昌银等（2000）通过根癌农杆菌，采用叶盘法将雪花莲外源凝集素基因导入番茄，获得了含 GNA 基因的 43 株转化植株，抗蚜虫试验结果证明，转基因番茄具有一定的抗蚜能力。Power 等（1986）通过导入病毒外壳蛋白基因 cp 获得了抗病毒番茄。赵淑珍等（1990）利用 CMV 卫星 RNA-1 的 cDNA 单体基因转化番茄，接种试验发现转基因番茄的病害症状减轻，田间试验表现了对 CMV 的抗性。Zhang 等（2011c）通过 RNA 沉默介导，获得了番茄抗病毒病植株。

此外，Smith 等（1988）首先将控制多聚半乳糖醛酸酶（PG）活性的反义基因导入番茄，获得了 PG 表达被强烈抑制的转基因植株。1994 年，美国 Calgene 公司开发的延熟番茄 FLAVR-SAVRTM 被首次批准进行商业化生产（Theologis et al.，1993）。Klann 等（1996）将酸性转化酶的反义 cDNA 转入番茄，获得了蔗糖含量高的转基因番茄，这种酸性转化酶主要是催化蔗糖分解成葡萄糖和果糖，其在蔗糖代谢中起重要作用。我国第一个商品化农业转基因工程产品是1996 年被批准的耐贮番茄华番 1 号，用乙烯形成酶（EFE）反义基因转化番茄，其果实成熟后可在 13～30 ℃下贮藏 45 d（叶志彪等，1999）。

7.2.4.2 新品种选育与利用

近年来，番茄育种研究在提高品种抗病性、抗逆性、品质、耐贮运等方面取得了丰硕的成果，特别是在抗黄化曲叶病毒（TYLCV）病和品质改良方面取得了突破性进展。

（1）抗黄化曲叶病毒病育种。我国于 1991 年在广西南宁首次发现该病毒，后逐渐传播到北京、山西、江苏、上海、广东、广西、云南等地，对番茄生产，特别是保护地番茄造成了严重影响。番茄植株感染 TYLCV 后，顶部叶片边缘上卷，整株叶片皱缩卷曲，叶片黄化，开花后不结果或多畸形果，严重影响产量和品质，甚至绝收。选育番茄抗病品种是防治 TYLCV 的最好方法。近几年，我国投入了大量的人力和物力开展番茄抗 TYLCV 育种研究，采用常规育种、分子标记辅助育种等手段，获得了一批抗病或耐病品种。

番茄抗 TYLCV 的基因主要来自其近缘野生种，如智利番茄（Lycopersicon chilense）、醋栗番茄（L. pimpinellifolium）及契斯曼尼番茄（L. cheesmanii）。1988 年，世界上第一个抗 TYLCV 的商品化品种 TY-20 出现，尽管在该品种中仍能检测到病毒，但植株表现的感病症状延迟，对番茄结实影响较小。研究者已在多个野生番茄材料中发现了抗病和耐病基因，如 Tr-1 基因、Tr-2 基因、Tr-3a 与 Tr-3b 基因，这些基因的抗病机理是干扰病毒外壳蛋白的合成，已成功应用于商业品种选育。如瑞士先正达公司选育的迪芬尼（含 Tr-1 基因）、齐达利（Tr-3a）和拉比（Tr-3a），法国 Clause 蔬菜种子公司选育的宝丽（Tr-3a），我国育种专家选育的西农 2011（Tr-1）、浙粉 701（Tr-2）、浙粉 702（Tr-3a）和浙杂 502（Tr-3a）等（孙胜等，2015）。

（2）品质育种。Azanza 等（1994）利用 RFLP 标记筛选到一些与可溶性固形物含量相关的 QTL 位点，并发现其主效位点位于番茄第 7 条染色体上。Chetelat 等（1995）利用分子标记辅助选择将一种酸性蔗糖酶缺失基因（sucr）导入普通番茄中，明显提高了果实可溶性固形物含量、可滴定酸度和番茄酱的产出率。刘仲齐等（1989）以番茄高色素基因 hp1 和 hp2 的突变位点为目标进行分子标记，成功筛选出了对 hp1 和 hp2 分别具有高度特异性的 2 对引物，并以这 2 对引物所产生的分子标记为依据，合成了含有 hp1 和 hp2 的双突变体。Weaver 等（1996）利用体细胞克隆变异和反抑制技术，获得了 300 多个总可溶性固形物含量在 7%～15%的新突变体。Bernacchi 等（1998）用高世代回交群体 QTL 分析法（advanced backcross QTL analysis）同时对番茄的 7 个数量性状进行了分析与改良，成功将多毛番茄和醋栗番茄的有益基因导入普通番茄中，得到了一批可溶性固形物含量较对照高 6％～22％的材料。邢永忠等（2001）采用回交育种方法，将契斯曼尼番茄的高可溶性固形物含量基因导入普通番茄中，得到了 2 份可溶性固形物含量较高的育种材料 89113 - 3 和 89111 - 2。上述番茄优质育种材料的获得，为品质育种奠定了材料基础。

7.2.5　黄瓜

7.2.5.1　育种技术与方法研究进展

（1）育种性状分子标记的开发。胡建斌等（2008）利用黄瓜 EST 序列开发出一批 EST - SSR 标记。基于黄瓜基因组测序结果，Ren 等（2009）开发出 2 100 多对 SSR 引物，已经获得的与抗病性紧密连锁的分子标记包括与霜霉病抗病基因连锁的 SCAR 和 AFLP 标记（张素勤等，2010），与白粉病主效感病基因连锁的 AFLP 标记（Zhang et al.，2007），与白粉病主效抗病基因连锁的 SSR 标记 SSR97 - 200 和 SSR273 - 300（张海英等，2008），与黄瓜枯萎病抗病基因连锁的 RAPD 标记 S49 - 300（张海霞等，2006），与黑星病抗病基因连锁的 SSR 标记 SSR03084 和 SSR17631（Zhang 等，2010）等。与黄瓜花性型紧密连锁的分子标记包括与 *M* 基因连锁的 SSR 标记 SSR23487 和 SSR19914（时秋香等，2009），与 *M* 基因共分离的 SNP 标记 SN1（刘世强，2008），与雌性基因连锁的 ISSR 标记（刘晓虹等，2008）。此外，还获得了与黄瓜单性结实基因连锁的 ISSR 标记 N92（陈学好等，2008），与营养器官无苦味基因 *bi* 连锁的 AFLP 标记和 SCAR 标记（池秀蓉等，2007），与果皮颜色和光泽基因连锁的 AFLP 标记 V7T3A$_{363}$ 和 V7T5A$_{181}$（张凤青，2007），与叶片有毛基因 *Gl* 连锁的显性 SRAP 标记 ME6EM5 和 ME230D15（张驰等，2009）。

（2）重要基因的分离与克隆。Li 等（2009）利用图位克隆技术，分离了两性花基因 *M*，并完成了 *M* 基因的表达分析（陶倩怡等，2010）。李为观等（2010）克隆了热响应蛋白 *CSH- SP70* 基因。魏跃等（2009）获得了黄瓜 6 -磷酸葡萄糖酸脱氢酶基因全长序列 *Cs 6PGDH*。李娟娟等（2010）分离了芽黄突变体及其野生型之间差异表达的 cDNA 片段。孙涌栋等（2008）克隆了与黄瓜果实膨大生长相关的 *CsEXP5* 基因。李丹等（2010）克隆了黄瓜抗寒相关转录因子 CBF1。

（3）小孢子和大孢子培养。在黄瓜单倍体育种方面，利用花药培养（Song et al.，2007）和小孢子培养（詹艳等，2009）均获得了单倍体植株。詹艳等（2009）研究表明，基因型和小孢子发育期是影响小孢子成胚的关键因子，单核靠边期是游离小孢子培养成功的最佳时期，4 ℃预处理 2～4 d 有利于胚状体的诱导。在未受精子房（大孢子）培养方面，分析研究了雌核发育启动和胚状体诱导因素（魏爱民等，2007；王烨等，2008；娄丽娜等，2009），获得了一批黄瓜双单倍体育种材料。

（4）转基因育种。利用农杆菌介导的遗传转化方法，已经将 *CSMADS 06* 基因（赖来等，2007）、激活表达标签 pDsBar（刘爱荣等，2007）、单性结实基因 *iaaM*（苏绍坤等，2006）、*Mn- SOD* 基因（范爱丽，2006）和抗冷基因 *BnCS*（卢淑雯等，2010）导入黄瓜，获得了转基因植株。张文珠等（2009）采用花粉管通道法将抗虫基因 *EQKAM* 转入黄瓜获得了成功。

7.2.5.2　新品种选育与利用

黄瓜新品种选育取得了突出成就。华北温室型品种成功实现了更新换代，育成的新品种在早熟性、耐低温弱光性、持续结果能力、抗病性等方面显著优于以津绿 3 号和津优 3 号为代表的上一代温室品种，涌现出了以津优 35 为代表的一批新的温室栽培专用品种，如中农 26 和津优 36，包括博耐、博新、中荷系列黄瓜新品种均已在保护地生产上大面积推广应用。一批自主选育的水果型黄瓜新品种也开始在生产上大面积推广，逐渐取代进口品种，包括中农 29、津美 2 号、京研迷你 4 号、浙秀 1 号、水果黄瓜 1 号、碧玉 2 号和橘红心迷你黄瓜等。育成了露地耐热黄瓜新品种中农 20、中农 106 和粤秀 3 号，华南型黄瓜新品种瑞光 2 号、蔬研 2 号和烟农 1 号等，出口型黄瓜品种东农 803，大棚黄瓜新品种津优 13、鞍绿 3 号、春绿 7 号和北京 204 等，旱黄瓜新品种龙园绣春等（张圣平等，2010）。

7.3 蔬菜育种研究对策与展望

我国是蔬菜生产大国和消费大国，据统计，2015 年蔬菜播种面积 2 199.967 万 hm²，总产量 7.85 亿 t，均居世界第一位。2011 年全国蔬菜总产值 1.26 万亿元，已成为我国第一大农产品，超过粮食总产值（国家统计局农村社会经济调查司，2012）。我国也是蔬菜种子需求大国，常年用种量为 4 万～5 万 t，市场价值约 160 亿元（黄山松等，2014）。我国巨大的蔬菜种子市场吸引了众多外资种苗公司进入中国市场。客观分析蔬菜育种研究的现状和发展趋势，找准自身的优势和存在的问题，摸清困境背后的原因，有利于提高我国蔬菜育种研究水平，提升蔬菜种子产业的竞争力。

7.3.1 蔬菜育种研究现存问题

（1）研发投入不足。目前，我国蔬菜育种研究主要由科研院所和高等院校来完成，研究经费的主渠道是各级政府的财政拨款，资源分布受政府宏观控制影响较大，政府优先支持的研究领域往往会聚集更多的科研资源。在政府的科研战略布局中，对于水稻、玉米、小麦等主粮作物投入较多，取得了较大突破，而蔬菜育种所获得的科研经费资助非常有限，影响了蔬菜育种基础和技术研究的发展。

（2）科研力量分散。据徐东辉等调查统计，2013 年我国从事蔬菜育种的地市级以上科研机构有 179 个，其中科研单位 143 个（国家级 1 个、省级 33 个、地市级 109 个），高等院校 36 个。在上述科研机构中，从事蔬菜育种的科技人员有 2 046 人，每个单位平均 11.4 人。在单位内部，科研力量往往又被进一步细分，如中国农业科学院蔬菜花卉研究所共有科研人员 54 人，按研究的作物种类不同分散于 14 个团队。在省级蔬菜育种科研单位中，只有 1 人从事某种蔬菜作物育种研究的现象非常普遍，而在市地级科研单位中则大量出现 1 人研究多个作物的现象。同一作物在不同科研单位之间重复研究的现象也普遍存在，例如在 34 个省级及以上科研单位中，从事辣椒育种的有 28 个，番茄 27 个，茄子 24 个，黄瓜 20 个，各单位之间很少有沟通与合作，导致科研工作的低水平重复，造成资源大量浪费。

（3）技术储备不足。过去，我国蔬菜育种的研究方向与农业生产需求出现了脱节现象。面对市场需求的变化，蔬菜已由传统的露地分散种植转向大面积设施和反季生产，对蔬菜品种也提出了新的要求。在优势产区集中种植，经长途运输分散销售的生产模式，对蔬菜品种的耐贮运性能提出了更高的要求。随着生活水平的提高，人们对蔬菜的营养、风味和外观品质的要求越来越高。由于对蔬菜产业的发展方向缺乏前瞻性把握，再加上基础研究和技术储备不足，让国外种子公司占据优势，实力雄厚的国际化种苗公司有着丰富的科研储备，他们更好地满足了中国蔬菜种子市场需求的变化。在突发病虫危害面前，更能看出育种技术储备的重要性。如 2009 年，山东及其周边省份设施番茄大面积暴发黄化曲叶病毒，国内科研机构和种子企业均提供不出抗病品种，而先正达、瑞克斯旺等国外机构依据其强大的技术储备，在几周之内就拿出了抗病品种，种子价格也提高到原来品种的几倍。

（4）目标导向问题。目前，我国的科研院所和高等院校过多重视论文成果，对生产和市场需求重视不够。由于蔬菜品种研发经费主要来源于国家拨款，品种成果也被纳入了国有资产管理范畴，制约了成果转化效率的提高。科研机构下游的种子公司"小、散、乱"现象严重，也限制了科研成果的市场化。我国现有的蔬菜种子公司生产经营规模在100万以上的约7 600家，100万以下的经销企业有20多万家，如此之多的小公司之间的无序竞争，常常引发"价格大战"，低价格的背后往往隐藏的是有质量问题的种子，造成"坑农害农"事件频发，降低了菜农对国产蔬菜种子的信任度。

7.3.2 我国蔬菜育种研究的优势

（1）种质资源丰富。我国幅员辽阔，南北东西气候多样，蔬菜种质资源十分丰富。近年来，我国在种质资源搜集与整理方面做了大量的工作。中国农业科学院建立了中国作物种质资源库，其品种收藏量居世界第二位，拥有蔬菜种质接近3万份，涵盖82种蔬菜作物。这些蔬菜种质资源中，数量超过100份的有38种，有10种数量超过1 000份（中国作物种质信息网，2016）。再加上各科研机构自己保存的蔬菜种质，总数在3.5万份左右。如此丰富的种质资源，为蔬菜品种改良奠定了良好的材料基础。

（2）市场需求量大。我国有14亿左右的人口，蔬菜消费量全球第一。我国的蔬菜年产量约占世界总产量的52%，蔬菜种植面积占世界的42%，蔬菜种子市场规模160多亿元，真正优良的蔬菜品种容易得到推广。由于生产的发展和消费需求的多样化，蔬菜生产对蔬菜品种不断提出新的要求，蔬菜育种研究前景广阔。

（3）育种企业发展较快。除了跨国公司和科研院所之外，我国蔬菜种子企业的研发机构正迅速成长为新的科研力量。在这些育种型企业中，年销售额在5 000万元左右的有5~8家，2 000万~3 000万元的有10多家（马德华，2014）。这些育种型企业的发展方向就是商业育种，他们具备一定的研发实力和经济基础，在育种研究方面的投入大多占到企业成本的15%以上，而且研究力量往往比较集中，一般专注于某一种或几种作物育种。随着种业的发展，这类企业的数量会越来越多，实力逐渐增强，其发展潜力巨大。

7.3.3 蔬菜育种发展方向

农作物种子产业是国家的战略性、基础性核心产业，中国蔬菜育种研究的突破口在于提高自主创新能力和市场应对能力，还需要有政府、科研机构和企业的相互配合。

（1）倡导商业化育种。我国农作物育种正处于由公益性向商业化转变的时期，商业化育种是以满足市场需求为目标、以企业为研发主体的程序化育种。当今世界发达国家的农作物育种研究机构大多建在企业，能够根据市场需求灵活调整科研方向，快速拿出适销对路的品种。目前，我国蔬菜育种力量还主要集中在公益性科研院所和高等院校，为加快农作物种业体制改革，促进种业健康发展，国家已经出台了相关政策，要求公益性科研院所和高等院校尽快与其所办的种子企业脱钩，逐步建立起符合市场规律的商业化育种体系。

（2）加强育种技术研究。国家已将蔬菜育种纳入"十三五"国家首批重点研发计划中的7大作物育种项目，重点支持蔬菜种质资源创新、杂种优势利用、分子和细胞育种技术开发等研究。近年来，分子标记辅助育种、大孢子和小孢子培养与单倍体育种等生物育种技术日渐成熟，为加快育种进程、提高育种效率奠定了技术基础。将传统的育种技术与现代生物技术相结合，实现由"经验育种"向"精确育种"转变，将是未来蔬菜育种的发展方向。

（3）建立育种产业链。完整的现代育种产业链应包括"选育→区试→繁育→推广→售后服务"等多个环节。对于一个优秀的"育繁推"一体化的种子企业，不仅要有高水平的品种研发团队，还要建立自己完善的品种繁育、推广和售后服务体系，在"育繁推"一体化的种子企业内部，建立标准化的品种产出流程。销售服务人员通过市场获得的农户需求信息，传递给品种研发团队，有助于制定合理的育种目标；优良品种推广销售获得的收益反哺品种研发，有助于提高育种技术研究的水平，提高育种效率，增强应对市场的能力。

（4）促进育种协同创新。育种单位在育种方向和资源配置方面的低水平重复，制约了蔬菜育种效率的提高，迫切需要打破现有条块分割、各自为政的局面。应建立起以有实力的种子企业为主体的产学研协同创新机制。同一育种方向的科研单位、大专院校和种子企业之间要有明确的分工，种子企业根据市场需求提出育种选题，科研单位和大专院校负责育种材料创新、育种技术研发及人才培养，在种子企业内最终完成新品种创制和推广转化工作。

（冯辉　刘志勇　黄胜楠　编写）

主要参考文献

曹鸣庆，李岩，蒋涛，等，1992. 大白菜和小白菜游离小孢子培养试验简报 [J]. 华北农学报，7（20）：119 - 120.

曹鸣庆，2005. 植物游离小孢子培养机理及应用 [J]. 中国园艺文摘，21（5）：26 - 32.

陈慧慧，张腾，梁珊，等，2012. 大白菜抗根肿病 *ORb* 基因紧密连锁标记的开发与定位 [J]. 中国农业科学，45（17）：3551 - 3557.

陈琛，2011. 甘蓝 EST - SSR 标记开发及应用 [D]. 青岛：青岛农业大学.

陈学好，王佳，徐强，等，2008. 一个与黄瓜单性结实基因连锁的 ISSR 标记 [J]. 分子植物育种，6（1）：85 - 88.

陈印政，王大明，孙丽伟，2014. 我国蔬菜育种研究的现实困境与对策探析 [J]. 科技管理研究，34（24）：86 - 89.

池秀蓉，顾兴芳，张圣平，等，2007. 黄瓜无苦味基因 *bi* 的分子标记研究 [J]. 园艺学报，34（5）：1177 - 1182.

范爱丽，2006. 根癌农杆菌介导的黄瓜（*Cucumis sativus* L.）遗传转化体系的研究 [D]. 杨凌：西北农林科技大学.

方智远，刘玉梅，杨丽梅，等，2004. 甘蓝显性核基因雄性不育与胞质雄性不育系的选育及制种 [J]. 中国农业科学，37（5）：717 - 723.

方智远，孙培田，刘玉梅，等，1997. 甘蓝显性雄性不育系的选育及其利用 [J]. 园艺学报，24（3）：249 - 254.

冯辉，刘志勇，李承彧，等，2011a. 大白菜雄性不育复等位基因的发现与利用 [J]. 沈阳农业大学学报，42（1）：1 - 8.

冯辉，娄广学，2011b. 紫菜薹核基因雄性不育系的创制与利用 [J]. 园艺学报，38（6）：1097 - 1103.

冯辉，徐巍，王玉刚，2007. '奶白菜 A1023'品系核基因雄性不育系的定向转育 [J]. 园艺学报，34（3）：659 - 664.

冯辉，魏毓棠，许明，1995. 大白菜核基因雄性不育系遗传假说及其验证 [C]//中国科学技术协会. 中国科协第二届青年学术年会园艺学论文集. 北京：中国农业大学出版社：458 - 466.

高海娜，王朝阳，张恩慧，2014. 甘蓝胚状体诱导成苗因素研究 [J]. 北方园艺（1）：97 - 101.

耿建峰，张晓伟，蒋武生，等，2001. 花椰菜新品种豫雪60及其栽培要点 [J]. 河南农业科学（4）：26.

耿建峰，原玉香，张晓伟，等，2003. 利用游离小孢子培养育成早熟大白菜新品种'豫新5号' [J]. 园艺学报，30（2）：249.

耿三省，陈斌，张晓芬，等，2015. 我国辣椒品种市场需求变化趋势及育种对策 [J]. 中国蔬菜（3）：1 - 5.

国家统计局农村社会经济调查司，2012. 中国农村统计年鉴—2012 [M]. 北京：中国统计出版社.

何绍敏, 李春雨, 兰彩耘, 等, 2015. 转 *MLPK* 反义基因对甘蓝自交不亲和性的影响 [J]. 园艺学报, 42 (2): 252 - 262.

胡建斌, 李建吾, 2008. 黄瓜基因组 EST - SSRs 的分布规律及 EST - SR 标记开发 [J]. 西北植物学报, 28 (12): 2429 - 2435.

黄山松, 田伟红, 李子昂, 等, 2014. 外资蔬菜种子企业的现状与发展趋势 [J]. 中国蔬菜 (1): 2 - 6.

蒋武生, 张晓伟, 耿建峰, 等, 2005. 极早熟大白菜新品种 '豫新 50' 的选育 [J]. 中国瓜菜 (4): 27 - 29.

赖来, 潘俊松, 何欢乐, 2007. 农杆菌介导的 *MADS - box* 基因转化黄瓜初步研究 [J]. 上海交通大学学报 (农业科学版), 25 (4): 374 - 382.

李承彧, 范永怀, 冯辉, 2015. 黄心春结球白菜核基因雄性不育系的创制与利用 [J]. 沈阳农业大学学报, 46 (2): 150 - 154.

李丹, 蒋欣梅, 于锡宏, 2010. 黄瓜中 *CBFl* 基因的克隆及其表达分析 [J]. 植物生理学通讯, 46 (3): 245 - 248.

李菲, 张淑江, 章时蕃, 等, 2014. 大白菜游离小孢子培养技术高效体系的研究 [J]. 中国蔬菜 (8): 12 - 16.

李慧, 于拴仓, 张凤兰, 等, 2011. 与大白菜霜霉病抗性主效 QTL 连锁的分子标记开发 [J]. 遗传, 33 (11): 1271 - 1278.

李娟娟, 陈福龙, 李鑫, 等, 2010. 黄瓜芽黄突变体抑制消减杂交文库的构建及初步分析 [J]. 西北植物学报, 30 (5): 905 - 910.

李为观, 杨寅挂, 魏跃, 等, 2010. 热胁迫下黄瓜幼苗生理生化指标变化及 *CSHSP70* 基因表达 [J]. 南京农业大学学报, 33 (3): 47 - 51.

李晓蕾, 李景富, 康立功, 等, 2010. 番茄品质遗传及育种研究进展 [J]. 中国蔬菜 (14): 1 - 7.

李跃飞, 2011. 大白菜橘红心和黄心性状的分子标记及基因定位 [D]. 沈阳: 沈阳农业大学.

栗根义, 高睦枪, 赵秀山, 1993. 大白菜游离小孢子培养 [J]. 园艺学报, 20 (2): 167 - 170.

栗根义, 高睦枪, 杨建平, 等, 1998. 利用游离小孢子培养技术育成豫白菜 7 号 (豫园 1 号) [J]. 中国蔬菜 (4): 16 - 19.

刘爱荣, 陈双臣, 2007. 农杆菌介导 Ds 转座因子的黄瓜遗传转化 [J]. 安徽农业科学, 35 (23): 7047 - 7048.

刘瑾, 汪维红, 张德双, 等, 2013. 控制白菜叶片紫色的 *pur* 基因初步定位 [J]. 华北农学报, 28 (1): 49 - 53.

刘世强, 2008. 黄瓜性别决定基因 *M* 的精细定位及转录表达谱分析 [D]. 南京: 南京农业大学.

刘晓虹, 陈惠明, 许亮, 等, 2008. 黄瓜性别决定基因相关的分子标记 [J]. 湖南农业大学学报 (自然科学版), 34 (4): 403 - 408.

刘仲齐, 薛俊, 张要武, 2004. 番茄分子连锁图谱的发展和分子标记辅助育种 [J]. 天津农业科学, 10 (1): 37 - 40.

卢淑雯, 刘文萍, 李柱刚, 等, 2010. 黄瓜耐低温基因转化后代的生物学鉴定 [J]. 中国蔬菜 (10): 16 - 19.

娄丽娜, 陈劲枫, 钱春桃, 等, 2009. 利用胚培养诱导单性结实黄瓜果实形成单倍体植株的研究 [J]. 南京农业大学学报, 32 (2): 30 - 34.

米志波, 张建盈, 王平勇, 等, 2015. 辣椒恢复基因连锁标记的适用性评价与应用 [J]. 中国蔬菜 (2): 25 - 29.

朴钟云, 吴迪, 王淼, 等, 2010. 大白菜抗根肿病近等基因系的分子标记辅助选育 [J]. 园艺学报, 37 (8): 1264 - 1272.

时秋香, 刘世强, 李征, 等, 2009. 与黄瓜 *M* 基因连锁的三个共显性标记 [J]. 园艺学报, 36 (5): 737 - 742.

宋宁宁, 侯文秀, 许向阳, 2009. 基因工程在番茄育种中的应用 [J]. 东北农业大学学报, 40 (5): 123 - 128.

苏绍坤, 刘宏宇, 秦智伟, 2006. 农杆菌介导 *iaaM* 基因黄瓜遗传转化体系的建立 [J]. 东北农业大学学报, 37 (7): 289 - 293.

孙胜, 亢秀萍, 邢国明, 等, 2015. 番茄黄化曲叶病毒病研究进展 [J]. 东北农业大学学报, 46 (5): 102 - 108.

孙秀峰, 陈振德, 李德全, 2008. 大白菜干烧心病性状的 QTL 定位和分析 [J]. 分子植物育种, 6 (4): 702 - 708.

孙涌栋, 张兴国, 李新峥, 等, 2008. 黄瓜果实 *CsEXP5* 基因片段的克隆与序列分析 [J]. 华北农学报, 23 (1): 12 - 14.

陶倩怡, 李征, 何欢乐, 等, 2010. 黄瓜单性花决定基因 *M* 的表达分析 [J]. 遗传, 32 (6): 632 - 638.

田希辉, 于拴仓, 苏同兵, 等, 2014. 一个新的白菜苗期 *TuMV - C4* 抗性主效 QTL 定位及连锁分子标记开发 [J]. 华北农学报, 29 (6): 1 - 5.

王昊，杨宁，冯辉，2011. 矮脚黄白菜核基因雄性不育系的选育与利用［J］. 东北农业大学学报，42（10）：70-75.

王立浩，张正海，毛胜利，等，2016a. 甜椒抗番茄斑点萎蔫病毒的种质创新［J］. 中国蔬菜（2）：19-23.

王立浩，张正海，曹亚从，等，2016b. "十二五" 我国辣椒遗传育种研究进展及其展望［J］. 中国蔬菜（1）：1-7.

王庆彪，方智远，张扬勇，等，2011. 两类甘蓝雄性不育系种子产量构成因素分析［J］. 中国蔬菜（18）：11-15.

王秋实，刘志勇，张曦，等，2013. 利用分子标记辅助选育白菜薹复等位基因型雄性不育系［J］. 分子植物育种，11（5）：529-537.

王晓武，方智远，孙培田，1998. 利用分子标记 EPT11$_{900}$ 辅助甘蓝显性雄性不育基因转育［J］. 中国蔬菜（6）：1-4.

王烨，顾兴芳，张圣平，2008. 预处理和外源激素对黄瓜未授粉子房的胚状体诱导的影响［J］. 华北农学报，23（6）：50-53.

王仲慧，刘金兵，刁卫平，等，2015. 辣椒花药培养胚状体发生途径影响闵子研究［J］. 核农学报，29（8）：1471-1478.

魏爱民，韩毅科，杜胜利，2007. 供体植株栽培季节和栽培方式对黄瓜未受精子房离体培养的影响［J］. 西北农业学报，16（5）：141-144.

魏跃，王永平，李为观，2009. 黄瓜胞质6-磷酸葡萄糖酸脱氢酶基因克隆及序列分析［J］. 西北植物学报，29（10）：1954-1961.

吴昌银，叶志彪，李汉霞，2000. 雪花莲外源凝集素基因转化番茄［J］. 植物学报，42（7）：719-723.

辛彬，冯辉，杨晓飞，等，2009. 青梗菜核基因雄性不育系的转育［J］. 中国蔬菜（14）：38-42.

邢永忠，徐才国，2001. 作物数量性状基因研究进展［J］. 遗传，23（5）：498-503.

邢永萍，张树根，李春林，等，2014. 甜椒新品种海丰16号的选育［J］. 中国蔬菜（6）：49-51.

徐东辉，方智远，2013. 中国蔬菜育种研究机构及平台建设概况［J］. 中国蔬菜（21）：1-5.

杨宁，冯辉，王昊，2011. 蕾用菜核基因雄性不育系的创制［J］. 西北农业学报，20（5）：149-152.

杨丽梅，方智远，庄木，等，2016. "十二五" 我国甘蓝遗传育种研究进展［J］. 中国蔬菜（11）：1-6.

杨征，杨晓云，张清霞，等，2015. 大白菜抗根肿病基因位点 CRa 和 CRb 的分子标记鉴定［J］. 华北农学报，30（2）：87-92.

叶志彪，李汉霞，刘勋甲，等，1999. 利用转基因技术育成耐贮藏番茄——华番1号［J］. 中国蔬菜（1）：6-10.

仪登霞，2014. 转 Bt 双价基因甘蓝的抗虫性及遗传稳定性研究［D］. 北京：中国农业大学.

尉利花，杨宁，冯辉，2013. 小菘菜核基因雄性不育系的创制［J］. 沈阳农业大学学报，44（6）：743-747.

原玉香，张晓伟，耿建峰，等，2004. 利用游离小孢子培养技术育成早熟大白菜新品种 '豫新60' ［J］. 园艺学报，31（5）：704.

曾爱松，高兵，宋立晓，等，2015. 耐寒结球甘蓝小孢子培养及其发育过程［J］. 中国农业大学学报，20（2）：86-92.

詹艳，陈劲枫，Ahmed Abbas Malik，2009. 黄瓜游离小孢子培养诱导成胚和植株再生［J］. 园艺学报，36（2）：221-226.

张驰，关媛，何欢乐，等，2009. 利用 SRAP 分子标记对黄瓜 Gl 基因的初步定位分析［J］. 上海交通大学学报（农业科学版），27（4）：380-383.

张恩慧，程芳芳，杨安平，等，2014. 株龄、栽培环境及温度对甘蓝小孢子诱导出胚的影响［J］. 西北农林科技大学学报（自然科学版），42（1）：120-124.

张凤兰，于拴仓，余阳俊，等，2017. "十二五" 我国大白菜遗传育种研究进展［J］. 中国蔬菜（3）：16-21.

张凤青，2007. 黄瓜品质性状的 AFLP 和 SCAR 标记研究［D］. 重庆：西南大学.

张海英，王振国，毛爱军，等，2008. 与黄瓜白粉病抗病基因紧密连锁的 SSR 分子标记［J］. 华北农学报，23（6）：77-80.

张海霞，张海英，于广建，等，2006. 与黄瓜抗枯萎病基因连锁的 RAPD 标记［J］. 华北农学报，21（2）：121 - 123.

张明科，钟蔚丽，姚远颇，等，2012. 大白菜抽薹和初花期的 QTL 分析［J］. 西北农业学报，21（7）：162 - 167.

张茹，魏兵强，陈灵芝，等，2015. 不同培养基对辣椒花药培养的影响［J］. 甘肃农业科技（7）：25 - 28.

张圣平，顾兴芳，王烨，等，2010. "十一五" 我国黄瓜遗传育种研究进展［J］. 中国蔬菜（22）：1 - 10.

张素勤，顾兴芳，张圣平，等，2010. 黄瓜霜霉病抗性相关基因的 AFLP 标记［J］. 西北植物学报，30（7）：1320 - 1324.

张淑江，李菲，章时蕃，等，2011. "十一五" 我国大白菜遗传育种研究进展［J］. 中国蔬菜（6）：1 - 8.

张树根，邢永萍，张军民，等，2015. 辣椒新品种海丰 1052［J］. 中国蔬菜（5）：63 - 65.

张书芳，宋兆华，赵雪云，1990. 大白菜细胞核基因互作雄性不育系选育及应用模式［J］. 园艺学报（2）：117 - 125.

张晓伟，原玉香，耿建峰，等，2004. 大白菜新品种 '豫新 1 号'［J］. 园艺学报，31（2）：280.

张晓伟，姚秋菊，蒋武生，等，2013. 辣椒新品种豫 07 - 01 的选育［J］. 中国蔬菜（4）：104 - 106.

张文珠，巍爱民，杜胜利，等，2009. 黄瓜农杆菌介导法与花粉管通道法转基因技术［J］. 西北农业学报，18（1）：217 - 220.

张新梅，武剑，郭蔼光，等，2009. 甘蓝显性雄性不育基因 CDMs399 - 3 紧密连锁的分子标记［J］. 中国农业科学，42（11）：3980 - 3986.

赵利民，柯桂兰，2007. 大白菜萝卜细胞质雄性不育系 RC₇ 的选育及其特性研究［J］. 西北植物学报，27（12）：2404 - 2410.

赵淑珍，王昕，王革娇，1990. 由卫星互补 DNA 单体和双体构建的抗黄瓜花叶病毒的转基因番茄［J］. 中国科学 B 辑（7）：706 - 713.

《中国蔬菜》编辑部，2013. 第三届中国蔬菜种业发展论坛发言摘编［J］. 中国蔬菜（19）：1 - 5.

周鹏，冯辉，王慧，等，2010. 圆叶型菜心核基因雄性不育系转育研究［J］. 西北农林科技大学学报，38（9）：87 - 93.

Anbinder I，Reuveni M，Azari R，2009. Molecular dissection of tomato leaf curl virus resistance in tomato line TYl72 derived from *Solanum peruvianum*［J］. Theoretical and Applied Fracture Mechanics，119（3）：519 - 530.

Azanza F，Young T E，1994. Characterization of the effect of introgressed segment of chromosome 7 and 10 from *Lycoperscion chmielewskii* on soluble solids，pH，and yield［J］. Theoretical and Applied Genetics，87（8）：965 - 972.

Bernacchi D，Beck - Bunn T，Emmatty D，et al，1998. Advanced backcross QTL analysis of tomato. Ⅱ. Evaluation of near - isogenic lines carrying single - donor introgressions for desirable wild QTL - alleles derived from *Lycopersicon hirsutum* and *L. pimpinellifolium*［J］. Theoretical and Applied Genetics，97：170 - 180.

Chetelat R T，de Verna J W，Bennett A B，1995. Effect of the *Lycopersicon chmielewskii* sucrose accumulator gene（*sucr*）on fruit yield and quality parameters following introgression into tomato［J］. Theoretical and Applied Genetics，91：334 - 339.

Feng H，Li Y，Liu Z，et al，2012. Mapping of *or*，a gene conferring orange color on the inner leaf of the Chinese cabbage（*Brassica rapa* L. ssp. *pekinensis*）［J］. Molecular Breeding，29（1）：235 - 244.

Garcia B E，Graham E，Jensen K S，2008. Codominant SCAR marker for detection of the Begomovirus - resistance *Ty - 2* locus derived from *Solanum habrochaitesin*［J］. Tomato Germplasm（12）：28.

Ge Y，Wang T，Wang N，et al，2012. Genetic mapping and localization of quantitative trait loci for chlorophyll content in Chinese cabbage（*Brassica rapa* ssp. *pekinensis*）［J］. Scientia Horticulturae，147：42 - 48.

Huang S N，Liu Z Y，Li D Y，et al，2014. Screening of Chinese cabbage mutants produced by ⁶⁰Co γ - ray mutagenesis of isolated microspore cultures［J］. Plant Breeding，133（4）：480 - 488.

Huang S N，Liu Z Y，Yao R P，et al，2016. A new method for screening of Chinese cabbage mutants based on the isolated microspore culture and EMS mutagenesis［J］. Euphytica，207（1）：23 - 34.

Ji Y F，Schuster D J，Scott J W，2007. *Ty - 3*，a begomovirus resistance locus near the tomato yellow leaf curl virus resistance locus $Ty-1$ on chromosome 6 of tomato [J]. Molecular Breeding, 20: 271-284.

Ji Y F, Scott J W, Maxwell D P, 2008. $Ty-4$, a tomato yellow leaf curl virus resistance gene on chromosome 3 of tomato [J]. Stomatologie Genetic Cooperative Reports, 58: 29-31.

Kang J G, Gun Y Y, Chen Y J, et al, 2014. Upregulation of the AT-honk DNA binding gene $BoME2$ in Ogu-CMS anthers of *Brassica oleracea* suggests that it encodes a transcriptional regulatory factor for anther development [J]. Molecular Biology Reports, 41 (4): 205-201.

Klann E M, Hall B, Bennett A B, 1996. Antisense acid invertase (*TIVI*) gene alerts soluble sugar composition and size in transgenic tomato fruit [J]. Journal of Plant Physiology, 112 (3): 1321-1330.

Li Z, Liu S Q, Pan J S, et al, 2009. Molecular isolation of the M gene suggests that a conserved-residue conversion induces the formation of bisexual flowers in cucumber plants [J]. Genetics, 182 (4): 1381-1385.

Lichter R, 1982. Induction of haploid plants from isolated pollen of *Brassica napus* [J]. Z Pflanzenphysiol, 105 (5): 427-431.

Liu S Y, Liu Y M, Yang X H, et al, 2014. The Brassica oleracea genome reveals the asymmetrical evolution of polyploid genomes [J]. Nature Communications, 5 (5): 3930-3941.

Lv H H, Wang O B, Yang L M, et al, 2014. Breeding of cabbage (*Brassica oleracea* L. var. *capitata*) with Fusarium wilt resistance based on microspore culture and marker-assisted selection [J]. Euphytica, 200 (3): 465-473.

Nitsch C, Norreel B, 1973. Effect d'un choc thermique sur le pouvoire embryogene du pouen de Dature innoxia culture dans lanthere ou isole de lathere [J]. C R Acad Sci Ser D, 276: 303-306.

Qian W, Zhang S J, Zhang S F, et al, 2013. Mapping and candidate gene screening of the novel turnip mosaic virus resistance gene $retr02$ in Chinese cabbage (*Brassica rapa* L.) [J]. Theoretical and Applied Genetics, 126 (1): 179-188.

Ren Y, Zhang Z H, Liu J H, et al, 2009. An integrated genetic and cytogenetic map of the cucumber genome [J]. PLoS One, 4: e5795.

Schnepf E, Crickmore N, van Rie, et al, 1998. *Bacillus thuringiensis* and its pesticidal crystal proteins [J]. Microbiology and Molecular Biology Reviews, 62 (3): 775-806.

Soto T, Nishio T, Hirai M, 1989. Plant regeneration from isolated microspore culture of Chinese cabbage (*Brassica campestris* ssp. *pekinensis*) [J]. Plant Cell Reports (8): 486-488.

Smith C J S, Watson C F, Ray J, et al, 1988. Antisense RNA inhibition of polygalacturonase gene expression in transgenic tomatoes [J]. Nature, 334: 724-726.

Song H, Lou Q F, Luo X D, 2007. Regeneration of double haploid plants by androgenesis of cucumber (*Cucumis sativus* L.) [J]. Plant Cell, Tissue Organ Culture, 90: 245-254.

Su T B, Yu S C, Wang J, et al, 2015. Loss of function of the carotenoid isomerase gene $BrCRTISO$ confers orange color to the inner leaves of Chinese cabbage (*Brassica rapa* L. ssp. *pekinensis*) [J]. Plant Molecular Biology Reporter, 33 (3): 648-659.

Theologis A, Oeller P W, Wong L M, et al, 1993. Use of a tomato mutant constructed with reverse genetics to study fruit ripening, a complex developmental process [J]. Developmental Genetics, 14: 282-295.

Wang W, Zhang D, Yu S, et al, 2014a. Mapping the $BrPur$ gene for purple leaf color on linkage group A03 of *Brassica rapa* [J]. Euphytica, 199: 293-302.

Wang X W, Wang H, Wang J, et al, 2011. The genome of the mesopolyploid crop species *Brassica rapa* [J]. Nature Genetics, 43 (10): 1035-1039.

Wang Y G, Zhang L, Ji X H, et al, 2014b. Mapping of quantitative trait loci for the bolting trait in *Brassica rapa* under vernalizing conditions [J]. Genetics and Molecular Research, 13 (2): 3927-3939.

Weaver M L, Timm H, Lassegues J K, 1996. *In vitro* tailoring of tomatoes to meet process and fresh-marker standards [J]. Biotechnology for Improved Foods and Favors, 637: 109-117.

Wu J, Wei K Y, Cheng F, et al, 2012. A naturally occurring InDel variation in $BraA$. $FLC.b$ ($BrFLC2$) associated with flowering time variation in *Brassica rapa* [J]. BMC Plant Biology, 12: 151.

Yu X，Wang H，Zhong W L，et al，2013. QTL mapping of leafy heads by genome resequencing in the RIL population of *Brassica rapa* ［J］. PLoS One，8（10）：e76059.

Zamir D，Ekatem M L，1994. Mapping and introgression of a tomato yellow leaf curl virus tolerance gene *Ty - 1* ［J］. Theoretical and Applied Genetics，88（1）：141 - 146.

Zhang S J，Yu S C，Zhang F L，et al，2012. Inheritance of downy mildew resistance at different developmental stages in Chinese cabbage via the leaf disk test ［J］. Horticulture Environment and Biotechnology，3（5）：397 - 403.

Zhang S Q，Gu X F，Zhang S P，et al，2007. Inheritance of powdery mildew resistance in cucumber and development of an AFLP marker for resistance detection ［J］. Agricultural Sciences in China，6（11）：1336 - 1342.

Zhang X，Liu Z，Wang P，et al，2013. Fine mapping of *BrWax1*，a gene controlling cuticular wax biosynthesis in Chinese cabbage（*Brassica rapa* L. ssp. *pekinensis*）［J］. Molecular Breeding，32（4）：867 - 874.

Zhang X H，Li H X，Zhang J H，2011c. Expression of artificial microRNAs in tomato confers efficient and stable virus resistance in a cell - autonomous manner ［J］. Transgenic Research，20（3）：569 - 581.

Zhang X M，Wu J，Zhang H，et al，2011b. Fine mapping of a male sterility gene *MS - cd1* in *Brassica oleracea* ［J］. Theoretical and Applied Genetics，123（2）：231 - 238.

Zhang Y，Wang A J，Liu Y，et al，2011a. Effects of the antiauxin PCIB on microspore embryo genesis and plant regeneration in *Brassica rapa* ［J］. Scientia Horticulturae，130（1）：32 - 37.

8 花卉育种

【本章提要】花卉育种在大量使用传统方法并取得丰硕成果的同时，育种新技术发挥了日益重要的作用。近些年，杂交育种在一二年生花卉、兰科花卉、菊花、百合等物种上成果显著，倍性育种在草本和木本观赏植物上都有不少收获，转基因技术在菊花、月季、矮牵牛、香石竹、悬铃木等物种上都有了重要进展，本章主要介绍上述花卉育种进展。

8.1 花卉育种目标

与其他园艺作物不同，花卉育种的目标具有多样性。传统的育种目标包括观赏性状如花色、花型、花期、株型、叶色及生物学性状如花香、抗性、生长速度、光周期敏感性等。在整体追求新、奇、特的同时，近些年来，花卉育种在原有目标的基础上，更多地关注花卉对人体的过敏反应，可谓是育种的一个新目标。

就具体物种而言，每一个物种的育种目标各有不同。如有"行道树之王"美誉的悬铃木，其花粉会引发花粉过敏症、季节性哮喘、呼吸道感染等疾病，并且其球果开裂致使种毛四处飘散，同样会导致严重的空气污染，影响人们的正常生活，因此控制悬铃木的花发育进程，培育不育乃至无球果悬铃木，将是悬铃木育种的首要目标。香樟（*Cinnamomum camphora*）是长江流域非常普及的行道树，但目前正受到白蚁的严重危害，如何提高樟树的抗虫性，从而使其免受白蚁的侵害成为育种的主要目标。梅花（*Prunus mume*）是我国传统名花，原产于南方至长江流域一带，其抗寒性较差，给梅花北移造成了障碍，因此抗寒育种成为梅花育种的主要目标。"花坛花卉之王"矮牵牛花色丰富，但缺乏黄色花，矮牵牛的花朵观赏价值高，但不耐雨淋，花期一旦遇上大雨即失去观赏价值，因此，培育黄色矮牵牛、耐雨矮牵牛是矮牵牛育种的主要目标。"花坛花卉之后"大花三色堇（*Viola wittrockiana*）是冬春季的主要花坛花卉，喜冷凉气候，培育耐热的品种是三色堇育种的主要目标。切花用的百合不但要求花梗长而挺，而且由于花粉经常污染花冠，所以培育无花粉的百合株系成为百合育种的目标之一。切花用的菊花因为对光周期非常敏感，在栽培过程中需要遮光处理，造成许多不便，因此培育对光周期不敏感的切花品种，可以大大简化切花菊栽培流程。

8.2 花卉育种方法

8.2.1 常规育种

引种、选择育种、有性杂交育种和杂种优势育种等常规育种技术仍然是花卉最主要的育种手段。

8.2.1.1 引种

引种是一种最经济的丰富本地植物种类的育种方法，所需时间短，见效快，节省人力物力。在育种时，首先要考虑引种的可能性，只有在没有类似品种可供引种的情况下，才采用其他育种方法创制新品种。早在1 600多年前，鸠摩罗什最先将悬铃木引入了陕西户县（现鄠邑区），现悬铃木已成为长江流域应用广泛的行道树。目前，我国园林植物的引种已经遍及世界五大洲。我国的植物园系统在引种环节中起了重要的作用，我国现有160个植物园，对从事植物引种驯化和迁地保育的11个主要植物园的迁地栽培植物数量初步统计的结果为23 340种（含种下等级），其中22 104种（含种下等级）为我国本土植物，从国外引种植物约1 200种，其中从国外引种的植物多为园林花卉、经济植物及重要的非本土资源植物，丰富了我国园林花卉的种类，部分品种已经用于园林绿化（黄宏文等，2012）。植物园引种过程中根据地方的气候特点建立了各类植物的专类园，我国植物园建有各种专类园（区）15 000个以上，如华南植物园木兰专类园收集木兰科植物达259种，基本涵盖了我国本土分布的木兰科大部分物种及国外重要种，是世界上收集保育木兰科植物最全面的专类园（黄宏文等，2012）。专类园的建立为植物资源发掘利用和新品种培育奠定了丰富的物质基础。

8.2.1.2 选择育种

选择育种是人类运用最早且卓有成效的一种培育新品种的方法。中国早在1 500多年以前从实生莲（*Nelumbo nucifera*）中选出了重瓣的荷花品种。兰花、菊花、梅、牡丹（*Paeonia suffruticosa*）、山茶（*Camellia japonica*）、月季等花木中的许多名花是长期选种的成果，其中兰花的传统品种都是经过选择和繁育培育成的新品种。此外，欧洲、美洲、日本等地区和国家选育了大量的观赏植物，包括花色、叶色、枝型、株型等变异，形成了系列优良品种。但选择育种所得的新品种大多靠传统的分株、扦插或嫁接繁殖，其产生商品效应的时间长，不能满足市场发展的需求，寻找有效的良种繁育方法势在必行。

8.2.1.3 有性杂交育种

有性杂交育种是指用不同基因型进行杂交，再经分离、重组，创造异质的后代群体，从中选择优良个体，进一步育成新品种的方法。通过杂交可根据目标性状的遗传倾向，有目的、有计划地选择亲本，配制杂交组合，培育出符合育种目标的品种。杂交育种在园林植物上的应用始于18世纪，1750年法国培育的香石竹新品种理丹门（*D. caryophyllus* cv. Remontant），采用的基本途径是杂交育种，随后杂交育种成为园林植物培育新品种最常用且最有效的方法之一。1835年，William Herbert利用杂交方法培育了杂种矮牵牛。1867年，法国人M. Guillot育成月季新品种法兰西（La France），成为现代月季的起点。1915年，美国育成大花报春花型唐菖蒲（*Gladiolus primulinus* var. *grandiflora*），成为现代夏花类唐菖蒲的中心。1938年，美国人William Sim培育的香石竹William Sim品种，奠定了现在香石竹产业的基础。其他种类的园林植物，也通过杂交育种的方法培育了许多著名的品种。杂交育种是中国传统名花菊花和月季培育新品种的最主要的手段。如南京农业大学通过天然杂交、人工杂交育种等手段重点突破了菊花株型、花期、花色和花型等育种目标，选育不同花期的切花菊和盆栽多头小菊、地被小菊、茶用菊、食用菊等系列新品种300余个。云南省农业科学院花卉研究所月季研究团队围绕月季抗病、芳香、高产、流行花型等育种目标进行不同亲本的杂交组合优化，结合胚挽救、分子辅助育种等技术选育月季新品种，自2007年以来获得国家林业局授权的月季新品种达25个，其中赤子之心（Baby Heart）于2013年获得欧盟授权。

8.2.1.4 杂种优势育种

自交系之间杂交产生的杂种一代（F₁），其植物性状表现比双亲自交前还要优越的现象称为杂种优势（heterosis）或杂交优势。异花授粉植物自交系之间以及自花授粉植物不同基因型之间的杂种均有杂种优势，杂种优势是生物界普遍存在的一种现象，但是并不是任何两个亲本组配即能得到杂种优势。花卉杂交优势育种开始于20世纪30年代，1934年日本坂田（SAKATA）种子公司推出了第一个矮牵牛 F₁ 杂种 Victorious Mix，到70年代花卉的杂交优势育种已经非常普遍，特别是在一二年生花卉，如矮牵牛、金鱼草（*Antirrhinum majus*）、大花三色堇、紫罗兰（*Matthiola incana*）、百日草（*Zinnia elegans*）、石竹（*Dianthus chinensis*）、万寿菊（*Tagetes erecta*）、羽衣甘蓝（*Brassica oleracea* var. *acephala* f. *tricolor*）、半支莲（*Portulaca grandiflora*）。美国、荷兰、日本等国家先后培育出大量的 F₁ 品种，并在栽培中得到广泛应用，但国外以专利形式保护亲本及制种体系，垄断了巨大的花卉种子产业。国内杂交优势育种起步比较晚，从20世纪80年代才陆续开展花卉的杂交优势育种工作。如华中农业大学园林植物遗传育种团队开展了矮牵牛、三色堇、百日草、孔雀草、石竹、羽衣甘蓝等的优势育种工作，培育了大量的优良自交系，配制了成千上万个杂交组合，选育出一系列适合中国气候特点的优良新品种，截止到2014年已经审定草花新品种14个。

8.2.2 倍性育种

8.2.2.1 多倍体育种

近年来的基因组学研究显示，多倍体在自然界分布比较普遍，据统计，在植物界里有一半以上的物种属于多倍体，园林植物中多倍体占2/3以上。多倍体植株叶片大而厚、颜色艳丽、花朵大而质地加重、花期延长、适应性强等特点符合现代育种目标，增加了花卉的观赏价值和商品价值，带动了花卉产业的迅速崛起。多倍体的形成过程概括起来主要有两种途径，即无性多倍化和有性多倍化。

无性多倍化育种是人工通过物理或化学的方法使植物体细胞染色体加倍的方法。花卉的多倍体育种中常用的诱变剂是秋水仙素，但因植物种类不同，对应的处理方法和使用剂量也不同。如Liu 等（2007）利用 0.1%～0.5% 的秋水仙素浸泡萌动的悬铃木种子24 h，获得了很多变异幼苗。童俊等（2009）用秋水仙素处理3种紫薇（*Lagerstroemia indica*）的茎尖，紫薇、银薇的变异率显著高于翠薇，0.5%～0.8% 的秋水仙素处理紫薇和银薇48～96 h的变异率较高，其中以0.5% 秋水仙素处理紫薇72 h的变异率最高。用不同浓度（0.02%～0.2%）的秋水仙素处理矮牵牛的茎尖生长点48 h后，加倍效率达到95%，且不同浓度的加倍效率无显著差异（Ning et al.，2009）。

有性多倍化育种是通过未减数分裂的配子（即 2n 配子）或多倍体亲本间相互杂交获得多倍体后代的一种方法，其中 2n 配子应用更广泛，且自然界绝大多数多倍体是通过 2n 配子的融合而产生的。通过 2n 配子途径实现多倍体的过程具有杂种和多倍体的双重优势，克服了利用秋水仙素等化学药剂处理体细胞获得无性多倍化植株后代变异少、同质性增加、出现嵌合体及混倍体等缺点。此外，许多 2n 配子在杂合性和上位性传递中具有特殊的价值，利用 2n 配子获得的杂交后代对提高植物杂种优势、实现低倍性和高倍性基因的集中组合具有重要价值。绝大部分植物均能自发产生 2n 配子，但是不同的物种产生 2n 配子的概率不同。X射线、γ射线、高温、低温或变温处理也可诱导植物 2n 配子形成。此外，还可以利用上述诱导染色体加倍的化学药剂，实现 2n 配子的诱导。如以东方百合元帅、真情为亲本，经秋水仙素诱导产生 2n 配子，然后授以 1n 雄配子，采用胚培养成功培育出73株 2n 配子后代。

8.2.2.2 单倍体育种

自 1964 年印度德里大学的 Guha 和 Maheshwari 从毛叶曼陀罗（*Datura innoxia*）花药培养中得到单倍体植株后，单倍体育种受到了越来越多的重视。利用单倍体育种技术获得双单倍体纯系，不仅缩短了育种年限，还可以提高选种效率。获得单倍体的途径有 3 种，即孤雌生殖、无配子生殖和孤雄生殖（花药花粉离体人工培养）。后人在花药培养的基础上发展了游离小孢子培养技术，并在芸薹属植物中得到了广泛的应用。1989 年 Litcher 和 1990 年 Takahata 在羽衣甘蓝中成功获得了再生植株。我国对小孢子培养的研究工作开展较晚，但进展很快，目前已经系统地建立了羽衣甘蓝的小孢子培养技术，各不同基因型的胚状体再生效率在 20%～90%，自然加倍率达到 38%～50%。

8.2.3 诱变育种

人工利用理化因素诱使植物或植物材料发生遗传变异，并将优良突变体培育成新品种的育种方法称为诱变育种。诱变育种始于 20 世纪初期，盛行于 20 世纪中后期，截止到 2004 年已在 41 个物种中培育出 560 多个新品种（Ahloowalia，2004）。常用的诱变方法包括辐射诱变、航天诱变和化学诱变。

8.2.3.1 辐射诱变

在花卉辐射诱变中使用最多的是 ^{60}Co-γ 射线。愈伤组织、根芽、枝条、植株、休眠块根、休眠根茎、鳞茎、种子、盆栽苗等都可以作为诱变的材料，但不同品种甚至同一品种不同材料对辐射的敏感性有差异，如菊花不同品种间对辐射的敏感性差异很大，所需的诱变剂量可以相差 10.4Gy（γ 射线），不同的材料对辐射敏感性依次为愈伤组织＞植株＞根芽＞枝条。我国花卉辐射诱变育种始于 20 世纪 80 年代初，目前供试材料已涉及 40 多种植物，通过辐射诱变改良花卉的观赏性状，改善生长发育情况或生理生化特性，诱变材料可以直接用于新品种培育或作为育种的中间材料。如北京林业大学通过辐射诱变培育出能耐－35 ℃低温、四季开花的菊花新品种。华中农业大学通过辐射诱变首次获得孔雀草（*Tagetes patula*）雄性不育株系，并作为杂交亲本成功应用于优势育种，实现了孔雀草 F_1 代种子的培育。

8.2.3.2 航天诱变

航天诱变育种随航天技术的发展应运而生，且已被证明是植物改良的有效手段之一。美国、日本和西欧制订了 21 世纪太空计划，研究宇宙飞行中各种因素对植物生长发育的影响，重点研究空间诱变对植物生长发育的影响，对育种的关注度不高。我国航天育种开始于 20 世纪 80 年代，发展迅速。1996 年中国科学院遗传研究所利用卫星搭载 20 种花卉种子，获得了大量有益突变体，如花期长、分枝多、花朵大、矮化性状明显的一品红，花色相间的矮牵牛，花期长、浅黄色的三色堇，重瓣的太空莲等。此后，我国对兰花、牡丹、月季、紫薇等 50 多种花卉的种子、球茎、愈伤组织进行了卫星或高空气球搭载，这些经过"太空行走"的植物材料尚在繁殖测定和筛选试验过程中。

8.2.3.3 化学诱变

化学诱变育种常用的化学诱变剂有烷化剂、碱基类似物、叠氮化物等。主要处理方法是用含有诱变剂的溶液浸渍种子，注射顶芽、侧芽，或在培养基中加诱变剂，涂抹芽等。此外，预处理方式、诱变剂浓度和处理时间对诱变的效果亦有显著的影响。如用 0.01% N-乙基-N-亚硝基脲处理夹竹桃（*Nerium indicum*），诱导出晚花、有特异花色的突变体。用 0.02%N,N-二甲基-N-亚硝基脲及氨基苯酸处理菊花和玫瑰，得到 2 株白色突变体菊花，还实现了 5 个玫瑰品种的花色改变。矮牵牛 Mitchell Diploid 的种子经过 12 h 浸种预处理后，浸泡于 0.1% 甲基磺酸乙酯（EMS）处理 12 h，诱变率最高。但是不同的基因型要求的 EMS 浓度不同，总体来讲 EMS 诱变剂浸泡预处理的矮牵牛种子，适宜的浓度为 0.1%~0.5%，处理时间为 10~24 h。

8.2.4 生物技术育种

8.2.4.1 组织培养

随着植物组织培养研究的不断深入，其涉及的内容和范畴越来越广，已经广泛应用于花卉的育种及花卉品种的脱毒培养、快速繁殖或工厂化育苗。

组织培养过程中，通过在培养基中施加某种选择压，可筛选到一些有益的体细胞无性系变异。如 Malaure 等（1991）将菊花接种在 MS+4.0 mg/L BA+2.0 mg/L NAA+3.0%蔗糖+0.8%琼脂（pH5.8）的培养基上，24 ℃、16 h/d 日光下培养 6 周，获得了小花突变体。将连续继代 3 年的矮牵牛愈伤组织诱导成苗后，利用 8 个 ISSR 标记引物对 20 个再生植株的总 DNA 进行多态性分析，再生植株之间的多态性带谱的比率达到 20%。另外，通过一定的化学或物理诱变，可以大大增加离体培养材料体细胞变异的频率。如用离子束照射菊花 YoMystery 的叶片和花瓣组织，花瓣组织产生的花色变异率高达 6.47%，相比对照增加了 4%（Masachika et al.，2015）。组织培养过程中伴随着一系列形态学、生理学、生物化学、分子和表观遗传的改变，分子水平的改变主要包括基因突变、DNA 重组、染色体变异和表观遗传调控（DNA 甲基化、组蛋白修饰、染色体重塑和小 RNA 调节），这些改变被认为能促进外植体对培养环境的适应，并有益于后期形态发生。

利用花药与花粉培养、胚乳培养等组织培养技术可以获得单倍体、三倍体。花药和花粉培养已在单倍体育种中提及，此处不再赘述。三倍体一般具有生长快、抗性强、农艺性状表现优良、高度不育等特点。传统获得三倍体的方法是一个漫长而艰难的过程，采用胚乳培养则可以直接诱导获得三倍体植株，从而大大缩短育种年限。另外，在进行其他一些细胞或器官培养时，其愈伤组织形成过程中也易发生染色体的倍性变异，从中可筛选得到三倍体材料。

离体挽救法是克服受精后障碍最有效的方法，根据胚发育的大小分为子房切片培养、胚珠培养和胚培养等技术。胚的发育依赖于胚乳的发育，因此胚乳发育不正常就会导致胚的坏死。在受精后胚发育早期，由于胚太小不易从胚珠中解剖出来，且幼胚完全处于异养状态，对培养条件要求较高，一般采用子房切片培养；胚发育的中期，采用胚珠培养；胚发育的后期，采用胚培养技术（van Tuyl et al.，1991）。综合应用子房切片、胚珠培养和胚挽救技术，挽救了百合科（Liliaceae）和石蒜科（Amaryllidaceae）（van Tuyl et al.，1991；Morgan et al.，2001）的杂种胚，取得了很好的效果，成功获得了这些花卉的远缘杂交种并投放市场。

8.2.4.2 原生质体培养和细胞融合

在花卉中，矮牵牛的原生质体融合技术已较成熟。矮牵牛原生质体融合体系中最重要的环节是融合细胞的筛选，目前主要用两种方法来筛选融合细胞：第一种方法为培养基互补选择法，根据两个亲本材料对培养基中营养元素和药物的敏感性，将混合细胞（包括父本、母本以及融合细胞）先后经历两个亲本的筛选培养基，最后筛选获得融合细胞；第二种方法是白化互补选择法，主要是利用一种叶绿素突变体作杂交亲本，将混合细胞放置于正常亲本的筛选培养基上，正常亲本细胞被杀死，然后通过愈伤组织的颜色进行筛选，绿色的愈伤组织是从融合细胞发展来的，白色的是从亲本细胞发展而来。通过细胞融合技术将美人襟（*Salpiglossis sinuata*）与矮牵牛Monsanto 和 *Petunia parodii* 的原生质体分别进行杂交，均获得了体细胞融合的完整植株。

8.2.4.3　基因工程

近年来越来越多的花卉工作者利用转基因技术改良花卉性状，迄今为止已在 50 多种植物上获得了转基因植株，但是大多数仍然处于实验室研究阶段，仅转基因的月季和香石竹进入了商业化生产。基因编辑技术能够高效率地进行定点基因组编辑，在矮牵牛、月季、百合等重要花卉中已经有成功的报道，该项技术的运用将促使花卉的基因工程育种进入快速发展阶段。

花色是花卉非常重要的观赏指标，花色的遗传规律和合成代谢途径中的关键酶已经研究得非常清楚，类胡萝卜素途径、类黄酮途径和花青素合成途径一系列关键酶基因已被克隆。某些花卉种类或品种缺乏合成某些颜色的能力，利用转基因技术是克服这一难题最重要的技术手段。花色的遗传改良已有二十多年的历史，主要围绕抑制类黄酮或类胡萝卜素生物合成基因的活性、导入花色素生物合成的调节基因或导入新的基因等方法调控植物的花色。如 1993 年 Holton 等克隆了矮牵牛翠雀素合成必需的类黄酮 3,5 - 羟基化酶基因（*FLAVONOID 3′,5′- HYDROXYLASE*，*F3′,5′H*），随后导入白色的香石竹，获得了淡紫色的 Moondust 和深紫色的 Moonshade 两个转基因品种。花色的改良经久不衰，一直是花卉转基因育种的重要目标（Chandler et al.，2012），但是目前观赏花卉中仅有花色改变的转基因香石竹和月季进入商业化生产。

花香是影响花卉观赏价值的重要性状之一。园林植物中许多花卉如菊花、唐菖蒲、热带兰等虽然花色艳丽、花朵大，但是多数缺乏香味。通过引入外源花香基因或控制植物内源相关基因的表达，可改变花香物质的合成，从而增加植物的花香。研究表明，花香是由一系列复杂的小分子量的挥发性物质产生，主要有苯丙烷类化合物、萜类化合物和脂肪酸衍生物以及其他一些含氮、含硫化学物质。目前花香合成和调控途径中重要的功能基因已经被鉴定（Colquhoun et al.，2010；Guterman et al.，2002；Spitzer - Rimon et al.，2010），使花香的遗传改良得以实现。如将编码芳樟醇合成酶基因（*LINALOOLSYNTHASE*，*LIS*）导入香石竹，获得了释放出芳樟醇的转基因香石竹。

植物花发育过程可以分为花序发育、花芽发育、花器官发育和花型（对称性）发育 4 个阶段。关于花发育的分子遗传学研究取得了辉煌的成就，研究表明在花的形成过程中，一类称为MADS - box 的基因家族起着十分重要的作用。尽管不同植物的花型各异，但它们的花器官决定模式和基因都遵循花发育模型。根据花器官同源异型突变的遗传行为，提出了花发育 ABC（DE）模型（Coen et al.，1991；Theissen，2001；Ferrario et al.，2004；Causiera et al.，2010），A功能决定花萼，A 和 B 功能共同决定花瓣，B 和 C 功能共同决定雄蕊，C 决定心皮，D 类基因控制胚珠的发育，E 类基因则很大程度上作为桥梁连接 *MADS - box* 基因形成复合体来起作用。这些同源异型基因协同作用，以四聚体的模式共同调控花器官的发育，任何一类基因发生突变或缺失，均导致花器官的同源异型突变，其中 C 类基因发生突变，萼片会转变成柱头，雄蕊转变成花瓣。通过分子生物学手段已经克隆了许多控制花发育的基因，并实现了花器官的转变。如通过转基因技术抑制矮牵牛 *PMADS3* 和 *FBP6*（MADS - box C 类基因）的表达，可以得到重瓣花（Heijmans et al.，2012）。

开花时间的调控是一个非常复杂的过程，受自身遗传因子和外界环境因素两方面的共同影响，光周期、春化、温度、赤霉素、自主及年龄等 6 条遗传途径参与调控开花时间（Srikanth et al.，2011）。在复杂遗传途径的调控下，植物整合环境信号和内源信号精准地调控开花时间。以上 6 条开花调控遗传途径不是孤立的，各种信号途径最终通过调控整合基因实现对成花转变的调控。*FLOWERING LOCUS T*（*FT*）、*LEAFY*（*LFY*）和 *SUPPRESSOR OF OVER EXPRES-*

SION OF CONSTANS 1（*SOC1*）是 3 个整合基因，其中 *FT* 是春化途径和光周期途径的连接点，*SOC1* 是光周期、春化、赤霉素和年龄等几条途径的整合基因，各条途径的信号汇集于茎尖分生组织，调控 *LFY*、*FRUITFULL*（*FUL*）和 *APETALA1*（*AP1*），共同决定花器官的形成（Yamaguchi et al.，2009）。目前，至少有 64 个调控开花的基因已被克隆，通过转基因技术验证其能调控开花时间，如通过转基因技术超量表达桉树（*Eucalyptus robusta*）的 *FT* 基因，发现桉树转化后 1～5 个月即能开花，大大缩短了桉树的童期（Klocko et al.，2015）。

花色、花型、花香、花期是花卉最重要的观赏性状，此外，花卉的观赏期、株型、雄性不育、抗逆性等也是花卉育种的重要目标，转基因技术在这些性状中也有很多成功的报道，在后面的案例中相继呈现。

8.2.4.4　DNA 分子标记技术

DNA 分子标记技术的应用给花卉育种研究带来了巨大的变化。DNA 分子标记是一种新型的遗传标记，它不受环境条件和发育时期等因素的影响，可代表物种本身遗传特性，已经成为研究植物遗传育种的有力工具。近年来，国内外许多学者利用分子标记技术在资源遗传多样性评价、品种特异性鉴定、杂种纯度鉴定、杂种优势预测、农艺性状定位和构建遗传图谱等方面对花卉展开了研究，详见表 8-1。

表 8-1　分子标记技术在园林植物中的应用

标记种类	物种	用途	参考文献
RAPD、ISSR	百日草 *Zinnia elegans*	资源遗传多样性评价	Ye et al.，2008
SRAP	万寿菊 *Tagetes erecta*	资源遗传多样性评价	张西西等，2008
RAPD	碗莲 *Nelumbo nucifera*	品种特异性鉴定	孔德政等，2009
ISSR	百合 *Lilium* spp.	杂种纯度鉴定	Wang et al.，2009
RAPD、AFLP	月季 *Rosa hybrida*	农艺性状定位	Debener et al.，1999
RAPD	月季 *Rosa hybrida*	农艺性状定位	Dugo et al.，2005
AFLP、SSR、RGA、RFLP、SCAR 和形态标记	月季 *Rosa hybrida*	构建遗传图谱	Yan et al.，2005
AFLP、RFLP、RAPD、SSR、SNP 和形态标记	矮牵牛 *Petunia hybrida*	构建遗传图谱	Strommer et al.，2002； Guo et al.，2015
SRAP	菊花 *Dendranthema morifolium*	构建遗传图谱	Zhang et al.，2011c

注：RAPD 为随机扩增多态性 DNA（random amplified polymorphic DNA）标记；ISSR 为简单序列重复间区（inter–simple sequence repeat）标记；SRAP 为相关序列扩增多态性（sequence–related amplified polymorphism）标记；AFLP 为扩增片段长度多态性（amplified fragment length polymorphism）标记；SSR 为简单序列重复（simple sequence repeat）标记；RGA 为抗病基因类似物（resistance gene analogs）标记；RFLP 为限制性片段长度多态性（restriction fragment length polymorphism）标记；SCAR 为特定序列扩增（sequence characterized amplified regions）标记；SNP 为单核苷酸多态性（single nucleotide polymorphism）标记。

8.3 重要花卉的育种进展

8.3.1 矮牵牛

矮牵牛是一种重要的观花植物，原产于南美洲，为茄科矮牵牛属。矮牵牛在条件适宜时（每日 12 h 以上的光照，20～25 ℃），一年四季都能开花，尤其在干燥温暖和阳光充足的条件下花朵更加繁茂。在美国，矮牵牛的种植和消费高居草本花卉之首，多个品种曾多次获得全美选种组织（AAS）设立的花坛植物奖。在日本，矮牵牛也被列为最受欢迎的花卉之一。20 世纪 80 年代后期，我国沿海地区分别从美国、日本和荷兰等国大量引进栽培，现在遍布全国各地。

8.3.1.1 常规育种

矮牵牛作为花园观赏植物的栽培历史最早可以追溯到 1835 年的英国。英国人 Atkins 收集了矮牵牛的两个近缘种，腋花矮牵牛（*P. axillaris*）和膨大矮牵牛（*P. intergrifolia*），并尝试对它们进行种间杂交，得到大量表现各异的杂交后代，这些杂交后代构成矮牵牛最初的育种资源圃。1840 年大量杂交矮牵牛应用于英国庄园，1849 年产生复瓣品种，1876 年自然变异产生四倍体大花品种，1879 年培育出小花及矮化品种，但这些品系长得不够健壮，花繁密度小，不适于露地种植。此时，矮牵牛的育种主要是开放授粉的群体育种的方式。

随着人们对矮牵牛观赏性能要求的提高，在 1930 年前后，矮牵牛的育种方法主要从群体改良过渡到单株改良，即培育自交系。相对于开放授粉的矮牵牛品种，自交多代的自交系品种 Setting Sun 表现出高度的群体纯合性，在花期、花色、植株形态以及抗性上表现高度一致，从而大大提高了观赏性能。随着大量表现优异的矮牵牛自交系被选育出来，在 1934 年，SAKATA 公司培育出第一个矮牵牛 F₁ 杂种 Victorious Mix，该品种当年就获得了美国最佳观赏植物奖。相比自交系品种，F₁ 植株往往比它们的双亲表现出更强大的生长速率和代谢功能，比如花朵和植株较大、抗病虫和抗逆力增强以及较高的种子产量。

目前，杂交优势育种还是矮牵牛最主要的育种方法。但是杂种 F₁ 种子的生产需要每年维护自交系，并且杂交工作（去雄、授粉、套袋）必须全部由人工完成，导致矮牵牛杂种 F₁ 种子的生产成本大大提高。为了减少人工支出，在 20 世纪 50 年代，育种家们尝试培育雄性不育系，但选育的雄性不育系配合力差，不能应用于新品种培育。此外，人们发现了一株花器官变异的矮牵牛，其花瓣萼片化，这种变异使得矮牵牛去雄变得格外简单，但是由于没有花瓣，母本花色的表型无法确定，因此在每年生产种子前需要做额外的纯度检测（分子标记或者回交检测）来确保母本的一致性。

8.3.1.2 倍性育种

矮牵牛的多倍体（主要是四倍体）诱导基本都来自化学诱导或者自然多倍体诱导。早在 19 世纪 30 年代，就利用秋水仙素或者胺磺乐灵（oryzalin）诱导得到了四倍体矮牵牛。这种化学方法诱导产生多倍体嵌合体概率高，常伴随发生染色体结构变异以及非整多倍体（$4x-1$，$4x+1$，$4x-2$，$4x+2$）现象等，自然诱导的多倍体却不存在这些不足之处。自然野生矮牵牛多倍体形成的主要原因是其能在自然条件下产生有活力的 $2n$ 配子，矮牵牛形成 $2n$ 配子的现象是由一对隐性基因所控制。但是四倍体矮牵牛并没有在市场上取得成功，这主要是因为其典型的多倍体特性降低了观赏性能以及种子产量，表现为生长缓慢、花期较晚以及育性降低等。

双单倍体育种方法在矮牵牛中得到了广泛应用。花药离体培养获得矮牵牛单倍体，经自然加倍形成双单倍体，这些双单倍体植株在所有的基因位点上都是纯合的。双单倍体矮牵牛培育对育种人员的知识、育种技术和设备要求极高，因此在实际育种中双单倍体的育种方法并不能代替传统的培育自交系的方法，但是在科学研究中，双单倍体的重要性确实是不可替代的，其中矮牵牛双单倍体品种 Mitchell 作为模式植物被广泛地应用于矮牵牛的性状遗传研究（Ausubel et al.，1980）。

8.3.1.3　转基因技术

矮牵牛是花卉中基因功能研究的模式植物，尤其是 2016 年矮牵牛基因组公布后，关于矮牵牛花色、花型、开花时间、花期、雄性不育、株型发育、抗性相关的转基因功能研究报道与日俱增，但是利用转基因技术培育矮牵牛新品种的研究较少，多年来，主要利用转基因技术改良矮牵牛的花色。由于矮牵牛缺少作用于香橙素的黄烷酮醇 4 - 还原酶（dihydroflavonol 4 - reductase，DFR），而无天竺葵色素途径，缺乏橘红色、砖红色以及纯黄色等品种，因此通过常规育种无法实现花色培育的突变。首先围绕转基因受体材料的创建，研究发现 *ht1* 突变体会使原本有颜色的花失去其原有颜色而变成白色，因此，这些突变体就比较适合作为转基因的受体植物，其中 RL01 和 W80 是两个重要转基因亲本株系。Meyer 等人（1987）将玉米（*Zea mays*）的 *DFR* 基因（*Al*）转入 RL01 系，导致花青素的产物总量提高了 10 倍，使矮牵牛的花朵显示出独一无二的砖红色。1995 年将非洲菊（*Gerbera jamesonii*）的 *DFR* 基因转入 RL01 株系，使得花青素代谢产物中的天竺葵色素从原来的 24% 增加到 97%，最终得到了与众不同的橙色花。1998 年 Davies 等人将紫苜蓿（*Medicago sativa*）的查尔酮还原酶基因（*CHALCONE REDUCTASE*，*CHR*）导入白花矮牵牛 Mitchell，超量表达后，白色花变成了淡黄色。

8.3.2　菊花

国际上进行菊花育种的多为专业化生产企业，从事包括育种、种苗乃至成品花的专业化生产，以荷兰、日本、比利时、德国及英国的育种公司较为著名。国内许多科研单位或部门也建有规模不同的菊花种质资源库或圃，进行菊花新品种的培育。其中南京农业大学自 20 世纪 40 年代开始从事菊花种质资源的搜集、保存、评价与创新研究，现建有中国菊花种质资源保存中心，在菊花种质资源搜集、保存和新品种选育及菊花标准化生产技术等研究领域有明显特色和优势，选育不同花期切花菊和盆栽多头小菊、地被小菊、茶用菊、食用菊等系列新品种 300 余个。虽部分品种的株型紧凑度和整齐度尚不及欧洲品种，但生长旺、抗性强、花期多样化的优势明显，今后的育种重点在于保持生长旺、抗性强特点的基础上进一步提高株型的紧凑度。

8.3.2.1　常规育种

杂交育种和芽变选种是菊花育种中最常用且最有效的两种方法。人工杂交育种是目前菊花育种中最常用的方法，其优点是可根据菊花性状的遗传倾向，有目的、有计划地选择亲本，配制杂交组合，培育出符合育种目标所要求的品种。菊花花色易于发生芽变，而花型、花瓣、叶型和花期等方面不易芽变。一般白色品种易芽变出黄色、粉色，粉色品种易芽变出黄色、白色，紫色品种易芽变出红色等。一旦发现芽变，即可通过扦插、压条或组织培养等措施，将优良的变异性状稳定下来，使之成为新的品种。

8.3.2.2　诱变育种

依据诱变剂种类不同，菊花诱变育种主要分为物理诱变（辐射诱变）和化学诱变。在菊花辐射诱变育种中，⁶⁰Co-γ射线是使用最普遍的辐射源。菊花辐射诱变的材料可以是脚芽、嫩枝、植株、种子、组培苗、愈伤组织、单细胞等，辐射适宜剂量范围为 25.4 Gy±10.4 Gy。辐射材料诱变效果从强到弱依次为愈伤组织、植株、脚芽、枝条。照射方式中快照射比慢照射易引起材料的损伤，慢照射对菊花生长的影响与每日照射剂量有关。另外，不同品种对辐射诱变的敏感性不同，长管瓣型品种较为迟钝，平瓣和匙瓣品种较为敏感。就具体品种的观赏性状而言，花色变异一般大于花型和花瓣变异，其中粉红色品种最容易变异，其他复色品种次之，纯色品种则不易变异。叶型变异谱广，但很快被新抽生枝叶更替，整个植株恢复正常。

8.3.2.3 生物技术育种

近年来，生物技术特别是基因工程技术，为菊花性状的改良提供了全新的思路，成为最有前途的花卉育种新技术。目前，国内外在菊花基因工程研究方面已取得了令人瞩目的成就。

在菊花花色基因工程育种中，将菊花查尔酮合成酶基因（CHALCONE SYNTHASE，CHS）以正义和反义方向导入菊花粉色品种 Moneymaker 中，转化株开白花，且白花性状能够稳定遗传。将金鱼草 CHS 基因以反义方向转入菊花品种 Parliament 中，获得了 2 个花色变浅的转基因株系。

花型和株型是菊花的重要观赏性状，通过基因工程改良花型和株型对提升菊花的观赏价值和经济价值具有重要意义。如将 rolC 基因导入 White Snowdon 品种中，获得的一个转化系植株的大小、分枝性及花色等性状都发生较大的变化，植株花朵更小，花瓣更亮，叶色更绿，体内细胞分裂素与生长素的比例发生了很大变化。Aswath 等（2004）将 IbMADS4 基因导入菊花后获得的转基因植株的叶片和侧芽数是对照的 3～4 倍，植株高度仅为对照的 1/3～1/4。Han 等（2007）将菊花侧枝抑制基因的同源基因，以正义和反义方向导入菊花品种 Shuho-no-Chika-ra，获得了反义转化株，转基因植株的侧芽分化受到不同程度的抑制。

菊花的自然花期主要集中在 11 月前后，仅少数品种能在夏季或早秋开花，这在一定程度上限制了其观赏性和商品应用性，利用转基因技术将外源基因转入菊花从而改变花期，成为菊花花期育种的重要手段。如皮伟等（2007）将拟南芥（Arabidopsis thaliana）的 Flowering Promoting Factor1（FPF1）基因转入菊花品种黄秀芳、金尼斯、东方睡莲、初凤和生日快乐中，获得了表现早花特性的两个转化株。

菊花的病虫害种类很多，幼苗至开花的整个生长发育过程中都易受到病虫害的威胁，提高菊花病虫害抗性是菊花的重要育种目标。在病毒抗性改良方面，将病毒核壳蛋白（N）基因转化到菊花中，试图提高菊花对番茄斑萎病毒（tomato spotted wilt virus，TSWV）的抗性，但未能检测到核壳蛋白；编码干扰素的 2,5-A 基因转化到菊花后成功诱导了菊花对烟草花叶病毒（to-bacco mosaic virus，TMV）、紫花苜蓿花叶病毒（alfalfa mosaic virus，AlMV）、烟草蚀纹病毒（tobacco etch virus，TEV）的抗性；将 pacl 基因导入菊花品种 Regan 后，获得了抗病毒的植株（Toguri et al.，2003）。Takatsu 等（1999）把水稻几丁质酶基因 RCC 2 转入菊花品种 Yamabi-ko 中，获得了 11 个抗灰霉病的转基因株系。在菊花抗虫育种中，荷兰学者从菊花中成功分离出能保证转化基因高度表达的启动子，然后将带有 Bacillus Thuringiensis（BT）基因的启动子导入菊花中，培育出了抗甜菜夜蛾（Spodoptera exigua）的菊花新品系。

随着土壤和气候环境的不断恶化，植物对冻、旱、涝、盐等各种逆境胁迫及衰老等的抗耐性研究成为热门。洪波等（2006）利用农杆菌介导法将拟南芥逆境诱导转录因子 Dehydration Responsive Element Binding Protein 1 A（DREB1 A）基因导入地被菊 White Snow 和 Fall Color 中，获得的转化株在低温下的种子发芽率、扦插苗生长以及植株露地越冬生长状况等方面都明显优于对照，对干旱和盐渍胁迫的耐性也显著增强。Narumi 等（2005）将乙烯受体突变基因 mDG-

ERS1 导入菊花品种 Sei - Marine，乙烯处理转化株无菌苗后发现，一些转化株对乙烯的敏感性及叶片黄化程度较对照明显降低。

8.3.3 百合

欧美国家在 20 世纪初针对百合新品种选育及杂交技术等开展了大量工作，其中荷兰的植物育种与繁殖中心（CPRO - DLO）在对百合观赏性状及抗性育种方面做出了重要贡献，Flamingo International 公司和 MartZand 公司每年定期推出百合新品种，推动了荷兰百合的产业化进程。英国的汤普森·摩根公司和以色列的 Revivim Nurseies 公司在盆栽百合育种方面做出了成绩。日本于 19 世纪初育成了一些栽培品种，此后在商业化生产上发展很快。我国百合育种起步较晚，但在杂交育种方面也取得了一定的进展。

8.3.3.1 育种技术

杂交育种、诱变育种、倍性育种和生物技术育种在百合中都有运用，但是杂交育种一直是百合育种的主要手段，目前推出的百合新品种大部分是通过远缘杂交育成的。百合杂交育种常因杂交障碍而受到限制，具体分为受精前障碍和受精后障碍。近年来发展了大量克服受精前障碍的方法，如切割柱头法、柱头嫁接法、嫁接子房法、胎座授粉法等。对于受精后障碍的克服，在近几十年的研究中发展了胚挽救、子房培养、子房切片培养和胚珠培养等一系列成熟的技术，其中以胚挽救最为常用。荷兰瓦赫宁根大学的 van Tuyl 等通过多年的研究，建立了一套综合而完整的克服百合种间杂交受精前和受精后障碍的标准技术体系。通过这一体系已获得了大量杂交百合品种，其中东方百合、麝香百合和亚洲百合 3 个杂种系是目前市场上的主要商业百合。基于这 3 个杂种系进一步进行种间杂交，培育了 LA（Longiflorum hybrids×Asiatic hybrids）、LO（Longiflorum hybrids×Oriental hybrids）、OA（Oriental hybrids×Asiatic hybrids）系列。此外，东方百合杂种系和喇叭百合杂种系（Trumpet hybrids）远缘杂交种 OT（Oriental hybrids×Trumpet hybrids）系列的育成亦是百合育种的重大突破。

从 1992 年人们就致力于百合的转基因技术研究，先后建立了麝香百合（*Lilium longiflorum*）、东方百合（*L. oriental*）、新铁炮百合（*L. formolongi*）、细叶百合（*L. tenuifolium*）的转基因技术体系，但是转基因效率较低，仅为 3%。沈阳农业大学的孙红梅教授以山丹（*L. pumilum*）的体细胞胚为受体，转基因效率达到 29.17%，并成功地构建了 CRISPR/cas9 基因编辑体系（Yan et al.，2019），将有效地推动百合的种质创新和定向育种进程。

8.3.3.2 性状改良

多年来，人们运用各种育种技术一直致力于百合观赏性状和栽培性状的改良，取得了较大的进展。

花色丰富的亚洲百合是花色育种的重要亲本，近年来对其色素的合成和调控进行了深入的研究。由于缺少飞燕草色素生物合成途径的关键酶类黄酮 $3',5'$-羟化酶（F3′,5′H），自然界中缺少蓝色百合品种（Shimada et al.，2001）。目前已经分离到两个花青素合成途径中编码转录因子的调节基因 *LhMYB6* 和 *LhMYB12*，其中 *LhMYB12* 的表达与花被、花丝、花柱上的花青素形成密切相关，而 *LhMYB6* 与花被斑点和叶片的光致色素沉着相关（Yamagishi et al.，2010）。此外，发现百合花瓣及花瓣斑点的粉色是由不同基因单位控制的花色素苷所致，CHS 和 DFR 是控制其合成的早、晚期关键酶，这些发现使在分子水平上调控百合花色成为可能。

百合花香改良是目前百合育种研究中的薄弱环节。香味源于花被片中的芳香油，含有类胡萝卜素类的亚洲百合无香味，而含有花青素类的大部分东方百合的香味过于浓烈，增加亚洲百合的香味、降低东方百合的香味是育种学家试图实现的目标。天香百合（*L. auratum*）、麝香百合（*L. longiflorum*）、白花百合（*L. candidum*）、香华丽百合（*L. nobilissimum*）等均为花香育种的重要亲本。如 Roh 等（1996）利用麝香百合与无香味但花色艳丽的 *L. elegans* 进行种间杂交，得到了色艳、味香的后代。CPRO－DLO 将麝香百合与亚洲百合杂交，得到了清香淡雅的 LA 杂种系。

百合的花形以直立向上的喇叭形为育种最佳目标。株型方面，切花品种一般要求植株高大，东方百合杂种系及部分麝香百合杂种系是极好的亲本。近年来小巧玲珑的盆栽百合也开始受欢迎，是株型育种的另一方向。从 20 世纪 80 年代开始，日本、荷兰、以色列、美国等在盆栽百合的育种上推出了不少新品种，如复活节百合的盆栽品种 Ace 和 NellieWhite。

选育早花、晚花品种以延长花期，在商业百合切花选育中尤为重要，此外，生长期较长的栽培品种也可作为培育不同花期百合的材料。近年来，多倍体诱导方法成为早、晚花品种选育的一个重要手段，CPRO－DLO 及 Me Rae 分别在四倍体水平上育成了早花百合和晚花百合。

百合镰刀菌（*Fusarium oxysporum* f. sp. *lilii*）在百合中发生最为严重和普遍，亚洲百合抗性最强，麝香百合次之，东方百合抗性最差。毛百合与麝香百合杂交产生的部分子代个体具有与毛百合相同的抗性，这证明毛百合可作为抗镰刀菌育种的亲本。植株不断生长，对镰刀菌的敏感性逐渐降低，因此在克隆或幼苗水平上进行测试效率最高。CPRO－DLO 开发了与百合镰刀菌抗性紧密连锁的 RAPD 标记用于分子标记辅助早期选择。在抗病毒方面，荷兰莱顿大学成功地将病毒外壳蛋白导入百合。岷江百合具有极好的抗病性，已尝试通过杂交育种将岷江百合的抗病性引入百合科其他属植物。此外，百合与萱草属间杂交的成功，成为抗病杂交育种的重要成果，大大拓宽了杂交育种领域。

耐寒、耐热新品种的选育是近年来百合育种的热点。俄罗斯已育成了大量抗寒品种。在低纬度地区，夏季热胁迫严重影响切花的品质并导致种球退化，东方百合和亚洲百合对高温尤为敏感，与耐热性麝香百合杂交后，获得了极好的生长势及耐热性（Chin et al.，1997）。

缩短百合生长周期、实现种球早熟，有利于提高秋季定植时的种球品质并降低种球生产的冷藏费用，这对于百合种球生产具有重要意义。短生长周期的麝香百合被作为首选亲本。日本通过麝香百合与台湾百合（*L. formosanum*）杂交得到的新铁炮百合（*L. formolongi*），生长周期短、耐高温，并且花朵不同于麝香百合的侧向开放，而是向上开放，深受消费者喜爱，现已在日本广泛种植。

百合花粉量大，易污染花瓣和衣服，人工摘除又费时费力，近年来已在无花粉品种选育方面有所突破。Yamagishi（2003）通过杂交获得了无花粉植株，并首次建立了一套无花粉性状的遗传模式。

亚洲百合采后寿命的遗传调查表明，该类群具有较高的广义遗传力和狭义遗传力，因此通过杂交育种的手段获得采后寿命较长的栽培种是完全可行的。百合花瓣中碳的含量对于花芽的生长和采后寿命均有很大影响，碳分布在采后寿命中起主要作用，可以通过调控与碳分布及代谢有关的基因表达来调控采后寿命（van der Meulen－Muisers et al.，2002）。

8.3.4 悬铃木

悬铃木是悬铃木科悬铃木属落叶乔木树种，该科仅 1 属，约 10 种，引入我国栽培的主要有一球悬铃木（美国梧桐，*P. occidentalis*）、二球悬铃木（英国梧桐，*P. acerifolia*）和三球悬铃木（法国梧桐，*P. orientalis*）3 种。悬铃木具有"行道树之王"的美誉，但在每年春季的盛花期会产生大量的花粉，从而引发花粉过敏症、季节性哮喘、呼吸道感染等疾病。此外，悬铃木的球果于每年的4—6月干枯开裂，致使着生于球果内的种毛四处飘散，同样会导致严重的空气污染，影响人们的正常生活。由于上述生殖生长方面的缺陷，严重影响了悬铃木作为园林树种的应用价值，因此，控制悬铃木的花发育进程，培育不育乃至无球果悬铃木，将大大提高悬铃木属多个树种的应用价值，改善城市环境质量。

在国外，悬铃木的育种工作主要集中在抗病性的改良上，而无球果悬铃木的培育工作目前主要还是在国内展开，主要有以下3种途径：

（1）实生选育。通过野外实地调查及多年的连续观测统计，搜集悬铃木晚花少果及无果的突变株系。例如华中农业大学通过实生选育的方法培育出的悬铃木新品种华农1号，其成年植株快繁群体的年均结球数稳定在10个以内，具有良好的应用前景。

（2）多倍体育种。通过化学药剂处理等方法诱导获得四倍体悬铃木材料，并以此为亲本与普通二倍体植株进行杂交，最终获得高度不育的三倍体株系。目前，Liu等（2007）已经通过秋水仙素处理的方法率先在国内外获得了多个四倍体悬铃木株系，现正在开展四倍体与二倍体的杂交工作。

（3）分子育种。通过转基因技术人为地调控悬铃木开花进程中关键基因的表达，或是通过组织特异性启动子与*BARNASE*等毒性基因串联转入悬铃木，破坏花器官的形成和发育，最终获得不育植株。分子育种是现代育种的发展趋势，但是该育种技术在悬铃木败育研究中的应用需要有两个前提条件：①需要有良好的遗传转化体系；②需要充分了解悬铃木成花诱导及花器官发育的分子调节机制。华中农业大学在这方面进行了长期系统的研究，在国内外率先建立了二球悬铃木的离体植株再生体系和农杆菌介导的遗传转化技术体系（Li et al.，2007）。同时，该团队先后克隆了悬铃木*FT*、*FUL*、*LFY*、*APETALA3*（*AP3*）、*PISTILLATA*（*PI*）、*AGAMOUS*（*AG*）、*SEPALLATA3*（*SEP3*）等调控开花及花发育进程的核心基因及其启动子，并针对其基因表达模式、转录调控机制、转基因功能等进行了系统的生物学研究，为悬铃木的分子育种打下了基础（Li et al.，2012；Lu et al.，2012；Zhang et al.，2011a、2011b）。

除了以上育种方法以外，科研工作者也尝试通过诱变育种培育无球果悬铃木，但是该方法存在定向性差、突变性状不稳定等缺点。例如周业恒等（1993）通过诱变育种的方法获得了不育悬铃木，但是人工诱变的悬铃木在枝条、叶形、芽器官等方面也存在明显变异，并且与对照组相比，生长速度明显缓慢，不利于行道树的应用。

当然，悬铃木除了果毛以外，在其叶、芽、枝等部位也存在大量的表皮毛。研究发现，悬铃木不同部位的表皮毛主要分为腺毛和非腺毛两类，且都为多细胞表皮毛。着生于不同部位的非腺毛虽然形态上存在一定的差异，但不分枝表皮毛和分枝表皮毛的顶端都比较尖锐，很容易进入人们的皮肤毛孔，从而引起过敏、瘙痒等症状，同时大量表皮毛飘散也会对环境造成一定的污染。因此，在培育无球果悬铃木的基础上如果能同时去除叶、芽上的表皮毛，将其培育成真正的环境友好型植物，对于美化城市环境，提高人们的生活品质具有重要的意义。目前已经针对悬铃木叶片表皮毛发育的分子机理展开了相关研究，研究对象包括*GLABRA2*（*GL2*）、*GLABRA3*（*GL3*）、*CAPRICE*（*CPC*）、*TRANSPARENT TESTA GLABRA1*（*TTG1*）、*TRIPTYCHON*（*TRY*）等与表皮毛发育密切相关的同源基因，为将来通过分子育种培育真正的"无毛"悬铃木打下了基础。

8.4 花卉育种面临的挑战与展望

世界上许多发达国家都在花卉育种过程中倾注了大量的精力，在第二次世界大战以后，世界花卉业一直稳步发展。在长期的研究过程中，美国、德国、日本、荷兰、英国等国家的众多企业先后形成了自己先进的花卉育种技术，他们在广泛收集种质资源的基础上，建立了以种为基本单元的基因库，研究开发出亲本保存技术、特有的杂交组合、F_1 代种子高效生产技术等，以专利形式保护亲本及制种体系，形成了巨大的花卉种子产业。

我国是花卉资源大国，但由于历史原因，草花育种制种远落后于发达国家，缺乏具有自主知识产权的草花新品种，尤其是花卉种子常年依靠国外购买，特别是一代杂种几乎全部靠进口。国内各科研单位从 20 世纪 80 年代陆续开始现代花卉育种工作，利用杂交育种手段，取得了一些成就，但由于投入不足及政策原因一直没有较大发展，主要表现在草花引进混乱，各个地区各个单位引种之后只是简单栽种，退化现象十分严重；杂种一代在后代分离之后全部遗弃或成混杂群体栽培，没有建立基因库，也缺乏复壮技术体系。

另外，虽然目前我国已具有近 600 hm^2 年产 137 t 的草花种子生产规模，但多是为国外花卉公司生产粗加工种子。近年来，国外种子商已先后进入我国内蒙古、云南、山东、山西、甘肃等地建立制种基地，收购草花种子，精细加工，利用自己的品牌，返销我国市场，价格几十甚至上百倍增长，获取暴利。总结起来，国内草花种子研究及开发与国外相比差距在于：种质资源占有不足，尤其是关键种质不足；制种及良种繁育体系不健全。

为解决草花育种的尴尬局面，国内各科研单位须统筹安排，在全国范围内开展广泛的分工合作，广泛收集资源，综合利用各种技术，建立世界主流草花产品的育种体系，不断开拓创新开发新品种，真正实现我国从花卉资源大国向知识产权大国的转变，突破国外企业对草花制种业的垄断局面。

（包满珠　何燕红　编写）

主要参考文献

洪波，仝征，马男，等，2006. *AtDREB1A* 基因在菊花中的异源表达提高了植株对干旱和盐渍胁迫的耐性 [J]. 中国科学 C 辑（生命科学），36：223 - 231.

黄宏文，张征，2012. 中国植物引种栽培和及迁地保护的现状与展望 [J]. 生物多样性，20：559 - 571.

皮伟，李名扬，2007. 根癌农杆菌介导 *FPF1* 基因转化菊花的研究 [J]. 西南大学学报（自然科学版），29：70 - 73.

童俊，叶要妹，冯彪，等，2009. 秋水仙素诱导三种紫薇多倍体的研究 [J]. 园艺学报，36（1）：127 - 132.

张西西，徐进，王涛，等，2008. 万寿菊杂交一代遗传多态性的 SRAP 标记分析 [J]. 园艺学报，35：1221 - 1226.

Ahloowalia B S，Maluszynski M，Nichterlein K，2004. Global impact of mutation derived varieties [J]. Euphytica，135：187 - 204.

Aswath C R，Mo S Y，Kim S H，et al，2004. *IbMADS4* regulates the vegetative shoot development in transgenic chrysanthemum（*Dendranthema grandiflora*（Ramat.）Kitamura）[J]. Plant Science，166（4）：847 - 854.

Bretagnolle F，Thompson J D，1995. Gametes with the somatic chromosome number：mechanisms of their formation and role in the evolution of autopolyploid plants [J]. New Phytologist，129：1 - 22.

Causiera B，Schwarz - Sommerb Z，Daviesa B，2010. Floral organ identity：20 years of ABCs [J]. Seminars in Cell and Developmental Biology，21：73 - 79.

Chandler S F，Sanchez C，2012. Genetic modification：the development of transgenic ornamental plant varieties [J]. Plant Biotechnology Journal，10（8）：891 - 903.

Chin S W，Kuo C E，Liou J J，1997. Dominant expression of vigor and heat tolerance of *Lilium longiflorum* germplasm in distant hybridization with Asiatic and Oriental lilies [J]. Acta Horticulturae，430：495 - 502.

Coen E S，Meyerowitz E M，1991. The war of the whorls：genetic interactions controlling flower development [J].

Nature，353：31－37.

Colquhoun T A，Schimmel B C J，Kim J Y，et al，2010. A petunia chorismate mutase specialized for the production of floral volatiles [J]. Plant Journal，61：145－155.

Davies K M，Bloor S J，Spiller G B，et al，1998. Production of yellow colour in flowers：redirection of flavonoid biosynthesis in *Petunia* [J]. The plant Journal，13：259－266.

Debener T，Mattiesch L，1999. Construction of a genetic linkage map for roses using RAPD and AFLP markers [J]. Theoretical and Applied Genetics，99：891－899.

Dugo M L，Satovic Z，Millán T，et al，2005. Genetic mapping of QTLs controlling horticultural traits in diploid roses [J]. Theoretical and Applied Genetics，111：511－520.

Ferrario S，Immink R G H，Angenent G C，2004. Conservation and diversity in flower land [J]. Current Opinion in Plant Biology，7：84－91.

Guterman I，Shalit M，Menda N，et al，2002. Rose scent：genomics approach to discovering novel floral fragrance—related genes [J]. The Plant Cell，14：2325－2338.

Guo Y，Wiegert－Rininger K E，Vallejo V A，2015. Transcriptome－enabled marker discovery and mapping of plastochron－related genes in *Petunia* spp. [J]. BMC Genomics，16：726.

Han B H，Suh E J，Lee S Y，et al，2007. Selection of non－branching lines induced by introducing *Ls*－like cDNA into Chrysanthemum（*Dendranthema×grandiflorum*（Ramat.）Kitamura）"Shuho－no－chikara" [J]. Scientia Horticulturae，151（1）：70－75.

Heijmans K，Ament K，Rijpkema A S，et al，2012. Redefining C and D in the *Petunia* ABC [J]. The Plant Cell，24：2305－2317.

Holton T A，Brugliera F，Lester D R，et al，1993. Cloning and expression of cytochrome P450 genes controlling flower colour [J]. Nature，366：276－279.

Ishida I，Tukahara M，Yoshioka M，et al，2002. Production of anti－virus，viroid plants by genetic manipulations [J]. Pest Management Science，58：1132－1136.

Klocko A L，Ma C，Robertson S，et al，2015. *FT* overexpression induces precocious flowering and normal reproductive development in *Eucalyptus* [J]. Plant Biotechnology Journal，14（2）：808－819.

Löffler H J M，Meijer H，Straathof T P，1996. Segregation of Fusarium resistance in an interspecific cross between *Lilium longiflorum* and *Lilium dauricum* [J]. Acta Horticulturae，414：203－208.

Li Z N，Fang F，Liu G F，et al，2007. Stable Agrobacterium－mediated genetic transformation of London plane tree（*Platanus acerifolia* Willd.）[J]. Plant Cell Reports，26：641－650.

Li Z N，Zhang J Q，Liu G F，et al，2012. Phylogenetic and evolutionary analysis of A－，B－，C－and E－class MADS－box genes in the basal eudicot *Platanus acerifolia* [J]. Journal of Plant Research，125：381－393.

Liu G F，Bao M Z，2003. Adventitious shoot regeneration from *in vitro*－cultured leaves of London plane tree（*Platanus acerifolia* Willd.）[J]. Plant Cell Reports，21：640－644.

Liu G F，Li Z N，Bao M Z，2007. Colchicine－induced chromosome doubling in *Platanus acerifolia* and its effect on plant morphology [J]. Euphytica，157：145－154.

Lu S J，Li Z N，Zhang J Q，et al，2012. Isolation and expression analysis of a *LEAFY/FLORICAULA* homolog and its promoter from London plane（*Platanus acerifolia* Willd.）[J]. Plant Cell Reports，31：1851－1865.

Malaure R S，Barclay G，Power J B，et al，1991. The production of novel plants from florets of chrysanthemum morifolium using tissue culture securing natural mutations（sports）[J]. Journal of Plant Physiology，139：14－18.

Masachika O，Yoshihiro H，Yoshiya F，et al，2015. Tissue－dependent somaclonal mutation frequencies and spectra enhanced by ion beam irradiation in chrysanthemum [J]. Euphytica，202：333－343.

Meyer P，Heidmann I，Forkmann G，et al，1987. A new petunia flower colour generated by transformation of a mutant with a maize gene [J]. Nature，330：677－678.

Morgan E R，Burge G K，Seelye J F，et al，2001. Wide crosses in the Colchicaceae：*Sandersonia aurantiaca*

（Hook.）× *Littonia modesta*（Hook.）［J］. Euphytica，121：343 – 348.

Narumi T，Aida R，Ohmiya A，et al，2005. Transformation of chrysanthemum with mutated ethylene receptor genes：*mDG － ERS1* transgenes conferring reduced ethylene sensitivity and characterization of the transformants ［J］. Postharvest Biology and Technology，37：101 – 110.

Ning G G，Shi X P，Hu H R，et al，2009. Development of a range of polyploid lines in *Petunia hybrida* and the relationship of ploidy with the single － double flower trait ［J］. HortScience，44：250 – 255.

Shimada Y，Ohbayashi M，Nakano － Shimada R，et al，2001. Genetic engineering of the anthocyanin biosynthetic pathway with flavonoid － 3′，5′－ hydroxylase：specific switching of the pathway in petunia ［J］. Plant Cell Reports，20：456 – 462.

Spitzer － Rimon B，Marheva E，Barkal O，et al，2010. *EOBII*，a gene encoding a flower － specific regulator of phenylpropanoid volatiles′ biosynthesis in petunia ［J］. Plant Cell，22：1961 – 1976.

Srikanth A，Schmid M，2011. Regulation of flowering time：all roads lead to Rome ［J］. Cellular and Molecular Life Sciences，68：2013 – 2037.

Strommer J，Peters J，Zethof J，et al，2002. AFLP maps of *Petunia hybrida*：building maps when markers cluster ［J］. Theoretical and Applied Genetics，105：1000 – 1009.

Takatsu Y，Nishizawa Y，Hibi T，et al，1999. Transgenic chrysanthemum ［*Dendranthema grandiflorum*（Ramat.）Kitamura］ expressing a rice chitinase gene shows enhanced resistance to gray mold（Botrytis cinerea）［J］. Scientia Horticulturae，82：113 – 123.

Theissen G，2001. Development of floral organ identity：stories from the MADS house ［J］. Current Opinion in Plant Biology，4：75 – 85.

Toguri T，Ogawa T，Kakitani M，et al，2003. *Agrobacterium* － mediated transformation of chrysanthemum （*Dendranthema grandiflora*）plants with a disease resistant gene（*pac1*）［J］. Plant Biotechnology，20（2）：121 – 127.

van der Meulen － Muisers J J M，van Oeveren J C，van der Plas L H W，2002. Postharvest flower development in Asiatic hybrid lilies as related to tepal carbohydrate status ［J］. Postharvest Biology and Technology，21（2）：201 – 211.

van Tuyl J M，van Din M P，van Creij M G M，et al，1991. Application of *in vitro* pollination，ovary culture and embryo rescue for overcoming incongruity barriers in interspecific Lilium crosses ［J］. Plant Science，74：115 – 126.

Wang J，Li H，Bao M Z，et al，2009. Production of interspecific hybrids between *Lilium longiflorum* and *L. lophophorum* var. *linearifolium* via ovule culture at early stage ［J］. Euphytica，167：45 – 55.

Yamaguchi A，Wu M F，Yang L，et al，2009. The microRNA － regulated SBP － Box transcription factor SPL3 is a direct upstream activator of *LEAFY*，*FRUITFULL*，and *APETALA1* ［J］. Developmental Cell，17（2）：268 – 278.

Yamagishi M，2003. A genetic model for a pollenless trait in Asiatic hybrid lily and its utilization for breeding ［J］. Scientia Horticulturae，98：293 – 297.

Yamagishi M，Shimoyamada Y，Nakatsuka T，et al，2010. Two *R2R3 － MYB* genes，homologs of petunia *AN2*，regulate anthocyanin biosynthesis in flower tepals，tepal spots and leaves of Asiatic hybrid lily ［J］. Plant and Cell Physiology，51（3）：463 – 474.

Yan R，Wang Z，Ren Y，et al，2019. Establishment of efficient genetic transformation systems and application of CRISPR/Cas9 genome editing technology in *Lilium pumilum* DC. Fisch. and *Lilium longiflorum* white heaven ［J］. International Journal of Molecular Sciences，20：2920.

Yan Z，Denneboom C，Hattendorf A，et al，2005. Construction of an integrated map of rose with AFLP，SSR，PK，RGA，RFLP，SCAR and morphological markers ［J］. Theoretical and Applied Genetics，110：766 – 777.

Ye Y M，Zhang J W，Ning G G，et al，2008. A comparative analysis of the genetic diversity between inbred lines of *Zinnia elegans* using morphological traits and RAPD and ISSR markers ［J］. Scientia Horticulturae，2008，

118：1－7.

Zhang F，Chen S M，Chen F D，et al，2011c. SRAP－based mapping and QTL detection for inflorescence－related traits in chrysanthemum（*Dendranthema morifolium*）［J］. Molecular Breeding，27：11－23.

Zhang J Q，Guo C，Liu G F，et al，2011a. Genetic alteration with variable intron/exon organization amongst five *PI*－homoeologous genes in *Platanus acerifolia*［J］. Gene，473（2）：82－91.

Zhang J Q，Liu G F，Guo C，et al，2011b. The *FLOWERING LOCUS T* orthologous gene of *Platanus acerifolia* is expressed as alternatively spliced forms with distinct spatial and temporal patterns［J］. Plant Biology，13（5）：809－820.

中 篇
园艺植物生长
发育与调控

9 果树营养研究现状及前景

【本章提要】营养是果树生长发育的基础。本章主要介绍果树对养分吸收、利用、分配和再利用，果树多年生、深根性及其贮藏营养等自身特性以及果树营养研究中营养与产量、品质及采后生理等方面的关系，并就今后研究的主要方向及实践问题进行探讨性评论，为今后我国果树营养的理论研究与实践提供参考。

9.1 果树营养的基本理论

9.1.1 概述

2 000 多年前的人类就发现，给土壤中加入草木灰或石灰时，植物生长得就好，主要可能是由于其中含有矿物质。1840 年，德国化学家李比希（Justus von Liebig，1803—1873）在总结当时有关报道后，发表了著名的《化学在农业和生理学上的应用》，文中不仅推测 N、P、K、S、Ca、Mg、Si、Na、Fe 为作物生长所必需，且植物体内营养元素不论数量多少，都是同等重要的，任何一种营养元素的主要功能都不能被其他元素所代替，即必需营养元素的同等重要律和不可代替律，更划时代地提出了植物矿质营养学说、养分归还学说。1843 年，在《化学在农业和生理学上的应用》第三版中，他又提出了最小养分律。植物矿质营养学说、养分归还学说、最小养分律的完整提出，为将植物矿质营养确立为一门学科奠定了基础。

20 世纪初，科技工作者们认识到，植物对矿质元素具有有限的选择吸收能力，既吸收其生长发育所需的矿质元素，也吸收不需甚至可能有毒的元素，所以，植物体内某种元素含量的高低，并不能代表其是否是必需元素。1939 年，Arnon 和 Stout 二位学者提出了必需矿质元素这一概念，认为符合以下 3 条标准的元素，才能被称为植物必需矿质元素：①植物若缺少该矿质元素，则不能完成其生命周期；②该元素的功能不能被其他元素所代替；③该元素必须直接参与植物的新陈代谢。与此同时，水培、沙培等培养技术和分析化学技术的发展为确定必需矿质元素，特别是微量必需矿质元素提供了技术条件。截至 1954 年，已确定植物必需的矿质元素有 16 种，这也是目前已发现并公认的 16 种植物必需矿质元素（表 9-1）。需要特别提出的是，C、H、O 主要来源于大气和水，其特点是：①来源充足，园艺植物不易缺乏；②既不易从大气或水中分离这 3 种元素，田间条件下也不易控制；③这 3 种元素对包括园艺作物在内的所有生物的重要性不言而喻；④对包括园艺作物在内的作物和植物而言，对这 3 种元素的研究重点不是如何控制它们的量，而是如何提高它们尤其是 C 元素的利用效率。因此，本文中除贮藏营养、果园施肥前景展望等少数章节涉及这 3 种元素，特别是 C 元素外，主要述及的是其他 13 种矿质营养元素。

表 9-1　植物必需矿质元素及其发现时间与发现者

元　素	发现时间（年）	发现者
H、O	不详	不详
C	1800	Senebier 和 Saussure
N	1804	Saussure
P、K、Ca、Mg、S	1839	Sprengel
Fe	1860	Sachs
Mn	1922	McHargue
B	1926—1927	Sommer、Lipman 和 Renchley
Zn	1926	Sommer 和 Lipman
Cu	1931	Lipman
Mo	1939	Arnon 和 Stout
Cl	1954	Broyer、Carlton、Johnson 和 Stout

　　虽然园艺作物，特别是果树和观赏植物（矿质）营养的理论与技术研究落后于模式植物尤其是一年生作物，但 20 世纪 50—80 年代是园艺作物营养研究的开端和第一个高潮。以果树为例，在实验验证了 16 种必需矿质元素也是果树生长发育必需的元素的基础上，美国果树学家 C. B. Shear 根据实践经验，总结实验结果和文献报道，认为对（果树）植物正常的生长发育而言，必需营养元素的浓度和含量很重要，但更重要的是植物体内营养元素间的平衡关系，进而提出养分平衡的重要性（韩振海，1994）。由此，一方面在理论上补充了上述植物营养的三大学说（植物矿质营养学说、养分归还学说、最小养分律），另一方面在实践上更直接地指导了平衡施肥技术，特别是果树以叶分析为主的果园平衡施肥。

9.1.2　必需营养元素间的相互作用

　　一般而言，元素间的相互作用主要表现为：①相助作用，即一种离子的存在有利于另一种离子的吸收或加强其功能；②对抗（拮抗）作用，即一种离子的存在妨碍另一种离子的吸收或减弱其功能效应，对抗作用往往发生于大小、结构、化学性质近似的两个离子竞争同一个吸收位点或作用位点时；③相似作用，即几种元素都能对某一代谢过程或代谢过程的某一部分起同样的作用，某一元素缺少时，还可部分地被另一元素所代替。当然，土壤、植物组织中的元素都不是孤立存在的，一种元素浓度的变化会引起其他元素浓度一系列的次级变化（沈隽，1980）。Olsen（1972）将元素间相互影响的关系归纳为两个方面，其一，主要发生的也是上述相互作用；其二，两种元素结合后产生加合效应而不是两种元素的单独作用。主要元素在植物吸收过程中可能的相互作用如图 9-1 所示。

　　需强调指出的是，营养元素的相助作用或对抗作用都是相对的，仅仅是对一定的作物、一定的生育期、一定的离子浓度而言。在一些作物上起相助作用的元素，可能在另一些作物上起对抗作用；即使是同一种作物上，在某个（些）生育期是相助作用的元素，在其他生育期可能起对抗作用；有时在低浓度下是相助作用的离子，而在高浓度下发生对抗作用（曾骧，1987）。

　　各种元素在植物各个器官内必须达到各自一定的浓度和平衡的比例关系，才能发挥其应有的生理功能。所以，了解、控制和改善元素之间的相互作用关系，使之有利于植物生长发育，有重要的理论和实践意义。

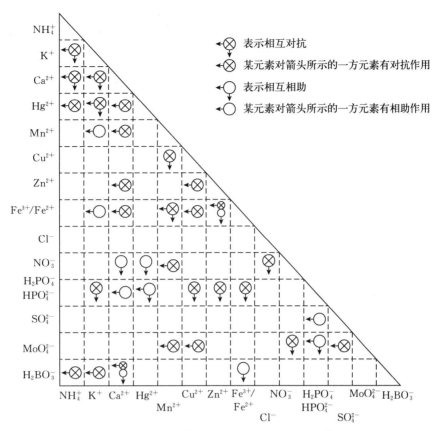

图 9-1　主要元素在植物吸收过程中的相互作用

（彭永宏等，2002）

9.1.3　必需营养元素的主要生理作用及其在果树上的效应

植物体内，必需营养元素中的大量元素的含量占干物质的百分之几至千分之几，其中，C、H、O、N、P、S、Ca、Mg 多是植物结构物质、纤维素、原生质、膜的主要组分，也是蛋白质、叶绿素、核酸、酶等生理功能物质与微量活性物质的主要骨架；K 是植物体内唯一以离子形式存在的元素，非常活跃，极易被再度利用，虽不形成任何结构物质，但对使细胞处于生命活跃状态、与 Ca 共同调节原生质胶体状态、气孔闭合、物质吸收运输与细胞透性都是不可缺少的；此外，新增大量元素 Si 在提高植物抗性、增加产量、改善品质以及改善土壤质量中发挥重要作用（饶震红，2019）。微量元素在植物体内的含量占干物质的万分之几至千万分之几，它们主要是多种酶的辅基或活化剂。Cu、Mn、Fe 等为典型的重金属，有明显的变价作用，能可逆地氧化还原，Fe-S 蛋白、Cu 蛋白、Mn 蛋白等作为电子载体，成为细胞生物氧化还原的工具（张治钧，1986）。B 对于细胞壁的形成以及花器官的发育至关重要，并能够影响光合作用、激素响应等（徐方森，2017）。

9.2　果树营养的特点

果树是多年生经济作物，与一年生作物相比，在养分的吸收、运输、分配、利用和贮藏上有其复杂性和特殊性。

9.2.1　果树根系分布广而深，但根系单位面积密度低

根系分布的深浅与养分利用效率有紧密的关系。果树根系一般分布在距表土 80 cm 左右的范围之内，良好条件下，根系可以分布在 150 cm 或更深，因此，果树对养分的利用率往往比一年生作物更高。但与一年生作物相比，果树根系密度低、须根较少，营养吸收面积小，为满足树体营养的需求，果树根系对许多矿质元素具有较高的吸收率，这样常常造成局部根域的养分亏缺，对于难以移动的养分的吸收更不利。

间作情况下的幼年果园中，由于幼年果树的根系密度低，难于与根系密度高的作物或杂草竞争水分和养分，而使生长发育受到影响（仝月澳，1980）。此外，果树在固定位置上连年生长，根系年年生长发展并深入地下，木栓化根也具有一定的吸收功能。因此，深层土壤较高的营养水平、良好的通气及适宜的水分和温度状况，对维持根系的年吸收期、充实树体营养水平、保证正常生长发育非常重要。

9.2.2　多年生果树的贮藏营养特性

果树为多年生植物，其每年吸收的养分进入树体后与树体中已存在的养分除用于当年的生长发育、部分随果实（种子）和落叶流离树体外，还有相当部分的养分在夏末秋初由叶向枝干回运并积累贮存于体内。经过连年积累，在果树的根、干和枝内贮藏着大量的营养物质，包括糖、含氮物质和各类矿质元素，这些贮藏物质在早春由贮藏器官向新生长点（芽、新梢甚至新根）调运，供应前期芽的继续分化和枝叶生长发育（顾曼如等，1989）。果树的贮藏营养物质对于保证树体健壮、丰产和稳产具有重要作用。贮藏养分不足的果树，不仅产量不高，而且易发生"大小年"现象，同时树势易衰弱，抗（病）性下降。

与大田作物在土壤缺素后即容易在当年生长的植株上表现症状有所不同，对多年生果树，尤其是木本和藤本果树而言，由于体内贮藏营养，在土壤已发生营养缺乏的情况下，一株成年结果树还可能连续几年表现正常生长且继续结果。但是，缺素症一旦明显表现出来，就会对果树和果园造成严重的危害，需要多年的努力才可能逐渐矫正过来（赵黎芳等，2003）。

9.2.3　果树的种类及生态型丰富，繁殖方式复杂，营养效应各异

全球约有果树 134 科、659 属、2 792 种，即使同一种果树，生长于不同的环境和气候条件下，经长期适应、进化，也形成了很多不同的生态型，而不同种类、不同生态型的果树，在营养吸收和利用上的能力及效率不同。以对盐离子吸收和耐盐性为例，王业遴等（1990）报道，在 5 种测试的果树中，无花果、石榴的耐盐力最强，杜梨和葡萄次之，毛桃的耐盐力则较差。陈竹生等（1992）对柑橘资源的耐盐性鉴定发现，在柑橘种类中，酸橙、甜橙比较耐盐，枳、宜昌橙、香橙、枸橼、柠檬、枳橙等种类不耐盐，宽皮柑橘的耐盐性则有广泛的分离现象；在柑橘品种中，朱橘类的安江红橙、迟红、草橘、朱红橘等品种及酸橙类的蚌柑、意大利酸橙、摩洛哥酸橙、红皮山橘和年橘等有较高的耐盐性，而供试的 91 个品种中的其他品种的耐盐性较差。农江飞等（2018）等研究表明，不同柑橘砧木种质的耐酸碱性也存在显著的差异，资阳香橙的耐碱性最强，而卡里佐枳橙的耐碱性最弱。即使属于同一苹果属的山定子，因生态型不同，东北山定子适宜 pH 较低的微酸性土壤，在华北地区的石灰性土壤上表现黄化，而山西沁源山定子则适宜 pH 较高的土壤。因此，进行包括果树种质资源在内的植物矿质营养遗传特性的评价（表 9 - 2），

已成为发达国家致力于可持续发展的研究重点。

表 9-2 植物矿质营养遗传特性的评估内容

序号	评估内容
1	细胞及亚细胞水平上的细胞学、解剖学特性观测
2	植物形态学特性观测
3	养分吸收、溢泌、运输（再次活化）、分配和重新利用的性状检测
4	植株不同部位的养分浓度的检测
5	离子在体内的形态及总含量
6	生理生化特性检测
7	总鲜重、干重检测
8	产量、品质指标观测

果树不仅种类丰富，繁殖方式也复杂多样，有实生、扦插、嫁接、压条、分株、组织培养等。当前的生产实践中，草莓、树莓、葡萄等少数果树的繁殖采取的是扦插、压条等单纯的营养繁殖方式，为提高抗逆性、扩大种植范围，葡萄的繁殖也越来越多地采用嫁接方法，而仁果类、核果类、柑果类、坚果类、柿枣类等大多数果树则多采用嫁接法进行无性繁殖（王华，2011）。嫁接繁殖的果树，一方面，所用砧木的种类或生态型不同，在营养吸收及对不良环境耐受能力上就存在着遗传、生理甚至表型上的差异；另一方面，接穗品种对根砧的养分吸收也有重要影响。因此，适宜的砧穗组合选择的内涵，还应包括营养吸收和利用上最适当，且二者互作最匹配。

9.2.4 果实中营养元素含量和比例与品质关系密切

果树生产的主要目标是生产适量质优的果实，而果实品质优劣的重要指标之一就是营养元素的含量及其比例。它们不仅在相当程度上决定果品的鲜食品质，还与果实的贮藏品质、加工品质有非常密切的关系（查倩，2014）。

论及营养元素与果实品质的关系，一方面，果实生长发育期间树体养分供应及果实中营养元素的含量及其比例影响采前果实发育进程和采收时果品品质，如 N 和 B 对坐果和幼果发育、Ca 对果实发育的影响等（王男麒，2014）；另一方面，果实采后的生理状况、贮藏性能，在很大程度上又取决于采前果园的管理水平，即在果实生长发育过程中，树体营养生长的旺盛程度，新梢生长点的多少，根对树体供应养分的种类、成分、时间以及树体内养分向新梢和果实内流动分配的方向与比例等因素皆可产生影响（Yamasaki et al.，2013）。

9.3 果树营养诊断及果园施肥

营养诊断是通过形态解剖、化学、生理生化指标的测定及树体外观表现、恢复处理等手段，对果树营养进行主、客观判断，用以指导果园施肥或改进其他管理措施的一项技术。营养诊断分为分析、诊断、处方 3 个步骤。分析，即对上述指标的观测；诊断，即根据观测数据，结合果园生态环境和栽培管理措施等各方面因素，对数据形成的原因和显示的问题做出解释与判断；处方，即结合已有的施肥或其他实验结果以及实践经验，提出恰当的施肥方案及矫治措施（唐菁等，2005）。随着营养诊断技术的发展，除了传统的检测方法外，无损测试技术在作物营养诊断研究中具有良好的发展前景，如肥料窗口法、数字图像技术、叶绿素仪法和无人机遥感等（魏全全，2019）。

9.3.1 土壤分析

土壤分析是指通过规定的方法选取土样，对其理化性状和元素含量进行测定的方法。通过土壤分析，一方面，可以检验土壤环境是否适宜根的生长活动；另一方面，可以判断土壤养分含量满足植物生长的可能性和程度，同时为植物出现缺素或中毒症状时的原因分析提供线索。

依园艺作物种类不同，土壤分析进行的频度及依据土壤分析结果指导施肥的重要性有异。一般而言，对一年生园艺作物，特别是蔬菜和一些名贵花卉，主要是根据土壤分析结果指导施肥，土壤分析的频度可以是 1~2 年进行 1 次，也可根据情况随时进行（张恩平，2011）。对多年生园艺作物，尤其是果树和一些珍贵树木，土壤分析一般在建园规划时进行 1 次，定植以后每隔 3~5 年取土样分析 1 次。土壤分析结果不能直接应用于指导施肥，通常是与叶分析结果甚至果实分析结果结合，考虑树体发育状况和果园（花圃）管理措施，综合提出咨询建议和施肥指导方案（丁宁等，2015）。土壤分析结果不能直接应用在多年生园艺作物施肥指导上的原因，一是这些作物是多年生深根性作物，采土样时不易采到根系的主要分布层；二是这些作物因多年固定在一地生长，往往造成元素间不平衡状况加剧；三是这些作物具有贮藏营养等特点，直接应用往往造成土壤分析结果不能准确反映树体生长发育和产量品质的营养需求，施肥指导方案误差大。

需特别指出的是，土壤是多年生园艺作物吸收水分和营养物质、合成部分有机物并支撑整个地上部的基础，分析土壤理化性状和养分含量、了解根系在土壤中活动状况和根系与土壤各因素间的相互作用，明显有助于准确诊断、科学施肥和节约用肥（王长庭等，2012）。因此，土壤分析有其重要性，在生产实践和相关科学研究中一定要按规定进行。

9.3.2 外观诊断

外观诊断主要是通过肉眼观察植物外表形态上的变化。对外观诊断而言，首先是要知道在良好环境下植物正常的生长发育表现，其次应具有丰富的营养失调症的观察经验，才能敏感、准确地判断果园初次出现的营养失调问题。各种类型的缺素或营养失调症，一般情况下首先表现在叶片和新梢上，且最初表现出的症状往往与该元素最主要的功能有关，此即缺素症特异性（许虎林，1996）。当然，缺素症不仅表现在叶片或新梢上，很多情况下，尤其是随缺素进程的发展，根、茎、芽、花、果实上均可能出现症状，诊断时须全面查验。

从外观上，冷害、热害、机械伤害、虫害、病原侵害、农药及除锈剂药害等造成的症状，常常易与营养失调症状相混淆而难以辨别，因此，需要在果园内调查其分布状况，并凭经验判断，但有时难以凭肉眼区分病毒病与营养失调症，需要专门研究鉴别（李保国等，2002）。

9.3.3 其他器官组织（除叶外）的生理生化及组织化学分析

果树组织分析是指以叶、果、枝或根为采样器官，进行统一采样、洗涤、制样、前处理和化学、组织化学或生理生化分析，得到样品器官元素含量的技术。

如上所述，叶以外的其他器官，如根、茎、树皮、果实，也都可以作为营养诊断的取材对象。无论是田间分析或科研实验，目前这些器官作为营养诊断材料主要用于两种情况。第一种，元素的全量分析难以区分元素的活性与非活性部分，其"分量"的浸提分析可弥补全量分析之不足，往往应用于元素吸收、运输、分配机制和进一步营养诊断的研究，如水溶性 Zn 比总 Zn 或碳酸酐酶活性、氨基酸或酰胺比总 N 量、SO_4^{2-} 比总 S 量、Ca 离子比总 Ca 量、稀酸或螯合剂浸提的 Fe 比全 Fe 量，往往更能说明其生理活性（庄伊美，1995）。第二种，对果菜类蔬菜和果树，特别是多年生木本和藤本果树而言，叶分析为主并结合土壤分析结果是指导其施肥的主要方法，但对 Ca、B 等元素，叶分析结果常常不能反映其在果实中的含量，果实缺 Ca 或缺 B 在园艺作物上发生很普遍，因此，Ca、B 等元素的诊断最好用果实分析（黄春辉等，2014）。

当然，电镜、色谱分析、组织显微化学等技术的快速发展为物质分离、离子定量分析及使用生化技术进行营养诊断开辟了广阔的前景。正在进行探索性研究，有待成熟的方面有：①借助于形态、解剖、组织化学观察进行营养诊断。营养失调后，常常在细胞显微结构或细胞器内发生一些典型变化，如通过化学显微镜即可观察到茎、叶组织中因缺 Cu、B、Mo 而引起的病变，因此，可用解剖学与组织化学相结合的方法检验缺 Cu 和缺 P 的生理病症。②植物营养状态的生理评定方法。因影响生理状态的因素较多，所以，这方面虽多有探索，但进展不大。对微量元素 Zn、Fe、Mn 的缺乏症的判断，特别是缺 Zn 症，最简单的方法是在田间对所怀疑对象的叶片施用该元素的溶液。此外，还有研究是在控制培养的条件下，将某种元素缺乏所造成的生理反应及对植物提供所缺元素后发生的反应作为诊断依据。③营养诊断的生化指标。因酶活性更灵敏，所以理论推测，用酶活性评定植物营养状况可能更易成功。柑橘上的研究表明，Fe、Cu、Zn、Mo 等微量元素所对应的过氧化氢酶、抗坏血酸氧化酶、碳酸酐酶、硝酸还原酶等 4 种金属酶的活性较容易测定且数据也较可靠。但正是因为酶活性的变化太灵敏，影响因素太多，所以，这方面成功的例子极少，尚无可用于营养诊断的指标。

9.3.4 叶分析

制定营养诊断标准的理论依据是，作物的生长量或产量与体内营养元素含量之间的关系，它们之间存在以下几种关系（图 9-2）：①缺乏区。当介质营养供应增加时，生长量直线上升，但体内元素含量因生长的稀释效应而增加得不多。②低区。生长量因介质营养供应增加而增长，但所缺乏的元素却因干重的增加而继续被稀释，体内元素浓度并没有明显增长，仍表现一定程度的

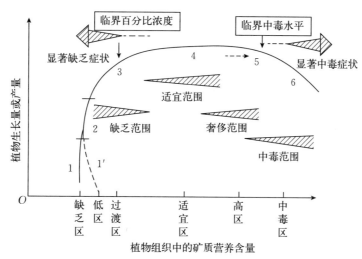

图 9-2　植物叶内的营养含量与生长量或产量的关系

（李港丽，1988）

缺素症。③过渡区。随着介质营养的持续增加，直达图9-2中箭头所指处的临界百分比浓度处，此时的产量为最高产量的90%。④适宜区。产量已达到最高水平，再增加介质元素的供应量时产量也不会明显提高。⑤高区。作物可以继续吸收该种元素，体内元素浓度继续升高而呈奢侈供应。⑥中毒区。若对介质中该元素的供应继续增加，作物生长受抑制，产生中毒反应。需特别指出的是，图9-2中1′处虚线所示的情况是，当一种元素在植物体内极度缺乏或长期处于缺乏状态时，这个组织内该元素的浓度反而可能不正常地偏高，与生长量成负相关。例如，果树长期缺Zn、Fe等元素时，进行组织分析，常常能看到这种现象。

叶片之所以作为营养诊断的主要器官，基于以下优势：①各器官中，以叶的灰分含量最高，占干重的10%～15%，而根、茎为4%～5%，种子为3%，树皮约7%，因此，叶片内的矿质元素含量最高，容易测定，其中的元素总量能够代表树体的营养水平（安贵阳，2004）。②刚达到成熟阶段的叶片，是树体同化代谢功能最活跃的部位，是制造各种生命物质的主要加工厂，养分供应的变化在叶片上的反映比较明显。③作为营养诊断器官，叶片取样方便，不影响树体生长和产量，易于统一建立采叶、洗涤、制样、前处理和化学分析的标准，而按照统一方法取样所得的叶分析值与标准值具有可比性，适于建立数据库，通过计算机进行数据处理，给出咨询方案（赵欢等，2013）。

果树的叶分析标准值是指一个种或品种的果树处于不同营养生理状态时，其叶片内的矿质元素含量，包括正常值、低值、缺乏值、高值、中毒值等浓度范围。标准正常值的确定，是大量生长结果正常树叶内营养元素含量的统计结果（陈闻天，1979）。在应用叶分析结果进行矿质营养诊断时，叶内各元素含量的标准值是判断待测叶样各元素含量是否盈亏、元素之间是否平衡的基础。不同树种之间的叶分析正常值（或临界值）不同，这是其生理代谢和细胞结构成分上的差异造成的；而同种果树，即使在不同地区生长，其正常发育植株的叶片内各元素含量基本上处于一定的浓度范围，同一种果树叶片内元素含量上的这种遗传稳定性正是建立统一标准值的基础。虽然已过30余年，品种、环境和生态条件都有明显改变，但20世纪80年代北京农业大学果树矿质营养研究室经实验及对大量数据综合统计分析后提出的我国苹果、梨、桃、葡萄等落叶果树的叶分析标准值（李港丽等，1987），在进行营养诊断时仍有重要的参考价值。因为过量的N不仅容易使营养不平衡，造成果品发生着色不良、贮藏品质下降等严重的不良影响，而且会造成Ca、B、K失调而导致生理病害等，所以，为控制施N量，标准值中N的正常范围较其他元素窄，若按品种划分则更窄。微量元素的含量范围则较宽，其中Mn在各树种中标准含量范围表现最宽，这可能与植物地上部分，尤其是叶片对根所吸收的Mn具有很强的缓冲能力有关。

需要说明的是，确定标准值时必须考虑元素之间的比例关系，注意养分的适当浓度，即如C. B. Shear的平衡学说所述，应兼顾浓度与元素间平衡比例两大变量之间的相互作用，以获得树体生长、产量与品质的均衡发展（李港丽等，1988）。

果树叶分析的主要技术环节包括：①标准化的取样、叶样处理和保存。取样不合理或失误往往会造成植物营养分析中最大的、不可挽回的误差，因此，采样植株在果园内应有代表性，采叶时期、技术和部位需与获得标准值的方法、条件一致。叶片在运输、洗涤、干燥、粉碎和收贮过程中应保存其最初养分含量，即必须按照标准化的方法采取、制备和贮存叶样。②叶样的化学分析及质量控制。传统的叶片分析，是称取一定量的叶样，灰化后进行各必需元素的全量分析。由于各实验室的仪器设备不同，分析人员、所用试剂、水、气以及实验室的温、湿条件等各方面的差异，规定统一的标准方法进行元素分析很困难而且不现实。因此，在实验室分析工作的标准化和质量控制上，宜采用具有已知元素含量的标准参比样，即叶标样，如《果树叶标样》（GB 7171—1987），与待测样在同一条件下进行测定，这有利于标定分析方法和手段，排除系统误差，保证分析质量，且简便易行。③诊断报告。将测试结果与标准值进行比较、分析后，做出明晰的诊断报告书。结合该园所在地的土壤、气候、灌溉、施肥、负载量等因素，对分析结果做出解释，并提出栽培管理上的咨询意见（Muniand et al.，2009）。

叶内营养元素含量值受很多因素影响，须综合考虑。第一，树种、品种和砧木的影响。植物的遗传特性导致不同树种、砧木、（接穗）品种之间在元素含量上存在稳定的差异，为更准确地进行营养诊断，应更明确地对不同种、品种或砧穗组合提出比树种范围相对更窄的标准值。其中，应注意同一树种中养分吸收或利用高效型的植物，在养分吸收、运输、利用时的临界浓度更低。此外，还需考虑砧穗间的相互影响，建园时，应选择在该环境条件下对养分吸收、分配、利用最佳的砧穗组合。第二，植物生育状况及采叶、处理技术的影响。不同树龄、同一树龄不同生长发育阶段的植物，其体内养分含量差异很大，即使同一树龄、同一发育阶段的植物，叶片所处部位和节位不同，叶内养分含量也有明显差异。此外，对所采叶样的处理技术（包括运输、固定、洗涤、粉碎、浸提等前处理）不同，也将得到不一致的养分含量结果。因此，一方面应制定并严格遵守统一的采样时期、部位、方法和处理技术；另一方面应详细地将树龄、生长发育和结果状况等记载于田间档案中，作为诊断和解释时的重要参考。第三，植物养分吸收、分配、再利用特点的影响。一般情况下，根可吸收各种无机离子（和部分有机物），在不造成质壁分离的前提下，离子浓度越高，吸收量越大，但是这些元素由根向地上部器官运输时的速率却在很大程度上受生长发育需要的控制。因此，尽管这些元素在根内的浓度变化很大，但植物体尤其是地上部器官中的浓度却比较稳定。一般而言，N、P、K、Mg 属于易移动的元素，在植物体内，特别是缺素的情况下，可迅速地从老器官输送至幼嫩器官；Ca、Mn、B 为不易移动的元素，在器官迅速生长发育期出现这些元素的缺乏情况，则表现为幼嫩器官（芽、幼叶、果实）元素含量低；Fe、Zn、Cu、S、Mo 等元素属于移动性中间状态的元素。当然，元素能否在植物体内被再度利用是相对的，不同树种、品种也不同，植物生长发育阶段以及根际环境条件等均影响元素尤其是移动性中间状态元素在体内的可移动性。第四，生态环境条件的影响。与其他植物性状类似，叶分析值实际上是植物基因型、生态环境、人工管理相互作用的结果。因此，在解释叶分析值及判断元素盈亏成因时，要善于分析其是由土壤养分造成的，还是旱、涝、通气不良、风害、大气污染、温度不适等其他因素的间接影响，从而提出恰当、准确的矫正措施。第五，栽培管理技术的影响。施肥、灌水、修剪、喷药、果实负载量调节及植物生长调节剂应用等措施，皆可在叶分析值上有所反映，因而通过叶分析诊断，有助于找到经济、有效的措施调节元素供应量。如春旱明显影响养分，尤其是K 的吸收，干旱时灌水往往比补充 K 肥对提高叶片含 K 量的效果更明显（韩振海，1997）。需强调指出，叶分析值是植株营养状况的指标，但不是需肥量的指标，不能根据叶分析值的高低得出需要增施或减少某种肥料的直接结论，而需根据各种影响因素全面衡量（Alarcon et al.，2000）。

9.3.5　果园施肥

施肥是果园综合管理中的重要环节。果园施肥的方式一般分为土壤施肥和根外追肥。根外追肥多进行叶面喷肥，少数情况下也有果面喷涂肥料或树干打孔输肥的方法。土壤施肥包括环状施肥、放射沟施肥、条沟施肥、全园（翻耕）施肥等方法。近年来研发、推广的新方法是水肥一体化技术，即与滴灌等类似技术结合，水肥一起输送到植物根系。生产实践中，应根据不同的立地条件和生态环境、不同的作物种类及生产目标，选择合适的施肥量和施肥时期。确定施肥量的方法，可以参考当地其他果园的施肥量，但更合理、科学的方法是将叶分析结果与田间肥料试验结果相结合。施肥时期不仅与施肥方式，即肥料用作基肥还是追肥而不同有关，而且还应根据园艺作物需肥时期、土壤中营养元素和水分变化规律、肥料的性质等调整。

在进行果园施肥前，通过叶分析或土壤分析结果进行果树营养诊断以指导施肥时，应考虑以下几个因素（李亚东等，1988）：①养分的水平，即元素在果实及树体中存在的绝对量。②养分的浓度，即元素在果实及树体中存在的相对量。③养分的平衡，即果实和树体中各元素之间的均衡关系。④养分的供应，包括供应的时期、部位、供应量及持续性等。⑤养分的代谢，主要指元素在果实及树体内的代谢，包括元素的活性、各组织对元素的吸收利用、元素在果实及树体内的运输和分配等。只有全面了解、准确把握上述因素的影响，才可能在施肥、灌水、土壤管理等栽培管理中，既不浪费肥料和水分、不污染环境，又能取得树体、果实正常发育的理想效果（高义民等，2013）。

果园施肥上，受关注的研究主要集中在以下几个方面：①土壤条件与果树根系的分布，主要聚焦于土壤性质、土壤肥力、土壤微生物与水平根、垂直根及根系构型的形成和发育的关系，进而分析它们对树体发育、产量和品质的影响。②土壤理化性状、营养条件、微生物、温度、水分和通气状况对肥料在土壤中转化、肥效的影响。③树体有机养分，特别是向根系输送的糖的量与根系发育的关系。

9.4 果园土壤、果树与果实营养研究进展

9.4.1 果园土壤营养研究进展

对果园土壤营养的研究，初期主要是土壤理化性质、主要元素及其含量（或浓度）以及施肥实践。随着知识的丰富和研究的深入，发现土壤是一个不均匀，由固相、液相和气相组成的多相体系；土壤理化性状及环境条件与植物生长关系密切，即使在微域范围内，因部位不同，理化性状和水、温等环境条件差异很大；同时，植物尤其是根系也能对近根土壤微域产生一定的影响，特别是其中微生物的种类和数量。因此，近年来对果园土壤营养的研究，一方面集中于区域内果园元素盈亏的普查及对树体正常生长发育特别是果实产量和品质产生影响的元素供应时期及含量的研究，另一方面更多地聚焦于根际研究（刘松忠等，2015）。

综合归纳近年来关于区域内果园元素盈亏普查结果，可以看出，我国果园主要存在的营养问题有：①我国主要果品产区果园（以苹果园为例）土壤几乎皆存在元素不平衡现象，且各区域过量或缺乏的主要元素不同。我国的土壤 pH 自东向西逐渐升高，特别是胶东半岛和辽东半岛，pH 达 4.7，土壤酸化严重。果园有机质含量偏低，碱解氮含量处于中等水平。取样果园磷含量分布不平衡，环渤海产区果园富磷，速效磷含量低于 40 mg/kg 的果园占全部果园的 38%；速效钾含量偏高，平均含量 202.96 mg/kg，东、西部果园之间含量无显著性差异；全钙平均含量 3.25%，黄土高原产区果园平均含量偏高；全铁含量变化幅度在 1.87%～3.44%；全铜含量变化幅度为 11.16～94.65 mg/kg，山东果园含量较高（王国义，2014）。②由于 20 世纪八九十年代过于追求产量，过量施用化肥，特别是氮肥，忽视有机肥的施用，使土壤肥力、缓冲能力下降，尤其是东部区域，甚至出现明显的土壤酸化现象。③部分区域出现相当程度的 1 种甚至几种土壤重金属含量偏高的问题，既使土壤环境恶化，又对果树可持续生产造成隐患（姜晶等，2009）。可喜的是，近年来各地都已认识到土壤问题对果树生产尤其是可持续生产的限制，大多已开始实施"沃土工程"，增施有机肥或在有条件的地区实行果园种植绿肥（作物），减施氮肥，开始重视磷、钾肥的施用或配方施肥。

9.4.2 果树营养研究进展

虽然在果树上一般不单独研究树体营养，而是与土壤营养及措施，特别是果实产量和品质联系起来进行研究，但之所以在此独述，是因为树体营养的研究有其特殊性。一方面，多年生果树有贮藏营养的特性，养分多贮藏于树体中，近 30 年来对此有一定的研究，并取得了阶段性成果；

另一方面，在研究营养吸收和利用效率、资源评价、营养高效型选育时，不可避免地需对行使养分运输通道和养分分配、贮藏部位的树体进行研究。

关于果树贮藏营养特性的研究，体现在多树种（如苹果、枣、葡萄等）、多元素（如 C、N、P、K、Ca、Mg 等），其中研究最深入的是苹果树体贮藏 N 素。研究发现，C 素同化物的贮藏形式有糖、氨基酸和有机酸等。翌年萌芽展叶主要利用枝干的贮藏营养，早春新根生长为根系贮藏营养的第 1 个分配中心，枝叶旺盛生长为其第 2 个分配中心。根系贮藏的 C 素营养在春季极少以糖的形式直接供应地上部，而是首先在根中转化成氨基酸，经木质部上运，并在其中脱氨形成有机酸，大部分用于能量消耗，一部分再生为糖用于建造新器官结构。进一步的研究证实，叶片在果树生长季为糖的"源"，秋季落叶前，尤其是喷施高浓度 N 素的情况下，叶片仍为树体贮藏 N 素的强"源"，晚秋和冬季地上部和根在贮藏 N 素上同等重要。N 主要是以蛋白质的形式贮藏，这些蛋白质为"贮藏蛋白"，且翌年春季苹果树生长时首先调运的是该贮藏蛋白分解后的含氮物（Kang et al.，1982）。贮藏 N 素在树体内运转、分配的重点，基本随着生长中心的转移而转移；晚秋从叶片转移回运的 N 素有就近贮藏的特点。贮藏 N 素有明显的、较长时期（2～5 年）的再分配、重复利用的特性。在促进晚秋叶片 N 转移回运的措施上，叶施尿素、萘乙酸或乙烯利都能起到作用（管长志等，1992）。

而在营养吸收和利用效率、资源评价、营养高效型选育方面，虽然对果树吸收利用营养元素，特别是 Ca、Zn 的机理鲜有报道，但是中国农业大学对苹果 Fe 素吸收利用机理及高效基因型选育进行了系统深入的研究。他们通过对 40 个苹果品种和生态型的筛选，从中选育出 Fe 吸收高效型的小金海棠，其能在缺 Fe 胁迫下形成根毛，通过根系溢泌降低根际 pH 及提高根际还原势，形成根转移细胞，利用根自由空间"Fe 库"中贮存 Fe 等；分子水平上的研究发现，这些特性是由 2 个转录因子，9 个与吸收相关、4 个与运输相关、1 个与分配利用相关的基因连锁调控，据此提出了苹果吸收利用 Fe 素的分子机理。当然，这方面的研究刚刚起步，在近 30 年尤其是近 10 年来，国内外更多的是对资源营养特性进行评价。相信经过一定的资源营养特性的评价积累及园艺作物遗传转化再生体系的建立完善，无论营养吸收利用机理研究，还是选育营养高效基因型，甚或用基因工程的手段改良营养性状，都会取得突破性进展。

9.4.3 果实营养研究进展

有关营养元素在果树产量和果实品质上的效应，已有大量研究和比较明确的结果（表 9-3、表 9-4）。

表 9-3 营养元素对果树产量和果实品质的影响

产量和品质性状	N	P	K	Ca	Mg	Zn	B	Fe
果实大小	√	√	√	√		√	√	
采收果实数	√						√	√
产量	√	√	√	√	√		√	√
色泽	√	√	√				√	
果皮	√	√	√	√				
成熟度	√	√	√	√	√			
风味	√	√	√	√			√	√
耐贮性	√			√				

注："√"代表该元素对性状有影响。

表 9-4 营养元素对果树和果实的影响及施肥方式

元素	对果树生长的影响	对果实品质的影响	常用肥料	施肥时间	施肥方式	参考文献
N	促进植株生长及叶片发育	提高果实生长率；延长果实生长期；促使果实加快软化；促进果实可溶性固形物积累	尿素、硝酸铵、硫酸铵、碳酸铵	果树生长前期、坐果期	基肥、追肥、叶面喷施	冯焕德等，2008
P	促进幼芽、幼叶生长；促进光合作用	促进果实可溶性固形物的积累；促进坐果；促进氮肥吸收	磷酸钙、磷矿粉、钙镁磷肥	花芽分化期、果实成熟期	基肥、追肥、叶面喷施	Tamm，1995；Bowen et al.，1997
K	增强抗逆性；促进生长发育，提高光合速率	增加果实硬度；提高维生素 C 含量；增强耐贮性；促进果实着色和糖的积累	硝酸钾、氯化钾、硫酸钾	花芽分化期、果实成熟期	基肥、追肥、叶面喷施	Güsewell et al.，2002；王勤等，2002
Ca	加固细胞壁，增强抗虫性；降低原生质水合度，利于抗旱；平衡树体内的酸碱度；中和新陈代谢过程中产生的草酸	增加果实的耐贮性；提高维生素 C 含量；增加果实硬度；延缓果实糖类化合物的转化；增加果实的抗逆性	柠檬酸钙、氨基酸钙、氯化钙、EDTA-Ca	幼果期和采收前，不宜在果实膨大期施钙肥	根施、叶面喷施、高压强力注射	Poovaiah，1993；Sams et al.，1993
Mg	促进光合作用；增强抗病性	促进果实总糖和维生素 C 积累；降低可溶性酸含量；提高单果重；降低耐贮性	硫酸镁、氯化镁、碳酸镁、硝酸镁	生长期	基肥、追肥、叶面喷施	刘光栋等，2000
B	促进植物开花结实	促进果实总糖积累；促进幼果发育	硼砂、硼酸	花期前后	叶面喷施	Marschner，1995；马欣等，2011；周晓锋等，2005
Fe	促进地上部生长；促进光合作用	提高总酸量；提高单果重	硫酸亚铁、有机铁肥	新梢生长期	根施、叶面喷施	韩振海，1993、1995
Mn	促进光合作用	增加可溶性固形物含量；促进果实着色	硫酸锰、碳酸锰	生长期	根施、基肥、叶面喷施	Godo，1980
Cu	促进呼吸作用和光合作用；提高授粉能力	提高果实产量	五水硫酸铜、一水硫酸铜、碱式碳酸铜、氯化铜、氧化铜、氧化亚铜	萌芽前、果实套袋前	追施、叶面喷施	Lima，1994；Alva et al.，1995
Zn	促进光合作用	增加硬度；促进糖的合成	硫酸锌、氧化锌、氮化锌、螯合态锌	生长期	追施、叶面喷施	Broadlcy，2007；Alloway，2003

近年来，果实营养方面的研究进展主要集中在以下几个方面：①对果实内养分的盈亏水平进行区域关联分析；②对果实中糖酸代谢进行通路与分子水平的研究；③对果实中重金属含量进行危害潜在性评估。

在果实养分盈亏的区域关联性分析方面，针对苹果的研究报道更多、更详细（Wang et al.，2015）。研究表明，无论环渤海产区还是黄土高原产区，我国苹果果实的 N 含量皆偏高；西北黄土高原产区苹果果实 P、Zn 含量偏低；果实 K、B、Mg 含量则在黄土高原主产区与环渤海主产区间没有显著性差异；果实 Ca 的含量上，黄土高原主产区显著高于环渤海主产区，其中，华北主产区果实 Ca 含量明显低；苹果果实 Fe 含量在各主要产区都处于偏低状态，其中甘肃、河南三门峡、山东果实 Fe 含量较低；果实 Cu 含量在黄土高原产区适中，华北产区偏低，环渤海产区则明显偏高，这无疑与环渤海产区苹果园过量施用波尔多液、华北产区近年来波尔多液和石硫合剂等用量渐少关系密切；果实 Mn 含量从低到高的变化趋势是华北产区＜黄土高原产区＜环渤海产区，特别是山东部分果园、河北兴隆县及其周边果园含量较高，这可能与果园周边或上游有相关矿山或工厂有关。进一步对土壤矿质元素、叶片矿质元素与果实品质的相关分析发现，土壤 N 含量与果实糖含量成负相关，而土壤 Ca、B 含量与果实糖含量成正相关关系；土壤 P、K 含量皆分别与果实糖、酸含量成正相关。苹果叶片矿质元素含量与果实矿质元素含量之间具有相关性，叶片 P 与果实 P、叶片 K 与果实 K、叶片 Cu 与果实 Cu、叶片 Mn 与果实 Mn 含量间均成显著正相关。具体到各主产区，黄土高原产区苹果叶片 N 含量与果实总糖含量、硬度间成显著负相关，叶片 P、Fe 含量皆分别与果实硬度间成显著负相关；环渤海产区苹果叶片 Ca、B 含量分别与果实总糖、果糖含量成显著正相关，叶片 Cu 含量与总糖、果糖均成负相关；华北主产区苹果叶片 Ca、B 含量皆分别与果实果糖含量成显著正相关，叶片 P 含量与果实硬度、有机酸含量间均成显著正相关，叶片 K 含量与果实有机酸含量间成显著正相关，而叶片 Fe 含量则与果实果糖含量间成显著负相关。

虽然各矿质元素对果实糖酸代谢的影响有一定程度上的定论，但其具体影响，尤其是在代谢通路及信号分子上的效应还不甚清楚，近年来也成为果实研究的热点，并取得了一定的成绩。

有机酸是构成果实风味的主要物质，也是其他营养成分（如色素、氨基酸、维生素和芳香物质等）合成的基础物质。按照成熟果实中主要有机酸组分的种类，果实可被分为柠檬酸型、苹果酸型和酒石酸型三大类型。柑橘作为柠檬酸型果实的典型代表，柠檬酸在其汁胞线粒体中合成，在液泡中积累；果实发育后期，柠檬酸从液泡中释放出来，在细胞质中降解。研究表明，顺乌头酸酶（Aco）与果实柠檬酸的降解密切相关（Morgan et al.，2013），柠檬酸合成后主要在植物液泡中贮存，柠檬酸在液泡膜上的转运可能是通过苹果酸离子通道进行的一种主动扩散作用（Oleski et al.，1987），AL-MT、AttDT 具有柠檬酸转运的功能（Hurth et al.，2005）。不同柠檬酸含量柑橘品种的深度转录组测序结果表明，柠檬酸可能在 CitCHX、CitAL-MT 和 CitDIC 等转运蛋白的共同作用下向细胞质转运，然后通过谷氨酰胺或 γ-氨基丁酸（GABA）途径降解（Lin et al.，2015a、2015b）。果实中柠檬酸含量最终是由转运能力调控还是由代谢速率调控，目前仍是研究争议的热点。苹果中主要的有机酸是苹果酸（Zhang et al.，2010），占总有机酸含量的 80%～90%（Nour et al.，2010），果实发育的过程中含量不断降低（Ackermann et al.，1992）。调控这些代谢过程的关键酶主要有负责合成苹果酸的磷酸烯醇式丙酮酸羧化酶（PEPC）、细胞质辅酶 I 依赖的苹果酸脱氢酶（cy-MDH），负责降解的细胞质辅酶 II 依赖的苹果酸酶（cy-ME）和三磷酸腺苷（ATP）依赖的磷酸烯醇式丙酮酸羧化激酶（PEPCK），以及为苹果酸跨膜运输提供动力的 H^+-焦磷酸酶（VHP）和 H^+-ATPase，最后还有负责苹果酸转运的位于液泡膜上的转运蛋白。苹果酸基因 *Ma* 是控制苹果果实酸度的主效基因，而且先后有实验在第 16 号染色体上发现与酸相关的数量性状基因座，Bai 等（2012）通过进一步精细定位发

现了 *Ma1* 和 *Ma2* 的低酸等位基因编码序列在两种基因型果实中没有明显差异，而在高酸等位基因却表现出明显的不同，其中 *Ma1* 的低酸等位基因 *Ma1 - 1455A*，即 1 455 位碱基 G 突变成 A，使得编码提前终止，相应的肽链羧基端缺少 84 个氨基酸，而这种突变与果实的高 pH 和低可滴定酸性状高度相关，从而证明，*Ma1* 基因的隐性突变是果实低酸性状的原因。进一步通过金冠转录组测序共表达分析得到 19 个与 *Ma1* 共表达的关键基因，其中包括苹果酸酶（ME）及 C_2H_2 转录因子的基因（Bai et al.，2015）。

在酸代谢运输调控机制逐渐明晰的同时，矿质元素对果实柠檬酸的影响也逐渐被解析，缺铁导致桃果实柠檬酸、苹果酸等含量上升，但并不影响果实可滴定酸的含量（Alvarez - Fernandez et al.，2003）。顺乌头酸酶 Aco 活性在植物体内受到不同调控因子的调控，如 Aco 的催化反应需要 Fe 离子参与（Shlizerman et al.，2007）。在柑橘采后贮藏中，*Aco* 和 *IDH* 基因在枯水汁胞中表达量显著降低，表明三羧酸循环（TCA cycle）在采后枯水时被激活，参与有机酸的消耗（Yao et al.，2018）。在细胞水平上，K 离子也能影响有机酸的代谢和贮藏（Lopez - Bucio et al.，2000），在果实中 K 离子的转运主要是由 K^+/H^+ 来介导的。K 离子的积累将促进液泡中的 pH 升高，从而减弱有机阴离子的运输（Maeshima，2000）。然而因为胞质内需要维持 K 离子稳态，所以 K 离子的浓度并不能在果实酸度上起重要的作用（Leigh，2001）。N 素对于果实酸度的影响取决于 N 素的施用形式（NO_3^- 或 NH_4^+）。由于硝酸盐在叶中的同化需要有机酸合成的协同，使得 NO_3^- 对于韧皮部有机阴离子的积累有着促进作用（Scheible et al.，1997），而 NH_4^+ 的施用则不会影响有机阴离子的合成（Sathiamoorthy et al.，2001）。

山梨醇（sorbitol）和蔗糖（sucrose）是苹果叶片主要的光合产物和运输物质。山梨醇占整个光合产物的 60%～70%，经过韧皮部长距离运输后卸载到果实，在果实中被迅速转化（Yamaki et al.，1992）。山梨醇作为主要光合同化产物，在细胞溶质中合成时与蔗糖合成共享己糖磷酸盐库（Negm et al.，1981）。通过对过程中糖代谢编码关键酶及转运蛋白基因的表达谱分析发现，在果实发育初期山梨醇脱氢酶、细胞壁转化酶、中性蔗糖转化酶、蔗糖合成酶、果糖激酶、己糖激酶具有较高的转录水平及酶活性，这使得被运进的山梨醇及蔗糖能够快速地被利用（Li et al.，2012）。随着果实的膨大，果糖不断地积累及单糖转运蛋白（TMTs）基因表达量的升高，这些酶的转录水平和活性则下调，多余的 C 被转化成淀粉。在果实成熟时期，随着蔗糖合成酶的表达及活性的升高，蔗糖积累增加（Li et al.，2012）。山梨醇卸载到"库"组织后，通过山梨醇脱氢酶（SDH）产生果糖进入到下游代谢路径（Oura et al.，2000）。为了更好地了解苹果中山梨醇的作用，苹果 Greensleeves 被转入醛糖-6-磷酸还原酶（A6PR）反义干扰基因，成熟叶片中的 A6PR 活性比非转基因对照降低了 15%～30%（Cheng et al.，2005），植株中 6-磷酸葡萄糖（G6P）、6-磷酸果糖（F6P）的含量则比对照植株高出许多，但是 3-磷酸甘油含量比对照低 15%，果糖-2,6-二磷酸（$F2,6BP_2$）含量增加。由于输送到"库"器官的山梨醇减少而蔗糖升高，山梨醇脱氢酶下调而蔗糖合酶（SuS）上调来协调植物营养生长的内部稳态。所以山梨醇与蔗糖作为信号分子共同调节 SDH 及 SuS 的表达及活性，两者对于提高苹果"库"器官拉动能力起到重要的决定作用（Zhou et al.，2006）。近期，通过对 A6PR 反义植株的转录组测序研究表明，山梨醇对于叶片的抗生物胁迫起着非常重要的作用（Wu et al.，2015），在反义植株果实中通过升高葡萄糖的积累进而影响乙烯的合成，并最终影响果实的细胞壁代谢，使得反义植株果实硬度降低。

磷酸己糖的显著积累可以通过降低无机磷酸盐（Pi）的水平直接影响糖酵解、三羧酸循环和氨基酸代谢。由于磷酸盐总量（磷酸盐中间产物和无机磷酸盐总和）在细胞质内是相对稳定的，降低山梨醇合成的转基因植物中 G6P 和 F6P 的显著积累将会占用大量的无机磷酸盐，因此即使在充足的磷酸盐的供给水平下，植物中的无机磷酸盐水平仍然会降低。有研究发现，在转基因植物的叶片中 Pi 的含量比对照植株显著增高，这表明转基因植物根部感知到叶片胞质低 Pi，并且对这种 Pi 缺乏产生适应性反应以从土壤中吸收更多的磷酸盐（曹尚银，1989）。为适应磷酸盐缺乏，植物在生理生化机制上的改变进一步引起形态变化。在糖醇类植物中 B 是可移动的，B 分别与山梨醇和甘露醇以可溶性复合体的形式经韧皮部运输，提高了 B 在韧皮部的运输能力增强（Penn，1997）。以 B^{10} 标记饲喂 A6PR 反义植株叶片与对照植株相比，由于叶片合成山梨醇不足，使得叶片中被饲喂的 B^{10} 不能够有效被转运到果实中而在叶片积累，表明山梨醇对于果实 B 的含量起着重要的作用（Wu et al.，2013）。

　　果实中重金属含量的潜在性危害更多地发生于我国。以苹果为例（聂继云，2004；许延娜，2009），从品种上看，在相同栽培条件下，在我国栽培面积最大的 3 个苹果品种富士、新红星和金冠中，铜（Cu）、镉（Cd）、铅（Pb）、汞（Hg）、砷（As）、氟（F）6 种有害元素含量恰恰在栽培面积达 2/3 的富士中最高；而从区域上看，我国苹果主产区（陕西、山东）代表性苹果园，采样区土壤重金属均处于轻度污染程度，且普遍存在 Cd 含量偏高的现象，枝条和树干中重金属含量有积累现象，果实中重金属含量尚很低，符合绿色食品卫生标准，但水泥厂附近的苹果果实中 Pb 超标。重金属元素在果树树体内的分布规律为：Cd、Pb、As、Cu 4 种元素在叶片中累积＞1～2 年生枝＞多年生枝＞果实；铬（Cr）元素为多年生枝＞2 年生枝、叶片＞1 年生枝＞果实。由于重金属具有移动性差、难降解的特点，易积累在土壤表层，导致表层土污染重于深层土，故建园选址最好远离工矿企业。同时，施肥施药会提高 Cr、Cu 等含量，故在栽培过程中应重视肥料和农药的品种、品质和用量。

9.5　果树营养研究的技术难点

9.5.1　培养基质及技术

　　目前依据采用培养基质的不同，培养方式大体上可归纳为土培、沙培和液培三大类，它们都有其突出的优点，但又各自存在着尚未克服的技术难点。①在根系环境参数的空间差异上，一方面，沙培和液培有相似的特点，能够提供一个相当均一的根系环境，进而可以准确测定根系环境参数；而土培与前二者的差异较大，即使在很小的水平或垂直距离上，其土壤的理化、生物学特性也有差异。另一方面，较土培体系而言，液培和沙培体系在很多方面都过于简单，如土壤中（土培）含有大量的、未被证实为植物生长所必需的可溶性矿质元素，在液培或沙培时不会加入营养液中；土壤中存在大量与植物根系及其吸收矿质元素有关的多种微生物，营养液中则不会存在这些种类繁多的微生物。②在根系环境参数的时间差异上，3 种培养方法在养分的贫乏程度及 pH 水平的改变等方面差别明显。对土培体系而言，土壤中吸附-解吸反应、矿质母质的逐渐溶解、土壤有机物质分解等活动都可补充土壤溶液中的养分，从而使得土培体系中根系缺乏元素的程度、pH 水平改变的程度得到缓冲；液培体系中，由于植物根系不断地吸收养分，营养液本身又不能补充养分，从而在一定时间内造成营养液成分较大的变化及一定的 pH 水平的变化；养分贫乏程度最严重及 pH 水平变化较大的是沙培体系，主因是沙培体系中营养液渗漏排出后，沙粒上保留的营养液很少，且沙培体系中养分的流动性较液培中更差。③在根系与微生物互作关系方面，土培体系中生长的根系可以分泌大量的有机物，为多种微生物的生存提供丰富的食源；而液培、沙培体系中根系分泌物的种类及其含量皆比土壤中少得多，且分泌物中的水溶性部分被营养液大大稀释，因此，其中的微生物从种类和数量上都明显少。

9.5.2　果实分析技术

果树生产的最终产品是果实，但迄今，果实分析的研究进展缓慢，成为果实营养分析中存在的一大技术难点。除了果实营养成分的含量、浓度及其之间的平衡比叶片更易受种、品种、个体及环境条件影响的原因外，技术上还存在以下几个方面问题有待解决：①果实数量的确定。用 10、20 个，还是 30、60 个果实用于分析即具代表性，目前尚无统一。②分析部位的确定。一方面，果实分析应采用整个果实或部分果实，还是果实的部分组织（如果皮、果肉、果心或去皮、去心果实）；另一方面，采用的部分需要多大（整果、1/2 果、1/4 果或更小）以及去皮的厚薄或去心的大小。③前处理方法的确定。包括果面的洗涤方法、步骤，所用的洗涤剂，干燥方法，以鲜重还是干重表示，果样用湿灰化还是干灰化处理等。④标准含量的确定及分析结果的解释。因尚无主要树种、品种的果实矿质元素含量标准值，所以果实中各种必需元素的正常、盈亏含量和范围，果实中主要元素的互作效应，以及如何对分析结果进行科学解释等尚无确定结论。

9.5.3　室内实验结果与田间表现的一致性

为了快速、高效、经济、准确地获得结果，一般情况下，营养吸收利用机制研究或筛选营养高效型果树都是在实验室或控制条件下进行的，这些实验结果在相当程度上能够预测果树在田间的表现。但是，果园环境要比控制条件复杂得多，致使更多的室内实验结果与果树在田间的表现之间存在着不一致的问题，这是一直困扰果树营养研究的一大技术难点（贺尔华，1995）。要解决这一问题，至少应具备以下基础：①对所研究果树性状的遗传背景有更明确的认识，那些受单基因控制或显性主效基因控制的性状，更易得到一致的结果。②果树的所有性状几乎都是由其自身内因和土壤、环境、栽培等诸多外因共同作用下的表现，所以，弄清或能够使所研究性状连锁或相关的内、外因素在有效的控制下，才可能保证结果的一致性。③实验材料及其研究性状具备更好的一致性、典型性和稳定性。④研究手段（仪器设备、药品等）和研究方法的改进。

9.5.4　有机肥和无机肥

化肥的优点是营养元素含量高，肥效快，用量少，使用方便，增产效应明显；缺点是消耗能源，易造成污染，长期使用易破坏土壤理化性状及结构等。有机肥的优点是能改善土壤理化性状和结构，特别是土壤的物理性状，培肥地力，利用作物秸秆、人畜粪尿及城市废料，成本低，对诸如 Cr、Cd 等重金属有减毒效果，不易造成污染；缺点是养分含量低，用量大，远距离运输成本高，提高品质的效应较明显，但增产效果不显著等。所以，需要依树种及果园条件的不同，筛选有效的有机、无机肥源和肥料形式，确定二者配合使用的适宜的数量、比例、时期、方法等。

即使化肥，目前的利用率也很低，N、P、K 肥的利用率仅分别为 $30\% \sim 80\%$、$5\% \sim 25\%$、$40\% \sim 70\%$，造成很大的浪费和污染。究其原因，一方面是直接原因，即施用量、施用时期、地块（土壤类型及其理化性状）、施用方法或所用肥料（形式）不适宜；另一方面是间接原因，即肥料在土壤中淋失、侵蚀、挥发、反硝化、固定（少量）等造成的损失（彭福田等，2003）。

9.5.5　病虫害与生理病害

从群体受害的典型表型看，病虫害与元素不平衡引起的生理病害之间的主要区别是：①在受害果园中，前者的危害较集中，而后者则散布于全园，甚至扩至邻园。②在受害部位上，前者与叶脉关系不大，而后者则常与叶脉（或叶缘）有关。③在叶片受害症状的一致性上，前者叶片间症状的相似程度低，而后者叶片间症状的相似程度高。但在生产实践中，更多情况下这些区别不是很明显，很难得到准确判断，成为矿质营养实践中的一个技术难点（徐焕禄等，2004）。解决这一问题，有赖于：①全面、系统地搞清易引起混淆的病虫害和生理病害的主要诱因、详细症状、典型部位、（集中）危害时期及其主要影响因子。②研究、选择能够快速、准确、简单地早期判断病虫害和生理病害的方法或指标。③了解病虫害和生理病害发生之间的可能（因果）关系，生产实践中还要特别注意元素与农药混配使用时的互作关系和有效性，据此找到防治这些危害的有效措施。

9.6　果树营养理论研究及果园施肥的前景展望

9.6.1　果树营养理论研究前景展望

在包括果实营养在内的果树营养研究上，以下方面将是需要着力加强的研究领域：①对已经收集、保存的果树资源的营养特性进行充分研究和全面了解，在此基础上，进行以营养为主导的生物学特性和多抗性等综合性状优良的株系筛选和机理研究；同时，对园艺生产实践中难于用外源措施解决的 Ca、Fe、Zn 等必需而又易缺乏的元素，选育吸收、利用高效型种或品种（李娟等，2011）。②针对不同树种甚或品种，搞清其关键生长发育时期的营养特性（吸收、运输、分配和利用规律），既包括碳素同化物，又包含其他必需矿质营养元素；对与果实等产品器官密切相关但又易发生养分盈亏的 N、Ca 等元素，应重点攻关，并对养分平衡予以充分关注；研究贮藏 C、N（尤其是贮藏特异蛋白）的属性和作用以及 P、K、Mg 等易移动元素的贮藏特性、规律和作用，充分了解贮藏养分利用、分配的长效性；在充分了解不同果树、不同品种的菌根侵染率的基础上，筛选适用于各地、各种果树的高效型或专用型菌根；全面搞清菌根对果树营养，特别是 P、Fe、Zn 营养的影响（迟丽华，2003）。③在果树营养与果实营养研究技术与体系建立方面，一方面，应对前述诸如培养基质及技术、果实分析技术、室内实验结果与田间表现的一致性、病虫害与生理病害等涉及各关键阶段、主要现象、重要问题的果树营养的技术难点加大研究力度，研发可靠、易行、成熟的技术；另一方面，与生物技术、信息技术等多学科技术结合，建立准确、稳定、可控的果树（果实）营养研究模拟、预测或实证体系（徐叶挺等，2014）。④研究养分吸收、运输、分配和利用的分子机理是最终调控养分，进行以营养为核心目标的分子育种的前提，事半功倍的途径应是首先明确认识果树营养性状的遗传基础，克隆目的基因并明晰其功能，建立成熟的果树遗传再生转化体系以及简便、高效、周期短的能充分表达果树营养习性的模式果树验证体系。⑤果树生产的主要目的是为消费者提供营养丰富的果实或种子，同时因个体差异也有部分消费者对某种果实或其某种成分非常敏感，因此，果实营养与人体健康的跨学科关联研究及果实营养与功能性或过敏性次生代谢物关系的研究，也是果树营养今后的一个研究重点。

9.6.2 果园施肥前景展望

果园施肥的原始技术是埋施或撒施农家粪，随着化肥的出现和发展，施肥更多地、也越来越紧密地与灌水结合起来，可以说，灌水施肥技术和设备的进步，是果树栽培上技术进步最显著、工业化、信息化最明显的一项措施。在最初的大水漫灌到沟渠、管道的工程灌溉阶段，肥、水分别操作，灌水与施肥的关系更多的是灌水对肥料的单向作用。随着工业的发展，开发出喷灌、滴灌、小管出流等节水技术，起初仅仅以节水为目的，对肥料的作用与工程灌溉阶段相似，但为与肥料互效提供了可能。随着 20 世纪 80 年代灌溉施肥（fertigation，即水肥一体化）概念的提出及其后工业技术、信息技术和农业技术研发的进展，水肥一体化已在部分作物特别是部分园艺作物上成为现实。目前，机械装备和信息技术已可成熟应用于果园管理和果树生产，欠缺的是对下述方面的全力攻关：①全面了解主用肥料（包括有机肥）的肥性、肥效、适用性、互作性，并面向水肥一体化研发相应的有机、无机肥料。②系统研究各种生态、气候和土壤条件下果树对肥料的吸收率、利用率，搞清影响吸收利用效率的主要因子，并研发出调控措施。③了解果树各个生育期的需肥规律及最佳施肥时期、方法、用量和配比，并得出明显、准确、方便的观测标准和诊断、指导施肥的方法。④研发简便、精准、低价的探测仪器和设备。⑤针对不同果树、不同生态条件，集成上述知识、技术和装备，以计算机语言和信息技术为手段，形成成套的"果园智慧水肥一体化体系"。与其他类似管理措施一样，一旦完全清楚上述几方面，并与工程技术、信息技术有机结合，果园施肥将会实现其"生态化、精准化、平衡化、机械化、一体化"的光明前景和最终目标。简而言之，"生态化"即无论有机肥还是无机肥，不仅对果树的生长发育有利，还应对环境友好；"精准化"即用最少量的肥，在最需要的时候，施在最合适的部位，起到最大的效果；"平衡化"即以效果为标准，养分平衡原则为指导，施肥能够使无论果园土壤还是树体内达到营养元素平衡；"机械化"即无论哪种施肥方式，使用何种肥料，施肥的全流程皆由机械完成；"一体化"即结合信息化技术，以适量、便捷、利于果树生长发育、生态低耗为原则，将灌水、施肥甚或使用农药合为一体施用。

（韩振海　王忆　吴婷　编写）

主要参考文献

安贵阳，2004. 苹果叶营养元素含量的标准值及其影响因素研究 [D]. 咸阳：西北农林科技大学.

曹尚银，1989. 果树组织及土壤中 PP_{333} 残留量的毛细管气相色谱测定法 [J]. 植物生理学通讯（4）：50 - 52.

陈闻天，1979. 果树叶片分析的技术 [J]. 四川果树资料汇编（1）：30 - 37.

陈竹生，聂华堂，计玉，等，1992. 柑橘种质的耐盐性鉴定 [J]. 园艺学报，19（4）：289 - 295.

迟丽华，2003. 吉林省野生果树菌根的调查研究 [D]. 长春：吉林农业大学.

丁宁，陈倩，许海港，等，2015. 施肥深度对矮化苹果 ^{15}N-尿素吸收、利用及损失的影响 [J]. 应用生态学报，26（3）：755 - 760.

冯焕德，李丙智，张林森，2008. 不同施氮量对红富士苹果品质、光合作用和叶片元素含量的影响 [J]. 西北农业学报，17（1）：229 - 232.

高义民，同延安，路永莉，等，2013. 陕西渭北红富士苹果园土壤有效养分及长期施肥对产量的影响 [J]. 园艺学报，40（4）：613 - 622.

顾曼如，姜远茂，谢海生，等，1989. 根外追氮与疏花对苹果叶片、幼果发育的影响 [J]. 落叶果树（S1）：63 - 68.

管长志，曾骧，孟昭清，1992. 山葡萄（*Vitis amurensis* Rupr）晚秋叶施 ^{15}N-尿素的吸收、运转、贮藏及再分配的研究 [J]. 核农学报，6（3）：153-284.

韩振海，1994. 果树矿质营养研究中存在的主要问题 [C]//张上隆，陈昆松. 园艺学进展（中国园艺学会首届青年学术讨论会论文集）. 北京：中国农业出版社.

韩振海，1997. 落叶果树种质资源学 [M]. 北京：中国农业出版社.

韩振海，沈隽，王倩，1993. 园艺植物根际营养学的研究——文献综述 [J]. 园艺学报，20（2）：116-122.

韩振海，王倩，1995. 我国果树营养研究的现状与展望——文献述评 [J]. 园艺学报，22（2）：138-146.

贺尔华，1995. 苹果树氮素营养诊断及施用技术 [J]. 山西果树（4）：57-58.

黄春辉，曲雪艳，刘科鹏，等，2014. '金魁'猕猴桃园土壤理化性状、叶片营养与果实品质状况分析 [J]. 果树学报，31（6）：1091-1099.

姜晶，吴林，唐雪东，等，2009. 越橘果园土壤和果实中重金属元素含量的测定分析 [J]. 吉林农业大学学报，31（5）：656-660.

李保国，齐国辉，郭素平，等，2002. 太行山片麻岩区新垦苹果园土壤营养与果实品质的关系研究 [J]. 中国生态农业学报，10（3）：21-24.

李港丽，苏润宇，沈隽，1987. 几种落叶果树叶内矿质元素含量标准值的研究 [J]. 园艺学报，14（2）：81-89.

李港丽，1988. 果树营养诊断概述 [M]//北京农业大学园艺系果树矿质营养研究室. 果树文集（5）矿质营养专辑. 北京：北京农业大学出版社.

李港丽，苏润宇，沈隽，1988. 从叶分析结果试论提高我国几种落叶果树产量和品质的问题 [J]. 中国农业科学（2）：56-63.

李娟，陈杰忠，黄永敬，等，2011. Zn 营养在果树生理代谢中的作用研究进展 [J]. 果树学报，28（4）：668-673.

李亚东，吴林，1997. 土壤施 N，NP，NPK 肥对越橘生长，产量及叶片元素含量的影响 [J]. 东北农业科学（3）：69-72.

李亚东，周清桂，1988. 叶分析在果树营养诊断中的若干问题 [J]. 落叶果树（4）：16-19.

刘光栋，杨力，宋国菡，等，2000. 镁、钙肥对肥城桃品质影响及平衡施肥的研究 [J]. 山东农业大学学报，31（2）：173-176.

刘松忠，武阳，刘军，等，2015. 部分根域施有机肥对梨幼树生长与生理特性的影响 [J]. 果树学报，32（5）：852-859.

马欣，石桃雄，武际，等，2011. 不同硼肥对油菜产量和品质的影响及其在油稻轮作中的后效 [J]. 植物营养与肥料学报，17（3）：761-766.

聂继云，丛佩华，李明强，等，2004. 苹果果实主要有害元素污染调查 [J]. 中国果树（6）：41-43.

聂继云，张红军，马智勇，等，2000. 聚类分析在我国果树研究中的应用及问题分析 [J]. 果树科学，17（2）：128-130.

农江飞，李青萍，杨翼飞，等，2018. 8 种柑橘砧木种质耐酸碱性评价 [J]. 中国南方果树，47（2）：21-26.

彭福田，姜远茂，顾曼如，等，2003. 落叶果树氮素营养研究进展 [J]. 果树学报，20（1）：54-58.

彭永宏，王峰，2002. 现代果树科学的理论与技术 [M]. 广州：广东科技出版社.

饶震红，杜凤沛，李向东，2019. 硅对农作物生长的影响 [J]. 化学教育，40（13）：1-9.

沈隽，1980. 果树的矿质营养和施肥 [J]. 园艺学报（4）：213-222.

唐菁，杨承栋，康红梅，2005. 植物营养诊断方法研究进展 [J]. 世界林业研究，18（6）：45-48.

仝月澳，1980. 果树营养诊断讲座（二）[J]. 中国果树（3）：42-43，50.

王国义，2014. 中国富士苹果主产区矿质营养调查及其与果实品质关系的研究 [D]. 北京：中国农业大学.

王华，2011. 树莓的繁殖方法 [J]. 中国园艺文摘（3）：150-151.

王男麒，2014. 柑橘花果脱落规律及其矿质养分损耗 [D]. 重庆：西南大学.

王勤，何为华，郭景南，2002. 增施钾肥对苹果果实品质和产量的影响 [J]. 果树学报，19（6）：424-426.

王业遴，马凯，姜卫兵，等，1990. 五种果树耐盐力试验初报 [J]. 中国果树（3）：8-12.

王长庭，王根绪，刘伟，等，2012. 植被根系及其土壤理化特征在高寒小嵩草草甸退化演替过程中的变化 [J]. 生态环境学报，21（3）：409-416.

魏全全，芶久兰，张萌，等，2019. 氮素营养诊断技术的发展及其在冬油菜上的应用 [J]. 中国油料作物学报，41 (2)：300-308.

徐焕禄，程国仁，路卫东，等，2004. 果树病虫害防治中存在的问题及对策 [J]. 河北果树 (1)：34-35.

徐叶挺，张雯，杨波，等，2014. 新疆莎车'纸皮'扁桃叶片营养诊断体系的建立与应用 [J]. 果树学报，31 (1)：143-149.

徐芳森，王运华，2017. 我国作物硼营养与硼肥施用的研究进展 [J]. 植物营养与肥料学报，23 (6)：1556-1564.

许虎林，1996. 苹果树的生理障害及矫治技术 [J]. 西北园艺 (1)：35-36.

许延娜，许雪峰，李天忠，等，2009. 胶东半岛苹果园重金属污染评价 [J]. 中国果树 (2)：40-44.

查倩，2014. 小金海棠耐低铁机制及其早期信号响应的研究 [D]. 北京：中国农业大学.

张恩平，谭福雷，王月，等，2015. 氮磷钾与有机肥配施对番茄产量品质及土壤酶活性的影响 [J]. 园艺学报，42 (10)：2059-2067.

张恩平，陈聪，张淑红，等，2011. 长期定位施肥对菜田土壤微生物及酶活性的影响 [J]. 沈阳农业大学学报，42 (6)：672-676.

张治钧，1986. 微量元素肥料 (五) [J]. 新农业，19：30-31.

赵欢，李会合，吕慧峰，等，2013. 茎瘤芥不同生长期植株营养特性及其与产量的关系 [J]. 生态学报，33 (23)：7364-7372.

赵黎芳，张金政，张启翔，等，2003. 水分胁迫下扶芳藤幼苗保护酶活性和渗透调节物质的变化 [J]. 植物研究，23 (4)：437-442.

周晓锋，倪治华，陈子才，2005. 杨梅缺硼症状与硼肥施用技术研究 [J]. 广东微量元素科学，12 (4)：41-44.

庄伊美，王仁玑，谢志南，等，1995. 柑橘，龙眼，荔枝营养诊断标准研究 [J]. 福建果树 (1)：6-9.

曾骧，1987. 果树的氮素营养 [J]. 植物杂志 (2)：33-35.

Alarcon J J, Domingo R, Green S R, et al, 2000. Sap flow as an indicator of transpiration and the water status of young apricot trees [J]. Plant and Soil, 227 (1-2)：77-85.

Alva A K, Chen E Q, 1995. Effects of external copper concentrations on uptake of trace elements by citrus seedlings [J]. Soil Science, 159：59-63.

Alvarez-Fernandez A, Paniagua P, Abadia J, et al, 2003. Effects of Fe deficiency chlorosis on yield and fruit quality in peach (*Prunus persica* L. Batsch) [J]. Journal of Agricultural and Food Chemistry, 51：5738-5744.

Arnon D I, Stout P R, 1939. The essentiality of certain elements in minute quantity for plants with special reference to copper [J]. Plant Physiology, 14 (2)：371-375.

Bai Y, Dougherty L, Li M J, et al, 2012. A natural mutation-led truncation in one of the two aluminum-activated malate transporter-like genes at the *Ma* locus is associated with low fruit acidity in apple [J]. Molecular Genetics and Genomics, 287：663-678.

Bai Y, Dougherty L, Cheng L, et al, 2015. A co-expression gene network associated with developmental regulation of apple fruit acidity [J]. Molecular Genetics and Genomics, 290：1247-1263.

Bowen J H, Watkins C B, 1997. Fruit maturity, carbohydrate and mineral content relationships with water core in Fuji apple [J]. Postharvest Biology and Technology, 11：31-38.

Broadley M R, 2007. Zinc in plants [J]. New Phytologist, 173：677-702.

Cheng L, Zhou R, Reidel E J, et al, 2005. Antisense inhibition of sorbitol synthesis leads to up-regulation of starch synthesis without altering CO_2 assimilation in apple leaves [J]. Planta, 220：767-776.

Güsewell S, Koerselman W, Verhoeven JTA, 2002. Time-dependent effects of fertilization in floating fens [J]. Journal of Vegetation Science, 13：705-718.

Hurth M A, Suh S J, Kretzschmar T, et al, 2005. Impaired pH homeostasis in arabidopsis lacking the vacuolar dicarboxylate transporter and analysis of carboxylic acid transport across the tonoplast [J]. Plant Physiology, 137：901-910.

Kang S M, Matsui H, Titus J S, 1982. Characteristics and activity changes of proteolytic enzymes in apple leaves during autumnal senescence [J]. Plant Physiology, 70 (5)：1367-1372.

Leigh R A，2001. Potassium homeostasis and membrane transport ［J］. Journal of Plant Nutrition and Soil Science，164：193－198.

Li M，Feng F，Cheng L，2012. Expression patterns of genes involved in sugar metabolism and accumulation during apple fruit development ［J］. PLoS One，7（3）：e33055.

Lima J S，1994. Copper balances in cocoa agrarian ecosystems：effects of differential use of cupric fungicides ［J］. Agriculture Ecosystems and Environment，48（1）：19－25.

Lin Q，Li S J，Dong W C，et al，2015b. Involvement of CitCHX and CitDIC in developmental-related and postharvest-hot-air driven citrate degradation in citrus fruits ［J］. PLoS One，10：e0119410.

Lin Q，Wang C Y，Jiang Q，et al，2015a. Transcriptome and metabolome analyses of sugar and organic acid metabolism in Ponkan（*Citrus reticulata*）fruit during fruit maturation ［J］. Gene，554：64－74.

Lopez－Bucio J，Nieto－Jacobo M F，Ramirez-Rodriguez V，et al，2000. Organic acid metabolism in plants：from adaptive physiology to transgenic varieties for cultivation in extreme soil ［J］. Plant Science，160（1）：1－13.

Maeshima M，2000. Vacuolar H^+-pyrophosphatase ［J］. Biochimica et Biophysica Acta-Bioenergetics，1465：37－51.

Marschner H，1995. Mieral nutrition of higher plants ［M］. London：Academic Press.

Morgan M J，Osorio S，Gehl B，et al，2013. Metabolic engineering of tomato fruit organic acid content guided by biochemical analysis of an introgression line ［J］. Plant Physiology，161：397－407.

Negm F B，Loescher W H，1981. Characterization and partial purification of aldose-6-phosphate reductase（alditol-6-phosphate：NADP 1-oxidoreductase）from apple leaves ［J］. Plant Physiology，67（1）：139－142.

Nicholson F A，Smith S R，Alloway B J，et al，2003. An inventory of heavy metals inputs to agricultural soils in England and Wales ［J］. The Science of the Total Environment，311（1）：205－219.

Oleski N，Mahdavi P，Bennett A B，1987. Transport-properties of the tomato fruit tonoplast：Ⅱ. citrate transport ［J］. Plant Physiology，84（4）：997－1000.

Olsen P T，Scoll R L，1972. Determination of γ'_P at the National Bureau of Standards ［M］//Sanders J H，Wapstra A H. Atomic Masses and Fundamental Constants 4. New York：Springer.

Oura Y，Yamada K，Shiratake K，et al，2000. Purification and characterization of NAD－dependent sorbitol dehydrogenase from Japanese pear fruit ［J］. Phytochemistry，54（6）：567－572.

Poovaiah B W，1993. Conformation and molecular aspects of calcium action ［J］. Acta Horticulturae，326：139－146.

Sams C E，Conway S W，1993. Postharvest calcium infiltration improves fresh and processing quality of apples ［J］. Acta Horticulturae，326：123－128.

Sathiamoorthy S，Jeyabaskaran K，2001. Effect of FYM and gypsum with graded levels of potassium application on banana grown in saline sodic soils ［J］. Journal of Potassium Research，17：101－106.

Scheible W R，Gonzales-Fontes A，Lauerer M，et al，1997. Nitrate acts as a signal to induce organic acid metabolism and repress starch metabolism in tobacco ［J］. The Plant Cell，9（5）：783－798.

Shear C B，1975. Calcium-related disorders of fruits and vegetables ［J］. HortScience，10（4）：361－365.

Shlizerman L，Marsh K，Blumwald E，et al，2007. Iron-shortage-induced increase in citric acid content and reduction of cytosolic aconitase activity in *Citrus* fruit vesicles and calli ［J］. Physiologia Plantarum，131：72－79.

Tamm C O，1995. Towards an understanding of relations between tree nutrition，nutrient cycling and environment ［J］. Plant and Soil，168：21－27.

Wang G Y，Zhang X Z，Yi W，et al，2015. Key minerals influencing apple quality in Chinese orchard identified by nutritional diagnosis of leaf and soil analysis ［J］. Journal of Integrative Agriculture，14（5）：864－874.

Wu T，Wang Y，Zheng Y，et al，2015. Suppressing sorbitol synthesis substantially alters the global expression profile of stress response genes in apple（*Malus domestica*）leaves ［J］. Plant and Cell Physiology，56（9）：1748－1761.

Yamasaki N，Yamada T，Okuda T，2013. Coexistence of two congeneric tree species of Lauraceae in a secondary warm-temperate forest on Miyajima Island, south-western Japan [J]. Plant Species Biology, 28 (1): 41 – 50.

Yamaki S, Ino M, 1992. Alteration of cellular compartmentation and membrane permeability to sugars in immature and mature apple fruit [J]. Journal of the American Society for Horticultural Science, 117 (6): 951 – 954.

Yao S, Cao Q, Xie J, et al, 2018. Alteration of sugar and organic acid metabolism in postharvest granulation of Ponkan fruit revealed by transcriptome profiling [J]. Postharvest Biology and Technology, 139: 2 – 11.

Zhang Y, Li P, Cheng L, 2010. Developmental changes of carbohydrates, organic acids, amino acids, and phenolic compounds in 'Honeycrisp' apple flesh [J]. Food Chemistry, 123 (4), 1013 – 1018.

Zhou R, Cheng L, Dandekar A M, 2006. Down-regulation of sorbitol dehydrogenase and up-regulation of sucrose synthase in shoot tips of the transgenic apple trees with decreased sorbitol synthesis [J]. Journal of Experimental Botany, 57 (14): 3647 – 3657.

$\mathcal{10}$　园艺作物生殖生物学

【本章提要】植物有性生殖研究一直是植物生物学研究的前沿领域，1968 年召开了首次国际植物有性生殖研讨会，1987 年创办了 *Sexual Plant Reproduction* 国际学术期刊（2013 年改为 *Plant Reproduction*），1990 年成立了国际植物有性生殖研究协会，这些平台的建立为植物生殖生物学研究和交流提供了有利的空间，助推了本领域研究的快速发展。本章主要介绍园艺作物生殖过程中成花调控、雄性不育、自交不亲和性、坐果及单性结实等方面的主要研究进展。

10.1　成花调控

园艺作物生长到一定阶段后形成花芽，并开花结果。因此园艺作物的生产性能与成花转变的特征紧密相关，掌握园艺作物成花时间调控的分子机理有助于园艺作物育种及栽培生产。成花的调控网络有多个，主要包括春化途径、光周期途径、赤霉素途径、环境温度途径、年龄途径及自主途径等（Crevillen et al.，2011；Fornara et al.，2010）。

与许多高等植物一样，一些园艺作物也需要通过低温阶段实现从营养生长到生殖生长的转化，这一生物学过程称为春化作用。如果没有经过足够时间的低温处理，一些植物就会很晚才能开花甚至长期保持营养生长状态（Taiz et al.，2006）。生产目的不同导致开花时期控制的差异，例如芸薹属植物中，油菜（*Brassica napus* L.）等作物以种子为产品器官，生产上往往通过茬口安排和栽培措施使植株尽早通过春化作用，以促进花芽形成和花器官发育；而大白菜（*B. rapa* ssp. *pekinensis*）和甘蓝（*B. oleracea*）等作物以叶球等营养器官作为产品器官，生产上则设法避免低温引起春化作用，以保证产品器官的充分生长（Zhang et al.，2012）。

一般认为，适合春化的温度范围为 0～10 ℃，通常为 1～7 ℃。春化作用通常需要持续几周时间，不同植物所需的时间变化跨度很大。低温处理的效果随着处理时间的增加而加强，直到完成春化作用。在春化过程完成之前，如果施加高温（25～40 ℃）处理，可以减弱低温处理的效果，称为去春化作用。解除春化作用的植株可以重新在低温处理下完成春化过程，而一旦春化作用完成，即使高温处理也不会解除春化的效果。早期的实验发现春化作用的感知器官在茎顶端分生组织，在温室培养的植株使用冷水仅刺激茎尖部位即可诱导开花，离体的茎尖、吸涨的种子均可以春化。

已发现的春化作用信号组分主要包括 FLC、FRI、FLD、VRN1、VRN2、VIN3 等（Ream et al.，2012）。FLC 是一种重要的开花抑制蛋白，它编码 MADS-box 转录因子，通过抑制 *FT* 和 *SOC1* 基因的表达，实现了对植物开花时间的控制。物种对春化的敏感程度取决于 *FLC* 基因的表达量，*FLC* 基因表达量越高，越难以通过春化，反之亦然（Crevillen et al.，2011）。在模式植物拟南芥以及油菜、大白菜和甘蓝等芸薹属作物中，*FLC* 的同源基因过表达即可以出现开

花延迟的表型 (Kim et al., 2007; Lin et al., 2005)。*FRI* 可以促进 *FLC* 的表达 (Choi et al., 2011)，*FRI* 缺失可以导致 *FLC* 表达减弱，表现为不经过春化也可以开花，但在一些开花时间推迟的突变体中发现 *FLC* 表达上调。*FLC* 在春化过程中受到表观遗传负调控，低温可以去除激活型组蛋白的修饰，增加抑制型组蛋白的修饰。FLD、VRN1、VRN2、VIN3 等通过改变 *FLC* 染色质活性状态抑制 *FLC* 表达，进而解除下游开花基因的抑制作用。同时，长链非编码 RNA *COOLAIR* 也参与抑制 *FLC* 的表达 (Zhang et al., 2012)。

春化作用使分生组织获得向花器官转变的能力，春化完成后在合适的外界条件诱导下植物方可实现成花转变，其中光周期是最重要的因素之一。根据光周期反应可以把植物分为 3 类，即长日植物、短日植物和日中性植物。长日植物是指日照长度超过临界日长才能开花的植物，短日植物是指日照长度短于临界日长才能开花的植物，在任何光周期条件下都可以开花的植物称为日中性植物 (Taiz et al., 2006)。

长日植物可以有效地衡量春季的日长，直至达到临界日长才开花；短日植物只有在秋天日照时间短于临界日长才开花。植物体有多种机制避免错误的判断，主要为：①通过温度与光周期的偶联，即在通过春化之后方可对光周期做出响应；②幼年期的植株有抑制开花的机制，避免在早期对日照长度做出反应；③通过识别更短或更长的日长来增加判断的准确性，即双重日长植物，包括长短日植物和短长日植物。植物感受光周期的部位是叶片，短日植物紫苏 (*Perilla crispa*) 的离体叶片经过短日照处理后嫁接在长日照未经处理的植株上即可诱导开花。

植物光周期反应主要受生物钟调控。内源的生物钟和环境的光周期变化共同参与开花相关基因的表达。在生物钟的控制下，长日照植物中 *CO* 的 mRNA 水平呈现显著的昼夜节律变化。在早晨，*CO* 的转录水平较低，之后逐渐升高，到黄昏时达到高峰，而 CO 蛋白在夜间无光照时可以被 COP1 等通过泛素蛋白酶体途径降解。因此，在 mRNA 水平和蛋白水平的多重调控下，短日照时 CO 蛋白不能有效地积累。随着日照长度的增加，CO 蛋白可以逐渐积累并激活 *FT* 基因的表达，此后 FT 蛋白通过韧皮部运输到顶端分生组织，促进花器官分化相关基因的表达，最终实现植物的成花转变 (Fornara et al., 2010; Hayama et al., 2004; Yanovsky et al., 2003)。*FT* 的功能较为保守，目前已完成基因组测序的园艺作物中均发现 *FT* 基因的存在。

植物生长过程中的各个阶段都受到植物体内激素的调控，其中赤霉素 (GA) 的主要功能是促进细胞的分化和伸长。赤霉素在十字花科植物成花转变过程中具有明显的促进作用。GA 合成缺陷突变体开花显著延迟，而喷施适宜浓度的 GA 可以促进开花。研究发现，GA 信号转导关键组分 GAI、RGA、RGL1 等 DELLA 蛋白对成花途径有负调节作用 (Mutasa-Gottgens et al., 2009; Sun, 2011)。不过，在多年生果树中，GA 的作用有所不同，例如在苹果花芽孕育过程中，随着时间的推移，芽内部 GA 含量下降，花芽发育初期，果实种子可以大量输出 GA，抑制花芽形成 (曹尚银等，2003)。目前，多数学者认为，内源激素对多年生果树花芽分化的作用取决于内源激素的动态平衡或顺序性变化，其内在的机制还不明确，因此在深入了解内源激素对花芽分化作用的基础上，适时对树体进行植物生长调节剂处理，满足花芽分化的需要，有助于形成高质量的花芽。

在植物的成花转变过程中年龄是一个重要的因素，microRNA 参与了年龄控制成花的过程。在植物的童期或发育初期 miR156 的高表达参与抑制成花的过程，但 miR156 的表达水平随着年龄的增加逐渐下降。对其下游靶点的寻找中，已经在草莓、苹果、葡萄等园艺作物中发现 miR156 可能参与 *SPL* 家族基因的表达调控。研究表明，*SPL* 可以直接与花器官分化相关基因的启动子结合而参与成花过程。光合作用产物也可能参与 miR156 的表达，在模式植物拟南芥中发现，糖饥饿可以促进 miR156 的表达，同时糖诱导可以降低 miR156 的表达，推测可能是因为植物体内糖分随着年龄的增长而积累，造成 miR156 的表达呈现随年龄增长而逐渐降低的趋势

（Poethig，2013；Wang et al.，2008；虞莎等，2014）。

除了响应外界环境信号外，植物自身随着发育状况也自主控制着开花的进程，称为自主途径。这个通路中的基因表达一般不受光周期、春化和激素等的影响，已经发现的基因包括 *LD*、*FCA*、*FY*、*FLD*、*FLK*、*FVE* 等，自主途径的基因主要通过间接抑制 *FLC* 参与成花过程（He et al.，2005）。

10.2　雄性不育

植物雄性不育（male sterility）是有性繁殖过程中由于生理上或遗传上的原因造成植物雌性器官正常而雄性器官不能产生花粉或花粉败育从而不能受精结实的现象。在自花授粉作物杂交制种时，利用雄性不育株系可以实现商业化批量制种，雄性不育系也使异花授粉作物杂交制种更加方便，因此雄性不育成为遗传育种关注的重点之一。

植物雄性不育按照不育基因的遗传方式和在细胞中的定位可以分为细胞核雄性不育和细胞质雄性不育（Chen et al.，2014）。植物雄性不育按照花药发育时期和雄性败育的表现形式可以归纳为减数分裂异常、胼胝质代谢异常、绒毡层发育异常、花粉壁发育异常、花药开裂异常等类型。在雄性不育相关基因中，导致胼胝质代谢异常、绒毡层发育异常和花粉壁发育异常的基因往往表现一因多效，一个相关基因的突变会产生复合表型。关于植物雄性不育相关基因的研究表明，雄性器官和小孢子形成过程中的任何相关基因的改变，均可导致雄性不育的发生（Chen et al.，2014；杨莉芳等，2013）。

开花植物需要通过减数分裂产生单倍体的配子体，才能进行有性生殖。亲本生殖细胞染色体经过一轮复制、两轮分裂，产生单倍体细胞。在此过程中，一系列基因在时空上按照极为精确的顺序，适时启动或关闭，相互协调，最终完成减数分裂。减数分裂时期是对各种干扰非常敏感的发育阶段，此过程中任一基因发生突变都有可能影响减数分裂形成的配子的染色体数目及育性，而植物中大多数雄性不育突变都发生在减数分裂开始或减数分裂结束的某个时期。

减数分裂之前，正常花药的花粉母细胞外围将合成一种由胼胝质（β-1,3-葡聚糖）构成的细胞壁。减数分裂开始后，胼胝质沉积增厚，并在形成四分体时达到最厚，从而形成完整的胼胝质壁。减数分裂完成后，开始形成小孢子外壁，绒毡层细胞中的粗面内质网堆叠并分泌胼胝质酶，胼胝质开始降解，并将小孢子释放到花粉囊腔中。在这一过程中，无论是胼胝质合成、积累抑或是降解，任何一个环节出现异常都将影响减数分裂的进行和完成，从而影响植物的育性。

植物的花粉囊壁在发育初期从外到内依次是表皮、药室内壁、中层和绒毡层。最内层的绒毡层包裹着小孢子母细胞，并与小孢子母细胞发育有直接关系。绒毡层细胞中包含丰富的内质网、高尔基体、线粒体等细胞器，这些细胞器向花药内室分泌大量的糖、蛋白质和脂类等，提供胼胝质降解所需的酶类以及花粉壁构建和小孢子发育所需的营养。绒毡层对花粉的生长发育至关重要：在花粉发育早期，绒毡层包被着花粉囊；花粉发育中、晚期，绒毡层降解，提供花粉发育所需的营养；花药成熟时，绒毡层彻底降解。任何影响绒毡层发育的突变都可能导致花粉的败育。

正常花粉的花粉壁包括外壁和内壁。花粉内壁在结构上相对简单，主要由纤维素、果胶和蛋白质组成；外壁主要由脂肪族聚合物孢粉素组成，表面有特异的高度修饰，在授粉和花药萌发中起着信号识别的作用。花粉壁正常的结构与组成是可育花粉所必需的。授粉受精过程的完成需要花药适时开裂，使成熟的花粉从花药中释放出来，而花药开裂则需要隔膜和裂孔的降解。自花授粉作物，花药开裂始于中层和绒毡层的降解，接着药室内壁细胞膨大，药室内壁与连接层细胞发生纤维状沉积，到后期药室间的隔膜层降解，产生 1 个双药室的花药，最后连接 2 个药室的细胞降解，使花药开裂。花药迟开裂、不开裂都会对育性造成影响。

雄性不育现象在园艺作物中普遍存在，例如梨的一些优良品种表现为雄性不育，其中黄金、新高、爱宕、大慈梨、新梨 7 号等表现严重的花粉败育（郭艳玲等，2007），另外一些多倍体品种如安梨、大鸭梨等，由于染色体数量和结构变异，造成花粉母细胞减数分裂异常，导致雄性不育（李六林，2007）。由于梨为典型的自交不亲和性树种，如果选择雄性不育品种栽培，必须配置 3 个以上的品种，果园生产管理更加复杂化。因此，深入理解雄性不育的机理对指导栽培生产具有重要意义。

10.3　自交不亲和性

植物自交不亲和性（self-incompatibility，SI）是被子植物中普遍存在的限制自花受精的机制，它阻止基因型相同的花粉管在雌蕊中正常生长，从而避免自花受精。该反应涉及 70 多个科 250 多个属。自交不亲和反应的发生防止了近亲繁殖，促进异花授粉受精，有利于物种多样性，因此是目前植物发育生物学的研究热点之一。根据其调控机制的不同，自交不亲和的类型可分为孢子体型自交不亲和性（sporophytic self-incompatibility，SSI）和配子体型自交不亲和性（gametophytic self-incompatibility，GSI）。在配子体型自交不亲和性反应中又分为基于 S-RNase 的配子体型自交不亲和及罂粟科自交不亲和两种类型（张绍铃等，2012）。目前对自交不亲和反应认识较为深入的物种主要是园艺作物，如 SSI 的芸薹属蔬菜，GSI 的虞美人、矮牵牛和梨等。

蔷薇科的多种果树如梨、苹果、甜樱桃、杏、果梅、李和扁桃等表现出 GSI（Janssens et al.，1995；Sassa et al.，1993；张绍铃等，2012）。由于这些果树在生产上必须配置授粉品种或进行人工辅助授粉，因此，蔷薇科果树自交不亲和性机制的研究不仅具有理论价值，而且有生产实践意义。研究表明，蔷薇科果树表现为基于 S-RNase 的 GSI 特点，其自交不亲和性的决定位点称为 S（sterility）位点基因，该位点编码 2 个基因，分别是决定雌蕊自交不亲和性的 S-$RNase$ 基因和决定花粉自交不亲和性的 S Locus F-box（SLF/SFB）基因，它们均表现为高度的序列多态性，其中，雌蕊特异性蛋白具有较高的 pI 值和糖链，因此称为 S 蛋白（S-protein）或 S 糖蛋白（S-glycoprotein），由于其具有 RNA 酶的活性，因此又称为 S-RNase。果树自交不亲和性研究中，Sassa 等（1997）通过比较日本梨 Nijisseiki（二十世纪）和自交亲和变异品种 Osa-Nijisseiki（奥嘎二十世纪）雌蕊中的表达蛋白，发现一种与 S-RNase 表达水平相关的糖蛋白，双向电泳分离出的该糖蛋白为 S-RNase。此后，蔷薇科其他果树中也成功分离到 S-RNase。田间授粉试验也验证了雌蕊 S-RNase 在自交不亲和反应中的决定作用，因此认为 S-RNase 是蔷薇科果树自交不亲和性中雌蕊的决定因子（Broothaerts et al.，1995；张绍铃等，2012）。

随着雌蕊 S-$RNase$ 基因研究的深入，花粉 S 决定基因的研究也逐渐展开。围绕 S 位点已知基因的序列开展了基因组测序工作。Entani 等（2003）对果梅品种 Nanko 和其后代 Shikanohata-1 进行基因组序列分析，发现有 14 个开放阅读框（ORF）与 S-RNase 基因相连接，其中有 6 个 F-box 基因与雌蕊 S-RNase 基因的物理距离较为紧密。Okada 等（2008）发现梨雌蕊 S_4-$RNase$ 基因周围有 89 个 ORF，而 S_2-$RNase$ 基因周围有 56 个 ORF。此外，在扁桃中发现有 12 个 ORF 与雌蕊 S-RNase 基因相连接，但仅有 2 个 ORF 在花粉中特异表达，为 F-box 基因，其中 1 个 F-box 基因具有很高的序列多态性，将之命名为 SFB 基因（S-haplotype-specific F-box）；另一种 F-box 基因的序列多态性较小，将之命名为 SLF（S-locus F-box）（Ushijima et al.，2003）。与此同时，Entani 等（2003）从果梅诸多的 ORF 中也筛选出了 2 种 F-box 基因，一种在花粉中特异表达且具有很高的序列多态性，将其称为 SLF；另一种在多个植物组织中都表达且具有很高的序列同源性，将其称为 SLFL（S-locus F-box like）。后来，Ushijima 等（2004）在研究扁桃花粉 SFB 基因时，发现不完整的 SFB 蛋白序列能够致使品种实现自交亲和。在另一种蔷薇科果树甜樱桃中，Sonneveld 等（2005）发现在甜樱桃中 X 射线诱变出 2 种能够引起自交亲和反应的花粉，进一步研究发现这 2 种花粉的 SFB 基因序列异常，形成了 2 种功能不完整的 SFB 蛋白。因此，目前认为 SFB/SLF 基因是李属植物花粉的 S 决定基因。

虽然苹果和梨的全基因组测序已经完成，但是其控制花粉自交不亲和性的 S 基因均尚未被鉴定。Sassa 等（1997）对日本梨二十世纪和它的自交亲和性芽变品种奥嘎二十世纪进行基因组序列和蛋白质分析，发现 S_4-RNase 基因序列在奥嘎二十世纪中缺失，但是该芽变品种的花粉依旧与二十世纪不亲和，因此认为 S-RNase 基因并不是梨自交不亲和花粉决定因子。在梨花粉 SFB 基因的鉴定上，Sassa 等（2010）在 S_3-RNase 基因周围分离出 2 个 F-box 基因（SFBB 3-α 和 SFBB3-β），在 S_4-RNase 和 S_5-RNase 基因周围分别分离出了 3 个不同的 F-box 基因（SFBB4-α、SFBB4-β、SFBB4-γ；SFBB5-α、SFBB5-β、SFBB5-γ）。将多个梨 S 基因型的 SFBB-γ 基因序列比较后，发现它们序列相似性过高，可能不是花粉 S 基因。

此后，Okada 等（2011）测定了 S_4^m-RNase 基因周围的序列，发现了 6 个在花粉中特异表达的 SFBB 基因（SFBB4-u1～SFBB4-u4，SFBB4-d1 和 SFBB4-d2），同时在 S_2-RNase 基因周围也发现了 10 个在花粉中特异表达的 SFBB 基因（SFBB2-u1～SFBB2-u5 和 SFBB2-d1～SF-BB2-d5）。进一步对 SFBB 基因进行了系统树分析，表明这些 SFBB 基因可以分成两大组，其中组 I 中 SFBB 基因序列的同源性为 76.3%～94.9%，而组 II 中 SFBB 基因的同源性超过了 92%，因此认为梨花粉 S 决定基因可能位于组 I 内。但是，也有一些学者认为苹果属和梨属花粉的自交不亲和性不是由单一 SFBB 基因控制的，而是由多个 SFBB 基因协同控制的结果（Kakui et al.，2007；Vieira et al.，2009）。

雌蕊和花粉自交不亲和性决定因子的互相识别以及下游的信号转导反应是基于 S-RNase 配子体型自交不亲和性研究的另一个热点。雌蕊 S 基因表达的蛋白产物 S-RNase 是一种大小约为 30 kDa 的碱性糖蛋白，主要分布于柱头和花柱的引导组织中（McClure et al.，2006），不亲和性雌蕊 S-RNase 通过转运蛋白 ABCF 进入花粉管后（Meng et al.，2014），发挥着细胞毒素的作用（McClure et al.，1999）。但是，也有研究表明，将亲和及不亲和雌蕊进行嫁接，不亲和性花粉管生长受阻现象具有可逆转性，至于 S-RNase 降解自花花粉管 RNA 是花粉管生长停止的原因还是结果尚不可知，但同时也说明基于雌蕊 S-RNase 自交不亲和性反应的复杂性。

梨雌蕊 S-RNase 特异性地抑制不亲和花粉萌发和花粉管生长（张绍铃等，2000）。此外，S-RNase 对不亲和性花粉的抑制程度取决于雌蕊中 S-RNase 的浓度，活体和离体试验均表明，一定浓度范围的 S-RNase 与花粉管长度成负相关（张绍铃等，2000）。活体试验表明，梨不亲和性花粉管生长受抑制前，有弯曲、先端膨大变形等现象，而异花授粉的花粉管没有此现象（Herrero et al.，1981）。在矮牵牛自交不亲和性反应中，同样发现当花粉管进入花柱通道组织时，不亲和性花粉管出现细胞壁变薄且细胞器堆积等变化，生长逐渐减慢，最终停止生长。这些研究均表明，不亲和性 S-RNase 导致花粉管内部结构发生了一系列的变化。通过透射电镜技术观测，发现在梨花粉管生长初期，亲和及不亲和花粉管超微结构类似；但培养 24 h 后，亲和花粉管中充满细胞质和细胞器，而不亲和花粉管中只有前端有少量细胞质，花粉管内细胞器受到破坏，细胞壁增厚，细胞壁与细胞质之间有一层胼胝质。

钙离子是细胞内的第二信使，通过对外源和内源 RNase 对梨花粉内胞质游离钙离子作用的比较研究发现，梨雌蕊 S-RNase 对亲和及不亲和花粉管内游离钙离子浓度作用有明显差异。在亲和花粉萌发前，萌发孔附近有明显的游离钙离子浓度梯度，而在不亲和性花粉中则不存在，这些研究均证实钙离子参与了梨自交不亲和性反应。虽然对于异花和自花授粉后，花粉管内游离钙离子浓度变化的原因尚不明确，但是研究发现质膜钙通道在梨花粉管内游离钙离子浓度梯度形成过程中起重要的作用。

在罂粟科虞美人自交不亲和反应中，不亲和花粉管中钙信号介导了下游的事件，例如微丝解聚、程序性细胞死亡（programmed cell death，PCD）等现象，并且发现花粉管质膜钙通道在罂粟科虞美人自交不亲和反应中发挥着极其重要的作用。研究表明，梨雌蕊 S-RNase 也导致不亲和性花粉管微丝骨架解聚（Liu et al.，2007）。同时，也已明确梨雌蕊 S-RNase 导致不亲和花粉管发生 PCD 现象（Wang et al.，2008），梨雌蕊 S-RNase 破坏了不亲和性花粉管尖端活性氧（reactive oxygen species，ROS）梯度，并最终诱导细胞核降解（Wang et al.，2010）。该研究明确了 ROS 位于钙信号的上游，但是哪些物质导致胞内 ROS 梯度消失尚不可知。应对 S-RNase 的胁迫，梨自交不亲和花粉管启动自我保护程序，即通过 PbrPLDδ1 途径，显著提升花粉管磷脂酸浓度，稳定微丝骨架结构，缓解不亲和 S-RNase 的胁迫（Chen et al.，2018）。这些研究结果已初步构建了梨自交不亲和性反应的模型（图 10-1）。但是，在蔷薇科果树自交不亲和反应中，虽然已证实不亲和性花粉管发生 PCD 现象，但是其中是否涉及类 Caspase 酶等还需进一步研究。总之，在蔷薇科果树自交不亲和性反应中，涉及许多复杂的分子遗传、生理生化代谢及信号转导等相关的前沿科学问题，揭示这些科学难题有利于深入完善蔷薇科果树自交不亲和性的反应机制。

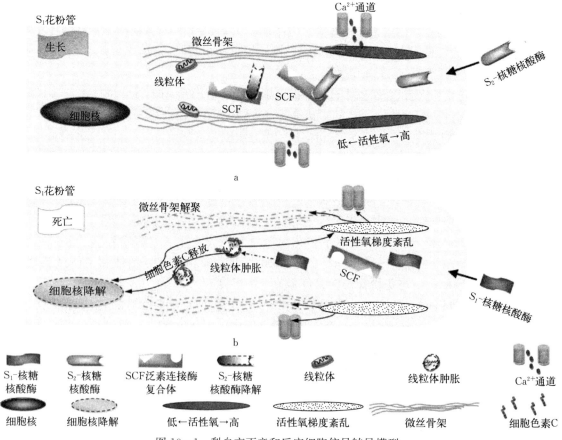

图 10-1　梨自交不亲和反应细胞信号转导模型

a. 在亲和反应中，花粉管正常生长　b. 在自交不亲和反应中，不亲和的 S-RNase 导致花粉管尖端活性氧梯度消失、花粉管尖端钙离子通道的活性降低、微丝骨架解聚、细胞核降解、线粒体结构变化、细胞色素 C 释放等，最终导致花粉管死亡

（Wu et al.，2013，略有改动）

芸薹属蔬菜表现为孢子体型自交不亲和性。目前在其 S 位点已鉴定出 60 多个等位基因，主要分为 3 类，分别是 S 位点糖蛋白 *SLG*（S-locus glycoprotein）基因（Nasrallah et al.，1985）和花粉外壳蛋白 *SCR*（S-locus cysteine rich protein）基因（Schopfer et al.，1999）、S 基因位点受体激酶 *SRK*（S-locus receptor kinase）基因（Stein et al.，1991）。*SCR* 在花药中表达，而 *SLG* 与 *SRK* 在柱头中表达，*SRK* 是不亲和性的决定因子，而 *SLG* 起辅助作用，可以增强自交不亲和性的程度。当柱头和花粉的 S 单元型相同时，花粉不能完成水合，表现为自交不亲和性。

10.4 坐果

成功授粉后，子房会加速生长，果实开始发育。通常将花瓣枯萎和脱落，花转变成幼果的过程称为坐果。授粉刺激子房发育的程度与花粉数目有关，如授粉较多的番茄子房生长速度显著地快于授粉少的子房；在西番莲的花中观察到授粉多的坐果率较高，同时果实内种子数增加，果个也较大。这些现象与花粉富含生长素和赤霉素等生长促进物质有关，此外，花粉管也释放出使色氨酸转化为生长素的酶或释放出促进生长素合成的物质。受精后的苹果、葡萄、番茄果实中含有较高浓度的赤霉素和细胞分裂素，而生长抑制物质下降。葡萄赤霉素氧化酶与其坐果密切相关，同时在不同的组织器官中赤霉素的种类也不同，如葡萄花中赤霉素为 GA_1，而葡萄果实中赤霉素为 GA_4（Giacomelli et al.，2013）。

落花落果在园艺作物中普遍存在，果树开花多、坐果少的现象尤为突出。坐果数比花朵数要少得多，能真正成熟的果实则更少，其原因是开花后，一部分未能受精的花脱落，另一部分虽已受精，但由于营养不良或其他原因造成脱落。这种从花蕾出现到果实成熟的过程中发生花果陆续脱落的现象称为落花落果。各种园艺作物的坐果率是不一样的，如苹果、梨的坐果率为 2%～20%，桃、杏为 5%～10%，枣的坐果率仅为 0.5%～4.0%，荔枝、龙眼为 1%～5%。实际上这是植物适应自然环境、保持生存能力的一种自我调节。植物自控结果的数量，可防止养分过多地消耗，以保持强健的生长势，达到营养生长与生殖生长的平衡。但是在栽培实践中，经常发生一些非正常性的落花落果，严重时会减产。

不是由于外力的影响而是由于植株自身原因所造成的落花落果现象统称为生理落果。研究表明，生理落果是一种信号传递及放大作用的过程，乙烯在此过程中发挥了重要的作用，外界逆境胁迫会刺激体内乙烯大量合成，诱导脱落相关基因的表达（Thompson et al.，1994）。ACO 和 ACS 是乙烯生物合成的两种限速酶，由多个基因编码，它们在离区的转录水平是不同的。乙烯诱导苹果脱落过程中，在脱落开始后 *MdACS5A*、*MdACS5B* 和 *MdACO1* 基因在离区的表达显著增加（Li et al.，2008）。在甜橙中发现，成熟果实离区发现有 β-半乳糖苷酶 mRNA 表达，推测 β-半乳糖苷酶可能在器官脱落中起作用（Wu et al.，2004）。研究表明，器官脱落信号的传递可能与 *PG* 基因和 *TAPG4* 基因表达有关，柑橘中分离得到两种多聚半乳糖醛酸酶基因（*CsPG1* 和 *CsPG2*）（Wu et al.，2004），这两种基因在花、叶和果实离区中表达，而在营养组织中没有表达，推测认为脱落信号先被维管束中的某靶细胞所感受，继而引发脱落程序，但靶细胞的准确定位和离区次级信号的作用还不清楚。与器官脱落相关的细胞壁降解酶基因的研究也取得了重大进展。在番茄中，6 种与花柄脱落相关的纤维素酶基因（*Cel1*～*Cel6*）被鉴定（Camplllo et al.，1996）。另一种鉴定到参与果实脱落的基因是果胶甲酯酶基因，在柑橘中分离得到 2 种果胶甲酯酶基因，分别是 *CsPME1* 和 *CsPME3*，其中 *CsPME1* 表现为组成型表达，而 *CsPME3* 在离区中的表达响应乙烯的处理。在乙烯诱导柑橘的表达过程中，离区中 *CsPME1* 和 *CsPME3* 均表达，但是 *CsPME3* 的表达更加显著，表明其可能为控制柑橘果实脱落的主要因子（Arias et al.，2002；付崇毅，2013）。

10.5 单性结实

单性结实是植物果实发育的另一种现象，广泛存在于番茄、黄瓜、西葫芦、辣椒、茄子、柑橘和葡萄等园艺作物中，在农业生产中具有重要的意义。单性结实可分为天然单性结实和人工诱导单性结实两种类型。天然单性结实是指子房不经过授粉受精作用而形成无籽果实的现象，它又分为专性单性结实和兼性单性结实。专性单性结实是由遗传基因控制的，不随环境变化，能稳定遗传的单性结实；兼性单性结实则由遗传基因控制的，同时又受环境影响，黄瓜、番茄、椰子等属于兼性单性结实。造成单性结实的原因较多，如环境因素、激素等均能导致单性结实现象发生。

早期的研究发现，生长素在单性结实过程中起重要的作用，用外源生长素处理非单性结实的子房可以诱导单性结实产生。此外，细胞分裂素类似物 1 -(2 -氯- 4 -吡啶基)- 3 -苯基脲（CP-PU）、赤霉素、油菜素内酯也有促进子房膨大诱导单性结实的作用，如 CPPU 处理可使未经授粉的瓠瓜坐果率达 100%（李英，2002）。随着分子生物学的发展，对单性结实过程的分子机制也有了较为深入的研究。在番茄、拟南芥和黄瓜上的研究表明，生长素信号途径涉及控制果实启动早期事件（Goetz et al.，2006；Serrani et al.，2010；Wang et al.，2009）。目前认为，生长素信号是通过 ARF 蛋白家族传递的，但是生长素要通过其受体 TIR1/AFB 蛋白才能实现与它们的结合，发现番茄中过表达 TIR1 可以导致单性结实性状。此外，*SlIAA9* 是一个 *Aux/IAA* 基因家族的转录因子基因，发现抑制其表达可以诱导单性结实（Wang et al.，2005）。同时，番茄中生长素应答因子基因 *SlARF7* 在子房和胚珠中表达水平较高，下调 *SlARF7* 会造成单性结实（de Jong et al.，2009）。除了生长素之外，赤霉素信号通路中的关键因子 DELLA 也参与调控单性结实，在番茄中沉默 *DELLA* 基因会引起组成型的 GA 应答反应，其中包括单性结实（Marti et al.，2007），子房内过高的赤霉素含量也会诱导单性结实（Fos et al.，2000；Fos et al.，2001）。果实发育主要包括细胞分裂、细胞膨大和成熟 3 个阶段（Gillaspy et al.，1993），细胞周期蛋白 D（CYCD）促进 G₁ 到 S₁ 期的转变。番茄细胞周期蛋白 D3（*LeCycD3；1*、*LeCycD3；2* 和 *LeCycD3；3*）在授粉/受精的子房中上调并在开花后 3 d 转录水平达到峰值（Kvarnheden et al.，2000）。在瓠瓜中，*LlCYCD3；1* 和 *LlCYCD3；2* 在授粉的果实和单性结实的果实中都有大量表达（Li et al.，2003）。同样的现象也发生于黄瓜，在授粉和单性结实的子房中 *CsCYCD3；1* 和 *CsCYCD3；2* 的表达水平都很高（Fu et al.，2010）。以上研究证明，*CYCD* 在果实发育早期的细胞分裂中起重要作用。现代柑橘类果树常有自发单性结实，其中珠心体细胞可发育成珠心胚，1 粒种子可以形成 2～10 个珠心胚。研究发现，定位于柚子 4 号染色体的 *CitRWP* 与多胚性紧密相关（Wang et al.，2017）。这些结果表明，单性结实的调控特点多样，为园艺生产中单性结实的实现提供了依据。

10.6 研究展望

有性生殖是园艺作物生产和繁衍后代的最主要方式之一，同时也是创新种质的主要途径。自双受精发现以来，植物生殖生物学研究逐渐步入微观层次，特别是分子生物学工具的使用，促使该研究领域飞速发展，但是，与其他生命科学研究领域一样，目前对于园艺作物生殖反应机理的未知远大于已知，需要进一步探索其中的奥秘。因此，在未来研究中，将结合基因组等组学研究工具，通过学科交叉，从生理、分子和细胞水平上解析园艺作物的成花机制、雌雄配子体发育特性和识别机制以及受精后种子的发育特性等，并了解这些过程的调控规律，力求在此基础上更好地理解园艺作物生殖过程的分子机理，开发关键技术，实现花果发育的人工调控，提高园艺产品品质和生产效率，满足消费需求。

（吴巨友　张绍铃　王鹏　编写）

主要参考文献

曹尚银，张秋明，吴顺，2003. 果树花芽分化机理研究进展 [J]. 果树学报，20 (5)：345 - 350.

付崇毅，2013. 日光温室柑橘诱导成花及落果机理研究 [D]. 呼和浩特：内蒙古农业大学.

郭艳玲，刘招龙，张绍铃，2007. 新高及爱宕梨雄性不育特性及其败育的细胞学研究 [J]. 果树学报，24 (4)：433 - 437.

李六林，2007. '新高'梨花粉败育的细胞学和生理特性研究 [D]. 南京：南京农业大学.

李英，2002. CPPU 诱导瓠瓜单性结实生理和分子生物学机制研究 [D]. 杭州：浙江大学.

杨莉芳，刁现民，2013. 植物细胞核雄性不育基因研究进展 [J]. 植物遗传资源学报，14 (6)：1108 - 1117.

虞莎，王佳伟，2014. miR156 介导的高等植物年龄途径研究进展 [J]. 科学通报，59 (15)：1398 - 1404.

张绍铃，平塚伸，2000. 梨花柱 S 糖蛋白对离体花粉萌发及花粉管生长的影响 [J]. 园艺学报，27 (4)：251 - 256.

张绍铃，吴巨友，吴俊，等，2012. 蔷薇科果树自交不亲和性分子机制研究进展 [J]. 南京农业大学学报，35 (5)：53 - 63.

Arias C R，Burns J K，2002. A pectin methylesterase gene associated with a heat-stable extract from citrus [J]. Journal of Agricultural And Food Chemistry，50：3465 - 3472.

Broothaerts W，Janssens G A，Proost P，et al，1995. cDNA cloning and molecular analysis of two self-incompatibility alleles from apple [J]. Plant Molecular Biology，27：499 - 511.

Camplllo E，Bennett A B，1996. Pedicel break strength and cellulase gene expression during tomato flower abscission [J]. Journal of Plant Physiology，111：813 - 820.

Chen J Q，Wang P，de Graaf B H J，et al.，2018. Phosphatidic acid counteracts S-RNase signaling in pollen by stabilizing the actin cytoskeleton [J]. The Plant Cell，30：1023 - 1039.

Chen L，Liu Y G，2014. Male sterility and fertility restoration in crops [J]. Annual Review of Plant Biology，65：579 - 606.

Choi K，Kim J，Hwang H J，et al，2011. The FRIGIDA complex activates transcription of *FLC*, a strong flowering repressor in *Arabidopsis*, by recruiting chromatin modification factors [J]. The Plant Cell，23 (1)：289 - 303.

Crevillen P，Dean C，2011. Regulation of the floral repressor gene *FLC*: the complexity of transcription in a chromatin context [J]. Current Opinion in Plant Biology，14：38 - 44.

de Jong M，Wolters-Arts M，Feron R，et al，2009. The *Solanum lycopersicum auxin response factor 7* (*SlARF7*) regulates auxin signaling during tomato fruit set and development [J]. Plant Journal，57 (1)：160 - 170.

Entani T，Iwano M，Shiba H，et al，2003. Comparative analysis of the self-incompatibility (S-) locus region of *Prunus mume*: identification of a pollen-expressed F-box gene with allelic diversity [J]. Genes Cells，8 (3)：203 - 213.

Fornara F，de Montaigu A，Coupland G，2010. SnapShot: control of flowering in *Arabidopsis* [J]. Cell，141 (3)：550 - 550. e2.

Fos M，Nuez F，Garcia-Martinez J L，2000. The gene *pat-2*, which induces natural parthenocarpy, alters the gibberellin content in unpollinated tomato ovaries [J]. Plant Physiology，122：471 - 479.

Fos M，Proano K，Nuez F，et al，2001. Role of gibberellins in parthenocarpic fruit development induced by the genetic system *pat-3/pat-4* in tomato [J]. Physiologia Plantarum，111：545 - 550.

Fu F Q，Mao W H，Shi K，et al，2010. [J]. Spatio - temporal changes in cell division, endoreduplication and expression of cell cycle-related genes in pollinated and plant growth substances-treated ovaries of cucumber [J]. Plant Biology，12：98 - 107.

Giacomelli L，Rota-Stabelli O，Masuero D，et al，2013. Gibberellin metabolism in *Vitis vinifera* L. during bloom and fruit-set：functional characterization and evolution of grapevine gibberellin oxidases [J]. Journal of Experimental Botany，64：4403 – 4419.

Gillaspy G，Ben-David H，Gruissem W，1993. Fruits：a developmental perspective [J]. The Plant Cell，5：1439 – 1451.

Goetz M，Vivian-Smith A，Johnson S D，et al，2006. AUXIN RESPONSE FACTOR8 is a negative regulator of fruit initiation in *Arabidopsis* [J]. The Plant Cell，18：1873 – 1886.

Hayama R，Coupland G，2004. The molecular basis of diversity in the photoperiodic flowering responses of *Arabidopsis* and rice [J]. Plant Physiology，135：677 – 684.

He Y，Amasino R M，2005. Role of chromatin modification in flowering-time control [J]. Trends in Plant Science，10：30 – 35.

Herrero M，Dickinson H G，1981. Pollen tube development in *Petunia hybrida* following compatible and incompatible intraspecific matings [J]. Journal of Cell Science，47：365 – 383.

Janssens G A，Goderis I J，Broekaert W F，et al，1995. A molecular method for S-allele identification in apple based on allele-specific PCR [J]. Tetsu to Hagane-Journal of the Iron and Steel Institute of Japan，91：691 – 698.

Kakui H，Tsuzuki T，Koba T，et al，2007. Polymorphism of SFBB-gamma and its use for S genotyping in Japanese pear (*Pyrus pyrifolia*) [J]. Plant Cell Reports，26：1619 – 1625.

Kim S Y，Park B S，Kwon S J，et al，2007. Delayed flowering time in *Arabidopsis* and *Brassica rapa* by the overexpression of *FLOWERING LOCUS C* (*FLC*) homologs isolated from Chinese cabbage (*Brassica rapa* L. ssp. *pekinensis*) [J]. Plant Cell Reports，26：327 – 336.

Kvarnheden A，Yao J L，Zhan X，et al，2000. Isolation of three distinct *CycD3* genes expressed during fruit development in tomato [J]. Journal of Experimental Botany，51 (352)：1789 – 1797.

Li J，Yuan R，2008. NAA and ethylene regulate expression of genes related to ethylene biosynthesis，perception，and cell wall degradation during fruit abscission and ripening in 'delicious' apples [J]. Journal of Plant Growth Regulation，27：283 – 295.

Li Y，Yu J Q，Ye Q J，et al，2003. Expression of CycD3 is transiently increased by pollination and N-(2 – chloro – 4 – pyridyl)– N′– phenylurea in ovaries of *Lagenaria leucantha* [J]. Journal of Experimental Botany，54：1245 – 1251.

Lin S I，Wang J G，Poon S Y，et al，2005. Differential regulation of *FLOWERING LOCUS C* expression by vernalization in Cabbage and *Arabidopsis* [J]. Plant Physiology，137：1037 – 1048.

Liu Z Q，Xu G H，Zhang S L，2007. *Pyrus pyrifolia* stylar S-RNase induces alterations in the actin cytoskeleton in self-pollen and tubes in vitro [J]. Protoplasma，232：61 – 67.

Marti C，Orzaez D，Ellul P，et al，2007. Silencing of DELLA induces facultative parthenocarpy in tomato fruits [J]. Plant Journal，52：865 – 876.

McClure B，Mou B，Canevascini S，et al，1999. A small asparagine-rich protein required for S-allele–specific pollen rejection in *Nicotiana* [J]. Proceeding of the National Academy of Sciences of the United States of America，96：13548 – 13553.

McClure B A，Franklin-Tong V，2006. Gametophytic self-incompatibility：understanding the cellular mechanisms involved in "self" pollen tube inhibition [J]. Planta，224：233 – 245.

Meng D，Gu Z，Li W，et al，2014. Apple MdABCF assists in the transportation of S-RNase into pollen tubes [J]. Plant Journal，78 (6)：990 – 1002.

Mutasa-Gottgens E，Hedden P，2009. Gibberellin as a factor in floral regulatory networks [J]. Journal of Experimental Botany，60：1979 – 1989.

Nasrallah J B，Kao T H，Goldberg M L，et al，1985. A cDNA clone encoding an S-locus-specific glycoprotein from *Brassica oleracea* [J]. Nature，318：263 – 267.

Okada K，Tonaka N，Moriya Y，et al，2008. Deletion of a 236kb region around S_4-*RNase* in a stylar-part mutant S_4^{sm}-haplotype of Japanese pear [J]. Plant Molecular Biology，66：389 – 400.

Okada K，Tonaka N，Taguchi T，et al，2011. Related polymorphic F-box protein genes between haplotypes clustering in the BAC contig sequences around the *S-RNase* of Japanese pear [J]. Journal of Experimental Botany，62 (6)：1887－1902.

Poethig R S，2013. Vegetative phase change and shoot maturation in plants [J]. Current Topics in Developmental Biology，105：125－152.

Ream T S，Woods D P，Amasino R M，2012. The molecular basis of vernalization in different plant groups [J]. Cold Spring Harbor Symposia Quantitative Biology，77：105－115.

Sassa H，Hirano H，Ikehashi H，1993. Identification and characterization of stylar glycoproteins associated with self-incompatibility genes of Japanese pear，*Pyrus serotina* Rehd [J]. Molecular and General Genetics，241：17－25.

Sassa H，Hirano H，Nishio T，et al，1997. Style-specific self-compatible mutation caused by deletion of the *S-RNase* gene in Japanese pear（*Pyrus serotina*）[J]. Plant Journal，12 (1)：223－227.

Sassa H，Kakui H，Minamikawa M，2010. Pollen-expressed F-box gene family and mechanism of S-RNase-based gametophytic self-incompatibility（GSI）in Rosaceae [J]. Sexual Plant Reproduction，23：39－43.

Schopfer C R，Nasrallah M E，Nasrallah J B，1999. The male determinant of self-incompatibility in *Brassica* [J]. Science，286：1697－1700.

Serrani J C，Carrera E，Ruiz-Rivero O，et al，2010. Inhibition of auxin transport from the ovary or from the apical shoot induces parthenocarpic fruit-set in tomato mediated by gibberellins [J]. Plant Physiology，153：851－862.

Sonneveld T，Tobutt K R，Vaughan S P，et al，2005. Loss of pollen-*S* function in two self-compatible selections of *Prunus avium* is associated with deletion/mutation of an S haplotype-specific F-box gene [J]. The Plant Cell，17：37－51.

Stein J C，Howlett B，Boyes D C，et al，1991. Molecular cloning of a putative receptor protein kinase gene encoded at the self-incompatibility locus of *Brassica oleracea* [J]. Proceedings of the National Academy of Sciences of the United States of America，88：8816－8820.

Sun T P，2011. The molecular mechanism and evolution of the GA-GID1-DELLA signaling module in plants [J]. Current Biology，21 (9)：R338－R345.

Taiz L，Zeiger E，2006. Plant physiology [M]. 4th ed. Sunderland，Massachusetts：Sinauer Associates.

Thompson D S，Osborn D J，1994. A role for the stele in intertissue signaling in the initiation of abscission in bean leaves（*Phaseolus vulgaris* L.）[J]. Plant Physiology，105：341－347.

Ushijima K，Sassa H，Dandekar A M，et al，2003. Structural and transcriptional analysis of the self-incompatibility locus of almond：identification of a pollen-expressed F-box gene with haplotype-specific polymorphism [J]. The Plant Cell，15：771－781.

Ushijima K，Yamane H，Watari A，et al，2004. The S haplotype-specific F-box protein gene，*SFB*，is defective in self-compatible haplotypes of *Prunus avium* and *P. mume* [J]. The Plant Journal，39 (4)：573－586.

Vieira J，Fonseca N A，Vieira C P，2009. *RNase*-based gametophytic self-incompatibility evolution：questioning the hypothesis of multiple independent recruitments of the S-pollen gene [J]. Journal of Molecular Evolution，69：32－41.

Wang C L，Wu J，Xu G H，et al，2010. S-RNase disrupts tip-localized reactive oxygen species and induces nuclear DNA degradation in incompatible pollen tubes of *Pyrus pyrifolia* [J]. Journal of Cell Science，123 (24)：4301－4309.

Wang H，Jones B，Li Z，et al，2005. The tomato *Aux/IAA* transcription factor *IAA9* is involved in fruit development and leaf morphogenesis [J]. The Plant Cell，17 (10)：2676－2692.

Wang H，Schauer N，Usadel B，et al，2009. Regulatory features underlying pollination-dependent and-independent tomato fruit set revealed by transcript and primary metabolite profiling [J]. The Plant Cell，21：1428－1452.

Wang J W，Schwab R，Czech B，et al，2008. Dual effects of miR156-targeted *SPL* genes and *CYP78A5/KLUH* on plastochron length and organ size in *Arabidopsis thaliana* [J]. The Plant Cell，20：1231－1243.

Wang X，Xu Y，Zhang S，et al，2017. Genomic analyses of primitive，wild and cultivated citrus provide insights into asexual reproduction [J]. Nature Genetics，49：765－772.

Wu J，Gu C，Khan M A，et al，2013. Molecular determinants and mechanisms of gametophytic self-incompatibility in fruit trees of Rosaceae [J]. Critical Reviews in Plant Sciences，32：53 - 68.

Wu Z，Burns J K，2004. A β - galactosidase gene is expressed during mature fruit abscission of 'Valencia' orange (*Citrus sinensis*) [J]. Journal of Experimental Botany，55：1483 - 1490.

Yanovsky M J，Kay S A，2003. Living by the calendar：how plants know when to flower [J]. Nature Reviews Molecular Cell Biology，4：265 - 275.

Zhang S F，Li X R，Sun C B，et al，2012. Epigenetics of plant vernalization regulated by non-coding RNAs [J]. Hereditas，34（7）：829 - 834.

11 设施环境对园艺作物生长发育的调控

【本章提要】设施农业是指利用塑料大棚、日光温室、玻璃温室等设施使作物处于人为调控的环境中进行生产的模式，有助于避免不利自然环境影响，并实现农产品反季节供应，提高农产品品质、生产规模和经济效益，促进农业现代化。设施环境有别于自然环境，由此产生了园艺作物生长发育研究的一些新课题。近年来，针对设施环境下的园艺作物生长发育的生物学研究取得了较大的进展。本章主要介绍设施特殊环境下的光照（光照强度、光周期和光质）、温度、CO_2 和土壤环境变化对园艺作物生长发育的调控及其生物学机制。

11.1 设施光环境对生长发育的调控

11.1.1 设施光照强度的调控作用

光照强度是决定设施作物最基本的环境因素，在一定范围内，光照越强光合速率越高，产量也越高。不同生长习性的作物依据其对光照强度的要求可以大致分为阳性植物、阴性植物和中性植物。大多数设施蔬菜属于阳性植物，如西瓜、甜瓜、番茄、茄子和辣椒的光饱和点均在 1 000 $\mu mol/(m^2 \cdot s)$ 以上。光合作用除了卡尔文循环（Calvin cycle）介导的碳同化外，还涉及叶绿体类囊体膜和基质中复杂的氧化还原（redox）反应。当光照过强时，叶绿体中的 O_2 容易被激发或与电子结合形成 $^1O_2$、O_2^-、H_2O_2 等氧化性很强的活性氧（reactive oxygen species，ROS）分子。叶绿体中的谷胱甘肽-抗坏血酸（glutathione-ascorbate，GSH-AsA）循环利用叶绿体中过剩的还原型辅酶Ⅱ（NADPH）清除 ROS 分子，这种叶绿体 ROS 的产生和清除机制对于维持叶绿体氧化还原环境的稳定，保证光合作用的有效进行具有重要作用。值得一提的是，一定范围内的高光照强度下 ROS 的适度累积，有助于促进叶菜类蔬菜中谷胱甘肽、抗坏血酸、维生素 E 等抗氧化物质的合成和积累，提高蔬菜品质（Zhou et al.，2009）。近年来还发现，果实的光合作用对其成熟和营养品质具有重要作用。番茄（*Solanum lycopersicum*）叶绿体 NADPH 脱氢酶（NDH）复合体的突变阻断了光系统Ⅰ环式电子流，并抑制果实成熟以及类胡萝卜素、叶黄素等品质相关物质的合成。NDH 复合体和叶绿体的质体末端氧化酶（plastid terminal oxidase，PTOX）都参与调控质体醌（plastoquinone，PQ）的氧化还原状态，并且 PTOX 是控制番茄类胡萝卜素早期合成的关键酶。因此，保持叶绿体氧化还原环境的稳定对于叶片生长和果实发育都具有重要作用（Nashilevitz et al.，2010）。

当温度、水分和营养等限制作物光合作用时，较弱的光照强度也能对作物的光合系统造成伤害。耐低温弱光的黄瓜品种与敏感品种相比，具有较强的抗氧化能力，因而可以避免胁迫下 ROS 过量积累造成的光抑制（Zhou et al.，2004）。低温弱光还容易导致冬春季节瓜类作物落花落果，这除与不能正常授粉受精有关外，还与胁迫下光合作用较弱，无法为果实发育早期细胞分裂提供充足的糖分有关。油菜素内酯（brassinosteroid，BR）则可以提高黄瓜对低温弱光的抗性，并提高光合作用的能力（Yu et al.，2004；Xia et al.，2009）。在瓠瓜的子房上涂抹少量的细胞分裂素类似物 CPPU 也可以很好地促进低温弱光下果实的细胞分裂，促进糖向果实的输送，提高果实产量（Li et al.，2003）。

光照在为光合作用提供能量的同时，也作为植株形态建成的关键信号调控生长发育。顶端分生组织被周围的叶片所遮蔽，因此长期以来人们认为顶端分生组织的活性及器官发生与光环境没有关系，但是最近的研究发现，光照对于番茄顶芽幼叶的发育至关重要。光照可以诱导番茄细胞分裂素（cytokinin，CTK）信号，促进顶端分生组织细胞增殖，并通过生长素极性运输蛋白（PIN1）调控生长素的分布模式，继而调控叶片发育和植株生长（Yoshida et al.，2010）。此外，光照还能促进玫瑰（*Rosa hybrida*）节间 CTK 的累积，进而激活侧芽分生组织促进分枝，而蔗糖作为光合作用的产物在调控玫瑰分枝的过程中扮演了重要角色（Barbier et al.，2015）。有学者指出，植株去顶后"源库关系"的改变导致侧芽最先感受到糖信号的变化，继而诱导激素信号的变化。因此，无论对于顶芽还是侧芽的发育，光照的调控作用都可能与光合作用形成的蔗糖信号有关。

11.1.2　设施光周期的调控作用

近年来，分子遗传学手段的发展极大地推动了植物开花机制的研究，特别是以模式植物十字花科的拟南芥为材料，人们发现植物通过 4 个途径控制开花，即光周期途径、自主途径、春化途径和赤霉素途径（图 11 - 1）。在植物开花诱导过程中，各个途径的基因效应最终都汇集于几个关键基因：光周期途径主要通过 *CONSTANS*（*CO*）的节律性变化起作用；自主途径和春化途径最终作用于开花抑制因子 *FLOWERING LOCUS C*（*FLC*）；赤霉素途径较为复杂，依植物种类和环境的不同对开花存在促进或抑制作用。4 种途径抑制或促进开花的效应取决于开花相关的 *FLOWERING LOCUS T*（*FT*）、*SUPPRESSOR OF OVEREXPRESSION OF CO1*（*SOC1*）和 *LEAFY*（*LFY*）等基因的表达，其效应之和最终决定高等植物是否开花、何时开花。

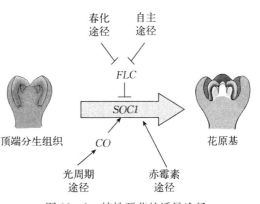

图 11 - 1　植株开花的诱导途径
（喻景权，2014，略有修改）

光周期是指一天中的日照长短，光周期受季节、纬度和天气等因素的影响。光周期对植物开花、块茎或鳞茎等贮存器官的发育以及营养生长等各方面都具有重要的调控作用。在长期的进化过程中，植物进化出生物钟机制调控光合作用、生理代谢和生长发育等过程，使之与光照、温度等环境因子的节律变化相适应。植物的生物钟机制的大体框架包括日间表达的 *CIRCADIAN CLOCK - ASSOCIATED 1*（*CCA1*）/*LATE ELONGATED HYPOCOTYL*（*LHY*）和 *PSEUDO RESPONSE REGULATOR 7*（*PRR7*）/*PRR9* 等基因，以及夜间表达的 *TIMING OF CAB EXPRESSION 1*（*TOC1*）基因，这些基因之间通过反馈循环相互联系构成精确调控植物生长发育节律的信号网络。

大多植物的开花受 *FT* 基因的控制。FT 蛋白主要在维管组织中合成，并转移到顶端分生组织，与 bZIP 转录因子 FD 协作诱导花芽分化。近年来，瓜类、番茄和马铃薯（*Solanum tuberosum*）的 *FT* 同源基因也相继被克隆。*FT* 基因的转录表达主要受锌指蛋白 CO 的调控，而 *CO* 基因在转录表达和蛋白稳定性上都受到生物钟的调控。其中 GIGANTEA（GI）是调控 *CO* 基因表达的关键蛋白，GI 与 E3 泛素连接酶 FLAVIN-BINDING、KELCH REPEAT、F - BOX1（FKF1）结合，促进 *CO* 基因的转录抑制子 CYCLING DOF FACTOR1（CDF）的降解，从而上调 *CO* 的表达（Imaizumi，2010）。研究发现，豌豆（*Pisum sativum*）突变体 *late1* 的光周期不敏感表型正是 *GI* 同源基因的突变所导致的，在该突变体中，*TOC1*、*CCA1*、*LHY* 等生物钟基因的节律变化发生紊乱，长日照下 *FT* 同源基因的表达受到抑制，导致开花延迟（Hecht et al.，2007）。此外，具有 E3 泛素连接酶活性的光信号通路的关键因子 CONSTITUTIVE PHOTO-MORPHOGENESIS1（COP1）在夜间促进 GI 蛋白的降解，从而抑制 *CO* 基因的表达。同时，COP1 也直接参与 CO 蛋白的降解。此外，光信号通路相关的基因表达也受到昼夜节律的调控。

尽管 CO 调控 *FT* 基因表达对于开花十分重要，但是 CO 的功能在不同物种中出现分化。例如，在番茄中过量表达 *CO* 的同源基因并不能诱导开花基因 *SINGLE FLOWER TRUSS*（*SFT*）的表达，但 CO 对于调控马铃薯块茎的膨大非常重要。马铃薯的两个 *FT* 同源基因 *SP3D* 和 *SP6A* 分别参与长日照下的开花和短日照下的块茎膨大。马铃薯 *CO* 同源基因可以直接激活 *SP6A* 基因表达的抑制子 *SP5G* 的表达，而在短日照环境下 SP5G 对 *SP6A* 基因表达的抑制作用被解除，导致块茎膨大（Abelenda et al.，2016）。目前关于生物钟如何感受光周期并通过 CO 调控马铃薯块茎的机制仍不清楚，但有趣的是，生物钟关键基因大多在维管组织中表达，而蔗糖等也通过维管组织运输。有研究发现，马铃薯蔗糖转运蛋白 StSUT4 的 RNA 干涉导致开花早、块茎产量高以及对远红光敏感性下降等表型，甚至能使对于块茎膨大具有严格短日照要求的马铃薯亚种（ssp. *andigena*）在长日照下形成块茎（Chincinska et al.，2008），这说明生物钟与植物代谢和发育存在密切的联系，光周期调控马铃薯块茎发育可能涉及蔗糖运输调控等机制。

11.1.3　设施光质的调控作用

光质是指不同波长光的组成分布。光质随着季节和气候而有明显变化，尤其是设施内的光质与露天有明显不同。光质的变化可以影响到同一种作物不同生产季节的产量和品质。

光质对光合作用尤为重要。双光增益效应，即在长波红光（如 680 nm）之外再加上波长较短的光（如 660 nm）能显著提高光合作用的量子效率。许多研究表明，在红光中加入蓝光能显著提高作物的光合作用和产量，但不同作物光合作用对于红光和蓝光的比例（R/B）要求不同。例如，莴苣（*Lactuca sativa*）的光合作用在 R/B 为 1 时最大，而黄瓜（*Cucumis sativus*）的光合作用在 R/B 为 8 时较高，红光下生长的番茄添加 5%～20% 的蓝光也能显著促进光合作用和生长（崔瑾等，2009）。有研究发现，蓝光可以激活质子泵（H^+-ATPase）诱导保卫细胞质子外排，并促进 K^+ 的吸收，从而促进气孔开放，在植物中过量表达 H^+-ATPase 显著促进气孔开放和光合作用，并极大地增加了生物量累积和种子产量。因此，蓝光调控光合作用一方面与优化光系统Ⅱ和光系统Ⅰ的协作提高光量子效率有关，另一方面也与蓝光诱导气孔开放促进 CO_2 吸收有关。

不同波长的光作为信号在调控植物生长发育中也发挥重要作用。植物中主要存在的光受体包括光敏色素 A（phytochrome A，PHYA）、光敏色素 B（phytochrome B，PHYB）和隐花色素（cryptochrome，CRY），其中 PHYA 主要感受远红光，PHYB 感受红光，CRY 感受蓝光。COP1 是不同光受体介导的信号途径的交汇点，COP1 促进转录因子 LONG HYPOCOTYL 5（HY5）的泛素化和蛋白降解，而 COP1 在光受体的协同作用下被抑制。另一组转录因子 PHY-TOCHROME INTERACTING FACTOR（PIF）也是光信号途径中的关键因子。PHYA 和

PHYB 能直接结合 PIF 抑制其转录活性，而 COP1 则增强 PIF 蛋白的稳定性（Lau et al.，2010）。近年来的研究发现，光信号调控的 PIF 转录因子可能通过改变植物激素平衡调控植物生长，而激素信号转导又可能对光信号途径反馈调控。例如，低剂量的红光和蓝光可能通过 PHYA 和 PHYB 促进番茄幼苗顶部（包括茎尖和子叶）的生长素合成及极性运输，并导致子叶下胚轴中生长素含量的增加（Liu et al.，2011）。番茄光敏色素介导的一氧化氮（NO）可能对于促进子叶生长素的合成以及调控光下幼苗的生长具有重要作用（Melo et al.，2016）。此外，豌豆中 *phya/phyb* 双突变体的乙烯过量产生，导致细胞膨大和叶片伸展受到抑制，而乙烯信号转导关键因子 *ETHYLENE-INSENSITIVE 2*（*EIN2*）的突变则显著减少乙烯的合成并恢复光照下植株的正常生长（Weller et al.，2015）。值得注意的是，*ein2* 突变体的生长表型依赖于豌豆光信号转导关键因子 *HY5* 的同源基因 *LONG1*。

除了调控生长发育，光质信号在促进植物抗逆性方面也具有作用。低温胁迫下，远红光处理或 PHYB 缺失导致 PHYA 激活，进而促进脱落酸（abscisic acid，ABA）和茉莉酸（jasmonic acid，JA）等激素积累，提高番茄低温抗性（Wang et al.，2016）。转录因子 HY5 在 PHYA 光信号调控番茄低温抗性中发挥关键作用。一方面，HY5 通过调控 NADPH 氧化酶编码基因 *RBOH1* 促进质外体 H_2O_2 产生，而 H_2O_2 作为信号激活光系统 I 环式电子流，促进叶黄素循环和热耗散等光保护机制，缓解低温胁迫下番茄叶片的光抑制（Wang et al.，2018）。另一方面，HY5 能直接调控 ABA 和赤霉素的合成代谢基因，从而通过改变激素信号水平影响番茄植株生长和抗性的平衡（Wang et al.，2019a）。温室因为薄膜或玻璃的阻隔减少了紫外光和蓝光的透过率，导致果实色泽和营养品质下降，但其机制仍不清楚。研究发现，番茄 *high pigment-1*（*hp-1*）和 *hp-2* 突变体果实色素水平显著提高，两者的突变位点发生在控制紫外光响应和光形态建成的 *UV-DAMAGED DNA BINDING PROTEIN 1*（*DDB1*）和 *DEETIOLATED1*（*DET1*）同源基因上。*DDB1* 和 *DET1* 可能参与形成泛素连接酶复合体，导致负责果实质体发育的 GOLDEN-LIKE2（GLK2）转录因子的泛素化和蛋白降解（Tang et al.，2016），但紫外光是否通过调控 GLK2 提高果实营养品质还有待进一步研究。此外，番茄的蓝光受体基因 *CRY* 过量表达能显著促进质体的发育，并导致果实花青素、类黄酮、茄红素等次生代谢物质含量显著提高，而 *CRY* 基因的缺失则导致相反的表型，说明蓝光对于果实着色和营养的重要意义（Giliberto et al.，2005；Liu et al.，2018）。光质对果实品质的调控并不局限于短波长光，有研究发现，夜间番茄果实的低剂量红光光照能显著促进果实类胡萝卜素合成。究其原因，可能是光敏色素促进 PIF 转录因子的降解，从而解除 PIF 对类胡萝卜素合成基因表达的抑制作用（Llorente et al.，2016）。

11.2　设施温度环境对生长发育的调控

温度是影响园艺植物生长发育最重要的环境因子之一，它对植物体内几乎一切的生理代谢和生长发育过程产生影响。不同作物都有各自温度要求的"三基点"，即最低温度、最适温度和最高温度。园艺作物根据其起源地不同可分为耐寒、半耐寒、喜温和耐热作物，常见的设施作物，如黄瓜、番茄、辣椒、菜豆等均为喜温作物，最适宜生长温度为 20～30 ℃，超过 40 ℃或低于 10～15 ℃都会引起光合抑制、授粉受精不良，导致落花落果。近年来，全球气候变化，导致异常天气频发，设施内的极端温度对作物产量造成重大影响。目前大多数研究主要针对幼苗阶段的温度胁迫开展，但是作物的生殖发育阶段尤其是花粉发育对温度胁迫最为敏感。本节主要探讨设施温度胁迫对作物花粉发育过程的影响及其调控，作物营养生长阶段对温度胁迫的响应及调控详见第 14 章，在此不做赘述。

11.2.1 设施温度胁迫对花粉发育的影响

花药是雄蕊产生花粉的主要部位，多数被子植物的花药由 4 个花粉囊组成，分为左、右两半，中间由药隔相连。花粉囊壁由表皮、药室内壁、中层以及绒毡层组成。位于花粉囊内的花粉母细胞发育成花粉粒，而位于花粉囊壁最内层的绒毡层不断分泌各种物质为花粉的发育提供营养，直到花粉成熟，绒毡层细胞才自溶消失。花粉母细胞经过减数分裂，产生 4 个聚合在一起的小孢子，称为四分体。小孢子进行 1 次非对称的有丝分裂，形成体积较大的营养细胞和双核的生殖细胞，生殖细胞进一步分裂形成 2 个精子（图 11 - 2）。研究发现，中等程度的高温就能显著降低番茄和甜椒的花粉粒数目、花粉活力以及坐果率。低温能够使鹰嘴豆（*Cicer arietinum*）花败育的比例大幅提高，使鹰嘴豆的花脱落，降低荚果数量。低温还破坏类囊体电子传递，降低核酮糖-1,5-二磷酸羧化酶/加氧酶（ribulose biphosphate carboxylase/oxygenase，Rubisco）的活性及 CO_2 同化效率（Zhou et al.，2004）。对植物有性生殖而言，光合作用速率的下降将最终导致植物用于生殖过程的物质和能量减少。花粉母细胞减数分裂的异常是温度胁迫导致花粉发育缺陷的主要原因。高温可以增加同源染色体联会和同源重组的频率，增加 DNA 损伤形成的可能（Muller et al.，2016）。对玫瑰的研究发现，高温可能影响细胞骨架的动态变化，使纺锤体的运动偏离正常的方向，最终导致减数分裂中染色体的不平衡分配，导致配子体多倍化（Pecrix et al.，2011）。也有学者认为，高温或低温胁迫下绒毡层发育不良以及绒毡层消解提前或迟滞，是造成花粉发育过程中营养无法得到适时补给和花粉数量下降的重要原因。

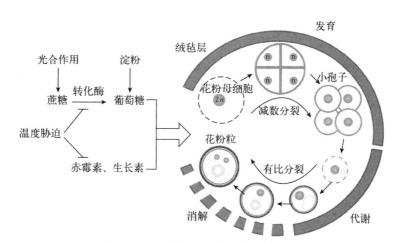

图 11 - 2 温度胁迫对花粉发育的影响

11.2.2 花粉发育中的温度胁迫响应机制

温度胁迫首先引起细胞膜流动性的变化，继而激活细胞膜上的 Ca^{2+} 通道，启动蛋白磷酸级联，调控转录因子诱导基因表达。同时，高温下的非折叠变性蛋白可能被内质网的未折叠蛋白反应（unfolded protein response，UPR）识别系统捕获，并激活 bZIP 转录因子启动抗逆基因表达。细胞质 Ca^{2+} 内流还可激活 ROS 产生，并参与调控高温和低温抗性。研究发现，花粉也能表达 Ca^{2+} 通道基因，而该基因对于高温下花粉的抗逆基因表达非常重要。热休克后还发现花粉的 ROS 水平短时上升，这可能对于花粉的高温驯化具有积极意义（Muller et al.，2016）。因此，生殖器官与营养器官一样可能存在相似的温度响应机制。

热休克因子（heat shock factor，HSF）介导的抗逆基因转录调控是植物高温胁迫响应的重要机制。番茄基因组 HSF 家族含有 27 个成员，可以分为 3 个亚家族，其中 HSFA1、HSFA2 和 HSFB1 是调控高温抗性最重要的成员（Hahn et al.，2011）。番茄花粉在遭受短暂或长时间高温胁迫时 HSFA2 的表达受到强烈诱导，并且在调控花粉高温适应性中具有重要作用，HSFA2 的反义抑制转基因番茄花粉母细胞和小孢子的发育对高温尤其敏感（Fragkostefanakis et al.，2016）。值得注意的是，在正常温度下花粉发育早期也存在 HSFA2 基因的表达，而随后表达逐渐下降，但 HSFA2 在正常温度下调控花粉发育的作用和机制还有待进一步研究。低温与高温所诱导的转录表达模式有很大不同。植物对低温胁迫的主要反应是上调冷信号途径的特异转录调控因子，特别是 CBF/DREB1 转录调控因子，这些转录调控因子可以显著提高抗性基因的表达，从而能够有效地稳定细胞膜结构、稳定渗透压、增强抗氧化能力。

11.2.3 设施作物花粉对温度胁迫的抗性及其调控

激素是介导植物生长发育的重要信号，赤霉素、生长素和乙烯在调控花粉高温抗性中发挥关键的作用。研究发现，番茄赤霉素缺失突变体 gib1 的花药发育在减数分裂之前停滞，而另一赤霉素缺失突变体 gib2 导致花粉发育后期的绒毡层消解出现异常。转录表达谱分析表明，高温胁迫下许多下调的花粉发育关键基因都与赤霉素有关（Plackett et al.，2011）。同样，花药内生长素的水平在高温胁迫下也显著下降，而外源施加生长素能显著提高花粉的高温抗性（Muller et al.，2016）。乙烯在各种逆境胁迫下受到诱导，并且被普遍认为是一种衰老信号，但乙烯对于花粉的高温抗性具有积极作用（Firon et al.，2012）。高温胁迫下番茄花粉中乙烯信号转导相关基因的表达显著上调，但乙烯不敏感突变体 Never ripe（Nr）在高温胁迫下的花粉粒数目和花粉活力显著降低。乙烯合成抑制剂也具有抑制花粉发育的相似作用，而外源乙烯处理可以显著提高花粉的高温抗性。脱落酸在作物低温抗性中起到非常重要的作用，而乙烯、赤霉素和生长素也都参与植物冷信号途径的转导和调控，但是激素在低温下花粉发育中的作用还有待进一步研究。

花粉的发育离不开纤维素和胼胝质等细胞壁物质的合成，这需要将淀粉和蔗糖进行分解以提供碳骨架和能量，其中转化酶对于生殖发育涉及的蔗糖转化利用具有重要作用。高温胁迫下花粉的败育往往伴随着糖代谢的紊乱，高温胁迫导致番茄花药中葡萄糖和果糖水平下降，但蔗糖水平提高，这主要与高温抑制转化酶基因的表达有关。CO_2 加富由于增加碳同化物的供给，可以改善高温下花药内的淀粉和蔗糖转化利用效率，提高花粉活力（Ruan et al.，2012）。遗传学证据进一步表明，抑制番茄转化酶基因 LIN5 的表达导致高温胁迫下落花落果，而增加 LIN5 基因的表达则显著提高坐果率和种子产量。值得注意的是，与高温敏感型番茄品种相比，抗性品种的幼果具有更高的转化酶活性以及更强的蔗糖运输和转化利用能力，高温下抗性品种较高的花粉活力是否与其具有更强的糖代谢能力有关还有待进一步研究。有学者指出，高温下表达热休克蛋白可能有助于转化酶结构的稳定，从而促进糖代谢和花粉发育。

低温能够诱导花粉不育，可能是由于低温破坏绒毡层中的糖代谢过程，并最终导致花粉粒中没有能量物质淀粉的积累，而花粉粒中贮存的糖是为以后花粉管生长提供能量的。还有研究表明，低温通过 ABA 信号途径而使细胞壁上的蔗糖酶和单糖转运蛋白基因下调表达，抑制花药组织中的糖转运，导致相应的花粉不育。

11.3 设施 CO_2 环境对生长发育的调控

植物的生长发育离不开 O_2 和 CO_2，空气中 O_2 的体积分数比较稳定，而 CO_2 的体积分数则随气候、季节和天气而有所变化。在冬春季节光照充足的条件下作物不断从空气中吸收有限的 CO_2，同时封闭或半封闭设施环境中的 CO_2 又得不到外界的及时补充，导致设施内 CO_2 的水平很低，成为产量提高的重要限制因素之一。栽培中常采取适当的手段施加 CO_2，以充分满足植物生长发育的需求。近年来发现，CO_2 加富技术在调控作物产量、品质和抗逆性等方面起作用，是目前设施园艺学研究的热点之一。

11.3.1 CO_2 加富对"源库关系"及生长的调控

CO_2 是作物光合作用的基本原料，CO_2 加富条件下作物的光合速率显著提高，并伴随着植株干物质的积累。但是长期的 CO_2 加富会导致光合能力下降，即光合驯化现象，主要表现在 Rubisco 含量和羧化效率的下降，光合作用产生的糖不能被充分利用而导致累积，并通过己糖激酶（hexokinase，HXK）介导的糖信号改变激素的平衡，加快成熟叶片的衰老进程（Wingler et al.，2006）。目前，导致光合驯化的机理尚不完全明了，"源库关系"的改变可能是其中的重要原因。CO_2 加富下植物的生长受到"库"的限制，导致植物不能充分发挥生长潜力，宏观上表现为光合能力的下降。

植物的成熟叶片是光合作用产生糖的主要"源"，而幼嫩叶片、根系和果实是利用糖的"库"。CO_2 加富下成熟叶片光合速率提高，作为"源"的能力增强，但是此时"库强"不够则会限制植物的生长和产量。CO_2 加富能增强植物根系的生长，但是当土壤氮肥水平或基质容量较低时，设施作物由于根系生长的"库强"较弱，使 CO_2 加富的促生长效果受到限制。生产上 CO_2 加富促进马铃薯光合速率、增加冠层面积、显著增加块茎产量，但是在块茎膨大之前 CO_2 加富则导致光合驯化的现象。许多研究也证明，CO_2 加富能显著促进番茄果实的膨大，并提高产量，但是 CO_2 加富增产的效果具有一定的品种选择性，并且需要配合合理的疏花疏果措施。因此，在生产中利用 CO_2 加富要特别注意保持"源库关系"的平衡，使增产效益最大化。

值得一提的是，根系分泌物的合成以及根际共生也是利用光合产物、调节"源库关系"的重要途径（图 11-3）。豆科作物由于其固氮作用可在某种程度上不受土壤氮肥的限制，并且固氮作用也可作为植物的"库"。因此，当土壤中氮肥水平较低时，CO_2 加富对菜豆（*Phaseolus vulgaris*）、大豆（*Glycine max*）和豌豆的增产效果反而较为明显（Rogers et al.，2006）。此外，作物根系能否与丛枝菌根菌（arbuscular mycorrhizal fungi，AMF）共生，与 CO_2 气肥增产的关系十分密切（Terrer et al.，2016），可能是因为根系与菌根共生可以消耗多余的糖，在提高"库强"的同时增加根系的营养吸收面积，即便在土壤氮肥不充足的情况下，也能体现 CO_2 气肥的增产效益。最新的研究发现，CO_2 加富可促进地上部生长素的合成和极性运输，根系中生长素水平提高能诱导独脚金内酯（strigolactone，SL）生物合成，从而促进根系与菌根共生（Zhou et al.，2019）。

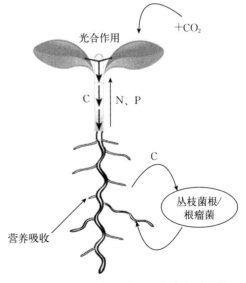

图 11-3 根际共生对 CO_2 加富促进植物
生长的调控
C：糖 N：氮肥 P：磷肥

11.3.2 CO_2 加富对作物品质的调控

CO_2 加富提高光合速率的重要原因是抑制了 Rubisco 的加氧活性，从而减少了光合同化产物由于光呼吸而产生的损失。但是近年来的研究发现，光呼吸对于 C3 作物并不是多余的。无论在低 O_2 或者高 CO_2 等抑制光呼吸的条件下，植物的硝酸盐同化能力均显著降低（Bloom et al.，2010），究其原因，可能是光呼吸涉及的氨基酸代谢与氮同化关系密切。在全球 CO_2 水平提高的背景下，这一重要科学发现已经引起了人们对食品营养 C/N 比例失衡的担忧。在 CO_2 加富下，马铃薯和大豆产品器官的蛋白质含量都有不同程度的下降，并且下降程度随土壤氮肥水平而有变化。但是，温室内 CO_2 加富可以显著增加番茄果实的营养和感官品质，果实的糖、可滴定酸、番茄红素、β-胡萝卜素和抗坏血酸的含量以及果实芳香性物质和着色都得到大幅度提高。CO_2 加富还能增加生菜叶片中花青素和类黄酮的含量，这与 CO_2 促进糖累积，进而通过 MYB 转录因子调控次生代谢相关基因的表达有关（Becker et al.，2016）。

11.3.3 CO_2 加富对设施作物抗性的调控

气孔运动是植物面临外界 CO_2 浓度波动的早期生理响应之一。CO_2 加富能促进气孔关闭，从而使叶肉细胞内的 CO_2 浓度得到缓冲。CO_2 诱导的气孔关闭对调控植物的水分状况具有重要的农业和生态意义。植物保卫细胞中有 CO_2 的受体碳酸酐酶（carbonic anhydrase，CA），其能通过蛋白激酶（OPEN STOMATA1，OST1）调控阴离子通道 SLAC1，促进保卫细胞 Cl^- 外排，从而诱导气孔关闭。此外，CO_2 诱导的气孔关闭也涉及 Ca^{2+}、ROS 和 NO 等第二信号，利用病毒诱导的基因沉默（virus-induced gene silencing，VIGS）阻断番茄 OST1 同源基因的表达，显著抑制 NADPH 氧化酶编码基因 RESPIRATORY BURST OXIDASE HOMOLOG（RBOH）表达，同时降低保卫细胞中 ROS 和 NO 的水平（Shi et al.，2015）。CO_2 加富下气孔的部分关闭可以显著提高番茄根系水分亏缺状态下的水分利用效率，并改善植株整体的水分状态，这对于西北干旱地区设施节水灌溉尤其重要。

CO_2 加富诱导的气孔关闭对于病害抗性也有调控作用。番茄植株 CO_2 加富诱导气孔关闭可以阻止丁香假单胞菌番茄致病变种（Pseudomonas syringae pv. tomato）DC3000 菌株通过气孔侵染番茄叶片。非气孔因素在高浓度 CO_2 诱导的细菌性斑点病和烟草花叶病毒（tobacco mosaic virus，TMV）的抗性中也具有重要作用，可能是由于 CO_2 加富促进了抗病关键信号水杨酸的合成。此外，也有研究报道 CO_2 加富可以改变甜椒组织营养成分的 C/N，显著抑制桃蚜（Myzus persicae）对甜椒的取食，并降低其传播巨细胞病毒（cytomegalovirus，CMV）的能力（Dader et al.，2016）。

CO_2 加富对番茄抗病性的调控可能还与糖的累积有关。近年来研究发现，蔗糖和己糖不仅作为提供植物能量的代谢底物，还是调控植物抗病性的信号。目前，关于糖的受体、信号转导以及下游的转录调控都不甚明了，但是糖代谢中的关键蛋白对于植物抗病性非常重要。例如，番茄转化酶 LIN6 本身可以作为病程相关蛋白（pathogenesis protein，PR），而蔗糖转运蛋白 HT1 参与番茄对黄化曲叶病毒的抗性；糖还可能通过激活丝裂原活化蛋白激酶（mitogen-activated protein kinase，MAPK）磷酸级联调控病害抗性（Bolouri Moghaddam et al.，2013）。但是 CO_2 加富导致番茄对南方根结线虫（Meloidogyne incognita）和棉铃虫（Helicoverpa armigera）的抗性降低，这主要与 JA 信号通路受抑制有关（Zavala et al.，2008）。植物体内的 JA 水平受到生物钟的精确调控，而糖作为最重要的代谢物质与植物的生物钟和激素存在紧密的联系，CO_2 加富对作物抗虫性的负面影响是否与糖调控生物钟有关值得进一步研究。

11.4 设施土壤环境对生长发育的调控

土壤是园艺作物赖以生存的基础，园艺作物生长发育所需要的营养与水分都来自土壤，所以设施内的土壤健康直接关系到作物的产量和品质，是十分重要的环境条件。但是设施栽培与露地栽培相比最大的特点就是作物种植茬次多，生长周期长，施肥量大，根系残留量也较多，容易导致土壤次生盐渍化、自毒物质残留较多以及土传病虫害高发等问题，最终导致连作障碍，降低作物的产量和品质。

11.4.1 次生盐渍化对设施作物的影响

由于温室是一个封闭或半封闭的空间，土壤中积累的盐分不能被自然降水淋洗到地下水中，再加上设施内温度较高，作物生长旺盛，土壤水分蒸发和作物蒸腾作用比露地强，也会加剧土壤表层积聚盐分，对作物造成盐胁迫。高浓度的 Na^+ 降低土壤水势，使植物根系很难吸收到水分，同时，根系吸收的 Na^+ 随水分蒸腾到达地上部在叶中积累，导致细胞离子平衡紊乱，尤其是竞争取代植物生长所必需的 K^+（陈莎莎等，2011）。K^+/Na^+ 比例改变会抑制细胞内酶的活性、蛋白质的合成等，改变激素平衡，干扰正常的代谢过程，引发生长抑制甚至组织坏死。

植物主要通过盐超敏感（salt overly sensitive，SOS）信号转导系统适应高盐环境。植物在感应到盐胁迫后，SOS3 蛋白被 Ca^{2+} 信号激活，并特异性地与 SOS2 蛋白结合诱导其蛋白激酶活性，而 SOS3 和 SOS2 共同调控细胞膜 Na^+/H^+ 逆向转运载体 SOS1 的转录、翻译和蛋白磷酸化，从而促进 Na^+ 的外排，维持细胞内正常的 K^+/Na^+ 比例。在番茄中也证实 SOS1 可以将 Na^+ 排到木质部，但是抑制 SOS1 基因表达引起叶片和根系中积累大量的 Na^+，降低茎中的 Na^+，进一步明确了 SOS1 可以将 Na^+ 外排，从而避免受到盐胁迫的伤害（Olias et al.，2009）。

目前，除了 SOS 系统外，也有关于转录因子参与植物盐胁迫抗性调控的报道，如 bZIP、NAC、WRKY、MYB 和 CBF 等转录因子激活胁迫相关基因表达，调控植物对盐胁迫的抗性。对 T-DNA 突变体库的筛选发现了对盐胁迫高度敏感的番茄突变体 ars1，经基因克隆明确，ARS1 编码一个 R1-MYB 转录因子，该转录因子通过调控气孔关闭和减少蒸腾提高对盐胁迫的抗性（Campos et al.，2016）。近年来，还发现丛枝菌根与番茄和甜椒根系共生能显著提高植株对盐胁迫的抗性，这可能与菌根可以帮助根系获得更多的 K^+，维持营养的平衡有关。

11.4.2 自毒物质对设施作物的影响

自毒现象是指植物产生的化学物质残留在环境中对同科或同种植物的种子萌发及生长发育产生抑制作用的现象。自毒物质大多是植物次生代谢物质，通过根系分泌、植株残茬腐解、淋溶、挥发等途径释放到土壤环境中。酚酸类物质是设施作物中常见的自毒物质，苯甲酸和肉桂酸类化合物通过抑制根系细胞膜 H^+-ATPase 的活性，抑制黄瓜根系的离子吸收和转运，从而抑制生长（Yu et al.，1997）。也有研究发现，黄瓜的根系浸提液、分泌物及苯甲酸和肉桂酸类衍生物能不同程度地抑制黄瓜的光合作用和呼吸作用。

许多自毒物质会导致植物细胞膜去极性，提高膜透性，引起膜质过氧化。研究发现，肉桂酸可以诱导黄瓜根尖细胞 Ca^{2+} 内流，并激活 NADPH 氧化酶产生 ROS，造成氧化胁迫和细胞死亡（Ding et al.，2007）。但是肉桂酸的作用具有一定的物种选择性，例如，黑籽南瓜（*Cucurbita ficifolia*）的根尖细胞 ROS 水平和细胞活力则不受肉桂酸影响。自毒物质诱导的氧化胁迫，不仅会影响细胞膜的稳定性和养分吸收，还会改变细胞周期相关基因的表达，从而抑制黄瓜根尖的细胞分裂（Zhang et al.，2009），但是肉桂酸对黄瓜根尖细胞分裂的抑制作用能够为抗氧化物质抗坏血酸所缓解。此外，蔗糖也可能通过调节细胞的抗氧化能力对细胞生长产生积极的作用，保护细胞免遭自毒物质毒害。

研究还发现，肉桂酸处理后枯萎病发病率显著增加，并显著提高了接种枯萎病后 H_2O_2 和 O_2^- 等氧自由基及膜脂过氧化产物丙二醛（malondialdehyde，MDA）的含量。肉桂酸加剧枯萎病的发生与其导致的氧化胁迫有密切关系（Ye et al.，2006）。单一作物的连续种植形成了特殊的土壤环境，作物根系分泌物和植株残茬腐解物给病原菌提供了丰富的营养和寄主，长期适宜的环境条件使病原菌具有良好的繁殖条件，从而使得病原菌数量不断增加，致使病害蔓延。连作条件下，根系分泌物中的肉桂酸、苯甲酸可以有效促进枯萎菌的生长，显著提高黄瓜和西瓜枯萎病的发病率（韩雪等，2006）。近年来开发的"伴生"模式，将小麦和葱蒜类作物种植在设施作物的行间，利用"伴生"作物根系分泌物直接抑制有害病菌的生长，或者促进根际有益菌的生长，利用微生物间的"相生相克"间接抑制病害的发生，显著缓解了连作障碍。

11.4.3 根结线虫对设施作物的影响

连作障碍的发生除与次生盐渍化和自毒作用有关外，与土传病虫害的发生也有密切的关系，其中南方根结线虫是目前大范围危害设施作物的主要根部病害。番茄对于南方根结线虫非常敏感，并且通过传统的轮作等栽培措施很难克服，在感病土壤中敏感型番茄品种的产量损失达到50%以上。目前，已经从不同番茄种中分离鉴定出多个抗线虫基因（Williamson et al.，2006），其中 *MI-1* 基因已经成功地应用于番茄抗线虫品种选育中。携带 *MI-1* 基因的抗性品种能在根结线虫进入根系的取食位点后，引发组织坏死和超敏感反应，从而阻断取食位点的形成和根结线虫的发育。MI-1 蛋白在识别线虫效应物后诱导 Ca^{2+} 内流、MAPK 蛋白激酶级联和剧烈的 ROS 暴发，因而 *MI-1* 基因介导的抗性具有效应物诱导植物免疫（effector-triggered immunity，ETI）的特征。但是 *MI-1* 基因介导的根结线虫抗性具有温敏性，即在温度高于 28 ℃时，*MI-1* 基因失去活性。此外，HSP90 对于 *MI-1* 基因介导的根结线虫抗性具有重要作用，*MI-1* 基因的温敏性可能与 HSP90 的表达、蛋白稳定性、亚细胞定位或互作蛋白的变化有关，但需要进一步研究证据的支持。最近的研究还发现，线虫间广泛合成了一种保守的信号分子蛔苷（ascaroside），而植物能特异性地识别这种信号分子，并诱导 MAPK 磷酸级联以及 SA 的合成，提高植物对线虫的抗性，这种针对线虫的免疫反应与先天免疫（innate immunity）相类似，不依赖于 *MI-1* 基因，并且在不同物种中具有保守性。蛔苷处理能显著提高拟南芥、番茄和马铃薯对病毒、细菌、真菌等多种病害的抗性（Manosalva et al.，2015），因此，蛔苷或许在未来能很好地解决常规品种缺乏根结线虫抗性基因或抗性基因温敏性的问题。

植物激素在作物抵御根结线虫过程中也具有积极作用。番茄体内一定水平的 SA 对于 *MI-1* 基因介导的根结线虫抗性是必需的，而外源处理 SA 也能提高作物对线虫的抗性（Branch et al.，2004）。研究还发现，接种线虫后番茄抗性品种 SA 信号相关基因的表达要显著高于敏感品种，说明 SA 可能是敏感品种根结线虫抗性的限制因子。此外，还发现乙烯对于番茄敏感品种的根结线虫抗性也具有积极作用。目前，关于 JA 在根结线虫抗性中的作用还存在争议。JA 外源处理番茄叶片能减少敏感品种根结线虫的发病，但是番茄 JA 受体（JASMONATE-INSENSITIVE1，JAI1）缺失导致敏感品种根系的根瘤数目显著降低（Bhattarai et al.，2008），因此推测，根系中 JA 信号转导可能对于番茄的根结线虫抗性没有调控作用，但是叶片感受外源 JA 可能诱导某种可经过维管组织传递的系统信号诱导根系中的根结线虫抗性。

11.4.4 设施不良土壤环境下的系统调控

实现设施作物的绿色、优质、高产栽培，在于明确连作障碍的成因，并在此基础上采取合理措施保证土壤健康及可持续利用。业已证明，次生盐渍化是连作障碍的次要因素，而土传病虫害是主因，自毒物质能加剧病虫害的发生。平衡施肥、合理轮作、适当采取无土栽培是从源头上避免土壤次生盐渍化及土传病虫害高发的有效途径，但是生产中由于管理和生产成本大、技术要求高，导致连作障碍长期得不到解决。目前对于已经产生连作障碍的设施土壤主要采用环境友好型土壤消毒、嫁接以及系统诱导抗性技术加以克服。

11.4.4.1 环境友好型土壤消毒技术

对于土壤消毒，人们常用的方式还是以化学药剂为主，但化学药剂对环境尤其是土壤污染严重，使用过程中对人畜不安全，很多高毒化学药剂已被禁用或者高度限制使用于设施作物生产。近年来，石灰氮被发现是一种较为经济有效且可以改善土壤的化学物质，是一种环境友好型的土壤消毒物质。石灰氮是氰氨化钙（$CaCN_2$）和氧化钙的混合物，施入土壤后，氰氨化钙生成游离的氰胺，氧化钙生成氢氧化钙对微生物有很强的杀灭作用，对枯萎病和根结线虫也具有较好的防治效果，同时也能够抑制土壤中硝化细菌的活性，减少铵态氮因硝化作用而发生的流失（王哲昕等，2014）。此外，夏季对设施土壤淹水也是土壤消毒的较好办法。土壤淹水可以制造无氧环境，减少线虫虫口密度，配合夏季高温以及十字花科植物残茬释放的芥子硫苷等物质对病虫害有较好的杀灭效果。

11.4.4.2 蔬菜嫁接技术

蔬菜嫁接可以改善幼苗质量、克服连作障碍、提高逆境抗性，是目前生产上大规模推广应用的技术。嫁接苗与自根苗相比，在病害抗性、根系活力、逆境耐性、产量与品质等方面有诸多优势。嫁接能提高幼苗对低温、高温、盐害等逆境的抗性，促进养分和水分的吸收利用，增加内源激素的含量，减少根系对土壤中有机污染物的吸收，并缓解重金属对幼苗所造成的伤害（高俊杰等，2009）。嫁接对于枯萎病、黄萎病、疫病等土传病害以及根结线虫具有很好的防治效果（吴凤芝等，2011），某些抗性砧木甚至能提高接穗对病毒病的抗性。尽管有大量报道研究了嫁接对各种生物或非生物逆境抗性的影响，但是对于潜在的生理和分子机理还知之甚少。激素被认为在地下部-地上部信号交流中扮演了重要的角色，许多研究发现嫁接可能通过砧木细胞分裂素、脱落酸、乙烯合成前体氨基环丙烷羧酸等激素的木质部运输改变接穗的内源激素含量，进而改变其生理特性。近年来大量研究证实，高等植物的维管系统内存在长距离信号传导机制，蛋白质、信使 RNA 和小 RNA 都可能在韧皮部中进行长距离运输，并参与系统调控养分吸收、抗逆和抗病防御等不同过程。

11.4.4.3 系统诱导抗性技术

系统诱导抗性是长距离信号传导的一种，即植株叶片遭受理化刺激能诱导根部对多种病虫害的抗性。长距离信号传导有利于植物协调各组织器官之间的功能，以更好地感受并适应环境的变化。例如，BR 处理叶片能显著提高黄瓜敏感品种对枯萎病的抗性，但是 BR 并不是一种可移动激素，其可能通过某种可移动信号的介导提高根部的抗性（Xia et al.，2011）。目前关于介导系统抗性的可移动信号有较大争议，但 ROS 在系统抗性中处于核心地位。Miller 等（2009）利用巧妙的实验设计证明了系统抗性诱导过程中存在"ROS 波"（图 11-4），他们将逆境响应报告基因 *ZAT10* 的启动子与荧光素酶连接，不同胁迫能诱导 *pZAT10∶∶LUC* 以一定速率沿维管组织传播。当在信号传递的路径中用 NADPH 氧化酶的抑制剂（DPI）处理，则基因表达的传播受到阻断。由于 DPI 主要抑制 ROS 的合成，ROS 本身不太可能作为直接介导系统抗性的可移动信号，而在系统抗性传递的过程中 ROS 可能通过 Ca^{2+} 信号调控，并借助 NADPH 氧化酶形成新的 ROS，从而以信号滚动的方式将 ROS 沿维管组织传播并促进系统抗性的表达。ROS 通常与 Ca^{2+}、NO 和 MAPK 等第二信使相伴产生，并与 SA、JA、ABA 等激素构成相互促进的正向反馈循环，激素本身可能并非可移动信号，而 ROS 等第二信使系统以及激素等构成的信号网络可能介导了系统抗性（Xia et al.，2015）。最新的研究发现，根结线虫侵染番茄根系时会诱导植株产生"电信号"并向地上部传递，其表现形式为叶片表面电位的变化，RBOH1 产生的质外体 H_2O_2 介导"电信号"调控叶片 JA 合成，JA 通过长距离运输进入根系，提高番茄对根结线虫的抗性（Wang et al.，2019b）。植物"电信号"的产生与谷氨酸受体（glutamate receptor，GLR）有关（Toyota et al.，2018），根结线虫侵染可能激活 GLR 导致细胞质 Ca^{2+} 内流，从而诱导 RBOH1 及一系列抗性反应，但植物"电信号"的本质及其产生机制还值得在分子水平上进一步探究。

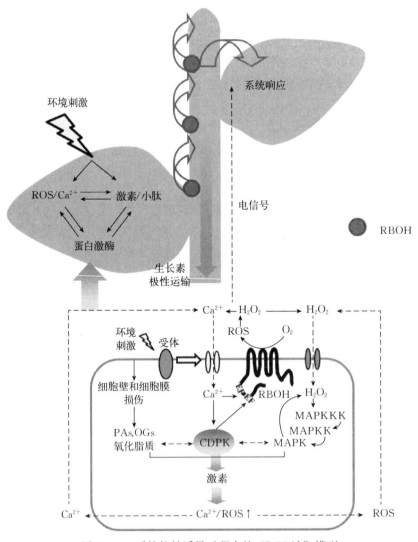

图 11-4 系统抗性诱导过程中的"ROS 波"模型

CDPK：钙依赖型蛋白激酶　MAPK：丝裂原活化蛋白激酶　MAPKK：丝裂原活化蛋白激酶激酶　MAPKKK：丝裂原活化蛋白激酶激酶激酶　OGs：寡聚半乳糖醛酸　PAs：磷脂酸　RBOH：NADPH 氧化酶　ROS：活性氧

（Xia et al.，2015，略有修改）

11.5　研究展望

现代设施农业的发展方向是在育苗、定植、栽培、施肥、灌溉等过程中根据作物生长特点自动调节温室内光照、温度、CO_2 浓度等，为作物创造最适宜的生长环境，实现设施园艺向工厂化、数字化、智能化发展（蒋卫杰等，2015）。发光二极管（LED）是一种基于半导体材料的新型照明设备，具有发光效率高、耗电量少、使用寿命长和安全可靠性强等优点，是节能型温室补光设备。更重要的是，LED 发射的是单色光，通过不同 LED 光谱的组合，可以满足设施作物不同发育阶段对光质的要求（刘文科等，2014；杨有新等，2014）。最新的研究还发现，远红光可以显著增加番茄对低温的抗性（Wang et al.，2016）。光质能否提高作物对高温的抗性尚未见报道，但这一发现说明适当调整温室内的光照环境能降低作物对设施内的温度要求，从而降低温度控制的能耗。实现光温耦合可能是今后设施环境控制的一个方向。此外，CO_2 加富对于作物的生理代谢、生长发育和抗逆、抗病性具有普遍且重要的影响，但关于 CO_2 加富对植物的调控作用及其机制的研究尚处于起步阶段。近年来发展的微生物发酵法是一种绿色环保型 CO_2 加富技术，该方法利用作物秸秆和猪粪或牛粪，在微生物接种后通过发酵作用，持续稳定地补充温室内的 CO_2，并提高温室内的温度，发酵后的秸秆还田还具有改良土壤微生物群落结构、缓解连作障碍的作用。如何简化 CO_2 施肥的微生物发酵技术，并实现设施气体和土壤环境的耦合调控，也需要今后进一步研究。

设施环境变化对作物生长发育调控的机制一直是园艺学理论研究的热点。激素是调控植物生长发育的关键信号，今后需要进一步研究激素介导环境信号调控植物生长发育的机制。需要注意的是，ROS 信号可能处于环境信号、激素信号和发育信号三者相互作用的交叉点。环境因子诱导的 ROS 时空变化调控激素的合成、运输、定位以及信号转导，从而影响激素介导的生长发育和抗逆防御。ROS 还能通过硫氧还蛋白/谷氧还蛋白对激素信号转导关键蛋白的巯基进行快速、可逆的氧化还原修饰并调控其功能。但不同的 ROS 时空动态如何受调控并参与不同环境或发育信号介导的生理过程尚有待进一步研究。近年来，多种园艺作物的基因组相继被测序，同时，转基因技术和基于 CRISPR/Cas9 的基因编辑技术日渐成熟，这些为设施园艺的基础理论研究奠定了基础。

（夏晓剑　喻景权　编写）

主要参考文献

陈莎莎，兰海燕，2011. 植物对盐胁迫响应的信号转导途径 [J]. 植物生理学报，47（2）：119-128.

崔瑾，马志虎，徐志刚，等，2009. 不同光质补光对黄瓜、辣椒和番茄幼苗生长及生理特性的影响 [J]. 园艺学报，36（5）：663-670.

高俊杰，秦爱国，于贤昌，2009. 低温胁迫对嫁接黄瓜叶片抗坏血酸-谷胱甘肽循环的影响 [J]. 园艺学报，36（2）：215-220.

韩雪，吴凤芝，潘凯，2006. 根系分泌物与土传病害关系之研究综述 [J]. 中国农学通报，22（3）：316-318.

蒋卫杰，邓杰，余宏军，2015. 设施园艺发展概况、存在问题与产业发展建议 [J]. 中国农业科学，48（17）：3515-3523.

刘文科，杨其长，2014. LED 植物光质生物学与植物工厂发展 [J]. 科技导报，32（10）：25-28.

王峰，蔡加星，喻景权，等，2014. 光质和光敏色素在植物逆境响应中的作用研究进展 [J]. 园艺学报，41（9）：1861-1872.

王哲昕，吴凤芝，肖万里，等，2014. 填闲小麦、石灰氮消毒和秸秆反应堆对日光温室黄瓜生长及根区土壤酶活性的影响 [J]. 中国蔬菜（7）：23-29.

吴凤芝，安美君，2011. 西瓜枯萎病抗性及其嫁接对根际土壤微生物数量及群落结构的影响 [J]. 中国农业科学，44（22）：4636-4644.

喻景权，2011. "十一五" 我国设施蔬菜生产和科技进展及其展望 [J]. 中国蔬菜（2）：11-23.

喻景权，2014. 蔬菜生长发育与品质调控：理论与实践 [M]. 北京：科学出版社.

Abelenda J A, Cruz-Oro E, Franco-Zorrilla J M, et al, 2016. Potato stconstans-like1 suppresses storage organ formation by directly activating the FT-like Stsp5g repressor [J]. Current Biology, 26：872-881.

Barbier F, Peron T, Lecerf M, et al, 2015. Sucrose is an early modulator of the key hormonal mechanisms controlling bud outgrowth in *Rosa hybrid* [J]. Journal of Experimental Botany, 66：2569-2582.

Becker C, Klaring H P, 2016. CO_2 enrichment can produce high red leaf lettuce yield while increasing most flavonoid glycoside and some caffeic acid derivative concentrations [J]. Food Chemistry, 199：736-745.

Bhattarai K K, Xie Q G, Mantelin S, et al, 2008. tomato susceptibility to root-knot nematodes requires an intact jasmonic acid signaling pathway [J]. Molecular Plant-Microbe Interactions, 21：1205-1214.

Bloom A J, Burger M, Rubio-Asensio J S, et al, 2010. Carbon dioxide enrichment inhibits nitrate assimilation in wheat and *Arabidopsis* [J]. Science, 328：899-903.

Bolouri Moghaddam M R, van den Ende W, 2013. Sweet immunity in the plant circadian regulatory network [J]. Journal of Experimental Botany, 64：1439-1449.

Branch C, Hwang C F, Navarre D A, et al, 2004. Salicylic acid is part of the Mi-1-mediated defense response to root-knot nematode in tomato [J]. Molecular Plant-Microbe Interactions, 17：351-356.

Campos J F, Cara B, Perez-Martin F, et al, 2016. The tomato mutant Ars1 (altered response to salt stress 1) identifies an R1-type MYB transcription factor involved in stomatal closure under salt acclimation [J]. Plant Biotechnology Journal, 14（6）：1345-1356.

Chincinska I A, Liesche J, Krugel U, et al, 2008. Sucrose transporter stsut4 from potato affects flowering, tuberization, and shade avoidance response [J]. Plant Physiology, 146：515-528.

Dader B, Fereres A, Moreno A, et al, 2016. Elevated CO_2 impacts bell pepper growth with consequences to *Myzus persicae* life history, feeding behaviour and virus transmission ability [J]. Scientific Reports, 6：19120.

Ding J, Sun Y, Xiao C L, et al, 2007. Physiological basis of different allelopathic reactions of cucumber and figleaf gourd plants to cinnamic acid [J]. Journal of Experimental Botany, 58（13）：3765-3773.

Firon N, Pressman E, Meir S, et al, 2012. Ethylene is involved in maintaining tomato（*Solanum lycopersicum*）pollen quality under heat-stress conditions [J]. AoB Plants, SI：pls024.

Fragkostefanakis S, Mesihovic A, Simm S, et al, 2016. Hsfa2 controls the activity of developmentally and stress-regulated heat stress protection mechanisms in tomato male reproductive tissues [J]. Plant Physiology, 170（4）：2461-2477.

Giliberto L, Perrotta G, Pallara P, et al, 2005. Manipulation of the blue light photoreceptor cryptochrome 2 in tomato affects vegetative development, flowering time, and fruit antioxidant content [J]. Plant Physiology, 137：199-208.

Hahn A, Bublak D, Schleiff E, et al, 2011. Crosstalk between Hsp90 and Hsp70 chaperones and heat stress transcription factors in tomato [J]. The Plant Cell, 23：741-755.

Hecht V, Knowles C L, Schoor J K V, et al, 2007. Pea LATE BLOOMER1 is a GIGANTEA ortholog with roles in photoperiodic flowering, deetiolation, and transcriptional regulation of circadian clock gene homologs [J]. Plant Physiology, 144：648-661.

Imaizumi T, 2010. Arabidopsis circadian clock and photoperiodism：time to think about location [J]. Current Opinion in Plant Biology, 13：83-89.

Lau O S, Deng X W, 2010. Plant hormone signaling lightens up：integrators of light and hormones [J]. Current Opinion in Plant Biology, 13：571-577.

Li Y，Yu J Q，Ye Q J，et al，2003. Expression of Cycd3 is transiently increased by pollination and *N*-2-chloro-4-pyridyl-*N*′-phenylurea in ovaries of *Lagenaria leucantha* [J]. Journal of Experimental Botany，54（385）：1245 – 1251.

Liu X，Cohen J D，Gardner G，2011. Low-fluence red light increases the transport and biosynthesis of auxin [J]. Plant Physiology，157：891 – 904.

Liu C C，Ahammed G J，Wang G T，et al，2018. Tomato *CRY1a* plays a critical role in the regulation of phytohormone homeostasis，plant development，and carotenoid metabolism in fruits [J]. Plant Cell and Environment，41：354 – 366.

Llorente B，D′Andrea L，Ruiz-Sola M A，et al，2016. Tomato fruit carotenoid biosynthesis is adjusted to actual ripening progression by a light-dependent mechanism [J]. Plant Journal，85：107 – 119.

Manosalva P，Manohar M，von Reuss S H，et al，2015. Conserved nematode signalling molecules elicit plant defenses and pathogen resistance [J]. Nature Communications，6：7795.

Melo N K G，Bianchetti R E，Lira B S，et al，2016. Nitric oxide，ethylene，and auxin cross talk mediates greening and plastid development in deetiolating tomato seedlings [J]. Plant Physiology，170（4）：2278 – 2294.

Miller G，Schlauch K，Tam R，et al，2009. The plant NADPH oxidase RBOHD mediates rapid systemic signaling in response to diverse stimuli [J]. Science Signaling，2：ra45.

Muller F，Rieu I，2016. Acclimation to high temperature during pollen development [J]. Plant Reproduction，29：107 – 118.

Nashilevitz S，Melamed-Bessudo C，Izkovich Y，et al，2010. An orange ripening mutant links plastid nadph dehydrogenase complex activity to central and specialized metabolism during tomato fruit maturation [J]. The Plant Cell，22：1977 – 1997.

Olías R，Eljakaoui Z，Li J，et al，2009. The plasma membrane Na^+/H^+ antiporter SOS1 is essential for salt tolerance in tomato and affects the partitioning of Na^+ between plant organs [J]. Plant Cell and Environment，32：904 – 916.

Pecrix Y，Rallo G，Folzer H，et al，2011. Polyploidization mechanisms：temperature environment can induce diploid gamete formation in *Rosa* sp. [J]. Journal of Experimental Botany，62（10）：3587 – 3597.

Plackett A R G，Thomas S G，Wilson Z A，et al，2011. Gibberellin control of stamen development：a fertile field [J]. Trends in Plant Science，16：568 – 578.

Rogers A，Gibon Y，Stitt M，et al，2006. Increased C availability at elevated carbon dioxide concentration improves N assimilation in a legume [J]. Plant Cell and Environment，29：1651 – 1658.

Ruan Y L，Patrick J W，Bouzayen M，et al，2012. Molecular regulation of seed and fruit set [J]. Trends in Plant Science，17：656 – 665.

Shi K，Li X，Zhang H，et al，2015. Guard cell hydrogen peroxide and nitric oxide mediate elevated CO_2-induced stomatal movement in tomato [J]. New Phytologist，208：342 – 353.

Tang X F，Miao M，Niu X L，et al，2016. Ubiquitin-conjugated degradation of Golden 2-like transcription factor is mediated by CUL4-DDB1-Based E3 ligase complex in tomato [J]. New Phytologist，209：1028 – 1039.

Terrer C，Vicca S，Hungate B A，et al，2016. Mycorrhizal association as a primary control of the CO_2 fertilization effect [J]. Science，353：72 – 74.

Toyota M，Spencer D，Sawai-Toyota S，et al，2018. Glutamate triggers long-distance，calcium-based plant defense signaling [J]. Science，361：1112 – 1115.

Wang F，Guo Z X，Li H Z，et al，2016. Phytochrome A and B function antagonistically to regulate cold tolerance via abscisic acid-dependent jasmonate signaling [J]. Plant Physiology，170：459 – 471.

Wang F，Wu N，Zhang L Y，et al，2018. Light signaling-dependent regulation of photoinhibition and photoprotection in tomato [J]. Plant Physiology，176：1311 – 1326.

Wang F，Zhang L Y，Chen X X，et al，2019a. SlHY5 integrates temperature，light，and hormone signaling to balance plant growth and cold tolerance [J]. Plant Physiology，179（2）：749 – 760.

Wang G T，Hu C Y，Zhou J，et al，2019b. Systemic root-shoot signaling drives jasmonate-based root defense against nematodes [J]. Current Biology，29：3430 – 3438.

Weller J L，Foo E M，Hecht V，et al，2015. Ethylene signaling influences light-regulated development in pea [J]. Plant Physiology，169：115 – 124.

Williamson V M，Kumar A，2006. Nematode resistance in plants：the battle underground [J]. Trends in Genetics，22：396 – 403.

Wingler A，Purdy S，MacLean J A，et al，2006. The role of sugars in integrating environmental signals during the regulation of leaf senescence [J]. Journal of Experimental Botany，57：391 – 399.

White A C，Rogers A，Rees M，et al，2016. How can we make plants grow faster? A source-sink perspective on growth rate [J]. Journal of Experimental Botany，67（1）：31 – 45.

Xia X J，Wang Y J，Zhou Y H，et al，2009. Reactive oxygen species are involved in brassinosteroid-induced stress tolerance in cucumber [J]. Plant Physiology，150：801 – 814.

Xia X J，Zhou Y H，Ding J，et al，2011. Induction of systemic stress tolerance by brassinosteroid in *Cucumis sativus* [J]. New Phytologist，191：706 – 720.

Xia X J，Zhou Y H，Shi K，et al，2015. Interplay between reactive oxygen species and hormones in the control of plant development and stress tolerance [J]. Journal of Experimental Botany，66：2839 – 2856.

Ye S F，Zhou Y H，Sun Y，et al，2006. Cinnamic acid causes oxidative stress in cucumber roots，and promotes incidence of fusarium wilt [J]. Environmental and Experimental Botany，56：255 – 262.

Yoshida S，Mandel T，Kuhlemeier C，2011. Stem cell activation by light guides plant organogenesis [J]. Genes & Development，25（13）：1439 – 1450.

Yu J Q，Huang L F，Hu W H，et al，2004. A role for brassinosteroids in the regulation of photosynthesis in *Cucumis sativus* [J]. Journal of Experimental Botany，55：1135 – 1143.

Yu J Q，Matsui Y，1997. Effects of root exudates of cucumber *Cucumis sativus* and allelochemicals on ion uptake by cucumber seedlings [J]. Journal of Chemical Ecology，23：817 – 827.

Zavala J A，Casteel C L，DeLucia E H，et al，2008. Anthropogenic increase in carbon dioxide compromises plant defense against invasive insects [J]. Proceedings of the National Academy of Sciences of the United States of America，105：5129 – 5133.

Zhang Y，Gu M，Shi K，et al，2010. Effects of aqueous root extracts and hydrophobic root exudates of cucumber（*Cucumis sativus* L.）on nuclei DNA content and expression of cell cycle-related genes in cucumber radicles [J]. Plant and Soil，327：455 – 463.

Zhou Y H，Yu J Q，Huang L F，et al，2004. The relationship between CO_2 assimilation，photosynthetic electron transport and water-water cycle in chill-exposed cucumber leaves under low light and subsequent recovery [J]. Plant Cell and Environment，27：1503 – 1514.

Zhou Y H，Zhang Y Y，Zhao X，et al，2009. Impact of light variation on development of photoprotection，antioxidants，and nutritional value in *Lactuca sativa* L. [J]. Journal of Agricultural and Food Chemistry，57：5494 – 5500.

Zhou Y H，Ge S B，Jin L J，et al，2019. A novel CO_2-responsive systemic signaling pathway controlling plant mycorrhizal symbiosis [J]. New Phytologist，224：106 – 116.

12 果实糖酸代谢及其调控

【本章提要】糖和有机酸是影响果实品质的重要指标。本章主要从果实糖酸组成、代谢途径及其关键酶和基因、糖酸积累特点、影响因素和调控措施及机制等入手，介绍果实糖酸代谢及其调控。

12.1 果实中糖代谢与调控

12.1.1 果实中糖的组分及其代谢总览

按照糖的积累类型及特点，大致可将果实分为淀粉转化型、糖直接积累型、中间型3种类型。淀粉转化型果实基本上属于呼吸跃变型果实；糖直接积累型果实仅在果实生长发育早期有极少量淀粉积累，其余均以可溶性糖的形式输入果实并贮藏于液泡中，此类多为非跃变型果实，如柑橘、草莓、葡萄、荔枝、龙眼等；中间型果实在发育早中期将输入的光合产物转化为淀粉进行积累，到果实发育后期，一方面光合产物以糖的形式直接输入，同时，淀粉开始水解转入糖代谢，从而使果实糖含量上升，属于此类的果实有苹果、桃、梨等，也多为呼吸跃变型果实。果实中的糖随着果实发育不断积累，不同品种的糖的成分构成、积累模式都不相同（张上隆等，2007）。

果实中积累的糖分主要为果糖、葡萄糖和蔗糖，另有少量糖醇如山梨醇、肌醇。这些糖代谢之间有着密切的联系，在一系列酶催化下相互转化（图12-1）。

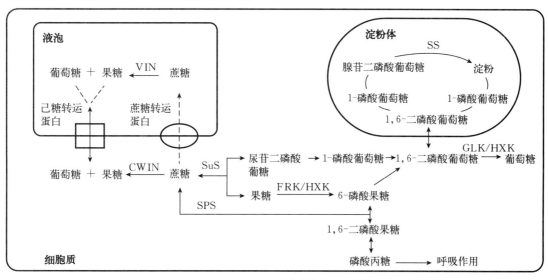

图12-1　果实细胞中糖代谢模式图

SS：淀粉合成酶　SuS：蔗糖合成酶　SPS：蔗糖磷酸合成酶　CWIN：细胞壁蔗糖转化酶　VIN：液泡蔗糖转化酶
GLK：葡萄糖激酶　FRK：果糖激酶　HXK：己糖激酶

12.1.2　蔗糖代谢

蔗糖由葡萄糖和果糖以 α-1,2-糖苷键连接，属于非还原糖，它是植物体内最重要的二糖，既是植物体中有机物运输的主要形式，也是植物组织中糖类贮藏和积累的主要形式。

12.1.2.1　蔗糖代谢相关酶

参与蔗糖代谢相关的酶主要有 3 种，即蔗糖磷酸合酶、蔗糖合酶和转化酶。

（1）蔗糖磷酸合酶。蔗糖磷酸合酶（sucrose phosphate synthase，SPS）是一种存在于细胞质的可溶性酶，其最适 pH 约为 7.0。SPS 以尿苷二磷酸葡糖（uridine diphosphate glucose，UDPG）为供体，催化 UDPG 与 6-磷酸果糖生成 6-磷酸蔗糖。6-磷酸蔗糖在蔗糖磷酸化酶（sucrose phosphorylase，SPP）的作用下脱磷酸并水解形成蔗糖和磷酸根离子（PO_4^{3-}），此反应基本为不可逆的，故 SPS 催化生成蔗糖实际上是不可逆的。

（2）蔗糖合酶。蔗糖合酶（sucrose synthase，SuS）以可溶性状态存在于细胞质中或不可溶性状态附着在细胞膜上，其主要催化如下反应：蔗糖＋尿苷二磷酸 $\Longleftrightarrow$ 果糖＋尿苷二磷酸葡糖。SuS 既可催化蔗糖的分解，又可催化蔗糖的合成，但通常以分解作用为主（Kleczkowski et al.，2010）。

（3）蔗糖转化酶。转化酶（invertase，Ivr）将蔗糖不可逆地催化水解成葡萄糖和果糖。根据其亚细胞定位不同，可分为细胞壁蔗糖转化酶（cell wall invertase，CWIN）、液泡蔗糖转化酶（vacuolar invertase，VIN）和细胞质蔗糖转化酶（cytoplasmic invertase，CIN）。根据其 pH 不同，如 CWIN 和 VIN 最适 pH 为 4.5～5.0，故称为酸性转化酶；而 CIN 最适 pH 为 7.0～7.8，因此 CIN 也称为中性转化酶。除了在初级碳代谢中发挥功能以外，蔗糖转化酶还广泛参与了植物生长发育的调节过程（Ruan et al.，2009）。

12.1.2.2　蔗糖代谢相关酶功能

（1）蔗糖磷酸合酶。SPS 在蔗糖积累过程中扮演着重要角色，单子叶植物中，SPS 基因家族一般分为 A、B、C 和 D 4 类；双子叶植物中，则分为 A、B 和 C 3 类。不同家族分类的 SPS 基因功能各不相同，如烟草中，当 SPS-C 被抑制后，淀粉不能被有效降解而合成蔗糖，说明 SPS-C 与淀粉降解后蔗糖的合成密切相关，而抑制 SPS-A 没有观察到明显的表型变化（Chen et al.，2005）。因此，克隆不同植物不同家族的 SPS 基因具有重要意义。SPS 基因首先在玉米中得以克隆，之后在马铃薯、甜菜、甘蔗等植物中也获得了克隆，而果实中，如番茄、猕猴桃、香蕉和桃等也已经分离获得了 SPS 基因。大多数研究表明，SPS 基因表达与蔗糖积累成正相关。苹果果实发育前期，SPS 表达丰度很低，而随着果实成熟，SPS 活性逐渐升高，其蔗糖含量也逐渐上升。过表达 SPS 可显著提高果实中蔗糖的含量（Zhang et al.，2010），而反义抑制 SPS 基因表达的甜瓜果实中，SPS 活性与蔗糖含量显著降低（Tian et al.，2011）。

（2）蔗糖合酶。SuS 是蔗糖代谢调节中的关键酶，兼具合成和分解蔗糖的功能。蔗糖合酶可分为 3 大家族，即 SuS 族、SuS1 族和 SuSA 族。目前，研究者已经从包括玉米、水稻和拟南芥等植物中成功将 SuS 基因克隆出来，而在果实中，如番茄、柑橘、桃和梨等，SuS 也被相继发现。SuS 的生理作用广泛，如调节蔗糖代谢、参与细胞构建、调节淀粉合成和提高植物抗性等。在梨（Tanase et al.，2000）等果实发育过程中，产生了 2 种不同形式的 SuS，即 SuS1 和 SuS2。SuS1 在未成熟果实中主要起分解蔗糖的作用，特别在坐果时分解活性最高，为细胞壁构建或为糖酵解提供底物；而 SuS2 则在成熟果实中起积累蔗糖的作用。Moscatello 等（2011）在研究海沃德猕猴桃果实发育进程中的糖代谢时发现，直至果实成熟前，SuS 均为最关键的蔗糖裂解酶。在柑橘果实中，分离得到了 6 个 SuS 基因（CitSuS1～CitSuS6），并对其在不同组织器官表达进行研究，发现 CitSuS1 和 CitSuS2 主要在果肉中表达，CitSuS3 和 CitSuS4 主要在幼叶中表达，而 CitSuS5 和 CitSuS6 则主要在成熟叶和果实中表达；此外，干旱条件下，6 个基因表达模式各不相同，证明其可能通过响应干旱进而调控蔗糖积累过程（Islam et al.，2014）。

（3）蔗糖转化酶。蔗糖转化酶主要包括 CWIN、VIN 和 CIN 3 类。通常，CWIN 在"库"组织的胞质外分解蔗糖，其产物通过己糖转运蛋白运输到"库"组织中。CWIN 与果实中蔗糖含量密切相关，在过表达 CWIN 抑制剂基因 Sly-INH 番茄植株中，CWIN 活性明显受到抑制，相反，果实中蔗糖含量却达到野生型果实的 2 倍以上（Zhang et al.，2015）。此外，CWIN 还参与植物花粉与种子发育调控，烟草特异表达的一个 CWIN 基因 Nin88 受到反义抑制后，花粉的早期发育受到阻碍，因此引发雄性不育（Ruan et al.，2010）。

VIN 主要存在于液泡中，在调控己糖和蔗糖水平的过程中发挥作用，并且与果实发育、成熟相关。己糖积累型的番茄果实成熟过程中，VIN 活性大幅度提高，而蔗糖积累型番茄果实中 VIN 活性一直较低；反义抑制 TIV1 表达的番茄果实，不仅果实变小，而且成熟果实中的蔗糖含量大量累积（Klann et al.，1996）。此外，研究表明 VIN 在花粉萌发与花粉管生长过程中也起到重要作用，通过调节蔗糖水解成己糖的过程，从而为其提供碳源（Goetz et al.，2017）。

CIN 为中性蔗糖转化酶，其活性远远低于酸性蔗糖转化酶（CWIN 和 VIN）。CIN 主要存在于胞质中，将蔗糖水解为己糖，通过三羧酸循环释放能量。CIN 的作用主要体现在植物生长发育方面。拟南芥 A/N-InvH 具有多重功能，其在顶端分生组织和生殖器官中表达，A/N-InvH 敲除突变体抑制植株茎的伸长，延后开花时间，阻止活性氧的产生，盐胁迫和干旱胁迫能增加 A/N-InvH 表达水平（Battaglia et al.，2017）。CIN 编码基因 LjINV1 突变后，影响了细胞增殖和膨大，导致根部和地上部植物生长都严重受阻，花粉的形成及正常开花也受到阻碍，这表明 CIN 也可参与植物器官建成（Welham et al.，2009）。

12.1.3　己糖代谢

12.1.3.1　己糖代谢相关酶

己糖磷酸化对维持植物合成淀粉和呼吸有不可或缺的作用，进入糖酵解途径后的磷酸化己糖，为植物生理活动提供能量和中间代谢产物。催化己糖磷酸化的酶，据其底物特异性和功能不同分为己糖激酶（hexokinase，HXK）、葡萄糖激酶（glucokinase，GLK）和果糖激酶（fructokinase，FRK）。HXK 既可催化果糖，又可催化葡萄糖，而葡萄糖是其最适底物，故多数研究者对 GLK 和 HXK 不加区分，将催化己糖磷酸化的酶只分为己糖激酶和果糖激酶两种。HXK 催化己糖代谢第一步不可逆反应，构成植物或其他有机体代谢活动的关键调控步骤。FRK 主要是使果糖磷酸化的酶，在"库"组织的代谢和分配中起主要作用。

12.1.3.2　己糖代谢相关酶功能

HXK 存在于细胞胞质溶胶、线粒体、质体、细胞核和高尔基体中，HXK 定位不同可导致其功能的差异。植物体中，HXK 可催化己糖磷酸化，与己糖含量密切相关。拟南芥中，HXK 家族中的 3 个成员 AtHXK1、AtHXK2 和 AtHXK3 可使葡萄糖磷酸化，而定位于质体中的 AtHXK3 只有催化功能（Karve et al.，2010）。葡萄果实发育前期，HXK 活性高，果实中己糖含量低，而随果实发育成熟，HXK 活性降低，果实己糖含量升高（Wang et al.，2014）。HXK

也可参与信号转导途径调控。研究表明，反义抑制 $AtHXK1$ 基因的拟南芥植株对外源葡萄糖的敏感性明显降低，而过表达植株则对外源的葡萄糖高度敏感（Karve et al.，2010）。同时，HXK 也可调节植物生长发育。Lugassi 等（2015）将 $AtHXK1$ 过表达到柑橘保卫细胞中，研究其保卫细胞发育情况，结果表明，与番茄、拟南芥类似，HXK 可以通过调节保卫细胞促使气孔关闭来协调植物中的光合作用和蒸腾作用，进而影响植物生长发育。此外，HXK 还可参与调控花青素合成，苹果中，MdHXK1 可以通过调节与花青苷相关转录因子 MdbHLH3，进而调控果实花青苷的积累（Hu et al.，2016）。

FRK 在植物基础代谢中通过催化果糖的磷酸化，从而影响糖酵解的过程。FRK 定位各不相同，番茄中存在 4 个 FRK 编码基因成员：$LeFRK1$、$LeFRK2$、$LeFRK3$ 和 $LeFRK4$，其中，$LeFRK3$ 定位于质体中，而其他 3 个果糖激酶基因 $LeFRK1$、$LeFRK2$ 和 $LeFRK4$ 位于细胞质中（Damari - Weissler et al.，2009）。FRK 活性与果糖含量密切相关。Qin 等（2014）研究分析，枇杷果实发育前期果实中 FRK 编码基因 $EjFRK$ 表达丰度很高，FRK 酶活性也高，相应地，果实中果糖含量很低。FRK 也可能参与淀粉的合成，但对反义抑制 FRK 的番茄植株，FRK 与淀粉积累并无直接关系（Granot et al.，2014）。除了在糖代谢过程中的作用外，FRK 还参与植物发育中许多其他过程，如番茄中，FRK2 与维管束发育密切相关，而 $SlFRK3$ 可调控木质部导管发育过程（Stein et al.，2016）。

12.1.4　山梨醇代谢

12.1.4.1　山梨醇代谢相关酶

山梨醇属于六碳糖醇类，又称蔷薇醇、清凉茶醇，是蔷薇科植物主要的光合产物、运输物质和贮藏物质。参与山梨醇代谢的酶主要包括 3 种：6 -磷酸山梨醇脱氢酶（NADP$^+$ - dependent sorbitol - 6 - phosphate dehydrogenase，S6PDH）、山梨醇脱氢酶（sorbitol dehydrogenase，SDH）和山梨醇氧化酶（sorbitol oxidase，SOX）。S6PDH 是山梨醇合成的关键酶，SDH 的主要功能是分解山梨醇，而 SOX 则主要将山梨醇氧化成葡萄糖。

12.1.4.2　山梨醇代谢相关酶功能

S6PDH 主要分布在叶绿体和液泡中，主要负责山梨醇的合成过程。Kim 等（2007）从梨中分离得到了一个 $PyS6PDH$ 基因，并对其表达模式进行了分析，结果表明，花后 30 d $PyS6PDH$ 表达量达到最高，随着叶片衰老，$PyS6PDH$ 表达量开始降低，山梨醇合成量也减少。

SDH 有 NAD$^+$ 型和 NADP$^+$ 型两类，NAD$^+$-SDH 的主要功能是将山梨醇分解为果糖。Dai 等（2015）利用 RNA - seq 技术从梨果实中分离得到了 14 个 SDH 编码基因，并分析了其在翠冠和翠玉两个品种中的表达模式，结果表明，翠冠中 $PpySDHs$ 基因表达丰度要高于翠玉，与之对应，翠冠中糖含量以及果糖/山梨醇比率较高。Li 等（2016）在研究枇杷果实时发现，成熟白肉枇杷果实中 $NAD^+ - SDH$ 基因表达比红肉果实要低，而果糖含量却较红肉果实高。

目前，关于 SOX 的研究报道较少，有少数研究表明 SOX 主要定位于质膜上，也有部分分布在细胞壁与质膜之间的间隙中，而 SOX 的具体功能则有待进一步研究。

12.1.5　果实中糖的转运

12.1.5.1　糖在韧皮部装载

叶片同化的光合产物是果实糖积累的主要来源，植物体内，韧皮部是传输有机物的主要组织，在大多数植物韧皮部汁液中，最丰富的化合物是蔗糖，因此，大部分果树是以蔗糖为光合产物的主要运输形态，通过韧皮部运输进入果实代谢与积累途径中。另有一些果树种类，糖的主要运输形态是甘露糖、山梨醇、棉子糖等。

韧皮部装载的方式主要有 3 种：质外体装载、共质体运输和扩散。其中，质外体装载和共质体运输为主动运输，而扩散为被动运输（Rennie et al.，2009）。质外体装载主要是将新合成的蔗糖通过胞间连丝中的共质体扩散到维管束鞘细胞中，然后进入薄壁细胞，装载进质外体，在此过程中，蔗糖必须跨过质外体到筛管和/或伴胞之间的细胞膜才能进入下一步的长距离运输。在质外体装载中，跨膜运输需要质膜上的蔗糖转运蛋白（sucrose transporter，SUT）和质子泵（H^+-ATPase）的参与共同实现，其中质子泵负责提供能量（Turgeon，2010）。共质体运输中，蔗糖通过胞间连丝中的共质体从叶肉细胞移动到中间细胞，再进一步到伴胞中，然后合成棉子糖、水苏糖等寡聚糖。而扩散指蔗糖被动地从叶肉细胞流向细脉中的韧皮部。

12.1.5.2　糖在韧皮部卸载

光合产物经韧皮部运输进入果实后，通过韧皮部卸出进入果实中的贮藏薄壁细胞进行代谢与积累，这个过程包括蔗糖穿过筛管-伴胞复合体边界，称为筛管卸载。筛管卸载主要包括共质体卸载和质外体卸载两种，这两种途径在不同果实中都存在。在共质体卸载途径中，经过运输的蔗糖通过筛管-伴胞之间的胞间连丝进入"库"，不涉及跨膜运输，不依赖能量。筛管卸载后的蔗糖或被转化酶水解成的单糖通过一系列的运输最终到达"库"组织的过程称为筛管后运输。筛管后运输同样可以分成质外体运输、共质体运输和涉及质外体运输的共质体途径。

12.1.5.3　糖在液泡内的积累

细胞的液泡是果实积累糖分的主要细胞器，果实中，糖进入液泡的方式主要有 3 种：一种是利用细胞液泡膜上的转运蛋白系统，这种方式需要消耗能量并在载体介导下进行，是一种主动运输方式；另外两种是简单扩散和易化扩散，这两种方式类似，均是蔗糖以扩散的形式从高浓度向低浓度运输到液泡中。糖在液泡内的贮存机制已有较多研究，近年来，随着生化研究技术的发展，对液泡膜上的糖转运蛋白分离和功能研究也越发深入，不同类型转运蛋白也得到了鉴定分析，如液泡膜葡萄糖转运蛋白（vacuolar glucose transporter，VGT）、跨膜单糖转运蛋白（transmembrane monosaccharide transporter，TMT）等（Schulz et al.，2011；Klemens et al.，2014）。

12.1.6　糖转运蛋白及其功能

糖在"源"叶片中合成，然后通过韧皮部运输到非光合组织和器官，为那里提供能量和碳源。糖的运输过程依赖于一种蛋白质，即糖转运蛋白。

12.1.6.1　蔗糖转运蛋白

蔗糖转运蛋白（sucrose transporters，SUT）也称蔗糖载体（sucrose carriers，SUC）。首次在植物中发现的蔗糖转运蛋白是菠菜中的 SoSUT1 和马铃薯中的 StSUT1，之后在拟南芥、水稻和番茄等植物中 *SUT* 也被相继克隆出来。目前，根据对更多植物 *SUT* 基因序列同源性分析，将植物蔗糖转运蛋白分为 5 个亚族，即 SUT1、SUT2、SUT3、SUT4 和 SUT5 亚族（Kuhn et al.，2010）。由于不同类型植物中的不同蔗糖载体在表达模式和定位上存在差异，导致它们在植物体内参与蔗糖的装载、运输、卸出与分配的过程中所起的作用也各不相同。利用液泡膜蛋白质组学方法，发现 AtSUT4 和 HvSUT2 定位在维管束上，它们与蔗糖转运及光合作用产生的蔗糖在液泡中的贮存有关（Endler et al.，2006）。Srivastava 等（2008）利用拟南芥的突变体 atsuc2 进行研究发现，*AtSUT2* 在叶片的伴胞和韧皮部中表达，主要在韧皮部起到装载蔗糖的作用。StSUT4 定位在新生块茎和成熟叶的质膜上，通过 RNAi 抑制 *StSUT4* 的表达，发现在"库"器官，如块茎、茎顶端分生组织等中积累了更多的蔗糖，表明 StSUT4 参与蔗糖从"源"到"库"的运输（Chincinska et al.，2008）。桃果实中，*PpSUT1* 主要在"源"细胞的质膜中表达，在韧皮部中行使装载的功能；*PpSUT4* 则在液泡中表达，参与调控液泡中蔗糖出入，从而维持细胞代谢（Zanon et al.，2015）。此外，在拟南芥和水稻中发现一类新的糖转运蛋白 SWEETs（sugar will eventually export transporters），这类蛋白也与蔗糖转运相关，被认为在蔗糖转运中起关键作用（Chen et al.，2012），也在一些果实中得到了分离鉴定（Zhen et al.，2018）。

12.1.6.2　单糖转运蛋白

在质外体卸载过程中，单糖转运蛋白将质外体中的己糖跨膜运输到薄壁细胞，然后经维管束运输到"库"。单糖转运蛋白（monosaccharide transporter，MT）包括己糖转运蛋白（hexose transporter，HT）和葡萄糖转运蛋白（glucose transporter，GT）（Ruan et al.，2010）。目前关于单糖转运蛋白的研究主要集中在水稻和拟南芥中，拟南芥中包括 14 个 STP 成员（AtSTP1～AtSTP14）和 3 个 TMT 成员（AtTMT1～AtTMT3）。对 AtTMT1 的研究结果表明，AtTMT1 蛋白定位于液泡膜上，参与了单糖向液泡中的运输过程及对胁迫的响应，其在拟南芥的生长发育中起重要作用（Wingenter et al.，2010）。Zeng 等（2011）从葡萄果实中分离克隆到 1 个基因 *VvTMT1*，其表达量随果实成熟而逐渐降低，主要编码 1 个定位于液泡膜上的单糖转运蛋白。梨果实中，Li 等（2015）利用 RNA-seq 技术从基因组中分离得到 75 个糖转运相关基因，其中存在 3 个编码单糖转运蛋白基因（*tMTs*），它们参与梨果实发育过程中糖分的积累。苹果中，Wei 等（2014）通过对不同家族糖转运蛋白研究结果表明，果糖含量的积累可能是 MdTMT1/2 和 MdEDR6 共同作用的结果，Wang 等（2020）在苹果中鉴定了一个己糖转运蛋白 MdHT2.2，将其过表达到番茄果实中，可显著提高番茄果实中蔗糖的含量。

近年来，除以上糖代谢过程中的相关基因与转运蛋白外，转录因子也被报道可参与调控果实中糖的含量。Sagor 等（2016）发现一类果实特异表达的转录因子 bZIP，并将 *SlbZIP1* 过量表达到番茄果实中，过表达 *SlbZIP1* 的番茄果实中糖含量可达野生型果实的 1.5 倍。Sagar 等（2013）研究结果发现，抑制 *SlARF4* 表达的转基因番茄果实中糖含量显著升高，这表明 ARFs 这一类转录因子可能参与调控果实糖代谢。草莓果实中，Vallarino 等（2015）研究表明，相比野生型果实，*FaGAMYB* 的 RNAi 植株草莓果实中蔗糖含量显著降低，而与蔗糖合成相关的 *SuS* 和 *SPS* 基因表达也相应下调。Ma 等（2017）研究结果表明，转录因子 MdAREB2 可转录激活蔗糖转运蛋白 MdSUT2，进而促进苹果糖分积累。Wei 等（2019）从火龙果中分离获得一个转录因子 HpWRKY3，其可通过转录调控与蔗糖代谢相关的 *HpINV2* 和 *HpSuS1* 基因，进而调控果实蔗糖积累。

12.1.7　果实中糖积累的调控措施

12.1.7.1　环境因素

水分是果实品质形成的关键因素之一，与果实品质的形成关系密切。重度水分胁迫会使光合作用受到抑制，从而影响同化物质的积累，导致果实含糖量显著降低，但适度的水分胁迫可提高果实的含糖量。桃果实发育过程中，与充分灌溉相比，亏缺灌溉的果实可溶性糖含量显著升高（Alcobendas et al.，2013）。有研究认为，水分胁迫下果实糖分的积累可能与糖代谢相关酶变化，如 SuS、SPS 和酸性转化酶（acid invertase，AI）等有关。果实发育后期，干旱胁迫处理的荔枝果实中 SuS、SPS、AI 的活性均要高于灌溉处理的荔枝果实，该变化有助于增加胁迫处理下果实的"库强"及糖积累（刘翔宇等，2012）。也有研究表明，水分胁迫下果实含糖量提高是由于果实正向的渗透调节作用，如温州蜜柑果实的蔗糖、果糖和葡萄糖的浓度在水分胁迫下都显著高于正常灌溉的果树，就可能是因为水分胁迫下正向的渗透调节导致糖分的积累。

温度也可影响植物光合产物的积累、运输和贮藏，一般来说，热量高的地区比热量低的地区果实含糖量高、含酸量低。湿度高并且夜间温暖的地区生长的柑橘通常为高糖低酸，相反，在干旱和夜间温度低的地区生长的柑橘通常为低糖高酸。此外，采后果实温度处理也可有效改变果实中的含糖量。采后桃果实经 37 ℃处理 3 d，其蔗糖含量会显著提高（Yu et al.，2016）；椪柑果实中，热处理可通过调控 CitAI 等糖代谢相关基因，进而促进糖在果实中的积累（Chen et al.，2012）。但也有研究表明，采后低温可以促进果实糖分积累，如猕猴桃果实（Mitalo et al.，2019）。

光照状况对果实糖积累有一定的影响。如伏令夏橙，外围果的固酸比高于内膛果，而在外围果中，树冠南部和西部的果实的可溶性固形物（total soluble solid，TSS）含量和酸度较高，究其原因是柑橘果皮与叶片一样也具有光合能力，而其光合产物主要供应果皮生长。番茄为喜光植物，研究表明，番茄植株随光照强度的增加，叶片净光合速率增加，果实中可溶性固性物含量和糖酸比相应增加（马儒军，2013）。Özdemir 等（2016）的研究结果表明，对采后香蕉果实进行光照处理，可以增加香蕉果实中可溶性糖的含量。

12.1.7.2 栽培措施

栽培措施对果实糖积累也有重要影响。柑橘果实成熟前 15～20 d 对大枝实施环割，即在大枝基部螺旋状环割皮层 1～3 圈，可增加其果实营养，促进着色，提高含糖量（段志坤，2014）。摘除番木瓜 75％叶片可明显延迟新花开放、降低坐果率和果实可溶性固形物含量，疏果可提高坐果率和成熟果实的含糖量，主要原因是疏果、摘叶影响糖代谢，当超量果去除后，幼果果型增大、发育加快、呼吸速率降低、AI 活力增高。在果实发育早期摘叶使 AI 活力下降，而对成熟果实摘叶则使 SuS 活力明显下降（张上隆等，2007）。

植物生长调节剂对糖也有重要影响。葡萄果实中，ABA 处理可加速果实转色期过程中花青苷和糖分的积累（Villalobos-Gonzalez et al.，2016），ABA 可显著上调两个己糖转运蛋白编码基因（VvHT2 和 VvHT6）表达，进而促进果实中葡萄糖和己糖积累，同时也可增加叶片中蔗糖的含量（Murcia et al.，2016）。

12.1.7.3 矿质营养

喷施矿质元素显著提高了果实可溶性固形物含量和糖酸比，可见矿质营养状况对果实糖的含量有重要影响。对于温州蜜柑，高氮处理虽可增大果型，但降低了果实中糖与酸的含量，主要原因有：①降低了光合产物向汁囊分配的比例；②提高了汁囊蔗糖分解酶的活力，特别是果糖激酶的活力和基因表达，这样增加了汁囊的代谢消耗，不利于汁囊积累糖分；③降低了汁囊 ABA/IAA 的比值，使果实成熟相对延迟（张上隆等，2007）。P 是植物体内各代谢过程的积极参与者，它参与糖、含氮化合物、脂肪等代谢作用。香蕉中，在定量施用 N 和 K 条件下，增施 P 肥可提高果实中淀粉和总糖含量（黄达斌等，2011）。K 在植物体内能激活各种酶的活化，促进光合作用，同时在促进果实成熟、提高果实品质方面也起着极其重要的作用。郭磊等（2015）对不同时期蟠桃果实喷施 K 肥的结果表明，在蟠桃果实成熟前 2 周左右施用 K 肥，成熟时果实可溶性固形物、蔗糖、可溶性总糖含量以及糖酸比高。此外，Mg 对果实糖分也有较大影响，缺 Mg 通常发生在黏性土壤中，缺 Mg 导致果实 TSS、有机酸和维生素 C 含量下降，果型偏小。

12.1.8 小结与展望

果实含糖量高低是内在的遗传特性和外在的自然环境因子、栽培措施等因素相互作用于糖运输和代谢的结果。目前，关于糖运输和代谢过程的研究已较为清晰，但仍有许多方面有待进一步挖掘，未来在糖积累与调控方面的研究应注重于糖运输和代谢过程中关键基因的挖掘，阐明糖信号与激素信号和外界环境信号对果实糖运输、代谢基因的调控机制及调控果实糖积累的机理，栽培措施、环境因子调控果实糖积累的分子机理等。随着现代分子生物学技术和各类组学手段的快速发展，各类大数据研究不断运用到果实糖积累研究领域，必将大大推进上述领域的研究进程，为提高果实含糖量提供新的途径与措施。

12.2 果实中有机酸代谢与调控

果实的酸度变化和调控机制在不同的树种中都有研究，前人在生理生化水平、分子水平和细胞水平上都做了大量的研究。近年来，随着转录组学、蛋白组学和代谢组学等在果实有机酸研究中的大量应用，人们对果实内有机酸的代谢和调控机制有了更好的理解。

12.2.1 果实中有机酸的组分及其代谢总览

果实中有机酸组分很多，但大多数果实中通常以 1 种或 2 种有机酸为主，其他仅以少量或微量存在。按照成熟果实中所积累的主要有机酸种类，大体可将果实分为苹果酸型、柠檬酸型和酒石酸型 3 大果实类型。

柠檬酸型果实主要包括柑橘、菠萝、芒果、草莓等，成熟果实中以柠檬酸为主要有机酸；苹果酸型果实如苹果、枇杷、梨、桃、李、香蕉等，成熟果实中以苹果酸为主要有机酸；酒石酸型果实以葡萄为代表，其果实中的有机酸主要为酒石酸，其次是苹果酸，此外还含有少量琥珀酸、柠檬酸等（张上隆等，2007）。果实中有机酸的代谢过程极其复杂，包括合成、降解和转运等多个步骤（图 12-2）。

12.2.2 果实中有机酸的合成

果实中有机酸的来源有两种：第一种是有机酸在叶片中通过光合作用合成后运至果实，第二种则是果实自身通过 CO_2 暗固定来合成有机酸。柑橘果实的有机酸来源通常认为是第二条途径。

柠檬酸的合成主要来源于三羧酸循环（tricarboxylic acid cycle，TCA 循环），糖在果实内转化为磷酸烯醇式丙酮酸（phosphoenolpyruvate，PEP），形成丙酮酸，脱羧形成乙酰辅酶 A（acetyl CoA，Ac-CoA），而固定的 CO_2 在磷酸烯醇式丙酮酸羧化酶（phosphoenolpyruvate carboxylase，PEPC）的催化下与磷酸烯醇式丙酮酸反应生成草酰乙酸（oxaloacetic acid，OAA），OAA 与 Ac-CoA 在柠檬酸合酶（citrate synthase，CS）的作用下缩合为柠檬酸。

柠檬酸在一系列酶的催化作用下生成苹果酸，苹果酸在线粒体内的代谢受到 NAD-线粒体苹果酸脱氢酶（NAD-mitochondria malate dehydrogenase，NAD-mtMDH）和 NAD-线粒体苹

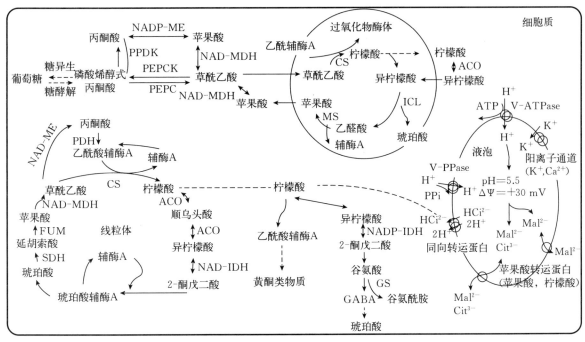

图 12-2 果实细胞有机酸代谢途径

GABA：γ-氨基丁酸　V-ATPase：液泡膜 H+-ATP 酶　V-PPase：液泡膜结合焦磷酸酶　PPDK：丙酮酸磷酸双激酶　PEPC：磷酸烯醇式丙酮酸羧化酶　PEPCK：磷酸烯醇丙酮酸羧激酶　PDH：丙酮酸脱氢酶　CS：柠檬酸合酶　ACO：顺乌头酸酶　NAD-IDH：NAD-异柠檬酸脱氢酶　MS：苹果酸合酶　NAD-MDH：NAD-苹果酸脱氢酶　NAD-ME：NAD-苹果酸酶　SDH：琥珀酸脱氢酶　FUM：延胡索酸酶　GS：谷氨酸合酶

果酸酶（NAD-mitochondria malate enzyme，NAD-mtME）的调控，这两种酶都受到 NADH 和 pH 的调节（Sweetman et al.，2009）。苹果酸除了在细胞质和线粒体中合成，还能在乙醛酸循环的过程中产生，苹果酸合酶（malate synthase，MS）和异柠檬酸裂解酶（isocitrate lyase，ICL）是乙醛酸循环中的关键酶（Pracharoenwattana et al.，2008）。

12.2.3 果实中有机酸的降解

柠檬酸和苹果酸的降解在细胞质中进行，已报道的柠檬酸降解途径有 γ-氨基丁酸（GABA）途径、谷氨酰胺途径和乙酰辅酶 A 途径，不同的条件下，柠檬酸通过不同途径降解。GABA 途径是柠檬酸降解的主要途径，GABA 途径与柠檬酸降解的关系已经在不同的研究中证明（Cercós et al.，2006；Degu et al.，2011）。细胞质柠檬酸在顺乌头酸酶（aconitase，Aco）催化下生成异柠檬酸，然后经过 NADP-异柠檬酸脱氢酶（NADP-isocitrate dehydrogenase，NADP-IDH）作用生成 α-酮戊二酸，α-酮戊二酸通过谷草转氨酶（aspartate aminotransferase，AST）或谷丙转氨酶（alanine aminotransferase，AAT）或谷氨酸脱氢酶（glutamate dehydrogenase，GDH）作用生成谷氨酸，谷氨酸在谷氨酸脱羧酶（glutamate decarboxylase，GAD）的催化下生成 GABA。与 GABA 途径相同，谷氨酰胺途径中柠檬酸先降解成谷氨酸，之后在谷氨酰胺合成酶的作用下生成谷氨酰胺，随后，谷氨酰胺可能参与硫胺素的生物合成（Cercós et al.，2006）。此外，柠檬酸还可能在 ATP-柠檬酸裂解酶（ATP-citrate lyase，ACL）的作用下生成草酰乙酸和乙酰辅酶 A，最后转向黄酮类物质代谢，这就是乙酰辅酶 A 途径。

苹果酸的降解主要通过参与糖异生、呼吸作用、次生代谢物质合成等方式进行（Sweetman

et al.，2009)。糖异生在不同果实的成熟时期均有发现，苹果酸在细胞质 NAD-MDH 和 PEPCK 或者 NADP-ME 和 PPDK 的催化下生成 PEP，参与果实糖异生。丙酮酸是一种重要的呼吸底物，在 C3 植物里，NADP-ME 催化苹果酸和 $NADP^+$ 生成丙酮酸和 NADPH，丙酮酸进入 TCA 循环，参与呼吸作用 (Franke et al.，1995)。

12.2.4　果实中有机酸的转运

液泡的体积在成熟果实细胞体积中占 90% 以上，而果实的有机酸主要贮藏于液泡中。有机酸在液泡中的积累转运主要通过易化扩散以及次生代谢物转运等方式进行。在此过程中，转运蛋白作为有机酸转运载体，起着决定性作用。液泡膜上转运蛋白众多，有机酸的转运主要通过液泡膜有机酸特异转运蛋白和离子通道来调节 (Martinoia et al.，2007)。此外，液泡内外的 pH 梯度 (ΔpH) 与电势能梯度 (Δφ) 对苹果酸积累也有重要作用。在液泡膜中，存在 H^+-ATP 酶 (V-ATPase) 和 H^+-焦磷酸酶 (V-PPase) 两种类型的质子泵，这两种质子泵的主要功能就是产生 pH 梯度与电势能梯度，这种梯度能为柠檬酸和苹果酸向液泡内的转运提供动力 (Etienne et al.，2013)，促进液泡膜内外电化学梯度的形成。在细胞质的中性或者弱碱性的环境中，柠檬酸以三价阴离子的形式存在，苹果酸以二价阴离子的形式存在，这也是柠檬酸和苹果酸向液泡转运的形式，是由转运系统特异识别这样的离子形式决定的 (Martinoia et al.，2007)。柠檬酸和苹果酸到达液泡内，迅速被质子化，同时，还可能在钠离子氢离子反向转运体 (NHX)、阳离子氢离子反向转运体 (CHX) 等的作用下进行等价阳离子的转运，保证液泡内的电中性平衡，从而使柠檬酸和苹果酸能在液泡中大量积累。

12.2.5　果实中有机酸代谢的分子调控

果实中有机酸的积累受合成、降解、转运等过程综合调控，每一步骤均由多种酶/多基因家族调控，因此是典型的数量性状，往往需要通过多基因调控才能实现果实有机酸含量的改变。

研究表明，PEPC 和 CS 活性与果实有机酸含量极显著相关，过表达 *CjCS* 基因可促进柠檬酸的合成 (Deng et al.，2009)。细胞质 NAD-MDH 可催化 OAA 与苹果酸间的可逆反应，但主要以催化苹果酸合成为主，过表达 *MdcyMDH* 基因可使其他苹果酸合成相关基因表达显著上调并提高其酶的活性，进而促进苹果酸积累 (Yao et al.，2009)。

细胞质 Aco 被认为是调控柠檬酸降解的关键酶，过表达 *Aco* 的番茄果实柠檬酸含量显著降低，而 *Aco* 缺失则导致番茄果实柠檬酸含量升高 (Morgan et al.，2013)。Aco 催化反应过程需要铁离子参与，NO 则能对 Aco 的活性产生抑制作用 (Gupta et al.，2012)。NADP-IDH 也参与了柠檬酸的降解，如柠檬果实发育早期，线粒体 NADP-IDH 活性很低，导致了柠檬酸迅速增加，而随着果实发育，细胞质 NADP-IDH 活性提高，*IDH* 基因表达也显著升高，果实柠檬酸含量显著降 (Sadka et al.，2000)。GAD 是 GABA 途径中的关键酶，可被 Ca^{2+}/CAM 调控，GABA 在线粒体 GABA 通透酶的作用下进入线粒体，并在 GABA 转氨酶 (GABA-T) 和琥珀酸半醛脱氢酶 (SSADH) 的作用下生成琥珀酸，进入 TCA 循环 (Michaeli et al.，2011)。在不同生态环境下，柠檬酸降解倾向于 GS 途径，即柠檬酸反应生成谷氨酸后，在谷氨酰胺合成酶的作用下生成谷氨酰胺 (Chen et al.，2012)。除 Aco 外，ACL 亦可将柠檬酸直接降解，研究表明，柑橘果实中，*ACL* 基因表达上调可降低柠檬酸含量，而干旱与 ABA 处理可抑制 *ACL* 基因表达，进而促使柠檬酸含量上升 (Hu et al.，2014)。苹果酸降解主要依赖于线粒体 NAD-mtMDH 与 NAD-mtME 的活性。番茄果实发育早期，苹果酸降解主要由 NAD-mtME 决定；葡萄果实成熟过程中，苹果酸降解则主要与 NAD-mtMDH 相关（Sweetman et al.，2009）。

除有机酸合成与降解，转运也是有机酸代谢的重要组成部分。有机酸主要贮存于液泡当中，因此，有机酸的转运过程需要液泡膜上的转运蛋白参与。目前，关于苹果酸转运蛋白的研究较多，最早在拟南芥上发现并验证了 AttDT 是一个苹果酸转运蛋白，AttDT 既可以将苹果酸转运到液泡内，又可以将苹果酸从液泡中转运出来（Hurth et al.，2005）。铝激活的苹果酸离子通道（aluminum-activated malate transporter，ALMT）也可参与苹果酸转运，如拟南芥中的 AtALMT6 和 AtALMT9（Kovermann et al.，2007），果实中也存在 ALMT 参与苹果酸转运。Ye 等（2017）利用 GWAS 技术从番茄中筛选到一个转运蛋白 SlALMT9，此转运蛋白可直接影响番茄果实中苹果酸含量。柠檬酸转运也可能通过苹果酸转运离子通道，如 AttDT 和 ALMT 也具有柠檬酸转运功能。此外，还存在一些柠檬酸特异的转运蛋白，如拟南芥中存在一类蛋白 FRD3，可以调节柠檬酸的转运，从而使柠檬酸从根部分泌到根际（Durrett et al.，2007）。而当植物受到胁迫时，可诱导一类转运蛋白，如 MATE，促进柠檬酸分泌。脐橙果实中分离到一个编码柠檬酸转运蛋白基因 *CsCit1*，其可能参与柠檬酸由液泡内转向液泡外这一进程（Shimada et al.，2006）。Lin 等（2015）利用 RNA-seq 技术对不同酸度柑橘果实进行分析，分离得到 3 个与柠檬酸降解相关的转运蛋白基因 *CitCHX*、*CitDIC* 和 *CitALMT*。Cohen 等（2014）利用图位克隆法从甜瓜果实中获得一个转运蛋白基因 *CmPH* 基因，可显著影响甜瓜酸度。

除以上转运蛋白，液泡膜中存在两种类型质子泵，V-ATPase 和 V-PPase，大量研究表明，果实有机酸含量差异可能与质子泵有关，包括不同品种、不同发育过程的果实等。Yang 等（2011）通过研究不同酸度的枇杷果实，发现 V-ATPase A 和 V-PPase 与酸度相关。柑橘果实中，也有报道质子泵与品种间有机酸含量差异有关，酸柠檬中存在一个与拟南芥 *AHA10* 高度同源的质子泵基因，而甜柠檬中没有，这有可能是导致酸柠檬柠檬酸含量高的主要原因（Aprile et al.，2011）。

有机酸代谢过程由多种酶/多基因家族调控，而多基因调控常与转录因子关联，近些年越来越多与有机酸代谢相关的转录因子被挖掘。番茄果实中，过表达 *SlAREB1* 可显著提高果实中柠檬酸和苹果酸含量，表明 *SlAREB1* 可促进有机酸积累（Bastías et al.，2011）。Nishawy 等（2015）从柚果实中分离到一个 *CgDREB* 基因，并将其过表达至番茄果实中，发现过表达 *CgDREB* 的番茄果实中苹果酸含量显著升高。Hu 等（2016）从苹果中分离到一个 MYB 转录因子 MdMYB1，其可激活 *MdVHA-B1* 与 *MdVHA-B2* 基因表达，提高 V-ATPase 活性，进而促进苹果酸积累。此外，Hu 等（2017）研究表明，MdMYB73 通过直接调控 *MdALMT9*、*MdVHA-A* 与 *MdVHP1*，进而促进苹果酸积累。柑橘果实中，Li 等（2016）分离得到一个乙烯响应因子 CitERF13，可与 CitVHA-c4 进行蛋白互作，进而促进柑橘果实柠檬酸积累。Li 等（2017）的研究结果也表明，CitNAC62 与 CitWRKY1 形成转录复合体，协同调控 *CitAco3*，进而促进柠檬酸的降解。

12.2.6 果实中有机酸含量的调控措施

12.2.6.1 温度

温度是影响果实有机酸含量的重要因子之一，一般温度较高，则果实中有机酸含量较低。一定条件下，年积温越高，果实中有机酸含量越低。果实栽培期间，适当提高栽培环境温度可降低果实中的有机酸含量（Sweetman et al.，2014）。此外，果实采后适当高温处理也可降低果实中有机酸含量（Chen et al.，2012；Li et al.，2013）。但也有研究显示，热处理对果实有机酸含量并无显著影响（Perotti et al.，2011），表明热处理对果实酸度影响在不同品种间有所不同。

研究表明，温度可能是通过影响糖酵解反应速率、TCA循环相关酶活性来调控有机酸代谢（Araujo et al.，2012）。同时，温度也是质子泵和离子通道活性关键调控因子，可能通过影响果实有机酸在液泡内的贮藏从而调控果实有机酸含量（Lobit et al.，2006）。此外，温度也可能通过改变果实细胞液泡膜透性，从而增加有机酸离子泄露而影响果实酸度，但其具体调控机制仍有待进一步研究。

12.2.6.2　水分

水是万物之源，是影响果实有机酸代谢的另一重要因子。多数情况下，灌水量与果实有机酸含量成负相关，如苹果和油桃等果实（Lopez et al.，2016；Wang et al.，2019）。水分对不同时期的果实生长发育的影响存在差异，葡萄柚果实膨大期高度水分胁迫可使果实中有机酸含量显著上升，从而影响果实品质（Navarro et al.，2015）。水分可影响果实中有机酸含量，但并不影响苹果酸和柠檬酸的季节性变化。

目前，水分对果实酸度影响机制的解释有两种：一种认为水分胁迫通过脱水作用来增加果实中有机酸含量；另一种则认为通过渗透调节作用，即水分胁迫下所有植物积累溶质（主要为糖、酸），进而降低渗透势和防止细胞膨压下降（Hummel et al.，2010）。总之，有关土壤水分亏缺对果实酸度的影响尚不完全清楚，还有待进一步研究。

12.2.6.3　矿质元素

矿质营养是果实生长发育、产量品质形成的物质基础，目前，矿质元素对果实酸度的影响也有较多研究，主要包括氮、钾和钙等。一般来说，充足的氮源对果实营养生长有积极作用，但却对果实品质有负面影响，如增加施氮量可显著提高果实中可滴定酸的含量。钾被称为果实的"品质元素"，研究表明，果实发育过程中，钾肥可促进果实酸度升高，但也有部分研究表明，增施钾肥可减少果实中有机酸含量，而采后KCl处理可以显著降低果实中可滴定酸含量（谌琛等，2016）。钙元素对果实品质至关重要，钙在植物体内不易转移，需要由根系不断从土壤中吸收。据报道，喷施钙肥可有效降低柑橘和芒果等果实中的有机酸含量（温明霞等，2013；李华东等，2014）。此外，其他矿质元素对有机酸含量的影响则报道较少。

12.2.6.4　叶果比

果实中的部分有机酸来源于叶片，叶果比大，果实含酸量高，适当减小叶果比可降低果实的有机酸含量。但果实内含酸量并不完全与叶果比成比例地增加，因为果实内的糖经呼吸作用也能形成酸，光合作用中暗反应固定 CO_2 也可在果实内形成一部分酸。吴本宏等（2003）研究表明，桃果实发育初期，叶果比大的果实其苹果酸含量低，柠檬酸含量高；而果实成熟期，叶果比大的果实其苹果酸含量高，柠檬酸含量低。芒果果实发育前期，叶果比小的果实苹果酸含量高；而果实发育后期，叶果比大的果实苹果酸含量稍高（Lechaudel et al.，2005）。

12.2.7　小结与展望

近年来，人们对果实有机酸的来源、有机酸代谢相关酶等有了更全面的认识，但仍有许多方面尚不清楚，如有机酸在"库-源"之间的运输机制，有机酸跨膜运输及载体蛋白的调控，有机酸代谢关键基因鉴别及相关调控等分子机制，栽培措施和环境因子对果实有机酸代谢的影响及分子机理等，都有待进一步研究。随着组学（转录组、代谢组和蛋白组等）技术的发展，综合利用组学技术成为有效挖掘关键基因的重要手段，可以预见，结合组学研究果实有机酸代谢调控将成为一大趋势。此外，随着 GWAS 和 QTL 等技术的发展与广泛应用，遗传与生理结合也将成为果实有机酸代谢研究的重要手段之一。

（李绍佳　陈昆松　林琼　编写）

主要参考文献

段志坤，范志远，2014. 柑橘省力化修剪技术——大枝修剪［J］. 果农之友（11）：31.

郭磊，张斌斌，宋宏峰，等，2015. 增施钾肥对大棚蟠桃品质及营养生长的影响［J］. 西北植物学报，35（11）：2273 - 2279.

黄达斌，2009. "天宝香蕉"产业化技术模式应用与成效分析［J］. 中国农学通报，25（13）：234 - 240.

李华东，白亭玉，郑妍，等，2016. 叶施硝酸钙对芒果钾、钙、镁含量及品质的影响［J］. 西北农林科技大学学报（自然科学版），44（3）：63 - 68.

刘翔宇，邱燕萍，陈杰忠，等，2010. 荔枝水分生理研究进展［J］. 中国南方果树，39（5）：26 - 29.

马儒军，2013. 简述光照对番茄生长的影响［J］. 新疆农垦科技，36（6）：23 - 24.

温明霞，石孝均，2013. 生长期喷钙提高锦橙果实品质及延长贮藏期［J］. 农业工程学报，29（5）：274 - 281.

谌琛，同延安，路永莉，等，2016. 不同钾肥种类对苹果产量、品质及耐贮性的影响［J］. 植物营养与肥料学报，22（1）：216 - 224.

张上隆，陈昆松，2007. 果实品质形成与调控的分子机理［M］. 北京：中国农业出版社：67 - 99.

Araujo W L，Nunes-Nesi A，Nikoloski Z，et al，2012. Metabolic control and regulation of the tricarboxylic acid cycle in photosynthetic and heterotrophic plant tissues［J］. Plant Cell and Environment，35：1 - 21.

Alcobendas R，Mirás-Avalos J M，Alarcón J J，et al，2013. Effects of irrigation and fruit position on size，colour，firmness and sugar contents of fruits in a mid-late maturing peach cultivar［J］. Scientia Horticulturae，164：340 - 347.

Alvarez-Fernandez A，Paniagua P，Abadia J，et al，2003. Effects of Fe deficiency chlorosis on yield and fruit quality in peach（*Prunus persica* L. Batsch）［J］. Journal of Agricultural and Food Chemistry，51：5738 - 5744.

Aprile A，Federici C，Close T J，et al，2011. Expression of the H^+-ATPase *AHA10* proton pump is associated with citric acid accumulation in lemon juice sac cells［J］. Functional and Integrative Genomics，11：551 - 563.

Bastías A，López-Climent M，Valcárcel M，et al，2011. Modulation of organic acids and sugar content in tomato fruits by an abscisic acid-regulated transcription factor［J］. Physiologia Plantarum，141：215 - 226.

Battaglia M E，Martin M V，Lechner L，et al，2017. The riddle of mitochondrial alkaline/neutral invertases：a novel arabidopsis isoform mainly present in reproductive tissues and involved in root ROS production［J］. PLoS One，12：e0185286.

Cercós M，Soler G，Iglesias D J，et al，2006. Global analysis of gene expression during development and ripening of citrus fruit flesh. A proposed mechanism for citric Acid utilization［J］. Plant Molecular Biology，62：513 - 527.

Chen L Q，Qu X Q，Hou B H，et al，2012. Sucrose efflux mediated by SWEET proteins as a key step for phloem transport［J］. Science，335：207 - 211.

Chen M，Jiang Q，Yin X R，et al，2012. Effect of hot air treatment on organic acid-and sugar-metabolism in Ponkan（*Citrus reticulata*）fruit［J］. Scientia Horticulturae，147：118 - 125.

Chen S，Hajirezaei M R，Börnke F A J，2005. Differential expression of sucrose-phosphate synthase isoenzymes in tobacco reflects their functional specialization during dark-governed starch mobilization in source leaves［J］. Plant Physiology，139：1163 - 1174.

Chincinska I A，Liesche J，Krügel U，et al，2008. Sucrose transporter StSUT4 from potato affects flowering，tuberization，and shade avoidance response［J］. Plant Physiology，146：515 - 528.

Cohen S，Itkin M，Yeselson Y，et al. 2014. The *PH* gene determines fruit acidity and contributes to the evolution of sweet melons［J］. Nature Communications，5：4026 - 5026.

Damari-Weissler A, Rachmilevitch S, Aloni R, et al, 2009. LeFRK2 is required for phloem and xylem differentiation and the transport of both sugar and water [J]. Planta, 230: 795 - 805.

Dai M, Shi Z, Xu C, 2015. Genome-wide analysis of sorbitol dehydrogenase (SDH) genes and their differential expression in two sand pear (*Pyrus pyrifolia*) fruits [J]. International Journal of Molecular Sciences, 16: 13065 - 13083.

Degu A, Hatew B, Nunes-Nesi A, et al, 2011. Inhibition of aconitase in citrus fruit callus results in a metabolic shift towards amino acid biosynthesis [J]. Planta, 234: 501 - 513.

Deng W, Luo K M, Li Z G, et al, 2009. Overexpression of *Citrus junos* mitochondrial citrate synthase gene in *Nicotiana benthamiana* confers aluminum tolerance [J]. Planta, 230: 355 - 365.

Durrett T P, Gassmann W, Rogers E E, 2007. The FRD3-mediated efflux of citrate into the root vasculature is necessary for efficient iron translocation [J]. Plant Physiology, 144: 197 - 205.

Endler A, Meyer S, Schelbert S, et al, 2006. Identification of a vacuolar sucrose transporter in barley and arabidopsis mesophyll cells by a tonoplast proteomic approach [J]. Plant Physiology, 141: 196 - 207.

Etienne A, Genard M, Lobit P, et al, 2013. What controls fleshy fruit acidity? A review of malate and citrate accumulation in fruit cells [J]. Journal of Experimental Botany, 64: 1451 - 1469.

Goetz M, Guivarch A, Hirsche J, et al, 2017. Metabolic control of tobacco pollination by sugars and invertases [J]. Plant Physiology, 173: 984 - 997.

Gupta K J, Shah J K, Brotman Y, et al, 2012. Inhibition of aconitase by nitric oxide leads to induction of the alternative oxidase and to a shift of metabolism towards biosynthesis of amino acids [J]. Journal of Experimental Botany, 63: 1773 - 1784.

Hu D G, Sun C H, Ma Q J, et al, 2015. MdMYB1 regulates anthocyanin and malate accumulation by directly facilitating their transport into vacuoles in apples [J]. Plant Physiology, 175: 1315 - 1330.

Hu D G, Sun C H, Zhang Q Y, et al, 2016. Glucose sensor MdHXK1 phosphorylates and stabilizes MdbHLH3 to promote anthocyanin biosynthesis in apple [J]. PLoS Genetics, 12: e1006273.

Hu D G, Li Y Y, Zhang Q Y, et al, 2017. The R2R3-MYB transcription factor MdMYB73 is involved in malate accumulation and vacuolar acidification in apple [J]. The Plant Journal, 91: 443 - 454.

Hu X M, Shi C Y, Liu X, et al, 2014. Genome-wide identification of citrus ATP-citrate lyase genes and their transcript analysis in fruits reveals their possible role in citrate utilization [J]. Molecular Genetics and Genomics, 290: 29 - 38.

Hummel I, Pantin F, Sulpice R, et al, 2010. *Arabidopsis* plants acclimate to water deficit at low cost through changes of carbon usage: an integrated perspective using growth, metabolite, enzyme, and gene expression analysis [J]. Plant Physiology, 154: 357 - 372.

Hurth M A, Suh S J, Kretzschmar T, et al, 2005. Impaired pH homeostasis in *Arabidopsis* lacking the vacuolar dicarboxylate transporter and analysis of carboxylic acid transport across the tonoplast [J]. Plant Physiology, 137: 901 - 910.

Islam M Z A, Hu X M, Jin L F, et al, 2014. Genome-wide identification and expression profile analysis of citrus sucrose synthase genes: investigation of possible roles in the regulation of sugar accumulation [J]. PLoS One, 9: e113623.

Karve R, Lauria M, Virnig A L S, et al, 2010. Evolutionary lineages and functional diversification of plant hexokinases [J]. Molecular Plant, 3: 334 - 346.

Kim H Y, Ahn J C, Choi J H, et al, 2007. Expression and cloning of the full-length cDNA for sorbitol-6-phosphate dehydrogenase and NAD-dependent sorbitol dehydrogenase from pear (*Pyrus pyrifolia* N.) [J]. Scientia Horticulturae, 112: 406 - 412.

Kleczkowski L A, Kunz S, Wilczyńska M, 2010. Mechanisms of UDP-glucose synthesis in plants [J]. Critical Reviews in Plant Sciences, 29: 191 - 203.

Klemens P A W, Patzke K, Trentmann O, et al, 2014. Overexpression of a proton-coupled vacuolar glucose exporter impairs freezing tolerance and seed germination [J]. New Phytologist，202：188 - 197.

Kovermann P，Meyer S，Hortensteiner S，et al，2007. The *Arabidopsis* vacuolar malate channel is a member of the ALMT family [J]. The Plant Journal，52：1169 - 1180.

Kühn C，Grof C P L，2010. Sucrose transporters of higher plants [J]. Current Opinion in Plant Biology，13：288 - 298.

Lechaudel M，Joas J，Caro Y，et al，2005. Leaf：fruit ratio and irrigation supply affect seasonal changes in minerals，organic acids and sugars of mango fruit [J]. Journal of the Science of Food and Agriculture，85：251 - 260.

Li J，Wang Y Q，Chen D，et al，2016. The variation of *NAD⁺ -SDH* gene in mutant white-fleshed loquat [J]. Journal of Integrative Agriculture，15（8）：1744 - 1750.

Li J M，Huang X S，Li L T，et al，2015. Proteome analysis of pear reveals key genes associated with fruit development and quality [J]. Planta，241：1367 - 1379.

Li S J，Yin X R，Xie X L，et al，2016. The Citrus transcription factor，CitERF13，regulates citric acid accumulation via a protein-protein interaction with the vacuolar proton pump，CitVHA-c4 [J]. Scientific Reports，6：20151.

Li S J，Yin X R，Wang W L，et al，2017. Citrus CitNAC62 cooperates with CitWRKY1 to participate in citric acid degradation via up-regulation of *CitAco3* [J]. Journal of Experimental Botany，68：3419 - 3426.

Lin Q，Li S J，Dong W C，et al，2015. Involvement of CitCHX and CitDIC in developmental-related and postharvest-hot air driven citrate degradation in Citrus Fruits [J]. PLoS One，10：e0119410.

Lobit P，Genard M，Soing P，et al，2006. Modelling malic acid accumulation in fruits：relationships with organic acids，potassium，and temperature [J]. Journal of Experimental Botany，57：1471 - 1483.

Lopez G，Echeverria G，Bellvert J，et al，2016. Water stress for a short period before harvest in nectarine：yield，fruit composition，sensory quality，and consumer acceptance of fruit [J]. Scientia Horticulturae，211：1 - 7.

Lugassi N，Kelly G，Fidel L，et al，2015. Expression of *Arabidopsis* hexokinase in citrus guard cells controls stomatal aperture and reduces transpiration [J]. Frontiers in Plant Science，6：1141.

Ma Q J，Sun M H，Lu J，et al，2017. Transcription factor AREB2 is involved in soluble sugar accumulation by activating sugar transporter and amylase genes [J]. Plant Physiology，174：2348 - 2362.

Martinoia E，Maeshima M，Neuhaus H E，2007. Vacuolar transporters and their essential role in plant metabolism [J]. Journal of Experimental Botany，58：83 - 102.

Michaeli S，Fait A，Lagor K，et al，2011. A mitochondrial GABA permease connects the GABA shunt and the TCA cycle，and is essential for normal carbon metabolism [J]. The Plant Journal，67：485 - 498.

Mitalo O W，Tokiwa S，Kondo Y，et al，2019. Low temperature storage stimulates fruit softening and sugar accumulation without ethylene and aroma volatile production in Kiwifruit [J]. Frontier in Plant Science，10：888.

Morgan M J，Osorio S，Gehl B，et al，2013. Metabolic engineering of tomato fruit organic acid content guided by biochemical analysis of an introgression line [J]. Plant Physiology，161：397 - 407.

Moscatello S，Famiani F，Proietti S，et al，2011. Sucrose synthase dominates carbohydrate metabolism and relative growth rate in growing kiwifruit (*Actinidia deliciosa*，cv Hayward) [J]. Scientia Horticulturae，128（3）：197 - 205.

Murcia G，Pontin M A，Reinoso H，et al，2016. ABA and GA₃ increase carbon allocation in different organs of grapevine plants by inducing accumulation of non-structural carbohydrates in leaves，enhancement of phloem area and expression of sugar transporters [J]. Physiologia Plantarum，156：323 - 337.

Navarro J M，Botía P，Pérez-Pérez J G，2015. Influence of deficit irrigation timing on the fruit quality of grapefruit (*Citrus paradisi* Mac.) [J]. Food Chemistry，175：329 - 336.

Nishawy E，Sun X H，Ewas M，et al，2015. Overexpression of citrus grandis *DREB* gene in tomato affects fruit size and accumulation of primary metabolites [J]. Scientia Horticulturae，192：460 - 467.

Özdemir，2016. Effect of light treatment on the ripening of banana fruit during postharvest handling [J]. Fruits，71：115 - 122.

Perotti V E，Del Vecchio H A，Sansevich A，et al，2011. Proteomic，metabalomic，and biochemical analysis of heat treated Valencia oranges during storage [J]. Postharvest Biology and Technology, 62: 97 - 114.

Pracharoenwattana I, Smith S M, 2008. When is a peroxisome not a peroxisome? [J]. Trends in Plant Science, 13: 522 - 525.

Qin Q P, Cui Y Y, Zhang L L, et al, 2014. Isolation and induced expression of a fructokinase gene from loquat [J]. Russian Journal of Plant Physiology, 61: 289 - 297.

Rennie E A, Turgeon R, 2009. A comprehensive picture of phloem loading strategies [J]. Proceedings of the National Academy of Sciences of the United States of America, 106: 14162 - 14167.

Ruan Y L, Jin Y, Huang J, 2009. Capping invertase activity by its inhibitor: roles and implications in sugar signaling, carbon allocation, senescence and evolution [J]. Plant Singal and Behavior, 4: 983 - 985.

Ruan Y L, Jin Y, Yang Y J, et al, 2010. Sugar input, metabolism, and signaling mediated by invertase: roles in development, yield potential, and response to drought and heat [J]. Molecular Plant, 3: 942 - 955.

Sadka A, Dahan E, Or E, et al, 2000. NADP$^+$-isocitrate dehydrogenase gene expression and isozyme activity during citrus fruit development [J]. Plant Science, 158 (1 - 2): 173 - 181.

Sagar M, Chervin C, Roustant J P, et al, 2013. Under-expression of the auxin response factor SL-ARF4 improves post-harvest behavior of tomato fruits [J]. Plant Signal and Behavior, 8: e25647.

Sagor G H M, Berberich T, Tanaka S, et al, 2016. A novel strategy to produce sweeter tomato fruits with high sugar contents by fruit-specific expression of a single bZIP transcription factor gene [J]. Plant Biotechnology Journal, 14: 1116 - 1126.

Schulz A, Beyhl D, Marten I, et al, 2011. Proton-driven sucrose symport and antiport are provided by the vacuolar transporters SUC4 and TMT1/2 [J]. The Plant Journal, 68: 129 - 136.

Shimada T, Nakano R, Shulaev V, et al, 2006. Vacuolar citrate/H$^+$ symporter of citrus juice cells [J]. Planta, 224: 472 - 480.

Srivastava A C, Ganesan S, Ismail I O, et al, 2008. Functional characterization of the *Arabidopsis* AtSUC2 sucrose/H$^+$ symporter by tissue-specific complementation reveals an essential role in phloem loading but not in long-distance transport [J]. Plant Physiology, 148: 200 - 211.

Stein O, Damari-Weissler, Secchi F, et al, 2016. The tomato plastidic fructokinase SlFRK3 plays a role in xylem development [J]. New Phytologist, 209: 1484 - 1495.

Sweetman C, Deluc L G, Cramer G R, et al, 2009. Regulation of malate metabolism in grape berry and other developing fruits [J]. Phytochemistry, 70: 1329 - 1344.

Sweetman C, Sadras V O, Hancock R D, et al, 2014. Metabolic effects of elevated temperature on organic acid degradation in ripening *Vitis vinifera* fruit [J]. Journal of Experimental Botany, 65: 5975 - 5988.

Tanase K, Yamaki S, 2000. Purification and characterization of two sucrose synthase isoforms from Japanese pear fruit [J]. Plant and Cell Physiology, 41: 408 - 414.

Turgeon R, 2010. The role of phloem loading reconsidered [J]. Plant Physiology, 152: 1817 - 1823.

Vallarino J G, Osorio S, Bombarely A, et al, 2015. Central role of FaGAMYB in the transition of the strawberry receptacle from development to ripening [J]. New Phytologist, 208: 482 - 496.

Villalobos-González L, Peña-Neira A I, Ibáñez F, et al, 2016. Long-term effects of abscisic acid (ABA) on the grape berry phenylpropanoid pathway: gene expression and metabolite content [J]. Plant Physiology and Biochemistry, 105: 213 - 223.

Wang Y J, Liu L, Tao H X, et al, 2019. Effects of soil water stress on fruit yield, quality and their relationship with sugar metabolism in 'Gala' apple [J]. Scientia Horticulturae, 258: 108753.

Wang Z Y, Wei X Y, Yang J J, et al, 2020. Heterologous expression of the apple hexose transporter MdHT2.2 altered sugar concentration with increasing cell wall invertase activity in tomato fruit [J]. Plant Biotechnology Journal, 18: 540 - 552.

Welham T, Pike J, Horst I, et al, 2009. A cytosolic invertase is required for normal growth and cell development in the model legume, *Lotus japonicus* [J]. Journal of Experimental Botany, 60 (12): 3353 - 3365.

Wei W，Chen M N，Ba L J，et al，2019. Pitaya HpWRKY3 is associated with fruit sugar accumulation by transcriptionally modulating sucrose metabolic genes *HpINV2* and *HpSuSy1* ［J］. International Journal of Molecular Sciences，20：1890.

Wei X，Liu F，Chen C，et al，2014. The *Malus domestica* sugar transporter gene family：identifications based on genome and expression profiling related to the accumulation of fruit sugars ［J］. Frontiers in Plant Science，5：569.

Yao Y X，Li M，Liu Z，et al，2009. Molecular cloning of three malic acid related genes *MdPEPC*，*MdVHA-A*，*MdcyME* and their expression analysis in apple fruits ［J］. Scientia Horticulturae，122：404－408.

Ye J，Wang X，Hu T X，et al，2017. An InDel in the promoter of Al-ACTIVATED MALATE TRANSPORTER9 selected during tomato domestication determines fruit malate contents and aluminum tolerance ［J］. The Plant Cell，29：2249－2268.

Yu L，Liu H，Shao X，et al，2016. Effects of hot air and methyl jasmonate treatment on the metabolism of soluble sugars in peach fruit during cold storage ［J］. Postharvest Biology and Technology，113：8－16.

Zanon L，Falchi R，Hackel A，et al，2015. Expression of peach sucrose transporters in heterologous systems points out their different physiological role ［J］. Plant Science，238：262－272.

Zeng L，Wang Z，Vainstein A，et al，2011. Cloning，localization，and expression analysis of a new tonoplast monosaccharide transporter from *Vitis vinifera* L ［J］. Journal of Plant Growth Regulation，30：199－212.

Zhang L T，Du L，Xie J，et al，2010. Cloning and expression of pineapple sucrose-phosphate synthase gene during fruit development ［J］. African Journal of Biotechnology，9：8296－8303.

Zhang N，Jiang J，Yang Y L，et al，2015. Functional characterization of an invertase inhibitor gene involved in sucrose metabolism in tomato fruit ［J］. Journal of Zhejiang University（Science B）16：845－856.

Zhen Q L，Fang T，Peng Q，et al，2018. Developing gene-tagged molecular markers for evaluation of genetic association of apple *SWEET* genes with fruit sugar accumulation ［J］. Horticulture Research，5：14.

13 园艺植物色素和香气物质代谢及其调控

> **【本章提要】**色素和香气是园艺植物的重要品质性状，其中色素主要由叶绿素、类胡萝卜素、类黄酮及花色苷等呈现，香气则来自不同代谢途径产生的挥发性物质。本章主要从这些重要次生代谢物质的组成、代谢途径、积累特点、影响因素和调控措施及其内在机制等入手，介绍色素和香气物质代谢及其调控。

13.1　叶绿素

13.1.1　叶绿素的分布、种类与结构

叶绿素作为最主要的光合色素，在各种园艺植物中广泛分布，并在光合作用中起着重要的作用。对于园艺植物而言，叶绿素还起着使产品呈现绿色的作用，叶绿素的积累与降解是判断园艺产品发育阶段和果实成熟度的重要指标。

叶绿素由一个卟啉环的头部和一个叶绿醇的尾部构成，存在于高等植物中的叶绿素主要有叶绿素 a 和叶绿素 b。

13.1.2　叶绿素的生物合成

叶绿素的卟啉环头部和叶绿醇尾部分别通过四吡咯途径和 2-C-甲基-D-赤藻糖醇-4-磷酸（MEP）途径合成，头部与尾部在叶绿素合酶（CHLG）的催化下合成叶绿素。脱植基叶绿素 a 与植基二磷酸聚合形成叶绿素 a，而脱植基叶绿素 a 先在脱植基叶绿素 a 加氧酶（CAO）催化下转变为脱植基叶绿素 b，进而与植基二磷酸聚合形成叶绿素 b，叶绿素 b 也可在 CAO 催化下直接由叶绿素 a 转化而来（图 13-1）。同时，叶绿素 b 可在叶绿素 b 还原酶（CBR）和 7-羟甲基叶绿素 a 还原酶（HCAR）催化下转变成叶绿素 a，这一叶绿素循环在植物适应光照强度的过程中起着重要作用（Meguro et al.，2011）。

13.1.3　叶绿素的降解

园艺产品组织和器官中的叶绿素含量取决于其合成与降解的平衡，多数园艺产品进入成熟衰老阶段时叶绿素降解快于合成，从而使组织/器官青绿色逐渐褪去。叶绿素 a 降解有两个途径，即依赖于叶绿素酶（CLH）或脱镁叶绿素酶（PPH）的途径，叶绿素 b 通过转化成叶绿素 a 或脱植基叶绿素 a 进而进入降解途径（图 13-2）。整个叶绿素降解途径涉及叶绿体、细胞质和液泡 3 个细胞空间，并涉及跨质体膜和液泡膜的降解代谢中间产物的运输（Eckhardt et al.，2004；Schelbert et al.，2009）。

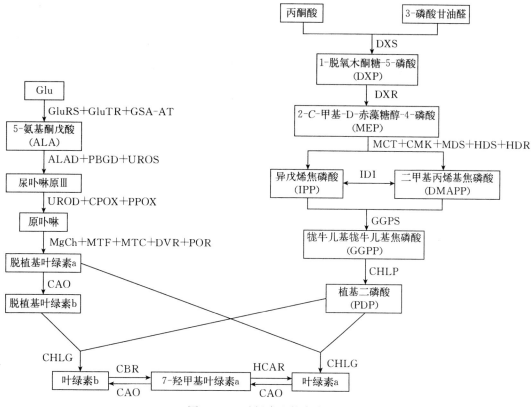

图 13-1 叶绿素生物合成途径

ALAD：5-氨基酮戊酸脱水酶　CAO：脱植基叶绿素 a 加氧酶　CBR：叶绿素 b 还原酶　CHLG：叶绿素合成酶　CHLP：牻牛儿基牻牛儿基还原酶　CMK：二磷酸胞苷-2-C-甲基-D-赤藻糖醇激酶　CPOX：粪卟啉原氧化酶　DXR：1-脱氧木酮糖-5-磷酸还原酶　DXS：1-脱氧木酮糖-5-磷酸合成酶　DVR：二乙烯基还原酶　GGPS：牻牛儿基牻牛儿基焦磷酸合成酶　GluRS：谷酰基 tRNA 合成酶　GluTR：谷酰基 tRNA 还原酶　GSA-AT：谷氨酸-1-半醛氨基转移酶　HCAR：7-羟甲基叶绿素 a 还原酶　HDR：4-羟基-3-甲丁基-2-烯基二磷酸还原酶　HDS：4-羟基-3-甲丁基-2-烯基二磷酸合成酶　IDI：IPP/DMAPP 异构酶　MCT：2-C-甲基-D-赤藻糖醇-4-磷酸胞苷酰转移酶　MDS：2-C-甲基-D-赤藻糖醇-2,4-环二磷酸合成酶　MgCh：镁螯合酶　MTC：镁-原卟啉Ⅸ单甲基酯环化酶　MTF：镁-原卟啉Ⅸ甲基转移酶　PBGD：胆色素原脱氨酶　POR：NADPH-原叶绿素酸酯氧化还原酶　PPOX：原卟啉原氧化酶　UROD：尿卟啉原Ⅲ脱羧酶　UROS：尿卟啉原Ⅲ合成酶

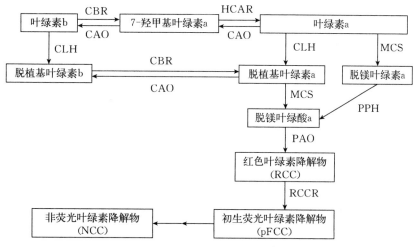

图 13-2 叶绿素降解途径

CAO：脱植基叶绿素 a 加氧酶　CBR：叶绿素 b 还原酶　CLH：叶绿素酶　HCAR：7-羟甲基叶绿素 a 还原酶　MCS：镁脱螯合酶　PAO：脱镁叶绿酸 a 加氧酶　PPH：脱镁叶绿素酶　RCCR：红色叶绿素降解物还原酶

13.1.4　叶绿素代谢的分子调控

植物组织/器官中叶绿素的积累受合成、降解、叶绿素 a 和叶绿素 b 之间的转化以及叶绿素与叶绿素 a/b 结合蛋白（CAB）的结合等过程综合调控（Peng et al.，2013）。

植物叶绿素合成由多种酶共同参与，研究表明一些植物叶绿素缺乏突变体的形成是合成途径中一些叶绿素合成相关酶的编码基因发生突变所致（Eckhardt et al.，2004）。相反，有些植物组织/器官在衰老期间保持绿色与叶绿素降解机制的失调有关，如青豌豆保持绿色是由于脱镁叶绿酸 a 加氧酶（PAO）活性下降（Eckhardt et al.，2004）。同时，阻止叶绿素 b 向叶绿素 a 的转化也可使组织/器官在衰老期间仍然保持绿色，如 non - yellowing coloring 1（NYC1）以及 NYC1 like（NOL）水稻突变体的表型是由于这两种蛋白失效不能组成有活性的叶绿素 b 还原酶（Sato et al.，2009）。

叶绿素 a 和叶绿素 b 以与 CAB 结合成集光复合体的形式存在，这一状态的叶绿素不易被降解。在拟南芥和柑橘等植物上的研究表明，CAB 蛋白丰度与叶绿素的积累密切相关（Peng et al.，2013）。叶绿素与 CAB 的结合可被持绿蛋白（stay - green，SGR）所破坏，SGR 基因发生失活突变的 green - flesh 番茄和 chlorophyll retainer 辣椒果实在衰老期间仍然可以保持绿色（Barry et al.，2008）。值得注意的是，SGR 与叶绿素降解酶之间存在复杂的互作关系，如青豌豆成熟种子子叶保持绿色虽与 PAO 活性下降直接相关，但后续研究表明其本质上是由于 SGR 发生失活突变，同样，拟南芥 PAO 失效的突变体中 SGR 基因表达也趋于下降（Hörtensteiner et al.，2009）。

叶绿素的积累除在代谢酶层面受调控外，还受转录因子的调控。如拟南芥光敏素作用因子（PIF1，是一种 bHLH 转录因子）能结合叶绿素合成途径中的 NADPH -原叶绿素酸酯氧化还原酶成员 C（PORC）启动子的 G - box，转录激活该基因表达，从而促进叶绿素合成（Moon et al.，2008）。又如转录因子 Golden 2 - like（GLK）的第一成员（GLK1）控制了番茄叶片和果实叶绿体发育和叶绿素合成，而 GLK2 在控制果实成熟前青绿色褪去中起着重要的作用（Powell et al.，2012）。

13.1.5　研究展望

虽然叶绿素合成及调控研究已取得很大进步，但仍有许多问题亟待解决，如叶绿素积累是一个动态调控过程，半衰期为 16～58 h，但叶绿素的合成与降解的相互调控机制等尚不清楚。

相对于叶绿素合成，叶绿素降解研究进展要缓慢得多，特别是叶绿素降解涉及多个细胞空间，但相关的载体蛋白及其编码基因研究十分缺乏（Eckhardt et al.，2004）。考虑到园艺产品叶绿素代谢与品质密切相关，如何利用叶绿素代谢特点改善产品品质值得进一步研究。

13.2　类胡萝卜素

13.2.1　类胡萝卜素的种类及其在园艺产品中的分布

类胡萝卜素是一类重要的萜类物质，在生物体中普遍存在。根据 Britton 等（2004）编著的手册，已知结构的类胡萝卜素有 700 余种，其中在植物中分布的有 100 余种，就园艺产品而言，较常见的类胡萝卜素有 20 种左右（表 13 - 1）。根据类胡萝卜素的不同特点进行如下分类（徐昌杰等，2007）；根据色泽可分为有色类胡萝卜素和无色类胡萝卜素；根据分子中是否含氧原子可分为胡萝卜素类（不含氧）和叶黄素类（含氧）；根据分子结构可分为无环类胡萝卜素和含环类胡萝卜素。类胡萝卜素通常由 8 个类异戊二烯单位组成，为四萜类（C_{40}），但也包括由四萜类胡萝卜素降解而成的仍能呈现颜色的阿朴类胡萝卜素（C 原子数小于 40），如柑橘类中的 β-柠乌素（王莎莎等，2018；Luan et al.，2020）。

表 13-1　园艺产品常见类胡萝卜素
（Britton et al.，2004；Ohmiya et al.，2013；Zhu et al.，2010）

英文名	中文名	分子式	颜色	典型园艺产品
α-carotene	α-胡萝卜素	$C_{40}H_{56}$	黄色	绿色组织和胡萝卜根
antheraxanthin	环氧玉米黄素（花药黄素）	$C_{40}H_{56}O_3$	黄色	一些黄色花的花药和花瓣
astaxanthin	虾青素	$C_{40}H_{52}O_4$	红色	夏侧金盏花花瓣
β-carotene	β-胡萝卜素	$C_{40}H_{56}$	橙红色	绿色组织，胡萝卜根，番茄、枇杷和杏等成熟果实，一些黄色花的花瓣
β-citraurin	β-柠乌素	$C_{30}H_{40}O_2$	红色	红橘等柑橘的果皮
β-cryptoxanthin	β-隐黄质	$C_{40}H_{56}O$	橙红色	柑橘和枇杷等果实
capsanthin	辣椒红素	$C_{40}H_{56}O_3$	红色	红色辣椒（含甜椒）果实，红色百合花花瓣
capsorubin	辣椒玉红素	$C_{40}H_{56}O_4$	红色	红色辣椒（含甜椒）果实，红色百合花花瓣
lutein	叶黄质	$C_{40}H_{56}O_2$	黄色	绿色组织，番茄等成熟果实，一些黄色花的花瓣
lutein-5,6-epoxide	叶黄质-5,6-环氧化物	$C_{40}H_{56}O_3$	黄色	菊花等一些黄色花的花瓣
lycopene	番茄红素	$C_{40}H_{56}$	红色	红色番茄，西瓜，秋橄榄的果实，柑橘和番木瓜等红色突变体果实
neoxanthin	新黄质	$C_{40}H_{56}O_4$	黄色	绿色组织，一些黄色花的花瓣
phytoene	八氢番茄红素	$C_{40}H_{64}$	无色	在多数果实中少量存在
phytofluene	六氢番茄红素	$C_{40}H_{62}$	无色	在多数果实中少量存在
violaxanthin	堇菜黄素（紫黄质）	$C_{40}H_{56}O_4$	黄色	柑橘果实，叶片，一些黄色花的花瓣
zeaxanthin	玉米黄素	$C_{40}H_{56}O_2$	黄色	叶片，枸杞、挂金灯和黄色玉米的果实，番红花等花卉的花瓣
ζ-carotene	ζ-胡萝卜素	$C_{40}H_{60}$	淡黄色	在果实中少量或微量存在

13.2.2　植物类胡萝卜素代谢途径

植物类胡萝卜素在质体中通过 MEP 途径合成，始于糖酵解产物丙酮酸和 3-磷酸甘油醛，涉及 20 余种酶，有些酶由多基因家族编码（徐昌杰等，2007）。随着研究的逐渐深入，目前植物类胡萝卜素合成主链途径已经清楚（图 13-1、图 13-3）。值得一提的是，有些类胡萝卜素的合成仅限于少数植物，如辣椒的辣椒红素和辣椒玉红素、侧金盏花属植物的虾青素以及柑橘类的β-柠乌素（王伟杰等，2006；王莎莎等，2018）。

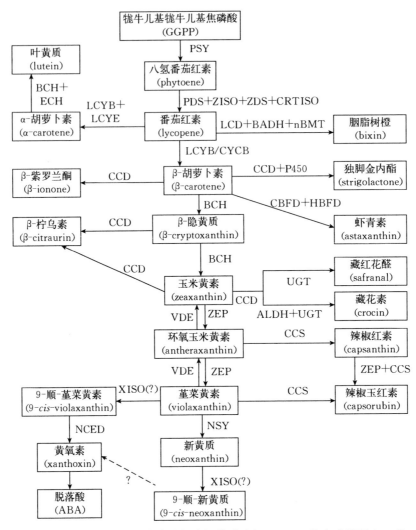

图 13-3　植物类胡萝卜素合成与降解代谢途径（GGPP 的合成见图 13-1）

ALDH：醛脱氢酶　BADH：胭脂树橙醛脱氢酶　BCH：胡萝卜素 β-环羟化酶　CBFD：类胡萝卜素 β-环 4-脱氢酶
CCD：类胡萝卜素裂解加双氧酶　CCS：辣椒红素/辣椒玉红素合成酶　CRTISO：胡萝卜素异构酶　CYCB：有色体特异的番
茄红素 β-环化酶　ECH：胡萝卜素 ε-环羟化酶　HBFD：类胡萝卜素 4-羟基-β-环 4-脱氢酶　LCD：番茄红素裂解加双氧酶
LCYB：番茄红素 β-环化酶　LCYE：番茄红素 ε-环化酶　nBMT：降胭脂橙素羧基甲基转移酶　NCED：9-顺-环氧类胡萝卜
素加双氧酶　NSY：新黄质合成酶　P450：细胞色素 P450 单加氧酶　PDS：八氢番茄红素脱饱和酶　PSY：八氢番茄红素合成
酶　UGT：UDPG 葡萄糖基转移酶　VDE：堇菜黄素脱环氧酶　XISO：叶黄素-9-顺异构酶　ZDS：ζ-胡萝卜素脱饱和酶
ZEP：玉米黄素环氧酶　ZISO：ζ-胡萝卜素异构酶

　　类胡萝卜素还可降解形成统称为阿朴类胡萝卜素的各类代谢物，在调节植物生长、与环境互
作（ABA 和独脚金内酯等）、形成产品色泽（β-柠乌素、胭脂树橙、藏花素等）和风味（β-大
马酮和 β-紫罗兰酮等）以及产生生物活性（藏花素等）等方面起着重要作用。近年来，类胡萝
卜素降解途径成为研究热点，上述代谢物的合成途径和关键基因得到了阐明（图 13-4）（王伟
杰等，2006；Ma et al.，2013；Frusciante et al.，2014；Zheng et al.，2019）。

　　植物类胡萝卜素常以酯化形态存在，这也是植物类胡萝卜素分析时常需要皂化的原因。Ari-
izumi 等（2014）从番茄中率先分离了催化类胡萝卜素酯化的关键基因。此外，由于类胡萝卜素
脱饱和过程需要质体末端氧化酶（PTO）间接参与（催化二氢质醌再生为质醌供类胡萝卜素脱
饱和用），其在类胡萝卜素合成中也起着重要作用，如该基因功能丧失的 ghost 番茄突变体果实
只能积累八氢番茄红素而不能积累有色类胡萝卜素。

13.2.3　园艺产品类胡萝卜素积累的影响因素及调控措施

13.2.3.1　遗传

类胡萝卜素的积累充分表现出物种或品种的特异性，但其成因各有差异，主要包括类胡萝卜素合成基因表达差异、基因突变、类胡萝卜素降解能力变异及非类胡萝卜素合成途径的基因变异和质体发育及转化差异等方面（表 13 - 2）（徐昌杰等，2007；Fu et al.，2012；Fu et al.，2014；Zeng et al.，2015；Lu et al.，2017）。

表 13 - 2　园艺植物品种间类胡萝卜素积累差异选例

园艺植物	品种间类胡萝卜素积累差异情况	差异成因
胡萝卜	Yellowstone 根以积累叶黄质为主，Nutrired 以番茄红素为主	前者 LCYE 表达强，后者 ZDS 表达强
辣椒	红色品种果实积累大量辣椒红素和辣椒玉红素，而白色和绿色则无	因品种不同，CCS 基因缺失/突变，类胡萝卜素合成基因不表达
番茄	不同品种果实类胡萝卜素含量与组成存在较大差异	多数涉及类胡萝卜素合成基因突变，如 ghost 突变体是由于 PTO 突变，hp 系列突变体与质体发育受促相关
柑橘	星路比葡萄柚果肉积累大量番茄红素	优先表达丧失功能的 LCYB 等位基因
西瓜	不同品种果肉类胡萝卜素含量与组成存在较大差异	与 LCYB 等基因突变或序列差异相关
枇杷	依据果肉类胡萝卜素大量或微量积累，分为红肉枇杷和白肉枇杷	白肉枇杷 PSY2A 发生突变，同时质体发育受阻
花椰菜	1 227 品种花球积累大量 β-胡萝卜素而使花球呈深橙色	Or（质体发育相关基因）发生突变
菊花	白色菊花花瓣不积累类胡萝卜素	CCD4a 基因表达过强
桃	白肉桃果肉不积累类胡萝卜素，而黄肉桃可以积累	前者 CCD4 基因表达过强，后者 CCD4 基因发生突变

随着对植物类胡萝卜素代谢途径的深入了解以及功能基因的鉴别，应用转基因技术已在番茄等植物上实现了对类胡萝卜素积累的遗传调控（徐昌杰等，2007），特别是在玉米上，利用 5 个类胡萝卜素合成基因（包括细菌 β-胡萝卜素酮酶基因）进行共转化，成功地使玉米籽粒大量积累虾青素等类胡萝卜素（Zhu et al.，2008）。

13.2.3.2　组织类型

不同组织中类胡萝卜素含量与组成存在显著差异，并具有物种特异性。如柑橘果皮和果肉不仅在类胡萝卜素含量上存在差异（可高达数百倍），甚至组成也往往有所不同（如 β-柠乌素只在少数柑橘果皮中积累）（徐昌杰等，2007；Luan et al.，2020；Xu et al.，2006；Zheng et al.，2019）。

不同组织中类胡萝卜素积累差异可从关键基因表达角度加以解释，如红肉和白肉枇杷的叶片、果皮和果肉 3 种组织中类胡萝卜素积累差异与具功能的 PSY 基因家族成员的表达总量直接相关（Fu et al.，2014），但造成不同组织中表达不同基因家族成员或不同强度表达的内在原因尚少见报道。

13.2.3.3　发育

随园艺产品成熟衰老，产品色泽往往发生巨大变化，在叶绿素降解的同时，类胡萝卜素或花色苷等色素得以积累。其中番茄、柑橘和枇杷等许多园艺产品以类胡萝卜素为特征色素（表 13 - 2），在成熟过程中不仅含量增加，组成上也发生较大的变化。这是由于在产品成熟衰老过程中发生了叶绿体向有色体的转变，而叶绿体和有色体积累的类胡萝卜素具有各自的特征，前者以叶黄质为主，而后者大多则以 β-环类胡萝卜素为主。在绿色组织中，LCYB 负责 α-环类胡萝卜素和 β-环类胡萝卜素的合成，而在只具有有色体的组织中，番茄红素向下游类胡萝卜素的转化主要由 CYCB 催化，而 CYCB 只能催化 β-环类胡萝卜素的合成。成熟衰老期间还往往伴随更多类型类胡萝卜素及其降解产物的形成，尽管一些重要的阿朴类胡萝卜素的代谢途径已经阐明，但其中所涉及的调控机制等大多尚不完全清楚。

13.2.3.4　环境

类胡萝卜素积累受光和温度等环境因子的影响。光可通过光敏色素或隐花素系统等途径直接诱导类胡萝卜素合成酶活性，还可间接地通过促进糖积累而刺激类胡萝卜素合成（徐昌杰等，2007）。过高或过低的温度均不利于类胡萝卜素合成，夏季高温导致番茄果实红色较浅，可能与 PSY 表达较低有关（徐昌杰等，2007）。

13.2.3.5　其他

一些化学物质可调控类胡萝卜素的合成。如番茄红素环化酶抑制剂三乙基胺类物质可诱导番茄红素积累。乙烯在刺激叶绿素降解的同时，可促进类胡萝卜素积累或组成上发生有利于红色表现的变化，即呈橙红色的 β-隐黄质等得以积累（徐昌杰等，2007）。油菜素内酯可促进番茄类胡萝卜素积累（Liu et al.，2014）。

此外，在产业上还可通过适地适栽（调控积温等）、改善田间光照条件、延迟采收（增加果实糖的供应）等措施有效促进类胡萝卜素积累。

13.2.4　研究展望

园艺产品类胡萝卜素组成丰富多样，品种间往往存在不同程度的差异，也有着相对较为明显的发育特征和组织特异性，是探讨植物类胡萝卜素代谢的良好对象。不少园艺产品类胡萝卜素种类尚未得到鉴别，且绝大多数阿朴类胡萝卜素的代谢途径及其对应的基因尚未探明。近来有研究表明，RIN、SGR1、PIF1、RAP2.2、MYB、MADS 等参与了类胡萝卜素合成的转录调控，但作用机制尚不十分明确，且不如花色苷代谢转录调控那样具有物种间的普遍性。同时，尽管现代组学技术已提供了一些有价值的信息和线索，但是在不少园艺产品上，一些发生了类胡萝卜素积累改变的突变体的突变机制尚不十分清楚。类胡萝卜素在质体中合成，而质体既可从头发育，又可相互转变，但总体而言，有色体发育、转变机制及关键调控基因等的挖掘仍处于初步阶段。此外，类胡萝卜素积累与质体发育之间的因果关系等也有待进一步的研究。

13.3　类黄酮及花色苷

13.3.1　类黄酮的组成

类黄酮是植物主要次生代谢物质之一，广泛存在于各类园艺产品中。植物类黄酮主要包括花色苷、原花色苷和黄酮醇等，其中，花色苷广泛存在于植物细胞液泡中，从而使组织呈现特有的颜色。自然界有超过 300 种花色苷，其中分布最广的花色苷是矢车菊色素-3-葡萄糖苷（简称花青苷）。自然条件下游离的花色素极少见，主要以糖苷的形式出现，以此增加花色苷的稳定性和水溶性。

13.3.2　类黄酮的生物合成途径

植物类黄酮生物合成的前体为苯丙氨酸，该途径在不同物种中高度保守（图 13-4）。新合成的花色苷经类黄酮-3-O-葡萄糖基转移酶（UFGT）作用形成稳定的花色苷，进而被运输到液泡内贮存，谷胱甘肽转移酶（GST）参与了这个转运过程。

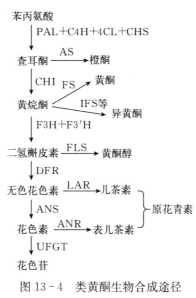

图 13-4　类黄酮生物合成途径

4CL：对香豆酰-辅酶 A 连接酶　ANR：花色素还原酶　ANS：花色素合成酶　AS：橙酮合成酶　C4H：肉桂酸羟化酶　CHI：查耳酮异构酶　CHS：查耳酮合成酶　DFR：二氢黄酮醇还原酶　F3H：黄烷酮-3-羟化酶　F3′H：类黄酮-3′-羟化酶　FLS：黄酮醇合成酶　FS：黄酮合成酶　IFS：异黄酮合成酶　LAR：无色花色素还原酶　PAL：苯丙氨酸解氨酶　UFGT：类黄酮-3-O-葡萄糖基转移酶

13.3.3　类黄酮的转运机制

囊泡运输、膜转运载体和谷胱甘肽转移酶在类黄酮转运进入液泡的过程中发挥至关重要的作用。研究表明，葡萄（*Vitis vinifera*）中谷胱甘肽转移酶 VvGST4 参与花色苷的转运，在敲除 VvGST4 的毛状根中，花色苷只在囊泡中积累而不在液泡中积累；在敲除花色苷转运载体 MATE1（AM1）和 AM3 的毛状根中，花色苷不在囊泡中积累。以上结果说明，AM1 和 AM3 可以阻断花色苷从细胞质基质运到小囊泡的过程，并且这种阻断发生在 GST 辅助囊泡通过囊泡运输转运进入中央液泡之前。除了 GST 和 AMs 在花色苷的转运过程中起重要作用外，ABC 转运载体也参与类黄酮的液泡摄取和胞外分泌。另外，最新的研究表明，苹果 MYB 转录因子 Md-MYB1 能够直接调控液泡花色苷转运蛋白 *MdMATE-LIKE1* 基因的表达，从而促进液泡中花色苷的积累（Hu et al.，2016a）。参与花色苷转运的 GST 还在桃和草莓等园艺植物上得到了功能鉴定（Zhao et al.，2017；Luo et al.，2018）。

13.3.4　花色苷合成的转录调控

花色苷生物合成主要受两类基因控制，一类是编码合成途径中相关酶的结构基因；另一类是对结构基因表达起调控作用的转录因子基因，主要有 *MYB*、*bHLH* 和 *WD40*（刘晓芬等，2013；Jaakola，2013）。

MYB 是包括保守的 MYB 功能域的一类蛋白，根据 MYB 功能域的多少可分为 1R‐MYB、R2R3‐MYB、3R‐MYB 和 4R‐MYB，其中对类黄酮代谢起调控作用的是 R2R3‐MYB，绝大多数此类成员对类黄酮合成起正调控作用，但也有少数成员是负调控转录因子（刘晓芬等，2013）。自 1987 年首次在玉米上发现调控花色苷生物合成的 MYB 转录因子 ZmC1 以来，已有数十种园艺植物上报道了 MYB 调控花色苷合成。许多花色苷积累发生改变的突变体与 MYB 相关，如红肉苹果果肉积累花色苷是由于 *MdMYB10* 启动子中 5 个重复的 23 bp 基序使得 MdMYB10 具有自激活特性（Espley et al.，2009）；血橙大量积累花色苷是由于 *Ruby*（调控花色苷合成的 MYB）基因邻近处插入了一个类 Copia 逆转座子而导致 *Ruby* 的表达（Butelli et al.，2012）；西洋梨花色苷的合成与 MYB10 启动子发生甲基化有关（Wang et al.，2013）；红叶桃是由于叶片中 *PpMYB10.4* 的表达受激活（Zhou et al.，2014）；而一些葡萄和杨梅等品种缺乏花色苷是由于负责花色苷合成的 MYB 发生失活突变（刘晓芬等，2013）；基因组学分析表明，多数柑橘不能积累花青苷是由于 *Ruby2* 基因突变所致（Huang et al.，2018）。

MYB 实现对花色苷合成的调控需要其与 bHLH 和 WD40 这两个转录因子形成 MBW 复合体。bHLH 是一类具有碱性的螺旋‐环‐螺旋结构的转录因子，WD40 是一类含有多个 WD 基元串联重复的蛋白质。与 MYB 类似，bHLH 和 WD40 也是由多基因家族编码。近年来，参与花色苷合成调控的 bHLH 和 WD40 成员在越来越多的园艺植物上得到鉴定，其与 MYB 的互作机制和模式等也逐渐被揭示（刘晓芬等，2013）。

13.3.5 影响花色苷积累的因素

13.3.5.1 光

光是影响花色苷合成最重要的环境因子之一。研究发现，许多花色苷代谢途径结构基因的启动子序列中含有光响应的顺式作用元件，编码转录因子调节基因的表达也受到光的调控。强光处理可以提高拟南芥 MYB 基因 *PAP1* 表达，诱导下游基因表达上调，进而促进幼苗叶片积累花色苷（An et al.，2012），但对另一 MYB 成员 *PAP2* 以及 *bHLH* 成员 *TT8* 和 *GL3* 的影响较弱，而对 WD40 成员 *TTG1* 的表达基本没影响（Cominelli et al.，2008）。基于转录组学分析，Bai 等（2017）发现光照通过蓝光/紫外光‐A 受体隐花素激活了 *HY5* 和 *COL5* 等光信号转导途径基因，进而激活 *MYB10* 以及花色苷合成结构基因的表达，促进花色苷积累。

对大多植物来说，紫外光‐B（UV‐B）是叶片、花和果实中花色苷形成所必需的（Jaakola，2013）。红光的光受体是光敏色素，而蓝光的受体为隐花素。组成型光形态建成 1 蛋白（COP1）是拟南芥和苹果调控花色苷的 MYB 的上游调控因子，在黑暗下 COP1 可降解 MYB，从而抑制了花色苷的合成（Li et al.，2012）。

HY5 在光诱导花色苷积累中的重要作用已在番茄、苹果、梨和桃等园艺植物果实上得以发现，而且研究表明，BBX 蛋白通过与 HY5 互作在光诱导果实花色苷积累中发挥着重要作用（Zhao et al.，2017；An et al.，2019；Bai et al.，2019；Fang et al.，2019）。

在园艺植物栽培管理中，选择合适的棚膜或果袋有助于园艺植物组织与器官花色苷的积累，提高外观及内在品质。

13.3.5.2 温度

温度是影响植物花色苷合成的另一个重要环境因素。对大多数植物而言，低温能诱导花色苷合成，高温则抑制其合成。如苹果经低温诱导后，*MdMYBA* 基因上调表达促进了果实花色苷的积累（Ban et al.，2007）。此外，Xie 等（2012）研究表明，低温可诱导 MdbHLH3 蛋白磷酸化，增强其转录活性，从而促进苹果果皮花色苷合成。在苹果上，*MdBBX20* 除了响应紫外光，其表达还可受低温诱导，并发现这是由于低温促进了 MdbHLH3 与 *MdBBX20* 启动子的结合（Fang et al.，2019）。

13.3.5.3 矿质营养与糖

氮肥过多会引起花色苷的积累减少。高氮条件抑制拟南芥 MYB 转录因子 *PAP1* 和 *PAP2* 基因的表达，另外，bHLH 成员 *GL3* 基因的表达也受抑制。研究表明，高氮条件抑制苹果花色苷积累是由于高氮条件下促进 MdBT2 积累，而该蛋白可与 MdMYB1 互作并促进后者降解（Wang et al.，2018）。有研究发现，一定浓度范围内，钙处理促进花色苷积累。低浓度的氮、磷、钾促进花色苷积累，但当钾离子浓度高于 50 mmol/L 时花色苷积累减少。

糖除了作为营养物质促进花发育及花色苷的积累外，还可以产生渗透胁迫诱导植物细胞合成花色苷。不同的糖对花色苷的影响不同，其中以蔗糖的调控效果最为明显。此外，糖还可以作为一种信号分子，通过信号转导途径激活或抑制一些基因的表达，进而调控花色苷的积累。类黄酮代谢途径中大部分结构基因和调节基因的表达受到糖的调控，如 *PAL*、*CHS*、*DFR*、*UFGT*、*PAP1* 等（Teng et al.，2005）。另外，苹果葡萄糖受体 MdHXK1 通过磷酸化 MdbHLH3 增强其蛋白稳定性，从而促进花色苷生物合成（Hu et al.，2016b）。

13.3.5.4 植物激素与生长调节剂

茉莉酸（JA）是一种重要的植物激素，茉莉酸-ZIM 结构域（JAZ）蛋白是 JA 信号途径的负调控因子。在拟南芥上的研究表明，JAZ 蛋白可与 MYB 及 bHLH 蛋白相互作用，抑制 MBW 蛋白复合体的形成，进而抑制花色苷产生，而 JA 处理则可以解除其抑制作用（Qi et al.，2011）。茉莉酸甲酯（MeJA）处理促进富士苹果果皮花色苷的积累，当用 MeJA 与乙烯共同处理时，花色苷的积累量进一步增多。

细胞分裂素可通过调控 *CHS* 和 *DFR* 的转录水平以及 *PAL1* 和 *CHI* 转录后水平来诱导拟南芥花色苷积累。矮牵牛花发育过程中赤霉素对于诱导花色苷相关基因表达及花色苷积累也是必需的。

ABA 对果实花色苷积累的促进作用在苹果、荔枝、樱桃和草莓等多种果实上得到报道。在苹果上的研究发现，ABA 可以诱导 *bZIP44* 基因的表达（该基因能编码一种可与 MYB1 互作的蛋白），从而促进其对花青苷合成基因表达的激活作用（An et al.，2018b）。在荔枝上，ABA 诱导 *ABF2/3* 基因的表达，该基因编码的蛋白可结合 MYB1 及花青苷合成基因启动子并激活其表达，从而最终促进花青苷合成（Hu et al.，2019）。

生长素和乙烯对果实花色苷积累的调控也有一些报道。有研究指出，生长素含量下降是草莓果实成熟期间花色苷合成的诱因，发现生长素类调节剂苯并噻唑-2-氧乙酸（BTOA）通过抑制 *CHS* 和 *UFGT* 表达而抑制葡萄花青苷积累。An 等（2018a）研究发现，乙烯信号转导元件 EIL1 和 ERF3 与先前鉴别的 MYB1 转录因子对苹果果实花青苷积累起着调控作用。类似地，在梨上 ERF3 与 MYB114 共同调控了果皮花青苷积累（Yao et al.，2017）。

13.3.6 研究展望

花色苷是评价果实品质性状的一个重要指标，也是园艺植物生物学研究的热点之一，近年来已作为果树等园艺植物的重要育种目标。园艺植物组织与器官中的花色苷主要通过类黄酮代谢途径合成，受 MBW 蛋白复合体的调控，此外，还受遗传、发育及环境因子的影响。目前，除了光信号通路是通过 COP1 - MYB1 介导花色苷的积累外（Li et al.，2012），其他蛋白复合体是如何调控花色苷合成，以及在果实发育成熟过程中内在的遗传发育因素与外界的环境因素之间是否存在相互作用来共同调控花色苷的积累等方面还有待深入研究。另外，不同物种及同一物种不同发育时期是否存在不同的 MBW 复合体调控花色苷的合成，这方面的研究将有助于科研工作者更加细致地了解花色苷合成与代谢的调控，为园艺植物栽培和育种提供理论依据。最后，叶绿素、类胡萝卜素和花色苷及黄酮类色素共同决定园艺产品的色泽，三者之间的相互影响和相互作用仍需进一步研究。

13.4　其他色素

在一些园艺产品上还存在其他类型的色素。石竹目植物（甜菜、苋菜、火龙果、仙人掌和大花马齿苋等）的花和果实中的红色素为甜菜色素，分甜菜红素及甜菜黄素两类，前者呈红色，后者呈黄色至橙色，但两者通常共存，总体上使这些园艺产品呈现红色。每一类色素又各包含多种色素，其中食品着色剂甜菜苷（也称甜菜红）以及细胞分裂素生物试验法所涉及的苋菜苷（也称苋红素）均属于甜菜红素类物质。尽管甜菜色素与花色苷均表现为红色，也均为水溶性，都存在于液泡中，但两者在化学结构和生物合成途径上存在较大差异。甜菜色素为含氮的芳香吲哚化合物，其合成前体是酪氨酸（Tyr），合成途径与类黄酮合成途径没有交叉，甜菜色素与花色苷不会在同一组织中积累。有研究揭示甜菜色素只在少数植物中积累的原因是，一个调控花色苷代谢的 MYB1 基因产生了特异的进化，在失去调控花色苷代谢这一功能的同时获得了调控甜菜色素合成的能力（Hatlestad et al.，2015）。

食用菌是高等真菌，有着与植物不同的色素种类。食用菌中不存在叶绿素和花色苷，在一些种类中虽也存在甜菜色素和类胡萝卜素，但食用菌的彩色色素主要是醌类化合物。

13.5　香气物质

13.5.1　园艺产品香气物质的生物学功能

园艺产品成熟衰老期间除发生色泽变化外，香气的变化也很明显。特征香气的形成可指示产品的成熟度，为园艺产品的重要品质指标。一些香气物质还具有生物活性，如黄姜的主要香气物质姜黄素可消炎和抗肿瘤，大蒜素、辣椒异硫氰酸烯丙酯、芥末丁香酚等在抗菌、消炎、抗氧化等方面也具有功效（Goff et al.，2006）。

对植物而言，香气物质在植物与昆虫互作中发挥重要的作用，有些香气可吸引昆虫给花朵授粉，有些香气则吸引动物取食果实，从而利于种子传播与物种繁衍。同时，有一些香气物质可对周围的植物、昆虫以及天敌等的行为和生理产生影响，是园艺植物与周边生物交流的"语言"。如黄瓜叶片在受二点叶螨危害时产生大量的萜类化合物，甘蓝叶片受大菜粉蝶危害时急剧释放己醛等化合物，甜橙果实释放的香气在植物与昆虫和病原微生物互作中也发挥重要的作用（Rodríguez et al.，2011）。

13.5.2　园艺产品香气物质种类及其在园艺产品中的分布

香气物质属于挥发性有机化合物（VOCs），具有如下属性：分子量常小于 300，能溶于油脂，常温下即为气态，可被嗅觉器官感知。香气物质刺激神经产生的嗅觉不一定局限于愉快的感觉，受香气物质种类、浓度等因素影响。

目前已鉴别的植物香气物质有 1 000 多种，根据化学结构可分为萜类、醛类、醇类、酯类、内酯类、酮类、呋喃、酚类等，其中萜类是种类和含量最为丰富的香气物质。

园艺产品的香味是多种香气物质共同作用的结果，单独一种物质并不能体现整体气味。重要香气物质的鉴别是园艺产品香气研究的难点和重点，但也取得了一些进展（表 13-3）。草莓果实约有 360 种香气物质，重要香气物质包括 2-甲基丁酸乙酯等 6 种酯类、芳樟醇等 4 种萜类、己醛等 4 种脂肪酸途径物质以及呋喃酮等。萜类物质是柑橘、芒果、香菜和香桃木等园艺植物的主要香气物质。含硫化合物具有刺鼻的香气，主要分布在葱、蒜、韭菜、芥菜等百合科与十字花科园艺植物中。成熟肉质果实的"果香型"香气来自酯类、内酯类等物质，而未成熟果实的"青香型"香气物质主要为醛类。

表 13-3 常见园艺产品重要香气物质

园艺产品	香气物质	结构式
苹果	乙酸己酯 hexyl acetate	
	2-甲基丁基乙酸酯 2-methylbutyl acetate	
桃	丙位癸内酯 γ-decalactone	
	丁位癸内酯 δ-decalactone	
葡萄柚	诺卡酮 nootkatone	
猕猴桃	丁酸乙酯 ethyl butanoate	
	2-己烯醛 (E)-2-hexenal	
草莓	呋喃酮 furaneol	
香蕉	乙酸异戊酯 isoamyl acetate	
辣椒	胡椒碱 piperine	

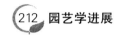

（续）

园艺产品	香气物质	结构式
大蒜	大蒜素 allicin	
姜	6-姜酚 gingerol	
香草	香兰素 vanillin	
薄荷	薄荷醇 menthol	
兰花	苯乙醇 phenylethyl alcohol	
玫瑰	3,5-二甲氧基甲苯 3,5-dimethoxytoluene	
乌龙茶	α-突厥酮 α-damascone	
	α-紫罗兰酮 α-ionone	

13.5.3　香气物质代谢途径

　　不同的香气物质来源于不同的合成途径，主要有萜类途径、氨基酸途径和脂肪酸途径（图 13-5）。此外，草莓等植物中的呋喃/吡喃酮的具体合成途径尚不清楚，但有研究已表明，醌氧化还原酶催化最后一步反应（Raab et al.，2006）。

　　（1）萜类途径。萜类由异戊二烯（C_5）为基本单元构成，单萜（C_{10}）和倍半萜（C_{15}）是主要的萜类香气物质，分别来源于质体中的 MEP 途径和细胞质中的甲羟戊酸（MVA）途径。倍半萜和单萜在萜类合成酶（TPS）的催化下合成，然后经氧化还原、酰化和糖基化等修饰，形成各种萜类物质，通过转基因抑制 TPS 家族成员 *CitMTSE1* 表达，显著减少了甜橙果皮组织的 D-柠檬烯含量（Rodríguez et al.，2011）。除 TPS 外，类胡萝卜素裂解双加氧酶（CCD）也参与香气

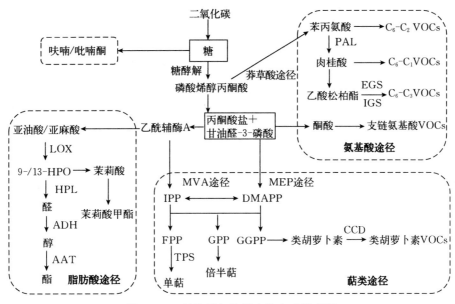

图 13-5 植物香气物质生物合成示意图

AAT：醇酰基转移酶 ADH：醇脱氢酶 CCD：类胡萝卜素裂解双加氧酶 DMAPP：二甲基烯丙基二磷酸酯 EGS：丁子香酚合成酶 FPP：法尼基二磷酸 GPP：牻牛儿基焦磷酸 GGPP：牻牛儿基牻牛儿基焦磷酸 HPL：氢过氧化物裂解酶 IGS：异丁子香酚合成酶 IPP：异戊烯基二磷酸酯 LOX：脂氧合酶 PAL：苯丙氨酸解氨酶 TPS：萜类合成酶

物质的形成，如番茄的 LeCCD1A 和 LeCCD1B 催化 β-胡萝卜素降解成 β-紫罗兰酮，牵牛和甜瓜的 CCD 催化香叶基丙酮和假紫罗兰酮等香气物质合成（Schwab et al.，2008）。

（2）氨基酸途径。芳香族氨基酸和支链氨基酸是香气物质的重要来源，其产物分别为挥发性苯酚类化合物和支链氨基酸衍生物。芳香族氨基酸苯丙氨酸可直接用于苯乙醛和苯乙醇等物质（C_6-C_2）合成，也可在 PAL 作用下生成肉桂酸，后者可直接用于苯甲醇、苯乙醇以及对应的酯类等香气物质（C_6-C_1）的合成，也可再转化为乙酸松柏酯，用于丁子香酚和异丁子香酚等（C_6-C_3）的合成。来源于支链氨基酸的香气物质包括 2-甲基丁醛、2-甲基丁醇和 2-异丁基噻唑等。

（3）脂肪酸途径。脂肪酸途径的香气物质主要来自脂氧合酶（LOX）途径，少数来自脂肪酸的 α-氧化和 β-氧化途径。LOX 是脂肪酸途径中的第一个关键酶，通过特异性抑制 *TomLOXC* 表达，转基因番茄果实中的 C_6 类化合物含量显著下降（Chen et al.，2004）。乙醇脱氢酶（ADH）催化醛类与醇类香气物质转化，增强番茄 *ADH2* 表达可显著促进反-3-己烯醇积累（Speirs et al.，1998）。醇酰基转移酶（AAT）催化醇向酯的转变，其家族成员具有不同的底物偏好性，产物也具有多样性。转录因子 NAC 通过激活 *AAT* 表达，进而促进成熟果实酯类香气物质合成，同时，组蛋白 H3K27me3 修饰也参与了脂肪酸途径酯类物质的合成（Cao et al.，2021）。

13.5.4 园艺产品香气物质积累的影响因素及调控措施

13.5.4.1 遗传

不同园艺产品的香气物质组成与含量存在差异，如番茄不同品种间果实苯乙醇含量差异可超过 3 000 倍（Tieman et al.，2012）。乙酸酯的含量与消费者喜好程度成反比，该化合物在栽培番茄（成熟时果实为红色）中的含量显著低于野生番茄品种（成熟时果实为绿色），进一步的研究表明，栽培番茄中催化乙酸酯转化为相应醇的羧酸酯酶（CXE）的编码基因 *SlCXE1* 的启动子区域有 copia-like 逆转座子插入，导致该基因表达增强，促使乙酸酯含量显著低于野生番茄

(Goulet et al.，2012)。

长期人工驯化与现代育种深刻改变了园艺植物的香气组分。栽培草莓橙花叔醇合成酶（NES）的编码基因 *FaNES1* 在驯化过程中发生了 N 端序列突变，进而导致该酶的亚细胞定位发生变化，使得栽培草莓果实并不具有野生草莓中的桃金娘烯醇和乙酸桃金娘烯醇酯等香气物质，从而造成栽培草莓与野生草莓的风味差异（Aharoni et al.，2004）。欧洲玫瑰和中国月季的香气物质组成不同，特别表现在中国月季能形成地衣酚，这是由于中国月季特异性具有地衣酚 *O*-甲基转移酶（OOMT）编码基因 *OOMT1*，通过欧洲玫瑰和中国月季杂交培育的茶玫瑰具有产生地衣酚的能力，香气浓郁（Scalliet et al.，2008）。

基因工程也是调控园艺植物香气物质形成的有效手段。如以色列科学家通过增加香叶醇合酶基因表达，培育出了具有玫瑰香味和柠檬味的番茄果实（Davidovich-Rikanati et al.，2007）。

13.5.4.2 组织类型

香气物质在不同组织中的合成部位具有差异。花中香气物质合成通常发生在表皮细胞中，有利于其快速释放。营养器官中的香气物质多在腺状毛囊中合成并贮存。柑橘果实香气物质通常在表皮的油体中合成，在果实剥开时油体破裂，香气物质得到释放。

香气物质在花、叶片和果实等器官中的组成及含量存在差异。单萜和倍半萜是芒果叶片和果实组织的主要香气物质，但酯类物质只在果实中合成；芳樟醇和葵内酯在桃果实中积累，叶片组织中的含量则低于检测限。香气物质的组成及含量在相同器官的不同部位也具有差异，如雄蕊、雌蕊、花瓣的香气物质含量明显不同，果皮与果肉组织在香气物质组成及含量上存在明显差异。

13.5.4.3 发育

就花而言，一般是在花粉发育到可以授粉的成熟阶段，相应部位产生大量香气物质以吸引蜜蜂等昆虫，在授粉结束之后含量则显著减少。叶片的香气物质在幼叶期合成最为活跃，这些物质通常具有毒性，以保护植物免受草食性动物或昆虫侵害。

不同发育阶段的果实中香气物质的组成及含量也存在明显差异。未成熟的猕猴桃果实中积累较高含量的"青香型"香气物质醛类等，随果实成熟这些物质的含量趋于下降，而"果香型"香气物质酯类等则显著积累（Zhang et al.，2009）。甜橙果实发育过程中瓦伦烯浓度趋于增加，参与该物质生物合成的 *Cstps1* 含量具有类似的变化模式。

13.5.4.4 环境

环境是影响植物香气物质代谢的重要因子，不同栽培地域甚至同一个种植园的不同位置等都对园艺植物的香气物质含量产生影响。

光照调控桃、牵牛、番茄、蓝莓、草莓等的香气物质合成，通过控制栽培过程中的灌水可以影响苹果和葡萄等果实的香气物质组成及含量。在桃上，研究发现 UV-B 可抑制芳樟醇合成，通过果实套袋可减轻 UV-B 的不利影响（Liu et al.，2017）。采后气调贮藏显著影响园艺产品的香气物质代谢，调控效果因种和气体浓度而存在差异。采后贮藏温度和时间影响香气物质的组成，导致冷害等代谢失常的温度处理可使植物丧失特征香气或香气物质合成受到抑制（Zhang et al.，2011）。采后低温贮藏导致的风味品质下降与香气物质含量减少相关，采后低温贮藏诱导了番茄 DNA 甲基化瞬时增加，香气物质形成相关的基因以及成熟重要的转录因子都发生了甲基化水平的改变，说明表观遗传学参与了低温对于番茄果实风味品质的调控（Zhang et al.，2016）。

13.5.4.5　其他

设施栽培对园艺植物香气物质的形成也有影响，但对不同种类化合物的调控效果有所不同。对于茶叶而言，采摘后的制作方式影响香气品质；对果实而言，乙烯通常促进特征香气物质的合成，而1-甲基环丙烯（1-MCP）则具有延缓或者抑制效果。

13.5.5　研究展望

随着分析检测技术以及各种组学的进步，园艺植物香气物质研究在近10年取得了长足进展，利用丰富的遗传资源阐述园艺植物香气物质的代谢机制是今后园艺和植物学研究的热点主题。由于香气是人类主观感受的结果，而且众多园艺植物的香气物质组分尚未得到鉴别，因此结合消费者的喜好以及气相色谱-质谱（GC-MS）等检测技术将为鉴别园艺植物重要香气物质提供科学依据，代谢组学技术和转录组测序技术的开展为挖掘香气物质代谢相关基因提供了线索。同色素等品质性状相比，植物香气物质代谢关键基因的鉴别相对滞后，相关的转录调控等分子机制也有待研究。基因组重测序和感官评价等方法的综合应用，正成为揭示植物香气等感官品质调控机制的有效手段。

（郝玉金　胡大刚　徐昌杰　张波　主编）

主要参考文献

刘晓芬，李方，殷学仁，等，2013. 花色苷生物合成转录调控研究进展 [J]. 园艺学报，40（11）：2295-2306.

王莎莎，栾雨婷，徐昌杰，2018. 柑橘β-柠乌素积累及其调控研究进展 [J]. 果树学报，35（6）：760-768.

王伟杰，徐昌杰，2006. 天然类胡萝卜素生物合成与生物技术应用 [J]. 细胞生物学杂志，28（6）：839-843.

徐昌杰，陶俊，张上隆，2007. 果实类胡萝卜素代谢及其调控 [M]//张上隆，陈昆松. 果实品质形成与调控的分子生理. 北京：中国农业出版社：107-148.

Aharoni A，Giri A P，Verstappen F W A，et al，2004. Gain and loss of fruit flavor compounds produced by wild and cultivated strawberry species [J]. The Plant Cell，16：3110-3131.

An J P，Wang X F，Zhang X W，et al，2019. MdBBX22 regulates UV-B-induced anthocyanin biosynthesis through regulating the function of MdHY5 and is targeted by MdBT2 for 26S proteasome-mediated degradation [J]. Plant Biotechnology Journal，17：2231-2233

An J P，Wang X F，Li Y Y，et al，2018a. EIN3-LIKE1，MYB1，and 11 ETHYLENE RESPONSE FACTOR3 act in a regulatory loop that synergistically modulates ethylene biosynthesis and anthocyanin accumulation [J]. Plant Physiology，178：808-823.

An J P，Yao J F，Xu R R，et al，2018b. Apple bZIP transcription factor MdbZIP44 regulates abscisic acid-promoted anthocyanin accumulation [J]. Plant Cell and Environment，41：2678-2692.

An X H，Tian Y，Chen K Q，et al，2012. The apple WD40 protein MdTTG1 interacts with bHLH but not MYB protein to regulate anthocyanin accumulation [J]. Journal of Plant Physiology，7（169）：710-717.

Ariizumi T，Kishimoto S，Kakami R，et al，2014. Identification of the carotenoid modifying gene *PALE YELLOW PETAL 1* as an essential factor in xanthophyll esterification and yellow flower pigmentation in tomato （*Solanum lycopersicum*） [J]. The Plant Journal，79（3）：453-465.

Bai S L，Sun Y W，Qian M J，et al，2017. Transcriptome analysis of bagging treated red Chinese sand pear peels reveals light-responsive pathway functions in anthocyanin accumulation [J]. Scientific Reports，7：63.

Bai S L，Tao R Y，Yin L，et al，2019. Two B-box proteins，PpBBX18 and PpBBX21，antagonistically regulate anthocyanin biosynthesis via competitive association with PpHY5 in the peel of pear fruit [J]. The Plant Journal, 100: 1208 – 1223.

Ban Y, Honda C, Hatsuyama Y, et al, 2007. Isolation and functional analysis of a MYB transcription factor gene that is a key regulator for the development of red coloration in apple skin [J]. Plant and Cell Physiology, 48 (7): 958 – 970.

Barry C S, McQuinn R P, Chung M Y, et al, 2008. Amino acid substitutions in homologs of the STAY-GREEN protein are responsible for the green-flesh and chlorophyll retainer mutations of tomato and pepper [J]. Plant Physiology, 147 (1): 179 – 187.

Britton G, Liaaen-Jensen S, Pfander H, 2004. Carotenoids Handbook [M]. Basel: Birkhauser Verlag.

Butelli E, Licciardello C, Zhang Y, et al, 2012. Retrotransposons control fruit-specific, cold-dependent accumulation of anthocyanins in blood oranges [J]. The Plant Cell, 24: 1242 – 1255.

Cao X, Wei C, Gao Y, et al, 2021. Transcriptional and epigenetic analysis reveals that NAC transcription factors regulate fruit flavor ester biosynthesis [J]. The Plant Journal, 106 (3): 785 – 800.

Chen G P, Hackett R, Walker D, et al, 2004. Identification of a specific isoform of tomato lipoxygenase (TomloxC) involved in the generation of fatty acid-derived flavor compounds [J]. Plant Physiology, 136: 2641 – 2651.

Cominelli E, Gusmaroli G, Allegra D, et al, 2008. Expression analysis of anthocyanin regulatory genes in response to different light qualities in *Arabidopsis thaliana* [J]. Plant Physiology, 165: 886 – 894.

Davidovich-Rikanati R, Sitrit Y, Tadmor Y, et al, 2007. Enrichment of tomato flavor by diversion of the early plastidial terpenoid pathway [J]. Nature Biotechnology, 25: 899 – 901.

Eckhardt U, Grimm B, Hörtensteiner S, 2004. Recent advances in chlorophyll biosynthesis and breakdown in higher plants [J]. Plant Molecular Biology, 56: 1 – 14.

Espley R V, Brendolise C, Chagné D, et al, 2009. Multiple repeats of a promoter segment causes transcription factor autoregulation in red apples [J]. The Plant Cell, 21: 168 – 183.

Fang H C, Dong Y H, Yue X X, et al, 2019. The B-Box zinc finger protein MdBBX20 integrates anthocyanin accumulation in response to ultraviolet radiation and low temperature [J]. Plant Cell and Environment, 42: 2090 – 2104.

Frusciante S, Diretto G, Bruno M, et al, 2014. Novel carotenoid cleavage dioxygenase catalyzes the first dedicated step in saffron crocin biosynthesis [J]. Proceedings of the National Academy of Sciences of the United States of America, 111: 12246 – 12251.

Fu X M, Feng C, Wang C Y, et al, 2014. Involvement of multiple phytoene synthase genes in tissue and cultivar-specific accumulation of carotenoids in loquat [J]. Journal of Experimental Botany, 65: 4679 – 4689.

Fu X M, Kong W B, Peng G, et al, 2012. Plastid structure and carotenogenic gene expression in red- and white-fleshed loquat (*Eriobotrya japonica*) fruits [J]. Journal of Experimental Botany, 63: 341 – 354.

Goff S A, Klee H J, 2006. Plant volatile compounds: sensory cues for health and nutritional value? [J]. Science, 311: 815 – 818.

Goulet C, Mageroy M H, Lam N B, et al, 2012. Role of an esterase in flavour volatile variation within the tomato clade [J]. Proceedings of the National Academy of Sciences of the United States of America, 109: 19009 – 19014.

Hatlestad G J, Akhavan N A, Sunnadeniya R M, et al, 2015. The beet Y locus encodes an anthocyanin MYB-like protein that activates the betalain red pigment pathway [J]. Nature Genetics, 2016, 47: 92 – 96.

Hörtensteiner S, 2009. Stay-green regulates chlorophyll and chlorophyll-binding protein degradation during senescence [J]. Trends in Plant Science, 14: 155 – 162.

Hu B, Lai B, Wang D, et al, 2019. Three LcABFs are involved in the regulation of chlorophyll degradation and anthocyanin biosynthesis during fruit ripening in *Litchi chinensis* [J]. Plant Cell and Physiology, 60: 448 – 461.

Hu D G, Sun C H, Ma Q J, et al, 2016a. MdMYB1 regulates anthocyanin and malate accumulation by directly facilitating their transport into vacuoles in apples [J]. Plant Physiology, 170: 1315 – 1330.

Hu D G, Sun C H, Zhang Q Y, et al, 2016b. Glucose sensor MdHXK1 phosphorylates and stabilizes MdbHLH3 to promote anthocyanin biosynthesis in apple [J]. PLoS Genetics，12：e1006273.

Huang D，Wang X，Tang Z Z，et al，2018. Subfunctionalization of the *Ruby2-Ruby1* gene cluster during the domestication of citrus [J]. Nature Plant，4：930 - 941.

Jaakola L，2013. New insights into the regulation of anthocyanin biosynthesis in fruits [J]. Trends in Plant Science，18：477 - 483.

Li Y Y，Mao K，Zhao C，et al，2012. MdCOP1 ubiquitin E3 ligases interact with MdMYB1 to regulate light-induced anthocyanin biosynthesis and red fruit coloration in apple [J]. Plant Physiology，160：1011 - 1022.

Liu H R，Cao X M，Liu X H，et al，2017. UV-B irradiation differentially regulates terpene synthases and terpene content of peach [J]. Plant Cell and Environment，40：2261 - 2275.

Liu L H，Jia C G，Zhang M，et al，2014. Ectopic expression of a BZR1-841 1D transcription factor in brassinosteroid signalling enhances carotenoid accumulation and fruit quality attributes in tomato [J]. Plant Biotechnology Journal，12：105 - 115.

Lu P J，Wang C Y，Yin T T，et al，2017. Cytological and molecular characterization of carotenoid accumulation in normal and high-lycopene mutant oranges [J]. Scientific Reports，7：761.

Luan Y T，Wang S S，Wang R Q，et al，2020. Accumulation of red apocarotenoid β-citraurin in peel of a spontaneous mutant of huyou (*Citrus changshanensis*) and the effects of storage temperature and ethylene application [J]. Food Chemistry，309：125705.

Luo H F，Dai C，Li Y P，et al，2018. Reduced Anthocyanins in Petioles codes for a GST anthocyanin transporter that is essential for the foliage and fruit coloration in strawberry [J]. Journal of Experimental Botany，69：2595 - 2608.

Ma G，Zhang L，Matsuta A，et al，2013. Enzymatic formation of β-citraurin from β-cryptoxanthin and zeaxanthin by carotenoid cleavage dioxygenase in the flavedo of citrus fruit [J]. Plant Physiology，163：682 - 695.

Meguro M，Ito H，Takabayashi A，et al，2011. Identification of the 7-hydroxymethyl chlorophyll a reductase of the chlorophyll cycle in *Arabidopsis* [J]. The Plant Cell，23：3442 - 3453.

Moon J，Zhu L，Shen H，et al，2008. *PIF1* directly and indirectly regulates chlorophyll biosynthesis to optimize the greening process in *Arabidopsis* [J]. Proceedings of the National Academy of Sciences of the United States of America，105：9433 - 9438.

Ohmiya A，2013. Qualitative and quantitative control of carotenoid accumulation in flower petals [J]. Scientia Horticulturae，163：10 - 19.

Peng G，Xie X L，Jiang Q，et al，2013. Chlorophyll a/b binding protein plays a key role in natural and ethylene-induced degreening of Ponkan (*Citrus reticulata* Blanco) [J]. Scientia Horticulturae，160：37 - 43.

Powell A L，Nguyen C V，Hill T，et al，2012. Uniform ripening encodes a Golden 2-like transcription factor regulating tomato fruit chloroplast development [J]. Science，336：1711 - 1715.

Qi T C，Song S S，Ren Q C，et al，2011. The Jasmonate-ZIM-Domain proteins interact with the WD-Repeat/bHLH/MYB complexes to regulate jasmonate-mediated anthocyanin accumulation and trichome initiation in *Arabidopsis thaliana* [J]. The Plant Cell，5：1795 - 1814.

Raab T，López-Ráez J A，Klein D，et al，2006. *FaQR* required for the biosynthesis of the strawberry flavor compound 4-hydroxy-2,5-dimethyl-3 (2H) -furanone, encodes an enone oxidoreductase [J]. The Plant Cell，18：1023 - 1037.

Rodríguez A，San Andrés V，Peña L，2011. Terpene down-regulation in orange reveals the role of fruit aromas in mediating interactions with insect herbivores and pathogens [J]. Plant Physiology，156：793 - 802.

Sato Y，Morita R，Katsuma S，et al，2009. Two short-chain dehydrogenase/reductases，NON-YELLOW COLORING 1 and NYC1-LIKE, are required for chlorophyll b and light-harvesting complex Ⅱ degradation during senescence in rice [J]. The Plant Journal，57，120 - 131.

Scalliet G，Piola F，Douady C J，et al，2008. Scent evolution in Chinese roses [J]. Proceedings of the National Academy of Sciences of the United States of America，105：5927 - 5932.

Schelbert S，Aubry S，Burla B，et al，2009. Pheophytin pheophorbide hydrolase（pheophytinase）is involved in chlorophyll breakdown during leaf senescence in *Arabidopsis* [J]. The Plant Cell，21：767－785.

Schwab W，Davidovich-Rikanati R，Lewinsohn E，2008. Biosynthesis of plant-derived flavor compounds [J]. The Plant Journal，54：712－732.

Speirs J，Lee E，Holt K，et al，1998. Genetic manipulation of alcohol dehydrogenase levels in ripening tomato fruit affects the balance of some flavor aldehydes and alcohols [J]. Plant Physiology，117：1047－1058.

Teng S，Keurentjes J，Bentsink L，et al，2005. Sucrose-specific induction of anthocyanin biosynthesis in Arabidopsis requires the *MYB75/PAP1* gene [J]. Plant Physiology，139：1840－1852.

Tieman D，Bliss P，McIntyre L，et al，2012. The chemical interactions underlying tomato flavor preferences [J]. Current Biology，22：1035－1039.

Wang X F，An J P，Liu X，et al，2018. The nitrate-responsive protein MdBT2 regulates anthocyanin biosynthesis by interacting with the MdMYB1 transcription factor [J]. Plant Physiology，178：890－906.

Wang Z G，Meng D，Wang A D，et al，2013. The methylation of the *PcMYB10* promoter is associated with green-skinned sport in Max Red Bartlett pear [J]. Plant Physiology，162：885－896.

Xie X B，Li S，Zhang R F，et al，2012. The bHLH transcription factor MdbHLH3 promotes anthocyanin accumulation and fruit colouration in response to low temperature in apples [J]. Plant，Cell and Environment，35：1884－1897.

Xu C J，Fraser P D，Wang W J，et al，2006. Differences in the carotenoid content of ordinary citrus and lycopene-accumulating mutants [J]. Journal of Agricultural and Food Chemistry，54：5474－5481.

Yao G F，Ming M L，Allan A C，et al，2017. Map-based cloning of the pear gene *MYB114* identifies an interaction with other transcription factors to coordinately regulate fruit anthocyanin biosynthesis [J]. The Plant Journal，92：437－451.

Zeng Y L，Du J B，Wang L，et al，2015. A comprehensive analysis of chromoplast differentiation reveals complex protein changes associated with plastoglobule biogenesis and remodelling of protein systems in orange flesh [J]. Plant Physiology，168：1648－1665.

Zhang B，Yin X R，Li X，et al，2009. Lipoxygenase gene expression in ripening kiwifruit in relation to ethylene and aroma production [J]. Journal of Agricultural and Food Chemistry，57：2875－2881.

Zhang B，Xi W P，Wei X X，et al，2011. Changes in aroma-related volatiles and gene expression during low temperature storage and subsequent shelf-life of peach fruit [J]. Postharvest Biology Technology，60：7－16.

Zhang B，Tieman D，Jiao C，et al，2016. Chilling induced tomato flavor loss is associated with altered volatile synthesis and transient changes in DNA methylation [J]. Proceedings of the National Academy of Sciences of the United States of America，113：12580－12585.

Zhao Y，Dong WQ，Wang K，et al，2017. Differential sensitivity of fruit pigmentation to ultraviolet light between two peach cultivars [J]. Frontiers in Plant Science，8：1552.

Zheng X J，Zhu K J，Sun Q，et al，2019. Natural variation in *CCD4* promoter underpins species-specific evolution of red coloration in citrus peel [J]. Molecular Plant，12：1294－1307.

Zhou Y，Zhou H，Lin-Wang K，et al，2014. Transcriptome analysis and transient transformation suggest an ancient duplicated MYB transcription factor as a candidate gene for leaf red coloration in peach [J]. BMC Plant Biology，14：388.

Zhu C F，Bai C，Sanahuja G，et al，2010. The regulation of carotenoid pigmentation in flowers [J]. Archives of Biochemistry and Biophysics，504：132－141.

Zhu C F，Naqvi S，Breitenbach J，et al，2008. Combinatorial genetic transformation generates a library of metabolic phenotypes for the carotenoid pathway in maize [J]. Proceedings of the National Academy of Sciences of the United States of America，105：18232－18237.

14 园艺植物对非生物逆境的响应

> **【本章提要】** 随着全球气候和环境变化，园艺作物的优质高效生产越来越多地受到各种非生物逆境胁迫的制约。结合植物对非生物逆境响应的研究进展，本章主要阐述不同逆境对园艺植物生长发育、生理代谢的影响与伤害机制，从形态解剖学特性、生理生化、代谢、激素信号等方面分析植物抗逆的途径，并从表观遗传、转录调控、翻译后调控、基因组学等方面论述园艺植物抗逆的分子途径与研究进展。

14.1 概述

14.1.1 伴随全球环境变化，非生物逆境越来越多地制约着园艺植物的生产

全球气候变暖已成为不争的事实。据统计，从 1951 年开始，我国年平均气温呈上升趋势，至 2010 年，我国年平均气温上升了近 2 ℃。全球气候变暖威胁到很多园艺作物的生产，尤其是落叶果树。温带果树芽休眠的打破需要满足一定时间的低温需求（需冷量），全球平均气温的上升将威胁温带落叶果树的安全生产（Luedeling et al.，2011）。全球变暖也影响着落叶果树的物候期，主要表现在休眠期缩短，萌芽开花时间提前，生长期延长。日本学者研究发现，1970—2010 年，日本的富士苹果花期平均提前了约 10 d，果实发育期延长（Sugiura et al.，2013）。

全球气候变暖改变了水分循环和降水模式，使干旱地区变得更加干旱，湿润地区变得更加湿润，同时，气候变暖也会加速植物的水分蒸发和土壤的水分散失。根据 Taylor Elwynn 教授的理论，气温每升高 10 ℃，作物的需水量将增加 50%（Trenberth，2014）。与农作物小麦、玉米等相比，园艺作物通常耗水量更大。我国西北地区是苹果、梨、葡萄等果树的优生区和主产区，水资源短缺是制约其果树产量提高、品质提升和可持续发展的主要因子。

全球气候变暖不均一导致一些极端天气的发生。虽然温度总体呈上升趋势，但近年来低温天气也频繁发生，甚至打破了低温纪录，我国园艺作物的生产屡次受到了低温的危害，2018 年苹果花期我国西北地区发生严重的倒春寒危害，造成苹果大面积减产。同时，冬季和早春气温的提高使园艺植物萌芽和开花提前，与 19 世纪晚期相比，果树的开花期平均提前了近 1 个月（Rutishauser et al.，2012；Guo et al.，2019）。

此外，世界上大约 20% 的灌溉土地受盐碱的影响（Zhu，2001），随着全球气候的变化，土壤盐碱化变得越来越严重。全球变暖增加了蒸散量和灌溉量，加快了干旱半干旱地区土壤的盐碱化，海水入侵也影响着许多沿海地区的农田。提高园艺植物的抗盐碱性是维持这些地区园艺作物可持续生产的基础。

大气中的 CO_2 含量从工业革命前的 0.028% 到如今的 0.039%（Begley，2010），增加了近40%。在过去 50 年里，全球气候变暖加速恶化，大气温度和 CO_2 浓度高速增长，远远快于植物自身进化适应气候变化的速度，所以有必要使用"人工进化"来加快这一进程，使园艺植物在今后的环境中适应、生存并茁壮成长。

14.1.2　园艺植物抗逆基因和种质正在萎缩

现今的园艺植物正面临着抗逆基因、遗传资源的萎缩，主要原因有：①气候变化影响着园艺植物的遗传多样性，使部分野生资源丢失。②在园艺植物人工选择育种过程中，高产量和优良品质是品种选育的主要指标，造成抗逆基因丢失。③优良栽培品种的全球化与主导化，在果树上尤为严重，如富士苹果、红地球葡萄。④由于果树育种的耗时性，在当前果树育种中，亲本多为现有亲缘关系较近的优良品种或优系，很少利用野生种质资源。全球气候变暖加速了园艺植物物种多样性的丧失，挖掘园艺植物抗逆基因资源，对其进行保存并利用是未来园艺产业减少病虫害和环境危害的关键。

14.1.3　园艺植物抗逆生物学研究进入了系统化和基因组时代

园艺植物适应逆境对于满足人们日益增长的对园艺产品的需求有重要意义，这一艰巨任务需要多学科的研究投入。抗逆生理学研究可以确定园艺植物的抗性耐受机制，并提供一种途径、方法或性状来筛选抗逆基因型。分子生物学和基因组研究使人们更好地理解逆境相关性状的遗传变异特性和调控途径，是基于分子标记识别和高通量基因分型技术进行选择育种，并能增加抗逆基因和新的转基因抗逆种质资源。育种者可通过使用包括种质筛选、分子标记辅助选择、植物遗传转化和传统育种方法进行园艺植物抗逆改良育种。

通过转基因技术提高抗逆性已被广泛用于园艺植物抗逆研究（Smirnova et al.，2015），但转基因水果、蔬菜、坚果和观赏植物的商品化远远落后于农作物，园艺转基因植物的利用仍有很多不可逾越的障碍，包括消费者是否接受转基因产品、在特定作物上基因转化与表达的技术难题、知识产权、市场和经济因素、监管问题。目前重要的是进行基础科学研究，探索提高非生物胁迫抗性的基因工程途径，建立安全可靠的基因工程育种体系（如非转基因的基因精确定向编辑技术体系），并评估基因工程对生物多样性、环境安全和人体健康的影响。

14.2　非生物逆境对园艺植物的影响

14.2.1　植物逆境胁迫及其抗逆性的基本概念

影响植物生长发育的逆境因素很多，包括生物逆境和非生物逆境。非生物逆境是指能够抑制或不利于植物生长发育及园艺产品品质的环境条件，如干旱、高温、低温、盐碱等（图 14-1）。

抗逆性（stress resistance）是指植物对不良环境的抵抗和忍耐能力，是植物对不利环境条件做出反应的体现，简称抗性（resistance）。抗性是植物在对环境的逐步适应过程中形成的（Zhu，2001）。

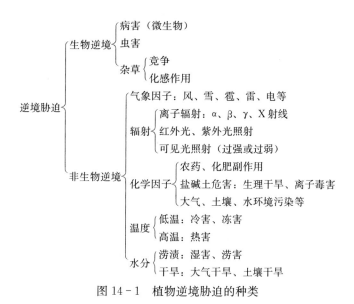

图 14-1 植物逆境胁迫的种类

胁变（strain）是指植物受到胁迫后所发生的生理生化变化。植物抗逆性的强弱取决于外界的胁迫强度和植物对胁迫的反应程度，同样胁迫程度下植物胁变的程度取决于遗传潜力和抗性锻炼的程度，同等环境胁迫作用下，胁变越小，抗逆性越大（赵福庚等，2004）。用较温和的逆境预处理，诱导植物抗逆能力增强的过程，称为抗性锻炼或驯化（acclimation）。驯化不同于适应（adaptation），适应性是植物经过长期的逆境锻炼进化产生了一系列抵制不良环境的机制，其抗逆水平由遗传决定，是特定植物对某一或多个逆境胁迫特有的抗性。抗性驯化是指在植物遭受逆境之前，进行相应的逆境锻炼以提高抗逆性的技术，它一般是抗逆相关基因诱导表达引发的结果。从解剖学和形态学水平到细胞、生理生化和分子水平均参与了植物对环境胁迫的适应性和驯化（Taiz et al.，2010）。

植物对逆境的适应与抵抗方式主要有避逆性（stress escape）、御逆性（stress avoidance）和耐逆性（stress tolerance）3 种形式（图 14-2）。

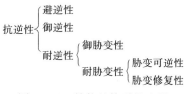

图 14-2 植物的抗逆性途径

耐逆性是植物处于不利的环境时，通过代谢反应来阻止、降低或修复由逆境造成的损伤，使其维持正常的生理活动。如园艺植物遇到干旱或低温时，细胞内的脯氨酸、甜菜碱、可溶性糖等渗透物质会增加，以提高渗透势或冰点。耐逆性包含御胁变性（strain avoidance）和耐胁变性（strain tolerance）。御胁变性是指植物在逆境下通过降低单位胁迫所产生的胁变，起分散胁迫的作用，如蛋白质合成加强、蛋白质分子间键的结合力加强和保护性物质增多等，使植物对逆境的敏感性减弱。耐胁变性是植物忍受和恢复胁变的能力和途径，它可分为胁变可逆性（strain reversibility）和胁变修复性（strain repairability）。胁变可逆性是指逆境条件下植物产生一系列的生理变化，当环境胁迫解除后各种生理功能迅速恢复正常。胁变修复性指植物在逆境下通过自身代谢过程迅速修复被破坏的结构和功能（赵福庚等，2004）。避逆性是植物体对不良环境在时间或空间上避开，部分或完全阻止胁迫因子对植物的伤害，如冬季落叶果树的休眠。御逆性指植物具有一定的防御环境胁迫的能力，通过形态结构和某些生理上的变化，营造适宜逆境的生存条

件，可不受或少受逆境的影响。

14.2.2　不同逆境对园艺植物生长发育的影响与伤害

14.2.2.1　干旱胁迫

干旱胁迫（drought stress）也称水分亏缺（water deficit），其对农作物造成的损失在所有非生物逆境中占首位（Bray，1997）。根据产生的原因，干旱可分为大气干旱（atmospheric drought）与土壤干旱（soil drought）。

干旱伤害最直观的表现是叶片、幼茎的萎蔫，即因水分亏缺，细胞失去紧张度，叶片和茎的幼嫩部分出现下垂的现象。萎蔫可分为暂时萎蔫（temporary wilting）和永久萎蔫（permanent wilting）两种，两者的根本差别在于：暂时萎蔫只是叶肉细胞临时水分失调，而永久萎蔫则是原生质发生了脱水。原生质脱水是旱害的核心，由此植物产生一系列生理生化变化并危及生命。

干旱条件下，植物细胞原生质脱水，破坏原生质膜上脂类双分子层的排列，生物膜的稳态发生改变，膜透性增加，发生泄漏，代谢紊乱。同时，伴随着膨压消失和萎蔫，细胞扩大停止，气孔关闭，光合作用减弱（图14-3），光合作用与呼吸作用失调；蛋白质分解加快，DNA、RNA合成减弱；脯氨酸合成积累；内源激素发生变化，ABA积累，CTK减少，CTK/ABA比值降低，乙烯增加（Taiz et al.，2010）；NH_3、胺类物质等有毒物质增加，易造成铵毒害。

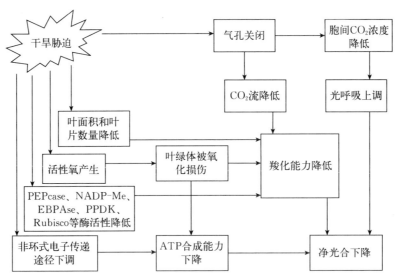

图14-3　干旱影响植物光合的途径

PEPcase：磷酸烯醇式丙酮酸羧化酶　NADP-Me：NADP苹果酸酶　FBPAse：果糖-1,6二磷酸酶　PPDK：丙酮酸磷酸双激酶　Rubisco：核酮糖-1,5-二磷酸羧化酶/加氧酶

(Taiz et al.，2010)

水分亏缺也影响着果实的生长发育和果实品质（Ripoll et al.，2014）。果实发育早期水分亏缺，会引起果树的早期落果，果实细胞分裂受到抑制，果实变小；而在果实膨大期缺水，会抑制细胞膨大，果实也变小；在成熟期水分短缺，能加快果实的成熟进程。水分亏缺影响着果实的糖代谢与积累，如水分胁迫下番茄和柑橘果实中的蔗糖合酶活性增加，糖的积累量增加，果实变甜，蔗糖合酶的增加也促进了细胞壁纤维素的合成，导致果实的硬度增加，采后货架期延长。水分亏缺也能增加果实中挥发性香气物质的组成及含量。此外，在水分胁迫条件下，果实自身的抗氧化系统被诱导，促进了果实与人体健康相关次生代谢物的积累，主要包括一些萜类（如类胡萝

卜素）、酚类和抗坏血酸。水分亏缺对果实品质影响的途径与机制是非常复杂的，与初生代谢和次生代谢以及它们之间的相互作用相关（Ripoll et al.，2014），目前对其生理分子机制知之甚少，进一步深入研究水分亏缺与果实品质调控之间的关系，对于探明果实品质形成及调控机制有重要意义。

14.2.2.2　低氧胁迫

在园艺植物生产中，土壤洪涝积水、排灌不良、地下水位过高、土壤板结以及机械操作活动等都容易使植物根系供氧不足，造成低氧胁迫，影响植物的生长。在无土栽培生产实践中，水培的营养液溶氧浓度低、消耗快，基质培养中管理不当及"根垫"的形成使根系供氧状况恶化，尤其是根际温度较高时，根系耗氧量增大，易形成明显的根际低氧逆境，影响蔬菜、花卉等作物正常的生长发育（汪天等，2006）。植物在缺氧条件下承受着多方面的胁迫，主要包括能量危机、乙醇毒害、氧化逆境3个方面：①低氧逆境下，植株根系细胞中线粒体片层出现不可逆的结构变化，体内糖酵解和有氧呼吸受阻，植物体启动发酵代谢，ATP合成减少，细胞内能荷水平显著降低，引起能量危机，根系功能受阻，生长发育迟缓。②当供氧不足时，植物细胞启动无氧呼吸途径，产生大量的乙醇，长时间缺氧会引起根系乙醇毒害。③缺氧可以诱导活性氧大量积累引发氧化损伤。此外，低氧胁迫条件下，质膜和液泡膜 H^+-ATP 酶、焦磷酸酶活性降低（汪天等，2006），细胞质酸化，有毒末端产物积累等，最终导致根系腐烂、植株死亡。

14.2.2.3　高温胁迫

不同的园艺植物有着不同的温度适应范围，通常认为所处温度高于适温 $10\sim15$ ℃就会发生高温胁迫（Smirnova et al.，2015）。近年来，气候变暖已成为一个全球性的问题。同时，温室广泛用于园艺植物的生产，在夏季，即使打开所有的通风窗口，温室的温度仍可能超过 40 ℃。提高园艺植物对高温的抗性在园艺植物生产中起重要作用。

高温胁迫对植物最主要的伤害是导致细胞膜严重损害，细胞膜系统是热损伤和抗热中心，高温不可逆伤害的原初反应是生物膜系统的类脂分子热相变（Taiz et al.，2010）。高温胁迫也能引起膜蛋白变性，使膜质氧化程度增加。植物抵抗高温对膜蛋白变性的能力与叶片的含水量相关，尤其质外体空间的含水量。

叶绿体是对高温最为敏感的细胞器，高温会破坏植物的类囊体膜系统，且光系统Ⅱ（PSⅡ）是高温胁迫最先破坏的部位，降低 PSⅡ相关酶的活性，抑制光合电子传递，最终导致光合作用下降。高温条件下，光合系统是衡量植物耐热性的一项重要的直接指标（王涛等，2013）。

高温胁迫能引起园艺植物花发育不良，畸形不育花增多，花粉萌发率下降，授粉受精不良，引起落花落果。除授粉受精不良外，高温引起落果的另一个主要原因与高温使光合速率降低，果实糖分供应能力降低有关（Smirnova et al.，2015）。在设施栽培中，温度偏高或升温过急，则会造成高温伤害，花前温度过高，花器官发育过快而不充实，无效花增多，导致产量和品质的下降。

14.2.2.4　低温胁迫

低温逆境包括冷害和冻害。冷害通常指 0 ℃以上低温（chilling temperature）（$0\sim15$ ℃）对植物造成的伤害，冻害是指 0 ℃以下的冰冻低温（freezing temperature）对植物造成的伤害。在遇到冰冻低温胁迫之前，经受较为轻微的 0 ℃以上适度低温，植物耐受冻害的能力就会增强，这种现象被称为植物的低温驯化或冷适应（cold acclimation）。

（1）冷害。Lyons 和 Raison（1970）认为，细胞膜系统是植物遭受低温伤害的首要部位，提出了著名的"膜脂相变学说",指出低温袭击植物时,首先引起膜相改变,由液晶相变为凝胶相,引发无序脂肪链变为有序,导致膜破裂和膜结合相关的蛋白结构发生改变,进而引起膜透性增加,内含物外溢,电导率增加。电导率目前已成为评价园艺植物抗低温的主要指标(曹建东等,2010)。膜相转换的温度与膜脂肪酸的成分有关,即不饱和脂肪酸含量越高,膜脂的相变温度越低,抗寒性越强。

低温条件下,土壤温度的降低能抑制根系对水分和矿质营养的吸收能力,导致植物蒸腾量大于水分吸收量,引起植物失水,造成"青枯死苗"。同时,低温能显著降低核酮糖-1,5-二磷酸羧化酶/加氧酶(Rubisco)的活性,引起解偶联和活性氧积累,光合磷酸化能力降低,净光合速率下降,引起植物"饥饿"死亡,造成"黄枯死苗"。在低温条件下,参与有氧呼吸的细胞色素a和细胞色素a_3的复合体(Cyt aa_3)活性降低,呼吸光合电子传递和磷酸化活性被抑制,有氧呼吸速率降低,无氧呼吸速率增加,对植物造成乙醇毒害(赵福庚等,2004)。

(2)冻害。冻害是由于胞内脱水和冰晶形成对植物造成的间接伤害,分为胞间结冰和胞内结冰,其中温度逐渐降低可引起胞间结冰,而温度突然降低可引起对植物破坏性更大的胞内结冰。冻害引起的结冰导致细胞渗透胁迫,膨压失调,使细胞膜、叶绿体膜等膜系统受到伤害,亚细胞器损伤,代谢紊乱。在冻害发生时,蛋白质自身的二硫键断裂,相邻蛋白质之间形成二硫键,在冰融化之后二硫键不能恢复,蛋白质结构发生变化、功能丧失或下降甚至被降解,活性氧过量积累导致氧化胁迫,严重时可导致植株死亡。

14.2.2.5 盐胁迫

土壤盐渍化的主要诱因是土壤或土壤溶液中存在大量的NaCl,除此之外,还包括其他各种盐分,如Na_2SO_3、$MgSO_4$、$CaSO_4$、$MgCl_2$、KCl和Na_2CO_3(Zhu,2003;2016)。土壤盐渍化最常见的危害就是抑制植物的生长,这种抑制作用主要与盐渍化土壤中存在过量的Na^+和Cl^-有关,也与大量存在的Na^+引起K^+亏缺有关。对大多数植物来说,吸收的Na^+主要存在于植物的根茎中,而Cl^-则主要积累在植物的地上部,Cl^-在叶片中的积累是NaCl胁迫下植物光合系统受到严重损伤的主要原因(Zhu,2003)。同时,Na^+会造成大多数园艺植物特异性的离子伤害(Smirnova et al.,2015),由Na^+造成的植物毒害表型主要包括:根生长受到抑制,根冠比增加,地上部过量Na^+积累使光合作用被抑制,生长速率和生物量降低;膜脂过氧化或膜蛋白过氧化作用造成膜质或膜蛋白损伤,膜透性增加,胞内水溶性物质外渗,最终引起植物死亡(Munns,2002)。

NaCl胁迫下,由于Na^+和Ca^{2+}的离子半径相似,细胞质和质外体中的Na^+将各个细胞膜上的Ca^{2+}置换下来,导致细胞膜的选择透过性丧失,Ca^{2+}平衡被破坏,细胞质中游离Ca^{2+}急剧增加,细胞代谢紊乱,甚至发生程序性细胞死亡(Zhu,2003;2016)。盐离子过量吸收也抑制了一些营养元素的吸收,引起缺素。盐对植物的伤害还源自土壤水势的下降,造成生理干旱,引起气孔关闭,叶绿体受损,与光合作用相关的酶失活或变性,光合速率下降,同化产物合成减少。

盐胁迫也影响果实生长发育和品质(Smirnova et al.,2015)。盐胁迫首先影响果实的产量,表现在:①盐胁迫抑制了植物的水分吸收和光合作用,影响花芽的分化,降低花的品质和数量,增加了落花落果。②果实发育期盐胁迫抑制了细胞的分裂与膨大,使果实变小。③盐胁迫下根部Ca^{2+}吸收能力下降,使果实易于感染病害。此外,中度盐胁迫可以提高果实的品质,包括:①由于果实变小,导致可溶性固形物浓度增加,同时盐胁迫诱发果实发育前期淀粉积累增加,果实成熟期蔗糖在总糖中的比例增加。②在果实成熟期,盐胁迫诱发呼吸速率增加,果实中三羧酸(TCA)循环加快,增加果实中苹果酸和柠檬酸的含量。③诱发果实的抗氧化系统,果实中抗氧化物质如抗坏血酸、酚类等物质含量增加,抗氧化能力提高。

14.3 园艺植物对非生物逆境的响应

14.3.1 形态结构

在长期与环境互作的进化过程中，植物的形态结构与其抗逆性是密切相关的。如抗旱性强的植物具有叶片小、细胞小、表皮层发达、蜡质层和角质层厚、茸毛多、叶组织密、栅栏组织发达、气孔小而密度大等特征（Taiz et al.，2015）。在输导组织上，抗旱性强的植物其茎的输导组织发达，水分输导阻力小，表现为皮层与中柱的比率大、维管束排列紧密、导管多、直径大。

同时，植物的形态结构也参与了抗逆反应。如短期干旱导致叶片和嫩茎萎蔫下垂、气孔开度减小甚至关闭，以减少水分蒸发。在长期适应水分亏缺的条件下，抗旱性植物叶细胞和叶面积变小、表皮层、蜡质层和角质层变厚，栅栏组织发达，表皮毛增加，气孔变小而密度变大等，以减少水分的蒸发；同时根冠比增加，根的分布深度和范围增加，须根、根毛增多，以增加吸水能力。

14.3.2 光合生理

干旱胁迫对植物的光合作用可产生多方面的影响。植物感知干旱胁迫后，由根部产生 ABA 信号物质，传导到叶片引起气孔关闭，即干旱胁迫引起根-叶信号传导机制。气孔关闭后，水分散失减少，同时造成 CO_2 吸收降低，光合速率下降，即光合作用的气孔限制。水分亏缺下光合速率下降主要是由气孔因素和非气孔因素引起的。细胞间隙 CO_2 浓度（C_i）的大小是判断气孔限制和非气孔限制的主要依据，当净光合速率（P_n）、气孔导度（G_s）和 C_i 均下降时，P_n 的降低为气孔限制；如果 P_n 的降低伴随着 C_i 的升高，则为非气孔限制（Taiz et al.，2015）。一般来说，轻度或中度水分胁迫时，气孔因素占主导作用；严重胁迫时，非气孔因素起主要作用。

非气孔因素抑制光合作用远比气孔因素限制光合作用复杂。干旱胁迫下，植物 PSI 和 PSII 的活性下降，光合作用中 CO_2 同化不受 CO_2 扩散的限制，而受核酮糖-1,5-双磷酸（RuBP）数量的限制。短期干旱胁迫导致植物光合能力下降与 ATP 合成酶、RuBP 再生、光合同化酶活性及羧化效率的下降有关，而持续干旱等逆境胁迫会对植物造成不可逆转的伤害，如叶绿素含量降低、叶绿体受到破坏、PSII活力下降、光合同化酶活性下降、光合磷酸化和电子传递受到抑制等（Taiz et al.，2015）。

光合参数是光合作用效率的外在表现，叶绿素荧光参数是光合效率的内部因素。通过探测光合过程中叶绿素荧光特性，可以了解逆境条件下植物的生理状况。土壤干旱胁迫条件下，杏、葡萄、苹果等植物叶绿素荧光参数 F_m、F_v、F_v/F_0、PSII、光化学量子效率（ΦPSII）等值下降（Ma et al.，2015），且叶绿素荧光参数与不同杏、葡萄种质的抗旱性综合评定指标存在显著相关性，可作为其抗旱性评定指标。

14.3.3 渗透调节

渗透胁迫下植物体内积累各种有机物质和无机物质，提高细胞液浓度，降低渗透势，维持一定的压力势，以适应渗透胁迫环境，增加保水能力，这种现象称为渗透调节（osmotic adjustment）。渗透调节是在细胞水平上进行的，植物通过渗透调节可完全或部分维护由膨压直接控制的膜运输和细胞膜的电性质等，且渗透调节在维持气孔开放和一定的光合速率及保持细胞持续生长等方面都具有重要意义。

渗透调节物质的种类很多，大致可分为两大类。一类是由外界进入细胞的无机盐离子，如

K^+、Cl^-、Na^+、Ca^{2+}、Mg^{2+}、NO_3^- 等；另一类是通过细胞内代谢合成的有机可溶性物质，主要包括糖类、多元醇、脯氨酸、甜菜碱等，它们既能起保护作用，又能维持细胞质内外渗透平衡。其中，无机盐离子主要在液泡积累，而脯氨酸、甜菜碱等主要是细胞质渗透物质。

14.3.4 膜保护物质与活性氧平衡

活性氧（ROS）是生物体有氧代谢产生的一类性质活泼、氧化能力强的含氧化合物的总称，包括超氧阴离子（O_2^-）、羟自由基（·OH）、过氧基（ROO·）、烷氧基（RO·）、过氧化氢（H_2O_2）和单线态氧（$^1O_2$）等。植物叶绿体、线粒体、过氧化物体、质膜以及细胞壁等都能产生 ROS（图 14 - 4）。

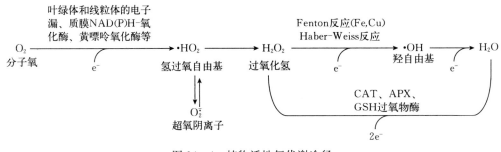

图 14 - 4　植物活性氧代谢途径

(Apel et al.，2004)

在正常情况下，细胞内 ROS 的产生和清除处于动态平衡状态，不会伤害细胞，但在干旱、极端温度、紫外线、高盐等逆境胁迫下，ROS 产生量超过植物自身的清除和调节能力，使 ROS 大量积累，并与许多细胞组分发生反应，引起酶失活、蛋白降解和脂质过氧化，导致植物生理代谢受阻甚至死亡（Apel et al.，2004）。其中脂质过氧化是逆境下细胞膜受伤害并引起细胞内含物质泄漏的主要原因。植物在长期进化过程中，形成了完善的清除 ROS 的防卫系统，使 ROS 产生和清除维持在动态平衡状态。

ROS 的防御体系包括保护酶系统和非酶的抗氧化剂系统。保护酶主要有超氧化物歧化酶（SOD）、过氧化氢酶（CAT）、抗坏血酸过氧化物酶（APX）、谷胱甘肽还原酶（GR）、单脱氢抗坏血酸还原酶（MDHAR）以及脱氢抗坏血酸还原酶（DHAR）等。非酶的抗氧化剂主要是一些小分子物质，主要有抗坏血酸（AsA）、还原型谷胱甘肽（GSH）、维生素 E、类胡萝卜素（Car）等。

SOD 主要清除 O_2^-，线粒体内 ROS 的增加引起 $Mn - SOD$ 基因的表达，叶绿体内 ROS 的积累引起 $Fe - SOD$ 基因的表达，细胞质 ROS 的增加引起 $Cu - Zn - SOD$ 基因的表达（Apel et al.，2004）。CAT 可清除 H_2O_2，其对底物的亲和力低，可迅速清除高浓度的 H_2O_2，而对低浓度的 H_2O_2 清除能力差。在高等植物叶绿体中不存在 CAT，其 H_2O_2 的清除主要依赖于 AsA 和 APX（Asada，2006），且 APX 对 H_2O_2 的亲和力高于 CAT，能消除低浓度的 H_2O_2。在叶绿体中，抗坏血酸-谷胱甘肽循环系统（AsA - GSH）是植物重要的 ROS 非酶促和酶促清除的主要系统，主要功能是清除电子流经 PSⅠ复合体还原 O_2 所产生的 O_2^-。此外，APX 以 AsA 为电子供体将 H_2O_2 还原为 H_2O，与此同时，AsA 自身被氧化生成单脱氢抗坏血酸（MDHA），一部分 MDHA 可被以 NADH 为还原力的 MDHAR 还原为 AsA，另一部分可通过非酶歧化反应生成二十二碳六烯酸（DHA）。DHAR 在 GSH 的作用下能将 DHA 还原为 AsA，同时产生的氧化型谷胱甘肽（GSSG）能被 GR 还原。通过上述的循环系统（图 14 - 5），使 H_2O_2 最终被清除（Asada，2006）。参与 AsA - GSH 循环的酶均存在多个同工酶，分别位于不同的细胞器，如叶绿体、线粒体、过氧化物酶体等。

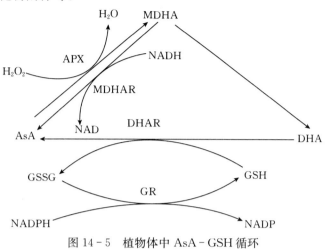

图 14 - 5　植物体中 AsA - GSH 循环

14.3.5　光抑制与光保护系统

在逆境胁迫条件下，植物光合作用相关酶活性降低，光能的利用效率下降，但自然条件下的光能超过植物光化学过程所能转化的能量，光能过剩不仅造成光合速率下降，而且导致光合反应中心因过度激发而遭到破坏，同时，在过剩的光能下，ROS 生成增加，导致光氧化损伤（Taiz et al.，2010）。光抑制是各种逆境对植物产生伤害或抑制生长的原因之一，通常用表观量子效率（AQY）和 PSⅡ原初光能转化效率（F_v/F_m）的降低程度来衡量反应中心的光破坏程度（Taiz et al.，2010）。植物在长期进化过程中形成了多种光保护机制：①通过增加光合电子传递载体和光合关键酶的含量及活化水平提高光合能力，增加对光能的利用，使过剩光能减少。②增强光呼吸、梅勒（Mehler）反应等非光合代谢途径，以消耗过多的能量。③增强非辐射热耗散，将过剩光能以热的形式散失，这条途径主要与叶黄素循环有关。④增强活性氧的清除系统。⑤加强 PSⅡ反应中心的修复循环（D_1 蛋白周转）等。植物这种复杂多样的光保护机制对逆境下植物光合机构保护的贡献因物种、生育阶段和生长环境等的不同而异，其中，依赖叶黄素循环的热耗散、D_1 蛋白周转和活性氧的清除系统是植物免受强光破坏的 3 个重要途径（Taiz et al.，2010）。

叶黄素是结合于捕光天线复合物中的一类色素，能够与其他色素协同作用将光能传递给叶绿素。植物中的叶黄素组分主要包括紫黄质（violaxanthin）、花药黄质（antheraxanthin）、玉米黄素（zeaxanthin）。高等植物中的叶黄素循环是指在强光条件下，紫黄质在紫黄素脱环氧化酶（VDE）的作用下通过中间体花药黄质转化为玉米黄素的过程，在黑暗和弱光条件下，花药黄质和玉米黄素又会被重新转化成紫黄质。逆境下，当吸收光能超过光合作用的利用能力时，叶黄素循环中紫黄质转化成花药黄质和玉米黄素，并通过热耗散消耗过剩激发能，猝灭过剩光能对植物的伤害（Taiz et al.，2010）。

PSⅡ光损伤的修复与反应中心 D_1 蛋白的重新合成及组装有关（Takahashi et al.，2008）。D_1 蛋白是叶绿体基因组编码的降解与合成发生最快的蛋白，在正常条件下，D_1 蛋白处于不断降解与合成的动态平衡之中，不会发生净损失。但在环境胁迫条件下，D_1 蛋白的结构被破坏或是合成被抑制，其动态平衡被打破，导致 D_1 蛋白修复速率低于其损伤速率，D_1 蛋白出现净损失，PSⅡ反应中心失活。失活的 PSⅡ反应中心要恢复活性和正常功能必须经过 D_1 蛋白水解和转移，以合成新的 D_1 蛋白并组装到 PSⅡ中。D_1 蛋白的重新合成及组装与失活 D_1 蛋白片段的水解同时进行，这样光破损的 D_1 蛋白得到有效修复的同时，PSⅡ也恢复了正常的结构与功能，这是植物免受光抑制的有效保护措施之一。

14.3.6 激素与抗逆反应

14.3.6.1 脱落酸

脱落酸（ABA）是植物的重要激素之一，在植物叶片组织、成熟的果实、种子及茎、根等许多部位中都有合成。其中根合成 ABA 的部位是根冠，而叶合成 ABA 的部位是叶绿体（Taiz et al.，2010）。ABA 参与了植物各种逆境反应，在逆境下可诱发其大量积累，又称为胁迫激素。它能启动植物体内的抗逆应激反应，在植物体内传递胁迫信息，调控抗逆相关基因的表达，使植物产生一系列适应性的生理生化变化，以提高抵御各种逆境因子胁迫的能力。它不仅在短期的胁迫响应中起重要作用，也影响植物长期的抗逆性和生长发育（Yoshida et al.，2014）。已有多个研究证实，外源 ABA 能提高植物对干旱、低温、盐渍、重金属等胁迫的适应能力。

ABA 合成的主要步骤在质体中完成。首先通过裂解 C_{40} 类胡萝卜素前体，再经过玉米黄素环氧酶环氧化生成紫黄质。ABA 合成的限速酶是顺式环氧类胡萝卜素双加氧酶（NCED），它氧化裂解 9 - 顺式紫黄质和顺式新黄质形成黄氧素。在非生物逆境下，ABA 合成途径中的基因大多数在转录水平能够被诱导上调。同时，ABA 的合成也受到其自身水平的调控，通过它的异化酶负调控其自身的积累（Yoshida et al.，2014）。

植物体内 ABA 信号的传导途径十分复杂（图 14 - 6）。目前认为，PYR/PYLs 是 ABA 的受体，其作用位于 ABA 负调控通路的顶点，PYR/PYLs 通过抑制 2C 蛋白磷酸化酶（PP2C）的活性来调控信号途径。PYR/PYLs 家族成员具有高度保守性，都能与 ABA 相结合并抑制 PP2Cs 的活性，发挥 ABA 受体功能。研究表明，PYR/PYLs - ABI 复合体可以通过激活 SLAH3 离子通道来释放钙依赖蛋白激酶（CPDK）。离子通道 SLAC1（慢阴离子通道1）活化和 KAT（K^+ 通道）的钝化都需要 SnRK2s 介导，以调节气孔开闭。在植物脱水和种子成熟时，ABA 主要通过 2 个 ABA 响应元件 ABI5 和 AREB/ABFs 调控基因表达，而在正常的生理周期和条件下，是通过其他转录因子如 AP2/ERF、MYB、NAC、DREB 和 HD - ZF 等调控基因表达（Yoshida et al.，2014）。

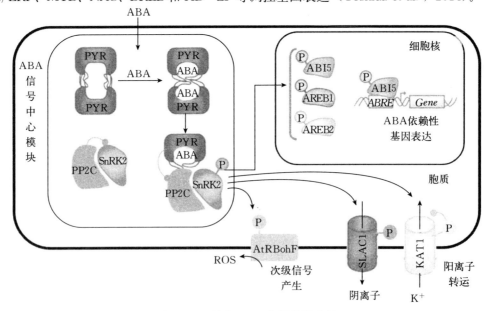

图 14 - 6　植物 ABA 信号传导途径

（Yoshida et al.，2014）

14.3.6.2　生长素

生长素（auxin，IAA）不仅在调控植物器官发生、形态建成、向性反应、顶端优势及组织分化等方面发挥重要作用，也对植物抗逆有着重要意义。IAA 的合成途径主要分为色氨酸依赖型和色氨酸不依赖型两种，目前发现的生长素合成基因多数属于色氨酸依赖型。其中，YUC 基因家族催化吲哚丙酮酸（IPA）生成 IAA，是植物体内 IAA 合成的关键基因（Mashiguchi et al.，2011）。

研究表明，盐胁迫下植物可通过 IAA 调控使初生根的伸长、侧根的发育以及根的向重力性发生改变（Taiz et al.，2010）。在盐胁迫条件下，SOS 信号途径改变了 IAA 转运蛋白 PIN2 基因的转录，使 IAA 在根中的不对称分布发生变化，引起生长素浓度梯度和再分配（Zhao et al.，2011），以调控盐胁迫条件下根的生长与发育。干旱胁迫会导致游离 IAA 含量下降，降低植物地上部的生长速率，减弱水分供应不足对植株造成的不利影响（Taiz et al.，2010）。对拟南芥在干旱胁迫下的全基因组表达谱分析发现，超过 600 个激素应答基因参与干旱胁迫反应，其中有约100 个基因是同时响应干旱和 IAA 的基因（Huang et al.，2008）。IAA 通过改变其内源合成和信号传导调控植物对非生物逆境的适应，这种调控除了与生长素的绝对含量和信号传导有关，与其他多种激素间的平衡和信号交叉传导也有重要关系（Taiz et al.，2010），但目前关于 IAA 在抗逆中的功能研究涉及园艺植物的较少。

14.3.6.3　油菜素内酯

油菜素内酯（BR）除在生长发育中发挥重要作用外，在植物适应逆境胁迫中也起着重要的作用（Tong et al.，2018）。在 BR 调控基因表达的模式中（图 14-7），BR 结合到位于细胞膜富

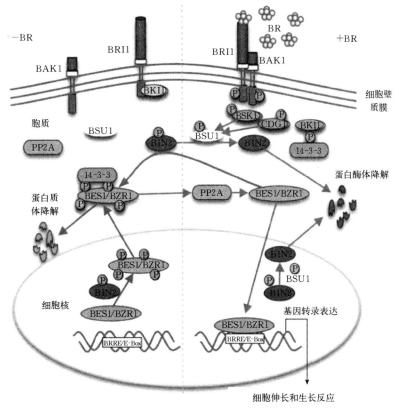

图 14-7　BR 信号途径

（Tong et al.，2018）

亮氨酸重复类受体蛋白激酶 BRⅡ上，BRⅡ与其共受体 BAK1 结合后磷酸化而被激活（Hao et al.，2013）。BRⅡ可以使 BR 失活的一个糖原合成酶激酶 BIN2 结合，也可激活磷酸酶 BSU1。BIN2 通过磷酸化转录因子 BZR1 和 BES1 负调控 BR 信号，同时 BSU1 通过去磷酸化 BZR1 和 BES1 正调控 BR 信号，活化的 BZR1 和 BES1 能与 BR 合成基因 *CPD* 和 *DWF4* 及 *SAUR - ACI* 启动子结合调控它们的表达（Ye et al.，2011）。BR 也能通过提高相关胁迫基因如热激蛋白（*HSP*）、*RD29A* 和 *ERD10* 的表达，促进植物应对高温、低温、干旱等多种逆境胁迫（Hao et al.，2013）。对番茄的研究表明，BR 对高温和光氧化胁迫抗逆性的诱导涉及一个正反馈机制，其中，BR 诱导由 NADPH 氧化酶快速而短暂地产生 H_2O_2 来触发 ABA 合成，再由 ABA 进一步诱导 H_2O_2 产生，以持续提高抗逆性（周杰，2013）。

BR 在胁迫响应中还可以与其他不同的植物激素相互作用（Ye et al.，2011；Tong et al.，2018）。研究表明，BR 与 IAA、GA、ABA、乙烯和 JAs 能相互作用调控植物生长发育过程（Hao et al.，2013），但除了 BR 与生长素相互作用外，在基因水平上 BR 是如何与其他激素相互作用的还知之甚少。IAA 和 BR 共同拥有大量的目标基因，BR 响应基因的启动子区域有着丰富的 IAA 响应因子（ARF）结合位点，其中许多涉及植物生长相关进程和逆境下植物的适应能力。除了基因共调控，BR 也可以促进生长素的运输，且生长素的活性依赖于 BR 水平。

14.3.6.4　独脚金内酯

独脚金内酯（strigolactone，SL）是新发现的一类倍半萜类植物激素，主要在根中合成。目前从植物的根中分离出多种 SL，与之合成相关的基因存在于所有的高等植物中，但不同的植物合成分泌的 SL 种类并不相同（Xie et al.，2010），所有的植物都含有 5 -脱氧独脚金醇（5 - de-oxystrigol），其他的 SL 都是由它衍生而来。GR24 是一种有生物活性的人工合成的 SL 类似物，作为外源 SL 被广泛应用于研究 SL 的生物学功能（Waters et al.，2017）。

SL 是类胡萝卜素的裂解氧化产物，目前已知有多个酶参与这一过程，重要调控基因包括胡萝卜素裂解双加氧酶 7（CCD7，*MAX3/RMS5/HTD1/D17*）、胡萝卜素裂解双加氧酶 8（CCD8，*MAX4/RMS1/DAD1/D10*）和细胞色素 P450 单加氧酶（CyP450，*MAX1*）（Domagalska et al.，2011）（图 14 - 8）。

SL 在根中合成后，一部分向地上部运输以调节植物的生长，另一部分直接释放到土壤中以介导植物与土壤微生物及寄生植物间信号交换。SL 主要有 4 大生物学功能：①与 H_2O_2、生长素和细胞分裂素协同控制植物的侧枝生长，以维持植物的株型。②加快与植物共生的真菌菌丝分枝生长，以促进共生关系的建立。③刺激寄生植物如独脚金（*Striga asiatica*）和列当（*Orobanche coerulescens*）种子的萌发。④在低氮、低磷、干旱等非生

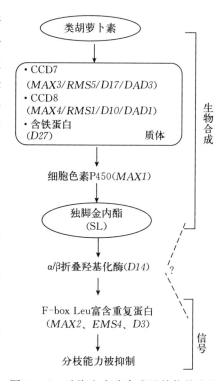

图 14 - 8　独脚金内酯合成及其信号途径
（Domagalska et al.，2011）

物逆境条件下，促进侧根发育或调控 ABA 信号，参与植物抗逆响应（Waters et al.，2017）。

SL 的合成受环境条件的调控（Xie et al.，2010）。对多种植物如豆科植物红苜蓿和非豆科植物番茄的研究表明，与正常供 P 处理相比，在低 P 处理下 SL 的合成分泌显著增加，当正常供应含 P 的营养液后 SL 的合成分泌迅速下降（Umehara et al.，2011）。SL 的合成与 ABA 竞争前体

物质类胡萝卜素。豆科植物百脉根（*Lotus japonicus*）的独脚金内酯合成基因 *CCD7* 干扰株系的气孔导度在正常或渗透胁迫条件下均增加，且在干旱条件下，*CCD7* 干扰株系气孔对 ABA 的敏感度降低，抗旱性下降。干旱胁迫下，在 ABA 合成之前，SL 含量和合成能力会显著下降，且外源 SL 预处理能抑制渗透胁迫诱导的 ABA 合成及其相关基因的表达（Liu et al.，2015）。对苹果 *CCD7* 基因的研究发现，它的启动子区域包含了多个逆境响应元件，在干旱、水涝等逆境下，苹果 *CCD7* 基因的表达均显著下降（Yue et al.，2015）。这些结果表明，在渗透胁迫条件下，SL 合成的下降可能是为了促进 ABA 的合成，二者在合成上是相互竞争抑制的。SL 作为新型的植物生长调节剂，其在植物非生物逆境响应中的作用尚处于初步研究阶段，其进一步的研究将对理解逆境下植物根系发育、新梢生长、气孔调控、光合作用等生理调控机制之间的平衡与相互关系具有重要意义。

14.3.6.5　褐黑素

褐黑素（melatonin）是一种吲哚类化合物，化学名称为 *N*-乙酰基-5-甲氧基色胺。褐黑素是一种广为人知的动物激素，参与脊椎动物的生理调节，包括昼夜节律和光周期反应（Arnao et al.，2014）。在植物方面，1969 年 Jackson 在绣球百合的胚乳细胞中检测出了褐黑素，迄今为止已在多个植物中检测到褐黑素，含量比较高的园艺产品包括杏仁、欧洲酸樱桃、姜、葱、甘蓝等。

褐黑素在植物中最主要的功能是作为一个广谱的抗氧化物质，可直接减少生物体内 ROS 水平，净化各种化学因子污染，在维持细胞膜稳定性方面起着重要的作用，且作为信号分子调控着众多抗逆基因的表达，保护植物免于各种环境胁迫的伤害（Arnao et al.，2014）（图 14-9）。外

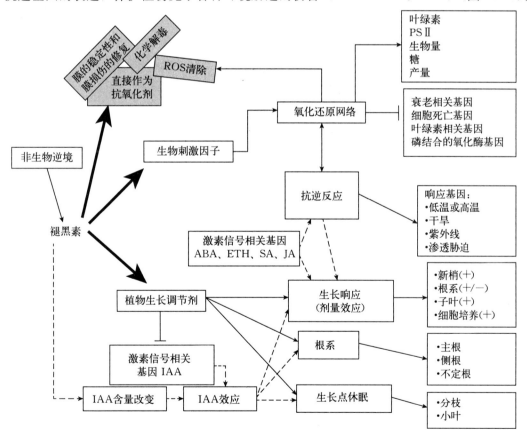

图 14-9　褐黑素对植物生长发育的影响及对非生物逆境的响应与抵抗途径

（zhang et al.，2014）

源施加褪黑素能有效地缓解逆境胁迫（Zhang et al.，2014），如外源褪黑素处理能提高干旱胁迫、盐胁迫和低温胁迫下黄瓜种子的发芽率；缓解盐胁迫对苹果幼苗生长的抑制作用（Li et al.，2012）；提高高温胁迫下黄瓜叶片的抗氧化系统活性，提高黄瓜对高温逆境的抵抗能力；维持低温条件下细胞结构的稳定性，增加多胺和脯氨酸的含量，提高绿豆苗、羽扇豆苗对低温胁迫的抗性（Zhang et al.，2014）。此外，褪黑素处理也能够延迟干旱或黑暗诱导的苹果叶片衰老，抑制苹果衰老的标志基因 *SAG12* 的上调表达，维持 PSII 的正常功能，缓解逆境造成的叶绿素降解，延缓衰老进程（Wang et al.，2015），提高苹果对再植病的抗性（Li et al.，2018）及苹果根系在各种胁迫下对 K^+ 的吸收（Li et al.，2016）。

褪黑素在植物上的作用因浓度不同而异，不同的浓度可能会缓解植物的胁迫伤害，也可能加速胁迫对植物的伤害（Zhang et al.，2014）。例如，外源施加低浓度的褪黑素（0.1 mmol/L）能促进野生叶芥菜根系生长，而高浓度的褪黑素（100 mmol/L）则抑制生长；在樱桃的组织培养过程中，低浓度的褪黑素能促进外植体生根，而高浓度则抑制生根。同时，不同的植物甚至同一植物不同的品种对褪黑素的敏感性也是不同的。高浓度的褪黑素对植物造成伤害的可能原因如下：①植物中的褪黑素含量在 pg/g 到 mg/g 之间，施加的高浓度褪黑素是植物体内自然水平的千万倍，过高的浓度会造成毒害。②褪黑素是一种高效的 ROS 清除剂，过分地清除 ROS 反而阻碍了植物体内的信号传递，使得植物不能及时对逆境做出反应。③褪黑素易氧化，过量的褪黑素在植物中氧化可能会诱发逆境胁迫。④高浓度的褪黑素能改变植物体内的糖信号，抑制果糖激酶的表达和活性，改变渗透平衡，抑制生长（Zhao et al.，2015；Yang et al.，2019）。此外，转录组学研究表明，不同浓度的外源褪黑素处理对拟南芥叶片基因表达的调控模式不同，褪黑素在低浓度和高浓度时起着不同的生长发育调节功能（Weeda et al.，2014）。

14.4 园艺植物对非生物逆境响应的分子机制

14.4.1 转录因子对非生物逆境的响应

目前为止，转录因子在非生物逆境中的研究是最多的，很多转录因子的功能已经被鉴定，对其调控途径研究得也比较清楚（Zhu，2016）（图 14-10）。比如 DREB1/CBF 可以识别 DRE/CRT 元件，在冷害过程中具有重要的功能，而 ICE1（inducer of CBF expression 1）和 CAMTA（calmodulin binding transcription activator）可以调控 *DREB1A/CBF3* 和 *DREB1C/CBF2* 基因的表达。ICE1 是一个 MYC 类型的转录因子，这类转录因子可以调控植物气孔的形成。CAMTA 转录因子识别信号传导中特定的结构域，不仅如此，锌指蛋白 ZAT12 也可以调控 *DREB/CBF* 这一类基因的表达。*NAC* 基因可以识别 MYC 类的作用元件，然后激活 *ERD1*（*early response to dehydration 1*）基因的表达（Krasensky et al.，2012）。在渗透胁迫下，植物内具有较高 ABA 的含量，这样可以激活很多基因的表达，如 AREB/ABF（ABA-responsive transcription factors）具有一个 bZIP 结构的 DNA 结合结构域，在逆境下可结合到 ABRE（ABA-responsive element binding）顺式作用元件上；MYB 和 MYC 这两类转录因子在渗透胁迫下表达量提高，激活抗逆基因的表达，如 *RD22*（Takashi et al.，2010；Krasensky et al.，2012；Geng et al.，2019）。

目前与耐旱响应相关的转录因子主要有如下几种类型：bZIP 家族、WRKY 家族、AP2/EREBP 家族、MYB 家族和 NAC 家族。这些转录因子有些受 ABA 诱导，如 *bZIP* 可被干旱、高盐等逆境因子和 ABA 激活表达，其与 ABA 响应元件 ABRE 结合后，也可以促进下游基因的表达（Krasensky et al.，2012）。*MYB* 受干旱、高盐、低温等多种逆境和 ABA 诱导表达，其与下游调控因子位点（结合位点为 TAACTG）结合后才响应逆境表达（Takashi et al.，2010）。另

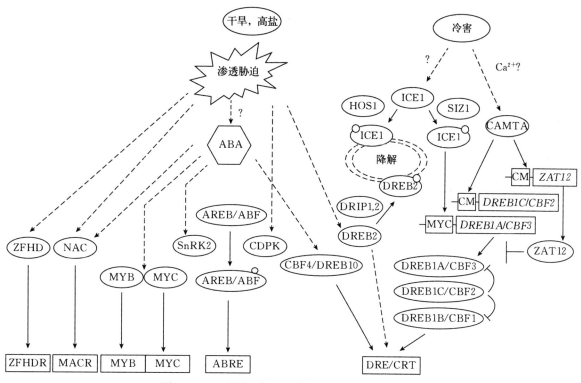

图 14-10　干旱、高盐和冷害下植物转录调控网络
(Zhu，2016)

有部分基因在逆境胁迫下的表达与 ABA 含量变化无关，表明这类逆境响应基因中存在不依赖 ABA 调控的方式，如脱水响应元件（DRE/CRT）和锌指蛋白同源结构域基因（ZFHDR）等。植物体通过 ABA 调控与不依赖 ABA 调控的方式相互合作，可形成复杂控制网络（图 14-10），调节植物信号转导和转录因子表达，响应逆境胁迫环境（Takashi et al.，2010；Zhu，2016）。

14. 4. 2　转录后调控对非生物逆境的响应

转录后调控，如前体 mRNA 的加工、mRNA 的稳定性、mRNA 从核内的运出到翻译，在植物抵抗逆境中起重要的调控作用。例如 mRNA 可以被 5′加帽、可变剪切、3′加 poly A 过程修饰，以激活或抑制相应基因的表达。Owttrim（2006）研究发现，参与转录调控的 RNA 解旋酶参与了植物非生物逆境的响应。植物在非生物逆境下选择性剪切，导致来源于同一基因的多肽产生其他不同种类的多肽。转录组学分析表明，香蕉、葡萄等在非生物逆境条件下均发生了可变剪切事件（Xu et al.，2014；Muthusamy et al.，2015）。Lamberaion 等（2000）也发现 UBP1 参与了逆境下核前体 mRNA 的成熟过程，并通过结合它的 3′-UTR 区以保护 mRNA 免于降解。

14. 4. 3　小分子 RNA 对非生物逆境的响应

小分子 RNA 包括 miRNAs（micro RNAs）和 siRNAs（small interfering RNAs），在植物非生物逆境中发挥着重要的作用，它精细地调控着逆境应答过程中的基因表达（Khraiwesh，2012；Karimi et al.，2016；Zhu，2016）。miRNA 作为一个负调控元件，可以通过对靶基因 mRNA 的切割或抑制翻译，在转录后负调控靶基因的表达，使植物获得抗逆性（Bej et al.，

2014)。在水分、营养、光照、温度等非生物逆境条件下,植物通过上调或下调 miRNA 迅速调整体内基因的表达量以应对环境的改变,如 miRNA169 可以直接被 *CBF/DREBs* 基因调控,调控抗旱性;番茄中 miRNA169 受干旱胁迫诱导过量表达,降低了叶片的气孔开度,减少了水分蒸腾,提高抗旱性,但增加了对盐胁迫的敏感度(张晓辉,2010);miRNA398 通过调控叶绿体 SOD 的表达,调控着 ROS 清除和 Cu^{2+} 代谢的平衡;而 miRNA393 的靶基因 *TIR1* 是一个植物生长发育的正调控因子,干旱能诱导 miRNA393 上调,导致 *TIR1* 的下降,可通过降低植物的生长速度以耐受干旱胁迫(Khraiwesh et al.,2012);枳 ptr - miRNA04 的预测靶基因是 *PtrFBA* 基因,两者表达水平成负相关,超表达 ptr - miRNA04 降低了烟草的抗寒性(张晓娜,2015)。

14.4.4 表观遗传调控对非生物逆境的响应

DNA 甲基化和组蛋白修饰都会导致染色质重塑,引起基因的表达变化,这一表观遗传的调控机制在植物适应或抵抗非生物逆境过程中也起主要作用(Chinnusamy et al.,2009;Correia et al.,2016;Xu et al.,2018)。随着 ChIP(检测组蛋白修饰状态)、重亚硫酸盐测序(检测 DNA 甲基化)等方法的出现,可以从整个基因组到单个基因水平检测其表观遗传类型。通过这些技术,可分析高温、低温、干旱等各种非生物胁迫因子对植物体内基因组 DNA 甲基化水平的影响。DNA 甲基化的改变既可以响应胁迫反应,同时也可参与胁迫环境的适应反应,如盐胁迫促使黄瓜种子发芽末期 DNA 甲基化水平降低,但种子萌发前期出现了 DNA 甲基化水平升高的现象(黄韬宇等,2013)。

在逆境条件下 DNA 甲基化可能产生包含植物细胞的遗传抗逆性状(Boyko et al.,2008)。DNA 中一个单核苷酸的甲基化既可能造成基因表达的变化,也会影响染色质重组,例如能引起转座子的移动。15 ℃的低温胁迫能诱导金鱼草 *Tam3* 序列的甲基化发生,并激活转座子的转录,而 25 ℃时则甲基化受到强烈抑制(Hashida et al.,2006)。大多数非生物逆境均会引起 DNA 甲基化及其相关基因表达的变化以适应逆境,这也是植物长期进化过程中形成的一种适应不利环境的途径。

14.4.5 功能蛋白对非生物逆境的响应

植物在非生物逆境中的功能蛋白可以分为两大类:一类是具有保护功能的蛋白,其在植物抵御逆境中直接起保护作用;另一类是起调节作用的蛋白,如蛋白激酶,其在抗逆的信号转导和基因表达调控过程中起调节作用(Takashi et al.,2010)。从保护功能上讲,目前克隆出的基因可分为:①渗透调节相关的基因,如与 Pro 合成相关的酶基因 *P5CS*、与甜菜碱合成相关的酶基因 *CMO*、*BADH*,与山梨醇、蔗糖等糖或糖醇合成代谢有关的基因,对这些渗透调节相关基因的研究表明,渗透调节物质的积累可以提高植物的抗逆性。②抗氧化相关的基因,如抗氧化酶 SOD、POD、CAT、APX、DHAR、MDHAR、谷胱甘肽过氧化物酶(GPX)等。③保护生物大分子及膜结构的胚胎发生后期富集蛋白基因(*LEA*),可能参与蛋白质的组装或修复,当植物受到干旱胁迫时,该类蛋白可以保护生物大分子及膜结构的完整(Taiz et al.,2010),如苹果、葡萄、番茄等 LEA 蛋白即脱水素 *ERD* 基因家族基因的表达受干旱、盐胁迫等逆境的诱导,过量表达番茄或百合花中的 *LEA7* 家族基因,可以提高转基因植株对盐胁迫的抗性(Popova et al.,2007)。④调控水通道蛋白的基因,水通道蛋白(AQP)为跨膜通道嵌入蛋白家族中的一种,可以调控水分运输,如番茄根系中表达量较高的水通道蛋白基因主要有 *SlPIP2;1*、*SIPIP2;7* 和 *SlPIP2;5*,且这 3 个基因均高度响应干旱胁迫,参与根系对水分的吸收及运输,过表达均能提高转基因植株的含水量和抗旱性(李仁,2015)。

在植物抗旱信号转导和调节蛋白激酶研究方面,目前也取得了一些进展。在水分胁迫下,植物可利用多条途径进行信号传递。NO、H_2O_2 和 ABA 信号可影响信号级联传递过程的关键步骤——丝裂原活化蛋白激酶（mitogen - activated protein kinases，MAPK）信号途径（Takashi et al.，2010）。如干旱、盐、低温逆境胁迫均能够诱导番茄叶片中 *SlMAPK1*、*SlMAPK2*、*Sl-MAPK3* 基因的表达，醋栗番茄 *SpMAPK1*、*SpMAPK2*、*SpMAPK3* 基因单独沉默和共沉默均降低了番茄植株苗期的耐旱性，而 *SpMAPK1*、*SpMAPK2*、*SpMAPK3* 过量表达增强了拟南芥对干旱、盐胁迫的耐受性（李翠，2014）。另外，与细胞生命活动相关的转录调控蛋白激酶（TRPK）、钙依赖蛋白激酶（CDPK）等也参与了植物对外界的胁迫反应。以上这些多种信号转导途径和调节蛋白基因及保护蛋白的参与表明植物对于干旱的适应和抵御反应是一个十分复杂的调控网络，多种相关的功能蛋白和激素参与了抗旱保护调节，且多种信号途径相互交叉。

14.4.6　自噬对非生物逆境的响应

自噬（autophagy）是细胞内"自己吃自己"的现象，是指从粗面内质网无核糖体附着区脱落的双层膜能包裹部分胞质和细胞内需降解的细胞器、蛋白质等成分形成自噬体（autophagosome），并与溶酶体融合形成自噬溶酶体，或与液泡融合降解其所包裹的内容物，以满足细胞本身代谢的需要和某些细胞器的更新。它是一个独立的膜结构，可以延伸和吞噬细胞质成分，包括细胞器（Xie et al.，2007）。在拟南芥中，已经发现有超过 30 个自噬基因（*ATG*），其他植物包括烟草、番茄、苹果中类 *ATG* 基因也被报道和进行功能分析。研究表明，自噬在植物养分循环利用上扮演着重要的作用。在氮或碳缺乏条件下，自噬体的形成和 *ATG* 基因的表达都会被诱导（王平，2015）。此外，在植物中，自噬还能被非生物逆境包括氧化、高盐和渗透所诱导，参与植物对广泛逆境的响应（Han et al.，2011）。在苹果中，*ATG3*、*ATG8i*、*ATG18a* 等基因表达受氧化胁迫、干旱、氮饥饿等逆境的诱导，它们在苹果中的过量表达增加了对养分亏缺的抗性（王平，2015；Wang et al.，2017；Sun et al.，2018a、2018b）。自噬作为生物体内一种重要的抗逆途径，目前在园艺植物领域的研究刚刚起步，进一步深入研究可为植物抗逆机制和品种改良开辟新的方向与方法。

14.4.7　泛素蛋白酶体对非生物逆境的响应

除了自噬这种保守的蛋白降解途径外，大多数的可溶性蛋白通过泛素蛋白酶体系统（UPS）进行降解。在 UPS 中，一个蛋白通过 E1/E2/E3 泛素化酶级联被泛素化，被 26S 蛋白酶体降解，蛋白泛素化在植物胁迫响应中扮演着重要的作用（Lyzenga et al.，2012；徐丹丹等，2018）。高温下植物多数泛素化基因被诱导表达，而过量表达一个单体泛素基因可以增加转基因植物对多种胁迫的抗性（Lyzenga et al.，2012）。如香蕉泛素连接酶 SINA 受低温诱导，通过泛素化调控着 ICE1 蛋白的稳定性，进而调控香蕉果实对低温的抗性（Fan et al.，2017）。此外，26S 蛋白酶体中 19S 亚基的基因突变后，降低了植物对盐害、UV 辐射和热胁迫的抗性，表明 UPS 在植物胁迫的总体响应中扮演着关键角色。大量的研究发现，泛素 E3 连接酶主要是通过调控转录因子来调控植物对非生物胁迫的响应（Lyzenga et al.，2012），园艺植物 UPS 在清除胁迫条件下积累的错误折叠和损坏蛋白中的作用还很少被报道。

14.4.8　基因组学在非生物逆境中的研究进展

近年来，葡萄、苹果、柑橘、黄瓜、番茄等多种园艺植物的全基因组测序已经完成，园艺植物的研究进入了系统基因组和后基因组时代。植物对非生物学逆境的抗性是一个复杂的系统性生物学过程,有成千上万个基因参与并行使功能。目前,转录组、蛋白质组、降解组、泛基因组等已广泛地用于研究园艺植物对非生物逆境的抗性机制、挖掘关键候选基因,尤其是转录组已经广泛用于园艺植物抗逆研究。目前,对于非生物逆境如低温、干旱、盐等胁迫下转录组测序的研究分为两大方向:一是园艺植物中栽培品种转录组对逆境的响应;二是对抗逆较强的地方品种、野生种及育种材料的转录组研究,以研究植物在选择过程中适应的分子基础。如 Xu 等(2014)研究了抗寒性较强的山葡萄在低温条件下转录组的变化,分析其抗寒的分子基础;而关于冷害对茶树(Wang et al.,2013)、山茶花(Tian et al.,2013)等低温敏感植物转录组的研究,主要是为了探索低温对植物的伤害机制,为进行抗性育种提供依据。除转录组之外,基于 iTRAQ 蛋白质组学、甲基化组学等技术也用于对比研究苹果干旱下高水分利用效率的生理与分子机制(Zhou et al.,2014;Xu et al.,2017)。Wang 等(2018)利用基因组文库限制性位点(restriction site associated DNA,RAD)测序技术,构建了秦冠和蜜脆苹果的高密度 SNP 遗传图谱,对水分利用效率相关性状进行了 QTL 定位,获得了其主效 SNP 标记。随着基因组学技术和基因组数据平台的完善,转录组、蛋白质组、代谢组已经成为挖掘园艺植物抗逆相关基因及其分子调控途径的有力手段和工具,其进一步的利用对于推动园艺植物抗逆基础研究和分子育种有重要意义。

14.5 展望

近年来,我国在园艺植物种质搜集、抗逆评价、抗逆基因挖掘、抗逆分子生物学研究及抗逆育种方面取得了良好的进展。由我国科学家牵头,独立或参与完成了甜橙、西瓜、梨、梅、猕猴桃、小白菜、黄瓜、野生番茄等园艺植物的基因组测序,对相关资源进行了抗逆评价与筛选,分离了部分相关基因。基于基因组测序的完成,进一步开展园艺植物种质资源基因组重测序,建立高质量的遗传图谱和单核苷酸多态性(SNP),进行抗逆相关性状的全基因组关联分析(GWAS)研究和遗传定位,为挖掘控制园艺植物抗逆的基因并研究调控机制开辟新途径。同时,应积极探索提高园艺植物对非生物逆境抗性的基因工程途径,进行相关性状的基因定向编辑改良,建立安全可靠的基因工程育种体系,加快园艺植物抗逆育种,通过"人工进化"加快园艺植物对恶化环境的适应能力,推进园艺植物生产的可持续发展。

(李明军　马锋旺　编写)

主要参考文献

曹建东,陈佰鸿,王利军,等,2010. 葡萄抗寒性生理指标筛选及其评价 [J]. 西北植物学报,11(11):2232-2239.

黄锟宇,张海军,邢燕霞,等,2013. NaCl 胁迫对黄瓜种子萌发的影响及 DNA 甲基化的 MSAP 分析 [J]. 中国农业科学,8(8):1646-1656.

李翠,2014. 番茄 *SpMPKs* 基因响应非生物胁迫的功能分析 [D]. 咸阳:西北农林科技大学.

李仁,2015. 番茄水通道蛋白在干旱胁迫及果实成熟过程中的功能分析 [D]. 北京:中国农业大学.

王平,2015. 外源褪黑素对苹果叶片衰老的调控及相关自噬基因的功能分析 [D]. 咸阳:西北农林科技大学.

王涛,田雪瑶,谢寅峰,等,2013. 植物耐热性研究进展 [J]. 云南农业大学学报(自然科学版),28(5):719-726.

汪天,王素平,郭世荣,等,2006. 植物低氧胁迫伤害与适应机理的研究进展 [J]. 西北植物学报,26(4):847-853.

徐丹丹，孙帆，王银晓，等．2018．泛素/26S 蛋白酶体途径在水稻中的生物学功能研究进展［J］．中国农业科技导报，20（1）：25－33．

张晓辉，2010．番茄中 microRNA 的功能和应用研究［D］．武汉：华中农业大学．

张晓娜，2015．枳（*Poncirus trifoliata*）低温相关 microRNAs 鉴定及 ptf－miR396b 抗寒功能研究［D］．武汉：华中农业大学．

赵福庚，何龙飞，罗庆云，2004．植物逆境生理生态学［M］．北京：化学工业出版社．

周杰，2014．活性氧、激素互作、自噬和转录因子在番茄和拟南芥逆境胁迫响应中的作用机理和调控［D］．杭州：浙江大学．

Apel K，Hirt H，2004. Reactive oxygen species：metabolism，oxidative stress，and signal transduction［J］. Annual Review of Plant Biology，55（1）：373－399.

Asada K，2006. Production and scavenging of reactive oxygen species in chloroplasts and their functions［J］. Plant Physiol，141（2）：391－396.

Arnao M B，Hernández－Ruiz J，2014. Melatonin：plant growth regulator and/or biostimulator during stress？［J］. Trends Plant Sciences，19（12）：789－797.

Bartels D，Sunkar R，2005. Drought and Salt Tolerance in Plants［J］. Critical Reviews in Plant Sciences，24（1）：23－25.

Bej S，Basak J，2014. MicroRNAs：the potential biomarkers in plant stress response［J］. American Journal Plant Sciences，5（5）：748－759.

Boyko A，Kovalchuk I，2008. Epigenetic control of plant stress response［J］. Environmental and Molecular Mutagenesis，49（1）：61－72.

Bray E A，1997. Plant responses to water deficit［J］. Trends Plant Science，2（2）：48－54.

Chinnusamy V，Zhu J K，2009. Epigenetic regulation of stress responses in plants［J］. Current Opinion in Plant Biology，12（2）：133－139.

Correia B，Valledor L，Hancock R D，et al，2016. Depicting how *Eucalyptus globulus* survives drought：involvement of redox and DNA methylation events［J］. Functional Plant Biology，43（9）：838－850.

Domagalska M A，Leyser O，2011. Signal integration in the control of shoot branching［J］ Nature Reviews Cancer，12（4）：211－21.

Eike L，Minghua Z，Girvetz E H，2009. Climatic changes lead to declining winter chill for fruit and nut trees in California during 1950—2009［J］. PLoS One，4（7）：e6166.

Fan Z Q，Chen J Y，Kuang J F，et al，2017. The banana fruit SINA ubiquitin ligase MaSINA1 regulates the stability of MaICE1 to be negatively involved in cold stress response［J］. Frontiers in Plant Science，8：995.

Geng D，Chen P，Shen X，et al，2018. MdMYB88 and MdMYB124 enhance drought tolerance by modulating root vessel and cell wall in apple［J］. Plant Physiology，178（3）：1296－1309.

Guo L，Wang J，Li M，et al，2019. Distribution margins as natural laboratories to infer species' flowering responses to climate warming and implications for frost risk［J］. Agricultural and Forest Meteorology，268：299－307.

Han S，Yu B，Wang Y，et al，2011. Role of plant autophagy in stress response［J］. Protein and Cell，2（10）：784－791.

Hao J，Yin Y，Fei S，2013. Brassinosteroid signaling network：implications on yield and stress tolerance［J］. Plant Cell Reports，32（7）：1017－1030.

Hashida S，Uchiyama T，Martin C，et al，2006. The temperature－dependent change in methylation of the antirrhinum transposon Tam3 is controlled by the activity of its transposase［J］. The Plant Cell，18（1）：104－118.

Huang D，Wu W，Abrams S R，et al，2008. The relationship of drought－related gene expression in *Arabidopsis thaliana* to hormonal and environmental factors［J］. Journal of Experimental Botany，59（11）：2991－3007.

Karimi M，Ghazanfari F，Fadaei A，et al，2016. The Small－RNA profiles of almond（*Prunus dulcis* Mill.）reproductive tissues in response to cold stress［J］. PLoS One，11（6）：e0156519.

Khraiwesh B，Zhu J K，Zhu J，2012. Role of miRNAs and siRNAs in biotic and abiotic stress responses of plants

[J]. Biochimica et Biophysica Acta, 1819 (2)：137－148.

Kiyoshi M，Keita T，Tatsuya S，et al，2011. The main auxin biosynthesis pathway in *Arabidopsis* [J]. Proceeding of the National Academy Science of the United States of America, 108 (45)：18512－18517.

Krasensky J，Jonak C，2012. Drought，salt，and temperature stress－induced metabolic rearrangements and regulatory networks [J]. Journal of Experimental Botany, 63 (4)：1593－1608.

Li C，Zhao Q，Gao T，et al，2018. The mitigation effects of exogenous melatonin on replant disease in apple [J]. Journal of Pineal Research, 65 (4)：e12523.

Li C，Liang B，Chang C，et al，2016. Exogenous melatonin improved potassium content in *Malus*, under different stress conditions [J]. Journal of Pineal Research, 61 (2)：218－229.

Li C，Wang P，Wei Z，et al，2012. The mitigation effects of exogenous melatonin on salinity induced stress in *Malus hupehensis* [J]. Journal of Pineal Research, 53 (3)：298－306.

Liu J，He H，Vitali M，et al，2015. Osmotic stress represses strigolactone biosynthesis in *Lotus japonicus* roots：exploring the interaction between strigolactones and ABA under abiotic stress [J]. Planta, 241 (6)：1－17.

Lyzenga W J，Stone S L，2012. Abiotic stress tolerance mediated by protein ubiquitination [J]. Journal of Experimental Botany, 63 (2)：599－616.

Luedeling E，Brown P H，2011. A global analysis of the comparability of winter chill models for fruit and nut trees [J]. International Journal of Biometeorology, 55 (3)：411－421.

Ma P，Bai T，Ma F，2015. Effects of progressive drought on photosynthesis and partitioning of absorbed light in apple trees [J]. Journal of Integrative Agriculture, 14 (4)：681－690.

Munns R，2002. Comparative physiology of salt and water stress [J]. Plant Cell and Environment, 25 (2)：239－250.

Muthusamy M，Uma S，Backiyarani S，et al，2015. Genome-wide screening for novel，drought stress-responsive long non-coding RNAs in drought-stressed leaf transcriptome of drought-tolerant and-susceptible banana (*Musa* spp.) cultivars using Illumina high-throughput sequencing [J]. Plant Biotechnology Reports, 20：1－8.

Popova A V，Hundertmark M，Seckler R，et al，2011. Structural transitions in the intrinsically disordered plant dehydration stress protein LEA7 upon drying are modulated by the presence of membranes [J]. Biochimica Et Biophysica Acta-Bioenergetics, 1808 (7)：1879－1887.

Rashid B，Husnain T，Riazuddin S，2014. Genomic approaches and abiotic stress tolerance in plants [M]//Parvaiz A，Saiema R. Emerging technologies and management of crop stress tolerance. USA：Elsevier Incorporated.

Ripoll J，Bertin N，2014. Water shortage and quality of fleshy fruits-making the most of the unavoidable [J]. Journal of Experimental Botany, 65 (15)：4097－4117.

Rutishauser T，Stöckli R，Harte J et al，2012. Climate change：Flowering in the greenhouse [J]. Nature, 485：448－449.

Smirnova O G，Tishchenko E N，Ermakov A A，et al，2015. Abiotic stress biology in horticultural plants [M]. Japan：Springer.

Sun X，Wang P，Jia，et al.，2018a. Improvement of drought tolerance by overexpressing *MdATG18a* is mediated by modified antioxidant system and activated autophagy in transgenic apple [J]. Plant Biotechnology Journal, 16：545－557.

Sun X，Jia X，Huo L，et al，2018b. *MdATG18a* overexpression improves tolerance to nitrogen deficiency and regulates anthocyanin accumulation through increased autophagy in transgenic apple [J]. Plant Cell and Environment, 41 (2)：469－480.

Sugiura T，Ogawa H，Fukuda N，et al，2013. Changes in the taste and textural attributes of apples in response to climate change [J]. Scientific Reports, 3 (2)：2418.

Taiz L，Zeiger E，2010. Plant physiology [M]. 5th ed. Sunderland：Sinauer Associates Incorporation.

Taiz L，Zeiger E，Moller I M，et al，2015. Plant physiology and development [M]. Sunderland：Sinauer Associates.

Takahashi S，Murata N，2008. How do environmental stresses accelerate photoinhibition? [J]. Trends Plant Sciences，13 (4)：178 - 182.

Takashi H，Kazuo S，2010. Research on plant abiotic stress responses in the post-genome era：past，present and future [J]. Plant Journal，61 (6)：1041 - 1052.

Tong H，Chu C，2018. Functional specificities of brassinosteroid and potential utilization for crop improvement [J]. Trends in Plant Science，23：1016 - 1028.

Trenberth K E，Dai A，Schrier G V D，et al，2014. Global warming and changes in drought [J]. Nature Climate Change，4 (1)：17 - 22.

Umehara M，2011. Strigolactone, a key regulator of nutrient allocation in plants [J]. Plant Biotechnology Journal，28 (5)：429 - 437.

Wang H，Zhao S，Mao K，et al，2018. Mapping QTLs for water-use efficiency reveals the potential candidate genes involved in regulating the trait in apple under drought stress [J]. BMC Plant Biology，18 (1)：136.

Wang P，Sun X，Jia X，et al，2017. Apple autophagy-related protein MdATG3s afford tolerance to multiple abiotic stresses [J]. Plant Sciences，256：53 - 64.

Waters M T，Gutjahr C，Bennett T，et al，2017. Strigolactone signaling and evolution [J]. Annual Review of Plant Biology，68 (1)：42916 - 40925.

Weeda S，Zhang N，Zhao X，et al，2014. *Arabidopsis* transcriptome analysis reveals key roles of melatonin in plant defense systems [J]. PLoS One，9 (3)：e93462.

Xie Z，Klionsky D J，2012. Autophagosome formation：core machinery and adaptations [J]. Nature Cell Biology，9 (10)：1102 - 1109.

Xu J，Zhou S，Gong X，et al，2018. Single-base methylome analysis reveals dynamic epigenomic differences associated with water deficit in apple [J]. Plant Biotechnology Journal，16 (2)：672 - 687.

Xu W，Li R，Zhang N，et al，2014. Transcriptome profiling of *Vitis amurensis*，an extremely cold-tolerant Chinese wild *Vitis* species，reveals candidate genes and events that potentially connected to cold stress [J]. Plant Molecular Biology，86：527 - 541.

Yang J，Zhang C，Wang Z，et al，2019. Melatonin-mediated sugar accumulation and growth inhibition in apple plants involves down-regulation of fructokinase 2 expression and activity [J]. Frontiers in Plant Science，10：150.

Ye H，Li L，Yin Y，2011. Recent advances in the regulation of brassinosteroid signaling and biosynthesis pathways [J]. Journal of Integrative Plant Biology，53 (6)：455 - 468.

Yoshida T，Mogami J，Yamaguchi-Shinozaki K，2014. ABA-dependent and ABA-independent signaling in response to osmotic stress in plants [J]. Current Opinion in Plant Biology，21：133 - 139.

Yue Z，Liu H，Ma F，2015. The *Malus* carotenoid cleavage dioxygenase 7 is involved in stress response and regulated by basic pentacysteine 1 [J]. Scientia Horticulturae，192：264 - 270.

Zhang N，Sun Q，Zhang H，et al，2014. Roles of melatonin in abiotic stress resistance in plants [J]. Journal of Experimental Botany，66 (3)：647 - 656.

Zhao H，Su T，Huo L，et al，2015. Unveiling the mechanism of melatonin impacts on maize seedling growth：sugar metabolism as a case [J]. Journal of Pineal Research，59 (2)：255 - 266.

Zhao Y，Wang T，Zhang W，et al，2011. SOS3 mediates lateral root development under low salt stress through regulation of auxin redistribution and maxima in *Arabidopsis* [J]. New Phytologist，189 (4)：1122 - 1134.

Zhou S，Li M，Guan Q，et al，2015. Physiological and proteome analysis suggest critical roles for the photosynthetic system for high water-use efficiency under drought stress in *Malus* [J]. Plant Sciences，236：44 - 60.

Zhu J K，2001. Plant salt tolerance [J]. Trends in Plant Sciences，6：66 - 71.

Zhu J K，2003. Regulation of ion homeostasis under salt stress [J]. Current Opinion in Plant Biology，6 (5)：441 - 445.

Zhu J K，2016. Abiotic stress signaling and responses in plants [J]. Cell，167：313 - 324.

Zolla G，Heimer Y M，Barak S，2010. Mild salinity stimulates a stress-induced morphogenic response in *Arabidopsis thaliana* roots [J]. Journal of Experimental Botany，61 (1)：211 - 224.

下 篇
园艺产品采后生物学与营养健康

15 果蔬成熟衰老生物学及调控

【本章提要】果蔬成熟衰老过程是一个不可逆的程序化过程，衰老过程伴随着品质劣变和抗性降低。成熟衰老受乙烯等植物激素调控，也与细胞膜代谢、质地变化密切相关。近年来，在传统的基因克隆和表达研究基础上，借助组学研究手段，越来越多的相关基因家族在多种果蔬中被陆续报道，进而利用番茄等突变体、转基因体系等获得了一批经功能验证的基因。同时，果实成熟衰老调控研究也从传统的结构基因逐渐转向了转录因子、小 RNA 等新兴的研究领域。本章综述了基于乙烯、细胞膜、细胞壁的果实成熟衰老生物学及调控的最新研究进展。

15.1　成熟衰老过程的乙烯生物合成与调控

乙烯是一种最简单的烯烃化合物，于 20 世纪中期被确定为植物激素，广泛参与植物生长发育和衰老的整个生长周期，包括种子萌发、实生苗生长、叶片伸展、花的开放和衰老脱落以及果实后熟软化等。乙烯也被广泛认为是果蔬采后成熟衰老调控的最重要的植物激素。根据采后呼吸类型和乙烯释放模式，可将果蔬分为呼吸跃变和非呼吸跃变类型。呼吸跃变型果蔬在采后成熟衰老过程中伴随有呼吸强度和乙烯释放量急剧增加，如番茄、猕猴桃、香蕉等；而非呼吸跃变型果蔬则无明显的呼吸强度和乙烯合成增加，如柑橘、草莓等（Barry et al.，2007）。但大量研究表明，乙烯可以同时影响呼吸跃变型和非呼吸跃变型果蔬的采后成熟衰老进程。

15.1.1　乙烯生物合成

植物体内乙烯生物合成途径主要为蛋氨酸循环，也称杨氏循环（Yang cycle）。由甲硫氨酸合成 S-腺苷甲硫氨酸（SAM），作为乙烯生物合成的直接前体物，在 ACC 合成酶（ACC synthase，ACS）催化下，SAM 合成 1-氨基环丙烷-1-羧酸（1-aminocyclopropane-1-carboxylic acid，ACC）和 5′-甲硫腺苷（MTA），并通过蛋氨酸循环再次合成蛋氨酸，这样可循环形成充足的甲基团以供合成乙烯，最终，ACC 经 ACC 氧化酶（ACC oxidase，ACO）氧化生成乙烯。其中 ACS 和 ACO 是乙烯生物合成中的关键酶，研究最为广泛（陈涛等，2006）。

一般认为果实中存在两个乙烯生物合成系统：系统 I 乙烯为低水平的基础乙烯合成，存在于非呼吸跃变型果实以及负责呼吸跃变型果实呼吸跃变前果实中低速率的乙烯合成；系统 II 乙烯为跃变型果实成熟时乙烯自我催化大量合成的乙烯。当系统 I 产生的乙烯达到一定程度时，系统 II 开始产生乙烯。不论是系统 I 乙烯还是系统 II 乙烯，其在植物中的生物合成途径都是一致的，均是按照"L-甲硫氨酸（Met）→SAM→ACC→乙烯"这一基本途径完成的。

乙烯合成途径中的关键酶 ACS 和 ACO 均由多基因家族编码，已从不同园艺作物中得到分离，包括番茄、甜瓜、苹果、柿和猕猴桃等（徐昌杰等，1998；陈涛等，2006）。研究发现，ACS 和 ACO 不同家族成员具有不同功能，如番茄果实中 *LeACS1 A/6* 和 *LeACO1/3/4* 与系统Ⅰ乙烯生成相关，*LeACS4* 和 *LeACO1/3/4* 则促使系统Ⅰ乙烯向系统Ⅱ乙烯转变，*LeACS2/4* 和 *LeACO1/4* 则负责催化形成系统Ⅱ乙烯（Kumar et al.，2014）。同样，研究发现苹果中的 *Md-ACS* 与果实的软化密切相关，晚熟品种中 *Md-ACS-2/2* 基因型表现出较慢的果实软化速率，而早熟品种中 *Md-ACS1-1/1* 基因型表现出快速的果实软化速率（Oraguzie et al.，2007）。一个苹果果实 *MdACS3* 基因（*MdACS3a*）的核酸序列多态性突变导致其酶活性丧失，可以延缓果实硬度下降并延长货架期（Wang et al.，2009）。

利用转基因技术，在不同果蔬中验证了 ACO 和 ACS 对乙烯合成及成熟衰老的调控效应。番茄中，利用反义转基因技术，抑制 ACS 或 ACO 均可有效降低内源乙烯生成，抑制果实的成熟衰老。甜瓜、苹果和猕猴桃中，反义 *ACO* 的转基因果实与对照相比，贮藏期更长。同时，利用外源乙烯处理可完全或部分恢复反义转基因果蔬的成熟衰老及相关品质性状。

15.1.2 乙烯信号转导

植物激素研究一般均包含合成和信号转导，其中信号转导被认为是激素在植物体内作用的重要生物学机制。乙烯信号转导途径主要由乙烯受体、CTR、EIN3/EIL、ERF 等元件组成，其中乙烯受体负责结合乙烯，而下游的 EIN3/EIL 和 ERF 由转录因子基因家族编码，负责直接调控靶标基因以实现乙烯功能。由于乙烯对成熟衰老具有重要的调控效应，因此果蔬的乙烯信号转导研究也广受重视，除番茄外，其他果蔬的乙烯信号转导研究均始于 21 世纪初，相关基因的克隆已陆续在苹果、猕猴桃、李、桃、柿、枇杷、花椰菜等果蔬中报道，但主要研究集中于基因克隆、相关性分析和功能预测等方面（蒋天梅等，2011）。虽然番茄中部分乙烯信号转导元件已被验证具有调控成熟衰老的功能，但相关报道十分有限，除早期发现的 *Nr*（*LeETR3*）突变体果实的成熟受抑制外，乙烯受体基因（*LeETR4* 和 *LeETR6*）也被转基因证明参与了果实成熟衰老调控，抑制 *LeETR4* 和 *LeETR6* 可促使果实提前成熟（Kevany et al.，2007）。

近年来，果蔬乙烯信号转导研究逐渐转向位于下游的 EIN3/EIL 和 AP2/ERF 等转录因子。番茄果实中，一些转基因试验表明这些转录因子对成熟衰老调控效应更为重要，如反义 *LeERF1* 番茄果实与野生型相比表现出更长的货架期（Li et al.，2007），而反义 *SlAP2a* 的番茄果实比野生型果实软化更快（Chung et al.，2010）。更多研究开始关注这些乙烯信号转导途径转录因子对成熟衰老靶标基因的转录调控效应，如反馈调控乙烯合成等。在 EIN3/EIL 转录因子转录调控乙烯合成方面，猕猴桃中 *AdEIL2* 和 *AdEIL3* 基因可转录激活 AdACO1 启动子；过量表达 *AdEIL2* 或 *AdEIL3* 的拟南芥中 *AtACS* 和 *AtACO* 基因表达被增强诱导，并促使乙烯释放增加（Yin et al.，2010），类似的结果在甜瓜中也有报道。ERF 转录因子也参与乙烯合成调控，甜瓜 CMe-DREB1 可结合 *CMe-ACS2* 启动子上的 GCCGAC 序列，并诱导 *CMe-ACS2* 的表达（Mizuno et al.，2006）；番茄 LeERF2/TERF2 可结合 *NtACS3* 和 *LeACO3* 启动子，且 *LeERF2/TERF2* 的反义转基因植株的乙烯合成受到显著抑制（Zhang et al.，2009）；番茄 *SlERF6* 的 RNAi 转基因果实乙烯合成增加（Lee et al.，2012）；香蕉 MaERF9 和 MaERF11 分别激活和抑制乙烯合成基因，同时 MaERF9 和 MaERF11 还可与 MaACO1 发生蛋白-蛋白互作（Xiao et al.，2013）。除此之外，EIN3/EIL 和 ERF 转录因子还可转录调控质地及成熟衰老过程色泽、芳香、风味等品质性状。

除上述乙烯信号转导元件外，一些新型的乙烯不敏感突变体的发现进一步丰富了果实乙烯信号转导模型，包括 *Green-ripe*（*Gr*）和 *Never-ripe2*（*Nr-2*），这两个突变体果实的成熟进程受阻断（Barry et al.，2006）。同时研究发现，*Gr/Nr-2* 由一个未知基因（命名为 *GR*）控制，在 *Gr* 突变体中过量表达 *GR* 可使突变体恢复野生型表型，表明 *GR* 在番茄果实成熟进程中的重要作用。但上述类似工作，近年来在其他果蔬中鲜见报道。

15.1.3 转录调控及其他调控机制

除上述的乙烯信号转导途径转录调控乙烯合成外，乙烯合成也受其他转录因子调控，但主要在番茄中报道，如 RIN 直接激活 *LeACS2* 和 *LeACS4*，诱导其基因表达，促使乙烯合成增加（Martel et al.，2011）；*TAGL1* 的 RNAi 转基因果实成熟受抑制，且果实乙烯含量明显降低，进一步研究发现 TAGL1 是通过调控 *ACS2* 基因实现对乙烯合成的转录调控（Vrebalov et al.，2009）；LeHB-1 转录因子可与 *LeACO1* 启动子互作，进而抑制 *LeACO1* 表达水平，抑制果实成熟（Lin et al.，2008）。番茄 RIN 转录因子可结合并激活 *SlAP2a*（Fujisawa et al.，2014）；同时，*SlAP2a* 转录水平还受 *miR156* 调控（Karlova et al.，2011）。

除转录调控外，乙烯合成和乙烯信号转导其他调控机制中，以两个 F-box 蛋白（EBF1/2）最为知名（安丰英等，2006）。大量植物中，EIN3/EIL 家族成员的表达水平对乙烯响应不明显，但乙烯可有效维持 EIN3/EIL 蛋白稳定性，进一步研究发现拟南芥 EBF1/2 可通过泛素/26S 蛋白酶体降解途径降解 EIN3/EIL 蛋白（安丰英等，2006）。番茄的 *SlEBF1* 和 *SlEBF2* 也具有类似功能，利用病毒介导基因沉默（VIGS）手段同时沉默 *SlEBF1* 和 *SlEBF2*，使植株呈现组成型乙烯反应表型，且加速了果实成熟与植株衰老（Yang et al.，2010）。此外，模式植物拟南芥中陆续报道了乙烯信号转导的其他调控机制，如 CTR1 可通过 MAPK 级联反应和磷酸化调控 EIN3 蛋白稳定性（Yoo et al.，2008），EIN2 与乙烯受体 ETR1 共同定位于内质网膜且存在蛋白互作（Bisson et al.，2010），EIN2 也与 CTR1 共同定位于内质网且与细胞器间相互转运有关（Qiao et al.，2012），这些新兴的调控蛋白和机制均对植株的乙烯反应具有重要的调控效应，但在果蔬成熟衰老调控方面尚鲜见报道。

此外，一些微 RNA（miRNA）和长链非编码 RNA（lncRNA）的发现，也为果蔬采后成熟衰老调控提供了新靶标，但此类工作常见于番茄果实，如参与乙烯合成调控的 *SlAP2a* 受 *miR172* 负调控（Chung et al.，2010）。结合近年来快速发展的深度测序技术，番茄中分离得到了更多与成熟相关的 miRNA。

综上，乙烯是调控果蔬采后成熟衰老的最重要的植物激素，可以同时调控跃变型和非跃变型果实的采后成熟衰老进程。无论是系统 I 或系统 II 乙烯生物合成，均是按照蛋氨酸循环这一途径完成。乙烯合成途径中的关键酶 ACS 和 ACO 对乙烯合成和成熟衰老起到重要的调控效应。乙烯信号转导途径由一系列的元件组成，不同元件在成熟衰老过程中的作用不同，且途径中的 EIN3/EIL 和 AP2/ERF 等转录因子在乙烯的生物合成和释放中起到重要的调控效应。此外，番茄中还报道了 RIN 和 TAGL1 等以及 miRNA 和 lncRNA 参与乙烯的生物合成。拟南芥中还发现了更多的调控机制，包括泛素蛋白途径介导的调控机制、MAPK 级联反应和磷酸化调控以及一些蛋白间的互作来调控乙烯的生物合成，而在果蔬中的调控机制需进一步加强研究。

15.2 成熟衰老过程的呼吸与细胞膜代谢

15.2.1 呼吸变化规律与生理生化基础

呼吸作用是基本生命活动，也是植物具有生命力的重要标志。采后果蔬的光合作用基本停止，因此呼吸作用变成新陈代谢主导。根据是否有氧参与，呼吸作用可分为有氧呼吸与无氧呼吸，正常条件下有氧呼吸占主导地位（田世平等，2011）。果蔬成熟衰老过程中，呼吸强度是衡量果蔬呼吸作用强弱的重要指标之一，果蔬呼吸强度越大，说明呼吸作用越旺盛，各种生理生化过程也就越快，营养消耗得越快，则会加速果蔬衰老。呼吸强度与温度相关，Heyes 等（2010）对猕猴桃果实研究发现，低温可以显著降低猕猴桃果实呼吸速率，延缓其呼吸高峰出现，进而延缓果实成熟衰老。

线粒体是细胞内能量代谢和物质转化的中枢，果蔬呼吸作用主要在线粒体膜上进行。琥珀酸脱氧酶（SDH）与线粒体细胞色素氧化酶（CCO）存在于线粒体内膜上，它们是线粒体呼吸酶的标志酶，其酶活性变化能够反映线粒体的功能特性。阚娟等（2009）通过研究桃果实成熟过程中线粒体呼吸代谢相关酶的变化发现，在桃果实成熟衰老的前期 SDH 活性持续升高，而在桃果实成熟衰老的后期 SDH 活性有所下降，CCO 活性也是在果实成熟中后期降低，这表明在果实成熟衰老的后期，SDH 和 CCO 活性受到抑制，从而可能引起细胞能量障碍，使得细胞的功能活动不能正常进行，加剧细胞衰老。

线粒体不仅是有氧呼吸的主要场所，也是活性氧产生部位之一。植物正常呼吸过程中产生的活性氧因为抗氧化剂（抗坏血酸等）的存在，可防止膜蛋白或者磷脂受到伤害。Davey 等（2000）研究发现抗坏血酸参与氧化胁迫、清除自由基、维持细胞氧化还原平衡等功能活动。然而，随着植物成熟衰老，大量活性氧随之产生，则需抗氧化酶系统的超氧化物歧化酶（SOD）、过氧化氢酶（CAT）、过氧化物酶（POD）等协同作用。Lin 等（2015）对龙眼果实的研究结果表明，保持 SOD、CAT 等酶的高活性，可使果实清除活性氧能力变强，降低活性氧积累，进而延缓果实衰老；Yang 等（2014）研究表明，紫外光处理可以显著提高桃果实中 SOD 和 CAT 的活性，从而延缓桃果实的衰老。

15.2.2 细胞膜代谢与衰老

细胞膜是细胞间分子/物质运输的重要通道，同时也具有感知并响应环境变化的功能。果蔬采后贮藏过程中，细胞膜变化与成熟衰老进程密切相关，如细胞膜的过氧化可使细胞膜不饱和脂肪酸向饱和脂肪酸转化，并使细胞流动性和透性降低，导致果蔬衰老。膜脂过氧化主要由酶促反应和非酶促反应共同调控，其中非酶促反应即 15.2.1 中介绍的活性氧导致的氧化破坏，而酶促反应方面研究最为广泛的为脂氧合酶（LOX）。

LOX 有 9-LOX 和 13-LOX 两种类型，专一催化含有顺,顺-1,4-戊二烯结构的不饱和脂肪酸，生成 9-氢过氧化物和 13-氢过氧化物。研究表明，LOX 可使膜脂发生过氧化反应，进而破坏细胞膜结构，加速果蔬衰老；同时，LOX 也与乙烯存在一定的关联性，如猕猴桃果实中 LOX 活性增强先于乙烯生物合成，而 LOX 抑制剂可显著抑制乙烯合成（张波等，2007）。由于 LOX 由基因家族编码，早期的果蔬 LOX 研究主要关注于酶活性和部分编码基因的分离，随着基因组信息的释放，LOX 家族研究越来越广泛，如苹果和黄瓜中分别报道 23 个和 18 个 *LOX* 基因（Vogt et al.，2013；Zhang et al.，2014）。更多的基因家族成员分离也为比较分析不同成员功能提供了可能，黄瓜的 18 个 *LOX* 基因中，*CmLOX01*、*CmLOX03* 和 *CmLOX18* 在转录水平上与果实成熟衰老相关（Zhang et al.，2014）。

除 ROS 和 LOX 外，参与细胞膜代谢研究较多的则是磷脂酶 D（PLD），它是一类磷脂水解酶，拟南芥中至少存在 12 个 *PLD* 编码基因。*PLD* 同源基因也在不同果蔬中被陆续报道，如 3 种蔷薇科果树（苹果、草莓、李）中分别存在 15 个、14 个和 11 个 *PLD* 基因（Du et al.，2013）。*PLD* 基因与果蔬采后抗冷性密切相关，如黄瓜、水蜜桃、葡萄、草莓等果实中有广泛报道，但果蔬的 *PLD* 研究大多集中在转录水平的相关性分析。

15.3 成熟衰老过程的质地变化

质地是品质的重要指标，影响园艺产品的贮运性、抗病性和货架期。质地直接影响果蔬等园艺产品的感官品质，常被描述为脆、硬、软、绵、沙等消费者口感特性（Li et al.，2010）。质地研究主要在多年生果树果实和番茄果实中展开，在其他蔬菜和切花的采后保鲜过程中也有少量报道。

果实采后质地变化主要分为两类，即软化（如番茄、猕猴桃、桃等）和木质化（如枇杷、山竹等）。大部分果实采后易发生软化，其主要是由于细胞壁降解和细胞间黏附力降低，部分果实（如猕猴桃和香蕉）的软化起始阶段有一个明显的淀粉降解过程（Soares et al.，2011）。采后果实软化启动是一个自然的过程，且是一个不可逆的过程，大量采后损耗多为果实过度软化后受轻微压迫、病原菌侵染等，加速其腐败变质。

另一类果实质地变化是木质化，表现为采后贮藏过程中果实硬度增加，常伴随着次生细胞壁木质素积累。相比于果实软化，果实木质化仅在少数果实或逆境胁迫下发生，如机械伤山竹果皮、病害苹果果实组织、梨果实的石细胞等。红肉类型枇杷果实在采后贮藏过程中易出现木质化的现象，会造成果实硬度上升、风味变淡、粗糙少汁等，且在果实的可食部位（果肉）发生，严重影响果实品质与经济价值（Cai et al.，2006a），低温（0～1 ℃）贮藏条件下可进一步加速红肉枇杷果实的木质素积累，呈现为果实冷害木质化（Wang et al.，2010），而白肉枇杷果实少有上述现象。木质化现象也可发生在其他园艺作物中，如芦笋、竹笋等蔬菜。

质地变化受多种因素调控，包括遗传因素和环境条件。由于遗传信息不同，不同种类果实质地各不相同，甚至同一种果实也有不同类型的表现，如桃果实可被分为溶质（melting）桃和非溶质（non-melting）桃，两类果实采后质地变化存在明显差异（阚娟等，2011）。质地变化与多种细胞壁降解（木质化）相关酶的活性显著相关，对于这些酶的生化活性及其编码基因的研究已在多种园艺产品中广泛开展（Li et al.，2010）。除了细胞壁相关变化，园艺产品采后衰老过程也伴随着膜脂氧化，该过程也影响着质地。质地也受环境因子调控，特别是乙烯和温度。

15.3.1 软化及细胞壁降解主要酶

不同园艺产品的软化速度和程度的差异是由果实内部固有成分以及细胞壁多糖和其他结构成分的性质决定的。普遍认为，软化是细胞壁成分不断解聚和水解以及细胞结构丧失的必然结果。以果实为例，利用电子显微镜发现葡萄果肉细胞在始熟期前后随着细胞壁的变薄而软化（饶景萍等，1997），类似的结果在桃、菠萝等果实中有报道。猕猴桃果实在贮藏初期细胞结构完整，细胞壁中部致密，果实较硬，随果实后熟软化，细胞壁逐渐降解分离，壁间产生空隙，使果肉软化。因此，软化及其调控机制研究主要关注于细胞壁组分的变化。

果实细胞壁由复杂的多糖和蛋白质的网状结构组成，相关组分及比例与不同种类、品种和不同发育阶段密切相关。有研究表明，果实的初生壁主要由果胶、纤维素和半纤维素组成，但一些特色种类或品种的水果会缺少部分降解过程，如果胶的降解是导致覆盆子硬度下降的主要因素（Vicente et al.，2007），但是在成熟香蕉和蓝莓等果实中仅少量果胶发生降解。

细胞壁多糖组分的降解受酶促反应和非酶促反应控制（Li et al.，2010），本小节以细胞壁降解酶促反应为主线，介绍相关研究进展。细胞壁降解涉及多种不同的酶，目前大多研究主要集中于果胶甲酯酶（PME）或称果胶酯酶（PE）、多聚半乳糖醛酸酶（PG）、果胶裂解酶（PL）、β-半乳糖醛酸酶（β-Gal）、内切-1,4-β-D-葡聚糖酶（EGase）和木葡聚糖内糖基转移酶/水解酶（XTH）（Li et al.，2010），这些酶所催化的底物和产物以及基本生化功能已较为明晰（图 15-1）。

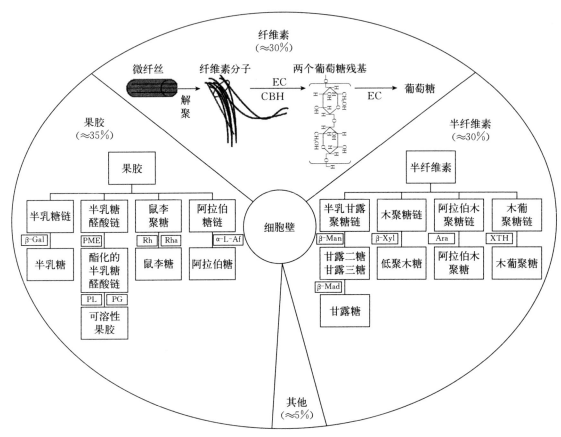

图 15-1　细胞壁组分及降解途径示意图

α-L-Af：α-L-阿拉伯呋喃糖苷酶　β-Gal：β-半乳糖苷酶　β-Man：内切-1,4-β-甘露聚糖酶　β-Mad：β-甘露糖苷酶　β-Xyl：内切-1,4-β-木聚糖酶　Ara：阿拉伯糖酶　CBH：外切葡聚糖酶　EC：葡糖苷酶　EG：内切葡聚糖酶　PME：果胶甲酯酶　PG：多聚半乳糖醛酸酶　PL：果胶裂解酶　Rh：鼠李糖半乳糖醛酸酶　Rha：鼠李糖半乳糖醛酸乙酰酯酶　XTH：木葡聚糖内糖基转移酶/水解酶

15.3.1.1 果胶甲酯酶

果胶是细胞壁的主要组分之一，果胶甲酯酶（PME）可水解去除果胶链上半乳糖醛酸 C6 位置上的甲氧基基团生成果胶酸，该过程是 PG 降解多聚半乳糖醛酸的先决条件（图 15-1）。由于 PME 主要行使果实脱酯作用，因此又被称为果胶酯酶（PE）。早期研究表明，甲酯化的细胞壁果胶从绿熟期的 90% 降到粉色期和红熟期的 35%（Koch et al.，1989），与之对应的 PME 活性从绿熟果实前期到成熟前期上升 2～3 倍，且编码基因的 mRNA 积累要先于 PME 活性的变化（Tieman et al.，1992）。龙眼果肉采后自溶进程中，PME 在前期起主要作用（赵明磊等，2011）。

近期也有研究表明，PME 作用于半乳糖醛酸聚糖甲酯化过程存在两种机制，可随机（为 PG 降解半乳糖醛酸做准备）或沿着果胶链直线（与 Ca^{2+} 相互作用）进行果胶甲酯化，导致细胞壁的松软或硬化，且受 pH 影响（de Freitas et al.，2012），这些研究结果显示 PME 在果实软化过程中的作用机制更为复杂。

有关 PME 促进果实软化的作用，迄今未见转基因实验的证实。反义抑制 *PME2/PEC2* 基因的转基因番茄果实（通过借助含有内含子的基因组 DNA 片段或者一个 cDNA 片段）的果胶甲酯化上升，多聚半乳糖醛酸解聚减少，但软化速率基本保持不变（Tieman et al.，1992）。此外，反义抑制 *Pmeul* 反而加快番茄果实的软化速率。最新研究结果表明，番茄果实基因渗入系研究发现 *Fir* ^{fr} QTL2.2 QTL2.5/ *PME2.5*（包含 3 个 *PME* 基因）与果实硬度密切相关（Chapman et al.，2012），因此，先前研究针对单一 *PME* 基因的调控较难获得预期效应，可能是由于 *PME* 家族成员具有功能冗余性或者协同效应，通过多基因操纵有望实现相关猜想。

15.3.1.2　多聚半乳糖醛酸酶和果胶裂解酶

多聚半乳糖醛酸酶（PG）和果胶裂解酶（PL）是促进果胶水解的主要酶。PG 能够水解经 PME 甲酯化后的半乳糖醛酸残基的 α-1,4-糖苷键，而 PL 通过对半乳糖醛酸残基 C4~C5 位上的氢进行反式消去作用使糖苷键断裂从而裂解果胶（图 15-1）。在果实软化进程中对 PG 的研究明显多于 PL，PG 在果实软化过程中起着重要的作用，至少有以下证据：①PG 活性与果实软化显著相关；②PG 可水解未成熟果实中分离得到的细胞壁，且细胞壁超微结构变化与果实成熟进程一致；③一些不能正常成熟的突变体（如 *rin*、*nor* 和 *Nr* 等）果实中 PG 活性较低（余叔文等，1998），在桃、猕猴桃、柿、苹果、杏等果实软化过程中，PG 活性逐步增加。

利用转基因手段研究表明，抑制 *PG* 表达降低了 PG 活性，进而影响细胞壁果胶解聚，但对番茄果实的整体软化进程无显著影响（Kramer et al.，1992）。1994 年，Calgene 公司培育的 FlavrSavr 番茄在美国上市，为第一例商业化转基因（GMO）食物。FlavrSavr 番茄为 *PG* 反义植株，软化进程减缓，可成熟之后采摘，因而保存了果实的风味。同时，英国 Zeneca 公司与 Don Grierson 合作采用类似技术，生产 *PG* 反义的商业化番茄酱。

此外，在成熟突变体 *rin* 中过量表达 *PG* 基因，转基因番茄果实能够响应丙烯处理，导致 PG 活性提高和半乳糖醛酸解聚加速，但却不能使果实恢复软化。相反地，研究发现草莓 *FaPG1* 基因在果实软化过程中起到主要作用，*FaPG1* 反义转基因可使 *FaPG1* 转录本下降 90% 以上，转基因草莓果实的硬度显著高于对照，且其采后软化进程被显著抑制（Quesada et al.，2009）。类似的结果在桃和苹果均有报道，其中 Callahan 等（2004）发现 8 个非溶质桃品种缺失至少 1 个 *PG* 同源基因，而软溶质桃未见该现象；Atkinson 等（2012）报道了苹果 *MdPG1* 反义转基因，其转基因果实采后硬度下降速率明显慢于野生型，后熟衰老受显著抑制，货架期延长。结果表明 *PG* 基因在不同果实中可能存在功能差异，但现有成功案例（草莓、桃、苹果）均属于蔷薇科，因此 *PG* 对其他果实软化的影响尚无法准确预测。

葡萄、芒果等果实软化过程中 *PL* 基因表达增强；在香蕉果实软化过程中，*PL* 基因表达增强，伴随着其酶活性的提高，且可被乙烯处理诱导（Payasi et al.，2004）；*PL* 基因（*Md-PL*）在蜜脆苹果果实中表达极低，与果实质地显著相关（Harb et al.，2012）。上述结果均表明，*PL* 与果实软化密切相关。在 *nor* 和 *rin* 等番茄突变体中，*PL* 与 *PG* 在转录水平上变化趋势一致，即在突变体番茄中表达受抑制或者延迟，与果实成熟衰老受抑制程度相一致。*PL* 转基因调控果实质地仅在草莓中有报道，*PL* 受抑制的转基因草莓果实，果胶水解程度降低，与成熟相关的细胞间联结破裂延缓，果实硬度下降减缓（Santiago-Doménech et al.，2008），而通过 RNAi 沉默番茄中 1 个 *PL* 基因，可以延缓果实质地的下降同时不影响果实成熟（Uluisik et al.，2016）。

15.3.1.3　β-半乳糖苷酶

β-半乳糖苷酶（β-Gal）通过催化半乳糖苷的 β-D-半乳糖残基的非还原末端来促使细胞壁多糖成分的改变或者重新激活其他细胞壁水解酶，从而导致成熟果实细胞壁组分和结构最大限度地改变。β-Gal 活性及其编码基因表达与果实软化密切相关，如木瓜果实软化过程中 β-Gal 活性增加且其解聚果胶的能力不断提高（Lazan et al.，2004），桃果实中 β-Gal 活性与果实后熟前期的软化启动密切相关（阚娟等，2011），类似的结果在猕猴桃、苹果等果实中也有报道。

与其他细胞壁降解酶类似，β-Gal 也由基因家族编码（TBG），其中 TBG1（Carey et al.，2001）、TBG4（Smith et al.，2002）和 TBG6（Moctezuma et al.，2003）的反义转基因果实已有报道。TBG4 转基因番茄果实中外切半乳聚糖酶活性降低，转基因果实硬度高于对照（Smith et al.，2002）；TBG1 的反义转基因果实，由于转基因抑制效率过低，其果实的半乳糖降解速率并未受到影响（Carey et al.，2001）。反义 TBG6 的番茄果实在早期发育阶段果实硬度甚至低于对照，且裂果率增加，转基因果实的采后质地变化并没有受到影响（Moctezuma et al.，2003），因此，TBG 成员间的功能差异或冗余尚有待进一步解析。最新研究表明，草莓的 FaBG3（β-Gal 基因）的 RNAi 转基因果实不能完全成熟，且硬度显著高于对照果实（Li et al.，2013）。

15.3.1.4 内切葡聚糖酶和木葡聚糖内糖基转移酶/水解酶

木葡聚糖是半纤维素的主要组成成分，是内切葡聚糖酶（EGase）和木葡聚糖内糖基转移酶/水解酶（XTH）的作用底物（图 15-1）。EGase 和 XTH 通过降解细胞壁，参与果实后熟软化，其中 XTH 的研究较多，而 EGase 的研究相对较少。研究表明，FaEG10 和 FaEG30 在草莓果实的软化过程中起到了重要的作用，它们在转录水平上的表达和酶活性的变化与果实软化的进程相一致（Trainotti et al.，1999）。芒果果实中，Micel1 表达的积累与 EG 活性的提高和纤维素或半纤维素含量的减少密切相关（Chourasia et al.，2008）。

XTH 由多基因家族编码，且是细胞壁降解相关酶基因家族成员数较多的家族之一。随着基因组、转录组等研究进展，近年来，XTH 基因或基因家族陆续在番茄、猕猴桃、苹果和柿等果实中报道。XTH 基因在不同水果中均显示与软化密切相关，如猕猴桃中 XTH 基因表达受外源乙烯处理诱导（陈昆松等，1999）；比较葡萄中多个细胞壁降解酶基因，发现 XTH 基因的表达与果实软化相关性更好（Ishimaru et al.，2002）；柿果实 DkXTH1 基因与软化密切相关，其表达受乙烯诱导和 1-MCP 抑制（Nakatsuka et al.，2011）。虽然在转录水平上 EG 和 XTH 基因与果实软化呈现相关性，但转基因研究表明 EG 和 XTH 均无法明显改变果实质地。反义抑制 EG 基因在番茄（Brummell et al.，1999）或草莓（Palomer et al.，2006）中的表达并没有表现出对果实软化的影响；辣椒的 CaCel1 在番茄中过量表达，也对果实软化没有影响（Harpster et al.，2002）；XTH 转基因番茄果实表现出与预期相反的作用，SlXTH1 过量表达的转基因果实软化较野生型果实慢，且细胞壁的水解程度较低（Miedes et al.，2010）。

15.3.2 木质化及木质素代谢相关酶

在果实成熟过程中细胞壁的降解导致果实软化是一个常见的现象，相反木质素积累可导致果肉木质化并促使硬度上升。果蔬采后木质化主要与木质素积累有关，木质素的生物合成涉及一系列的酶促反应，包括苯丙烷类途径，参与该途径的有苯丙氨酸解氨酶（PAL）、肉桂酸-4-羟化酶（C4H）、4-香豆酸辅酶 A 连接酶（4CL）；单体甲基化，主要有咖啡酸-O-甲基转移酶（COMT）、阿魏酸-5-羟化酶（F5H）参与反应；单体合成，主要有肉桂酰辅酶 A 还原酶（CCR）、肉桂醇脱氢酶（CAD）参与；单体合成以后，在过氧化物酶（PER）、漆酶（LAC）等催化下聚合成大分子木质素（图 15-2）。

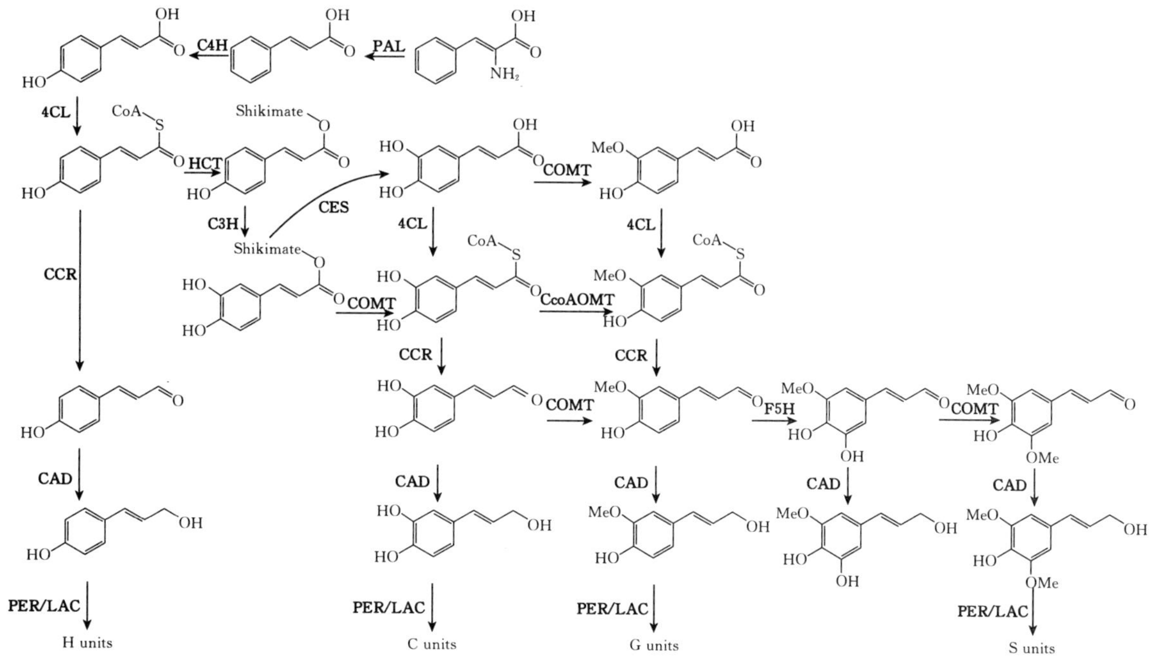

图 15-2　木质素代谢途径示意图

4CL：4-香豆酸辅酶 A 连接酶　C3H：肉桂酸-3-羟化酶　C4H：肉桂酸-4-羟化酶　CAD：肉桂醇脱氢酶
CcoAOMT：咖啡酰辅酶 A-O-甲基转移酶　CCR：肉桂酰辅酶 A 还原酶　CES：咖啡酰莽草酸酯酶　COMT：咖啡酸-O-甲基转移酶　F5H：阿魏酸-5-羟化酶　HCT：羟基肉桂酰辅酶 A 莽草酸/奎尼酸羟基肉桂酰基转移酶　PAL：苯丙氨酸解氨酶
PER/LAC：过氧化物酶/漆酶

15.3.2.1　苯丙氨酸解氨酶

苯丙氨酸解氨酶（PAL）催化 L-苯丙氨酸向肉桂酸的脱氨基作用，是苯丙氨酸途径合成木质素的第一步。在红肉枇杷洛阳青果实木质化初期，*EjPAL1* 的表达量与 PAL 活性均增加；在没有木质化的白沙枇杷果实中，*PAL1* 的表达量与 PAL 活性均稳定维持在较低水平（Shan et al.，2008）。黄金梨的硬顶现象与木质素积累有关，赤霉素处理可通过抑制 PAL 活性和 *PpPAL* 基因的表达，进而抑制木质素积累（Yang et al.，2015）。NO 可抑制 PAL 活性，进而减轻采后竹笋的木质化程度（Yang et al.，2010）。

15.3.2.2　4-香豆酸辅酶 A 连接酶

4-香豆酸辅酶 A 连接酶（4CL）催化羟基肉桂酸硫酯的形成，并由此作为底物进入不同的苯丙烷类代谢分支。*4CL* 基因常被分为Ⅰ型和Ⅱ型两类，其中Ⅰ型 *4CL* 成员与木质素单体合成密切相关，例如拟南芥 *At4CL1* 与 *At4CL2*、白杨 *Ptr4CL1*、松 *Pt4CL1* 和柳枝稷 *Pv4CL1* 等，柳枝稷 *Pv4CL1* 的 RNAi 转基因植株的 4CL 活性下降 80%，导致 G-木质素和总木质素含量降低（Xu et al.，2011）。枇杷采后冷害木质化和衰老木质化的过程中，4CL 活性呈峰形变化，在贮藏前期（2～6 d）活性增强，之后呈下降趋势（Shan et al.，2008）。最新研究表明，枇杷果实至少存在 5 个 *4CL* 成员，其中 *Ej4CL1* 和 *Ej4CL5* 为Ⅰ型，与果实木质化更为相关（Xu et al.，2014）。

15.3.2.3　肉桂醇脱氢酶

肉桂醇脱氢酶（CAD）作用于木质素单体合成的最后一步，可将肉桂醛还原为肉桂醇。关于枇杷木质化的研究表明，*EjCAD1* 表达变化与洛阳青果实木质化进程变化高度一致，即 CAD

活性增强伴随着硬度上升，且 *EjCAD1* 表达水平也较高，相反，在不易木质化的白沙果实中，CAD 活性和表达水平均较低（Shan et al.，2008）。最新研究发现，枇杷果实中存在多个 *CAD* 编码基因，通过不同品种比较，发现部分 *CAD* 编码序列存在突变，这为解释不同品种枇杷果实木质素含量差异提供新的理论基础。*CAD* 基因也与薹菜茎的木质化有关，乙烯处理可以诱导 *BcCAD1-1* 和 *BcCAD2* 的表达，进而诱导木质化，而 1-MCP 对 *BcCAD* 基因表达和木质化均有抑制效应（Zhang et al.，2010）。通过基因组结合生物信息学分析，甜瓜中的 5 个 *CmCAD* 基因中的 *CmCAD2* 被认为是参与甜瓜果肉木质化的重要候选基因（Jin et al.，2014）。

15.3.3 非酶促反应相关的质地变化

扩展蛋白（expansin，EXP）是对植物细胞生长起到重要作用的细胞壁蛋白，其作用原理主要包括破坏微纤维与多聚糖的连接或多聚糖间的连接，也可产生细胞膨压，进而导致细胞壁聚合物的位移（Cosgrove，2000）（图 15-3）。由于细胞壁的作用机制，其与果实质地的关系也广受关注，Brummell 等（1999）研究发现，*Exp1* 表达受抑制（表达量约为野生型的 3%）的转基因果实硬度明显高于对照果实，相反，过量表达 *Exp1* 的转基因果实快速软化，表明番茄 *Exp1* 是调控果实质地的关键基因之一。*EXP* 基因在其他果实中也被陆续克隆，包括一系列蔷薇科果树以及猕猴桃、芒果、龙眼、荔枝、香蕉等（Li et al.，2010），大量报道均显示 *EXP* 基因表达与果实软化相关。

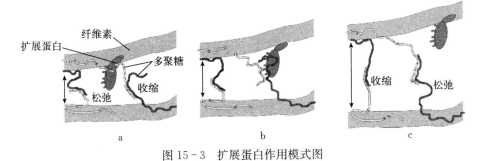

图 15-3 扩展蛋白作用模式图

纤维素微纤丝间通过多聚糖连接，从而连接在微纤维的表面或相互交联。扩展蛋白被认为能够破坏连接微纤维表面的多聚糖（a）或破坏多聚糖间连接（b）。在细胞膨压导致的机械压力下，扩展蛋白导致细胞壁聚合物的位移（c）以及聚合物连接位点的滑动（b 和 c）。

(Cosgrove，2000)

除了参与果实软化，*EXP* 基因也被认为参与了果实木质化。枇杷果实中分离得到的 4 个扩展蛋白 cDNA 序列中，洛阳青枇杷果实中 *EjEXPA1* 在转录水平上的表达与 0 ℃贮藏下冷害诱导的果肉木质化进程相一致，进而推测 *EjEXPA1* 调控细胞壁膨胀可能是通过促进木质化相关酶与底物的接触，从而导致木质素的积累和果实硬度的上升（Yang et al.，2008），但 *EXP* 参与果实木质化的具体机制还有待进一步验证。

15.3.4 质地的转录调控

近年来研究表明，质地变化（包括软化和木质化）也受不同转录因子基因家族调控，其中软化相关转录调控的研究较多。

15.3.4.1 软化的转录调控

参与软化调控的转录因子以乙烯信号转导相关的 EIN3/EIL 和 AP2/ERF 报道较多。猕猴桃

果实 *AdEIL2* 和 *AdEIL3* 可增强质地相关基因 *AdXET5* 启动子活性，相反，*AdERF9* 显著地抑制 *AdXET5* 启动子的活性（Yin et al.，2010）。Royal Gala 苹果 *MdEIL2* 和 *MdCBF2* 也可激活 *MdPG1* 的启动子，促进果实软化（Tacken et al.，2010），类似的结果在早熟苹果泰山早霞中也有报道（Li et al.，2013）。柿果实中 ERF 转录因子（DkERF8/16/19）可以直接结合 *DkXTH9* 启动子，诱导其活性，从而参与调控柿果实软化（Wang et al.，2017）。*AP2a* 的 RNAi 转基因番茄果实软化快于野生型果实（Karlova et al.，2011）；QTL 研究发现两个质地相关位点，其中 *Fir*^{Fa}*QTL2.2* 是 1 个 *ERF* 基因，*Fir*^{Fa}*QTL2.5* 则是 3 个 *PME* 基因，且两者具有显著关联性（Chapman et al.，2012）；*ERF.B3 – SRDX* 过量表达的转基因番茄果实软化加快，且 *PG2A* 表达也显著被诱导（Liu et al.，2014）。

除 EIN3/EIL 和 AP2/ERF 转录因子外，NAC、MADS 等转录因子也被报道参与了果实软化。*SlNAC1* 过量表达可显著诱导 *SlPG*、*SlExp1*、*SlCel1* 等细胞壁代谢基因表达，进而促使番茄果实硬度低于野生型（Ma et al.，2014）。番茄果实中，MADS box 类型的转录因子中 *RIN*、*SlFYFL*、*FUL* 等也参与了细胞壁代谢基因的调控，且与 *SlNAC1* 类似，均可识别多靶标基因（Fujisawa et al.，2014）。

15.3.4.2 木质化的转录调控

木质素合成的转录调控研究在拟南芥、烟草和水稻等模式植物中均有报道，以 MYB 和 NAC 这两类转录因子对木质素合成的转录调控研究较为广泛。比较而言，果实木质化的转录调控研究严重滞后于模式植物，主要集中在枇杷果实中。Xu 等（2014）研究发现，两个 MYB 转录因子家族成员，*EjMYB1*（转录激活子）和 *EjMYB2*（转录抑制子）可通过与木质素生物合成基因 *Ej4CL1* 启动子互作，进而转录调控木质素生物合成。*EjNAC1* 表达也与枇杷果实木质化成正相关，可转录激活枇杷木质素靶标基因 *Ej4CL1* 启动子，进而参与到枇杷木质化过程（Xu et al.，2015），但 *EjNAC1* 无法直接结合 *Ej4CL1* 启动子，因此它的调控机制与 *EjMYB* 不同，尚有待进一步解析。而 *EjNAC3* 可以直接结合并转录激活木质素代谢途径结构基因 *EjCAD – like* 启动子，进而参与调控枇杷果实木质素合成（Ge et al.，2017）。单一转录调控基础上，枇杷采后木质化转录调控机制方面也涉及转录复合体研究，*EjAP2 – 1* 转录因子能转录抑制枇杷木质素合成结构基因 *Ej4CL1* 启动子，该抑制效应是通过与 EjMYB1 和 EjMYB2 发生蛋白互作实现的（Zeng et al.，2015）。除枇杷果实外，其他果实鲜见果实木质化转录调控的报道，如葡萄果实中 *VvMYB5a* 参与了木质素等次生代谢物质的转录调控，但与果实木质化无关（Deluc et al.，2008）。

综上，近年果实质地调控机制研究已陆续从 20 世纪末的果实细胞壁代谢相关酶及基因的研究转向转录调控等领域，以期更有效地获得质地改良的果实，但目前此类研究尚处于起步阶段，从已报道的转录因子种类、果实类型、调控模式等方面而言仍需完善（图 15 – 4）。

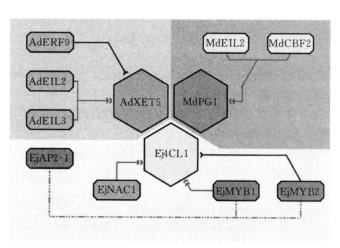

图 15 – 4 果实质地转录调控

➤➤ 表示激活效应 ━━◀ 表示抑制效应 ┈┈ 表示蛋白互作

15.4　研究展望

　　果蔬成熟衰老受遗传因素（品种）和环境因素（植物激素、温度等）决定。果蔬成熟衰老生物学研究常落脚于乙烯合成和信号转导、细胞膜代谢和质地变化（包括细胞壁代谢和木质化）等。近年来随着分子生物学研究的深入，果蔬成熟衰老相关研究已初步实现了从生理生化、结构基因分离和表达到多基因协同分析、关键基因获得的重大转向，但相关研究覆盖面有待进一步扩展。近年来，生物学/植物学领域的组学研究、转录后/翻译后调控、表观遗传学调控等研究的突破，也为果蔬成熟衰老研究提供了新方向，并有望加速调控果蔬成熟衰老的开关基因的获得进程，为改善果蔬采后贮藏特性及支持产业发展提供可能。

　　　　　　　　　　　　　　　　　　　　　　　　　　　（殷学仁　陈昆松　编写）

主要参考文献

安丰英，郭红卫，2006. 乙烯信号转导的分子机制 [J]. 植物学通报，23（5）：531-542.

陈昆松，李方，张上隆，1999. 猕猴桃果实成熟进程中木葡聚糖内糖基转移酶 mRNA 水平的变化 [J]. 植物学报，41（11）：1231-1234.

陈涛，张劲松，2006. 乙烯的生物合成与信号传递 [J]. 植物学通报，23（5）：519-530.

蒋天梅，殷学仁，王平，等，2011. 乙烯调控非跃变型果实成熟衰老研究进展 [J]. 园艺学报，38（2）：371-378.

阚娟，刘涛，金昌海，等，2011. 硬溶质型桃果实成熟过程中细胞壁多糖降解特性及其相关酶研究 [J]. 食品科学，32（4）：268-274.

阚娟，王红梅，金昌海，等，2009. 桃果实成熟过程中活性氧和线粒体呼吸代谢相关酶的变化 [J]. 食品科学，30（8）：275-279.

屈红霞，唐友林，谭兴杰，2001. 采后菠萝贮藏品质与果肉细胞超微结构的变化 [J]. 果树学报，18（3）：164-167.

饶景萍，任小林，1997. 果实成熟过程中组织超微结构的变化 [J]. 西北植物学报，17（1）：128-134.

田世平，罗云波，王贵禧，2011. 园艺产品采后生物学基础 [M]. 北京：科学出版社.

徐昌杰，陈昆松，张上隆，1998. 乙烯生物合成及其控制研究进展 [J]. 植物学通报，15（增刊）：54-61.

殷学仁，张波，李鲜，等，2009. 乙烯信号转导与果实成熟衰老的研究进展 [J]. 园艺学报，36（1）：133-140.

余叔文，汤章城，1998. 植物生理与分子生物学 [M]. 2 版. 北京：科学出版社.

张波，李鲜，陈昆松，2007. 脂氧合酶基因家族成员与果实成熟衰老研究进展 [J]. 园艺学报，34（1）：245-250.

赵明磊，邝键飞，陆旺金，等，2011. 采后龙眼果肉自溶进程中 *PME* 基因的表达分析 [J]. 热带亚热带植物学报，19（2）：135-141.

Atkinson R G, Sutherland P W, Johnston S L, et al, 2012. Down-regulation of *POLYGALACTURONASE1* alters firmness, tensile strength and water loss in apple (*Malus × domestica*) fruit [J]. BMC Genomics, 12：129.

Barry C S, Giovannoni J J, 2006. Ripening in the tomato green-ripe mutant is inhibited by ectopic expression of a protein that disrupts ethylene signaling [J]. Proceedings National Academy Sciences of the United States of America, 103：7923-7928.

Bisson M M A, Groth G, 2010. New insight in ethylene signaling: autokinase activity of ETR1 modulates the interaction of receptors and EIN2 [J]. Molecular Plant，3：882-889.

Brummell D A，Hall B D，Bennett A B，1999. Antisense suppression of tomato endo-1，4-beta-glucanase Cel2 mRNA accumulation increases the force required to break fruit abscission zones but does not affect fruit softening [J]. Plant Molecular Biology, 40 (4): 615 - 622.

Cai C, Xu C J, Li X, et al, 2006a. Accumulation of lignin in relation to change in activities of lignification enzymes in loquat fruit flesh after harvest [J]. Postharvest Biology and Technology, 40: 163 - 169.

Cai C, Xu C J, Shan L L, et al, 2006b. Low temperature conditioning reduces postharvest chilling injury in loquat fruit [J]. Postharvest Biology and Technology, 41: 252 - 259.

Callahan A M, Scorza R, Bassett C, et al, 2004. Deletions in an endopolygalacturonase gene cluster correlate with non - melting flesh texture in peach [J]. Functional Plant Biology, 31: 159 - 168.

Carey A T, Smith D L, Harrison E, et al, 2001. Down - regulation of a ripening - related β - galactosidase gene (*TBG1*) in transgenic tomato fruits [J]. Journal of Experimental Botany, 52: 663 - 669.

Chapman N H, Bonnet J, Grivet L, et al, 2012. High - resolution mapping of a fruit firmness - related quantitative trait locus in tomato reveals epistatic interactions associated with a complex combinatorial locus [J]. Plant Physiology, 159: 1644 - 1657.

Chourasia A, Sane V A, Singh R K, et al, 2008. Isolation and characterization of the *MiCel1* gene from mango: ripening related expression and enhanced endoglucanase activity during softening [J]. Plant Growth Regulation, 56: 117 - 127.

Chung M Y, Vrebalov J, Alba R, et al, 2010. A tomato (*Solanum lycopersicum*) APETALA2/ERF gene, *SlAP2a*, is a negative regulator of fruit ripening [J]. The Plant Journal, 64: 936 - 947.

Cosgrove D J, 2000. Expansive growth of plant cell walls [J]. Plant Physiology Biochemistry, 38 (1 - 2): 109 - 124.

Davey M W, Montagu M V, Inzé D, et al, 2000. Plant L - ascorbic acid: chemistry, function, metabolism, bio-availability and effects of processing [J]. Journal of the Science of Food and Agriculture, 80: 825 - 860.

de Freitas S T, Handa A K, Wu Q Y, et al, 2012. Role of pectin methylesterases in cellular calcium distribution and blossom - end rot development in tomato fruit [J]. The Plant Journal, 71: 824 - 835.

Deluc L, Bogs J, Walker A R, et al, 2008. The transcription factor VvMYB5b contributes to the regulation of anthocyanin and proanthocyanidin biosynthesis in developing grape berries [J]. Plant Physiology, 147: 2041 -2053.

Du D L, Cheng T R, Pan H T, et al, 2013. Genome - wide identification, molecular evolution and expression analyses of the phospholipase D gene family in three Rosaceae species [J]. Scientia Horticulturae, 153: 13 - 21.

Fujisawa M, Shima Y, Nakagawa H, et al, 2014. Transcriptional regulation of fruit ripening by tomato FRUIT-FULL homologs and associated MADS box proteins [J]. The Plant Cell, 26: 89 - 101.

Ge H, Zhang J, Zhang Y J, et al, 2017. EjNAC3 transcriptionally regulates chilling - induced lignification of loquat fruit via physical interaction with an atypical CAD - like gene [J]. Journal of Experimental Botany, 68 (18): 5129 - 5136.

Harb J, Gapper N E, Giovannoni J J, et al, 2012. Molecular analysis of softening and ethylene synthesis and signaling pathways in a non - softening apple cultivar, 'Honeycrisp' and a rapidly softening cultivar, 'McIntosh' [J]. Postharvest Biology and Technology, 64: 94 - 103.

Harpster M H, Dawson D M, Nevins D J, et al, 2002. Constitutive overexpression of a ripening - related pepper endo - 1, 4 - beta - glucanase in transgenic tomato fruit does not increase xyloglucan depolymerization or fruit softening [J]. Plant Molecular Biology, 50: 357 - 369.

Heyes J A, Tanner D J, East A R, 2010. Kiwifruit respiration rates, storage temperatures and harvest maturity [J]. Acta Horticulturae, 880: 167 - 174.

Ishimaru M, Kobayashi S, 2002. Expression of a xyloglucan endo - transglycosylase gene is closely related to grape berry softening [J]. Plant Science, 162: 621 - 628.

Jin Y Z, Zhang C, Liu W, et al, 2014. The cinnamyl alcohol dehydrogenase gene family in melon (*Cucumis melo* L.): bioinformatic analysis and expression patterns [J]. PLoS One, 9: 101730.

Karlova R，Rosin F M，Busscher－Lange J，et al，2011. Transcriptome and metabolite profiling show that AP-ETALA2a is a major regulator of tomato fruit ripening [J]. The Plant Cell，23：923－941.

Kevany B M，Tieman D M，Taylor M G，et al，2007. Ethylene receptor degradation controls the timing of ripening in tomato fruit [J]. The Plant Journal，51：458－467.

Koch J L，Nevins D J，1989. Tomato fruit cell wall：Ⅰ. Use of purified tomato polygalacturonase and pectin methylesterase to identify developmental changes in pectins [J]. Plant Physiology，91（3）：816－822.

Kramer M，Sanders R，Bolkan H，et al，1992. Postharvest evaluation of transgenic tomatoes with reduced levels of polygalacturonase：processing，firmness and disease resistance [J]. Postharvest Biology and Technology，1：241－255.

Kumar R，Khurana A，Sharma A K，2014. Role of plant hormones and their interplay in development and ripening of fleshy fruits [J]. Journal of Experimental Botany，65：4561－4575.

Lazan H，Ng S Y，Goh L Y，et al，2004. Papaya beta－galactosidase/galactanase isoforms in differential cell wall hydrolysis and fruit softening during ripening [J]. Plant Physiology and Biochemistry，42：847－853.

Lee J M，Joung J G，McQuinn R，et al，2012. Combined transcriptome，genetic diversity and metabolite profiling in tomato fruit reveals that the ethylene response factor *SlERF6* plays an important role in ripening and carotenoid accumulation [J]. The Plant Journal，70：191－204.

Li Q，Ji K，Sun Y F，et al，2013. The role of *FaBG3* in fruit ripening and *B. cinerea* fungal infection of strawberry [J]. The Plant Journal，76：24－35.

Li X，Xu C J，Korban S S，et al，2010. Regulatory mechanisms of textural changes in ripening fruits [J]. Critical Reviews in Plant Sciences，29：222－243.

Li X，Zhu X，Mao J，et al，2013. Isolation and characterization of ethylene response factor family genes during development，ethylene regulation and stress treatments in papaya fruit [J]. Plant Physiology and Biochemistry，70：81－92.

Li Y C，Zhu B Z，Xu W T，et al，2007. *LeERF1* positively modulated ethylene triple response on etiolated seedling，plant development and fruit ripening and softening in tomato [J]. Plant Cell Reports，26：1999－2008.

Lin Y F，Lin Y X，Lin H T，et al，2015. Inhibitory effects of propyl gallate on browning and its relationship to active oxygen metabolism in pericarp of harvested longan fruit [J]. LWT－Food Science and Technology，60：1122－1128.

Lin Z，Hong Y，Yin M，et al，2008. A tomato HD－Zip homeobox protein，LeHB－1，plays an important role in floral organogenesis and ripening [J]. The Plant Journal，55：301－310.

Liu M，Diretto G，Pirrello J，et al，2014. The chimeric repressor version of an *Ethylene Response Factor*（ERF）family member，*Sl－ERFB3*，shows contrasting effects on tomato fruit ripening [J]. New Phytologist，203（1）：206－218.

Ma N N，Feng H L，Meng X，et al，2014. Overexpression of tomato *SlNAC1* transcription factor alters fruit pigmentation and softening [J]. BMC Plant Biology，14：351.

Martel C，Vrebalov J，Tafelmeyer P，et al，2011. The tomato MADS－box transcription factor RIPENING INHIBITOR interacts with promoters involved in numerous ripening processes in a COLOURLESS NONRIPENING－dependent manner [J]. Plant Physiology，157：1568－1579.

Miedes E，Herbers K，Sonnewald U，et al，2010. Overexpression of a cell wall enzyme reduces xyloglucan depolymerization and softening of transgenic tomato fruits [J]. Journal of Agricultural and Food Chemistry，58：5708－5713.

Moctezuma E，Smith D L，Gross K C，2003. Antisense suppression of a β－galactosidase gene（*TBG6*）in tomato increases fruit cracking [J]. Journal of Experimental Botany，54：2025－2033.

Nakatsuka A，Maruo T，Ishibashi C，et al，2011. Expression of genes encoding xyloglucan endotransglycosylase/hydrolase in 'Saijo' persimmon fruit during softening after deastringency treatment [J]. Postharvest Biology and Technology，62：89－92.

Oraguzie N C，Volz R K，Whitworth C J，et al，2007. Influence of *Md-ACS1* allelotype germplasm collection on fruit and harvest season within an apple softening during cold air storage [J]. Postharvest Biology and Technology，44：212-219.

Palomer X，Llop-Tous I，Vendrell M，et al，2006. Antisense down-regulation of strawberry *endo-β-(1,4)-* glucanase genes does not prevent fruit softening during ripening [J]. Plant Science，171：640-646.

Payasi A，Misra P C，Sanwal G G，2004. Effect of phytohormones on pectate lyase activity in ripening *Musa acuminata* [J]. Plant Physiology and Biochemistry，42：861-865.

Qiao H，Shen Z，Huang S S，et al，2012. Processing and subcellular trafficking of ER-tethered EIN2 control response to ethylene gas [J]. Science，338：390-393.

Quesada M A，Blanco-Portales R，Posé S，et al，2009. Antisense down-regulation of the *FaPG1* gene reveals an unexpected central role for polygalacturonase in strawberry fruit softening [J]. Plant Physiology，150：1022-1032.

Santiago-Doménech N，Jiménez-Bemúdez S，Matas A J，et al，2008. Antisense inhibition of a pectate lyase gene supports a role for pectin depolymerization in strawberry fruit softening [J]. Journal of Experimental Botany，59：2769-2779.

Shan L L，Li X，Wang P，et al，2008. Characterization of cDNAs associated with lignification and their expression profiles in loquat fruit with different lignin accumulation [J]. Planta，227：1243-1254.

Smith D L，Abbott J A，Gross K C，2002. Down-regulation of tomato β-galactosidase 4 results in decreased fruit softening [J]. Plant Physiology，129：1755-1762.

Soares C A，Peroni-Okita F H G，Cardoso M B，et al，2011. Plantain and banana starches：granule structural characteristics explain the differences in their starch degradation patterns [J]. Journal of Agricultural and Food Chemistry，59：6672-6681.

Tacken E，Ireland H，Gunaseelan K，et al，2010. The role of ethylene and cold temperature in the regulation of the apple *POLYGALACTURONASE1* gene and fruit softening [J]. Plant Physiology，153：294-305.

Tieman D M，Harriman R W，Ramamohan G，et al，1992. An antisense pectin methylesterase gene alters pectin chemistry and soluble solids in tomato fruit [J]. The Plant Cell，4：667-679.

Trainotti L，Ferrarese L，Vecchia F D，et al，1999. Two different endo-β-1,4-glucanases contribute to the softening of the strawberry fruits [J]. Journal of Plant Physiology，154：355-362.

Uluisik S，Chapman N H，Smith R，et al，2016. Genetic improvement of tomato by targeted control of fruit softening [J]. Nature Biotechnology，34：950-952.

Vicente A R，Ortugno C，Powell A L，et al，2007. Temporal sequence of cell wall disassembly events in developing fruits. 1. Analysis of raspberry (*Rubus idaeus*)[J]. Journal of Agricultural and Food Chemistry，55：4119-4124.

Vogt J，Schiller D，Ulrich D，et al，2013. Identification of lipoxygenase (LOX) genes putatively involved in fruit flavour formation in apple (*Malus×domestica*) [J]. Tree Genetics and Genomes，9：1493-1511.

Vrebalov J，Pan I L，Arroyo A J M，et al，2009. Fleshy fruit expansion and ripening are regulated by the Tomato *SHATTERPROOF* gene *TAGL1* [J]. The Plant Cell，21：3041-3062.

Wang A，Yamakake J，Kudo H，et al，2009. Null mutation of the *MdACS3* gene，coding for a ripening-specific 1-aminocyclopropane-1-carboxylate synthase，leads to long shelf life in apple fruit [J]. Plant Physiology，151：391-399.

Wang P，Zhang B，Li X，et al，2010. Ethylene signal transduction elements involved in chilling injury in non-climacteric loquat fruit [J]. Journal of Experimental Botany，61：179-190.

Wang M M，Zhu Q G，Deng C L，et al，2017. Hypoxia-responsive ERFs involved in post deastringency softening of persimmon fruit [J]. Plant Biotechnology Journal，15：1409-1419.

Xiao Y Y，Chen J Y，Kuang J F，et al，2013. Banana ethylene response factors are involved in fruit ripening through their interactions with ethylene biosynthesis genes [J]. Journal of Experimental Botany，64：

2499 –2510.

Xu B，Escamilla – Treviño L L，Sathitsuksanoh N，et al，2011. Silencing of 4 – coumarate：coenzyme A ligase in switchgrass leads to reduced lignin content and improved fermentable sugar yields for biofuel production ［J］. New Phytologist，192：611 – 625.

Xu Q，Yin X R，Zeng J K，et al，2014. Activator – and repressor – type MYB transcription factors are involved in chilling injury induced flesh lignification in loquat via their interactions with the phenylpropanoid pathway ［J］. Journal of Experimental Botany，65：4349 – 4359.

Xu Q，Wang W Q，Zeng J K，et al，2015. A NAC transcription factor，*EjNAC1*，affects lignification of loquat fruit by regulating lignin ［J］. Postharvest Biology and Technology，102：25 – 31.

Yang Y W，Wu Y，Pirrello J，et al，2010. Silencing *Sl – EBF1* and *Sl – EBF2* expression causes constitutive ethylene response phenotype，accelerated plant senescence，and fruit ripening in tomato ［J］. Journal of Experimental Botany，61：697 – 708.

Yang H Q，Zhou C S，Wu F H，et al，2010. Effect of nitric oxide on browning and lignification of peeled bamboo shoots ［J］. Postharvest Biology and Technology，57：72 – 76.

Yang S L，Sun C D，Wang P，et al，2008. Expression of expansin genes during postharvest lignification and softening of 'Luoyangqing' and 'Baisha' loquat fruit under different storage conditions ［J］. Postharvest Biology and Technology，49：46 – 53.

Yang S L，Zhang X N，Lu G L，et al，2015. Regulation of gibberellin on gene expressions related with the lignin biosynthesis in 'Wangkumbae' pear (*Pyrus pyrifolia* Nakai) fruit ［J］. Plant Growth Regulation，76：127 –134.

Yang Z F，Cao S F，Su X G，et al，2014. Respiratory activity and mitochondrial membrane associated with fruit senescence in postharvest peaches in response to UV – C treatment ［J］. Food Chemistry，161：16 – 21.

Yin X R，Allan A C，Chen K S，et al，2010. Kiwifruit *EIL* and *ERF* genes involved in regulating fruit ripening ［J］. Plant Physiology，153：1280 – 1292.

Yoo S D，Cho Y H，Tena G，et al，2008. Dual control of nuclear EIN3 by bifurcate MAPK cascades in C_2H_4 signalling ［J］. Nature，451：789 – 796.

Zeng J K，Li X，Xu Q，et al，2015. *EjAP2 – 1*，an AP2/ERF gene，is a novel regulator of fruit lignification induced by chilling injury，via interaction with EjMYB transcription factors ［J］. Plant Biotechnology Journal，13：1325 – 1334.

Zhang C，Jin Y Z，Liu J Y，et al，2014. The phylogeny and expression profiles of the lipoxygenase (LOX) family genes in the melon (*Cucumis melo* L.) genome ［J］. Scientia Horticulturae，170：94 – 102.

Zhang L B，Wang G，Chang J M，et al，2010. Effects of 1 – MCP and ethylene on expression of three *CAD* genes and lignification in stems of harvested Tsai Tai (*Brassica chinensis*) ［J］. Food Chemistry，123：32 – 40.

Zhang Z J，Zhang H W，Quan R，et al，2009. Transcriptional regulation of the ethylene response factor LeERF2 in the expression of ethylene biosynthesis genes controls ethylene production in tomato and tobacco ［J］. Plant Physiology，150：365 – 377.

$\mathscr{16}$ 鲜切花采后生物学

【本章提要】鲜切花是指观赏作物的产品器官根据商业需求从植株上采收后直接供应市场的产品形态。鲜切花，在狭义概念上仅指带有叶片和花朵的离体枝条，在广义概念上还包括切叶和切枝。本章所叙述的鲜切花是指狭义的概念，并且重点关注花朵这一重要器官。鲜切花采后生物学，通常包括采后品质形成、保持以及劣变等过程中涉及的生物学基础、对环境因素的响应以及相应的调控机制等，本章重点归纳鲜切花采后花朵的开放衰老生理、失水胁迫生理以及花器官脱落生理等3个方面的研究进展。

16.1 鲜切花采后花朵开放的形态学和细胞学基础

16.1.1 鲜切花采后花朵开放的概念

花朵开放（flower opening）是指花瓣由外向内逐渐扩展，最终露出雄蕊和雌蕊的过程。从生物进化角度，花朵开放有利于植物的传粉与授粉；在鲜切花生产中，花枝通常在蕾期采切，然后经历从初开到盛开的过程（高俊平，2002；Ma et al.，2005），因此采后花朵开放是鲜切花采切后观赏品质形成的过程。

花朵开放依赖于花瓣的扩展，花瓣扩展在发育前期主要依赖于细胞的分裂，而在后期则主要依赖于细胞的扩展（Ma et al.，2008；Pei et al.，2013）。花瓣细胞在扩展速率（rate）、各向异性（anisotropy）以及方向（direction）上的特异性共同决定了花瓣的扩展能力及扩展方式，最终形成花朵特定的开放形态（Rolland-Lagan et al.，2003）。花瓣细胞扩展中的主要事件包括细胞膨压的变化、细胞壁结构物质的降解和重新合成以及细胞骨架的重构（remodeling）。

16.1.2 花朵开放的力学解析

花朵开放涉及花瓣在大小和性状上的复杂运动。研究者将花朵的开放从植物运动的力学机制去解析，明确了膨压与水分运输在植物运动中所发挥的作用。植物运动的速率受到水分运输速率的限制，一些植物通过改变自身的几何结构来克服这种限制，使得弹性势能恢复，从而引起快速的运动（Forterre，2013）。在百合花朵中，处于蕾期的外层花瓣边缘紧密交联，有效地阻止了外层花瓣的展开，当这种抑制作用被打破后，花朵便迅速开放（Bieleski et al.，2000）。近来，研究者注意到百合花朵开放时花瓣边缘会发生褶皱，力学分析表明正是花瓣边缘的这种差异生长为花朵开放提供了动力（Liang et al.，2011）。研究者用计算机模拟了亚洲百合和洋桔梗（*Eustoma grandiflorum*）花朵开放中花瓣的发育动态，使用一个可变的三角网格来代表一个花瓣，将花瓣的生长通过网格中每个三角区域的变化来模拟，所得数据真实地反映出花瓣的生长与弯曲变化（Ijiri et al.，2008）。如今，延时摄影（time - lapse movie）技术已应用于花朵开放过程的研究，视频能清晰地记录并展示开放过程中花瓣基部的侧向运动和花瓣顶端的弯曲过程（van Doorn et al.，2014）。

有研究报道，将计算机建模和分子生物学手段结合起来，发现区域性的转录因子和信号分子的活性共同调控着花瓣的发育。通过试验结合计算机模拟的方法，研究者分析了转录因子活性调控花瓣形态的机制，并对控制金鱼草花瓣发育的 4 个关键转录因子（CYC、DICH、RAD、DIV）的突变体的花瓣形态进行了定量分析，结果表明每一个转录因子在花瓣形态建成中都发挥了特异的作用，通过整合这些表型与已知基因的表达和互作模式，获得了一个遗传调控花瓣形态的信号网络。无论多么复杂的花瓣形态都能用转录因子对区域生长的组合效果来解释，表明花瓣的形态是通过调节多个转录因子及它们的靶标来实现的（Coen et al.，2010）。

16.1.3 花朵开放涉及的细胞学变化

16.1.3.1 细胞膨压的变化

细胞膨压（cell turgor）是细胞扩展的主要驱动力。细胞内积累各种离子和小分子代谢物质，建立起跨膜质子渗透势梯度，由此驱使水分通过质膜和液泡膜上的水通道蛋白（aquaporin，AQP）进入液泡，形成驱动细胞扩展的膨压，进而促进细胞的扩展。

在一些被子植物中，花器官在水分摄取方面具有优先权，即使植物营养组织的水势降低，水分依然能够进入生长中的花蕾和开放中的花朵。例如，棉花在干旱条件下，当叶片全部萎蔫时，花瓣依然能够持续扩展，主要是因为花瓣细胞中具有较高的渗透压（Trolinder et al.，1993）。

花朵开放在很大程度上依赖于糖等物质代谢引起的细胞膨压变化。刺山柑（Capparis spinosa）生长在地中海区域，能够在干旱的夏季开花是因为花瓣细胞中积累了大量的脯氨酸和可溶性糖，脯氨酸和可溶性糖在傍晚至翌日清晨都处于相对高的浓度，这时花朵持续开放，然后这两种渗透性物质的浓度迅速降低，花瓣细胞膨压随之下降，到中午时花瓣出现萎蔫甚至脱落现象（Rhizopoulou et al.，2006）。

月季花朵在植株上自然开放的过程中，当水分供应充足时，β-果糖苷酶等转化酶活性大幅度上升，花瓣保持节律性的较高膨压，确保花朵的正常开放。但是，月季花枝离体之后，即使给予外源蔗糖的供应也不能达到在体花朵的生长和开放程度。可能的原因是花枝离体后，花瓣中的己糖含量较低，使果糖苷酶等转化酶活性降低（Yamada et al.，2007）。在月季花朵开放过程中，花瓣内葡萄糖和果糖含量随着开放的进程逐渐升高（Yamada et al.，2009），有报道表明，月季切花通过调节转化酶活性能够达到影响切花开放进程的效果，如经萘乙酸处理的 Meivildo 品种开花期提早，而经茉莉酸甲酯处理的花材开花期推迟，同时可溶性糖含量与转化酶活性也发生了相应的变化（Horibe et al.，2013）。萱草（Hemerocallis sp.）花瓣细胞中果聚糖的快速水解导致了细胞渗透势的降低，最终使得花朵开放加速（Bieleski，1993）。

细胞膨压的增加还来自离子和水分的进入，而这两者的进入分别依赖于离子跨膜运输蛋白和 AQP。在成熟的植物细胞中，中央大液泡占细胞体积的 $80\% \sim 90\%$，因此离子跨膜运输蛋白和 AQP 的研究又涉及质膜和液泡膜两个方面。关于胞质型渗透物质和水分的进入，首先是质膜 H^+ - ATPase 水解 ATP 产生的能量促使 H^+ 运输到细胞膜外侧，膜内外 H^+ 浓度梯度激活了 K^+ 通道活性，促进 K^+ 这一主要渗透活性离子进入细胞质，质膜内外的渗透势梯度促进水分通过质膜上的 AQP 进入细胞。关于液泡型渗透物质和水分的进入，液泡膜 H^+ ATPase 活化促进了 H^+ 的跨液泡膜运输，并因此而形成跨液泡膜电化学势梯度，这一梯度激发了各种液泡膜通道的活性，促进了 K^+、Ca^{2+}、Cl^- 等离子以及糖类等溶质进入液泡，形成跨液泡膜渗透势梯度，引起水分通过液泡膜上的 AQP 进入液泡 (Dolan et al.，2004)。

　　AQP 是一种分子质量为 23～30 kDa 的跨膜蛋白，具有 6 个跨膜 α-螺旋结构，由 5 个亲水环连接。AQP 在膜上形成四聚体结构，每个蛋白单体形成一个独立的水通道，蛋白单体的两端各有一个高度保守的 NPA（Asn - Pro - Ala）核心序列和 SGXHXNPA 信号序列，每个 NPA 基序在膜中形成 1 个半孔，共同构成一个狭窄的水分通道，这一通道主要介导了细胞的跨膜水分运输（Kjellbom et al.，1999）（图 16 - 1），通过改变 AQP 的密度与活性可以起到调节水流的作用。在整个器官水平，AQP 如同一个"门卫"调节着水分在细胞间的流通（Maurel et al.，2015）。此外，部分 AQP 还对甘油、NH_3、CO_2 等物质具有一定的选择透过性（Luu et al.，2005）。近年来的研究表明，AQP 还可以通过运输一些小分子信号物质，如过氧化氢，来参与细胞的信号转导（Maurel et al.，2015）。

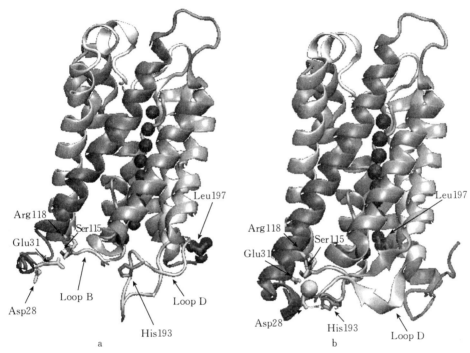

图 16 - 1　水通道蛋白结构示意图
a. 通道开放结构　b. 通道关闭结构
注：b 下方 Loop D 构象的变化表示关闭了通道；串状小球表示水分子。
（Maurel et al.，2015）

　　植物 AQP 根据分布、功能及进化的同源性，可分为 4 类，即质膜型 AQP（plasma membrane intrinsic proteins，PIPs）、液泡膜型 AQP（tonoplast intrinsic proteins，TIPs）、大豆根瘤菌周膜特异的 NOD26 类 AQP（NOD26 - like - MIPs，NLMs）和小分子质量 AQP（small intrinsic proteins，SIPs）。其中，PIPs 定位于质膜，介导细胞间以及细胞质膜内外的水分运输。TIPs 定位于液泡膜，介导胞质与液泡间的水分运输。NLMs 最早发现于豆科植物的根瘤菌周膜，参与水分的跨菌周膜运输；在非豆科植物上，NLMs 定位于质膜和细胞内膜系统，但具体功能仍不清楚。SIPs 定位于内质网，具体功能未知（Maurel et al.，2015）。在 4 类 AQP 中，PIPs 和 TIPs 在植物细胞水分跨膜运输过程中起主要作用。

　　在月季品种 Samantha 中，尽管施加外源乙烯促进了花朵的开放，但同时也减小了花瓣面积，抑制了花瓣下表皮细胞的扩展。乙烯处理后，质膜型水通道蛋白 Rh - PIP2;1 基因表达水平下降，从而抑制了花瓣细胞的扩展（Ma et al.，2008）。研究发现，自身没有水通道活性的 Rh-PIP1;1 能够部分通过与 RhPIP2;1 互作，参与乙烯调节的花瓣细胞扩展（Chen et al.，2013）。液泡膜型水通道蛋白 Rh-TIP1;1 的基因表达量在月季快速开放时期的花瓣中大量积累，花朵充分展开后减少，同样表现出与花朵开放相适应的水分代谢过程（Xue et al.，2009）。

郁金香花朵在黑暗条件下，温度为 20 ℃ 时开放，降低到 5 ℃ 时关闭。当花朵开放时，一个质膜型水通道蛋白磷酸化，从而激活了水通道活性；当花朵关闭时，这个质膜型水通道蛋白去磷酸化，水通道活性被抑制（Azad et al.，2004）。由此可见，黑暗条件下温度对郁金香花朵开放的影响与质膜型水通道蛋白的磷酸化水平相联系。

16.1.3.2　细胞壁物质的代谢

细胞壁物质的降解和重新合成是细胞扩展可塑性的保障。木葡聚糖内糖基转移酶/水解酶（xyloglucan endotransglucosylase/hydrolase，XTH）和扩展蛋白是目前已知的细胞壁松弛蛋白（cell-wall-loosening protein）。在香石竹花瓣中，4 个编码 *XTH* 基因和 3 个编码扩展蛋白基因（*DcEXPA1~DcEXPA3*）的表达模式结果表明，其中的 2 个 *XTH* 基因与 2 个编码扩展蛋白基因共同参与了花瓣的扩展生长（Harada et al.，2011）。有研究发现，矮牵牛花瓣细胞壁中，半乳糖是主要的非纤维质中性糖，半乳糖含量在花朵开放 24 h 后成倍增加，但在 48 h 后急剧下降，花瓣中 β-半乳糖苷酶活性和 1 个编码 β-半乳糖苷酶的基因（*PhBGAL1*）的变化趋势与半乳糖含量变化相一致。这些数据表明，花瓣细胞壁中的半乳糖代谢可能在花朵开放中发挥了作用（O'Donoghue et al.，2009）。

月季花瓣中，当花枝失水时 54 个基因的表达水平同时显著上调，当复水时显著下调，这些基因包括扩展蛋白基因 *RhEXPA4* 等。通过病毒诱导的基因沉默（VIGS）手段沉默 *RhEXPA4* 时，经失水再复水后的花瓣的恢复扩展能力显著减弱，表明该基因参与了月季花瓣失水胁迫耐性的调节（Dai et al.，2012）。*RhEXPA4*、纤维素合成酶基因 *RhCesA2* 以及其他扩展相关的基因均参与失水和乙烯处理条件下的花瓣细胞扩展过程（Dai et al.，2012；Luo et al.，2013）。

16.1.3.3　细胞骨架的重构

细胞骨架是由微管和微丝构成的胞内网络，细胞骨架的重构是细胞扩展的形态基础。在细胞扩展过程中，细胞边界强度上的差异主要是由细胞骨架非均一的排列特性所造成的，细胞之所以能够形成特定的形状，是因为细胞扩展发生在边界强度低的区域。细胞骨架在花器官中的研究主要集中在花粉发育方面，而在花瓣扩展中的研究仍鲜见报道。

改变细胞骨架的排列可以改变细胞的大小与形状。*AN* 和 *ROT3* 是拟南芥中两个典型的调控细胞伸长的基因，突变或过表达都会改变叶片的大小。其中，*AN* 基因编码 CtBP 蛋白，可能参与表面微管骨架建立；*ROT3* 基因则编码参与赤霉素、油菜素内酯等激素信号转导途径的 P450 蛋白（Kim et al.，2002）。由于新的细胞壁组成物质是在胞质内合成并通过微丝系统运至胞质外，因此微丝系统遭到破坏时自然会影响到细胞壁组成物质的运输，进而抑制细胞的生长（Higaki et al.，2007）。

16.2　鲜切花采后花朵开放的激素调节

花朵开放属于花器官发育的范畴，自然会受到植物激素的调节。迄今为止的报道表明，乙烯、生长素、赤霉素、脱落酸等激素均参与了花朵开放的调节（van Doorn et al.，2014）。

16.2.1 乙烯

乙烯是花朵采后开放研究涉及最多的一种激素。乙烯是小分子的气态物质，合成后会迅速弥散到环境中，持续发挥作用。人们在 20 世纪 70—80 年代就已经基本了解乙烯的生物合成途径，目前认为 ACS 和 ACO 是调节乙烯生物合成的两个关键节点，尤其是其中的 ACS 在多数情况下更为重要。在乙烯的信号转导方面，借助拟南芥突变体的研究，从 90 年代中期以来已经基本建立了乙烯信号的转导途径。乙烯受体（ethylene receptor，ETR）是第一种被鉴定出来的植物激素受体，作为负调控因子起作用。ETR 蛋白定位于内质网膜上，与类似于 Raf 家族蛋白激酶的信号转导组分 CTR1（constitutive triple response1）蛋白相结合，具有活性的 ETR 和 CTR1 蛋白抑制了下游信号组分的活性。乙烯与 ETR 蛋白的结合引起受体构象变化和失活，导致 CTR1 蛋白解离，由此解除了对下游正调控因子 EIN2（ethylene insensitive 2）蛋白活性的抑制（Kieber et al.，1993）。EIN2 是一个类似 Nramp 金属通道蛋白家族成员的膜定位蛋白，在存在乙烯的情况下，EIN2 的 C-末端可以被剪切下来并移动到细胞核中（Qiao et al.，2012），将乙烯信号传递给转录因子 EIN3（ethylene insensitive 3）和 EILs（EIN3-like）；EIN3/EILs 可以识别并结合下游基因启动子区域的乙烯初级转录元件 EBS（EIN3 binding sites）启动其表达，被 EIN3 启动的 ERF1 转录因子随后识别并结合乙烯次级转录元件 GCC-box，启动大量乙烯信号下游基因的表达，从而使植物表现出响应乙烯的生理生化和形态变化。

根据乙烯敏感性的差异，植物的花朵开放可以划分为乙烯不敏感型和敏感型，典型的乙烯不敏感型花卉包括菊科的一些植物，如菊花和非洲菊等，乙烯敏感型的花卉则包括香石竹（Jones et al.，1997）、蝴蝶兰（Bui et al.，1998）、矮牵牛（Tang et al.，1996）以及月季（高俊平等，1997；蔡蕾等，2002）等。

在各种乙烯敏感型花卉中，月季的反应比较特殊。有报道表明，乙烯处理对月季花朵开放的影响因品种而异，据此可将月季品种大致分为 3 类：促进开放型（如 Samantha）、抑制开放型（如 Lovely Girl）和不敏感型（如 Gold Rush）（Reid et al.，1989）。进一步分析发现，所有月季品种其实均对乙烯敏感，不同的开放反应来自品种间对乙烯的敏感性的不同。Samantha 和 Kardinal 两个月季品种在外源乙烯处理后分别表现为花朵开放加速和开放抑制；乙烯处理后，Kardinal 花朵中的乙烯生成量及 ACSs（1、2、3）和 ACO 的酶活性水平均显著高于 Samantha，同时 Kardinal 花朵中 *ACSs* 和 *ACOs* 的基因表达量也显著高于 Samanth，表明 Kardinal 花朵在乙烯处理后的开放抑制是一种过度敏感的表型（Ma et al.，2005）。尤其值得提出的是，与典型的乙烯敏感型花卉如香石竹不同的是，月季花朵开放过程中乙烯作用抑制剂并不能抑制月季本身的乙烯合成以及 *ACSs* 和 *ACOs* 基因的表达，暗示月季花瓣乙烯生物合成在转录水平上不存在典型的反馈调节，但同时，乙烯受体 *ETR3* 基因表达则可被乙烯作用抑制剂显著抑制，表明乙烯对月季花朵开放的调节可能主要发生在对受体转录水平的调节上（Tan et al.，2006；Ma et al.，2006）。月季中的这一机制是一种显著区别于典型的跃变型和非跃变型的新调节模式，并相继在牡丹、芍药、梅花、蜡梅等花朵开放衰老中得到证实，表明这一模式具有一定的普遍性（Zhou et al.，2010）。

有报道表明，乙烯对月季花朵开放的调节涉及复杂的乙烯信号下游基因网络。借助高通量测序技术，在月季花朵中发现了 2 197 个乙烯响应基因，在调节基因中，包括 108 个转录因子和转录调节子，例如 AP2/EREBP、MYB、NAC 等转录因子家族成员；在功能基因方面，发现了超过 400 个涉及细胞扩展过程的功能基因，如细胞壁相关蛋白基因和水通道蛋白基因。通过 small RNA 测序还发现，28 个植物保守的 miRNA 和 22 个月季特有的 miRNA 也可以响应乙烯。进一步的研究中，基于 miRNA 靶序列预测和表达模式综合分析，确定了 *miR164* 及其靶基因 *Rh-*

NAC100 是乙烯调节花瓣细胞扩展、影响花朵开放的关键节点，乙烯通过抑制 *miR164* 的表达促进转录抑制子 *RhNAC100* 转录本的积累，下调了处于 *RhNAC100* 下游的水通道蛋白和纤维素合酶基因的表达，抑制水分向细胞内的跨膜运输和细胞壁的合成，从而阻碍了细胞吸水扩展驱动的花瓣生长，影响了花朵的开放（图 16-2）（Ma et al.，2008；Pei et al.，2013）。

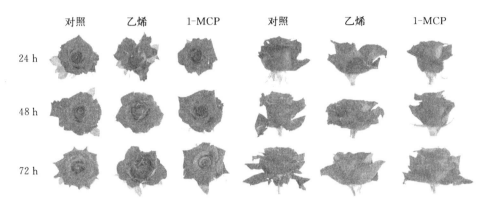

图 16-2　乙烯处理促进月季品种 Samantha 花朵开放

(Ma et al.，2008)

　　近年来的研究也发现了乙烯与其他激素互作对花朵开放的调节。在月季品种 Samantha 中，乙烯可通过诱导赤霉素途径中的主要抑制子 DELLA 蛋白基因 *RhGAI1* 的表达来抑制花瓣扩展，在月季花瓣中沉默 *RhGAI1* 促进了花瓣扩展。生化特性分析表明，响应乙烯的生长抑制子 *RhGAI1* 作用于 *RhEIN3-3* 的下游，调控了 *RhCesA2* 等一系列细胞扩展相关的下游功能基因的转录，从而参与了乙烯调节的月季花瓣扩展过程（Luo et al.，2013）。

16.2.2　生长素

　　生长素是另一类对花朵开放有明显作用的激素。对鸢尾外源施加生长素吲哚乙酸（IAA）和萘乙酸（NAA），可强烈促进花朵开放以及花梗和子房的伸长，施加生长素极性运输抑制剂 2,3,5-三碘苯甲酸（TIBA）与生长素作用抑制剂 2-（4-氯苯氧）-异丁酸（PCIB）则表现相反的效果，表明内源生长素参与了鸢尾花朵开放的调节（van Doorn et al.，2013）。

　　在生长素信号下游，转录因子 ARF（auxin response factors）是起到关键作用的信号组分。拟南芥中，与野生型相比，AUXIN RESPONSE FACTOR8（ARF8）的突变体 *arf8*，花瓣细胞数量显著增加，细胞体积也显著变大，呈现较大花瓣的表型，表明该基因参与调节花瓣的发育（Varaud et al.，2011）。研究发现，锌指转录因子基因 *JAGGED* 可通过直接抑制 *PETAL LOSS*（*PTL*）来调节生长素信号，从而参与调节花瓣原基细胞的增殖与扩展，影响花瓣的大小（Sauret-Güeto et al.，2013）。

　　此外，*miRNA319a* 也通过调节生长素信号来影响花瓣发育。相比拟南芥野生型，*miRNA319a* 突变体的花瓣表现得更加狭窄与短小。研究发现，*miRNA319a* 可以通过调节 TCP 转录因子 *TCP3* 和 *TCP10* 转录本的积累，进而参与对生长素信号的调节，影响了花瓣细胞的增殖以及花瓣的大小（Nag et al.，2009）。

16.2.3　赤霉素

　　人们对赤霉素（GAs）在植物成花中的作用了解较多，但对于赤霉素在花朵开放中的作用机制报道较少。早期的研究发现，外源施加赤霉素能促进部分植物花朵的开放，如牵牛花（Raab et al.，1987）、天人菊（Koning，1984）以及补血草（Steinitz et al.，1982）等。赤霉素对花朵开放的影响似乎与雄蕊的生长和育性相关，例如，在矮牵牛和沟酸浆（*Mimulus* hybrids）中，将雄蕊从花中去除后往往会导致花瓣生长受阻，外源施加赤霉素则能弥补去除雄蕊造成的缺陷（Barr et al.，2011）。

在月季中，赤霉素钝化相关基因 *GA2ox* 的积累以及赤霉素合成相关基因 *GA20ox* 的抑制可显著降低赤霉素含量，进而能够促进一次或多次开花月季的成花诱导（Remay et al.，2009），施加赤霉素则可通过促进开花抑制基因 *RoKSN* 的表达来延缓花朵开放（Iwata et al.，2012）。赤霉素和乙烯的相互拮抗还可调节月季花瓣衰老，在月季中发现一个 HD-ZIP1 转录因子基因 *RhHB1* 受到乙烯强烈诱导，其蛋白产物可直接结合到赤霉素合成关键酶基因 *Rh-GA20ox1* 的启动子上，并下调该基因的表达，最终通过抑制赤霉素合成促进花瓣衰老（Lv et al.，2014）。

16.2.4　脱落酸与茉莉酸

脱落酸（ABA）和茉莉酸（JA）在花朵开放中的作用研究较少。早期的研究发现，伴随着柑橘花朵的开放，花瓣中 ABA 含量逐渐增加而雄蕊中 ABA 含量逐渐减少，表明 ABA 可能参与了花朵开放的调节。在矮牵牛中，外源施加 ABA 则可通过提高乙烯生成量而促进花朵的开放进程（Koning et al.，1986）。

关于 JA 的作用，在拟南芥 *defective in anther dehiscence1*（*dad1*）突变体中，出现雄蕊异常表型的同时，花瓣中 JA 含量减少，花瓣伸长也受到抑制，花朵开放延迟，当外源施加 JA 时，这种缺陷表型能被恢复（Ishiguro et al.，2001），表明 JA 也在一定程度上参与了花朵开放的调节。

16.3　鲜切花采后花朵开放的失水胁迫调节

迄今为止的研究表明，花朵开放是由外部因素和内部生理节律共同调控的。外部因素如光照、温度、湿度等都会对花朵开放品质产生影响，其中，光照和温度通常可以决定花朵的生理节律。根据花朵开放的类型，可将植物划分为单次开放型和重复开放型，夜间开放型和白日开放型。可以肯定的是，几乎所有的花卉种类都要经历至少一次的开放。

切花采收后，由于较低湿度引起的蒸腾失水加速和离体后水分供给阻断导致过度失水而带来的失水胁迫是影响切花品质的最重要的因素，本节在简要介绍其他几种环境因素的作用的基础上，重点归纳水分胁迫对切花采后品质的影响机制。

关于光照对切花品质的影响，研究发现，月季花朵开放存在昼夜节律，即夜间花瓣的生长速率快于白天，而且离体花瓣也能感受光周期并具有同样的节律变化（Yamada et al.，2014）。此外，拟南芥花朵在黎明前的开放取决于暗周期的长度，调控昼夜节律的两个基因 *PHYTOCHROME INTERACTING FACTOR 4*（*PIF4*）和 *PIF5* 共同参与了对这一过程的调节（Imaizumi et al.，2010）。光质组成也能影响花朵的开放，400～510 nm 的蓝绿光区段能有效抑制月见草花朵的正常开放（Saito et al.，1967），蓝光受体可以有效地吸收 400～510 nm 的蓝绿光，从而有可能参与花朵开放的调节。

环境温度的改变也会影响花朵的开放与闭合。郁金香在黑暗条件下，当环境温度从 5 ℃变为 20 ℃时，花朵开放加速；而当环境温度从 20 ℃变为 5 ℃时，花朵则发生闭合（Azad et al.，

2004）。

环境湿度对大多数植物花朵的开放影响不明显，但也有部分石竹科和兰科植物在高湿度环境下花朵开放受促进（Halket et al.，1931）。一般夜间开花植物其花朵开放受湿度调节，因为通常夜间环境湿度增加。目前还没有关于相对湿度降低促进花朵开放的报道，晨间开放的花朵普遍都不受环境湿度的调节（van Doorn et al.，2003）。

切花的水分平衡（water balance）是指切花的水分吸收、运输以及蒸腾之间保持良好的平衡状态，水分平衡是切花叶片和花朵细胞维持正常代谢活动的基础。充足的水分能维持细胞的膨压，使枝条挺立、叶片开展、花朵丰满，因此，花枝吸水和失水间的平衡关系对切花品质和瓶插寿命影响巨大，只有当花枝吸水量大于或等于失水量的时候，花枝才能保持较好的新鲜度和挺拔度。

切花采收后，一方面由于采收切断了其水分来源，同时切口基部由于细菌滋生或者愈伤反应形成胼胝体导致导管堵塞，从而影响水分的吸收；另一方面叶片的蒸腾作用会消耗体内大量的水分，由此阻碍正常的花朵开放，加速了花瓣衰老。许多切花早期花瓣的凋萎是由于水分缺失引起水势降低，从而直接导致花朵凋萎衰老，因此水分胁迫（失水＞吸水）被认为是最常见的采后品质问题之一，也是本节重点关注的问题。

16.3.1　鲜切花水分平衡与花朵的开放

水分的摄入是花朵开放的基本要求，在一些物种中，花器官是水分优先供应的对象，即使其他部位的水势处于较低水平，水分也会流入生长中的花蕾和开放中的花朵。例如，在干旱条件下，当棉花所有的叶片已经枯萎，其花瓣仍然处在扩展状态；切花菊由于茎基部的木质部水分通路堵塞，水分的连续供应被切断，叶片水分被转移至花朵中，叶片由于干燥失水而枯萎，尽管如此，切花菊的花朵仍然能盛开很长一段时间。正是这种水分供应的独立性和优先分配性凸显了水分在花朵开放和发育中的重要性（van Doorn et al.，2003）。水分供应的相对独立性可能是植物对经常发生失水胁迫的一种适应，即一旦花朵形成后，繁衍后代的需求明显会优先于营养组织的维持（van Doorn et al.，2014）。

在大多数物种中，花朵开放是通过花瓣运动或花瓣剥离来实现的，其中苞片或萼片的脱离有利于去除机械束缚力，促进花瓣剥离。研究表明，膨压和水分运输是植物实现运动的重要途径，植物运动的速率往往受限于水分运输速率（Forterre，2013）。一些植物通过对花朵的开放系统设定一个障碍，而后积累弹性势能，当弹性势能达到一定程度便解除障碍，导致花瓣快速运动。以百合为例，花被片边缘和中脉部分的差速生长逐渐积累势能，当势能突破阈值后，花朵迅速开放（Liang et al.，2011）。

同时，驱动花瓣内水分运输的主要动力来自细胞内部渗透压的变化。一些研究证明，花瓣可以积累相当大浓度的渗透活性物质（如糖类物质）以维持高渗透压。幼嫩花朵通常含有较多的淀粉，在花朵开放之前，溶质水平会提高，如将淀粉或聚果糖等多糖转换为小分子的单糖，或从胞质外吸收蔗糖，以提高花朵细胞的渗透压，促进细胞大量吸收水分，驱使花朵完成开放（van Doorn et al.，2003）。因此，抑制百合花瓣中的淀粉分解，可以延缓花瓣展开（Bieleski et al.，2000）。牵牛（*Ipomoea nil*）的花瓣在清晨开放，在同一天的下午发生花冠扭曲，出现扭曲的原因是乙烯促进离子和蔗糖流出花脉，从而导致细胞膨压的不对称改变（Hanson et al.，1975）。在一些可以多次开闭的花朵中，如红头紫珠（*Gentiana kochiana*）和长寿花（*Kalanchoe blossfeldiana*）等，花瓣的开闭运动是通过膨压驱使花瓣近轴部位细胞发生可逆伸缩，导致花朵的这种可逆的开放与闭合过程（van Doorn et al.，2003）。

16.3.2 鲜切花体内水分运输

在植物体内，水分的运输主要通过 3 种途径，即质外体、共质体和跨膜运输途径。鲜切花在采切后，水分可以从基部的切口处直接进入维管系统，在这种情况下，影响鲜切花采后吸水的主要因素是茎秆堵塞，主要包括：①生理性堵塞，茎秆基部创伤反应使得切口受伤细胞释放单宁、过氧化物等次生物质以及切口处分泌乳汁和其他物质封闭切口并进入导管引起堵塞，或形成侵填体伸入导管引起堵塞。②气泡堵塞，在空气中剪切切花时，气泡从切口处进入导管末端形成气栓。③细菌堵塞，瓶插液中微生物的大量繁殖及其产生的多糖、死细菌菌体、分泌物等大量聚积在茎秆基部导致堵塞。此外，一些环境因子如温度、湿度和光照强度等也是影响切花吸水的重要因素（高俊平，2002）。

水分通过维管系统运输到维管束末端后，需要通过水通道蛋白（AQP）进行跨膜运输进入细胞。水通道蛋白可视为细胞层面上调节水分运输和胞内渗透压的"开关"，细胞通过改变水通道蛋白的密度和活性来调节水分流动。对水通道蛋白的调控方式涉及通道蛋白的磷酸化、异聚化、糖基化、甲基化等，以及细胞环境的质子梯度（pH）、Ca^{2+} 浓度、活性氧和细胞渗透压等。

另外，AQP 还参与维管束中栓塞的修复。栓塞形成后，会在木质部薄壁细胞中形成一个低水势的环境，引起 Ca^{2+} 浓度升高，使质膜上的 AQP 被磷酸化，提高水通道活性，使水分再次流入导管，从而调节水分平衡，使栓塞得到修复。

16.3.3 鲜切花水分胁迫及其耐性机理

失水胁迫是指植物体失水大于吸水，引起体内水分亏缺，进而对植物体正常生理功能产生干扰的现象。鲜切花采收后，切断了来自母体根系的水分供应，原来的叶面蒸腾与根系吸水之间的水分平衡被破坏，蒸腾量大于吸水量，造成水分胁迫。水分胁迫会导致一系列形态和发育过程的改变，如出现早衰、花不能开放等现象。在这一过程中，切花会在分子和细胞生理水平上发生一系列的适应性变化以拮抗失水，涉及细胞膜完整性保持、色素含量调节、细胞壁结构变化、抗氧化防御体系激活以及渗透调节等方面。同时，水分胁迫还会启动关键的植物胁迫响应激素（ABA、乙烯）的积累，并引起大量基因的表达发生变化。

16.3.3.1 失水胁迫与脱落酸

水分胁迫往往会引起鲜切花中 ABA 含量的增加。ABA 作为一种重要的激素，属于倍半萜烯类化合物，在许多逆境下都能明显积累，包括干旱、盐渍、高温和冷冻等。因此，ABA 也被称为"胁迫激素"。ABA 的主要生理作用是调节气孔的开度，维持细胞渗透平衡，防止植物体进一步失水。

外源 ABA 处理凤仙花、天竺葵、矮牵牛、万寿菊、鼠尾草和三色堇能够减少水分缺失，减轻失水胁迫造成的花朵萎蔫，延长开放寿命，提高产品的商业价值（Waterland et al.，2010）。但有报道表明，失水胁迫和 ABA 处理往往不同程度地导致叶片黄化。在天竺葵和万寿菊中，失水胁迫比 ABA 处理导致叶片黄化的程度严重；而在三色堇中，ABA 处理比失水胁迫造成叶片黄化的程度严重。推测这可能是不同物种对于 ABA 的敏感性不同造成的（Waterland et al.，2010）。并且，ABA 处理不当往往加重天竺葵、万寿菊和三色堇等花卉失水胁迫引起的叶片黄化。

在矮牵牛中，失水胁迫能够促进 ABA 的产生，并且只有失水胁迫达到一定的程度才会促使植物产生各种生理反应。在菊花中，ABA 生物合成关键酶基因，如 *NCED*、*ABA2* 和 *ABAO3* 都被失水胁迫显著诱导，一些 *NCED* 基因转录本的表达提高了将近 200 倍（Xu et al.，2013）。

月季中，ABA 信号转导下游转录因子 ABF2 还可以通过上调铁蛋白（ferritin）基因的表达，维持花瓣细胞中游离 Fe^{2+} 的浓度，从而控制细胞内氧化胁迫的程度，提高花瓣的失水胁迫耐性（Liu et al.，2017）。

16.3.3.2　失水胁迫与抗氧化调节

超量 ROS 的产生是失水胁迫引起的重要生理紊乱现象之一。在植物细胞清除 ROS 的抗氧化酶系统中，超氧化物歧化酶（SOD）被认为是细胞的第一道防线，SOD 将 O_2^- 歧化为 H_2O_2，后者进入抗坏血酸-谷胱甘肽循环，由 APX 催化生成 H_2O 和 O_2。较早的研究发现，抗氧化剂抗坏血酸能够有效地改善月季切花失水胁迫耐性，而且在 SOD、POD、CAT、APX、GPX 以及 GR 等相关抗氧化酶中，SOD 和 APX 活性的变化与失水胁迫耐性之间关系最为密切。当切花月季遭受失水胁迫时，花朵中超氧化物阴离子（SOA）水平上升，SOD 活性提高，复水后二者均降低；抑制 SOD 酶的活性，尤其是抑制 Cu/ZnSOD 的活性可进一步加重失水造成的伤害，导致花朵不能正常开放。

在月季中，失水胁迫能够诱导 *RhMnSOD1* 和 *RhCu/ZnSOD1/2/3* 的表达。值得注意的是，抑制月季花朵 Cu/ZnSOD 的活性会促进 *RhCu/ZnSOD* 基因的表达，表明月季花朵 Cu/ZnSOD 的活性调节存在转录水平上的反馈调节（Jiang et al.，2015）。此外，APX 的活性以及编码该酶的基因 *Rh-APX1* 的表达也明显受失水胁迫早期诱导，表明 APX 作为关键抗氧化酶，在转录水平上参与了月季花朵失水胁迫耐性的调节（Jin et al.，2006）。

16.3.3.3　失水胁迫与乙烯

乙烯跃变型切花在遭受水分胁迫时，往往促进花朵的乙烯生成，进而加快花朵的开放和衰老进程；非乙烯跃变型切花在水分胁迫达到一定程度时，也能诱导产生大量乙烯，并对开花衰老产生影响。

荷兰鸢尾（*Iris hollandica*）花朵开放的过程中，需要花梗和子房的适当伸长。在没有经历失水胁迫的花中，尽管开花后一天乙烯生成量会上升，但是并不会抑制花梗和子房的伸长；而失水胁迫后会诱导产生大量乙烯，这种大量生成的乙烯能够抑制花梗和子房伸长，从而抑制花朵开放。

在月季中，失水胁迫处理使月季切花花朵开放进程加快，其开放形态与乙烯处理后相似；乙烯作用抑制剂 1-MCP 预处理抑制了由失水胁迫引起的症状，推测乙烯可能介导了失水胁迫对月季花朵开放的影响（图 16-3）。当月季花朵经历失水和复水时，萼片在失水过程中有乙烯生成，而雌蕊群则在复水的早期出现乙烯的快速、大量生成，5 个乙烯合成相关基因（*RhACS1*~*RhACS5*）中，*RhACS1* 和 *RhACS2* 在萼片和雌蕊群中被显著诱导；沉默 *RhACS1* 和 *RhACS2* 能够显著地抑制失水胁迫诱导的乙烯生成，并减弱失水胁迫对花瓣细胞扩展的抑制作用（Liu et al.，2013）。

进一步分析还发现，磷酸化/去磷酸化作用介导了失水胁迫对雌蕊乙烯生物合成的诱导。在失水后的复水过程中，月季雌蕊内的 RhMKK9-RhMPK6 激酶级联系统被快速激活，乙烯合成关键酶 RhACS1 蛋白作为这一级联系统的下游底物随之被迅速磷酸化，磷酸化后的 RhACS1 蛋白稳定性显著增强，从而在雌蕊中大量积累，导致雌蕊乙烯生成量与复水前相比出现 20 倍以上的瞬时激增。雌蕊产生的大量乙烯加速了花朵的开放衰老，并使花朵表现出乙烯处理的表型。利用 VIGS 方法沉默 *RhMPK6* 或 *RhMKK9*，发现在复水 0.5～2.0 h 雌蕊乙烯生成量均显著下降

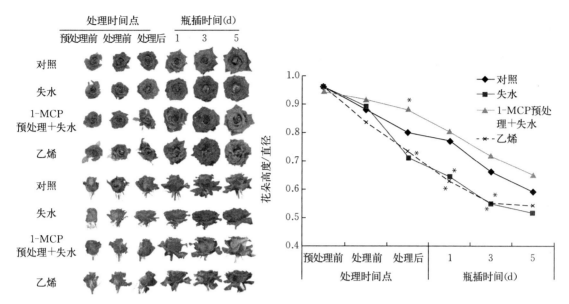

图16-3 失水胁迫导致乙烯处理类似的花朵开放表型

（Liu et al.，2013）

（Meng et al.，2014）。由此可见，失水胁迫通过一种器官和时间特异的方式（spatial-and temporal-specific manner）诱导了乙烯的生成，而乙烯是介导水分胁迫作用的重要因子。

16.3.3.4 失水胁迫与细胞扩展

失水胁迫往往引起切花花瓣的扩展抑制，除前述因水分供给不足的原因外，还发现细胞扩展相关的进程也受到失水胁迫的抑制。

对月季花瓣进行失水胁迫—复水—二次失水胁迫处理后，通过芯片分析发现了54个表达水平受失水诱导并受复水降低的基因，其中包括NAC转录因子家族中NAM亚家族基因 RhNAC2 和SNAC亚家族基因 RhNAC3。沉默 RhNAC2 导致花瓣在复水时细胞扩展不能恢复，RhNAC2 蛋白可以调节多个细胞壁合成相关基因的表达，并至少可以直接靶定其中一个扩展蛋白基因 RhEXPA4（Dai et al.，2012）。RhNAC3 沉默后的花瓣也表现出失水胁迫耐性降低，且在复水后细胞扩展能力明显下降，与此相对应的是，27个细胞渗透压调节相关基因中，有24个基因的表达在 RhNAC3 沉默后出现了下调，表明在转录水平上，RhNAC3 通过正调控渗透胁迫类基因的表达参与失水胁迫（Jiang et al.，2013）。由此可见，失水胁迫通过NAC转录因子调节花瓣细胞的细胞壁物质合成和渗透压形成相关基因的表达，影响了花瓣细胞扩展。

16.3.3.5 失水胁迫与代谢调节

失水胁迫达到一定程度时，可以导致植物减缓甚至停止生长，以度过胁迫环境。AQP不仅可以作为水分运输的通道，还可以作为水分胁迫的感应器。研究发现，月季中的RhPIP2;1蛋白能够与定位于质膜的MYB类转录因子RhPTM相互作用，水分胁迫可以快速诱导RhPIP2;1第273位丝氨酸残基发生磷酸化修饰，从而导致RhPTM的C-末端从膜上解离并进入细胞核，入核的RhPTM的C-末端作为转录抑制子使糖合成相关基因下调表达，从而减缓了植株的生长速率，表明AQP可以作为失水胁迫应答的重要信号组分，主动参与失水胁迫的信号转导。同时这一结果也证实，失水胁迫可以通过PIP-PTM模块直接影响植物的糖代谢，从而调节植物的生长发育（Zhang et al.，2019）。

16.4　鲜切花采后花朵衰老的激素调节

16.4.1　花朵衰老的概念

衰老（senescence）是植物器官或整个植株生长和发育的一个关键转折性事件，大多数情况下是发育进程的最后一个阶段，通常以程序性细胞死亡介导的器官死亡为终点。花朵是一个复合器官，通常由萼片、花瓣（花冠）、雄蕊、雌蕊等组成，其中花瓣一般寿命较短，花萼在花瓣萎蔫或脱落时仍维持正常的生命活动，雌蕊内的胚珠则常在其他花部衰老时发育成为果实。由于各花部结构和生理过程差别较大，人们很少把整朵花作为衰老研究的对象，而常取花瓣作为花朵衰老的研究材料。因此，切花的衰老通常定义为从花瓣充分扩展到出现萎蔫或脱落等失去观赏价值为止的过程（高俊平，2002）。

花瓣作为主要的花器官不直接参与繁殖，其功能是吸引授粉者完成授粉。与叶片不同，花瓣衰老一旦开始就不可逆转。花瓣衰老中，颜色总体表现为逐渐减淡，形态上主要表现为膨压改变引起的花瓣翻卷或扭曲，花瓣衰老也伴随着细胞内部结构的有序崩解、大分子物质和膜系统的降解以及物质的再利用等过程。但花瓣的特异性在于：①细胞几乎不存在叶绿体，但多数存在有色体；②花瓣中的合成代谢产物几乎很少有糖等能量物质，绝大多数是花青素、类胡萝卜素以及挥发性成分等次级代谢物；③花瓣衰老中，糖水平通常出现持续降低，但在某些植物如旋花科番薯属植物中，花瓣内总糖含量在花瓣出现明显衰老表征的同时仍然保持很高的水平（van Doorn，2004）。类似于果实，花瓣衰老也可以大致划分为乙烯敏感和不敏感两种类型（Rogers，2013）。

花瓣的衰老有两种表现形式，即萎蔫衰老和脱落衰老。这两种衰老过程涉及不同的生理生化过程和分子调节网络，因此，这里将萎蔫衰老和脱落衰老分为两个小节介绍。本小节主要介绍萎蔫衰老，为简便起见，这里将萎蔫衰老简称衰老，脱落衰老简称脱落。

16.4.2　花朵衰老过程中大分子物质的代谢

衰老的典型特征之一是生物大分子物质的代谢，主要包括核酸、蛋白质和脂质的代谢。

关于核酸，衰老过程中 DNA 和 RNA 都会出现降解。花瓣中的 DNA 和 RNA 主要存在于细胞核、线粒体和质体中，其中，一部分核酸是由胞质中的核酸酶降解，另一部分核酸则是由液泡中的核酸酶类降解。伴随着衰老过程，液泡中会积累大量的核酸酶，到衰老后期，液泡破裂，核酸酶被释放到胞质中，快速降解核酸。萱草、水仙及矮牵牛等植物的花瓣中，核酸酶基因的表达水平随着衰老进程逐渐升高，从而积累大量的 DNA 酶参与 DNA 的降解。

蛋白质降解发生在蛋白酶体、液泡、线粒体、细胞核和质体等场所。在牵牛和矮牵牛中，在花瓣出现可识别的衰老特征之前，花瓣中的蛋白质含量已经开始快速下降（Winkenbach，1970；Jones et al.，2005）。蛋白质含量的下降是蛋白质合成减少和降解增加两个方面造成的。有一些物种如牵牛，花瓣衰老期间蛋白酶活性无明显上升趋势，但在另一些物种如萱草、鸢尾和矮牵牛中，衰老过程则伴随着蛋白酶活性的迅速上升。

脂质是构成细胞膜的重要物质，花朵衰老过程中脂质含量逐渐下降，主要包括磷脂和脂肪酸的降解。对矮牵牛衰老花瓣的质膜成分进行分析发现，磷脂酸、磷脂酰肌醇—磷酸等成分逐渐升高，表明衰老的花瓣中存在磷脂的降解。紫露草（*Tradescantia ohiensis*）衰老过程中，花瓣内的磷脂含量也出现剧烈降低。此外，香石竹花瓣衰老过程中酰基辅酶 A 氧化酶、酰基辅酶 A 合成酶以及酰基辅酶 A 脱氢酶等参与脂肪酸降解的相关酶类活性升高，并且这些基因的表达量也呈现升高的趋势。

16.4.3 花朵衰老中参与调节的激素种类与活性氧

激素是花器官衰老的主要调节因素。目前发现，乙烯、脱落酸及茉莉酸等可促进衰老，而细胞分裂素、赤霉素及油菜素内酯等则有延缓衰老的作用（Shibuya et al.，2016）。

16.4.3.1 乙烯

乙烯是最早发现的植物器官衰老促进激素，也是衰老中被关注最多的激素（Neljubow，1902）。乙烯可以促进花朵（主要是花瓣）的衰老，是花卉衰老研究的热点之一。Halevey（1986）建议，根据在开花和衰老进程中花瓣乙烯大量生成与否，将花卉植物划分为呼吸跃变型和非呼吸跃变型两大类。有多种花卉呼吸强度在衰老过程中呈现典型的跃变上升现象，多数情况下，乙烯生成量的变化动态与呼吸强度的变化动态相吻合，乙烯启动呼吸跃变和整个衰老过程。呼吸跃变型切花有香石竹、蝴蝶兰、香豌豆、金鱼草等，概括起来包括石竹科、兰科、豆科、玄参科等植物，这类切花多为乙烯敏感型，其衰老与乙烯关系密切；非呼吸跃变型切花有百合、菊花等，概括起来包括百合科、菊科、天南星科等植物，在花朵衰老过程中不产生或只产生少量的乙烯，呼吸强度也不呈现骤然上升的现象，并且这类花卉多为乙烯不敏感型，其衰老通常与乙烯无密切关系（高俊平，2002）。

然而，在月季、牡丹等部分乙烯敏感型花卉中，乙烯虽然能够促进花瓣的衰老（高俊平等，1997），但并不存在典型的乙烯生物合成的正反馈调节，乙烯的作用通过对乙烯受体（*RhETR3*）和信号转导基因（*RhCTRs*）的诱导来实现。可见，在乙烯敏感型花卉中，可能存在不同的乙烯应答和调控模式。

在一些花卉植物中，授粉受精会促使花朵产生大量的乙烯，并且伴随着呼吸强度的骤然升高，生成的乙烯能够促进花朵的快速衰老。有研究表明，衰老过程中乙烯的生成与花粉管的生长和受精密切相关。水仙花只有在授粉后才会响应乙烯，在此之前，乙烯生成量极少并且对乙烯的响应也有限。

在蝴蝶兰、香石竹等花卉中，授粉后，由花柱产生的乙烯可以诱导花瓣中乙烯合成途径的酶类如 S-腺苷甲硫氨酸（SAM）合成酶、1-氨基环丙烷-1-羧酸（ACC）合成酶（ACS）与 ACC 氧化酶（ACO）的活性及其基因表达量出现显著上调，即实现乙烯的自我催化，引起乙烯快速生成，导致花瓣快速衰老（Bui et al.，1998；Jones et al.，1999）。

16.4.3.2 脱落酸

ABA 也可广泛促进衰老。多种环境胁迫均能诱导 ABA 的生成，进而促进植物器官的衰老进程。在花卉植物中，有研究表明 ABA 和花朵衰老存在联系。

在乙烯敏感型花卉中，ABA 可能通过乙烯对衰老过程产生影响。在香石竹和矮牵牛等乙烯敏感型花卉中，ABA 可促进乙烯的生物合成，加速花瓣衰老，而阻断乙烯信号转导可以抑制 ABA 在花冠中的积累和花冠的衰老。香石竹花朵在衰老过程中，雌蕊会产生大量的 ABA；花瓣在乙烯大量生成之前，ABA 只是少量产生，由此推测雌蕊中 ABA 的大量生成可能对花瓣衰老产生影响。在月季中，花朵充分展开、花瓣充分扩展以后，ABA 含量显著增加（Kumar et al.，2008）。月季花瓣中一个 HD-ZIP 转录因子 *RhHB1* 可以响应 ABA 信号，引起下游 GA 合成相关基因表达的下调，从而促进花瓣衰老，表明在月季花瓣衰老中 ABA 与 GA 之间存在互作（Lv et al.，2014）。

在乙烯不敏感型花卉如萱草、水仙和百合中，ABA 是花瓣衰老的主要影响因素。ABA 还促进欧洲水仙（*Narcissus pseudonarcissus*）和百合（*Lilium longiflorum*）的花瓣衰老，且其作用与乙烯基本无关。值得注意的是，ABA 含量在花瓣衰老后期才出现上升，意味着 ABA 可能主要参与衰老后期的调控，而非前期的衰老启动（Arrom et al.，2012）。

16.4.3.3 细胞分裂素

细胞分裂素（CTK）可以起到延缓衰老的作用。在花朵衰老过程中，CTK 含量通常呈现下降趋势。香石竹花瓣衰老中，两种 CTK 氧化及脱氢相关的基因表达量显著增加，从而加速 CTK 的降解及花瓣的衰老。

CTK 可能通过降低花朵的乙烯敏感性或者延迟乙烯的生成而发挥作用。对香石竹外施 CTK 可降低花朵对乙烯的敏感性，并可阻碍 ACC 转变为乙烯（Mor et al.，1983）。矮牵牛花瓣衰老过程中，CTK 通过糖基化被钝化；在 SAG12 基因启动子驱动的 IPT（细胞分裂素合成酶）基因过表达的转基因植株中，花瓣中的 CTK 含量提高，花瓣的乙烯敏感性和 ABA 含量降低，衰老延缓（Chang et al.，2003）。月季中一个 HD - ZIP Ⅰ 家族基因 *RhHB6* 可通过调节其下游 *RhPR10.1*（*pathogenesis - related 10.1*）基因的表达，介导衰老过程中乙烯和细胞分裂素的拮抗，*RhHB6* 和 *RhPR10.1* 基因受衰老和乙烯的影响上调表达，而 RhPR10.1 蛋白可通过降解 tRNA，为 iPA 类细胞分裂素的合成提供前体物，增加花瓣中细胞分裂素的含量，从而拮抗了乙烯对花瓣衰老的促进作用（Wu et al.，2017）。鸢尾中，外施 6 -苄基腺嘌呤（6 - BA）可以使花瓣的衰老延迟数天（van der Kop et al.，2003）。给香石竹花朵施加 6 -甲基嘌呤（细胞分裂素氧化酶的抑制剂），则可延缓花瓣的衰老（Mor et al.，1983）。

16.4.3.4 赤霉素

赤霉素（GA）也可在一定程度上延缓花朵衰老。对香石竹切花外施 GA_3，可以延迟乙烯生成和花瓣萎蔫进程。在瓶插液中加入 GA_3 可延长水仙切花的瓶插寿命；对水仙施加 ABA 后，再用 GA_3 处理，可以削弱 ABA 促进衰老的效果（Hunter et al.，2004）。在月季中也发现，GAs 可以拮抗乙烯和 ABA 诱导的衰老（Lv et al.，2014）。GAs 可能是通过降低衰老相关蛋白酶类的活性以延缓衰老。

16.4.3.5 生长素

生长素在衰老中的作用机制比较复杂。生长素可以降低一些组织对乙烯的敏感性，如离层（参见 16.5.3.1），但是在其他一些组织中，生长素却可以诱导乙烯的生成。对香石竹切花外施 IAA 可加速乙烯的生成和花瓣的萎蔫（van Staden，1995）。2,4 - D 也可以诱导香石竹花柱、子房和花瓣中 ACS 基因的表达，进而引起乙烯生成（Jones et al.，1999）。雌蕊可能是香石竹花朵中 IAA 合成的主要器官，如果将雌蕊移除，由 IAA 诱导的乙烯生成随之消失（Shibuya et al.，2000）。由此可见，生长素与衰老的关系比较复杂，还有待进一步探索。

16.4.3.6 其他激素

茉莉酸（JA）和水杨酸（SA）在花瓣衰老中的作用仍不十分清楚（van Doorn et al.，2008）。百合开花后内源 SA 含量上升，但 JA 含量稳定不变（Arrom et al.，2012）。茉莉酸甲酯处理可以加速矮牵牛、石斛兰和蝴蝶兰的衰老（Porat et al.，1995），然而，也有研究显示茉莉酸甲酯处理对矮牵牛的花瓣萎蔫并没有明显的影响（Xu et al.，2006）。

16.4.3.7 活性氧代谢

衰老过程常常伴随着 ROS 含量的变化。在很多乙烯敏感型和不敏感型物种中，内源 ROS 的水平以及 ROS 相关酶类的活性也与衰老存在密切联系。一般来说，ROS 在以上两种类型的花瓣衰老过程中都呈现上升趋势，并且抗氧化剂的含量呈现下降趋势，但是，ROS 含量开始上升的时间较晚，因此推测 ROS 可能不是花瓣衰老的起始因素（Rogers，2012）。

16.4.4 花朵衰老的分子调节机制

16.4.4.1 乙烯信号转导

乙烯信号转导途径已经研究得比较清楚，其基本途径如图 16-4 所示。以拟南芥为例，乙烯由定位在内质网上的受体蛋白 ETR1、ERS1、ETR2、ERS2 和 EIN4 感知并结合，受体在乙烯信号转导途径中起负调控作用。在没有乙烯的情况下，乙烯受体激活丝氨酸/苏氨酸激酶 CTR1，CTR1 通过磷酸化作用钝化 EIN2，从而使得 EIN2 的 C-末端不能进入细胞核；细胞核中，EIN3/EIL1 是激活下游乙烯响应的转录因子，F-box 蛋白 EBF1/2 负调控 EIN3/EIL1 的蛋白水平。而在乙烯存在的情况下，乙烯与受体的结合使得受体失活，CTR1 失活，EIN2 的 C-末端被剪切进入细胞核，诱导 EBF1/2 的降解，从而稳定了 EIN3/EIL，EIN3/EIL 激活下游乙烯响应基因的表达，如乙烯响应因子（ERF）等。

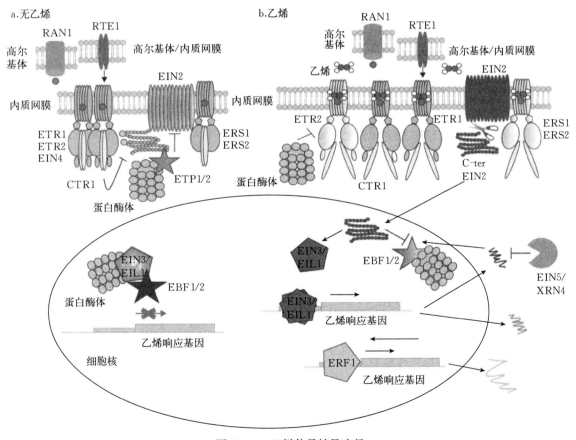

图 16-4 乙烯信号转导途径

（Merchante et al.，2013，略有修改）

月季中，花瓣衰老与乙烯受体的表达密切相关（Müller et al.，2000；Ma et al.，2006；Tan et al.，2006），然而，香石竹中则并未发现类似的规律（Shibuya et al.，2002）。在矮牵牛等物种中，超表达功能获得性突变（gain of function mutant）的乙烯受体基因可以导致植株对乙烯不敏感，延迟花朵衰老（Wilkinson et al.，1997）。*RhCTR1* 在微型月季花瓣衰老期间表达量升高（Müller et al.，2002），外源乙烯处理后能促进月季 *CTR1 - like* 基因的表达（Ma et al.，2006；Tan et al.，2006）。将矮牵牛 EIN2 突变后，花瓣衰老延迟（Shibuya et al.，2004）。这些结果都表明乙烯信号转导组分相关基因在乙烯敏感型花卉的花瓣衰老中发挥了重要作用。

16.4.4.2　衰老相关的转录因子

衰老过程涉及复杂的基因表达调控网络，越来越多的研究表明大量的转录因子参与并调控衰老过程。在很多观赏植物中都已经分离到花朵衰老期间表达量发生变化的转录因子基因，包括编码同源框蛋白 Homeobox、MYB、MYC、锌指蛋白、MADS - box 蛋白、NAC、ERF、WRKY 及 CEBP（香石竹乙烯响应元件结合蛋白）等的基因（Shahri et al.，2014）。*ANAC 092* 是调控拟南芥叶片衰老的重要转录因子基因，研究发现该基因在拟南芥完全开放的花和成熟的花药中表达量显著上调（Balazadeh et al.，2010）。而在紫斑六出花（*Alstroemeria pelegrina*）中，衰老过程中差异表达最明显的是锌指蛋白类的转录因子（Wagstaff et al.，2010）。紫茉莉中，衰老花瓣中的 HD - ZIP 转录因子表达上调（Xu et al.，2007）。月季中，ABA 诱导一个 HD - ZIP 转录因子 *RhHB1* 表达，*RhHB1* 通过阻遏 GA 的合成来调控花瓣的衰老（Lv et al.，2014）。香石竹 CEBP 转录因子则参与了乙烯信号转导并且调控花瓣衰老的起始（Solano et al.，1998）。

研究发现，ERF 能够响应多种衰老相关激素如乙烯、ABA、JA 及 SA 等（Rogers，2013），说明 ERF 可能在衰老与乙烯和其他激素的互作中发挥着重要作用。矮牵牛目前分离到 13 个 ERF，分属 4 个亚家族，其中Ⅷ亚家族的成员与花冠衰老有关（Liu et al.，2010）。

WRKY 转录因子家族中，现已发现 WRKY53、WRKY57、WRKY70 等转录因子与叶片衰老有关（Rushton et al.，2010）。桂竹香（*Cheiranthus cheiri*）中 *WRKY75* 在叶片和花瓣衰老过程中表达量上调（Price et al.，2008），但 WRKY 在花瓣衰老过程中的具体作用机制还有待阐明。

16.4.4.3　衰老相关的功能蛋白

衰老过程伴随着复杂的生理生化变化，因此相关的功能蛋白的降解与重新合成是衰老过程中必不可少的。萱草和矮牵牛花瓣衰老中都诱导了一些特定核酸酶基因的表达，矮牵牛中，无论是自然授粉导致的衰老还是乙烯处理引起的花冠衰老，都显著诱导了核酸酶基因 *PhNUC1* 的高量表达（Panavas et al.，1999；Xu et al.，2000）。*BFN1* 是番茄中衰老激活的核酸酶基因（Farage - Barhom et al.，2008），其同源基因在满天星花瓣的衰老过程中表达量也很高（Hoeberichts et al.，2005）。在月季中发现两个 DNA 解旋酶基因 *RhCG1* 和 *RhCG2*，其中 *RhCG2* 在花瓣衰老过程中表达量上调（Hajizadeh et al.，2011）。六出花中也发现 *DEAD/DEAH box* 解旋酶基因在衰老过程中表达量增加（Breeze et al.，2004）。

衰老过程中，蛋白质主要是通过蛋白酶水解途径和泛素介导的蛋白酶体途径降解的。半胱氨酸蛋白酶是一类细胞程序化死亡相关的蛋白酶类，其作用机制主要是通过特异切割靶蛋白天冬氨酸残基后的肽键，使得靶蛋白活化或失活，活化的靶蛋白有蛋白水解酶等。植物中最典型的与衰老有关的半胱氨酸蛋白酶是 *SAG12*（*senescence - associated gene 12*），该蛋白酶基因已经被普遍用作衰老的标记基因。*PhCP10* 基因是在矮牵牛中被鉴定出的半胱氨酸蛋白酶基因，也被认为是矮牵牛衰老的标志基因（Waterland，2007）。月季中，蛋白内肽酶参与对花朵失水胁迫耐性的调节（丛日晨等，2003；赵喜婷等，2005；刘晓辉等，2005），其中的半胱氨酸蛋白酶基因 *RbCP1* 可响应乙烯，参与花器官脱落（Tripathi et al.，2009）。此外，液泡加工酶（VPE）也被发现与衰老有关，如牵牛花的 *InVPE* 基因在衰老的花瓣中上调表达（Yamada et al.，2009）。

蛋白质降解的另一种方式是泛素化降解途径。这一途径涉及 3 个重要的酶，即泛素活化酶 E1、泛素结合酶 E2 和泛素连接酶 E3。在这 3 种酶的作用下，目标蛋白被标记上泛素标签，并被运送到 26S 蛋白酶体中进行降解。泛素化降解途径的最重要特点是对降解对象有很强的选择性，因此被认为可发挥关键的调节作用。在观赏植物中，也分离得到了一些泛素化降解途径的相关蛋白，如六出花中的泛素基因（*ALSUQ1*）、香石竹中编码 26S 蛋白酶体元件的基因（*RPT6*、*RPN2*）等，但泛素化途径在花卉衰老中的作用尚需进一步分析。

部分花卉植物中与衰老有关的功能基因如表 16-1 所示。

表 16-1　花朵衰老相关的功能基因

（Shahri et al.，2014，略有修改）

物种	基因	参考文献
核酸酶类		
黄花菜（*Hemerocallis hybrida*）	*DSA6*	Panavas et al.，1999
紫斑六出花（*Alstroemeria pelegrina*）	*DEAD/DEAH* box 解旋酶	Breeze et al.，2004
矮牵牛（*Petunia hybrida*）	*PhNUC1*	Langston et al.，2005
香石竹（*Dianthus caryophyllus*）	*DcNUC1*	Narumi et al.，2006
月季（*Rosa hybrida* cv. Black magic，*R. hybrida* cv. Maroussia）	*RhCG1*、*RhCG2*	Hajizadeh et al.，2011
蛋白质降解		
香石竹（*Dianthus caryophyllus*）	*pDcCP1*	Jones et al.，2005
月季（*Rosa bourboniana* cv. Gruss an Teplitz）	*RbCP1*	Tripathi et al.，2009
黄花菜（*Hemerocallis hybrida*）	*SEN10*	Valpuesta et al.，1995
宫灯百合（*Sandersonia aurantiaca*）	*PRT22*	Eason et al.，2002
水仙花（*Narcissus pseudonarcissus* cv. Dutch Master）	*DAFSAG2*	Hunter et al.，2002
六出花（*Alstroemeria peruviana* var. *samora*）	*ALSCYP1*	Wagstaff et al.，2002
矮牵牛（*Petunia hybrida*）	*PhCP2~PhCP10*	Jones et al.，2005
牵牛（*Ipomoea nil*）	*In15*、*In21*	Yamada et al.，2007
紫茉莉（*Mirabilis jalapa*）	*MjXB3*	Xu et al.，2007

16.5　花器官脱落的调节机制

16.5.1　植物器官脱落的概念及其生物学和园艺学意义

脱落（abscission）是指植物器官脱离母体的过程，是植物自然衰老进程中至关重要的一步，包括果实、叶片和花的脱落，其中，花的脱落又包括花序、花朵及花器官（萼片、花瓣、雄蕊、雌蕊）的脱落。

在植物生命过程中，器官的脱落对于植物个体的生存和物种的延续具有重要的生物学意义。植物在进化过程中产生了利用脱落应对生长发育和外界环境的有效机制。器官脱落可以是自身发育引起的，如叶片的衰老、果实和种子的成熟；也可以是自身生理过程引起的，如营养生长与生殖生长的竞争引起的落花等；还可以是环境因素引起的，如干旱、高温、病虫害、机械损伤等引起的叶片和花朵的枯萎、脱落等。器官脱落有助于植物去除衰老或受伤的叶片或衰败的器官，保持"源库"平衡，有助于植物体内矿物质循环再利用，促进花朵授粉，并有利于种子的传播。因此，器官脱落是植物适应生存环境的成功策略，对于植物个体的生存和物种的延续具有重要的意义。

器官脱落也是重要的农艺性状。落粒性是植物器官脱落的典型形式之一，也是作物栽培和育种中重要且最早被利用的农艺性状。针对作物器官脱落特性的选择育种，成功地解决了禾本科植物落粒、断穗，棉花落铃，豆类作物提前开荚等问题，有效地减少了产量损失（Estornell et al.，2013）。在园艺作物番茄中，无离区品种（jointless）的应用不仅提高了机械收获和后续加工的效率，而且减少了果柄残余对果实造成的机械损伤，提高了果品品质（Mao et al.，2000）。花卉作物中，在庭院绿化用花卉的品种选择上，既要求花瓣脱落晚、观赏期长，同时也要求在花朵开败时，花瓣能及时、顺利地脱落，以免将残花留在植株上影响整个植株的观赏性；在切花用花卉的品种选择上，则要求花瓣不易脱落，保持较长的观赏期，但是，切花的采后流通实践中，由于不适的环境如温度过高、湿度过低、有害气体积累等，都容易引起花瓣的过早脱落，导致切花品质劣变，严重影响到商品价值。

目前认为，器官脱落是由细胞间质和细胞壁的降解直接引起的，涉及细胞结构、生理生化代谢、转录和转录后调节等多个层面的变化。

16.5.2　花器官离层的形成与脱落

16.5.2.1　离层的定义及离层的形成

离层（abscission zone）在解剖学上是植物脱落器官与母体之间发生分离的特定部位的细胞经横向分裂产生的数层小型细胞，是脱落发生的直接位点。离层范围因物种而异，一般由 5～50 层细胞组成，成熟的离层细胞体积小且排列紧密，细胞质稠密，常呈长方形或椭圆形，与邻近细胞在形态上具有明显差异（Bowling et al.，2011）（图 16-5）。

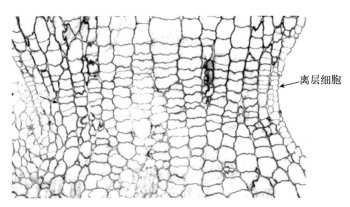

离层细胞

图 16-5　凤仙花叶片离层
（Bowling et al.，2011）

16.5.2.2　离层的分离过程

离层的分离过程通常分为 4 个阶段：第 1 阶段，未分化的细胞分化为离层细胞；第 2 阶段，离层细胞感受发育或外界脱落信号，激活信号转导途径，启动脱落进程；第 3 阶段，离层细胞的细胞间质和细胞壁在果胶酶、纤维素酶等降解酶的作用下发生降解，导致离层细胞解离和器官脱离母体；第 4 阶段，与第 3 阶段部分重叠，离层细胞的断裂面分化为保护层（Meir et al.，2010）（图 16 - 6）。未发育成熟的离层细胞不具备感知脱落信号的功能，随着器官发育，离层细胞成熟并具备感知脱落信号的能力。

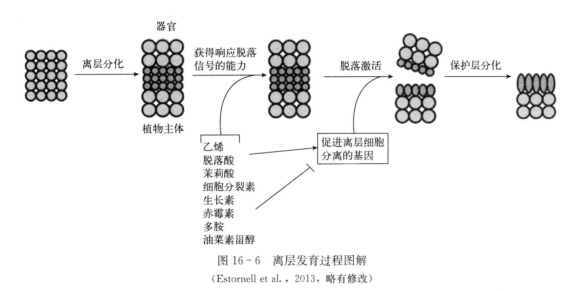

图 16 - 6　离层发育过程图解

(Estornell et al.，2013，略有修改)

近年来对离层分离第 1 阶段的研究比较多，目前已证明多个家族的基因在离层细胞的形成过程中起重要作用。例如，Trihelix 家族成员 *SH4*、*SH5* 参与水稻落粒性的调节，其中 *SH5* 是通过抑制木质素合成来阻止离层的形成（Liu et al.，2014）；番茄 MADS - box 基因家族的 3 个成员 *JOINTLESS*、*MACROCALYX* 和 *SlMBP21* 的蛋白产物互作形成 "SLMBP21 - J - MC" 三聚体参与花梗离层形成（Liu et al.，2014）。此外，拟南芥、烟草中的 *BLADE - ON - PETI-OLE* 基因，番茄中的 *LS* 基因等，都参与了花梗离层的形成（Liu et al.，2013）。

第 2 阶段的研究多集中在拟南芥中。通过分析花序脱落功能缺失突变体 *inflorescence defi-cient in abscission*（*ida*）、*haesa*（*hae*）及 *haesa - like2*（*hsl2*）发现，IDA 蛋白可以作为配基（ligand）与两个受体样蛋白激酶（receptor - like kinase）HAE 和 HSL2 结合，从而启动 IDA - HAE/HSL2 信号转导途径（Shi et al.，2011）；IDA - HAE/HSL2 通过在离层细胞中激活 MAPK 激酶级联系统，抑制了 KNOX 转录因子家族成员 BP/KNAT1（BREVIPEDICELLUS/ KNOTTED - LIKE FROM ARABIDOPSIS THALIANA1）的表达，从而启动了其下游两个 *KNOX* 基因 *KNAT2* 和 *KNAT6* 的表达，最终启动了花器官的脱落（Stenvik et al.，2011）。值得注意的是，在大豆和番茄中，类似于拟南芥的 IDA - HAE/HSL2 信号转导途径在调节离层分离过程中并不起关键作用（Tucker et al.，2012），表明从模式植物拟南芥中获得的遗传学信息并不一定适用于其他非模式植物。

对于离层分离的第 3、4 阶段，已有报道显示，纤维素酶、聚乳糖醛酸酶、扩张素、木葡聚糖内转糖苷酶/水解酶及核糖核酸酶等都参与了离层细胞降解过程（Singh et al.，2011；Estor-nell et al.，2013）。在番茄花梗脱落过程中，远轴端的细胞程序化死亡进程以及核糖核酸酶和核酸酶的表达水平要明显高于近轴端，表明不对称式细胞程序化死亡在花梗脱落中起重要的作用（Bar-Dror et al.，2011）。

16.5.2.3　脱落涉及的酶蛋白

在脱落即将发生时，离层细胞中多种酶类的活性发生变化，尤其是细胞壁水解相关酶，如纤维素酶、果胶酶、过氧化物酶和呼吸酶系统等，将胞间层降解，细胞处于游离状态，只依赖维管束与母体相连，在重力和风的作用下脱落（Estornell et al.，2013）。

纤维素酶直接参与脱落，菜豆、棉花和柑橘叶片脱落时，纤维素酶活性增加，且不同的纤维素酶功能也不一样，有的与细胞壁木质化有关，受 IAA 调控，有的与细胞壁降解有关，受乙烯调控。测定柑橘小叶片离区的各个不同区段中的纤维素酶活性，发现酶活性最高的部位是在离区的近轴端（靠近茎约 0.2 mm 处），所以纤维素酶不一定与离层细胞的分开直接相关，而可能参与离层分离后保护层的形成。

果胶酶参与果胶复合物的合成或分解，主要有果胶果酯酶（PME）和多聚半乳糖醛酸酶（PG）两种。PME 水解果胶甲酯，形成的果胶酸易与 Ca^{2+} 结合成不溶性物质，从而抑制细胞的分离；而 PG 水解多聚半乳糖醛酸的糖苷键，使果胶解聚，从而促进脱落。在菜豆中，叶柄脱落前，聚甲基半乳糖醛酸酶（PMG）活性下降，同时 PG 活性上升，若外施乙烯则可抑制 PMG 活性，促进 PG 活性，从而促进脱落。

菜豆叶柄随着老化时间的延长，过氧化物酶活性增加，在脱落前达最高值。乙烯和 ABA 诱导脱落时都能提高过氧化物酶的活性，而过氧化物酶可使吲哚乙酸钝化，这可能是发生脱落的原因。

糖类物质不仅是必需营养成分，还可能是通过影响激素代谢和信号通路来调节果实脱落的信号分子。糖短缺会促进果实脱落，花和幼果的脱落不受糖短缺的影响。研究发现一些与脱落相关并且对糖含量敏感的基因，如海藻糖－6－氨甲酰磷酸合酶（*TPS*）基因在幼果脱落时高量表达；*SnRK3-like* 基因和 *SUS-like Suc* 合酶基因也是参与果实脱落且感知糖含量的信号分子；己糖激酶基因（*HXK*）在苹果的离层中受生长素作用上调表达，它也可能是参与果实脱落的信号分子；通过微阵列分析和基因表达分析发现苹果中两个糖（山梨醇和蔗糖）转运基因在离层中均被生长素和遮阴处理抑制，说明在幼果中糖的运输被阻断会引起果实脱落（Estornell et al.，2013）。

多胺（PAs）包含腐胺（Put）、亚精胺（Spd）、精胺（Spm）等阳离子化合物，广泛存在于生物体中，参与促进坐果。在橄榄的果实脱落中，三胺氧化酶（DAO）和多胺氧化酶起拮抗作用。多胺可能对果实脱落的调控起重要的作用，PAs 和乙烯的生物合成竞争同一种底物 S－腺甲硫氨酸（SAM），S－腺甲硫氨酸脱羧酶（SAMDC）的活性与乙烯产量存在着拮抗关系；*Oe-ACS2*、*OeEIL2* 是多胺调节乙烯生物合成信号传递基因，与 NO 和 H_2O_2 有关，也是参与果实脱落的信号分子，说明多胺参与了果实脱落信号传递途径（Estornell et al.，2013）。

脂类在果实脱落中也起着重要的作用，但是是否参与脱落信号的感知和转导仍不清楚。一个脂类转运蛋白基因（*LTP*）通过差减文库从成熟的柑橘中分离得到，通过遗传学和表达分析显示，*LTP* 基因在果实脱落中起重要作用，它可能帮助角质向离层的破裂面转运，或通过其抗菌活性减少微生物的袭击。脂类参与果实脱落的原理还需要进一步探究（Estornell et al.，2013）。

16.5.3　花器官脱落的调节机制

16.5.3.1　器官脱落涉及的激素调节

器官的脱落是受植物体内多种激素交叉调节的，主要包括生长素、乙烯、脱落酸等。1955年 Addicott 等提出"生长素梯度"学说（auxin gradient theory），该假说认为离层两侧生长素浓度梯度起着调节脱落的作用。当远基端浓度高于近基端时，器官不脱落；当两端浓度差较小或不存在时，器官脱落；当远基端浓度低于近基端时，加速脱落。1963 年 Rubinstein 等首次提出乙烯－生长素互作调节叶片和花器官脱落，后经补充形成"乙烯－生长素平衡"模型（图 16－7），认为当离层中存在生长素极性流时，离层细胞对乙烯不敏感，脱落停滞；当离层中的生长素极性流受阻时，离层细胞感受乙烯信号，脱落启动。此模型目前被普遍接受，但是否适用于所有植物有待进一步验证。

近来的研究证明，生长素确实具有抑制脱落的作用。拟南芥中，离层中的吲哚乙酸信号转导途径是调节器官脱落所必需的。当离层组织存在连续的生长素极性流时，离层处于休眠状态，不会启动脱落。在番茄中去除叶片或花，或者应用生长素极性运输抑制剂进行处理，能够导致一系列参与生长素合成、降解、运输以及信号转导等过程的基因表达发生变化，进而启动脱落进程（Meir et al.，2010）。拟南芥中，生长素响应因子 *ARF1*、*ARF2*、*ARF7* 和 *ARF19* 基因都参与花器官离层分离的调节。乙烯能够促进果实和花的脱落，通过施用乙烯生物合成抑制剂和乙烯作用抑制剂（1-MCP），能够明显抑制

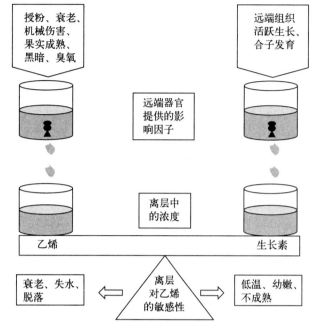

图 16-7 脱落过程中植物生长调节因子的平衡模式
（Taylor et al.，2001，略有修改）

果实的脱落（Rubinstein et al.，1963）。乙烯利为乙烯的释放剂，也能够促进果实的脱落。在番茄植物中，过表达 ACC 合成酶基因（*ACS*）会导致花朵过早脱落。最近的报道明确，一系列乙烯受体和与果实离层相关的下游信号组分在植物中被发现，*ERSs* 等作为乙烯的受体能够特异地在果实离层中表达，并能够被乙烯利、丙烯和萘乙酸所诱导，被 1-MCP 所抑制。

此外，近些年还发现 ABA 的作用并不像其中文名一样直接作用于植物器官的脱落，而是通过促进乙烯生物合成基因 *ACS* 的表达，使乙烯生成增加，在果实离层中间接发挥作用。然而，ABA 的具体作用途径尚需进一步研究（Nakano et al.，2013）。

16.5.3.2 器官脱落涉及的信号转导

器官脱落受多种物质的调节，包括激素、糖类、多胺等，它们的协同作用或拮抗作用在调节果实脱落的过程中起重要的作用。园艺作物中，苹果、芒果、柑橘研究相对较多，不过迄今为止还没有揭示较为完整的脱落信号转导途径。模式植物拟南芥中发现了一个较完整的脱落信号转导途径，即上述的 IDA-HAE/HSL2 信号转导途径（图 16-8）。IDA 蛋白可以作为配基，与两个受体样蛋白激酶（receptor-like kinase）HAE 和 HSL2 结合，从而启动 IDA-HAE/HSL2 信号，IDA-HAE/HSL2 通过激活离层细胞中 MAPK 激酶级联系统来抑制 KNOX 转录因子家族成员 *BP/KNAT1*

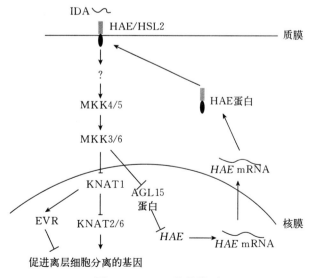

图 16-8 IDA 信号模型
（Chun et al.，2011；Patharkar et al.，2015）

（*BREVIPEDICELLUS/ KNOTTED-LIKE FROM ARABIDOPSIS THALIANA1*）的表达，从而启动下游两个 *KNOX* 基因 *KNAT2* 和 *KNAT6* 的表达，最终启动花器官的脱落（Shi et al.，2011；Tucker et al.，2012）。IDA-HAE/HSL2 与 MAPK 激酶级联途径之间不是单纯的上下游关系，而是由 *AGL15*（*Agamous-like 15*）将其联系形成一个正反馈环路，从而增强脱落信号（Patharkar et al.，2015）。生长素受体（*TIR*）、生长素转运蛋白、生长素响应因子（*ARF*）、生长素响应基因（*ARs*）、生长素抑制基因（*Aux/IAA*）、乙烯受体（*ETR*）、乙烯生物合成相关基因（*ACO*、*ACS*、*ACDS*）等生长素和乙烯信号转导相关基因也在脱落信号的感受和转导过程中起着重要的作用。但后来在大豆和番茄中证明，类似于拟南芥的 IDA-HAE/HSL2 信号转导途径在调节离层分离过程中并不起关键作用，因此，启动离层分离的信号途径及其调节机制还需进一步探究。

最新的研究发现，在番茄中，转录因子 *KD1* 编码的一个 KNOTTED1-LIKE HOMEOBOX 蛋白，可通过调节生长素转运和信号转导相关基因的表达，来调节番茄果实和叶片的脱落（Ma et al.，2015）。在月季中发现，生长素和乙烯共同调控了两个 AP2/EREBP 家族转录因子 ERF1 和 ERF4 的表达，这两个转录因子可以进一步调节果胶质代谢相关的半乳糖苷酶基因（*β-GAL-ACTOSIDASE 1*，*RhBGLA1*）表达，从而影响离层区域的果胶质降解，调节花瓣脱落（Gao et al.，2019）。

16.6　研究展望

在过去的数十年中，鲜切花的采后生物学研究在植物激素调节机制解析以及重要基因发掘与功能鉴定等方面取得了重要的进展。展望未来鲜切花的采后生物学研究，可以认为会有至少 3 个相互区别但又密切联系的主要方向。

一是基于研究手段和方法的进步，通过正向/反向遗传学手段，对花型、开放速度、萎蔫和脱落速度等花朵重要采后性状的关键基因进行分离和鉴定；同时，基于基因组、表观基因组、sRNA 组、转录组、蛋白质组和代谢组等高通量技术的进步，对采后过程中各种激素相互作用以及内源发育信号和外界环境因素之间互作调节花朵采后开放和衰老的生理与分子生物学机制加以解析。

二是充分进行学科间的交叉和融合，如结合影像学、计算学、力学和几何学分析，对花型发育和花朵开放的整个过程进行数字化分析和建模，并结合发育生物学、形态解剖学、遗传学和分子生物学的研究方法加以综合分析，从宏观和微观的层面同时解析花朵相关性状的形成规律。

三是更加接近采后应用的实用性研究方向，主要是持续针对不同切花植物开展遗传转化体系的建立，从而基于现代基因工程技术的进展，通过基因编辑等技术手段创制采后性状优良、采后瓶插期长的新型种质；同时，基于特定鲜切花生物学特征开展专用采后保鲜关键技术的研发。

（马男　张常青　马超　洪波　高俊平　编写）

主要参考文献

蔡蕾，张晓红，沈红香，等，1997. 乙烯对不同切花月季品种开花和衰老的影响 [J]. 园艺学报，22（5）：467-472.

丛日晨，赵喜亭，刘晓辉，等，2003. 月季切花采后花瓣内肽酶活性的变化 [J]. 园艺学报，30（2）：232-235.

高俊平，张晓红，黄绵佳，等，1997. 月季切花开花和衰老进程中乙烯变化类型初探 [J]. 园艺学报，24：

274－278.

高俊平，2002. 观赏植物采后生理与技术 ［M］. 北京：中国农业大学出版社 .

刘晓辉，朱旭晖，赵喜亭，等，2005. 两个切花月季品种花朵开放和衰老对乙烯的反应及其与内肽酶的关联 ［J］. 中国农业科学，38（3）：589－595.

Arrom L，Munné－Bosch S，2012. Hormonal changes during flower development in floral tissues of *Lilium* ［J］. Planta，236：343－354.

Azad A K，Sawa Y，Ishikawa T，et al，2004. Phosphorylation of plasma membrane aquaporin regulates temperature－dependent opening of tulip petals ［J］. Plant and Cell Physiology，45：608－617.

Balazadeh S，Siddiqui H，Allu A D，et al，2010. A gene regulatory network controlled by the NAC transcription factor ANAC092/AtNAC2/ORE1 during salt－promoted senescence ［J］. The Plant Journal，62：250－264.

Bar－Dror T，Dermastia M，Kladnik A，et al，2011. Programmed cell death occurs asymmetrically during abscission in tomato ［J］. The Plant Cell，23：4146－4163.

Barr C M，Fishman L，2011. Cytoplasmic male sterility in *Mimulus* hybrids has pleiotropic effects on corolla and pistil traits ［J］. Heredity，106：886－893.

Bieleski R，Elgar J，Heyes J，2000. Mechanical aspects of rapid flower opening in Asiatic lily ［J］. Annals of Botany，86：1175－1183.

Bowling A J，Vaughn K C，2011. Leaf abscission in impatiens (Balsaminaceae) is due to loss of highly de－esterified homogalacturonans in the middle lamellae ［J］. American Journal of Botany，98（4）：619－629.

Breeze E，Wagstaff C，Harrison E，et al，2004. Gene expression patterns to define stages of post－harvest senescence in *Alstroemeria* petals ［J］. Plant Biotechnology Journal，2（2）：155－168.

Bui A Q，O'Neill S D，1998. Three 1－aminocyclopropane－1－carboxylate synthase genes regulated by primary and secondary pollination signals in orchid flowers ［J］. Plant Physiology，116：419－428.

Chang H，Jones M L，Banowetz G M，et al，2003. Overproduction of cytokinins in petunia flowers transformed with P_{SAG12}－IPT delays corolla senescence and decreases sensitivity to ethylene ［J］. Plant Physiology，132：2174－2183.

Chen W，Yin X，Wang L，et al，2013. Involvement of rose aquaporin RhPIP1;1 in ethylene－regulated petal expansion through interaction with RhPIP2;1 ［J］. Plant Molecular Biology，83：219－233.

Cui M L，Copsey L，Green A，et al，2010. Quantitative control of organ shape by combinatorial gene activity ［J］. PLoS Biology，8：e1000538.

Dai F W，Zhang C Q，Jiang X Q，et al，2012. *RhNAC2* and *RhEXPA4* are involved in the regulation of dehydration tolerance during the expansion of rose petals ［J］. Plant Physiology，160：2064－2082.

Estornell L H，Agustí J，Merelo P，et al，2013. Elucidating mechanisms underlying organ abscission ［J］. Plant Science，199：48－60.

Farage－Barhom S，Burd S，Sonego L，et al，2008. Expression analysis of the *BFN1* nuclease gene promoter during senescence，abscission，and programmed cell death－related processes ［J］. Journal of Experimental Botany，59（12）：3247－3258.

Forterre Y，2013. Slow，fast and furious：understanding the physics of plant movements ［J］. Journal of Experimental Botany，64：4745－4760.

Gao Y，Liu Y，Liang Y，et al，2019. *Rosa hybrida RhERF1* and *RhERF4* mediate ethylene－ and auxin－regulated petal abscission by influencing pectin degradation ［J］. Plant Journal，99：1159－1171.

Hajizadeh H，Razavi K，Mostofi Y，et al，2011. Identification and characterization of genes differentially displayed in *Rosa hybrida* petals during flower senescence ［J］. Scientia Horticulturae，128：320－324.

Halket A C，1931. The flowers of *Silene saxifraga* L. ，an inquiry into the cause of their day closure and the mechanism concerned in effecting their periodic movements ［J］. Annals of Botany，45：15－37.

Harada T，Torii Y，Morita S，et al，2011. Cloning，characterization，and expression of xyloglucan endotransglucosylase/hydrolase and expansin genes associated with petal growth and development during carnation flower o-

pening [J]. Journal of Experimental Botany，62：815 - 823.

Higaki T，Sano T，Hasezawa S，2007. Actin microfilament dynamics and actin side - binding proteins in plants [J]. Current Opinion of Plant Biology，10：549 - 556.

Hopkins M，Taylor C，Liu Z，et al，2007. Regulation and execution of molecular disassembly and catabolism during senescence [J]. New Phytologist，175：201 - 214.

Horibe T，Yamaki S，Yamada K，2013. Effects of auxin and methyl jasmonate on cut rose petal growth through activation of acid invertase [J]. Postharvest Biology and Technology，86：195 - 200.

Ijiri T，Yokoo M，Kawabata S，et al，2008. Surface - based growth simulation for opening flowers [C]// Graphics Interface 2008. Toronto：Canadian Information Processing Society：227 - 234.

Imaizumi T，2010. *Arabidopsis* circadian clock and photoperiodism：time to think about location [J]. Current Opinion in Plant Biology，13：83 - 89.

Ishiguro S，Kawai O A，Ueda J，et al，2001. The *DEFECTIVE IN ANTHER DEHISCENCE1* gene encodes a novel phospholipase A1 catalyzing the initial step of jasmonic acid biosynthesis，which synchronizes pollen maturation，anther dehiscence，and flower opening in *Arabidopsis* [J]. The Plant Cell，13：2191 - 2209.

Iwata H，Gaston A，Remay A，et al，2012. The *TFL1* homologue *KSN* is a regulator of continuous flowering in rose and strawberry [J]. The Plant Journal，69 (1)：116 - 125.

Jin J，Shan N，Ma N，et al，2006. Regulation of ascorbate peroxidase at transcript level is involved in the tolerance to water deficit stress in postharvest cut rose (*Rosa hybrida* L.) cv. Samantha [J]. Postharvest Biology and Technology，40 (3)：236 - 243.

Jones M L，Chaffin G S，Eason J R，et al，2005. Ethylene - sensitivity regulates proteolytic activity and cysteine protease gene expression in petunia corollas [J]. Journal of Experimental Botany，56 (420)：2733 - 2744.

Jones M L，Woodson W R，1997. Pollination - induced ethylene in carnation：role of stylar ethylene in corolla senescence [J]. Plant Physiology，15：205 - 212.

Kim G T，Shoda K，Tsuge T，et al，2002. The *ANGUSTIFOLIA* gene of *Arabidopsis*，a plant *CtBP* gene，regulates leaf - cell expansion，the arrangement of cortical microtubules in leaf cells and expression of a gene involved in cell - wall formation [J]. The EMBO Journal，21 (6)：1267 - 1279.

Koning R E，1984. The role of plant hormones in the growth of the corolla of *Gaillardia grandidflora* (Asteraceae) ray flowers [J]. American Journal of Botany，71：1 - 8.

Koning R E，1986. The role of ethylene in corolla unfolding in *Ipomoea nil* (Convolvulaceae) [J]. American Journal of Botany，73：152 - 155.

Koning - Boucoiran C F，Esselink G D，Vukosavljev M，et al，2015. Using RNA - Seq to assemble a rose transcriptome with more than 13 000 full - length expressed genes and to develop the WagRhSNP 68k Axiom SNP array for rose (*Rosa* L.) [J]. Frontiers in Plant Science，6：249.

Kumar N，Srivastava G C，Dixit K，2008. Hormonal regulation of flower senescence in roses (*Rosa hybrida* L.). Plant Growth Regulation，55：65 - 71.

Liang H，Mahadevana L，2011. Growth，geometry，and mechanics of a blooming lily [J]. Proceedings of the National Academy of Sciences，108：5516 - 5521.

Liu D，Wang D，Qin Z，et al，2014. The SEPALLATA MADS - box protein SLMBP21 forms protein complexes with JOINTLESS and MACROCALYX as a transcription activator for development of the tomato flower abscission zone [J]. The Plant Journal，77：284 - 296.

Liu J，Fan Y，Zou J，et al，2017. A RhABF2/Ferritin module affects rose (*Rosa hybrida*) petal dehydration tolerance and senescence by modulating iron levels [J]. Plant Journal，92：1157 - 1169.

Liu J J，Li H，Wang H，et al，2010. Identification and expression analysis of *ERF* transcription factor genes in petunia during flower senescence and in response to hormone treatments [J]. Journal of Experimental Botany，62 (2)：825 - 840.

Lombardi L，Arrom L，Mariotti L，et al，2014. Auxin involvement in tepal senescence and abscission in *Lilium*：

a tale of two lilies [J]. Journal of Experimental Botany，451：1－12.

Luo J，Ma N，Pei H，et al，2013. A *DELLA* gene，*RhGAI1*，is a direct target of EIN3 and mediates ethylene－regulated rose petal cell expansion via repressing the expression of RhCesA2 [J]. Journal of Experimental Botany，64：5075－5084.

Lv P，Zhang C，Liu J，et al，2014. *RhHB1* mediates the antagonism of gibberellins to ABA and ethylene during rose（*Rosa hybrida*）petal senescence [J]. The Plant Journal，78（4）：578－590.

Ma C，Meir S，Xiao L T，2015. A KNOTTED1－LIKE HOMEOBOX protein，KD1，regulates abscission in tomato by modulating the auxin pathway [J]. Plant Physiology，167（3）：844－853.

Ma N，Cai L，Lu W，et al，2005. Exogenous ethylene influences flower opening of cut roses（*Rosa hybrida*）by regulating the genes encoding ethylene biosynthesis enzymes [J]. Science in China，48（5）：434－444.

Ma N，Tan H，Liu X，et al，2006. Transcriptional regulation of ethylene receptor and *CTR* genes involved in ethylene－induced flower opening in cut rose（*Rosa hybrida*）cv. Samantha [J]. Journal of Experimental Botany，57（11）：2763－2773.

Ma N，Xue J Q，Li Y H，et al，2008. *Rh－PIP2；1*，a rose aquaporin gene，is involved in ethylene－regulated petal expansion [J]. Plant Physiology，148：894－907.

Mao L，Begum D，Chuang H W，et al，2000. *JOINTLESS* is a MADS－box gene controlling tomato flower abscission zone development [J]. Nature，406：910－913.

Maurel C，Boursiac Y，Luu D T，et al，2015. Aquaporins in plants [J]. Physiological Reviews，95（4）：1321－1358.

Meir S，Philosoph H S，Sundaresan S，et al，2010. Microarray analysis of the abscission－related transcriptome in the tomato flower abscission zone in response to auxin depletion [J]. Plant Physiology，154：1929－1956.

Merchante C，Alonso J M，Stepanova A N，2013. Ethylene signaling：simple ligand，complex regulation [J]. Current Opinion in Plant Biology，16（5）：554－560.

Mor Y，Spiegelstein H，Halevy A H，1983. Inhibition of ethylene biosynthesis in carnation petals by cytokinin [J]. Plant Physiology，71（3）：541－546.

Müller R，Owen C A，Xue Z T，et al，2002. Characterization of two CTR－like protein kinases in *Rosa hybrida* and their expression during flower senescence and in response to ethylene [J]. Journal of Experimental Botany，53：1223－1225.

Müller R，Stummann B，Serek M，2000. Characterization of an ethylene receptor family with differential expression in rose（*Rosa hybrida* L.）flowers [J]. Plant Cell Reports，19（12）：1232－1239.

Nag A，King S，Jack T，2009. miR319a targeting of TCP4 is critical for petal growth and development in *Arabidopsis* [J]. Proceedings of the National Academy of Sciences，106：22534－22539.

Nakano T，Ito Y，2013. Molecular mechanisms controlling plant organ abscission [J]. Plant Biotechnology，30：209－216.

Neljubow D，1902. Ueber die horizontale Nutation der Stengel von *Pisum sativum* und einiger anderen Pflanzen [J]. Beih Bot Zentralbl，10：128－139.

O'Donoghue E M，SomerWeld S D，Watson L M，et al，2009. Galactose metabolism in cell walls of opening and senescing petunia petals [J]. Planta，229：709－721.

Panavas T，Pikula A，Reid P D，et al，1999. Identification of senescence－associated genes from daylily petals [J]. Plant Molecular Biology，40（2）：237－248.

Patharkar O R，Walker J C，2015. Floral organ abscission is regulated by a positive feedback loop [J]. Proceedings of the National Academy of Sciences，112：2906－2911.

Pei H，Ma N，Tian J，et al，2013. An NAC transcription factor controls ethylene－regulated cell expansion in flower petals [J]. Plant Physiology，163：775－791.

Porat R，Reiss N，Atzorn R，et al，1995. Examination of the possible involvement of lipoxygenase and jasmonates in pollination－induced senescence of Phalaenopsis and Dendrobium orchid flowers [J]. Physiologia Plantarum，

94 (2): 205 - 210.

Price A M, Orellana D F A, Salleh F M, et al, 2008. A comparison of leaf and petal senescence in wallflower reveals common and distinct patterns of gene expression and physiology [J]. Plant Physiology, 147 (4): 1898 -1912.

Qiao H, Shen Z, Huang S S C, et al, 2012. Processing and subcellular trafficking of ER - tethered EIN2 control response to ethylene gas [J]. Science, 338 (6105): 390 - 393.

Raab M M, Koning R E, 1987. Interacting roles of gibberellin and ethylene in corolla expansion of *Ipomoea nil* (Convolvulaceae) [J]. American Journal of Botany, 74: 921 - 927.

Reid M S, Dodge L L, Mor Y, et al, 1989a. Effects of ethylene on rose opening [J]. Acta Horticulturae, 261: 215 - 220.

Remay A, Lalanne D, Thouroude T, et al, 2009. A survey of flowering genes reveals the role of gibberellins in floral control in rose [J]. Theoretical and Applied Genetics, 119 (5): 767 - 781.

Rhizopoulou S, Ioannidi E, Alexandredes N, et al, 2006. A study on functional and structural traits of the nocturnal flowers of Capparis spinosa L [J]. Journal of Arid Environments, 66: 635 - 647.

Rogers H J, 2012. Is there an important role for reactive oxygen species and redox regulation during floral senescence [J]. Plant Cell and Environment, 35 (2): 217 - 233.

Rogers H J, 2013. From models to ornamentals: how is flower senescence regulated [J]. Plant Molecular Biology, 82 (6): 563 - 574.

Rushton P J, Somssich I E, Ringler P, et al, 2010. WRKY transcription factors [J]. Trends in Plant Science, 15 (5): 247 - 258.

Saito M, Yamaki T, 1967. Retardation of flower opening in *Oenothera lamarckiana* caused by blue and green light [J]. Nature, 214: 1027.

Santner A, Calderon-Villalobos L I A, Estelle M, 2009. Plant hormones are versatile chemical regulators of plant growth [J]. Nature Chemical Biology, 5: 301 - 307.

Sauret Güeto S, Schiessl K, Bangham A, et al, 2013. JAGGED controls *Arabidopsis* petal growth and shape by interacting with a divergent polarity field [J]. PLoS Biology, 11: e1001550.

Shahri W, Tahir I, 2014. Flower senescence: some molecular aspects [J]. Planta, 239 (2): 277 - 297.

Shi C L, Stenvik G E, Vie A K, et al, 2011. *Arabidopsis* class I KNOTTED - Like homeobox proteins act downstream in the IDA - HAE/HSL2 floral abscission signaling pathway [J]. The Plant Cell, 23: 2553 - 2567.

Shibuya K, Barry K G, Ciardi J A, et al, 2014. The central role of PhEIN2 in ethylene responses throughout plant development in petunia [J]. Plant Physiology, 136 (2): 2900 - 2912.

Shibuya K, Ichimura K, 2016. Physiology and molecular biology of flower senescence [C]// Pareek S. Postharvest ripening physiology of crops. Boca Raton: CRC Press: 109 - 138.

Shibuya K, Nagata M, Tanikawa N, et al, 2002. Comparison of mRNA levels of three ethylene receptors in senescing flowers of carnation (*Dianthus caryophyllus* L) [J]. Journal of Experimental Botany, 53 (368): 399 - 406.

Shibuya K, Yoshioka T, Hashiba T, et al, 2000. Role of the gynoecium in natural senescence of carnation (*Dianthus caryophyllus* L.) flowers [J]. Journal of Experimental Botany, 51 (353): 2067 - 2073.

Singh A P, Tripathi S K, Nath P, 2011. Petal abscission in rose is associated with the differential expression of two ethylene - responsive xyloglucan endotransglucosylase/hydrolase genes, *RbXTH1*, and *RbXTH2* [J]. Journal of Experimental Botany, 62 (14): 5091 - 5103.

Solano R, Stepanova A, Chao Q, et al, 1998. Nuclear events in ethylene signaling: a transcriptional cascade mediated by *ETHYLENE - INSENSITIVE3* and *ETHYLENE - RESPONSE - FACTOR1* [J]. Genes and Development, 12 (23): 3703 - 3714.

Steinitz B, Cohen A, 1982. Gibberellic acid promotes flower bud opening on detached flower stalks of statice (*Limonium sinuatum* L) [J]. HortScience, 17: 903 - 904.

Tan H，Liu X，Ma N，et al，2006. Ethylene – influenced flower opening and expression of genes encoding *ETRs*，*CTRs*，and *EIN3s* in two cut rose cultivars [J]. Postharvest Biology and Technology，40：97 – 105.

Tang X，Woodson W R，1996. Temporal and spatial expression of 1 – aminocyclopropane – 1 – carboxylate oxidase mRNA following pollination of immature and mature petunia flowers [J]. Plant Physiology，112：503 – 511.

Taylor J E，Whitelaw C A，2001. Signals in abscission [J]. New Phytologist，151：323 – 339.

Tripathi S K，Singh A P，Sane A P，et al，2009. Transcriptional activation of a 37 kDa ethylene responsive cysteine protease gene，*RbCP1*，is associated with protein degradation during petal abscission in rose [J]. Journal of Experimental Botany，60（7）：2035 – 2044.

Tucker M L，Yang R，2012. IDA – like gene expression in soybean and tomato leaf abscission and requirement for a diffusible stelar abscission signal [J]. AoB Plants，2012：pls035.

van der Kop D A M，Ruys G，Dees D，et al，2003. Expression of defender against apoptotic death（*DAD – 1*）in *Iris* and *Dianthus* petals [J]. Physiologia Plantarum，117（2）：256 – 263.

van Doorn W G，Dole I，Celikel F G，et al，2013. Opening of Iris flowers is regulated by endogenous auxins [J]. Journal of Plant Physiology，170：161 – 164.

van Doorn W G，Woltering E J，2008. Physiology and molecular biology of petal senescence [J]. Journal of Experimental Botany，59（3）：453 – 480.

van Doorn W G，Kamdee C，2014. Flower opening and closure：an update [J]. Journal of Experimental Botany，65（20）：5749 – 5757.

van Doorn W G，van Meeteren U，2003. Flower opening and closure：a review [J]. Journal of Experimental Botany，54：1801 – 1812.

van Doorn W G，2004. Is petal senescence due to sugar starvation? [J]. Plant Physiol，134：35 – 42.

Varaud E，Brioudes F，Szécsi J，et al，2011. AUXIN RESPONSE FACTOR8 regulates *Arabidopsis* petal growth by interacting with the bHLH transcription factor BIGPETALp [J]. The Plant Cell，23（3）：973 – 983.

Wagstaff C，Bramke I，Breeze E，et al，2010. A specific group of genes respond to cold dehydration stress in cut *Alstroemeria* flowers whereas ambient dehydration stress accelerates developmental senescence expression patterns [J]. Journal of Experimental Botany，61（11）：2905 – 2921.

Waterland N L，Campbell C A，Finer J J，et al，2010. Abscisic acid application enhances drought stress tolerance in bedding plants [J]. HortScience，45（3）：409 – 413.

Wilkinson J Q，Lanahan M B，Clark D G，et al，1997. A dominant mutant receptor from *Arabidopsis* confers ethylene insensitivity in heterologous plants [J]. Nature Biotechnology，15（5）：444 – 447.

Winkenbach F，Matile P，1970. Evidence for de novo synthesis of an invertase inhibitor protein in senescing petals of *Ipomoea* [J]. Zeitschrift Fur Pflanzenphysiologie，63：292 – 295.

Wu L，Ma N，Jia Y，et al，2017. An ethylene – induced regulatory module delays flower senescence by regulating cytokinin content [J]. Plant Physiology，173：853 – 862.

Xu X，Gookin T，Jiang C Z，et al，2007. Genes associated with opening and senescence of *Mirabilis jalapa* flowers [J]. Journal of Experimental Botany，58（8）：2193 – 2201.

Xu Y，Hanson M R，2000. Programmed cell death during pollination – induced petal senescence in petunia [J]. Plant Physiology，122（4）：1323 – 1334.

Xu Y，Ishida H，Reisen D，et al，2006. Upregulation of a tonoplast – localized cytochrome P450 during petal senescence in *Petunia inflata* [J]. BMC Plant Biology，6（1）：1 – 18.

Xue J，Yang F，Gao J，2009. Isolation of *RhTIP1；1*，an aquaporin gene and its expression in rose flowers in response to ethylene and water deficit [J]. Postharvest Biology and Technology，51：407 – 413.

Yamada H，2014. Petals of cut rose flower show diurnal rhythmic growth [J]. Journal of the Japanese Society for Horticultural Science，83：302 – 307.

Yamada K，Ito M，Oyama T，et al，2007. Analysis of sucrose metabolism during petal growth of cut roses [J]. Postharvest Biology and Technology，43（1）：174 – 177.

Yamada T，Ichimura K，Kanekatsu M，et al，2007. Gene expression in opening and senescing petals of morning glory (*Ipomoea nil*) flowers [J]. Plant Cell Reports，26：823 – 835.

Yamada T，Ichimura T K，Kanekatsu M，et al，2009. Homologs of genes associated with programmed cell death in animal cells are differentially expressed during senescence of *Ipomoea nil* petals [J]. Plant and Cell Physiology，50 (3)：610 – 625.

Yoon J，Cho L H，Kim S L，et al，2014. The BEL1 – type homeobox gene *SH5* induces seed shattering by enhancing abscission – zone development and inhibiting lignin biosynthesis [J]. The Plant Journal，79：717 – 728.

Zhou L，Dong L，Jia P Y，et al，2010. Expression of ethylene receptor and transcription factor genes，and ethylene response during flower opening in tree peony (*Paeonia suffruticosa*) [J]. Plant Growth Regulation，62：171 – 179.

Zhang S，Feng M，Chen W，et al，2019. In rose，transcription factor PTM balances growth and drought survival via PIP2;1 aquaporin [J]. Nature Plants，5：290 – 299.

17 园艺产品冷害发生及其调控机制

【**本章提要**】低温是减少园艺产品贮藏及运输期间损失的最有效手段，但是对于一些对低温敏感的园艺产品而言，较低的贮藏温度即会导致产品发生冷害。本章主要介绍冷害对园艺产品品质的影响以及导致园艺产品发生冷害的因素，从生物膜结构及组成、氧化胁迫、能量代谢以及转录调控和转录后调控等角度介绍园艺产品冷害发生的生理生化和分子机制、减轻园艺产品冷害的措施及采后生物学基础。

17.1 低温对园艺产品品质的影响

温度是影响园艺产品贮藏保鲜的重要因素。园艺产品贮藏时，若贮存温度过高，其成熟衰老加快，保鲜期短；若贮存温度过低，则极易发生冷害。冷害是指冰点以上的不适宜低温（0～15 ℃）对果蔬组织产生的伤害，多发生在热带、亚热带果蔬上，如香蕉、番茄、桃、黄瓜和青椒等（Wang，1990）。

园艺产品品质主要包括外观、质地、香气及风味等，冷害对园艺产品品质的影响是全方位的。虽然园艺产品的冷害症状各不相同，但就冷害对产品外观的影响而言，主要是造成产品表面出现凹陷、水渍状及表皮褐变等现象，冷害严重时，园艺产品内部也会产生褐变，如香蕉、菠萝和甜瓜等果实以及黄瓜、茄子和辣椒等蔬菜。冷害还会使园艺产品硬度增加、果皮果肉难以分离及形成木质化等，如桃果实在低温下贮藏 21 d 后，恢复室温 3 d，果实不能正常软化（张波等，2012）；在 0～1 ℃下冷藏的枇杷果实发生冷害时也表现为组织木质化，并且冷害症状在 20 ℃的货架期间表现更加明显（蔡冲等，2006）；出现冷害的枇杷果实，果皮果肉难以剥离，果肉由原来的柔软多汁变为质地生硬、粗糙少汁等果肉木质化的败絮（郑永华，2003）。冷害还会影响产品的香气，如桃果实在 5 ℃下贮藏 21 d 后，果实特征酯类香气物质乙酸己酯、顺式-3-己烯乙酸酯、反式-2-己烯乙酸酯等在发生冷害果实中的含量显著下降（张波等，2012）；发生冷害的桃果实中可滴定酸和蔗糖含量迅速下降，而葡萄糖、果糖和山梨醇含量则明显升高（王友升等，2003）。

17.2 影响低温冷害的因素及其调控

园艺产品贮藏期间及恢复室温后是否发生冷害与多种因素有关，如物种起源、贮藏温度、贮藏时间及果实成熟度等。起源于热带及亚热带的果蔬对低温较为敏感；就大多数果蔬而言，在发生冷害的温度范围内，贮藏温度越低，贮藏时间越长，冷害程度越严重；相同生长条件下的未成熟果实比成熟果实更易产生冷害（王贵禧等，1998）。

减轻果蔬冷害可以延长果蔬贮藏期，因此，研发减轻果蔬冷害的措施引起了学者们的关注。从目前的报道看，减轻果蔬冷害主要有物理方法及化学方法，其中，物理方法主要有热处理、冷激处理、变温贮藏、低温预贮、气调贮藏、打蜡涂膜等，化学方法主要包括 1 - 甲基环丙烯（1 - MCP）、茉莉酸甲酯（MeJA）及水杨酸（SA）等化学物质处理。值得一提的是，热处理及低温预贮等物理方法减轻冷害不仅符合食品安全的要求，还具有较好的应用前景，尤其是低温预贮在枇杷等果实贮藏及物流中得到了较好的应用，取得了较好的效果。鉴于国内外许多学者针对影响园艺产品低温冷害的因素及其调控这一专题做了较多的综述，本章对此问题不进行赘述。

17.3 果蔬冷害发生机制

17.3.1 生物膜结构及组成

生物膜构象和结构改变被认为是植物冷害发生的最初反应。生物膜主要组成部分是蛋白质和脂类，其组成成分、结构及相互间的作用将影响生物膜的组成、结构和功能。低温逆境会造成植物多种形式的膜伤害，具体表现为膜电导率上升，生物膜相改变，生物膜脂成分也发生改变，以后者的变化最为显著。随着冷害温度时间的延长，果蔬产品会出现膜脂过氧化反应，引起膜脂脂肪酸不饱和程度降低、磷脂和糖脂的降解以及固醇/磷脂上升等，这些变化会引起膜流动性的降低，并最终导致膜和膜相关蛋白功能下降（Sevillano et al.，2009）。

脂类是细胞膜的主要组成部分，细胞膜脂肪酸成分的变化可能会影响膜的生物物理和生物化学特性。生物膜脂的不饱和程度是评价膜功能和低温环境下植物器官生活力重要的参数之一，提高膜脂中不饱和脂肪酸的比例和膜的流动性可增强植物对低温的适应能力（Nishida et al.，1996）。Wang 等（1992）研究发现，西葫芦冷藏期间不饱和脂肪酸与饱和脂肪酸的比值降低，认为不饱和脂肪酸特别是亚麻酸的减少与冷害的发生密切相关。罗自生（2006）研究也发现，随着冷藏时间的延长，柿果亚油酸和亚麻酸相对含量逐渐下降，柿果迅速表现出冷害，这表明柿果冷害与亚油酸和亚麻酸相对含量降低密切相关。与常温贮藏相比，甜椒总膜脂含量在低温贮藏（10 ℃和 4 ℃）下显著下降，并且 4 ℃贮藏时含量最低（Kong et al.，2018）。比较两个枇杷品种 Qingzhong 和 Fuyang 在低温（1 ℃）贮藏 35 d 的冷害情况发现，与冷敏感品种 Fuyang 相比较，抗冷品种 Qingzhong 含有较高的亚油酸和亚麻酸以及较低水平的棕榈酸和硬脂酸，能维持较高的膜脂脂肪酸不饱和程度，从而具有抵抗低温的能力（Cao et al.，2011）；采用外源 MeJA 和 1 - MCP 处理枇杷果实，使亚油酸、亚麻酸相对含量高于对照，棕榈酸、硬脂酸相对含量低于对照，而不饱和脂肪酸程度较对照显著增加，因此处理后的果实对低温的抗冷能力比对照明显增强（Cao et al.，2009a、2009b）。Zhang 和 Tian（2009）的研究表明，桃果实在 0 ℃下贮藏的抗冷性强于 5 ℃，也与 0 ℃低温有利于保持桃果实生物膜较高的不饱和程度、维持生物膜的流动性有关；他们证实了生物膜脂的不饱和程度与膜脂中较高的 C18：3（表示含 18 个碳原子，含 3 个不饱和双键的脂肪酸）的含量成正相关（表 17 - 1），而 C18：3 水平受到 omega - 3 去饱和酶基因（FAD）表达的正调控。Wang 等（2017）发现，低温预贮（LTC）可以显著增加湖景蜜露水蜜桃中的硬脂酸（C18：0）和亚麻酸（C18：3）含量以及相关基因表达，从而减轻水蜜桃的冷害。

表 17 - 1 桃果实生物膜脂的脂肪酸组成及不饱和程度

(Zhang et al.，2009)

贮藏时间（d）	处理[②]	脂肪酸组成 x[①]（%）					双键指数[③]
		C16：1	C18：0	C18：1	C18：2	C18：3	
0		24.17±0.45	23.99±0.31	15.43±0.19	16.96±0.07	19.45±0.15	1.45±0.01

（续）

贮藏时间（d）	处理[②]	脂肪酸组成 x[①]（%）					双键指数[③]
		C16：1	C18：0	C18：1	C18：2	C18：3	
10	5 ℃	20.06±0.53a	13.44±0.24a	10.06±0.15b	29.87±0.21a	26.56±0.23b	3.20±0.05b
	0 ℃	18.99±0.38b	7.35±0.07b	13.19±0.37a	18.54±0.07b	42.01±0.37a	4.13±0.05a
20	5 ℃	36.86±0.75a	20.30±0.33b	9.72±0.09b	22.58±0.12a	10.66±0.25b	1.15±0.01b
	0 ℃	22.18±0.55b	16.29±0.33b	10.76±0.17a	10.93±0.18b	40.01±0.37a	2.88±0.04a
30	5 ℃	37.08±0.76a	25.30±0.37a	6.82±0.11b	24.76±0.02a	6.04±0.17b	0.98±0.01b
	0 ℃	36.29±0.71a	16.37±0.30b	9.68±0.16a	12.25±0.05b	25.15±0.26a	1.60±0.02a

注：①x 表示脂肪酸组成的物质的量百分数；②5 ℃ 为桃果实产生冷害的温度，0 ℃ 为桃果实不产生冷害的温度；③脂肪酸不饱和程度用双键指数（double bound index，DBI）来评价，DBI 的计算公式为：DBI＝[$3x$（C18：3）＋$2x$（C18：2）]/[x（C16：0）＋x（C18：0）＋x（C18：1）]。

17.3.2　氧化胁迫

低温逆境除直接影响生物膜结构及其组成外，还可以通过诱导氧化胁迫使膜完整性丧失。活性氧自由基迸发和积累是引起果蔬采后冷害的主要原因，它是电子传递过程中产生的一些代谢物质，主要包括超氧阳离子（O_2^-）、羟自由基（OH^-）、过氧化氢（H_2O_2）以及单线态氧（$^1O_2$）等。正常情况下，植物细胞内活性氧的产生和清除处于一种动态平衡的状态。然而，一旦植物遭受环境胁迫，活性氧产生和清除的平衡体系即遭破坏，诱发氧化胁迫。活性氧首先袭击的是膜系统，磷脂和脂肪酸受损导致生物膜中脂质的过氧化或脱脂化，干扰生物膜上镶嵌的多种酶的空间构型，使得膜孔隙变大，通透性增强，离子大量泄漏，从而导致植物严重伤害或死亡（Scandalios，1993）。

植物细胞中的抗氧化物质和抗氧化酶构成了活性氧清除系统。抗氧化物质包括 β-胡萝卜素、维生素 E、抗坏血酸盐、谷胱甘肽等，而抗氧化酶主要是超氧化物歧化酶（SOD）、谷胱甘肽还原酶（GR）、过氧化氢酶（CAT）、过氧化物酶（POD）和抗坏血酸过氧化物酶（APX）等（Blokhina et al.，2003）。因此，激活果蔬抗氧化系统，增强抗氧化物质含量以及诱导提高抗氧化酶活性，是增强果蔬采后抗冷性的有效方法。Chen 和 Yang（2013）报道，6-苄氨基腺嘌呤（6-BA）可明显减轻黄瓜的冷害，其作用机理是提高了抗氧化酶如 SOD、CAT、APX 和 GR 等活性和抗氧化系统，减少膜脂过氧化，维持生物膜的完整性等。热处理、MeJA 和 SA 处理减轻桃和枇杷果实冷害，也与诱导提高果实抗氧化酶活性密切相关（Wang et al.，2006；Cao et al.，2009a；Rui et al.，2010；Cai et al.，2011）。在番茄中超表达抗坏血酸合成途径关键酶 *SlGEM*，可以增加转基因番茄的叶片和果实中抗坏血酸的含量，从而增强植株的抗氧化能力，进而提高植株对多种逆境包括冷害的抗性（Zhang et al.，2011）。

17.3.3　能量代谢

能量是生命活动的基础，植物维持生命活动最重要的能量库是三磷酸腺苷（ATP），它主要用于合成生物体物质、运输营养物质及传递基因信息等。在正常生命活动中，果蔬组织通常能够合成足够的能量以维持组织的正常代谢；但在低温胁迫条件下，果蔬呼吸链受损，导致 ATP 合成能力下降，引发能量亏缺，使细胞结构破坏、生物膜功能损伤，从而引发细胞凋亡（Jiang et al.，2007）。如荔枝果实随着褐变指数增加，ATP 含量和能荷水平显著降低（Duan et al.，2004）；蓝莓在低温贮藏过程中出现的凹陷斑点发生的部分原因是能量不足（Zhou et al.，

2014）；桃果实冷害发生也与能量供应不足有关（陈京京等，2012）。研究表明，桃果实在 0 ℃和 5 ℃下冷害发生程度不同，其中 5 ℃贮藏的桃果实褐变指数较高，冷害较严重，与 5 ℃贮藏果实的 ATP 和二磷酸腺苷（ADP）含量、能荷水平、H^+-ATPase、琥珀酸脱氢酶（SDH）和细胞色素氧化酶（CCO）活性较低有关。因此，维持细胞内较高的 ATP 和能荷水平可保持组织的正常活动，从而维持采后果实品质，延长采后贮运货架期。低温预贮、γ-氨基丁酸、茉莉酸甲酯和草酸等处理能够减轻桃果实冷害的发生程度，也与这些处理能够调节线粒体呼吸代谢酶活性，维持果实较高的能量水平，从而延缓膜脂过氧化进程等有关（Yang et al.，2011；赵颖颖等，2012；Jin et al.，2013；Jin et al.，2014）。对芒果的研究进一步表明，外源草酸处理可以通过增加体内脯氨酸的积累和维持较高的 ATP 与能荷水平，提高果实对低温的抗性，并且在整个贮藏过程中，对照果实在低温下贮藏，其能量水平较低，能量亏损较严重（Li et al.，2014）（图 17-1）。

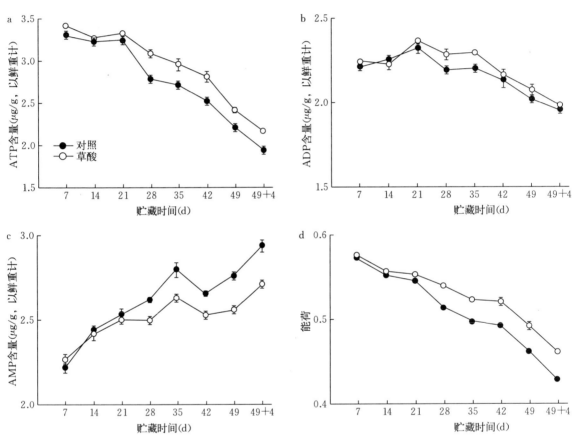

图 17-1　草酸处理后的低温贮藏芒果中 ATP、ADP、AMP 含量和能荷变化

(Li et al.，2014)

17.4　果蔬响应冷害和诱导抗冷性的分子生物学研究进展

植物在响应低温胁迫的过程中，冷诱导基因的表达起着至关重要的作用。拟南芥的基因组中有 4%～20%的基因是受冷信号调控的（Hannah et al.，2005；Lee et al.，2005），并且抗冷功能基因的转录调控是植物应答低温胁迫的关键环节，这其中包括 bHLH、MYB、AP2/ERF、AREB/ABF 和 NAC 等转录因子家族（Miura et al.，2013；Nakashima et al.，2014；Shi et al.，2014；Shi et al.，2015）。除了转录水平调控外，转录后及翻译后调控，如磷酸化、泛素化和类泛素化等蛋白质修饰，在植物对低温胁迫应答过程中也发挥重要作用（Miura et al.，2013；

Shi et al.，2014；Shi et al.，2015）。尽管植物对低温响应受复杂的调控网络控制，但概括起来，主要是通过两种信号途径，即依赖脱落酸途径和不依赖脱落酸途径，尤其对不依赖脱落酸的ICE1－CBF－COR冷信号途径研究较多（Shi et al.，2014；Shi et al.，2015）（图17－2）。多种植物激素，包括茉莉酸、脱落酸和乙烯等，均是通过直接或间接影响这两种冷信号途径来调控植物对冷胁迫的响应（Shi et al.，2014；Shi et al.，2015）。近年来，果蔬响应冷害和诱导抗冷性的分子生物学研究也开始从抗冷功能基因的克隆表达逐渐深入到转录调控和转录后调控机制的分析，并取得了一定的进展。

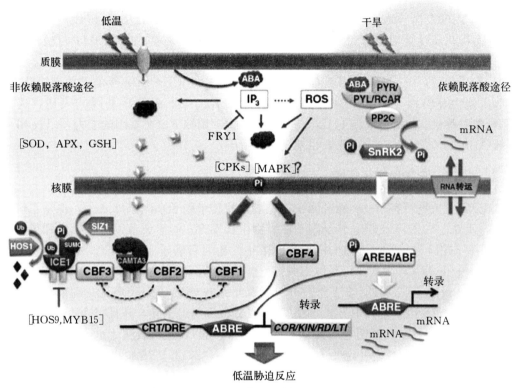

图17－2　植物响应低温胁迫的依赖脱落酸途径和不依赖脱落酸途径

(Shi et al.，2014)

17.4.1　果蔬响应冷害和诱导抗冷性的转录调控

17.4.1.1　bHLH 转录因子家族

bHLH是存在于动物、植物和微生物中的一个庞大的转录因子家族，相对于动物中的bHLH家族成员，植物中的bHLH蛋白分布更加广泛，功能也更多样化（Carretero-Paulet et al.，2010；Feller et al.，2011），bHLH参与植物的生长发育、次生代谢和植物对环境因素的应答反应等（Lindemose et al.，2013）。在拟南芥中，已发现有162个基因编码bHLH蛋白，聚类分析表明，植物的bHLH可以分为4类，ICE和MYC等转录因子均属于bHLH家族（Carretero-Paulet et al.，2010；Feller et al.，2011）。bHLH转录因子家族具有保守的bHLH功能域，该区域对于结合DNA元件（主要有G－box和E－box等元件）是至关重要的（Carretero-Paulet et al.，2010），bHLH蛋白通过与下游基因的启动子结合来调控下游基因的表达。超表达 *SlICE1* 的番茄果实中，很多游离氨基酸、糖类以及一些多胺类物质含量也明显提高，其中有代表性的就是谷胱甘肽以及脯氨酸含量的变化，并且果实中的吡咯啉－5－羧酸合成酶（Δ^1 － pyrroline - 5 - carboxylate synthetase，P5CS）基因表达量提高了大约 3 倍，因此，这些渗透调节物质以及抗氧化物质含量的升高是 *SlICE1* 提高番茄抗冷性的主要原因（Miura et al.，2012），但 SlICE1 是否会直接调控 *P5CS* 尚不明确。Zhao 等（2013）系统研究了香蕉果实 bHLH 转录因子与冷胁迫响应和 MeJA 诱导的耐冷性的关系，他们分离了香蕉果实 MYC - like 的 bHLH 转录因子 *MaMYC2a* 和 *MaMYC2b*，其翻译的蛋白均定位在细胞核，为核蛋白；*MaMYC2a* 和 *Ma-MYC2b* 均瞬时响应低温胁迫，并且外源 MeJA 处理明显诱导了这些基因的表达；酵母双杂交、双分子荧光互补（BiFC）等蛋白-蛋白互作表明，MaMYC2a 和 MaMYC2b 与冷信号关键组分 ICE1 在细胞核内有互作；外源 MeJA 处理也显著增强了 *MaCBF*、*MaCOR*、*MaKIN* 和 *MaRD* 等下游抗性基因的表达。此外，Peng 等（2013）从香蕉果实中分离了 5 个 bHLH 转录因子，其中 *MabHLH1/2/4* 受低温胁迫和外源 MeJA 处理的诱导，更为重要的是，MabHLH1/2/4 不仅自身之间存在互作，并且也与冷信号关键组分 MaICE1 互作，在核内形成蛋白复合体。这些结果表明，响应冷胁迫的 bHLH 转录因子通过与不依赖 ABA 的 ICE - CBF 冷信号关键组分 ICE1 的互作，形成蛋白复合体，诱导 *CBF*、*COR*、*KIN* 和 *RD* 等下游抗冷基因的表达，进而参与 MeJA 诱导的香蕉果实耐冷性。但 bHLH 是否影响 ICE1 调控下游靶基因的能力，以及 bHLH 是否与依赖 ABA 的冷信号途径有关系，目前尚不明确。

17.4.1.2 AP2/ERF 转录因子家族

AP2/ERF 是植物特有的一类转录因子，是最大的转录因子基因家族之一，也是乙烯信号转导中重要的元件之一。AP2/ERF 转录因子在植物生长发育、激素调节、逆境响应和果实成熟等方面发挥重要作用，主要通过识别并结合下游抗性基因启动子上的 GCC、DRE/CRT、CE1、JERE 和 CT - rich 等 5 种顺式作用元件来调控下游抗性基因的表达（Mizoi et al.，2012）。目前在 AP2/ERF 转录因子中，对能够结合 DRE/CRT 元件的 CBF 研究较多。在桃果实中，分离获得了 6 个 PpCBF 转录因子，其中 *PpCBF1/5/6* 受到低温胁迫诱导，并且与冷害较严重的 5 ℃贮藏相比，冷害较轻的 0 ℃贮藏明显增强了 *PpCBF1/5/6* 的表达，表明 *PpCBF1/5/6* 与桃果实响应低温胁迫和诱导耐冷性有一定的关系（Liang et al.，2013）。热水处理在减轻猕猴桃果实冷害的同时，显著上调了低温贮藏过程中 *AcCBF* 基因的表达（Ma et al.，2014）。在猕猴桃果实中还发现 *AdERF3/4/11/12/14* 也响应低温胁迫（Yin et al.，2012）。最近在枇杷果实中的研究发现，EjAP2 - 1 转录因子通过与直接调控木质素合成的 EjMYB1/2 转录因子发生蛋白-蛋白互作，形成转录因子复合体，影响 EjMYB1/2 调控木质素合成相关基因 *Ej4CL* 的能力，进而间接地调控果实冷害发生过程中木质素的生物合成（Zeng et al.，2015）。香蕉果实中，1 个响应 MeJA 的 MaERF10 可以直接结合 JA 合成相关基因 *MaLOX7/8*、*MaAOC3* 和 *MaOPR4* 等的启动子，抑制它们的表达，并且 JA 信号的负调控因子 JAZ 蛋白 MaJAZ3 通过与 MaERF10 的互作，加强了 MaERF10 的转录抑制能力，这些结果说明 MaERF10 和 MaJAZ3 通过形成蛋白复合体，共同负调控 MeJA 诱导的香蕉果实耐冷性（Qi et al.，2016）。但对于这类转录因子参与耐冷性的具体转录调控机制，包括其结合的靶基因等，仍有待深入研究。

17.4.1.3 NAC 转录因子家族

NAC 类转录因子是近年来新发现的植物特异转录因子，参与植物对低温等多种非生物胁迫的响应。如拟南芥 NAC 类蛋白 LOV1 通过促进抗冷相关基因如 *COR15A* 和 *KIN1* 的表达来增强植株抗冷能力，水稻 *OsNAC6*、橙 *CsNAC*、玉米 *ZmNAC1*、花生 *AhNAC2* 和 *AhNAC3* 的表达均受低温诱导（Nuruzzaman et al.，2013）。NAC 转录因子的表达还受茉莉酸、水杨酸以及乙烯等激素的诱导（Nuruzzaman et al.，2013）。香蕉果实的 *MaNAC1* 响应低温胁迫，并且可能与丙烯诱导的耐冷性有关；进一步实验发现 *MaNAC1* 是冷信号关键组分 MaICE1 的靶基因，低温胁迫下 MaICE1 结合 *MaNAC1* 启动子的能力增强（图 17 - 3）；此外，MaNAC1 也与 MaCBF1 存在蛋白互作。这些结果表明，响应冷胁迫和乙烯的 MaNAC1 转录因子通过与植物抗冷途径 ICE - CBF 关键组分 ICE 和 CBF 的互作来共同调控香蕉果实的冷胁迫应答（Shan et al.，2014），进一步完善了 ICE - CBF 冷信号调控网络。关于果蔬中 NAC 转录因子在低温胁迫中的作用及其机制仍需更多的探究，以更全面地认识 NAC 转录因子调控果蔬响应低温胁迫的转录调控机制。

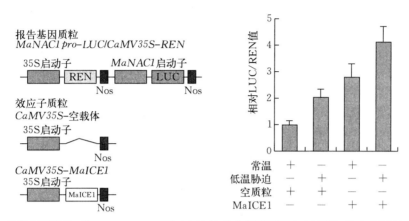

图 17 - 3　双荧光素酶的 effector - reporter 瞬时表达体系分析香蕉果实 MaICE1 结合 *MaNAC1* 的启动子

（Shan et al.，2014）

17.4.1.4　WRKY 转录因子家族

WRKY 也是植物所特有的一类转录因子，最主要的结构特点是其蛋白都含有 1 个或 2 个大约 60 个氨基酸组成的高度保守的 WRKY 结构域（Chen et al.，2012）。WRKY 转录因子是一种诱导型调节因子，在植物的生长发育及胁迫响应中起重要作用，其机制是通过与抗逆靶基因启动子中的 W - box 元件发生特异性结合，调节其表达，进而参与植物抗逆的应答反应（Chen et al.，2012）。Ye 等（2016）在香蕉果实中克隆获得了一个响应冷胁迫和外源 MeJA 的 WRKY 转录因子 MaWRKY26，并且发现 MaWRKY26 可以直接结合 JA 合成相关基因 *LOX*、*AOS* 和 *OPR* 等的启动子，激活它们的表达，表明 MaWRKY26 转录因子有可能通过直接调控 JA 的合成，参与 MeJA 诱导的耐冷性。有报道表明，WRKY 转录因子与脱落酸的信号也密切相关（Rushton et al.，2012），但是果蔬中的 WRKY 转录因子与依赖脱落酸的冷信号途径的关系目前尚不清楚。

17.4.1.5　其他转录因子家族

枇杷果实中，分离获得了两个 MYB 转录因子 EjMYB1 和 EjMYB2，分别是转录激活子和抑制子，通过转录激活和抑制木质素合成相关基因 *Ej4CL1* 的表达，进而参与对低温逆境的响应过程，并且 EjMYB2 会竞争性抑制 EjMYB1 的转录激活能力（Xu et al.，2014）。此外，在枇杷果实中还发现乙烯信号转导组分 EIN3/EIL 转录因子 EjEIL1 也与乙烯介导的冷胁迫响应有一定关系（Wang et al.，2010）。香蕉果实中发现 LBD 转录因子 MaLBD5 与 MeJA 诱导的耐冷性有关（Ba et al.，2016）。

17.4.2　果蔬响应冷害和诱导抗冷性的转录后调控

除了转录水平上的调控，基因的表达还在转录后水平上受到调控。最近的研究表明，转录后修饰，包括磷酸化、泛素化和类泛素化等也是重要的调控低温响应方式之一，尤以 ICE - CBF 冷信号途径中的 ICE1 的转录后修饰研究最多（Shi et al.，2014；Shi et al.，2015）。HOS1 是一个 RING - finger 蛋白，具有泛素 E3 连接酶活性，并且可以与 ICE1 蛋白互作，泛素化降解 ICE1，来调控 CBF（Dong et al.，2006）。ICE1 可以与 MYB15 互作，进而抑制 MYB15 对 CBF 的负调控（Agarwal et al.，2006），并且，ICE1 在低温下发生磷酸化修饰后才能结合 CBF 启动子，调控其表达（Chinnusamy et al.，2007）。拟南芥中还存在一种类泛素化连接酶 SIZ1，它可能通过 ICE1 的蛋白类泛素化减缓 HOS1 参与的降解过程，增强胞内 ICE1 的稳定性，间接地参与到 CBFs 的上游调控（Miura et al.，2007）；进一步研究发现，SIZ1 介导了 ICE1 蛋白序列上的 K393 与类泛素蛋白修饰分子的结合，可以减轻 ICE1 被 HOS1 降解，从而维持其稳定性，进而提高 CBF3 表达及植物的抗冷性（Miura et al.，2007）。由上述结果可见，ICE1 在常温下以钝化形式存在，但在低温下发生磷酸化、泛素化和类泛素化等蛋白质修饰而被激活，并启动下游 CBF 和 COR 基因的表达，响应低温。在苹果叶片中分离到的响应低温胁迫的 ICE1 - like 转录因子 MdCIbHLH1（Cold - Induced bHLH1）也发生了泛素化和类泛素化修饰（Feng et al.，2012）。最近研究还发现，苹果冷调控激活子 MdMYB308L 可以与 E3 泛素化连接酶 MdMIEL1 互作并发生泛素化降解（An et al.，2020）。在香蕉果实中也发现 MaICE1 结合 MaNAC1 启动子的能力也受到磷酸化的影响，MaICE1 去磷酸化后，其结合 MaNAC1 启动子的能力大大降低（Shan et al.，2014）（图 17 - 4）。除了上述蛋白质修饰，最近的研究结果发现，香蕉果实组蛋白去乙酰化酶 MaHDA11 与 MaICE1 和 MaCBF1 均存在蛋白互作，暗示非组蛋白乙酰化修饰也可能参与对低温胁迫的响应。果蔬响应冷胁迫过程中各种蛋白质修饰对转录因子转录活性的影响以及它们之间的相互联系，将是今后研究的重点。

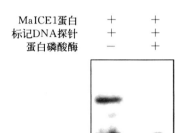

MaICE1蛋白	+	+
标记DNA探针	+	+
蛋白磷酸酶	−	+

图 17 - 4 EMSA 分析去磷酸化对 MaICE1 结合 *MaNAC1* 启动子能力的影响

（Shan et al.，2014）

此外，表观遗传调控在果蔬冷害过程中起着重要的作用。研究发现，低温贮藏 8 d 的番茄果实风味品质下降，香气物质含量减少，进一步利用组学分析技术发现，低温诱导了 DNA 甲基化的瞬时增加，香气物质形成的相关基因以及成熟重要的转录因子都发生了甲基化水平的改变，说明 DNA 甲基化参与了低温对于番茄果实风味品质的调控（Zhang et al.，2016）。最近研究发现，香蕉 MaMYB4 可与组蛋白去乙酰化酶 MaHDA2 相互作用，并且 MaMYB4 通过招募 MaHDA2 到靶基因 ω - 3 *MaFADs* 启动子而影响靶基因的组蛋白乙酰化水平和转录（Song et al.，2019）。以上结果表明，表观遗传机制（如 DNA 甲基化、组蛋白乙酰化修饰等）介导了果蔬冷害的调控过程。

17.5 展望

低温贮藏是园艺产品保鲜最有效的方法之一，但一些对低温敏感的园艺产品在不适当的温度下极易发生冷害症状，造成品质劣变和经济损失，从而限制了低温贮藏在冷敏性园艺产品上的应用。因此，研究园艺产品低温冷害发生机制及调控技术，对于园艺产品冷链物流技术研发和应用以及新型贮藏保鲜措施开发等具有重要的现实意义。

尽管目前人们对园艺产品低温胁迫机制的研究开展了较多的工作并取得了一定的进展，但其冷害机理仍有待进一步阐明，比如：①园艺产品冷害发生进程中的各植物激素的动态变化以及植物激素的动态平衡对产品冷害的影响；②一些重要作用的渗透调节物质（小分子物质如脯氨酸、甜菜碱等，大分子物质如糖类、脂类等）在园艺产品冷害进程中的作用及其调控机制；③园艺产品冷害的转录后调控机制；④采前因素对园艺产品采后冷害的影响及其机制。

随着研究手段尤其是各种组学及遗传操作等技术的不断发展与完善，研究者将会更全面、深入地揭示园艺产品冷害发生及调控机制，以便采取更有效的减轻冷害技术措施，为消费者提供色、香、味俱佳的新鲜果蔬。

（陆旺金　陈建业　邝健飞　编写）

主要参考文献

蔡冲，龚明金，李鲜，等，2006. 枇杷果实采后质地的变化与调控 [J]. 园艺学报，33（4）：731-736.

陈京京，金鹏，李会会，等，2012. 低温贮藏对桃果实冷害和能量水平的影响 [J]. 农业工程学报，28（4）：275-281.

罗自生，2006. 热激减轻柿果冷害及其与脂氧合酶的关系 [J]. 果树学报，23（3）：454-457.

宋肖琴，张波，徐昌杰，等，2010. 采后枇杷果实的质构变化研究 [J]. 果树学报，27（3）：379-384.

王贵禧，宗亦臣，梁丽松，等，1998. 桃综合贮藏保鲜技术研究I. 采收成熟度及采前处理对贮藏效果的影响 [J]. 林业科学研究，11（1）：30-33.

王友升，王贵禧，2003. 冷害桃果实品质劣变及其控制措施 [J]. 林业科学研究，16（4）：465-472.

张波，席万鹏，孙崇德，等，2012. 间歇升温通过调控 AAT 减轻桃果实低温贮藏期间酯类香气的丧失 [J]. 园艺学报，39（增刊）：2597.

赵颖颖，陈京京，金鹏，等，2012. 低温预贮对冷藏桃果实冷害及能量水平的影响 [J]. 食品科学，3（4）：276-281.

郑永华，李三玉，席玙芳，2000. 枇杷冷藏过程中果肉木质化与细胞壁物质变化的关系 [J]. 植物生理学报，26（4）：306-310.

Agarwal M，Hao Y，Kapoor A，et al，2006. A R2R3 type MYB transcription factor is involved in the cold regulation of *CBF* genes and in acquired freezing tolerance [J]. Journal of Biological Chemistry，281：37636-37645.

An J P，Wang X F，Zhang X W，et al，2020. An apple MYB transcription factor regulates cold tolerance and anthocyanin accumulation and undergoes MIEL1-mediated degradation [J]. Plant Biotechnology Journal，18：337-353.

Ba L J，Kuang J F，Chen J Y，et al，2016. MaJAZ1 attenuates the MaLBD5-mediated transcriptional activation of jasmonate biosynthesis gene *MaAOC2* in regulating cold tolerance of banana fruit [J]. Journal of Agriculture and Food Chemistry，64（4）：738-745.

Blokhina O，Violainen E，Fagerstedt K V，2003. Antioxidants，oxidative damage and oxygen deprivation stress：a review [J]. Annals of Botany，91：179-194.

Cai Y，Cao S，Yang Z，et al，2011. MeJA regulates enzymes involved in ascorbic acid and glutathione metabolism and improves chilling tolerance in loquat fruit [J]. Postharvest Biology and Technology，59：324-326.

Cao S，Zheng Y，Wang K，et al，2009a. Effect of 1-MCP on oxidative damage，phospholipases and chilling injury in loquat fruit [J]. Journal of the Science of Food and Agriculture，89：2214-2220.

Cao S，Zheng Y，Wang K，et al，2009b. Methyl jasmonate reduces chilling injury and enhances antioxidant enzyme activity in postharvest loquat fruit [J]. Food Chemistry，115：1458-1463.

Cao S F，Yang Z F，Cai Y T，et al，2011. Fatty acid composition and antioxidant system in relation to susceptibility of loquat fruit to chilling injury [J]. Food Chemistry，127：1777-1783.

Carretero-Paulet L，Galstyan A，Roig-Villanova I，et al，2010. Genome-wide classification and evolutionary analysis of the bHLH family of transcription factors in *Arabidopsis*，poplar，rice，moss，and algae [J]. Plant Physiology，153（3）：1398-1412.

Chen L，Song Y，Li S，et al，2012. The role of WRKY transcription factors in plant abiotic stresses [J]. Biochimica et Biophysica Acta，1819 (2)：120 – 128.

Chen B，Yang H，2013. 6 – Benzylaminopurine alleviates chilling injury of postharvest cucumber fruit through modulating antioxidant system and energy status [J]. Journal of the Science of Food and Agriculture，93：1915 –1921.

Chinnusamy V，Zhu J，Zhu J K，2007. Cold stress regulation of gene expression in plants [J]. Trends in Plant Science，12：444 – 451.

Dong C H，Agarwal M，Zhang Y，et al，2006. The negative regulator of plant cold responses，HOS1，is a RING E3 ligase that mediates the ubiquitination and degradation of ICE1 [J]. Proceedings of the National Academy of Sciences of the United States，103：8281 – 8286.

Duan X W，Jiang Y M，Su X G，et al，2004. Role of pure oxygen treatment in browning of litchi fruit after harvest [J]. Plant Science，167：665 – 668.

Feller A，Machemer K，Braun E L，et al，2011. Evolutionary and comparative analysis of MYB and bHLH plant transcription factors [J]. The Plant Journal，66：94 – 116.

Feng X M，Zhao Q，Zhao L L，et al，2012. The cold – induced basic helix – loop – helix transcription factor gene *MdCIbHLH1* encodes an ICE – like protein in apple [J]. BMC Plant Biology，12：22.

Hannah M A，Heyer A G，Hincha D K，2005. A global survey of gene regulation during cold acclimation in *Arabidopsis thaliana* [J]. PLoS Genetics，1：e26.

Jiang Y M，Jiang Y L，Qu H X，et al，2007. Energy aspects in ripening and senescence of harvested horticultural crops [J]. Stewart Postharvest Review，3：1 – 5.

Jin P，Zhu H，Wang J，et al，2013. Effect of methyl – jasmonate on energy metabolism in peach fruit during chilling stress [J]. Journal of the Science of Food and Agriculture，93：1827 – 1832.

Jin P，Zhu H，Wang L，et al，2014. Oxalic acid alleviates chilling injury in peach fruit by regulating energy metabolism and fatty acid contents [J]. Food Chemistry，161：87 – 93.

Kong X，Wei B，Gao Z，et al，2018. Changes in membrane lipid composition and function accompanying chilling injury in bell peppers [J]. Plant and Cell Physiology，59：167 – 178.

Lee B H，Henderson D A，Zhu J K，2005. The Arabidopsis cold – responsive transcriptome and its regulation by ICE1 [J]. The Plant Cell，17：3155 – 3175.

Li P，Zheng X，Liu Y，et al，2014. Pre – storage application of oxalic acid alleviates chilling injury in mango fruit by modulating proline metabolism and energy status under chilling stress [J]. Food Chemistry，142：72 – 78.

Liang L，Zhang B，Yin X R，et al，2013. Differential expression of the *CBF* gene family during postharvest cold storage and subsequent shelf – life of peach fruit [J]. Plant Molecular Biology Reporter，31：1358 – 1367.

Lindemose S，O'Shea C，Jensen M K，et al，2013. Structure，function and networks of transcription factors involved in abiotic stress responses [J]. International Journal of Molecular Sciences，14：5842 – 5878.

Ma Q S，Suo J T，Huber D J，et al，2014. Effect of hot water treatments on chilling injury and expression of a new C – repeat binding factor (CBF) in 'Hongyang' kiwifruit during low temperature storage [J]. Postharvest Biology and Technology，97：102 – 110.

Miura K，Furumoto T，2013. Cold signaling and cold response in plants [J]. International Journal of Molecular Sciences，14：5312 – 5337.

Miura K，Shiba H，Ohta M，et al，2012. SlICE1 encoding a MYC – type transcription factor controls cold tolerance in tomato，*Solanum lycopersicum* [J]. Plant Biotechnology，29：253 – 260.

Miura K，Jin J B，Lee J，et al，2007. SIZ1 – mediated sumoylation of ICE1 controls *CBF3/DREB1A* expression and freezing tolerance in *Arabidopsis* [J]. The Plant Cell，19 (4)：1403 – 1414.

Mizoi J，Shinozaki K，Yamaguchi – Shinozaki K，2012. AP2/ERF family transcription factors in plant abiotic stress responses [J]. Biochimica et Biophysical Acta，1819 (2)：86 – 96.

Nishida I，Murata N，1996. Chilling sensitivity in plants and cyanobacteria：the crucial contribution of membrane lipids [J]. Annual Review of Plant Physiology and Plant Molecular Biology，47：541 – 568.

Nakashima K, Yamaguchi-Shinozaki K, Shinozaki K, 2014. The transcriptional regulatory network in the drought response and its crosstalk in abiotic stress responses including drought, cold, and heat [J]. Frontiers in Plant Science, 16: 170.

Nuruzzaman M, Sharoni A M, Kikuchi S, 2013. Roles of NAC transcription factors in the regulation of biotic and abiotic stress responses in plants [J]. Frontiers in Microbiology, 4: 248.

Peng H H, Shan W, Kuang J F, et al, 2013. Molecular characterization of cold-responsive basic helix-loop-helix transcription factors MabHLHs that interact with MaICE1 in banana fruit [J]. Planta, 238: 937-953.

Qi X N, Xiao Y Y, Fan Z Q, et al, 2016. A banana fruit transcriptional repressor MaERF10 interacts with Ma-JAZ3 to strengthen the repression of JA biosynthetic genes involved in MeJA-mediated cold tolerance [J]. Postharvest Biology and Technology, 120: 222-231.

Rui H J, Cao S F, Shang H T, et al, 2010. Effects of heat treatment on internal browning and membrane fatty acid in loquat fruit in response to chilling stress [J]. Journal of the Science of Food and Agriculture, 90: 1557-1561.

Rushton D L, Tripathi P, Rabara R C, et al, 2012. WRKY transcription factors: key components in abscisic acid signalling [J]. Plant Biotechnology Journal, 10: 2-11.

Scandalios J G, 1993. Oxygen stress and superoxide dismutases [J]. Plant Physiology, 101: 7-12.

Sevillano L, Sanchez-Ballesta M T, Romojaroc F, et al, 2009. Physiological, hormonal and molecular mechanisms regulating chilling injury in horticultural species. Postharvest technologies applied to reduce its impact [J]. Journal of the Science of Food and Agriculture, 89: 555-573.

Shan W, Kuang J F, Lu W J, et al, 2014. Banana fruit NAC transcription factor MaNAC1 is a direct target of MaICE1 and involved in cold stress through interacting with MaCBF1 [J]. Plant Cell and Environment, 37 (9): 2116-2127.

Shi Y, Ding Y, Yang S, 2015. Cold signal transduction and its interplay with phytohormones during cold acclimation [J]. Plant and Cell Physiology, 56: 7-15.

Shi Y, Yang S, 2014. ABA regulation of the cold stress response in plants [M]//Zhang D P. Abscisic acid: metabolism, transport and signaling. Dordrecht: Springer: 337-363.

Song C, Yang Y, Yang T, et al, 2019. MaMYB4 recruits histone deacetylase MaHDA2 and modulates the expression of ω-3 fatty acid desaturase genes during cold stress response in banana fruit [J]. Plant and Cell Physiology, 60: 2410-2422.

Wang C Y, 1990. Chilling Injury of Horticultural Crops [M]. Boca Raton: CRC Press.

Wang C Y, Kramer G F, Whitaker B D, et al, 1992. Temperature preconditioning increases tolerance to chilling injury and alters lipid composition in zucchini squash [J]. Journal of plant physiology, 140 (2): 229-235.

Wang K, Yin X R, Zhang B, et al, 2017. Transcriptomic and metabolic analyses provide new insights into chilling injury in peach fruit [J]. Plant Cell and Environment, 40: 1531-1551.

Wang L, Chen S, Kong W, et al, 2006. Salicylic acid pretreatment alleviates chilling injury and affects the antioxidant system and heat shock proteins of peaches during cold storage [J]. Postharvest Biology and Technology, 41: 244-251.

Wang P, Zhang B, Li X, et al, 2010. Ethylene signal transduction elements involved in chilling injury in non-climacteric loquat fruit [J]. Journal of Experimental Botany, 61: 179-190.

Xu Q, Yin X R, Zeng J K, et al, 2014. Activator-and repressor-type MYB transcription factors are involved in chilling injury induced flesh lignification in loquat via their interactions with the phenylpropanoid pathway [J]. Journal of Experimental Botany, 65: 4349-4359.

Yang A, Cao S, Yang Z, et al, 2011. γ-Aminobutyric acid treatment reduces chilling injury and activates the defence response of peach fruit [J]. Food Chemistry, 129: 1619-1622.

Ye Y J, Xiao Y Y, Han Y C, et al, 2016. Banana fruit VQ motif-containing protein5 represses cold-responsive transcription factor MaWRKY26 involved in the regulation of JA biosynthetic genes [J]. Scientific Reports,

6：23632.

Yin X R，Allan A C，Xu Q，et al，2012. Differential expression of kiwifruit *ERF* genes in response to postharvest abiotic stress [J]. Postharvest Biology and Technology，66：1 - 7.

Zeng J K，Li X，Xu Q，et al，2015. *EjAP2 - 1*，an *AP2/ERF* gene，is a novel regulator of fruit lignification induced by chilling injury，via interaction with *EjMYB* transcription factors [J]. Plant Biotechnology Journal，13：1325 - 1334.

Zhang B，Tieman D M，Jiao C，et al，2016. Chilling - induced tomato flavor loss is associated with altered volatile synthesis and transient changes in DNA methylation [J]. Proceedings of the National Academy of Sciences of the United States，113（44）：12580 - 12585.

Zhang C，Liu J，Zhang Y，et al，2011. Overexpression of *SlGMEs* leads to ascorbate accumulation with enhanced oxidative stress，cold，and salt tolerance in tomato [J]. Plant Cell Reports，30：389 - 398.

Zhang C F，Tian S P，2009. Crucial contribution of membrane lipids' unsaturation to acquisition of chilling - tolerance in peach fruit stored at 0 ℃ [J]. Food Chemistry，115（2）：405 - 411.

Zhao M L，Wang J N，Shan W，et al，2013. Induction of jasmonate signalling regulators MaMYC2s and their physical interactions with MaICE1 in methyl jasmonate - induced chilling tolerance in banana fruit [J]. Plant Cell and Environment，36：30 - 51.

Zhou Q，Zhang C，Cheng S，et al，2014. Changes in energy metabolism accompanying pitting in blueberries stored at low temperature [J]. Food Chemistry，164：493 - 501.

$\mathcal{18}$ 园艺产品采后病害与控制

【本章提要】随着园艺产品采后商业化品质的提升，其作为生物活体组织较采前更容易发生病害，造成十分严重的资源与经济损失。本章主要介绍我国园艺产品采后病害现状，采后病害的类型及其危害，侵染性致病真菌毒素及其限量标准以及园艺产品采后病害的物理、化学与生物防治技术，特别是利用天然存在的拮抗菌生物防治园艺产品采后侵染性病害的概况，并阐述提高拮抗酵母生物防治园艺产品采后侵染性病害效力的方法和途径。

18.1 园艺产品采后病害现状

园艺产品是指以果树、蔬菜和观赏类植物等种质资源为基础生产出来的物品，包括水果、蔬菜、花卉与食用菌等。生鲜园艺产品具有易腐烂、含水量高、保鲜期短等不耐贮藏的特性，同时存在生产的地域性与消费的普遍性、生产的季节性与消费的全年性等供给与消费之间的对立矛盾，给园艺产品的包装、贮藏、运输和销售等环节带来了极大的困难，严重制约现代园艺产业的可持续性发展。在我国，重采前轻采后的传统导致不够重视水果采后的商品化处理，大部分鲜果以原始状态上市，没有分级、没有包装等现象比比皆是，且由于贮运条件不完善，水果产品无法完全实现冷链流通，果品采后损失十分严重。据不完全统计，我国每年由水果、蔬菜采后腐烂造成的损耗占总产量的30%以上，引起的经济损失达到数百亿元，造成了十分严重的资源浪费与经济损失。生鲜园艺产品防腐、保鲜是保证其贮藏期品质稳定和实施远距离或反季节贸易的关键，已成为农业产业的一个重大课题，受到生产者、物流业和消费者的广泛关注。

18.1.1 园艺产品采后病害

园艺产品在采后贮运销期间因生理失调或受病原物侵染而发生的病变统称为采后病害（postharvest diseases），包括采收时表面完好，但实际已致病，到采后才显出病症的病害，以及产品收获时健康，而在采后感染的病害，这两种情况都是采后蔬菜败坏变质的重要因素。采后病害按发病的时间或场所不同可分为贮藏病害和市场病害，根据致病因素的性质又分生理性病害和侵染性病害两类。

18.1.1.1 园艺产品采后生理性病害

采后生理性病害是指由非生物因素，即产品在采前或采后受到某种不适宜的理化环境因素的影响而造成的生理障碍或伤害，又称生理失调（physiological disorder），如日烧病、缺素症、机械伤害、低温伤害、低氧伤害、高二氧化碳伤害、氨中毒及各种药害等。这类病害的共同特点是，它们由支持生命的因子缺乏或过量引起。生理性病害不能从得病部位传染到健康部位或个体，只在产品的受害部位发生病变，属非传染性病害。生理性病害所致症状在种类上和严重程度上因涉及的特定环境因子及该因子偏离正态的程度而异，症状有轻有重。遭受生理病害的产品，抗病性下降，易受病原侵染而发展为采后侵染性病害。采后生理性病害的致病因素主要包括采前田间逆境和采后逆境。

（1）采前田间逆境造成的生理病害。如日照、温度、湿度、供水条件、土壤条件、营养元素、耕作方法、病虫防治等，任一条件失当都会成为引起生理病变的逆境。若这些逆境发生在产品临近采收时，产品内部组织受影响而表面尚未出现病症，采后经潜伏发展，病症表现逐渐明显，这属于田间致病（《中国农业百科全书》总编辑委员会蔬菜卷编辑委员会等，1990）。例如，大白菜、番茄等在临采收前遭受日灼，采收时仅表现为轻微褪色，采后几天病症变得明显。蔬菜临采收前受到不正常的田间低温影响，采收约 1 周后可能出现冷害症状。钙是细胞壁和膜的重要组分，缺钙会引发苹果苦痘病、虎皮病、水心病以及番茄花后腐烂和莴苣叶尖灼伤等病害；大白菜等结球叶菜的"干烧心"病，主要病因之一也是生长期间缺钙，内叶叶尖和叶缘组织褐变坏死，采后会继续发展扩大并引起腐烂。

（2）采后逆境造成的生理病害。园艺产品采后逆境造成的生理病害主要包括机械损伤（mechanical injury）、低温伤害（low temperature injury）、气体伤害（gas injury）以及化学损伤（chemical injury）等。以上采后逆境造成的生理病害常见的症状有褐变、黑心、干疤和组织水浸状等。

① 机械损伤。园艺产品从收获开始以及其后的一系列处理和运输、搬动过程中，可能受到各种伤害，如割伤、压伤等。机械损伤既是一种生理伤害，又为病原物提供侵染的直接入口，造成腐烂。机械损伤能引起园艺产品组织呼吸强度和乙烯释放量增加，一方面，果蔬损伤后增加了氧的透性，呼吸强度增加，伤口周围的细胞生长和分裂旺盛，形成愈伤组织，以保护其他未受伤部分免于损害；另一方面，乙烯释放量增加进一步刺激呼吸作用上升，促进酶的活性，致使果蔬中营养消耗加速，提早衰老，果蔬寿命缩短。如柑橘果皮切片的乙烯释放量比完整果实高 100 倍以上，且能维持 40 h 之久。在贮藏运输过程中，由于少数果实因机械损伤出现的呼吸上升和伤害乙烯启动了内源乙烯的自动催化，其结果不仅促使本身提前成熟，还促使整个包装箱（库）果实的乙烯自我增加值达到阈值以上，提早成熟衰老，不耐贮运，严重时全部腐烂。

② 低温伤害。园艺产品采后贮藏在不适宜的低温下产生的生理病变称为低温伤害。实践证明，园艺产品的低温贮藏和冷链物流是一种行之有效的方法，它可以降低果蔬的呼吸强度，从而达到防止组织衰老、延长贮藏期的目的。但贮藏运输温度并非越低越好，因为生鲜园艺产品组织本身是由很多细胞组成的有机体，作为一个整体，它同外界环境保持着相对的统一性，当外界环境条件的变化超出一定限度时，就会使果蔬等园艺产品失去统一性，造成多种生理紊乱。低温伤害就是园艺产品贮藏过程中一种常见的生理病害，它的产生是由于外界环境温度低于最适温度下限。低温伤害分为冷害（chilling injury）和冻害（freezing injury）两种。其中，冷害是贮藏温度在产品最适贮藏温度的下限之下、组织冰点温度之上所致，它本质上不同于冻害，可以发生在田间或采后的任何阶段；而冻害发生在园艺产品的冰点温度以下，主要是由于细胞结冰破裂、组织损伤，常出现萎蔫、变色和死亡的症状。蔬菜发生冻害后一般呈水浸状，组织透明或半透明，有的组织褐变，解冻后有异味。低温伤害对于园艺产品采后品质影响的详细内容见本书第 17 章。

③ 气体伤害。气体伤害主要是指自然贮藏或气调贮藏过程中，由于环境气体组成不当，造成氧气浓度过低或二氧化碳浓度过高，导致园艺产品发生低氧和高二氧化碳伤害，又称呼吸失调（respiratory disorders）。正常空气中氧气含量占 21%，二氧化碳含量只有 0.03%，园艺产品能进行正常的呼吸作用，不会产生二氧化碳中毒和低氧伤害，但有时果实大量堆积或包装不当，以

及采用气调贮藏时条件控制不当，就会导致贮藏环境中二氧化碳浓度太高或氧气浓度太低。一旦贮藏环境中二氧化碳浓度高于10%或氧气浓度低于2%，超出果蔬组织的忍耐限度，就会导致果蔬组织发生无氧呼吸，积累过量的乙醛和乙醇等有毒物质，最终使组织中毒。例如，荔枝置于加冰的泡沫箱内，室温下几天内二氧化碳含量即可达50%，氧气含量降到0，从而引起荔枝果实褐变和变味；贮藏库通风不良，环境中二氧化碳浓度提高到15%或以上时，就会促使香蕉产生异味。气体伤害在较高的温度下将会更为严重，高温会加速果实的呼吸代谢。

当贮藏环境中的氧浓度低于2%时，园艺产品正常的呼吸代谢受阻，转向无氧呼吸途径，产生和累积乙醛、乙醇和甲醛等有害物质，并产生乙醇或发酵的气味，造成低氧伤害。低氧伤害的症状表现主要是表皮局部下陷，果肉或果皮褐变，果实软化，不能正常成熟。香蕉在低氧胁迫下产生黑斑。蒜薹忍耐低氧伤害能力较强，但氧气浓度长期处于1%以下，也会发生伤害，薹梗由绿变暗变软。轻度缺氧造成少量乙醇积累的苹果，在提高贮藏温度至10~18 ℃并进行通风后，乙醇可以缓慢地消失；不过，将因低氧造成黑心的薯块转移到高温环境中，黑心症状将更加严重。二氧化碳伤害与低氧伤害极为相似，贮藏环境中二氧化碳浓度高于10%时，线粒体的琥珀酸脱氢酶系统受到抑制，进而影响三羧酸循环的正常进行，导致丙酮酸向乙醛和乙醇转化和累积，造成高二氧化碳伤害。高二氧化碳伤害的症状也表现为表面产生凹陷的褐斑，有些伤害从果实维管束开始褐变，随后在果肉发生不规则、分散的小块褐斑并逐渐扩大连片，严重者出现空腔，患病部位与未患病部位之间有明显的界线。苹果和马铃薯首先发生在果实内部，表面无症状，只是在伤害后期表面才出现褐变；柑橘的伤害使果肉变苦，产生浮皮果；番茄伤害开始症状是在表皮上出现白色凹陷斑点并逐渐转褐，严重时大面积凹陷，果实变软，发出浓厚的乙醇异味。凡遭受高二氧化碳危害的果蔬，一旦解除高二氧化碳环境后，伤害症状不再发展，但也不能复原。此外，贮藏环境中的乙烯及其他挥发性物质的累积都可能造成园艺产品生理伤害（罗云波等，2010）。

④ 化学损伤。氨气、漂白粉、二氧化硫、氯化钙、溴代甲烷等化学制冷剂、防腐剂使用不当引起的损害称为化学伤害，其中由氨制冷系统漏氨引起的果蔬伤害称为氨伤害，这种伤害在贮藏过程中一般是可以避免的。轻微受氨伤害的果蔬，最初组织发生褐变，进一步使外部变为黑绿色。苹果和梨受到氨伤害时，其症状为组织产生褪色的凸起，受害严重时内部组织褪色，而且明显变软。二氧化硫可以中和氨，但是使用二氧化硫也必须严格控制剂量。二氧化硫通常作为一种杀菌剂广泛应用于水果、蔬菜等园艺产品的采后贮藏，如库房消毒、熏蒸杀菌或浸渍包装箱内纸板防腐等，但处理不当，容易引起果实中毒。被伤害的细胞内淀粉颗粒减少，细胞质的生理作用受到干扰，叶绿素遇到破坏，使组织发白。葡萄对于二氧化硫很敏感，其浓度应低于1%。除以上常见的制冷剂和化学防腐剂引起的伤害以外，1-MCP作为新型的保鲜剂，其应用过程中也存在一些负面伤害。1-MCP作为一种乙烯受体抑制剂，能不可逆地作用于乙烯受体，从而阻断受体与乙烯的正常结合，抑制其所诱导的与果实后熟相关的一系列生理生化反应，广泛应用于园艺产品贮藏保鲜领域。1-MCP能有效地抑制苹果、香蕉、梨、西洋梨、猕猴桃和马铃薯等跃变型果蔬的呼吸和乙烯的合成，推迟乙烯与呼吸高峰的出现，阻止或延缓乙烯发挥作用，使果蔬贮藏期和货架期大大延长。但高浓度1-MCP处理会抑制一些果蔬中挥发性物质的产生，导致品质降低，寿命缩短，腐烂增加，且部分果蔬中高浓度1-MCP抑制不能为外源乙烯所恢复。

18.1.1.2 园艺产品采后侵染性病害

采后侵染性病害是指由于病原微生物的入侵而导致的园艺产品腐烂变质的病害，也统称为病害腐烂（pathological decay）。大多数园艺产品的腐烂是由弱寄生性真菌或细菌引起的，病毒和原生动物等也是致腐因子。这些病原物的共同特性是对园艺产品有寄生能力和致病能力，在寄主上生长发育和产生大量繁殖体，致使寄主产品发生病变，通过传播到达健康个体或部位再次引起新的侵染。

　　据统计，大约有 25 种真菌和细菌与果蔬采后严重腐烂有关。采后侵染性病害的发生是寄主和病原菌在一定的环境下相互斗争，最终导致园艺产品发病的过程，并经过进一步的发展而使病害扩大和蔓延。病原菌侵染寄主后能否引起发病并表现症状取决于寄主防卫反应、病原菌致病力及环境条件这 3 方面因素。当寄主的抵抗力减弱，病原菌的致病力强，而环境条件又有利于病原菌生长、繁殖和致病时，病害就会发生；反之，寄主的抵抗力保持不变，环境条件不利于病原菌生长、繁殖时，病原菌就受到抑制。越来越多的研究表明，采后营养物质愈加丰富，而抵抗力逐渐减弱是园艺产品采后侵染性病害高发的重要原因（田世平等，2011）。

　　在生长期间园艺作物对真菌和细菌都具有较强的抵抗力，而采后的园艺产品对病原菌则比较敏感。很多园艺产品在田间就已受到侵染，只是收获时产品尚未出现病症或仅有轻微的症状。随着园艺产品成熟过程中细胞壁降解和酚类、醌类、不饱和内酯以及萜类等次生代谢产物消退，寄主自身抵抗力逐渐减弱，侵染性病害到采后贮、运、销过程中才逐渐显现出病症或进一步扩展（图 18-1）。例如，烷基酚类化合物参与园艺作物病害潜伏并在其抗病性中起作用；两种抗真菌化合物 5-(12-顺十七碳烯基)-间苯二酚和 5-十五烷基

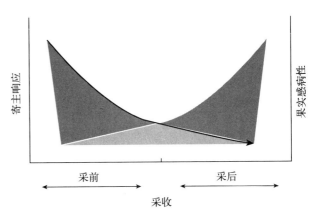

图 18-1　采收前后寄主抗病能力与敏感性变化规律
（Prusky et al.，2007）

间苯二酚在梨果皮和未成熟的果实中含量都很高，而一旦果实成熟，这两个抗真菌化合物的含量骤然降低，果实抗病能力随之减弱；单萜类抗菌化合物柠檬醛在果实采收之后，浓度明显减小，从而大大增加了指状青霉和意大利青霉对柑橘属果实的感染能力。

　　此外，果蔬等园艺产品贮藏在一定的温度、湿度、空气成分的环境中，环境条件一方面可以直接影响病原菌，促进或抑制其生长发育，另一方面也可以影响园艺产品的生理状态，保持或者降低果蔬组织的抗病力。当贮藏环境条件有利于病原菌而不利于果蔬组织时，果蔬发生严重腐烂；反之，贮藏环境条件有利于果蔬组织，腐烂情况就会减少。营造合理的贮藏环境对于控制采后侵染性病害至关重要。

　　（1）真菌性侵染病害。真菌是造成园艺产品采后侵染性病害的主要原因，水果贮运期间的侵染性病害几乎全由真菌引起。水果采后侵染性病害致病真菌主要包括：①鞭毛菌亚门（Mastigomycotina）中的腐霉属（Pythium）、疫霉属（Phytophthora）和霜疫霉属（Peronophythora）。该亚门真菌的营养体是单细胞或无隔膜、多核的菌丝体，孢子和配子或者其中一种可以游动。同时，该亚门真菌无性繁殖形成孢子囊，有性繁殖形成卵孢子，适合于比较潮湿的土壤，易引起瓜类和菜豆荚腐病，柑橘类、瓜类和茄果类疫病。②接合菌亚门（Zygomycotina）中的根霉属（Rhizopus）、毛霉属（Mucor）和笄霉属（Choanephora）。该亚门的真菌，绝大多数为腐生菌，少数为弱寄生菌，可以引起果蔬贮藏期间的软腐病，如易引起桃、波罗蜜和草莓软腐病，葡萄和苹果毛霉病，西葫芦笄霉病等。③子囊菌亚门（Ascomycotina）中的核盘菌属（Sclerotinia）和链核盘菌属（Monilinia）。该亚门真菌的营养体除酵母菌是单细胞以外，一般子囊菌都具有分枝繁茂、有隔的菌丝体，易引起许多果蔬的炭疽病、焦腐病、褐色蒂腐病、褐腐病和黑腐病等。④半知菌亚门（Deuteromycotina）中的地霉属（Geotrichum）、葡萄孢属（Botrytis）、木霉属

（*Trichoderma*）、青霉属（*Penicillium*）、曲霉属（*Aspergillus*）、镰刀菌属（*Fusarium*）、链格孢属（或称交链孢属，*Alternaria*）、拟茎点霉属（*Phomopsis*）和炭疽菌属（*Colletotrichum*）等。该亚门真菌只有无性阶段，可以产生多种多样的分生孢子和分生孢子梗，没有或未发现其有性阶段。半知菌都是非专性寄生菌，与果蔬等园艺产品采后病害关系最为密切，易引起柑橘、荔枝和番茄酸腐病，蔬菜灰霉病，柑橘和苹果青霉病、绿霉病，瓜果斑心腐和炭疽病等。

（2）细菌性侵染病害。细菌不能直接穿透完整的植物表皮，可以通过自然开孔如气孔、皮孔、水孔，机械、人为或其他物理损伤处或者叶毛侵入。果蔬采后细菌性腐败报道较少，仅仅少数几种细菌引起蔬菜的软腐病，例如，欧氏杆菌属（*Erwinia*）易引起各种蔬菜的软腐病，假单胞菌属（*Pseudomonas*）主要引起黄瓜、番茄和甘蓝等蔬菜的软腐病等，以上两属细菌均不产芽孢。

18.1.2　园艺产品中几种典型的真菌毒素

真菌毒素是真菌产生的次生代谢产物，是引起人畜各种损害的天然有毒化合物。真菌毒素在自然界中广泛存在，具有分子量小、无抗原性、化学结构多样化、热稳定性差和致毒剂量低等特点。有些毒素是真菌的自身组成成分，直接食用会引起急性中毒，如毒蕈类；另一类毒素也存在于真菌菌体中，粮食、牧草等易被这类真菌污染而带菌，如麦角中毒、赤霉病麦中毒等；还有一类是真菌寄生于粮食类作物中，在生长繁殖过程中产生毒素，并积聚其中，对真菌本身不一定是必需组分。其中，第3类是一般所谓的真菌毒素中毒症的主要来源，这类中毒症是经长时间反复摄入，逐渐积累而引起慢性中毒。不同的真菌可产生相同的毒素，而同一菌株可产生几种不同的毒素，在不同的基质、温度、湿度条件下，真菌的产毒能力有很大差别。研究表明，真菌毒素不仅污染小麦、大麦、燕麦、玉米等禾谷类作物，也危害苹果、梨、马铃薯、葡萄、石榴等果蔬类经济作物及其制品。

目前已发现的果蔬中常见的真菌毒素主要由黄曲霉毒素（aflatoxin）、单端孢霉烯族毒素（trichothecenes）、展青霉素（patulin）、赭曲霉毒素（ochratoxin）和交链孢霉毒素（*Alternaria toxins*）等组成。它们都具有致癌、致畸和致突变的作用，给人和动物的健康造成极大的危害。

（1）黄曲霉毒素。黄曲霉毒素是黄曲霉和寄生曲霉的有毒代谢产物，除谷物和油料作物的种子及加工产品外，干鲜果品中也能检出黄曲霉毒素。黄曲霉毒素是目前已知的致癌能力最强的真菌毒素，其主要作用于肝脏，对肝细胞DNA及RNA多聚酶有很强的抑制作用，对胞浆内质网基底膜也有明显作用。

（2）单端孢霉烯族毒素。单端孢霉烯族毒素主要是由镰刀菌、木霉、单端孢霉、头孢霉、漆斑霉、轮枝孢和黑色葡萄状穗霉等属的真菌产生，广泛存在于干腐病马铃薯块茎、心腐病苹果等果蔬中。单端孢霉烯族毒素主要通过抑制和干扰人和动物体内的蛋白质和核酸的合成，从而对人畜健康产生免疫抑制。

（3）展青霉素。展青霉素主要由曲霉属和青霉属中的棒曲霉、扩展青霉、展青霉和曲青霉等病原真菌产生，在多种水果及其制品中均有发现。研究表明，展青霉素可通过影响细胞膜的透过性间接地引起生理呼吸异常。

（4）赭曲霉毒素。赭曲霉毒素主要是由曲霉属和青霉属真菌产生的一种病原真菌毒素，属于聚酮类化合物，在干果、葡萄及葡萄酒、罐头食品等多种果蔬及制品中均有检出，对人类和动物的毒性作用主要表现为肾脏毒、肝毒、致畸、致癌、致突变和免疫抑制作用。

（5）交链孢霉毒素。交链孢霉毒素主要是由互隔链格孢菌（*Alternaria alternata*）产生，广泛存在于霉变的果蔬中，部分交链孢毒素具有明显的遗传毒性和致突变性（薛华丽等，2016）。

随着我国食品中真菌毒素限量及污染物限量标准的不断完善，《食品安全国家标准　食品中真菌毒素限量》（GB 2761—2017）对黄曲霉毒素 B_1、展青霉素和赭曲霉毒素 A 在果品及其制品中的限量分别给出了明确规定，要求黄曲霉毒素 B_1 在熟制坚果及籽粒（花生除外）中的检出限量不得高于 5 μg/kg，展青霉素在水果制品（果丹皮除外）和以苹果、山楂为原料制成的果蔬汁类及酒类产品中检出限量不得高于 50 μg/kg，赭曲霉毒素 A 在葡萄酒产品中的检出限量不得高于 2 μg/kg。3 种真菌毒素的检验方法分别按《食品安全国家标准　食品中黄曲霉毒素 B 族和 G 族的测定》（GB 5009.22—2016）、《食品安全国家标准　食品中展青霉素的测定》（GB 5009.185—2016）和《食品安全国家标准　食品中赭曲霉毒素 A 的测定》（GB 5009.96—2016）执行。

18.2　采后病害控制技术的研究进展

园艺产品采后病害控制技术主要有物理方法、化学方法和生物学方法，各自依托不同的保鲜原理，通过调控关键品质要素达到保鲜的目的。物理保鲜技术中常用的技术有低温保鲜、气调贮藏、中低剂量辐照保鲜、减压贮藏以及高静压技术保鲜技术等，主要用于控制生理性病害和抑制部分侵染性致病菌的活动和病害扩展。化学保鲜技术中常用的防腐剂有乙烯吸附剂等吸附型防腐保鲜剂，苯并咪唑等溶液浸泡型防腐保鲜剂，硫化物、仲丁胺等熏蒸型防腐保鲜剂和涂膜保鲜剂，其中，苯并咪唑等溶液浸泡型防腐保鲜剂是目前防治侵染性病害的重要方法，也是目前最有效的方法。生物保鲜技术中常用的有植物源防腐剂、植物生长物质与拮抗微生物保鲜等，主要用于控制园艺产品采后侵染性病害。

18.2.1　物理保鲜技术

18.2.1.1　低温保鲜

温度是影响园艺产品呼吸作用最重要的因素。低温保鲜可以降低生鲜食品的呼吸和其他一些代谢过程，并且能减少水分子的动能，使液态水的蒸发速率降低，从而保持产品的新鲜与饱满，延缓衰老。园艺产品在正常的贮运销条件下，温度升高，酶活性增强，呼吸强度相应增大，通常在 5～35 ℃范围内，温度每升高 10 ℃，呼吸强度提高 1.0～1.5 倍，贮藏期缩短一半以上。有人将苹果放在不同温度下贮藏，观察它的成熟进程，结果发现，苹果在 4.4 ℃下比在 0 ℃下成熟速度快 1 倍，在 21 ℃时又比在 9 ℃下快 1 倍，也就是说，苹果采收后在 21 ℃条件下多存放 1 d，就相当于在 0 ℃条件下少存放 7～10 d。不仅如此，每种果蔬对冰点附近的温度还特别敏感，例如在 -0.5 ℃下的苹果和蒜薹的寿命，则比在 1 ℃下贮藏长得多。其次，温度对园艺产品乙烯的产生影响很大。当贮藏温度较高时，园艺产品的呼吸强度较高，产生的乙烯也就较多，结果会加速其新陈代谢的进程，促进其衰老。

为了抑制园艺产品在贮藏期间的呼吸作用，不能简单地认为贮藏温度越低越好。不同种类的园艺产品，根据原产地的历史发育特性，都有一个适宜的低温限制，一般对于冷害不敏感的果蔬，如苹果、梨、甘蓝、花椰菜、豌豆等，最佳贮藏温度在 0 ℃左右（-1～4 ℃）；一些喜温果蔬，如香蕉、菠萝、番茄、辣椒、甘薯等，最佳贮藏温度在 10 ℃左右；双孢蘑菇、香菇、草菇等食用菌的最佳冷藏温度为 0～6 ℃。这种适宜的低温限度，还因品种、成熟度而改变。

18.2.1.2　气调贮藏

果蔬正常的呼吸作用与外界环境进行气体交换，需要不断地吸收氧气和释放二氧化碳。因此适当降低贮藏环境中氧气的浓度或者增加二氧化碳的浓度，不仅可以抑制果蔬呼吸作用的进行、降低呼吸强度，而且还可以抑制内源乙烯的合成，有利于延长果蔬的贮藏寿命。气调贮藏是指在一定的温度条件下，通过调节贮藏环境中氧气和二氧化碳的浓度来达到维持果蔬品质、延长采后寿命的一种方法，包括人工气调贮藏和自发气调贮藏（限气贮藏）两类。正确的利用气调贮藏可以取得如下效益：

（1）推迟果蔬衰老。在气调环境中，通过调节氧气和二氧化碳的浓度可以降低呼吸强度和乙烯生成速率，达到推迟果蔬后熟和衰老的目的，如冷藏苹果一般 4 个月开始发绵，而气调贮藏 6 个月的苹果仍可以保持香脆、风味不变。果蔬出库后，在室温条件下，气调贮藏比低温保鲜产品的货架期要长，如苹果出库后保鲜时间可以延长两周。

（2）保持绿色效果显著。二氧化碳可以抑制叶绿素的分解，若使气调环境中二氧化碳维持在合适的水平上，对富含叶绿素的果蔬有明显的保绿效果。

（3）保持水果的硬度。有些水果特别是柿等，在气调贮藏 5 个月后，其硬度仍与收获时一样。

（4）降低果蔬对乙烯的敏感性。降低氧气含量和提高二氧化碳含量能显著地干扰乙烯对番茄的后熟作用。

（5）减轻和减缓某些生理失调。降低氧气含量和提高二氧化碳含量可减轻或缓和某些蔬菜的冷害症状，如在 5 ℃ 的条件下，提高二氧化碳浓度至 $10\%\sim20\%$，能显著降低辣椒的冷害症状。

（6）降低腐烂率和控制果蔬发生虫害。气调贮藏对果蔬上的病原体和虫害有直接和间接的抑制作用，白菜在 2.5% 氧气和 3% 二氧化碳的气调贮藏条件下腐烂率显著低于普通贮藏条件；在 5% 或 21% 的氧分压下，短期暴露在 $10\%\sim70\%$ 的二氧化碳浓度下，能有效控制莴苣等果蔬的病虫害发生概率（郑厚芬，1990）。

对生鲜园艺产品贮藏来讲，适宜的温度、二氧化碳和氧气含量之间存在着拮抗和增效作用，它们之间的相互配合作用远强于某个因子的单独作用，因此可通过控温加气调的方法来达到延长贮藏时间的目的。各种气体发生器（或制氮机）、二氧化碳脱除器、乙烯脱除机、塑料薄膜包装和硅窗气调等，为控制贮藏中的气体成分提供了条件和手段。虽然气调贮藏对延长园艺产品的贮藏寿命是有利的，但若不熟悉园艺产品的生理特性或在应用气调时发生错误，也会产生某些有害的影响，所以，必须根据园艺产品的固有特性来选择合适的贮藏方法和条件。

18.2.1.3 减压贮藏技术

减压贮藏技术是气调贮藏的一种改良方法，果实置于耐压密闭的容器中，抽出部分空气，使内部气压降至一定的量，并在整个贮藏期间不断换气。换气可采用真空泵、压力调节器和加湿器，使贮藏器内维持新鲜、潮湿的空气。由于空气减少和氧分压低抑制了呼吸，少量生成的乙烯也随之不断排出，因此，不会产生呼吸跃变和乙烯高峰，不仅可以保鲜，减少糖、酸及维生素的损失，而且果实硬度也较少变化。减压结束，取出果实置于空气中时，最初产生香气少，在 20 ℃ 下存放一段时间后，可以达到果实固有的风味，同时呼吸强度仍较低，乙烯的发生量最初升高，随后也维持在较低的水平上。减压贮藏技术是园艺产品贮藏领域的一个创新，减压贮藏比普通冷藏的果蔬保鲜期可延长 3～10 倍。其减压程度依不同产品而有所不同，一般为标准大气压的 1/10 左右（10.13 kPa）适用于苹果，1/15 左右适用于桃、樱桃，1/7～1/6 适用于番茄。

18.2.1.4 中低剂量辐照保鲜

辐照处理主要是利用 γ-射线（^{60}Co 或 ^{137}Cs 为放射源）或高能电子束（电子加速器产生）穿透力极强的特点，其穿透有机体时会使其中的水和其他物质发生电离，生成游离基或离子，对散装或预包装的生鲜园艺产品起到杀虫、杀菌、防霉、调节生理生化等作用。辐照剂量一般采用国际上公认较安全的中低剂量（小于 10 kGy）。大量研究证明，辐照若采用中低剂量，其辐照产品的安全性是可以得到保证的；低剂量（1 kGy 以下）一般仅影响生命体代谢，如抑制块茎发芽、杀死寄生虫；而中剂量（1~10 kGy）可抑制代谢，有效延长生命体的贮藏期，阻止真菌生长，杀死有害细菌，如沙门菌、弯曲杆菌、志贺菌和李斯特杆菌等。生鲜园艺产品的辐照处理选用相对低的剂量，一般小于 3 kGy，否则容易使生鲜果蔬变软并损失大量的营养成分。中低剂量辐照预处理保鲜中有代表性的例子有草莓、芒果、龙眼和番木瓜，草莓以 2.0~2.5 kGy 剂量辐照处理，可以抑制腐败，延长货架期，并且保持原有的质构和风味；樱桃、蔓越橘、番荔枝、番石榴、杨梅、菠萝、无花果和荔枝等均可以通过低剂量辐照来达到延长货架期、提高贮藏质量的目的，蔓越橘以 0.25、0.5、0.75 kGy 辐射时，在 1 ℃条件下分别贮藏 1、3、7 d 风味和质地没有受到影响。辐照剂量还与水果的成熟度有关，芒果（七八成熟）在室温下贮藏的最适辐照剂量是 0.75 kGy（罗云波等，2010）。

18.2.1.5　超高静压保鲜预处理技术

超高静压保鲜预处理技术的作用原理主要是利用高静压（100~1 000 MPa）对园艺产品进行均匀、瞬时的加工处理。该过程只对非共价键（氢键、离子键、疏水键）产生影响，而对共价键无影响，故高压对维生素、色素、香味等小分子物质几乎没有影响，但对大分子影响较大，可引起蛋白质变性、酶失活、微生物灭活等。因此，果蔬等园艺产品高压加工处理后，实现了灭菌、灭酶，同时果蔬的颜色、风味和营养价值不受或很少受到影响，保持了原有园艺产品的品质，从而达到保鲜和贮藏的目的。高压保鲜技术的抗菌效果与果实中的微生物类型以及果实中的天然成分有关，一些浆果中的有机酸有助于提高超高静压技术的保鲜效果。此外，超高静压保鲜技术与冷藏技术结合使用效果更佳。

18.2.2　化学保鲜技术

化学保鲜主要指的是采用化学药剂对果蔬进行相应的处理而达到保鲜目的的方法。根据施用方式不同，可以分为吸附型防腐保鲜剂、溶液浸泡型防腐保鲜剂、熏蒸型防腐保鲜剂和涂膜保鲜剂（郭达伟，2001）。

18.2.2.1　吸附型防腐保鲜剂

吸附型防腐保鲜剂主要用于清除贮藏环境中的乙烯，降低氧气含量，脱除过多的二氧化碳，抑制果蔬后熟，主要药剂有乙烯吸附剂、脱氧剂和二氧化碳吸附剂。其中，乙烯吸附剂目前利用最广泛，主要由活性炭起吸附作用，高锰酸钾、溴、触媒（铁、贵重金属等）起分解作用。脱氧剂可使氧的浓度迅速降低，容易形成厌气环境，可以防止加工食品发生氧化变质。根据低温高湿条件是园艺产品保鲜的根本原理，以研制湿度高时能吸湿、湿度低时能释汽的吸湿剂作为研究方向。过去，常用湿草席、湿报纸等材料来调节保鲜剂封存的水分、抑制水分蒸腾、防止果蔬萎蔫和减重，目前一种吸水性强的树脂（聚丙烯酸高分子树脂），能吸收约自身质量 1 000 倍的水分，已在生产上试验推广。

18.2.2.2　溶液浸泡型防腐保鲜剂

溶液浸泡型防腐保鲜剂主要是制成水溶液，通过浸泡达到防腐保鲜目的的保鲜剂。该类药剂能够杀死或控制果蔬表面或内部的病原微生物，有的还可以调节果蔬代谢。这类保鲜剂主要有：

①苯并咪唑类第2代化学防腐剂，如苯菌灵、硫菌灵、甲基硫菌灵、多菌灵、噻菌灵、噻苯达唑等；②咪鲜胺类和抑霉唑类等第3代化学防腐剂，包括咪鲜胺、咪鲜胺·氯化锰等，是咪唑类和抑霉唑类广谱杀菌剂；③三乙膦酸铝，具有良好的内吸性，对人畜基本无毒，对植物也安全。以化学杀菌剂为代表的溶液浸泡型防腐保鲜剂使用简便、效果明显，得到了广大用户的认可，但长期使用同一种杀菌剂，往往出现药效降低的现象，即所谓的抗药性。随着人们对抗药性和毒性残留危害的认知，近年来国内外已开始研发低残毒、安全的防腐保鲜剂。

18.2.2.3 熏蒸型防腐保鲜剂

熏蒸型防腐保鲜剂在室温下能够挥发，以气体形式抑制或杀死果蔬表面的病原微生物，是对果蔬毒害作用较小的一类防腐剂，目前用于果蔬等园艺产品的熏蒸剂有仲丁胺、二氧化硫释放剂、二氧化氯、联苯等。其中，应用较多的为二氧化硫释放剂，其能抑制果蔬中多酚氧化酶的活性，防止褐变，但熏蒸浓度过高会造成二氧化硫残留量过高，影响果蔬品质。只有少数几种水果、蔬菜能够忍耐达到控制病害的二氧化硫浓度，如葡萄、荔枝和龙眼等。

18.2.2.4 涂膜保鲜剂

涂膜保鲜剂因其使用简单方便、造价低等优点，在水分含量较高的果蔬贮藏保鲜中得到了较为广泛的应用。涂膜剂保鲜法主要是用蜡和成膜物质涂布果蔬表面成膜，以减少果蔬水分损失、抑制呼吸、延缓后熟衰老、抑制表面微生物的生长、增加果蔬表面光洁度等，提高商品品质，延长园艺产品货架期。近年来，糖类、蛋白质、多糖类蔗糖酯、聚乙烯醇和单甘酯，以及多糖、蛋白质和脂类等组成的可食用性复合涂膜，因具有较好的选择透气性、阻气性，又具有无色、无味、无毒的优点，逐步获得人们的青睐，是目前国内外短期保鲜研究的一大热点。如分子量为2 000~80 000的乙酸聚乙烯溶解在低分子量的乙醇溶液中，可以作为果蔬的可食性涂膜剂，能够有效地阻止氧气和其他气体，可用于苹果、柑橘、桃等的保鲜。

18.2.3 生物保鲜技术

18.2.3.1 植物源防腐剂

植物源防腐剂是指用植物的某些活性部分或提取其有效成分以及分离纯化的单体物质加工而成的用于防治植物病害的药剂，包括植物源杀真菌剂、杀细菌剂、病毒抑制剂和杀线虫剂，如萜类、生物碱、黄酮、甾体、酚类及独特的氨基酸和多糖等物质。植物源防腐剂具有来源广、环境友好、对非靶标生物安全、不易产生抗药性、作用方式特异、促进作物生长并提高抗病性、种类多、开发途径多等特点。植物源防腐剂大部分集中在菊科（Compositae）、豆科（Leguminosae）、百合科（Liliaceae）、姜科（Zingiberaceae）、唇形科（Labiatae）、芸香科（Rutaceae）、桃金娘科（Myrtaceae）、禾本科（Poaceae）和樟科（Lauraceae）等植物中，在瓜果蔬菜、特种作物（茶、桑、中草药、花卉等）及有机农业领域得到了广泛关注和应用（袁高庆等，2010；张兴等，2015）。

植物精油是具有芳香气味的油状液体，通常是从植物的花、芽、种子、叶、枝条、树皮、果实和根中获得。植物精油的成分和其抑菌作用之间存在着密切的关系，一般认为植物精油中的酚类物质是具有抗菌活性的成分，特别是百里酚（thymol）、香芹酚（cvaraerol）和丁子香酚（eugneol），还有研究者认为植物精油中的松萜是某些精油抗菌的主要成分。文献报道多种成分组合在一起可提高各成分单独使用的效果，这可能是两种或两种以上成分相互协同作用的结果。在植物精油中，一些次要成分可能在其抗菌作用中起关键性的作用，在其他成分之间起协同作用时扮演关键角色，例如在鼠尾草和某些百里香、牛至的精油中就发现这样的现象。Maruzezlla 和 Batler（1958）针对 119 种精油在体外对 12 种植物真菌的抗菌活性进行研究，发现 84% 的供试精油至少可以抑制 2 种真菌的生长。一些研究表明，日本薄荷（*Mentha arvensis*）精油及某些精油中的成分如肉桂醛、紫苏醛、柠檬醛具有广谱的抑菌活性。利用百里酚进行熏蒸可有效控制草莓灰霉病与褐腐病（Chu et al.，2001）。百里香中提取的植物精油用 0.2 mg/g 浓度处理草莓，使由灰葡萄孢（*Botrytis cinerea*）和匍枝根霉（*Rhizopus stolonifer*）引起的病害降低了 73% 和 75.8%。Liu 等（2002）也发现百里酚可有效控制杏的褐腐病症状，而且在较低的浓度下就可以明显降低李的采后病害，不会引起损伤。

18.2.3.2 植物生长物质

植物生长物质（plant growth substance）是一些调节植物生长发育的物质，可分为植物激素与植物生长调节剂两类。其中，植物激素（plant hormone）是指由植物细胞接受一定的信号诱导，在植物特定组织中代谢合成的，并通过与特定的蛋白质受体结合来调节植物生长发育的微量生理活性有机物质。目前，公认的六大类植物激素有植物生长素类、赤霉素类、细胞分裂素类、乙烯、脱落酸、油菜素甾醇类。此外，近年来科学家陆续发现了其他多种对植物生长发育有调控作用的物质，即植物生长调节剂，如多胺、茉莉酸、水杨酸类、植物多肽激素、玉米赤霉烯酮、寡糖素、三十烷醇等。

植物生长调节剂在园艺产品采后防腐保鲜中具有作用面广、应用领域多、效果显著、残毒少等优点，使用低浓度的植物生长调节剂就能对植物的生长发育和抗病性起到重要的调节作用。如茉莉酸和茉莉酸甲酯在植物生长发育、果实成熟、花粉活性以及植物对生物及非生物逆境的反应中都起着重要作用，茉莉酸甲酯能够提高采后果实的抗病性（Cao et al.，2008；Meng et al.，2009），并因其具有挥发性，在对果实进行采后处理时，不需要浸果，使用方便。此外，水杨酸是一种普遍存在的植物内源酚类化合物，与茉莉酸类均在植物防御系统中起重要作用，在诱导与植物病害相关的防卫基因表达和伤病信号转导过程中两者常常相互拮抗（Cui et al.，2018）。水杨酸处理也可以延缓果实采后成熟衰老，提高对非生物逆境的抗性，诱导果实对病原菌的抗性或抗性相关反应等。

18.2.3.3 拮抗微生物保鲜技术

拮抗微生物保鲜技术是指利用微生物物种间的相互关系，通过拮抗微生物对病原物的各种不利作用来减少病原物的数量和削弱其致病性的病害控制方法，又称生物防治（biological control）。利用生物方法降低或防治果蔬采后腐烂损失，保护园艺产品免遭病原物侵染的生物防治，涉及病原物侵染前后拮抗微生物在侵染点的扩散。生防微生物弱化和杀灭病原物的机制主要包括直接寄生病原物，产生抑制病原物的抗生素（毒素），对空间和营养的竞争及在其他微生物存在的条件下存活的能力，产生攻击病原菌细胞组分的酶，诱导定殖的寄主防御反应，代谢寄主产生的刺激病原菌孢子萌发的物质及可能的其他物质。

尽管在实验室已经证明了有数千种微生物能够干扰病原菌的生长并能够阻止病原菌引起园艺产品病害，但是，至今只有极少数微生物菌株注册并商业化应用，最常见的园艺产品生防微生物主要为酵母菌。目前，有 10 多种基于拮抗微生物的生物防腐剂产品被投入市场销售、使用或已退市，并且取得了一定的病害控制效果，包括第一代采后生物防治产品，如 Aspire™，基于嗜油假丝酵母（*Candida oleophila*），注册国家为美国和以色列；Bio-Save™，基于丁香假单胞菌（*Pseudomonas syringae*），注册国家为美国；YieldPlus™，基于白色隐球酵母（*Cryptococcus albidus*），注册国家为南非等。不过，第一代采后生物防治产品占有的市场份额很低，Aspire™

（美国）和 YieldPlus™（南非）已经退出了市场。尽管如此，微生物保鲜剂的商业化步伐从未停止，第二代采后生物防治产品，如 Candifruit™，基于清酒酵母（*Candida sake*），注册国家为西班牙；Nexy™，基于嗜油假丝酵母（*Candida oleophila*），注册国家为比利时；Shemer™，基于核果梅奇酵母（*Metschnikowia fructicola*），注册国家为以色列等均已问世。虽然采后生物保鲜剂的效力很大程度上取决于它们的防治能力、可靠性、成本以及可操作性，目前仍然存在瓶颈限制其大规模应用，不过利用该方法进行采后病害控制极具商业化前景（Droby et al.，2016）。

18.3　园艺产品采后生物防治概述

18.3.1　果蔬表面存在的天然拮抗菌

在植物生长的自然环境中存在各种微生物，并附着其表面和内部，这些微生物群体统称为植物微生物组。健康植物微生物组包括多种多样的微生物群体，以细菌为主，在植物生长和抗病中起重要作用，存在于植物叶际和根际的某些天然抗生菌可以抑制叶片以及根部病害的发展。Wilson 和 Wisniewski（1989）发现将浓缩的果蔬表面冲洗物稀释后进行培养，结果只出现细菌和酵母，但将冲洗物稀释后进行培养，致病真菌才会出现在培养基上，由此说明，细菌和酵母是果实表面微生物组中的天然抗生菌，在一定条件下细菌和酵母可以抑制病原菌的生长。基于以上研究结果，Wilson 和 Wisniewski 明确了果蔬采后病害生物防治及其主要途径，旨在通过生物防治采后病害，以减少合成杀菌剂对生态环境、人体健康，特别是儿童健康带来的潜在危害（Droby et al.，2018）。

在采后园艺产品中开发使用微生物拮抗菌具有 3 个优势。首先，园艺产品采后贮运销环境条件容易控制，利于微生物拮抗菌在病原菌侵染点的定殖与扩散；其次，田间环境存在诸多胁迫因素，不利于拮抗微生物的存活，并且田间使用的拮抗微生物很难到达所有需要作用的有效部位；最后，由于园艺产品相对于作物而言具有更高的商品价值，因而比田间更适于采用生物防治（张维一等，1996）。理想的拮抗微生物需要具备以下特点：①遗传稳定；②在低浓度下起效；③营养需求简单，能够在廉价的培养基中生长；④在逆境条件下生存力强；⑤对多种病原菌和多种采后园艺产品均有效；⑥能够耐受最常用的杀虫剂；⑦不产生对人类有害的次级代谢产物；⑧对寄主无致病性；⑨能够与其他化学和物理方法相兼容；⑩易于制备成能有效贮存和使用的剂型，且具有一定的货架期；⑪兼容商业化处理程序（Droby et al.，2009）。此外，拮抗微生物必须对某些特定病原菌有适应性优势。基于以上理念及共生共存原则，人们已经成功从水果蔬菜表面等微生态环境中分离出上百种拮抗微生物，包括细菌、酵母和小型丝状真菌，部分拮抗微生物抑制病原菌的效果显著。

近年来，随着生物拮抗菌抑病机理的揭示，酵母由于具备理想的拮抗微生物所需要的特点，且不产生抗生素，越来越受到青睐，成为防治果蔬病害的主要拮抗菌。经过数十年的研究，目前已经发现有数十种酵母具有拮抗病原真菌的特性，主要包括：假丝酵母属（*Candida*），主要有季也蒙假丝酵母（*C. guilliermondii*）、嗜油假丝酵母（*C. oleophila*）、清酒假丝酵母（*C. sake*）、膜璞假丝酵母（*C. membranifaciens*）等；隐球酵母属（*Cryptococcus*），主要有罗伦隐球酵母（*C. laurentii*）、白色隐球酵母（*C. albidus*）等；毕赤酵母属（*Pichia*），主要有季也蒙毕赤酵母（*P. guilliermondii*）、异常毕赤酵母（*P. anomala*）等；红酵母属（*Rhodotorula*），主要有粘红酵母（*R. glutinis*）、胶红酵母（*R. mucilaginosa*）等；梅奇酵母属（*Metschnikowia*），主要有美极梅奇酵母（*M. pulcherrima*）、*M. fructicola* 等。此外，汉逊德巴利酵母（*D. hansenii*）、海洋红冬孢酵母（*Rhodosporidium paludigenum*）、丛生丝孢酵母（*Triohosporon pullulans*）、类酵母出芽短梗霉（*A. pullulans*）也是研究较多的采后拮抗酵母菌种。

18.3.2　提高拮抗酵母生防效力的方法和途径

尽管拮抗酵母在防治果蔬等园艺产品采后侵染性病害中表现出了良好的应用前景，但是成功将实验室的结果运用于生产中进行生物防治的案例并不多。其中限制该项技术推广的有两个主要原因，一是与化学防治相比，拮抗微生物对侵染性病害的防治效果较差；二是生物防治技术在推广中缺乏必要的经济刺激。

近年来，大量研究表明，将拮抗微生物与其他防腐保鲜手段配合使用，可以显著提高其生物防治效果，如不同种属的采后拮抗酵母能与多种物理、化学或生物的方法有效整合，并对多种果实病害产生附加甚至协同增效的控制结果。

18.3.2.1　与化学物质结合

拮抗酵母与化学物质结合使用提高抑制采后病害的效果，主要包括氯化钙、碳酸氢钠、钼酸铵等盐类化合物，壳聚糖、水杨酸、茉莉酸甲酯等寄主抗性激发子，低剂量杀菌剂、硅、食品添加剂和天然抗氧化剂茶多酚等，其化学物质毒理学背景清楚，操作简单，成本低，与拮抗酵母结合使用效果比较稳定，是整合控制中一个最常用最有效的方法。适用的果蔬包括草莓、桃、冬枣、番茄、柑橘、枇杷、苹果、梨、葡萄和樱桃等。

18.3.2.2　与物理方法结合

拮抗酵母与物理方法相结合能提高抑制采后病害的效果，目前主要包括热处理（热水浸泡、热水喷淋、热空气等）、气调贮藏、微波、紫外线等，可以有效抑制核果链核盘菌、灰葡萄孢、互隔交链孢霉、黑根霉、尖孢炭疽菌、扩展青霉、匍枝根霉以及香蕉炭疽病菌等致病菌引发的园艺产品采后侵染性病害。

18.3.2.3　多种拮抗菌结合使用

筛选到拥有广谱抑菌性的拮抗酵母是十分困难的，因此，多种拮抗菌结合使用可能会具有更广的抑菌谱，且拥有以下优势：①扩大抑菌谱使得拮抗微生物可以抑制两种或以上采后病害；②提高拮抗微生物在不同情况下（包括不同品种、不同成熟度、不同部位等）的生防效力；③提高拮抗微生物作为配方使用时的可靠性（Sharma et al.，2009）。有多篇文献报道作用机制不同的多种拮抗菌结合使用可取得更为显著的生防效果，然而注册和使用两种或以上的拮抗微生物会造成额外的经济负担，这也是该方法商业化应用的一个最大的障碍。

18.3.2.4　生理调控

近年来，随着拮抗菌和病原菌之间的细胞学、生物化学和分子生物学研究的不断深入发展，研究者发现通过调节采后拮抗酵母的生理代谢机制可能是增强其拮抗能力的有效途径之一，生理调控的目的主要有以下两点：一是提高拮抗微生物的生态适应性，包括在拮抗微生物生产制备过程中遇到的逆境胁迫条件以及在田间使用过程中遇到的环境条件；二是增强拮抗微生物的拮抗机制，以提高其生防效力（Janisiewicz et al.，2002；Dukare et al.，2019）。目前，通过生理调控提高拮抗酵母生防效力的研究主要集中在以下几个方面：

（1）添加保护剂/外源物质。目前有文献报道的保护剂/外源物质主要包括海藻糖、葡萄糖、半乳糖、蔗糖、脱脂乳、抗坏血酸等。有研究发现，添加糖类（葡萄糖、蔗糖、半乳糖、海藻糖）和脱脂乳等保护剂能够提高罗伦隐球酵母细胞真空冻干后在不同条件下贮藏的存活率，且有利于保持其生防效果（Li et al.，2007）。海藻糖和半乳糖作为保护剂，能够有助于保持罗伦隐球酵母和膜醭毕赤酵母液体制剂在 4 ℃和 25 ℃下贮藏的存活率和生防活性，且抗坏血酸能够增强保护作用（Liu et al.，2009）。

（2）非致死剂量胁迫预处理或胁迫改善物质预处理。Liu 等（2012）报道亚致死的氧化处理嗜油假丝酵母，能够提高其对随后高氧胁迫、高温胁迫和低 pH 胁迫的耐受力及果实伤口处的生长速率，且对苹果青霉病和灰霉病的防治效力增强。此外，温和的热激处理能够提高拮抗酵母核果梅奇酵母对随后高温胁迫和氧化胁迫的耐受力，其主要机理与海藻糖-6-磷酸合成酶基因 TPS1 上调表达、胞内海藻糖含量显著升高有关（Liu et al.，2011）。

（3）逆境培养。拮抗微生物在制备、贮藏、使用等过程中会遇到一系列逆境胁迫条件，主要包括温度胁迫（包括高温和低温）、氧化胁迫（在果实伤口处，往往会积累大量的活性氧）、pH胁迫、渗透压胁迫、湿度胁迫等。研究表明，通过逆境培养，可以提高拮抗酵母的抗逆性和生防效力，如通过适度提高培养温度，能够提高清酒假丝酵母对热逆境的适应性和稳定性（Canamas et al.，2008）。

（4）培养基中添加某些物质诱导培养。通过在培养基中添加某些物质进行诱导培养，可以提高拮抗酵母的抗逆性和生防效力，目前有文献报道的能够提高拮抗酵母生防效力的培养基添加物包括海藻糖、几丁质、壳聚糖、低聚果糖、外源钙等。研究表明，通过海藻糖培养罗伦隐球酵母、粘红酵母和卡利比克毕赤酵母能够显著增强其对苹果采后病害的防治效力，同时提高酵母在冻干后的存活率，其原理与海藻糖积累、激发果实抗性酶有关（Zhao et al.，2013）。Yu 等（2008）和 Lu 等（2014）分别研究了几丁质诱导培养罗伦隐球酵母、粘红酵母和海洋红冬孢酵母后的生防效果，结果表明 3 种酵母对梨和苹果青霉病、草莓灰霉病的拮抗效力显著增强，其机理可能与刺激酵母在果实体内生长、促进酵母几丁质酶和 β-1,3-葡聚糖酶分泌、提高酵母在果实伤口处氧化逆境的适应性等有关。Zhang 等（2013、2014）研究指出，在培养基中添加牛蒡低聚果糖和壳聚糖诱导培养胶红酵母，能够提高其对桃和草莓采后病害的防治效果，主要机理包括刺激酵母在果实体内生长，促进酵母几丁质酶和 β-1,3-葡聚糖酶分泌，更强地激发果实抗性相关酶活性。

然而总体来说，由于国内外研究的采后生防酵母大多为非模式酵母，其基础理论研究相对滞后，遗传背景信息大多不明确，对其生理代谢的研究还十分有限，对生理代谢与其拮抗效力之间的关系尚不明确，这也要求从分子水平上深入探究通过调节生防酵母生理代谢来提高其拮抗效力的方法以及相关的生物学机制。

（路来风　郑晓冬　编写）

主要参考文献

郭达伟，2001. 果蔬保鲜剂的应用研究 [J]. 中国农学通报，17（3）：62-63.

罗云波，生吉萍，2010. 园艺产品贮藏加工学：贮藏篇 [M]. 北京：中国农业大学出版社.

田世平，罗云波，王贵禧，2011. 园艺产品采后生物学基础 [M]. 北京：科学出版社.

薛华丽，毕阳，宗元元，等，2016. 果蔬及其制品中真菌毒素的污染与检测研究进展 [J]. 食品科学，37（23）：285-290.

袁高庆，黎起秦，王静，等，2010. 植物源杀菌剂研究进展Ⅰ：抑菌植物资源 [J]. 广西农业科学，41（1）：30-34.

张维一，毕阳，1996. 果蔬采后病害与控制 [M]. 北京：农业出版社.

张兴，马志卿，冯俊涛，等，2015. 植物源农药研究进展 [J]. 中国生物防治学报，31（5）：685-698.

郑厚芬 . 1990. 果蔬气调保鲜技术 [M]. 北京：中国商业出版社 .

《中国农业百科全书》总编辑委员会蔬菜卷编辑委员会，中国农业百科全书编辑部，1990. 中国农业百科全书：
    蔬菜卷 [M]. 北京：农业出版社 .

Cañamás T P，Viñas I，Usall J，et al，2008. Impact of mild heat treatments on induction of thermotolerance in the
    biocontrol yeast *Candida sake* CPA－1 and viability after spray－drying [J]. Journal of Applied Microbiology,
    104（3）：767-775.

Cao S F，Zheng Y H，Tang S S，et al，2008. Improved control of anthracnose rot in loquat fruit by a combination
    treatment of *Pichia membranifaciens* with $CaCl_2$ [J]. International Journal of Food Microbiology, 126（1-2）：
    216-220.

Chu C L，Liu W T，Zhou T，2001. Fumigation of sweet cherries with thymol and acetic acid to reduce postharvest
    brown rot and blue mold rot [J]. Fruits, 56（2）：123-130.

Cui H T，Qiu J D，Zhou Y，et al，2018. Antagonism of transcription factor MYC2 by EDS1/PAD4 complexes
    bolsters salicylic acid defense in *Arabidopsis* effector-triggered immunity [J]. Molecular Plant, 11：1053-1066.

Droby S，Wisniewski M，Macarisin D，et al，2009. Twenty years of postharvest biocontrol research：is it time for
    a new paradigm? [J]. Postharvest Biology and Technology, 52（2）：137-145.

Droby S，Wisniewski M，Teixidó N，et al，2016. The science, development, and commercialization of posthar-
    vest biocontrol products [J]. Postharvest Biology and Technology, 122：22-29.

Droby S，Wisniewski M，2018. The fruit microbiome：a new frontier for postharvest biocontrol and postharvest bi-
    ology [J]. Postharvest Biology and Technology, 140：107-112.

Dukare A S，Paul S，Nambi V E，et al，2019. Exploitation of microbial antagonists for the control of postharvest
    diseases of fruits：a review [J]. Critical Reviews in Food Science and Nutrition, 59：1498-1513.

El－Ghaouth A，Wilson C L，Wisniewski M E，2004. Biologically based alternatives to synthetic fungicides for the
    control of postharvest diseases of fruit and vegetables [M]// Naqvi S A M H. Diseases of Fruit and Vegetables：
    volume Ⅱ. Dordrecht：Kluwer Academic Publishers.

Janisiewicz W J，Korsten L，2002. Biological control of postharvest diseases of fruits [J]. Annual Review of Phyto-
    pathology, 40（1）：411-441.

Li B Q，Tian S P，2007. Effect of intracellular trehalose in *Cryptococcus laurentii* and exogenous lyoprotectants on
    its viability and biocontrol efficacy on *Penicillium expansum* in apple fruit [J]. Letters in Applied Microbiology,
    44（4）：437-442.

Liu J，Tian S P，Li B Q，et al，2009. Enhancing viability of two biocontrol yeasts in liquid formulation by applying
    sugar protectant combined with antioxidant [J]. Biocontrol, 54（6）：817-824.

Liu J，Wisniewski M，Droby S，et al，2011. Effect of heat shock treatment on stress tolerance and biocontrol effi-
    cacy of *Metschnikowia fructicola* [J]. FEMS Microbiology Ecology, 76（1）：145-55.

Liu J，Wisniewski M，Droby S，et al，2012. Increase in antioxidant gene transcripts, stress tolerance and biocon-
    trol efficacy of *Candida oleophila* following sublethal oxidative stress exposure [J]. FEMS Microbiology Ecolo-
    gy, 80（3）：578-590.

Liu W T，Chu C L，Zhou T，2002. Thymol and acetic acid vapors reduce postharvest brown rot of apricots and
    plums [J]. Hortscience A Publication of the American Society for Horticultural Science, 37（1）：151-156.

Lu H P，Lu L F，Zeng L Z，et al，2014. Effect of chitin on the antagonistic activity of *Rhodosporidium paludige-
    num* against *Penicillium expansum* in apple fruit [J]. Postharvest Biology and Technology, 92（2）：9-15.

Maruzzella J C，Liquuri L，1958. The *in vitro* antifungal activity of essential oils [J]. Journal of the American
    Pharmaceutical Association (Scientific ed.)，47（4）：250-254.

Meng X H，Han J，Wang Q，et al，2009. Changes in physiology and quality of peach fruits treated by methyl jas-
    monate under low temperature stress [J]. Food Chemistry, 114（3）：1028-1035.

Nunes C A，2012. Biological control of postharvest diseases of fruit [J]. European Journal of Plant Pathology, 133

(1)：181-196.

Prusky D，Lichter A，2007. Activation of quiescent infections by postharvest pathogens during transition from the biotrophic to the necrotrophic stage [J]. FEMS Microbiology Letters，268：1-8.

Sharma R R，Singh D，Singh R，2009. Biological control of postharvest diseases of fruits and vegetables by microbial antagonists：a review [J]. Biological Control，50 (3)：205-221.

Teixido N，Vinas I，Usall J，et al，2010. Ecophysiological responses of the biocontrol yeast *Candida sake* to water，temperature and pH stress [J]. Journal of Applied Microbiology，84 (2)：192-200.

Wilson C L，Wisniewski M E，1989. Biological control of postharvest diseases of fruits and vegetables：an emerging technology [J]. Annual Review of Phytopathology，27：425-441.

Yu T，Wang L P，Yin Y，et al，2008. Effect of chitin on the antagonistic activity of *Cryptococcus laurentii* against *Penicillium expansum* in pear fruit [J]. International Journal of Food Microbiology，122 (1-2)：44-48.

Zhang H Y，Ge L L，Chen K P，et al，2014. Enhanced biocontrol activity of *Rhodotorula mucilaginosa* cultured in media containing chitosan against postharvest diseases in strawberries：possible mechanisms underlying the effect [J]. Journal of Agricultural and Food Chemistry，62 (18)：4214-4224.

Zhang H Y，Liu Z Y，Xu B T，et al，2013. Burdock fructooligosaccharide enhances biocontrol of *Rhodotorula mucilaginosa* to postharvest decay of peaches [J]. Carbohydrate Polymers，98 (1)：366-371.

Zhao L N，Zhang H Y，Lin H T，et al，2013. Effect of trehalose on the biocontrol efficacy of *Pichia caribbica* against post-harvest grey mould and blue mould decay of apples [J]. Pest Management Science，69 (8)：983-989.

19 园艺产品贮藏与物流

【本章提要】贮藏与物流是园艺产业的终端环节，对于产业效益提升起着至关重要的作用。本章围绕园艺产品产地采收、预冷、商品化处理、冷链运输、物流信息化、物流装备、供应链模式等各环节中的关键问题，主要介绍了国内外园艺产品贮藏和物流相关技术、工艺、设备等方面取得的进展以及未来发展趋势。

19.1 采收

采收是园艺作物生产的最后一个环节，也是贮藏加工开始的第一个环节。采收的目标是使园艺产品在适当的成熟度时转化为商品，而采收时期和采收方法的确定与园艺产品的品质有密切的关系。

19.1.1 采收时期

确定园艺产品采收期，需考虑采后用途、产品类型、贮藏时间长短、运输距离远近和销售期长短等。一般就地销售的产品，可以适当晚采收，而用于长期贮藏和远距离运输的产品，应该适当早采收，一些有呼吸高峰的产品应该在呼吸高峰出现前采收。另外，园艺作物产品的采收成熟度与保鲜方法密切相关，如在相同的贮藏条件下，晚采的海沃德猕猴桃果实成熟衰老进程明显快于适期采收果实，贮藏效果较差（唐燕等，2010）。采收成熟度是影响 1-MCP 对南果梨贮后货架保鲜效果的关键因素，1-MCP 对适时采收果实的呼吸强度、乙烯释放量具有显著的抑制作用，显著延缓果实硬度的下降和果皮转色指数的上升，还具有显著的果柄保鲜效果（李江阔等，2009）。在保鲜实践中应根据条件将已知的适宜采收成熟度与相应的保鲜方法配合应用，还应根据生产的发展、市场的需要积极开展不同园艺产品在不同采收成熟度下的适宜贮藏方法的研究，对于一种新的保鲜方法，需了解其保鲜对象的适宜采收成熟度，才能得到好的保鲜效果。

判断园艺产品成熟度的主要指标有表面色泽的变化、坚实度和硬度、果实形态和大小、生长期、成熟特征、果梗脱离的难易程度、主要化学物质的含量变化等。然而，园艺产品种类繁多，收获的产品是植物的不同器官，其成熟采收标准难以统一。随着我国设施农业规模化、自动化的发展，采收期田间检测方法也逐渐实现自动化，如刘辉军等（2015）构建了黄花梨采收期的可见/近红外光谱田间试验装置，建立了黄花梨采收期的判别模型和可溶性固形物含量检测模型。在生产实践中，应根据产品的特点和采后用途进行全面评价，以判断其最佳采收期，达到长期贮藏、加工和销售的目的。

19.1.2　采收方法

园艺产品的采收方法可分为人工采收和机械采收。作为鲜销和长期贮藏的园艺产品最好采用人工采收，因为人工采收灵活性强、机械损伤少，可以针对不同的产品、不同的形状、不同的成熟度，及时进行采收和分类处理。另外，只要增加采收工人就能加快采收速度，便于调节控制。机械采收适于那些成熟时果梗和果枝间形成离层的果实，一般使用强风或强力振动机械迫使果实从离层脱落，在树下铺垫柔软的帆布垫或传送带承接果实并将果实送至分级包装机内。机械采收的主要优点是采收效率高、节省劳动力、降低采收成本，可以改善采收工人的工作条件以及减少因大量雇佣和管理工人所带来的一系列问题。国内外在采摘机器人的研究上开展了大量的工作，主要是以番茄、甜橙、苹果、芦笋、黄瓜、西瓜、葡萄、草莓等为研究对象，成功地研制出了多种采摘机器人样机（徐铭辰等，2014）。由于机械采收不能进行选择采收，造成产品的损伤严重，影响产品的品质、商品价值和耐贮性，所以，大多数新鲜园艺产品的采收目前还不能完全实现机械化。尽管有一系列问题需要克服，机械采收仍然是未来的发展趋势。

19.2　预冷

园艺产品采后预冷是指利用一定的设备和技术将产品的田间热迅速除去，冷却到园艺产品适宜运输或贮藏的温度，最大限度地保持其硬度和鲜度等品质指标，延长贮藏期，同时减少入贮后制冷机械的能耗。预冷可以锻炼果实抗低温冲击的能力，减轻或推迟冷害症状的发生，进而延缓果实品质的下降；此外，预冷还可以使果蔬温度迅速下降，形成的过饱和水蒸气会扩散到预冷库中，待预冷结束后再扎口，不会出现结露现象，从而使果蔬表面的微生物繁殖受到抑制。

19.2.1　预冷技术

发达国家由于冷链技术的普及，在预冷环节已做到了及时、迅速，因而产品保鲜效果理想，常见的预冷方式主要有以下几种。

19.2.1.1　冷库预冷

采后挑选并装箱的园艺产品（如苹果、梨、葡萄等）快速进入冷库，包装箱上有通风孔设计，箱内垫衬若有薄膜包装袋的，应敞开袋口，堆码时箱与箱之间应留足空隙，或将产品直接上架摆放（如蒜薹），开启制冷机器，利用冷风机使空气强制循环流经产品周围，带走热量，使产品降温冷却，货堆间的气流速度以 0.3～0.5 m/s 为宜。当产品降到要求的低温后，移到另一冷库或在同一库内按贮藏要求将产品装袋扎口并进行摆放和堆码。冷库预冷速度较慢，一般需 1～3 d 才能冷却到预定温度（通常比贮藏要求温度高 1～2 ℃）。冷库空气冷却时产品容易失水，95％以上的相对湿度可以减少失水量。

19.2.1.2　差压预冷

差压预冷也称强制通风预冷，即利用风机在包装箱两侧形成一定的压力差，迫使冷空气通过包装箱上的开孔，流经货物将内部热量快速带走的过程。此预冷方法适用于大部分果蔬，在草莓、葡萄、甜瓜、红熟番茄上使用效果显著，如 0.5 ℃冷空气在 75 min 内可以将品温 24 ℃的草莓冷却到 4 ℃。差压预冷装置通常为放置在冷库内的固定式预冷设备，但也可以利用冷藏集装箱或类似的保温箱体设计成移动式预冷设备。将果蔬箱在差压预冷装置内按照一定的规格排列，果蔬箱应具有良好的通风性，堆码时要注意不能使气流形成短路，以保证每排箱子都有足够的空气流通。移动式预冷设备可以在冷库内移动，冷却速度快，适用于各种园艺产品的预冷。目前，差压预冷的研究主要集中在包装箱内水果预冷的数值模型、送风工艺参数及通气包装结构设计等方面，包装箱上的开孔对调节预冷气流、促进热质交换具有重要的作用（陈秀勤等，2014）。

19.2.1.3 冷水预冷

冷水预冷是用冷水冲淋产品，或者将产品浸在冷水中，使产品降温的一种方式。冷水喷淋预冷设备分为批次式与连续式。在连续式水预冷装置中，产品散装在木箱或纸箱里，通过底部的网状传送带流经冷水，高温产品从传送带一端进入冷水，到达另一端时热量被冷水带走，如喷淋 0~1 ℃的水，果实在隧道内的传送带上走 25~30 min，果实温度可从 30 ℃降到 5 ℃。设备可以选用不同速率的传送装置，以适应不同的冷却需要，此预冷法适宜于胡萝卜、桃、甜玉米、菜豆等果蔬的预冷。而在批次式水预冷装置中，没有传送带，而是一个空间，成箱堆放的产品用叉车从前面放入，前门或者门帘关闭，大量的冷水连续喷淋到产品表面，然后汇集到底部的水箱，经过过滤、冷却，循环使用，果蔬包装箱的顶部和底部开口，使冷却水可以流通。

19.2.1.4 加冰预冷

加冰预冷是将冰块连同果蔬一起放入包装箱中，或将冰水混合物直接注入包装箱中，利用冰融化吸收热量，对果蔬进行预冷的一种方法。该方法操作简单、成本低廉，适合于需要在田间立即进行预冷的产品。加冰预冷的缺点是冷却不均匀，温度不易控制，在盛冰容器表面冷凝的水会加速果蔬微生物的繁殖，此外，冰占据大量体积，减少货物的装载容量，因此，现在加冰冷却主要应用在短途运输过程中产品低温的保持上。

19.2.1.5 真空预冷

真空预冷是利用抽真空的方法，使物料内水分在低压状态下蒸发，水在蒸发过程中要消耗较多热量的基本原理，从而使农产品的温度快速下降的一种冷却方式。真空预冷对于单位质量表面积较大的叶菜类果蔬特别有效，其冷却速度远大于其他预冷方法。研究表明，结球甘蓝、白菜、菜薹均可经过真空预冷实现快速冷却，在预冷终压 500 Pa、处理量 2 400 g 条件下，3 种叶菜均能在 25 min 内降至 4 ℃（吴欣蔚等，2017）。而且，在真空环境下冷却，可以杀灭果蔬中躲藏的害虫和致病菌，起到良好的保鲜效果。失水是在进行真空预冷操作时需要面对的一个严峻问题，因此，在真空预冷操作时需同时进行加湿处理。钱骅等（2019）研究了真空预冷对青花菜贮藏品质的影响，发现补水量对真空室内压力影响较小，但对青花菜真空预冷的预冷时间和失水量具有重要影响。另外，真空预冷设备的投资大、成本高，且对单位质量表面积较小的果菜类和根菜类来说，冷却效果不太理想，这也是目前影响其普遍使用的最大障碍。

19.2.1.6 自然降温冷却

自然降温冷却是一种最简单的预冷方式，它是将采后的果蔬放置在通风阴凉的地方，让产品所带的田间热自然散去。在没有其他合适预冷条件时，自然降温冷仍是一种良好的补救方法。

19.2.2 预冷方式的选择

在进行预冷方式的选择时，首先要考虑园艺产品的种类，如叶菜类、食用菌类和草莓类产品适宜选用真空预冷和差压预冷，根茎类产品可采用冷水预冷和差压预冷，苹果、梨和葡萄等以包装箱包装的产品最好采用差压预冷。一般来说，同一种产品可能有几种适宜的预冷方式，需要根据产品的实际情况、资金状况和市场需求确定合适的预冷方式。

19.3　商品化处理

园艺产品采后商品化处理是为了保持或改进园艺产品质量并使其从农产品转化为商品所采取的一系列再加工再增值措施的总称，包括采收后所经过的挑选、分级、清洗、防腐处理、包装等技术环节。

19.3.1　分级

园艺产品的分级就是根据果蔬的大小、色泽、硬度、成熟度、病虫害及机械损伤情况，按照国家内外销标准，对其进行严格的挑选分出等级。通过分级，可使果蔬大小一致，优劣分明，便于包装运输、贮藏销售，提高商品价值，还可贯彻优质优价的政策，鼓励种植者提高管理水平，向提高产品质量方向发展。分级的标准还可作为一个重要工具为生产者、经营者、消费者提供一种共同的贸易语言，使产品质量评定有据可依，便于生产者和经营者在产品上市前的准备工作和标价，便于用同一标准对不同市场的产品进行比较，有助于买卖双方在经营过程中对质量价格产生异议或争端时依据标准做出裁决。总之，分级的目的就是要实现农产品的工业化，使园艺产品成为标准化的商品。

19.3.1.1　分级标准

不同园艺产品的分级，各个国家和地区都有各自的分级标准。我国现在已有二十多个果品质量标准，其中苹果、梨、香蕉、龙眼、核桃、板栗、红枣等都已制定了国家标准，此外还制定了一些行业标准。但是，随着生产的发展、品种的更新以及市场的需求，有的标准已不能满足现实的要求，必须重新修订或制订新的标准，如 GB/T 10651—2008《鲜苹果》制定的出口鲜苹果等级规格已不适合当前市场对富士系、新红星等苹果品种的要求，所以有的省份又制订了相应的地方标准。

19.3.1.2　分级方法

目前，我国园艺产品采后的商品化处理与发达国家相比还有较大差距，有相当一部分地区还采用人工分级，即果实大小用分级板确定，分级板上有从 60 mm 到 100 mm 每级相差 5 mm 的不同规格的孔洞，由此可将果实按横径大小分成若干等级，而果形、色泽、果面光洁度等指标还是凭目测和经验来确定，工作效率较低。在外销商品基地已使用了现代化的分级设备，分级过程大多是计算机控制，如陕西华圣现代农业集团有限公司对苹果的分级就采用了全自动光电比色分级机，从苹果的清洗、涂膜上蜡到根据其大小、颜色、营养成分等分级程序全部实行了自动化。目前世界上较先进的是日本 MAKI 公司生产的分选设备，它利用光学原理对苹果进行在线检测，可以同时在线测出多个指标（糖度、酸度、大小、质量等），并可判断苹果内部是否有异常（水心病、霉心病、褐变等），速度可以达到每秒检测 5 个以上的苹果。

19.3.2　清洗

清洗是商品化处理中的重要环节，一般采用浸泡、冲洗、喷淋等方式水洗或用毛刷等清除果蔬表面污物及病虫卵的操作，以减少病菌和农药残留，使果蔬产品清洁、卫生，从而符合商品要求和卫生标准，提高其商品价值。洗涤用水要干净卫生，符合生产要求，另外还可加入适量杀菌剂，如次氯酸钙等。清洗后的果蔬产品要及时进行干燥处理，以免引起腐烂变质。经过清洗的产品，虽然光洁度提高，但是对产品表面固有蜡层有一定的破坏作用，在贮运过程中园艺产品容易失水萎蔫，所以常需涂蜡以恢复表面蜡被。

19.3.3　包装

包装即为在流通过程中保护产品、方便贮运、促进销售，按一定技术方法使用的容器、材料及辅助物等的总称。良好的包装可以保证产品安全运输和贮藏，减少因产品间摩擦、碰撞和挤压造成的机械伤，减少病虫害的蔓延和水分蒸发，使果蔬在流通中保持良好的稳定性。设计精美的包装也是商品的重要组成部分，是贸易的辅助手段，为市场交易提供标准规格单位，并有利于充分利用仓储空间。包装容器的选择应根据不同果蔬的特点、要求以及用途而定，如运输包装、贮藏包装、销售包装等应分别进行设计。包装除了应具有保护性、通透性和防潮性等特点外，同时还应做到清洁、无污染、无有害化学物质、内壁光滑、卫生、美观、质量轻、成本低、便于取材、易于回收及整理等，并在包装外面注明商标等内容。

近年来，可食性与全降解包装已成为热门技术，如糯米纸及玉米烘烤包装杯就是典型的可食性包装材料。可食性包装材料多以薄膜形式存在，主要以多糖、蛋白质、脂肪等为基料，制成可食用、无毒、能保鲜食品的包装材料。可食性包装材料同样具备了一定的阻隔性、机械性和稳定性，此外还具有营养性、风味性、无毒无害性等特点，不食用时薄膜可自动降解或作为家禽饲料，不对环境造成污染。聚乳酸是一种新型的生物降解材料，主要利用甘蔗、玉米、马铃薯、甜菜等为原料发酵生产乳酸，进而生产聚乳酸，具有良好的生物可降解性，废弃后能被微生物完全降解，最终生成二氧化碳和水，不污染环境且对人体无害，是公认的环境友好型材料（Reddy et al.，2015）。目前，国际上已研发的新型包装材料还有真空镀铝纸、多功能防水剂、热封性包装纸、纳米包装材料和形状记忆包装材料等（洪泽雄，2015；卢唱唱等，2019）。

19.4　贮藏保鲜

园艺产品保鲜领域采用的保鲜手段主要有物理、化学和生物三大类，每一类衍生的新技术很多，各自依托不同的保鲜原理。各种保鲜手段的侧重点不同，但都是通过对保鲜品质起关键作用的三大要素进行调控：首先是控制其衰老进程，一般通过对呼吸作用的控制来实现；其次是控制微生物，主要通过对腐败菌的控制来实现；最后是控制内部水分蒸发，主要通过对环境相对湿度的控制和细胞间水分的结构化来实现。

19.4.1　物理保鲜技术

19.4.1.1　低温保鲜

低温保鲜是将园艺产品贮藏在低温环境下，通过降低微生物酶活性来减缓微生物的生长速度，同时通过抑制园艺产品的呼吸作用来延缓其变质和腐烂，从而达到延长园艺产品贮藏保鲜期的目的。低温有助于园艺产品保鲜，但并不是温度越低越好，当温度低于某一临界值时会造成园艺产品的生理代谢紊乱，出现冷害现象。目前，应用较广的是临界点低温高湿保鲜，即控制在物料冷害点温度以上 $0.5 \sim 1.0\ ℃$ 和相对湿度为 $90\% \sim 98\%$ 的环境中保鲜园艺产品，其作用体现在两个方面：①果蔬在不发生冷害的前提下，采用尽量低的温度有效控制果蔬呼吸强度，使某些易腐烂的果蔬品种达到休眠状态；②采用高相对湿度的环境可以有效降低果蔬水分蒸发，减少失重。研究发现，不同成熟度葡萄在临界低温高湿环境贮藏过程中的硬度、物质含量、呼吸速率以及果重等无显著变化，保鲜效果较好（Zhang et al.，2002）。临界低温高湿环境下结合其他保鲜方式是果蔬中期保鲜的一个热点方向。

19.4.1.2　热处理保鲜

热处理是指用高于果蔬成熟时的温度进行的一种采后处理技术，其保鲜机理是利用高温杀死或钝化果蔬上的病原菌，同时调节果蔬代谢过程以减少腐烂达到保鲜目的。姚昕等（2007）对青枣进行了热空气处理和热水处理试验，结果表明，适合青枣的贮藏方式为在 55 ℃的热水中处理10 min，但热处理会改变青枣表皮的蜡质层结构，致使其容易失水。王登亮等（2014）研究发现，50 ℃热水处理椪柑果实 20 s 可有效降低果实腐烂率，保持贮藏期间果实品质。Lara 等（2006）分别用 45 ℃的热水和热空气对草莓进行处理，结果显示，两种热激处理都能降低真菌感染带来的损害，更好地保持果实的色泽。热处理技术因操作简单、成本低廉，在果业发达国家被广泛使用，但不适当的热处理会对水果的品质造成影响，因此对不同品种的热处理方法、温度和时间等的配合问题是今后研究的重点。表 19-1 列出了部分园艺产品热水处理温度和时间参数。

表 19-1　部分园艺产品热水处理温度和时间参数

产品名称	温度	时间	热水处理方式
苹果	55 ℃	15～30 s	喷洗
	45 ℃	10 min	浸泡
香蕉	45～50 ℃	10～20 min	浸泡
葡萄柚	56 ℃	20 s	喷洗
	53 ℃	3 min	浸泡
猕猴桃	46～48 ℃	8～15 min	浸泡
柠檬	52～53 ℃	2 min	浸泡
	63 ℃	15 s	喷洗
芒果	53～55 ℃	5～20 min	浸泡
	56～64 ℃	15～20 s	喷洗
桃	60 ℃	30～60 s	浸泡
柑橘	50～56 ℃	20 s～3 min	浸泡
	56～63 ℃	15～20 s	喷洗
番木瓜	54 ℃	3～4 min	浸泡
梨	46 ℃	15 min	浸泡
辣椒	50 ℃	3 min	浸泡
	55 ℃	15 s	喷洗
李	45～50 ℃	30～35 min	浸泡
马铃薯	57.5 ℃	20～30 min	浸泡
草莓	55～60 ℃	30 s	浸泡
番茄	52 ℃	1 min	浸泡
	52 ℃	15 s	喷洗

19.4.1.3 气调保鲜

园艺产品气调保鲜技术是指园艺产品采摘后，利用气调库或其他气调贮藏方式，通过控制或自发调节贮藏环境的温度、相对湿度和气体环境的方式，抑制果蔬呼吸作用，减缓衰老进程，保持果蔬新鲜状态同时能保证其正常后熟的技术。气调保鲜又分为人工气调包装（controlled atmosphere package，CAP）和自发气调包装（modified atmosphere package，MAP）两种形式。CAP 是在气调贮藏期间，选用的调节气体浓度一直保持恒定；MAP 是最初在气调系统中建立起预定的调节气体浓度，在随后的贮藏期间不再进行人为调整。正常空气中 O_2 和 CO_2 的浓度分别为 20.9% 和 0.03%，O_2 浓度的降低或 CO_2 浓度的增加，可延缓园艺产品的成熟衰老，抑制乙烯生成和防治病害的发生，更好地保持产品原有的色、香、味、质地特征和营养价值，有效延长园艺产品的贮藏和货架寿命。然而，过低的 O_2 浓度或过高的 CO_2 浓度会对园艺产品造成伤害，如侯玉茹等（2015）发现体积分数为 5% 和 10% 的 CO_2 结合气调保鲜箱对草莓的贮藏效果较好，能抑制果实病害的发生，保持了较高的果实硬度，延缓了维生素 C、总酚含量的下降和花青素的积累，可使草莓的最长贮藏期达到 16 d 以上，但体积分数为 15% 和 20% 的 CO_2 处理却降低了果实硬度，对抑制病害没有起到好的效果。

19.4.1.4 辐照保鲜

辐照保鲜技术是用一定剂量的辐射线辐照果蔬产品，杀灭其中的害虫和腐败菌，从而达到果蔬贮藏保鲜的目的。辐照线主要包括红外线、紫外线、X 射线和 γ 射线等（赵喜亭等，2013），一般采用 ^{60}Co - γ 射线进行辐照，^{60}Co 作为辐射源比较容易制备，穿透能力强，半衰期较适中。辐照处理在影响蔬菜生理生化作用的同时并不改变其营养成分，可保持蔬菜原有的感官品质。Lu 等（2003）分别选用 0.5、1.0 和 1.5 kGy 剂量的 γ 射线处理新鲜芹菜，并将其贮藏于 4℃ 环境下，结果表明辐照处理后的芹菜货架期延长了 3～6 d，其中以 1.5 kGy 剂量的处理保鲜效果最好，9 d 后芹菜感官品质和营养价值都保持良好。郑贤利等（2013）用不同剂量的 ^{60}Co - γ 射线辐照包装后的鲜黄花菜，低温贮藏后比较其保鲜效果，发现经 0.5 kGy ^{60}Co - γ 射线辐照后，鲜黄花菜的酶活性和呼吸作用受到了显著抑制，其冷藏保鲜期延长至 32 d，且其营养成分无明显变化。但由于辐照保鲜成本较高，多用于价值较高的农产品保鲜，在一般农产品保鲜上难以实现产业化。

19.4.1.5 细胞间水结构化气调保鲜

结构化水技术是指利用一些非极性分子（如惰性气体）在一定的温度和压力条件下，与游离水结合而形成笼形水合物结构的技术。通过结构化水技术可使果蔬组织细胞间的水分参与形成结构化水，使整个体系中的溶液黏度升高，从而产生以下两个效应：①酶促反应速率将会减慢，可实现对有机体生理活动的控制；②果蔬水分蒸发过程受抑制。这为植物的短期保鲜贮藏提供了一种全新的原理和方法。日本东京大学学者用氙气制备甘蓝、花卉的结构化水以及对其保鲜工艺进行了探索，获得了较为满意的保鲜效果，但使用高纯度氙气成本太高，研究者往往通过惰性气体的混合加压以降低成本。北京大学研究表明，等离子水可有效抑制杨梅果实表面微生物的生长，从而抑制贮藏期杨梅果实腐烂，此外，还能提高贮藏期杨梅果实的硬度和色泽（Ma et al.，2016）。

19.4.1.6 纳米保鲜

纳米材料是指结构中至少有一个相在一个维度上成纳米级（1～100 nm）大小的材料，粒径在 101~109 nm 的粒子称为准纳米粒子。纳米银作为无机抗菌剂既具有纳米材料独特的性能又具有银特有的抗菌、催化等特性，比普通银具有更好的抗菌效果（张懋等，2012）。纳米氧化锌是继纳米银之后出现的新型抑菌剂，以其优异的抗菌性能成为开发研究的热点，其对于很多微生物的生长都有抑制作用，例如革兰氏阴性菌和阳性菌甚至是耐高温高压的孢子。研究含有纳米银和纳米氧化锌的低密度聚乙烯（low density polyethylene，LDPE）膜纳米包装材料对植物乳杆菌的抑制效果，结果发现使用这种纳米复合包装材料微生物的生长率显著降低（Nobile et al.，2004）。

19.4.2 化学保鲜技术

化学保鲜是利用化学药剂涂抹或喷施在果蔬表面，或置于果蔬贮藏室中，以达到杀死或抑制果蔬表面、内部和环境中的微生物，调节环境中气体成分的目的，从而实现果蔬的保鲜。化学保鲜剂因具有效果显著、使用方便和价格低廉等特点，在我国果蔬贮藏保鲜中被广泛推广使用，成为许多果蔬采后、贮藏前或贮藏中的重要处理手段。目前，主要的化学保鲜剂有化学防腐剂、植物生长调节剂、天然植物提取物等。人们利用这些保鲜剂可以有效延长果蔬在采摘后的贮藏期，保持其品质和风味。

19.4.2.1 化学防腐剂

低温贮运并不能完全抑制病菌的生存和发展，尤其在园艺产品脱离低温后，曾被部分抑制的病原菌以更快的速度发展，化学防腐剂可弥补这一不足，尤其对于简易贮藏的产品和不耐低温贮运的果蔬。然而，随着人们对食品安全的重视，不同化学杀菌剂在新鲜果蔬上的使用受到很多限制，在生产实践中使用时需要明确相关的规定，防止使用后危害人类健康或被市场禁止。化学防腐剂主要是抑制外源微生物的活性，但由于外源微生物种类繁多，而防腐杀菌剂又大多具有针对性，因此常需将多种防腐杀菌剂进行适当复配才能达到理想的防腐杀菌效果。目前，产业上常用的果蔬防腐剂及其使用方法见表 19-2。

表 19-2　常用果蔬防腐剂及其使用方法

名称	剂型	剂量	使用方法	毒性（口服）/ LD_{50}（mg/kg）	允许残留（mg/kg）	附注
次氯酸	—	700~5 000 mg/L 有效氯1%	喷、洗	—	—	洗果及场地消毒
SO_2	液、气		20 min 熏蒸，每周1次	—	—	处理葡萄，1985 年美国宣布6种剂型停用
邻苯基苯酚（OPP）、苯酚钠（SOPP）	盐	0.2%~2.0%	浸、洗	2 480	10	洗果及包装材料消毒
联苯	乳油	2%	药纸熏蒸	3 280	70~110	包装材料消毒
氯硝铵	粉剂	900~1 200 mg/L	喷、浸	1 500~4 000	10~20	处理桃
仲丁胺	液	1%~2%	浸、洗、熏蒸	350~380	20~30	处理柑橘
克菌丹	可湿性粉剂	1 200~1 500 mg/L	浸、洗、喷	25~100	—	药效中等
噻菌灵	可湿性粉剂、粉剂	500~1 000 mg/L	浸、喷、熏蒸	3 100	2~10	药效较高

（续）

名称	剂型	剂量	使用方法	毒性（口服）/LD_{50}（mg/kg）	允许残留（mg/kg）	附注
抑霉唑	可湿性粉剂、乳油	500～1 000 mg/L	浸、喷	320	5～10	—
乙醛	液	0.25%～3.00%	熏蒸	—	—	处理果类 0.5～120 min
异菌脲	可湿性粉剂、粉剂	500～1 000 mg/L	浸、喷	3 500	2～10	处理果实、叶菜类
2,4 - D	液、盐	100～250 mg/L	浸果	620	5	处理水果、蔬菜

19.4.2.2　植物生长调节剂

植物生长调节剂是人们根据天然植物激素和生理特性模拟合成的具有调节生理活性的一类物质，其能够减缓果蔬的呼吸作用，达到贮藏保鲜的目的。植物生长调节剂种类很多，一般根据生理功能的不同分为 3 类，即植物生长促进剂、植物生长抑制剂和植物生长延缓剂，其中，后两类在果蔬采后贮藏保鲜中应用较多。陈文煊等（2003）以外源赤霉素、2,4 - D 及青鲜素 3 种植物生长调节剂为材料，并结合气调包装技术进行茭白贮藏试验，结果表明，用赤霉素、2,4 - D 处理的茭白，叶绿素分解速度和呼吸速度明显降低，而青鲜素处理的茭白，纤维化速度降低。乙烯是促进果实成熟与衰老的重要因子，1 - MCP 作为乙烯受体抑制剂被广泛应用于呼吸跃变型果实的保鲜，可有效延缓其后熟软化和腐烂，延长果实保鲜期（Xie et al.，2016；Zhang et al.，2018）。需要注意的是，某些植物生长调节剂有可能对人体有副作用，使用时需谨慎。

19.4.2.3　天然植物提取物

天然植物提取物即植物源防腐剂，是以植物的根、茎、叶、果和花蕾等为基料提取出来的具有良好抗菌性成分的液态或半固态混合物。植物源防腐剂在人体消化道内可降解，不影响消化道菌群和药用抗生素的使用，而且安全无毒，具有一定的生理活性，因此，植物源防腐剂在农产品保鲜中具有重要的应用前景。目前已开发利用的数十种植物源天然食品防腐剂，大部分仍然是植物的粗提物或浸提液，针对其有效抗菌成分的研究刚刚起步，还不清楚具体起作用的是何种物质。此外，关于不同种植物源天然食品防腐剂的协同增效作用研究还显著滞后于其开发利用的进展，造成现已开发的防腐剂不能充分合理利用，难以发挥最大的功效。研究发现，葡萄籽提取物能降低果实呼吸速率和乙烯释放速率，增加超氧化物歧化酶、过氧化物酶和过氧化氢酶的活性，降低多酚氧化酶的活性，同时减少丙二醛的积累和细胞膜透性，从而延长果实的贮藏期（Xu et al.，2009）。采用试管 2 倍稀释抑菌试验法测定丁香等 8 种植物源天然抑菌剂对大肠杆菌、金黄色葡萄球菌、F_1 假丝酵母、总状毛霉的最低抑菌浓度，发现大青叶为 8 种供试植物源天然抑菌剂中抑菌浓度最低的天然防腐剂，也就是其中抑菌效果最好的防腐剂（王永刚等，2011）。

19.4.3　生物保鲜技术

19.4.3.1　生物拮抗菌保鲜

拮抗菌是一类能够与病原菌互相抵制、互相排斥、甚至互相残杀的微生物种群。在天然生物防腐剂中，生物拮抗菌即微生物防腐剂，主要以农产品为原料，利用发酵等生物技术制备而成，已成为园艺产品防腐剂研究、应用和发展的一个重要方面。理想的生物拮抗菌应该具有广谱、高效、方便、安全等特点，对果蔬不会造成异味和变色，来源丰富，价格低廉，稳定性好。采用复合技术可增强防腐剂对农产品中污染菌的抑制性，同其他抗生素配合，利用配料中各组分的互补、增效作用，可以获得满意的抑菌和杀菌效果。研究发现，茉莉酸甲酯复合拮抗菌 LP2 处理能有效抑制 5 ℃贮藏哈密瓜软腐病的发生，显著地诱导了哈密瓜果实抗病相关酶活性的上升，抑制贮藏期间果实呼吸强度，延缓其呼吸跃变高峰的出现，保持果实的硬度以及糖度和维生素 C 的含量，延缓了哈密瓜的后熟，降低哈密瓜的腐烂率，对于延缓哈密瓜果实的衰老起到一定的作用，较好地保持哈密瓜果实的品质（李平等，2012）。裴炜等（2012）研究发现，R-多糖可以显著抑制荔枝发生褐变，提高荔枝好果率，尤其是 3% R-多糖处理的荔枝在 3～5 ℃冷库中贮藏 21 d，好果率达 77.61%。

19.4.3.2 基因工程技术保鲜

基因工程保鲜技术主要是通过减少果蔬生理成熟期内源乙烯的生成以及延缓果蔬在后期成熟过程中的软化来达到保鲜的目的。苹果、桃、香蕉、番茄等有呼吸高峰的果蔬在成熟过程中会自动促进乙烯的释放，研究表明，通过基因工程技术可减慢乙烯释放的速度，从而延缓果实的成熟，达到在室温下延长果蔬货架期的目的。延缓果蔬的软化可以通过抑制聚半乳糖醛酸酶、果胶酶等降解组织细胞完整性的酶基因来实现，因此利用 DNA 的重组和操作技术来修饰遗传信息，或用反义 DNA 技术来抑制成熟基因，可以推迟果蔬成熟衰老，延长保鲜期。用基因工程的方法，在苹果的基因组中插入 4 个基因片段，可以让 4 个多酚氧化酶基因不再产生多酚氧化酶，这种苹果即使受到了损伤，也不会褐化，其果肉切开后在几天内都会保持白色，被称为"北极苹果"（Zhu et al.，2009），这种苹果目前在美国已经通过审批，成为第一种上市的转基因水果。

国内外关于园艺产品保鲜领域中保鲜剂、保鲜膜、保鲜包装的研究较多，而且研究方向逐渐向材料学、食品化学、有机化学、遗传生物学、机械工程学等诸多领域发展。保鲜方法正在由单一原理研究向复合方向研究发展，如冷藏、MAP、绿色防腐剂、低剂量辐照预处理保鲜及紫外线保鲜、基因工程等各种保鲜技术的复合研究和应用是国际保鲜的流行趋势。另外，今后的研究将更注重除新鲜度之外的果蔬风味、品质等质量参数的保留，从而建立评估果蔬贮藏新鲜度、成熟度、是否有损伤、风味、口感、色泽、安全性等综合品质的保障体系。

19.5 物流运输

园艺产品在采摘后的贮存及运输过程中依然存在呼吸作用和蒸腾作用，从而使园艺产品的耐贮性和抗病性降低，经济效益也随之减少，为提高园艺产品运输贮存效率，应加强对其运输环境条件的监控。

19.5.1 温度的控制

运输过程中温度的高低直接影响园艺产品的生命周期，现代果蔬运输最大的特点是对温度的控制。根据运输过程中温度的不同，果蔬运输可分为常温运输和冷藏运输两类。运输过程中，果蔬产品装箱和堆码紧密，热量不易散发，呼吸热的积累常成为影响运输的一个重要因素。在常温运输中，果蔬产品的温度很容易受外界气温的影响，如果外界气温高，再加上果蔬本身的呼吸热，品温很容易升高，一旦果蔬温度升高，就易使产品大量腐败。但在严寒季节，果蔬紧密堆垛使呼吸热积累，则有利于运输防寒。在冷藏运输中，由于堆码紧密，冷气循环不好，未经预冷的果蔬冷却速度通常很慢，而且各部分的冷却速度也不均匀，可见，要达到好的运输质量，在长途运输中预冷是非常重要的。

　　果蔬最适运输温度，从理论上来讲，应该与最适贮藏温度保持一致，实际上果蔬的最适冷藏温度大多是为长期贮藏而确定的，在现代运输条件下，果蔬的陆地运输很少超过 10 d，因此，果蔬运输只相当于短期贮藏，略高于最适冷藏温度的运输温度对果蔬品质的影响不大，在运输经济性上则具有十分明显的好处。另外，运输最低温度以能够导致冷害发生的临界温度为限，而实际上在严寒地区需要保温运输的条件下，亦可适当放宽低温下限，因为大多数果蔬对短期冷害尚具有一定的忍耐性。

19.5.2　湿度的控制

　　在低温运输条件下，由于车厢的密封性和产品堆积得高度密集，运输环境中的相对湿度常常在很短的时间内即达到 95%～100%，并在运输期间一直保持这种状态。一般而言，由于运输时间相对较短，这样的高湿度不至于影响果蔬的品质和腐烂率，但是，研究发现日本运往欧洲的温州蜜柑，由于船舱内湿度过高，导致水肿病发病率增加，打蜡的果实表现尤为明显。此外，在运输时应根据不同的包装材料采取不同的措施，远距离运输用纸箱包装产品时，可在箱中用聚乙烯薄膜衬垫，以防包装箱吸水后抗压力下降；用塑料箱等包装材料运输时，可在箱外罩塑料薄膜以防产品失水。

19.5.3　气体成分的控制

　　果蔬在常温运输中，因通风透气状况好，环境中气体成分变化不大。在低温运输中，由于车厢体密封，运输环境中有 CO_2 的积累，但是由于运输时间不长，CO_2 的浓度还达不到伤害的程度。在使用干冰直接冷却的冷藏运输系统中，CO_2 浓度通常可高达 20%～90%，有造成 CO_2 伤害的危险，所以，果蔬运输所用的干冰冷却一般为间接冷却，但在控制的情况下，干冰直接制冷的同时还可以为气调运输提供所需的 CO_2 源。运输过程中气体环境的控制，主要考虑运输距离和运输产品类型两大因素。运输距离长，则要求对混合气体的监控程度高，而短距离运输，监控程度相对宽松。另外，保鲜气体能够有效地抑制新鲜果蔬的呼吸作用，其主要由 CO_2、O_2、N_2 和少量惰性气体组成。在实际操作过程中，要注意运输距离和产品类型相结合，适时差异性控制，保证对气体环境的有效控制。

19.5.4　运输震荡防护

　　运输过程中的震荡对园艺产品主要有两方面影响：首先，会造成对园艺产品表面机械损伤，导致其果实的快速成熟；其次，水果和蔬菜的损伤伤口容易引起微生物感染，引起果实代谢异常。普通震荡和共振是运输震荡的两种形式，共振对园艺产品的损害程度更大，而减轻震荡主要取决于交通工具的选择和货品堆放的方式。为实现对园艺产品的有效防护，可以采用防震包装的方式，主要推荐以下几种：①全面防震包装，要求园艺产品和外包装之间全部用防震材料填满；②部分防震包装，仅对园艺产品进行半包装，在拐角或局部地方使用防震材料进行衬垫；③充气式防震包装，用于外表面脆弱且贵重的园艺产品，能有效保证园艺产品在运输过程中的品质。

19.6　信息化

　　农产品冷链物流的发展迫切需要冷链前沿技术的创新，传感器技术、包装标识技术、远距离无线通信技术、过程跟踪与监控技术以及智能决策技术在包装仓储、物流配送和批发零售等物流各个阶段各司其职，是组成农产品物流过程信息化管理不可或缺的要素。

19.6.1　传感器技术

信息获取是实现信息化的前提，传感器是获取物理环境信息的一种重要工具，研究重点主要在传感器节点、传感器无线通信技术两方面。西班牙 Ruiz‐Garcia 等（2010）对冷链易腐食品运输监测技术进行了系统研究，包括温湿度、压力、光照强度、加速度等参数。José Santa 等（2012）集成蜂舞协议（Zigbee）、射频识别（RFID）、GPS 等技术开发了一个信息通讯平台，用于易腐农产品的运输，重点针对运输过程中的安全性。已经公开了的一种基于 ZigBee 的铁路货车无线报警方法，即在各个货车车厢门上方安装车厢 ZigBee 设备节点，组建无线传感器网络；当车厢门被非法打开时，使对应被打开的车厢门的 ZigBee 设备节点产生报警信息，通过无线网络上传到 ZigBee 协调器，在手持终端界面上显示报警信息。

19.6.2　包装标识自动识别技术

自动识别技术是将数据自动采集和识读、自动输入计算机的技术，目前农产品物流方面的主流自动识别技术集中在条码技术和射频技术。条码技术可实现农产品信息的快速、准确采集和农产品追踪、质量监管。农产品在基地包装好后，由加工人员依据配送过程，为产品加上条码，当通过相应的条码读取设备对农产品上的条码进行扫描时，就能读出条码所含信息。利用条码技术，通过对企业的物流信息进行采集跟踪，可以满足企业针对物料准备、生产制造、仓储运输、市场销售、零售管理等全方位的信息管理需求，消费者可以实现对问题产品的追溯查询。条码技术的应用解决了数据采集和数据录入的瓶颈问题，极大地提高了系统的运行效率和数据的准确性，并大大降低运行成本，是现代农产品物流不可或缺的重要工具。除此之外，还可利用射频识别技术，将温度变化记录在带温度传感器的 RFID 标签，对产品的新鲜度及品质进行细致、实时的管理。

19.6.3　远距离无线通信技术

远距离无线通信技术是保障农产品物流各环节信息进行传输与交换的基础，目前主要的远距离无线通信技术有全球移动通信网络（GSM）、通用分组无线服务（GPRS）、第三代移动通信技术（3G）和第四代移动通信技术（4G）。信息传输技术在农产品物流中主要应用在仓储终端与服务器的通信、配送终端与服务器的通信、交易终端与服务器的通信等方面，将终端采集到的图片信息、环境信息、服务请求、GPS 定位等信息传输到监管服务器，为实现农产品物流远程监控和管理提供了技术手段。于培庆等（2007）在运用现代移动定位技术、地理信息系统等多种信息技术和结合现代物流管理理念的基础上，研究了基于移动定位技术的物流运输管理系统，实现了物流运输车辆运输过程中的有效监控和根据运输资源信息对运输车辆合理的调度安排。杨信廷等（2011）针对物流配送过程追溯信息采集监管不易等问题，设计了物流过程追溯模型，利用无线通信技术等构建具有产品自动配载、运输过程实时监控等功能的智能配送系统。

19.6.4　过程跟踪与监控技术

物流过程的跟踪与监控技术是基于 3S（GPS、GIS、RS）技术的集成。从 GIS 与 GPS 集成的角度，将 GIS/GPS 在物流领域的应用分为 4 个方面，即车辆和货物的跟踪、货物配送路线规划和导航、信息查询和指挥与决策（孔祥强，2006）。从第三方物流业的应用角度，将 3S 技术的应用主要分为物流资源配置和管理、物流配送调度管理、物流业务动态监控、物流信息查询和物流实时决策支持（陈鑫铭等，2007）。目前，3S 技术在车辆导航和货物配送中的研究与应用在国内刚刚起步，全球卫星定位系统、地理信息系统等仅在少数大型物流企业得到应用，中小企业在这方面基本上是空白的，而国外在这方面的研究早已开始并在实践中得到广泛应用。

19.6.5　智能决策技术

智能决策贯穿于农产品物流管理的全过程和各环节管理工作中。决策支持的任务就是运用专家系统、商务智能、人工智能和计算智能等各方面的理论和方法建立解决问题的模型，给出最佳实施方案，为物流管理提供决策支持。当前的物流选址方法有重心法、线性规划法、混合整数规划法、Cluster 法、CFLP 法、鲍莫尔-沃尔夫仿真法等。马范援等申请通过了"物流仓储决策支持系统"发明专利，提出了需求预测模块、库存改善模块、安全库存分析模块、商品周转率分析模块及综合进货报告模块等智能决策服务。吕锋（2006）分析了农产品物流企业配送现状特点和制约因素，利用模糊聚类分析法、层次分析法和遗传算法来选择和优化农产品物流企业的配送方案和路径。

19.7　装备

19.7.1　采收设备

园艺产品采收是一项季节性强、操作复杂且劳动强度极高而效率又极低的工作。据调查，果蔬采收作业所用劳动力占整个生产过程所用劳动力的 33%～50%，而目前我国的水果采收绝大部分还是以人工采收为主。园艺产品采收机器人是一类针对园艺作物，可以通过编程来完成采收等相关作业任务的具有感知能力的自动化机械收获系统。虽然目前园艺产品采收机器人的发展取得了较大的进步，但相对于工业机器人来说，其发展较为落后，主要存在定位和识别功能差、采收效率不高、成本高和通用性差的问题。在果蔬采收机器人系统中，由于作业环境的复杂性，果实和叶片等往往容易重叠在一起，并且光照条件具有不确定性，从而导致图像中存在噪声和各种干扰信息，降低了识别和定位目标果实的准确率。目前，大多数采收机器人的作业效率不高，采收速度均低于人工采收速度，要使果蔬采收机器人真正应用于实际生产，就必须要提高作业效率以及作业准确度。

19.7.2　预冷装备

连续式喷淋预冷装置主要由冷却隧道、传送带、风冷制冷系统、配有制冷蒸发盘管的冷却水槽和水泵等部分组成。制冷系统的设计与普通制冷系统的设计相同，制冷系负荷根据预冷园艺产品数量、预冷前后温差、预冷时间并加上设备散热损失等计算确定。冷却水泵根据冷却水流量和具体管道系统选配，但要保证喷水系统流量和压力可调。传送带传送速度应设计成变频可调。批次式喷淋预冷装置的制冷系统设计及冷却水泵选择与连续式喷淋预冷装置相同，并且由于没有传送带，其设备总体设计相对简单。

加冰预冷时要有碎冰设备，是将块冰或板状冰研磨成直径小于 5 mm 的冰粒，并与水混合成高浓度的冰水混合物，但对碎冰喷注预冷而言，主要的预冷设备是在 $2 \sim 3$ min 内为一定量园艺产品进行注冰的注冰机。预冷果蔬所需的用冰量主要取决于预冷果蔬的量和果蔬预冷前后所要求达到的温差，以及设备与外部少量热交换而引起的冷负荷，因此用冰量可以很容易计算出来。注冰可根据具体使用冰水混合物的流量和设备的具体管路系统进行选择，在美国容纳一个货盘的注冰机的注冰泵设计流量一般为 24 m³/h，电机功率为 $1.50 \sim 2.25$ kW，冰水混合物存储箱的容积约为 1.2 m³，搅拌器转速在 300 r/min 左右，注冰仓液压系统产生的压力不大于 200 kPa。

19.7.3　商品化处理装备

果实分级机械按工作原理可分为大小分级机、重量分级机、果实色泽分级机和既按大小又按色泽进行分级的果实色泽重量分级机。既按果实色泽又按果实大小进行分级时，首先是用带有可变孔径的传送带进行大小分级，在传送带的下边装有光源，传送带上漏下的果实经光源照射，反射光又传送给计算机，计算机根据光的反射情况不同，将每一级漏下的果实又分为全绿果、半绿半红果、全红果等级别，又通过不同的传送带输送出去。用于水果动态实时检测的果实品质智能化实时检测分级生产线由水果输送翻转系统、计算机视觉识别系统、分级系统组成。水果输送翻转系统的双锥式滚筒水果输送翻转装置，使水果以一定的速度向前输送，并使水果绕水平轴自由转动，保证检测系统能检测到水果整个表面，获得足够的水果图像信息；通过计算机视觉系统的视觉智能识别，综合判断每一水果的等级，并确定每个水果的位置信息，由计算机识别系统的控制模块将指令传输给分级系统，完成水果的分级。周增产等（2003）提出了黄瓜的分级标准，开发了机器视觉系统，包括照明、彩色 CCD 摄像、抓取架、微型计算机、图像监视器、挑选机器人和传送带等，设计了分级系统的软硬件设备，同时通过对水果的尺寸、形状、颜色、表面缺陷和生物特性等的测定来实现对水果品质的检测，进而进行分级处理，有效地提高了水果的品质和市场竞争力。

根据果蔬的不同情况和用户的需求，洗果机可分为水浸泡式和不浸泡式两类。水浸泡式洗果机一般用压缩空气或循环水泵使水槽中的水和果蔬不断翻滚，以清除果蔬表皮的尘埃杂质，根据需要也可在水槽中添加一些清洁剂和杀菌剂以增强清洗效果。水槽中的果蔬由提升装置提升并经过数道清水喷淋后进入刷果机或其他工艺装备中做进一步处理。不浸泡式洗果机一般由多组毛刷输送辊组成，果蔬在运送过程中不断翻转并进行刷洗。在毛刷辊的上方有 $3 \sim 4$ 组喷淋管道，第 1 组喷淋管为定量喷施洗涤液装置，有的厂商在洗涤液中混入一定量的压缩空气以产生洗涤泡沫来刷洗果蔬表皮；第 2 组喷淋管喷淋清水或温水，冲去果蔬表皮的污垢和洗涤液；第 $3 \sim 4$ 组喷淋管在果蔬表皮进一步喷洒清水或防腐保鲜剂。清洗后的果蔬由后面几组软毛刷辊或海绵辊去除表皮的残留水分，也可增设热空气喷嘴，提高表皮去湿的效果。

19.7.4　保鲜运输装备

国外气调保鲜运输始于 20 世纪 80 年代，FreshCon、Maersk、Sea Land、Dole 等公司开始采用气调保鲜运输方式，证明气调运输有助于延长产品保鲜期，减少运输损失。国外气调装备机型主要有 Transicold、AMAF⁺、Tectrol CA、PurFRESH 等。气调类型主要有：①制氮机制氮气调系统，成本高，气调效率低，O_2 浓度自 21% 降至 5% 需 72 h，不适合我国国内果蔬运输。②自调系统，利用园艺产品的呼吸降低 O_2 浓度，增加 CO_2 浓度，对厢体密封性要求较高，需长时间才能将气体成分调控至目标，气体成分调控较粗放，气调效率比制氮机制氮气调还低。③充注气调系统，利用预混好的 N_2 与 CO_2 的混合气充入运输厢体内，气调效率高，但长期运行成本高于制氮机制氮气调系统。④制臭氧气调系统，臭氧可为果蔬杀菌消毒、分解乙烯，适宜为敏感果蔬气调，但成本太高。我国果蔬保鲜运输率低，且运输装备技术落后，每年果蔬流通损失大，果蔬出口量仅占总产量的 1‰～2‰，在国际市场上缺乏竞争力。为延长果蔬保鲜周期、保障果蔬品质、增强果蔬国际竞争力，应加大先进保鲜运输装备的研制与示范。低成本气调保鲜运输装备适合我国国情，是切实有效的运输方式，对提升我国果蔬保鲜运输技术水平起到重要的推动作用。

19.7.5　品质劣变在线探测装备

美国、加拿大、德国、意大利、澳大利亚、日本等发达国家已经形成了完整的农产品冷链物流体系，在冷链物流系统中，除了配备成熟的温湿度控制系统，还配备了先进的农产品新鲜度、气体监测系统，保障了生鲜易腐农产品在贮藏、运输、销售中的安全。电子鼻技术目前被广泛地应用于农产品的质量劣变控制、加工过程和新鲜度监测等领域。国内的冷链农产品品质劣变检测技术发展较晚。长期以来，我国一直依靠感官评定和实验室测定实现劣变监测，但该方法受人的主观性和片面性的限制，且对于农产品变质初期和微生物的分解产物难以得出正确结论，还需要辅以理化指标如挥发性盐基氮（TVB - N）、pH、硫化氢含量、电导率等和微生物的实验室检测。

19.8　供应链模式

农产品流通电商化就是运用现代信息技术和计算机为代表的电子手段服务于农产品的流通，实现农产品网上销售，有效连接农产品产供销体系的重要途径，对于农产品的流通有重要的意义，主要体现在以下几个方面：①利用电子商务，为生产者和消费者进行交流创造了条件，供求双方信息获取能力、产品自销能力和风险抵抗能力大大加强，对传统中介的依赖性也大大降低，因此可以削减中介环节。②电子商务不仅能降低农产品流通的运输保鲜成本和时间成本，也能节约交易中介的运营费用及抽取的利润，生产者能直接、迅速、准确地了解市场需求，生产出适销、适量的农产品，避免因产品过剩而导致超额的运输、贮藏、加工及损耗成本。③电子商务可以打破信息闭塞、市场割据的局面，为农产品流通创造公开透明的信息环境。④电子商务具有全天候服务功能，再加上互联网的全球化特性，使得农产品流通可以不受时间和空间的限制，为流通各方创造更为方便的交易环境。

电子商务是未来商业模式创新的重要发展方向，目前由于配送和快递关键技术等因素制约，生鲜冷链配送和快递商品所占比重很小，生鲜品类占整个电子商务市场不到 3% 的份额，就目前来看，企业遇到的主要瓶颈包括：①生鲜农产品对冷链配送的要求极其严格，国内大部分冷链物流配送企业还不具备这样的条件，相比之下，生鲜电商的冷链配送要求更高，其生产、贮藏、运输、销售等消费前的各个环节始终处于严格的低温环境之下，必须采用"高配"的冷链物流。②对于生鲜电商来说，供应链体系主要包括由众多的上下游和第三方快递物流企业组成的利益共同体、电商与仓储物流企业实现共同仓储和配送、生鲜农产品企业对顾客电子商务（B2C）线上购物和线下配送的衔接，这 3 个环节往往难以进行有效的衔接，无法建立稳健的供应链关系。③从种植、养殖到成品，菜农、加工厂商、各级代理商等生鲜供应链上的众多参与者，对于品质的控制标准不一，为生鲜产品销售带来潜在的风险，相比生鲜电商的便捷服务，消费者更加关注生鲜产品的安全。

电商化能够解决农产品流通中的一些问题，各地均有农产品电商化的尝试，总体来看，我国农产品流通领域电商化主要采取了信息发布模式、企业对企业电子商务（B2B）模式、企业对顾客电子商务（B2C）模式、顾客对顾客电子商务（C2C）模式、团购模式等5种模式，这5种模式各有优劣，对农产品的流通都发挥了一定的积极影响，然而，无论哪一种模式都没有从根本上解决农产品流通的问题，农产品电商化急需创新思路，采用新的营销模式。

19.9　展望

我国的园艺产品贮藏和物流产业取得了明显的进步和发展，但与世界先进水平相比仍有较大差距。未来的重点发展方向主要包括以下几个方面：

建立从采前、采后、贮藏、运输、包装到销售的操作规程与质量标准，在产地建立集种植、保鲜加工和销售于一体的现代化大型农业龙头企业。把采前栽培、病虫害的防治和采后处理相结合，实行冷链流通，最大限度地提高果蔬的贮藏性。加强新品种引进，推进良种化进程，组织有关单位从国外引进新品种，加强果树苗木基地建设，健全园艺作物良种繁育体系。研究并掌握国内外生鲜农产品市场动向，进一步向配套化、自动化及标准化的方向发展。大力发展低成本、高效率、智能化的机械采摘，降低果蔬损伤率，且机械采摘可降低劳动强度、提高经济效益，符合可持续发展战略。

保鲜技术是未来农业、食品工业等产业竞争能否取胜的关键手段，是未来科技发展的热点和重点。研究新型园艺产品保鲜理论，研发天然保鲜剂，实现信息化保鲜包装技术等依然是今后的研究工作重点。保鲜包装技术已由单一原理研究向复合研究发展，如气调保鲜、低温保鲜、绿色保鲜剂、天然抗菌剂等各种保鲜技术的复合研究和应用是国际保鲜的流行趋势，未来园艺产品保鲜技术将会朝着多种技术结合、安全、天然、高效的方向发展。

减少果蔬的仓储和运输时间，使其更快地到达消费者的手中。如果能在田间地头就完成预冷包装工作，就不用经过产地的冷藏库进行周转而直接运往销地，减少其仓储和运输时间。不同的果蔬成熟季节不同，使用可移动的生产线，就不需要在每个生产基地的附近都设立相应的冷库和包装车间，降低整体投资。亟须整合预冷技术、发电技术、分拣技术、冷藏技术、检测技术、包装技术，形成完整的产地预冷生产线，实现快速、准确、安全、规范的田间作业，使新鲜安全的果蔬以最快的速度送达消费者手中。

建立健全面向所有用户群体的冷链服务体系，满足不同用户的需求，切实推进节能技术、新能源利用技术在电子商务线下相关配套技术装备中的研究，对现有技术装备升级和整合，提高效率，减少流通环节，降低线下成本，将对我国园艺产品产业化发展起到极大的推动作用。

（孙崇德　曹锦萍　陈昆松　林琼　编写）

主要参考文献

陈文煊，郜海燕，周拥军，等，2003. 植物生长调节剂对保鲜茭白生理品质的影响 [J]. 浙江农业学报，15（3）：185-188.

陈鑫铭，王希俊，2007.3S技术在第三方物流中的应用研究 [J]. 商场现代化（33）：154-155.

陈秀勤，卢立新，2014. 集合包装水果的差压预冷研究进展 [J]. 包装工程，35（1）：141-147.

侯玉茹，李文生，王宝刚，等，2015. 高 CO_2 结合气调保鲜箱对草莓贮藏期间品质变化的影响 [J]. 包装工程，36（9）：38-41.

洪泽雄，2015. 绿色食品包装材料的发展 [J]. 轻工科技，31（3）：22-23.

孔祥强，2006.GIS/GPS在物流配送中的应用 [J]. 价值工程，25（11）：87-89.

李江阔，张鹏，纪淑娟，等，2009. 1 - MCP 对不同成熟度南果梨贮后货架保鲜效果的研究 [J]. 北方园艺 (1)：212 - 214.

李平，辛建华，童军茂，等，2012. 外源茉莉酸甲酯和拮抗菌协同贮藏哈密瓜保鲜的研究 [J]. 安徽农学通报，18 (21)：72 - 74.

卢唱唱，陈良哲，王冠楠，等，2019. 形状记忆聚氨酯及其在智能包装中的应用展望 [J]. 包装学报，11 (1)：54 - 62.

吕锋，2006. 农产品物流企业配送方案选择与路径优化研究 [D]. 长春：吉林大学.

裴炜，尹京苑，李标，等，2012. 生物保鲜剂 R - 多糖低温保鲜荔枝的研究 [J]. 中国食品学报，12 (5)：121 - 129.

钱骅，黄晓德，夏瑾，等，2019. 真空预冷对西兰花贮藏品质的影响 [J]. 中国野生植物资源，38 (1)：8 - 12.

唐燕，杜光源，马书尚，等，2010. 1 - MCP 对室温贮藏下不同成熟度猕猴桃的生理效应 [J]. 西北植物学报，30 (3)：564 - 568.

王登亮，2014. 热激处理对椪柑果实采后耐贮性的影响 [D]. 杭州：浙江大学.

王永刚，王长明，2011. 丁香等 8 种植物源天然制剂抑菌性能研究 [J]. 畜牧与饲料科学 (7)：8 - 9.

吴欣蔚，朱志伟，孙大文，2017. 三种形态叶菜真空预冷过程的比较研究 [J]. 现代食品科技，33 (9)：134 - 139.

徐铭辰，牛媛媛，余永昌，2014. 果蔬采摘机器人研究综述 [J]. 安徽农业科学，42 (31)：11024 - 11027.

杨信廷，钱建平，范蓓蕾，等，2011. 农产品物流过程追溯中的智能配送系统 [J]. 农业机械学报，42 (5)：125 - 130.

姚昕，涂勇，2007. 不同热处理方式对青枣贮藏保鲜效果的影响 [J]. 食品与机械 (3)：109 - 111.

于培庆，2007. 基于移动定位技术的物流运输管理系统 [J]. 中国市场 (28)：64 - 65.

赵喜亭，周颖媛，邵换娟，2013. 果蔬贮藏辐照保鲜技术研究展 [J]. 北方园艺 (20)：169 - 172.

张慇，陈慧芝，2012. 纳米银在食品贮藏加工中应用的研究进展 [J]. 食品与生物技术学报，31 (4)：35 - 42.

郑贤利，屈国普，谢红艳，等，2013. 不同剂量辐照黄花菜保鲜研究 [J]. 安徽农业科学，41 (11)：5032 - 5033.

周增产，张晓文，吴建红，等，2003. 黄瓜自动分级系统的研制 [J]. 农业工程学报，19 (5)：118 - 121.

Jos E S，Zamora-Izquierdo M A，Jara A J，et al，2012. Telematic platform for integral management of agricultural/perishable goods in terrestrial logistics [J]. Computers and Electronics in Agriculture，80 (1)：31 - 40.

Lara I，García P，Vendrell M，2006. Post-harvest heat treatments modify cell wall composition of strawberry (*Fragaria × ananassa* Duch.) fruit [J]. Scientia Horticulturae，109 (1)：48 - 53.

Lu Z，Yu Z，Gao X，et al，2003. Preservation effects of gamma irradiation on fresh-cut celery [J]. Journal of Food Engineering，67 (3)：347 - 351.

Ma R N，Yu S，Tian Y，et al，2016. Effect of non-thermal plasma-activated water on fruit decay and quality in postharvest chinese bayberries [J]. Food and Bioprocess Technology，9 (11)：1825 - 1834.

Nobile M A D，Cannarsi M，Altieri C，et al，2004. Effect of Ag-containing Nano-composite active packaging system on survival of *Alicyclobacillus acidoterrestris* [J]. Journal of Food Science，69 (8)：E379 - E383.

Reddy N，Yang Y，2015. Polylactic acid (PLA) fibers [M]. Springer Berlin Heidelberg：377 - 385.

Ruiz-Garcia L，Barreiro P，Robla J I，2010. Testing zigbee motes for monitoring refrigerated vegetable transportation under real conditions [J]. Sensors，10 (5)：4968 - 4982.

Xie X L，Yin X R，Chen K S，2016. Roles of APETALA2/ethylene-response factors in regulation of fruit quality [J]. Critical Reviews in Plant Sciences，35 (2)：1 - 11.

Xu W T，Peng X，Luo Y B，2009. Physiological and biochemical responses of grapefruit seed extract dip on 'Redglobe' grape [J]. LWT-Food Science and Technology，42 (2)：471 - 476.

Zhang A D，Wang W Q，Tong Y，et al，2018. Transcriptome analysis identifies a zinc finger protein regulating starch degradation in kiwifruit [J]. Plant Physiology，178 (2)：850 - 863.

Zhang M，Tao Q，Huan Y，2002. Effect of temperature control and high humidity on the preservation of JUFENG grapes [J]. International Agrophysics，16 (4)：277 - 281.

Zhu D，Ji B，Eum H L，2009. Evaluation of the non-enzymatic browning in thermally processed apple juice by front-face fluorescence spectroscopy [J]. Food Chemistry，113 (1)：272 - 279.

20 果蔬产品营养与人类健康

【本章提要】以心脑血管疾病、肿瘤、糖尿病等为主的各种现代慢性疾病正在威胁着全人类的健康。国内外大量流行病学、动物实验等研究结果表明，水果蔬菜等园艺产品对这些慢性疾病有一定的防治作用。本章主要介绍以水果和蔬菜为代表的园艺产品营养保健相关研究进展，包括果蔬生物活性物质种类、分布、生物活性及作用机制等内容，该领域研究成果有助于科学引导园艺产品消费，促进园艺产业可持续发展。

20.1　果蔬产品营养对人类健康的作用

越来越多的研究表明，水果和蔬菜等园艺产品日常摄入量与慢性疾病发生的风险成负相关。合理增加水果和蔬菜等植物性食物的消费量作为一种健康饮食方式，在预防心脏病、癌症、中风、糖尿病、阿尔茨海默病、白内障以及与衰老相关的功能衰退疾病等诸多慢性疾病中扮演着重要角色。

美国的一项研究结果表明，大约1/3的癌症可通过改善饮食来预防。因此，饮食模式和生活方式的改变，如增加水果和蔬菜的消费、均衡地摄入动物性和植物性食物是减少慢性病发病率实用且有效的策略。2010年美国人饮食指南推荐，以8 371 kJ的饮食量为标准，大多数人每天应该食用至少9份水果和蔬菜，其中水果4份，蔬菜5份。为了达到每天至少9份果蔬的目标，建议消费者食用不同来源的水果和蔬菜，包括新鲜果蔬、冷冻果蔬、罐头、干果、100%果汁等各种形式的果蔬产品。

不同水果和蔬菜提供了丰富的植物化学物质，包括酚类物质、萜类物质、维生素、含硫化合物、膳食纤维和生物碱等，果蔬的保健作用是不同植物化学物质协同作用的结果。随着人们对果蔬保健作用的日益重视，了解和评价园艺产品中活性物质的含量及生物活性，将有助于提高人们的营养保健意识，合理预防慢性非传染性疾病。

20.2　果蔬中常见植物化学物质种类

植物化学物质通常指植物中具有生物活性的化学组分，在水果和蔬菜等植物性食物中，已有近万种植物化学物质被鉴定。由于不同果蔬植物化学物质的组成和比例有很大差异，且作用机制彼此互补，为获得最大的健康益处，建议每天摄入不同的果蔬产品。研究表明，果蔬中植物化学物质的保健作用可能比目前所了解的更广泛，因为仍有许多植物化学物质及其生物活性尚未得到鉴定与研究。因此，对植物化学物质的分离和鉴定工作是系统了解果蔬保健相关生物活性作用的基础。

膳食中重要的植物化学物质组分主要有酚类物质、萜类物质、维生素、含硫化合物、植物固醇、膳食纤维、生物碱等几大类（图 20-1）。酚类物质是目前园艺产品中研究较多的植物化学物质。

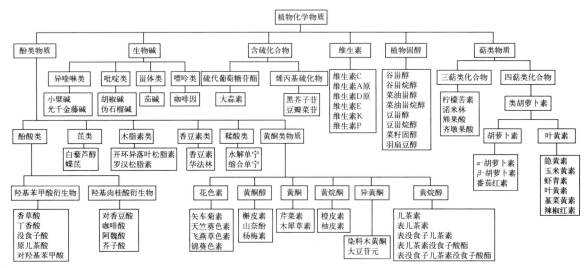

图 20-1　果蔬中常见植物化学物质种类
(Liu, 2013)

20.2.1　酚类物质

20.2.1.1　酚类化合物的种类

酚类化合物是植物中携带 1 个或多个羟基的芳香环类化合物，包括简单酚类、酚酸、香豆素、黄酮类化合物、芪、水解单宁和缩合单宁、木质素等物质。苯丙烷类（具有 C_6-C_3 骨架）是酚类物质中较大的一类，又可分为香豆素类、色酮类、色烯类、苯呋喃类以及二聚木酚素类。黄酮类化合物（具有 $C_6-C_3-C_6$ 骨架）、二苯乙烯类（具有 $C_6-C_2-C_6$ 骨架）以及醌类均是有色物质，具有一个共同的醌核，而且可以进一步分为苯醌、萘醌和蒽醌。黄酮类化合物又可分为以下 5 类：①花青素类及花黄素类，它们分别以红-蓝以及黄花色素呈现；②黄酮类以及黄酮醇类，它们是分布最广、种类最多的一类黄酮类化合物；③微量黄酮类，包括黄烷酮类、二氢黄酮醇类及二氢查尔酮类；④异黄酮，主要存在于豆科植物的一种特征性成分；⑤单宁类，此类化合物的特征之一就是与蛋白质的吸附亲和性，单宁类又可分为两类，一类是黄酮类单宁，即原花青素类或黄烷醇类单宁，另一类结构单体主要是没食子酸，包括没食子单宁和鞣花单宁，没食子单宁水解后产生没食子酸，鞣花单宁水解后产生鞣花酸。

酚酸类物质主要包括羟基苯甲酸衍生物和羟基肉桂酸衍生物两大类。羟基苯甲酸衍生物如对羟基苯甲酸、没食子酸、丁香酸、原儿茶酸和香草酸等，通常是构成复杂酚类物质的组成成分，如木质素和可水解单宁等，在水果和蔬菜中，它们多以糖和有机酸的衍生物形式存在。羟基肉桂酸衍生物包括对香豆酸、阿魏酸、咖啡酸、芥子酸等，它们主要以结合态形式存在，通过酯键与细胞壁结构元件相连，阿魏酸主要存在于植物的种子和叶片中，可通过共价键与单糖、双糖、糖蛋白、植物细胞壁多糖、多胺、不溶性糖类聚合体等结合。食物加工过程中的热处理、巴氏灭菌、冷冻、发酵等可以导致结合态酚酸的释放。几乎所有园艺产品中都发现了咖啡酸、对香豆酸、阿魏酸、原儿茶酸和香草酸。姜黄素和绿原酸是植物中最主要的羟基肉桂酸衍生物。姜黄素是由两个阿魏酸通过亚甲基连接而成的双黄酮结构，是香料姜黄和芥末中主要的黄色色素成分；绿原酸是咖啡酸的酯化产物，是导致苹果等园艺产品酶促氧化褐变反应的主要底物。

黄酮类化合物通常含有两个芳香环（A、B环），这两个环通过含有3碳的氧杂环连接。水果和蔬菜中含有丰富的黄酮类化合物，能够降低一些慢性病发生的风险，如心脏病、癌症、中风、糖尿病、阿尔茨海默病等。目前，已有超过8000种黄酮类化合物被分离和鉴定，根据杂环C环的结构差异将它们划分为黄酮醇（槲皮素、山柰酚、杨梅素）、黄酮（木犀草素和芹菜素）、黄烷醇（儿茶素、表儿茶素、表没食子儿茶素、表儿茶素没食子酸酯、表没食子儿茶素没食子酸酯）、黄烷酮（柚皮素、橙皮素）、花青素（矢车菊素和锦葵色素）和异黄酮（染料木素和大豆苷元），这些都是膳食中常见的黄酮类化合物。黄酮类物质在自然界中主要以糖基化或酯化形式存在，少量以苷元形式存在。自然界存在许多不同的糖基化形式，已发现80余种糖基可与植物性黄酮类化合物结合。花青素是形成水果和蔬菜独特颜色的重要色素物质，苹果是很好的槲皮素、表儿茶素和花青素来源，橙子和橘子果汁中主要黄酮类化合物是橙皮素和柚皮素形成的糖苷。

20.2.1.2　酚类化合物在果蔬中的分布与含量

酚类物质是植物次生代谢产物，在植物繁殖、生长发育和新陈代谢中扮演着至关重要的角色，它们参与防御病毒、真菌、寄生生物和食肉动物的侵袭，参与植物色泽形成等。酚类化合物在植物不同组织、细胞、亚细胞水平等分布不同，脂溶性酚类物质大多分布于细胞壁，而水溶性酚类物质分布于植物细胞的液泡里。细胞壁酚类物质提供细胞壁以支撑结构，调控植物生长发育、形态形成和细胞对生物与非生物胁迫的反应。阿魏酸和对香豆酸是细胞壁的主要酚酸，它们可以通过酯键与细胞壁多糖和木质素交联形成聚合体，在细胞间支撑和木质素形成过程中发挥了重要作用。

果实中不同种类酚类物质及其含量的高低都影响着果实色泽、风味与营养品质（表20-1）。美国的一项研究表明，在25种常见水果中，野生蓝莓和黑莓总酚含量较高，其后依次是石榴、蔓越莓、蓝莓、李、树莓、草莓、红葡萄和苹果，其余水果的总酚含量从高到低依次是梨、菠萝、桃、柚、油桃、芒果、猕猴桃、橙、香蕉、柠檬、鳄梨、香瓜、哈密瓜、西瓜。苹果提供了33％的水果酚类物质，是美国日常饮食中酚类物质重要的食物源。在27种常见的蔬菜中，菠菜的酚类物质含量较高，其次是红辣椒、甜菜、青花菜、抱子甘蓝、茄子、芦笋和青椒，其余蔬菜的酚类物质含量从高到低依次是黄皮洋葱、花椰菜、甘蓝、萝卜、红番椒、双孢蘑菇、胡萝卜、甜玉米、南瓜、白皮洋葱、青豌豆、番茄、菜豆、芹菜、叶用莴苣、莴苣和黄瓜。果蔬中酚类物质组成与含量的差异表明其在人类膳食营养中发挥不同的作用。

表 20-1　常见果蔬中的总酚含量（mg 没食子酸当量/100 g 鲜重）

（Wolfe et al.，2008；Song et al.，2010）

产品名称	总酚含量	产品名称	总酚含量
野生蓝莓	429.0±10.0	菠菜	151.0±7.0
黑莓	412.0±6.0	红辣椒	138.0±10.0
石榴	338.0±14.0	甜菜	131.0±3.0
蔓越莓	287.0±5.0	青花菜	126.0±3.0
蓝莓	285.0±9.0	抱子甘蓝	109.0±1.0
李	239.0±7.0	茄子	87.4±1.3
树莓	239.0±10.0	芦笋	82.5±0.7
草莓	235.0±6.0	青椒	66.7±2.1
葡萄	161.0±7.0	黄皮洋葱	52.1±1.0
苹果	156.0±3.0	花椰菜	48.0±0.7

（续）

产品名称	总酚含量	产品名称	总酚含量
樱桃	151.0±6.0	甘蓝	44.6±0.7
梨	94.8±0.7	萝卜	42.1±0.4
菠萝	78.1±0.8	红番椒	39.7±0.4
桃	73.1±2.4	双孢蘑菇	38.9±0.3
柚	71.0±1.3	胡萝卜	30.9±1.7
油桃	66.3±2.1	甜玉米	26.7±0.4
芒果	62.6±4.2	南瓜	23.8±0.2
猕猴桃	60.4±3.3	白皮洋葱	23.7±1.0
橙	56.9±0.8	青豌豆	21.3±0.5
香蕉	54.8±1.3	番茄	20.4±0.6
柠檬	50.8±0.9	菜豆	13.9±0.1
鳄梨	23.9±0.7	芹菜	13.6±1.0
香瓜	16.0±0.4	叶用莴苣	13.2±1.3
哈密瓜	15.5±0.9	莴苣	10.9±0.1
西瓜	14.1±0.3	黄瓜	9.7±0.4

　　果蔬中酚类物质含量与其种类、品种、组织部位、栽培条件、成熟进程、贮藏加工条件等多因素密切相关（Gennaro et al.，2002；Ostertag et al.，2002）。如蓝莓富含酚酸、儿茶酚、黄酮醇、花青素、原花青素等，其中酚酸包括没食子酸、咖啡酸、对香豆酸、阿魏酸和鞣花酸等，花青素包括矢车菊素、翠雀苷、甲基花青素和锦葵色素的3-半乳糖苷、3-阿拉伯糖苷和3-葡萄糖苷等，蓝莓中还含有一些原花青素的聚合物，从二聚体到八聚体的寡聚 B 型原花青素都可以在蓝莓中检测到，所有这些都是天然的抗氧化剂（Ayaz et al.，2005）。

　　苹果酚类物质主要包括羟基苯乙烯酸衍生物、黄烷醇、黄酮醇及其聚合物、二氢查耳酮和原花青素。绿原酸是苹果果实中的主要羟基苯乙烯酸，占总羟基苯乙烯酸的87%。花青素被发现存在于红色苹果表皮和表皮下细胞的液泡中。根皮苷和根皮素是苹果中主要的二氢查尔酮。苹果原花青素主要是（一）-表儿茶酸和（十）-儿茶酚的寡聚体和多聚体。此外，苹果果实中发现许多黄酮醇糖苷如槲皮素-3-O-芸香糖苷、槲皮素-3-O-半乳糖苷、槲皮素-3-O-葡萄糖苷、槲皮素-3-O-木糖苷、山奈酚-3-O-半乳糖苷、槲皮素-3-O-阿拉伯呋喃糖苷和槲皮素-3-O-鼠李糖苷。

　　蔓越莓是花青素、黄酮醇糖苷、原花青素和酚酸的很好来源。芥子酸胆碱、咖啡酸和香豆酸是主要的结合态酚酸，对香豆酸盐、2,4-二羟安息香盐和香草酸是主要的游离态酚酸。美国蔓越莓中最主要的花青素为矢车菊素和甲基花青素的3-O-半乳糖苷和3-O-阿拉伯糖苷，而欧洲蔓越莓中最主要的花青素为矢车菊素和甲基花青素的3-O-葡萄糖苷。此外，蔓越莓中聚合型原花青素占总原花青素的63%。

　　葡萄果实和果皮中含有大量的酚酸如咖啡酸（顺-咖啡酒石酸）和对香豆酒石酸、黄酮醇如槲皮素-3-O-葡萄糖苷、黄烷醇如二氢槲皮素-3-O-鼠李糖苷（Souquet et al.，2000）。目前在葡萄果实和叶片中都发现存在一些芪类化合物如顺式-或反式-白藜芦醇（3,5,4′-三羟基芪类化合物）、白藜芦醇的顺-或反-3-O-β-D-葡糖苷、3′-羟基白藜芦醇的顺-或反-3-O-β-D-葡萄糖苷和紫檀芪（芪的二甲基化衍生物）。顺-云杉新苷是成熟葡萄果皮中的主要芪类化合物，白藜芦醇是菱蒍果实中的主要芪类化合物。葡萄籽和果皮也是原花青素、黄酮醇、黄烷醇的很好来源，原花青素是葡萄籽中主要的低聚花青素原，而原花青素和原翠雀素是葡萄果皮和茎中的主要低聚花色素原。

石榴富含可溶性单宁和花青素。诸如矢车菊素-3-糖苷、翠雀素-3-葡糖苷、矢车菊素-3，5-二葡糖苷、翠雀素-3，5-二葡糖苷和天竺葵素-3-葡糖苷等酚类化合物均在石榴汁中有检测报道。石榴中没食子单宁和鞣花单宁等酚类物质也有报道。

柑橘果实中，苯乙烯酸衍生物、香豆素和黄酮类化合物（二氢黄酮、黄酮、黄酮醇）等构成了其主要酚类物质（Manthey et al.，2001）。柑橘果皮中含有的酚酸类物质主要以酯化、氨基化和糖基化形式存在。柚皮素-7-新橙皮糖苷和柚皮素-7-芸香糖苷是葡萄柚中的主要黄烷酮糖苷，柚皮苷和橙皮素-7-芸香糖苷是甜橙中主要黄烷酮糖苷，柚皮苷和新橙皮苷、橙皮苷-7-新橙皮糖苷是酸橙中主要黄烷酮糖苷，橙皮苷、柚皮芸香苷和异樱花素-7-芸香糖苷等是脐橙和血橙中主要黄烷酮糖苷。多甲氧基黄酮是柑橘种类中特有的酚类物质，其种类和含量构成是不同柑橘种的指纹图谱，如柑橘中含川陈皮素（5,6,7,8,3',4'-六甲氧基黄酮）和甜橙黄酮（5,6,7,3',4'-五甲氧基黄酮），而葡萄柚含橘皮素（3,5,6,7,8,3',4'-七甲氧基黄酮、5,7,8,4'-四甲氧基黄酮和5,7,8,3',4'-五甲氧基黄酮）。柑橘中主要的糖基化黄酮是4'-甲氧基-5,7,3'-三羟基黄酮-7-芸香糖苷和4'-甲氧基-5,7,3'-三羟基黄酮-7-新橙皮糖苷。这些黄酮类化合物在未成熟果实中的含量要高于成熟果实。

在某些胁迫条件如紫外辐射、病菌或寄生虫入侵、空气污染和低温伤害下，植物酚类物质生物合成会增加。在葡萄中，芪类化合物如白藜芦醇及其糖苷化合物等的生物合成被真菌感染、紫外辐射、失水枯萎等胁迫诱导的研究屡见报道（Cantos et al.，2002）。

20.2.2 萜类物质

20.2.2.1 萜类化合物的种类

萜类化合物是自然界存在的一类由异戊二烯为结构单元组成的烃类化合物统称，它们是植物中最大类的天然产物，至今已从植物中分离到超过4万种萜类化合物。由于萜类物质分子由不同数目前体物质异戊二烯（C_5）基本单元构成，因此萜类又称为异戊二烯类化合物，通式为$(C_5H_8)_n$。萜类化合物虽然形态各异，但几乎所有萜类化合物都是由异戊二烯基二磷酸（IPP）和二甲基烯丙基二磷酸（DMAPP）聚合而成。根据C_5数目的不同，萜类化合物可分为单萜、倍半萜、二萜、三萜、四萜等，其中单萜、倍半萜和二萜称为低等萜类，单萜和倍半萜是植物挥发油的主要成分，也是香料的主要成分，植保素很多是一些倍半萜和二萜化合物，三萜类化合物的基本骨架由6个异戊二烯单元、30个碳原子组成。

有些萜类物质对于植物生长和生存是必需的，如赤霉素、脱落酸和细胞分裂素这3种植物激素，参与光合作用的叶绿素、类胡萝卜素、质体醌，呼吸作用必需的泛醌和细胞膜结构完整性必需的植物甾醇等，另有一些萜类物质在病虫防卫中起着重要作用。对于果蔬而言，萜类物质在果实色泽、香气和营养保健等方面都发挥了重要功能。

类胡萝卜素是具有C_{40}的萜类化合物结构，主要分为胡萝卜素类和叶黄素类两大类。类胡萝卜素广泛存在于黄色、橙色和红色水果和蔬菜等食物中，目前已有600余种不同的类胡萝卜素被分离鉴定。类胡萝卜素因为其独特的生理功能而备受关注，它是一种维生素A原，具有抗氧化作用，能清除单线态氧。

类胡萝卜素的结构由某一端或者两端发生环化而成，能发生多种加氢作用，或具备含氧官能团，β-胡萝卜素和番茄红素分别是类胡萝卜素发生环化和酰化的例子。类胡萝卜素在自然界主要以全反式形式存在，其中央部位由一长排的共轭双键组成，决定类胡萝卜素的构型、化学反应活性和吸光属性。β-胡萝卜素、α-胡萝卜素、β-叶黄素有维生素 A 原可以在经过人体的新陈代谢后转化为维生素 A。玉米黄素和叶黄素是人类视网膜的黄斑区（黄斑）中最重要的类胡萝卜素，食用丰富的玉米黄素和叶黄素可降低白内障和黄斑病变发生的风险。

类胡萝卜素在植物的光合作用和光保护作用中发挥着重要作用。类胡萝卜素因其具有淬灭活性氧的能力而具有光保护作用，尤其是由光照和辐射所形成的单线态氧。类胡萝卜素能与自由基反应，使自己成为自由基，该反应主要受共轭双键链的长度和末端官能团特征影响。类胡萝卜素自由基由于共轭多烯链分子上不成对电子的移位而达到稳定，这种移位还允许在自由基分子的许多位点上发生加成反应。

20.2.2.2　萜类化合物的含量与分布

橙色和黄色的水果和蔬菜包括枇杷、芒果、哈密瓜、红辣椒、胡萝卜、南瓜、木瓜、甘薯和笋瓜等都富含 β-胡萝卜素，深色绿叶蔬菜如菠菜、青萝卜、花椰菜、甘蓝、羽衣甘蓝等含有丰富的叶黄素和玉米黄素，番茄、西瓜、粉红葡萄柚、杏和粉红番石榴中富含番茄红素。据估计，在美国 85% 的番茄红素是从加工番茄制品中获得的，如番茄酱、番茄糊和番茄汤。有关果实类胡萝卜素的分布、结构、代谢及其调控机制可见本书第 13 章。

三萜皂苷广泛分布于果蔬的不同组织及器官中，特别是在蔷薇科（山楂、枇杷、刺梨等）、鼠李科（枣）、石榴科（石榴）等果树中。如楝科楝属植物果实及树皮中含多种楝烷型四环三萜成分，具苦味，总称为楝苦素类成分，其由 26 个碳组成。柑橘中柠檬苦素和诺米林就属于此种萜类物质，它们是柑橘类果实苦味物质的主要来源。柠檬苦素在椪柑油胞层和胡柚囊衣中的含量分别达到 1.53 mg/g 和 3.52 mg/g，诺米林在柚油胞层和胡柚囊衣中的含量分别达到 2.82 mg/g 和 2.92 mg/g；柚白皮层中柠檬苦素和诺米林的含量在发育过程中保持较低的水平，始终分别低于 0.09 mg/g 和 0.08 mg/g；在成熟柚果实囊衣中柠檬苦素和诺米林含量增加，含量由采前 3 周的 0.000 1 mg/g 和 0.06 mg/g 分别增加至采收时的 0.42 mg/g 和 0.51 mg/g。对柑橘不同器官研究表明，柠檬苦素和诺米林在根中大量积累，二者总含量高于同期的果实、叶片和枝中含量，在椪柑须根中柠檬苦素和诺米林的总含量达到 2.56 mg/g，同期果实、叶片和枝的含量分别为 1.35 mg/g、0.64 mg/g 和 0.36 mg/g（Sun et al.，2005）。在木犀科植物木犀榄（又称齐墩果）的叶中首次分离得到的齐墩果酸是齐墩果烷型五环三萜的代表性化合物，此类化合物与乌苏烷型五环三萜的代表性化合物乌苏酸（又称熊果酸）在果实中有广泛的分布，在山楂、柿、小枣、枇杷、苹果等果实中含量较高。除了天然合成的三萜类化合物外，通过组织培养或细胞培养，也可以合成许多三萜类物质。

20.2.3　维生素类化合物

维生素是一大类化学结构与生理功能各不相同的物质总和，它们在人类或动物机体内不提供能量，一般也不是机体构造成分，只需要极少数量即可满足机体正常生理的需要，然而，维生素缺乏会使得机体发生不同程度的生理失调或病变。维生素一般在人类或动物机体内不能合成或合成数量极少，须经由食物供给。依据维生素的溶解性，可分成脂溶性维生素和水溶性维生素两大类，前者有维生素 A、维生素 D、维生素 E 和维生素 K；后者有维生素 C、维生素 P 和 B 族维生素。不同水果含有不同种类及含量的维生素。

众所周知，果蔬是维生素 C 的最佳来源，维生素 C 也是水果中的主要维生素。维生素 C 含量丰富的水果包括甜瓜、葡萄柚、蜜瓜、枣、猕猴桃、芒果、橙、木瓜、西瓜、橘、柿、枇杷以及草莓等。

维生素 A 又称视黄醇，虽然植物组织中尚未发现维生素 A，但果实中的 β-胡萝卜素进入人体后可以合成维生素 A 发挥其感受弱光等生理功能，这也是膳食 β-胡萝卜素日益被重视的原因之一，因此富含 β-胡萝卜素的果蔬都是良好的维生素 A 原食品。

B 族维生素有 12 余种成员，包括 B_1、B_2、B_6、B_{12}、烟酸、叶酸、泛酸和胆碱等。B 族维生素是水溶性维生素，且全是辅酶，参与体内糖、蛋白质和脂肪代谢。富含 B 族维生素的食物主要有酵母、谷物、动物肝脏等，果蔬等园艺产品并不是其最佳来源。

在体内通过促进钙吸收进而调节多种生理功能的维生素 D 本身也不存在于植物中，但维生素 D 原在动植物体内都存在，植物中的麦角醇为维生素 D_2 原，经紫外照射后可转变为维生素 D_2。

维生素 E 又名生育酚，因其极易氧化，可保护其他物质不被氧化，是动物和人体内最有效的抗氧化剂之一，能对抗生物膜的脂质过氧化反应，保护生物膜结构和功能的完整，延缓衰老。维生素 E 主要存在于植物油中，麦胚油、葵花油、花生油和玉米油中含量丰富；刺梨中维生素 E 含量丰富，居水果和蔬菜之首，豆类、柑橘皮、绿叶蔬菜也是维生素 E 的很好来源。

维生素 K 具有控制血液凝结的功能，是 4 种凝血蛋白（凝血酶原、转变加速因子、抗血友病因子和司徒因子）在肝内合成必不可少的物质，深绿色蔬菜和坚果中均富含维生素 K。

维生素 P 由柑橘属类黄酮、芸香素和橙皮素构成。橙、柠檬、杏、樱桃等果实都是维生素 P 很好的来源。它能防止维生素 C 被氧化而受到破坏，增强维生素 C 效果；能增强毛细血管壁，防止瘀伤；不仅有助于预防和治疗牙龈出血，而且也有助于治疗因内耳疾病引起的浮肿或头晕等。

20.2.4 含硫化合物

硫代葡萄糖苷是一类重要的含硫化合物，具有重要的生物活性，十字花科植物是硫代葡萄糖苷的主要来源（李鲜等，2006）。尽管此类物质在整个植物中都有分布，但它在种子中的含量通常最为丰富。至今已分离得到 120 多种硫代葡萄糖苷，但仅约 20 种能在十字花科植物中检测到，它们在抗癌、植物防御和风味形成等方面有重要作用。

流行病学研究结果表明，青花菜、羽衣甘蓝、抱子甘蓝、花椰菜、辣根、大白菜等十字花科蔬菜可预防胰腺癌、肺癌、直肠癌、乳腺癌及前列腺癌等多种癌症的发生，美国国家饮食、营养和癌症研究委员会建议多食用十字花科植物来作为降低癌症发生率的措施。十字花科植物富含硫代葡萄糖苷，这类物质经植物黑芥子酶或胃肠微生物水解后会产生一系列具有生物活性的水解产物——异硫氰酸酯。许多研究表明，异硫氰酸酯能激活苯醌还原酶（quinone reductase，QR）和谷胱甘肽转移酶等参与致癌物解毒过程的阶段 II 类酶。除了具有抗癌功效外，硫代葡萄糖苷水解产物对于植物抵抗细菌、真菌、病毒和蚜虫等都有重要作用。

硫代葡萄糖苷由一个硫酸盐基团、含糖基团和可变的非糖侧链（R）组成。根据 R 基团的不同，硫代葡萄糖苷可以分为脂肪族硫代葡萄糖苷、芳香族硫代葡萄糖苷和吲哚硫代葡萄糖苷等 3 类。研究表明，不同十字花科植物所含的硫代葡萄糖苷种类和含量都不同，甚至在同一种植物的不同品种间，其种类和含量也会显示巨大的差异。例如，青花菜中主要的硫代葡萄糖苷为葡萄糖萝卜硫苷、葡萄糖芜菁芥素和芸薹葡糖硫苷，而在抱子甘蓝、大白菜、羽衣甘蓝、辣根和花椰菜中的硫代葡萄糖苷主要为黑芥子硫苷酸钾和芸薹葡糖硫苷，此外，抱子甘蓝中还含有大量的葡萄糖芜菁芥素。这些由于基因型不同而显示的硫代葡萄糖苷种类和含量的不同表明了它们在抗癌保健功能上的差异。研究同时表明，除了遗传因素，植物生长发育的不同阶段、形态、环境因素（如害虫、营养、环境胁迫和采后处理）等都会对植物中硫代葡萄糖苷的种类和含量造成影响。

20.2.5 膳食纤维

膳食纤维一词最初是由 Hipsley 于 1953 年提出的，被认为是胃肠道中难以消化的植物细胞壁组分，它能被大肠中的细菌酵解，从而影响肠道生理以及营养物质的吸收代谢，也可促进粪便的排出（Edwards et al.，2015）。根据特定 pH 下溶解性的不同，膳食纤维可分为可溶性膳食纤维，包括果胶、树胶等，以及不溶性膳食纤维，包括纤维素、半纤维素、木质素等（Baye et al.，2015）。

膳食纤维具有以下 4 个特性：①含水性。膳食纤维的化学结构中含有许多亲水基团，因此具有较强的吸水膨胀能力，膳食纤维吸水后可达自身质量的数倍，从而填充胃肠道，增加饱腹感，抑制进食，并刺激肠胃蠕动，使体内有害物质尤其是致癌物质及时排出。②黏性。可溶性膳食纤维吸水后，在消化道会形成黏性较好的液体，延迟胃的排空，减缓整个消化和吸收过程。③吸附性。膳食纤维可以吸附螯合胆固醇变异原、胆汁酸等有机分子及某些有毒物质，使其排出体外。④结合和交换离子。膳食纤维化学结构中含有一些羧基、羧基类侧链基团，具有弱酸性阳离子交换树脂的功能，膳食纤维可与铜、铅等离子交换，从而缓解重金属中毒，还能与肠道中的 Na^+ 和 K^+ 进行交换，降低血液中 Na^+、K^+ 的比值，有利于降低血压。

作为继传统六大营养素之后的"第七类营养素"，膳食纤维能有效改善人体营养状况、调节机体功能，大大降低多种疾病的发病率。膳食纤维通过减少营养素的消化吸收和致癌物在肠腔内的接触时间，可预防结肠癌和心血管疾病（Kaczmarczyk et al.，2012）。膳食纤维在影响肠道微生物组成和代谢方面也起着至关重要的作用，可决定对肠道健康十分重要的短链脂肪酸的水平，从而调节肠道 pH、抑制腐生菌的生长、改变肠道中微生物群落的组成（Simpson et al.，2015）。此外，在一个前瞻性研究的综合分析中发现，增加膳食纤维的摄入量可有效地降低乳腺癌的发病率（Aune et al.，2012）。Wang 等（2015）研究表明，较多水果尤其是浆果，以及十字花科蔬菜及其他绿叶蔬菜、黄色蔬菜等的摄入能够降低患 II 型糖尿病的风险。

20.3 生物活性及作用机制

20.3.1 抗氧化

酚羟基的还原性是酚类化合物的共性之一，也是酚类物质抗氧化的化学基础。植物多酚在多酚氧化酶存在的条件下很容易被氧化，酚羟基通过解离，生成氧负离子，再进一步失去氢，生成具有颜色的邻醌，使酚颜色加深。pH 是影响多酚氧化速率的主要因素，氧化的最低 pH 约为2.5，在 pH 为 3.5~4.6 范围迅速增加，在碱性条件下氧化很快。多酚分子中多个酚羟基可以作为氢供体，邻苯三酚（如焦倍酸）或邻苯二酚（如儿茶素的 B 环）结构进一步加强了其还原性，使多酚不仅可被重铬酸盐、氯酸盐等强氧化剂氧化，而且能被空气中的氧所氧化。果实贮运过程中机械损伤等造成的组织褐变就是酚易被氧化的典型例子。

植物多酚具有很强的自由基清除能力。多酚易以氢供体的形式形成活泼的多酚自由基，多酚对于不同种类自由基的清除能力具有选择性，与所处的体系有关。植物多酚可以清除各种氧自由基和活性氧等。此外，多酚还可抑制氧化酶，络合对氧化反应起催化作用的金属离子 Fe^{3+} 和 Cu^{2+}，例如，植物单宁对黄嘌呤氧化酶（xanthine oxidase，XOD）和酪氨酸酶等催化生物体内氧化过程的酶有强烈抑制能力，但基本不影响具有清除活性氧作用的超氧化物歧化酶活性。

多酚的抗氧化性除了对活性氧的清除外，还和其与维生素类抗氧化剂之间的相互还原、对氧化反应起催化作用的金属离子强烈络合、对氧化酶的抑制有关，植物多酚对于植物的另一种生理功能是起到保护植物体内维生素 C 的作用。维生素 C 与多酚类似，容易被氧化而其氧化产物又容易被还原，因此维生素 C 又反过来可以保护植物多酚的氧化，二者具有协同作用。

总之，植物多酚的抗氧化特性是通过几种途径综合表现出来的：①多酚以大量的酚羟基作为氢供体，对多种活性氧具有清除作用，可减少自由基产生的可能性，也是各种自由基的有效清除剂，能打断自由基的连锁反应；②多酚的邻位二酚羟基可以与金属离子螯合，减少金属离子对氧化反应的催化；③对于有氧化酶存在的体系，如体内主要的氧自由基生成源头 XOD，多酚对其具有显著的抑制作用；④多酚还能与维生素 C 和维生素 E 等抗氧化剂之间产生协同效应，具有增效剂的作用。因而植物多酚是一类在药学、食品、日用化学品和高分子合成中很有使用前景的天然抗氧化剂和自由基清除剂。

黄酮类化合物具有较强的抗氧化活性，可以有效地清除体内自由基，抑制脂质的过氧化作用，而且黄酮类化合物还终止了自由基的链式反应（Burda et al.，2001）。当机体发生自动氧化时，黄酮类化合物主要通过以下几个方面表现它们的抗氧化作用：①抗自由基活性（羟基）；②抗脂质氧化活性（烷基、过氧基、烷氧基）；③抗氧活性（单线态氧）；④抗自由基活性（超氧化物）；⑤金属螯合活性。

Bors 等（1990）最早系统地提出黄酮类化合物的 3 种结构基团对它们的抗氧化活性起着重要的作用：①B 环的二羟基结构，其可能通过氢键使酚氧自由基更趋稳定，而且该结构也参与电子的位移；②2，3 双键与 4 - 酮结构共轭，此结构有利于 B 环电子的移位；③3 位和 5 位羟基，此二羟基的存在使该化合物的清除自由基活性最大以及自由基吸附能力最强。黄酮类化合物的抗氧化能力还受其他结构因素的影响，如糖基的存在与否、糖基化位点以及游离羟基或酯化羟基的数量与位置等。

20.3.2　降血糖

糖尿病是一种由于机体胰岛素分泌绝对或相对不足而引起高血糖的代谢性疾病。在临床上糖尿病主要分为 I 型（胰岛素依赖型）和 II 型（非胰岛素依赖型），其中 II 型糖尿病占 90% 以上。长期高血糖可以引发以血管病变和神经病变为基础的多系统慢性并发症，从而导致患者残疾或死亡。糖尿病及其并发症威胁着现代人的健康，饮食控制是各种类型糖尿病治疗的重要措施。

果蔬黄酮类化合物可以抑制血糖的升高，防止糖尿病相关并发症的发生，缓解糖尿病所造成的严重后果（闫淑霞等，2015）。柑橘黄酮类化合物可以通过促进葡萄糖的利用和抑制葡萄糖的摄入两方面来防止血糖的过度升高。柚皮苷处理 C57BL/KsJ - db/db 小鼠，能够提高肝脏葡萄糖激酶活性和糖原浓度，并且降低 6 - 磷酸葡萄糖酶和磷酸烯醇式丙酮酸羧激酶的活性，这都与血糖浓度的降低有关（Jung et al.，2004）。柚皮素能够显著抑制小肠和肾脏内 Na^+ - 葡萄糖转运蛋白活性，最终抑制葡萄糖在小肠的吸收和在肾脏的再吸收（Li et al.，2006）。富含黄酮类化合物的香橼果皮提取物可通过抑制 α - 淀粉酶和 α - 葡萄糖苷酶活性以及刺激 MIN6 β - cells 细胞中胰岛素的释放对葡萄糖平衡起重要作用（Menichini et al.，2010）。糖尿病的另外一种比较常见的并发症是白内障，醛糖还原酶能够将体内的醛糖（如葡萄糖和半乳糖等）还原成其对应的己糖醇，后者缓慢异化，高度水溶，积累至一定浓度后产生较强的渗透压，导致白内障的发生。Ibrahim（2008）报道了糖尿病小鼠口服橙皮苷后能够显著抑制醛糖还原酶活性。另外，Zbarsky 等（2005）报道柚皮素具有神经保护的作用，这对于预防糖尿病神经病变有重要的作用。

芒果属于低血糖生成指数（glycemic index，GI）食物，其 GI 值要低于菠萝、番木瓜及全麦面包等食物。有关芒果果实、叶片、树皮提取物降糖活性的研究均有报道，Lucas 等（2011）研究发现直接饲喂芒果果实冻干粉末对 C57BL/6J 小鼠有降血糖的作用。

最近研究表明，杨梅果肉粗提物可有效预防和控制糖尿病。利用链脲佐菌素（streptozoto-cin，STZ）诱导的 I 型糖尿病小鼠动物模型，率先研究并报道了杨梅果实的降糖活性（Sun et al.，2012），结果发现，喂饲杨梅果实提取物 30 d 可显著抑制糖尿病小鼠血糖水平的增加（$P<0.05$），提高小鼠的口服糖耐量。以细胞和动物模型为基础的降糖机制研究发现，杨梅果实提取物一方面通过降低细胞 ROS 水平、抑制 INS-1 细胞氧化损伤而保护胰岛细胞，提高细胞存活率；另一方面，杨梅果实提取物可诱导胰岛素转录因子 PDX-1 的表达，通过提高胰岛素基因 INS2 转录水平和胰岛素蛋白积累等机制来增加胰岛素分泌，进而达到降血糖效果（Sun et al.，2012）。利用 HepG2 细胞葡萄糖消耗模型，研究发现了不同品种杨梅果实促进葡萄糖消耗的活性差异显著，可能与其含有不同种类和含量的槲皮素糖苷和花青苷等物质有关（Zhang et al.，2015）。

20.3.3　调节脂肪代谢及相关炎症

脂质是维持细胞正常生理功能和保持机体平衡的重要生物大分子。现代社会中，由于生活方式的改变，脂质和脂蛋白代谢异常导致的肥胖、心血管疾病、糖尿病等诸多慢性非传染性疾病呈显著上升发展态势。目前，市场上存在多种调节脂质代谢异常的药物，然而，这些药物均存在自身固有的缺陷或副作用，从天然产物中寻找安全、毒副作用较低的脂质代谢调控物质是目前研究的热点。

柑橘黄酮提取物在多种试验动物模型中表现出显著调控脂质代谢的效果。饲喂温州蜜柑果皮提取物（2 g/100 g）6 周可以显著降低 db/db 小鼠血浆甘油三酯的水平，肝脏脂肪变性程度明显改善（Park et al.，2013）。在高脂饮食 C57BL/6 小鼠模型中，柠檬多酚可显著抑制体重增加和脂肪积累，并抑制高血脂、高血糖、胰岛素抵抗的发展，发现其与增加肝脏和白色脂肪中的 β-氧化有关（Fukuchi et al.，2008）。柚皮提取物可阻止 C57BL/6 小鼠因高脂饮食诱导的代谢紊乱，其可能通过激活过氧化物酶体增殖物受体 α 基因（PPARα）和葡萄糖转运蛋白 4 基因（GLUT4）信号通路发挥作用（Ding et al.，2013）。在雌性斑马鱼研究模型中，香橙果皮提取物显著抑制血浆甘油三酯上升和肝脏脂质积累（Zang et al.，2014）。同样地，宜昌橙果皮、枳橙和金柑提取物、摩洛血橙橙汁等均可缓解高脂饮食诱导肥胖相关的代谢紊乱，降低体重，控制血清脂质水平。

高脂血症通常表现为血脂水平过高，能直接引起一些严重危害人体健康的疾病，如黄色瘤、动脉粥样硬化、胰腺炎、冠心病等。在动物试验中，芒果果肉和果皮提取物均可抑制脂肪积累，其中果皮提取物的亲水性组分比亲脂性组分效果更明显，且 Irwin 品种效果最好（Taing et al.，2012；Taing et al.，2013）。给 C57BL/6J 小鼠饲喂高脂食物能提高其体内血脂水平，而同时饲喂芒果冻干果肉粉末能显著降低血脂水平，效果与降血脂药非诺贝特相当（Lucas et al.，2011）。

果蔬黄酮类化合物具有调节肥胖相关炎症的作用（温馨等，2017），其主要作用机制包括：①抗氧化活性，包括自由基清除活性、抑制活性氧的产生和抑制促氧化酶，抑制脂质过氧化。②调节炎症细胞，如调节酶活性、调节分泌过程，抑制炎症细胞活性。③调节促炎症酶活性，如抑制花生四烯酸酶活性、抑制 NO 合酶，抑制炎症介质 NO、白细胞三烯等。④调节促炎症因子，抑制如肿瘤坏死因子 α（TNFα）、白细胞介素。⑤调节促炎症基因的表达，调节转录信号，抑制促炎症因子的表达。

炎症的发生受生物体内的一些调节酶（如蛋白激酶 C、磷酸二酯酶、磷脂酶、脂氧合酶和环氧酶等）的调控，柑橘黄酮类化合物可以通过调节这些酶活性，影响与炎症发生有关的包括 T 淋巴细胞和 B 淋巴细胞在内的大量细胞的活化，从而产生抗炎作用。研究表明，橙皮苷等通过抑制脂肪氧化酶、环氧酶和磷脂酶 A_2，从而抑制了溶酶体酶的分泌和花生四烯酸从细胞膜的释放，影响花生四烯酸代谢和组胺释放（Guardia et al.，2001）。

20.3.4　预防心血管疾病

由动脉粥样硬化、冠心病、心脏病等组成的心血管疾病（cardiovascular diseases，CVD）已成为世界上重要致死病因之一。流行病学研究表明，增加水果和蔬菜的摄入量可预防心血管疾病。

水果和蔬菜的摄入量与中风发病率、中风死亡率、冠心病死亡率和全因死亡率成负相关。Joshipura 等（2001）报道，水果和蔬菜的日摄入量与降低冠心病风险有关，且每天食用 4 份以上果蔬能大大降低患冠心病的风险。在一项女性健康研究中，果蔬摄入量最高的人群与最低的人群相比，心血管疾病的相对风险率为 68%，心肌梗死的相对风险率只有 47%。据报道，摄入大量的水果和蔬菜，能使心血管疾病的风险降低 20%～30%。在另一项流行病学研究中，希腊 22 043 位成年人严格遵守高果蔬食用量的地中海式饮食方式，发现总死亡率降低了 25%，冠心病死亡率降低了 33%。以美国马里兰州华盛顿县的社区居住人口为研究对象，Genkinger 等（2004）发现水果和蔬菜摄入量最高的人与摄入量最低的人相比，前者有较低的全因死亡率（63%）和心血管疾病的死亡率（76%）。在对卫生专业人员和护士的健康研究中，分析了超过 10 万名受试者，发现水果和蔬菜的摄入量与心血管疾病的风险成负相关。Heidemann 等（2008）进行了一项研究，研究对象为没有心血管疾病和癌症病史的 72 113 名女性，结果表明，摄入大量果蔬且注重膳食的人群比不注重饮食的人群全因风险率降低了 17%，心血管疾病的风险降低了 28%。此外，在荷兰的一个研究中发现，与果蔬摄入量较低的人群相比，果蔬摄入量较高人群的冠心病发病率为 66%，研究还发现无论是新鲜果蔬还是加工的果蔬制品，都会成负相关关系。

以心血管疾病中的动脉粥样硬化为例，低密度脂蛋白（low-density lipoprotein，LDL）氧化假说被认为是导致动脉粥样硬化的重要原因之一。循环 LDL 能够浸润动脉壁，增加内膜 LDL。内膜 LDL 可以被自由基氧化，其产物比天然 LDL 更容易导致动脉粥样硬化，从而促进循环单核细胞和巨噬细胞进入内膜。氧化的 LDL 被内膜的巨噬细胞占据，进一步诱导了炎性细胞因子的形成，促进了平滑肌细胞的增殖、胆固醇酯积累和泡沫细胞的形成。血管中泡沫细胞的积累将会导致内皮细胞进一步损伤和动脉粥样硬化性疾病，因此，氧化 LDL 是动脉粥样硬化产生和发展的关键。有假说认为，膳食抗氧化剂或植物化学物质能清除自由基，防止 LDL 氧化，并可能预防或延缓动脉粥样硬化病变，此外，膳食抗氧化剂和植物化学物质在减少血小板聚集、调整胆固醇的合成与吸收、改变血脂水平、降低血压和抗炎方面有重要作用，而果蔬是膳食抗氧化剂和植物化学物质的重要来源。

胆固醇酯在动脉内膜的积累是动脉粥样硬化发生的重要因素。代谢综合征中动脉粥样硬化早期出现血管壁发炎，血管内皮活化，受伤内皮细胞层单核细胞黏附性增加，LDL 可进入动脉内膜并随着泡沫细胞形成斑块。动脉粥样硬化发生初期，血管内皮细胞生长因子（vascular endothelial growth factor，VEGF）刺激血管平滑肌细胞增殖，诱导促炎和血栓分子在动脉粥样硬化斑块中的表达。目前研究表明，黄酮类化合物的摄入量与冠心病的死亡率、心肌梗死的发病率成显著负相关。柑橘黄酮提取物可参与调控动脉粥样硬化的发生与发展，Cassidy 等（2012）通过流行病学调查发现，女性摄入柑橘黄酮的量与中风发病率成反比，食用柑橘或橙汁可降低中风患病风险并保护心脑血管。在一项对饮用橙汁（500 mL/d）人群的试验中发现，饮用4周橙汁可影响3422个基因表达，包括大量抗炎和抗动脉粥样硬化相关基因，涉及单核巨噬细胞的趋化、黏附、浸润和脂质运输等生理生化过程（Milenkovic et al.，2011）。同样地，每天喝500 mL红橙汁可显著改善人体血管内皮细胞功能，降低血管壁内炎症因子水平（Buscemi et al.，2012）。柚皮素（0.05%）和柚皮苷（0.1%）可减少高胆固醇饮食家兔主动脉中的脂肪沉积。给高脂饮食 $Ldlr^{-/-}$ 小鼠补充柚皮素（3%）可显著抑制主动脉窦动脉粥样硬化的发展（Mulvihill et al.，2010）。饲喂0.02%柚皮苷18周可抑制高脂高胆固醇饮食小鼠动脉粥样硬化过程中斑块的形成（Chanet et al.，2012）。给西式饮食的 $Ldlr^{-/-}$ 小鼠添加柚皮素（3%）可减少动脉粥样硬化病变过程中单核细胞/巨噬细胞标记抗体-2（MOMA-2）阳性白细胞在损伤血管壁中的侵入，减少斑块形成（Mulvihill et al.，2010）。柚皮苷（500 mg/kg）可显著减少高胆固醇饮食兔子血管内膜中脂纹的形成和巨噬细胞的浸润，抑制动脉粥样硬化的发展。柚皮素和柚皮苷可能通过下调主动脉血管细胞黏附分子-1（VCAM-1）和 MCP-1 的表达水平，对高胆固醇饮食兔子发挥类似的抗动脉粥样硬化效果。最近另一项研究表明，对于饲喂含0.2%胆固醇的高脂饲料而诱发动脉粥样硬化的 $Ldlr^{-/-}$ 小鼠，柚皮素可显著抑制其40%以上主动脉窦动脉粥样病变的形成（Assini et al.，2013）。高脂饮食中加入川陈皮素（0.3%）饲喂 $Ldlr^{-/-}$ 小鼠可抑制其体内70%以上的主动脉窦动脉粥样病变（Mulvihill et al.，2011）。此外，槲皮素、杨梅素、山奈酚、木犀草素和非瑟酮等黄酮类物质的摄入量也与 LDL 胆固醇和血浆总胆固醇浓度成负相关。

果蔬中的萜类物质有很好的预防心血管疾病的作用。例如，熊果酸具有保护心血管的药理活性，它能阻止严重的高血压病情进展，这得益于其有效的利尿、保护心脏、抗高血脂和降血糖作用等，熊果酸还能够作为乙酰胆碱酯酶（Acetyl cholinesterase，AchE）抑制剂用于阿尔茨海默病的治疗。齐墩果酸可以降低小鼠的血糖，对四氧嘧啶引起的小鼠糖尿病有预防及治疗作用（柳占彪等，1994），经口灌喂齐墩果酸可降低正常大鼠和高脂血症大鼠血清中甘油三酯、胆固醇和脂蛋白含量。此外，柠檬苦素类化合物可以调节体内胆固醇的水平，防止动脉粥样硬化，具有很好的保健作用。

20.3.5　预防癌症

大量流行病学研究表明，每日高果蔬摄入量可以预防癌症。每周摄入至少28份蔬菜与每周摄入少于14份蔬菜相比，前者患前列腺癌的风险降低35%。另一项研究表明，食用水果和蔬菜与降低胰腺癌的风险有关，与水果和蔬菜总摄入量最低的相比，摄入量最高的相对风险率为0.47。深绿色蔬菜（如十字花科蔬菜）、黄色蔬菜、胡萝卜、豆类、洋葱和大蒜等的摄入量与癌症的发生率也成显著的负相关关系。Voorrips 等（2000）在一项关于荷兰人的流行病学研究中发现，水果和蔬菜的摄入量与女性患结肠癌的风险成显著负相关关系，而在另一项妇女健康研究中，水果消费与息肉形成成负相关。受试者每天吃不少于5份水果，与每天最多吃1份水果相比，前者显著降低了结直肠腺瘤发展的风险。据 van Duijnhoven 等（2009）报道，当比较最高和最低果蔬摄入量对结肠癌发展的影响时，增加水果和蔬菜的摄入量与降低结肠癌的风险有关。在美国的一项研究中，每天吃大约5.8份果蔬的受试者与那些每天只消耗1.5份果蔬的受试者相比，其患口腔、咽、喉癌的风险显著降低。

癌变是一个复杂过程，在这个过程中，起始、促进、发展、氧化损伤和慢性炎症通过不同的机制在癌症形成过程中扮演着重要角色。在起始阶段，自由基诱导了 DNA 氧化损伤，如果机体未进行及时修复，受损的 DNA 会导致碱基突变，单链、双链断裂，DNA 交联，染色体断裂和重排。此阶段诱导癌症发生的氧化性损伤，可被果蔬等植物性食物中的膳食抗氧化剂或植物化学物质抑制或延缓。膳食植物化学物质在癌变的促进和发展阶段也发挥着重要的抑制作用，能通过多个分子靶点调节不同的信号转导通道。果蔬等植物性食物中的生物活性物质对癌症的预防有互补和协同作用，其可能的机制包括：①由抗氧化活性衍生的自由基清除，从而减轻DNA等大分子损伤；②抑制硝化和亚硝化作用、钝化致癌物、调制二期解毒酶，利于DNA损伤修复；③抑制癌细胞增殖，诱导癌细胞周期阻滞，诱导癌细胞凋亡；④调控基因表达，包括抑制癌基因表达和诱导抑癌基因表达；⑤调控相关酶的活性，如诱导谷胱甘肽过氧化物酶等活性，增强解毒功能，同时抑制一些破坏性酶的活性；⑥调节激素代谢和受体，如甾类激素和雌激素代谢；⑦其他，如抑制核因子 NFκB 激活、消炎、抗血管生成、刺激免疫系统、抗菌和抗病毒作用等。

近年来，果实抑制肿瘤活性的研究报道日渐增多，不同提取物对不同肿瘤细胞作用差异较大，且因品种、生长环境、组织部位等而异。用 7,12－二甲基苯并蒽（DMBA）诱导小鼠乳腺癌，同时用苹果提取物饲喂小鼠，喂食量分别相当于日消费 1、3、6 个苹果，结果发现，食用苹果对减少乳腺癌发病率、肿瘤的产生和肿瘤大小呈现出显著剂量效应，表明多食用苹果可以预防乳腺癌。葡萄多酚类物质如原花青素能阻止和抑制癌症的发生与发展，作为一种抗氧化剂和抗诱变因素，多酚类物质能使致癌物毒性降低甚至消失，它还能通过诱导细胞分化抑制癌症的发展，对癌症发展的 3 个阶段均具有抑制作用。体外研究表明，柑橘黄酮类化合物对人体多种肿瘤细胞均有抑制增殖作用。作为一种被广泛研究的黄烷酮化合物，柚皮素对乳腺癌、胃癌、肝癌、胰腺癌、宫颈癌、结肠癌等都表现出不同程度的抗癌活性（Kanno et al.，2005）。柚皮苷可以抑制由 H_2O_2 引起的细胞毒性与细胞凋亡，可能与其抑制细胞凋亡相关的基因或蛋白表达有关（Kanno et al.，2003）。从椪柑果皮中纯化的川陈皮素、5,7,8,4′－四甲氧基黄酮、异甜橙黄酮和甜橙黄酮对 A549、HL－60、MCF－7 和 HO8910 等肿瘤细胞均有抑制作用。Kawaii 等（1999）对柑橘中 27 种黄酮类化合物的抑制肿瘤细胞增殖作用的研究表明，7 种黄酮类化合物对肺癌细胞 A549和胃癌细胞 TGBC11TKB 等肿瘤细胞具有显著抑制增殖作用，而对正常细胞的增殖无显著影响。相关研究表明，黄酮类化合物的抗癌活性与其结构有一定的关系。Moghaddam 等（2012）报道，羟基黄酮对肿瘤细胞和正常细胞均有抑制作用，而甲基化的羟基黄酮只对肿瘤细胞有较强的抑制作用，这一特性对于设计抗肿瘤药物，减少其副作用有重要意义。Qiu 等（2010）报道，5－羟基化的多甲氧基黄酮比未羟基化的多甲氧基黄酮有更强的抑制直肠癌细胞的作用。柑橘黄酮类化合物对黑色毒瘤细胞系 B16F10 和 SKMEL－1 抑制活性的初步研究表明，羟基化类黄酮缺乏 C2－C3 双键，导致对两种细胞系的作用丧失（Rodriguez et al.，2002）。韩国芒果品种 Irwin 的果皮提取物对胃癌细胞 AGS、宫颈癌细胞 HeLa 及肝癌细胞 HepG2 表现出明显的抑制活性，而相应的果肉提取物效果不明显（Kim et al.，2010）。在对 5 个品种的芒果果肉提取物抑制肿瘤活性评价中，墨西哥 Ataulfo 与 Haden 芒果提取物对结肠癌细胞 SW－480 的抑制增殖活性明显高于墨西哥品种 Kent、Tommy Atkins 与海地品种 Francis，其对白血病 Molt－4、肺癌 A－549、乳腺癌 MDA－MB－231、前列腺癌 LnCap、结肠癌 SW－480 等细胞均表现出显著抑制增殖作用，其中以对结肠癌细胞的抑制作用最为突出，该提取物对正常结肠肌纤维 CCD－18Co 细胞没有毒害作用（Noratto et al.，2010）。与果肉提取物相比，芒果果皮提取物表现出更高的抑制肿瘤活性，且与提取物中的酚类和黄酮含量相关（Kim et al.，2010）。进一步机理研究表明，芒果果汁及其提取物能够抑制小鼠成纤维细胞 BALB/3T3 的致瘤性转化，抑制 HL－60 细胞的细胞分裂，使其停留在 G_0/G_1 期（Percival et al.，2006）。芒果果肉提取物和羽扇醇通过诱导细胞凋亡抑制前列腺癌 LNCaP 细胞（Prasad et al.，2008），对于 DMBA 引起的白血病小鼠具有一定的保肝活性，能降低小鼠体内活性氧水平，恢复线粒体的跨膜电位，抑制细胞凋亡等（Prasad et al.，2007）。

目前，果蔬中分离的许多单体化合物被发现具有很好的抗癌活性。例如熊果酸最主要的药理作用是抗肿瘤，多数研究认为熊果酸通过化学预防、抗突变、细胞生长抑制和细胞毒性等作用来抑制肿瘤生长和扩散。研究表明，熊果酸对人 A431 肿瘤细胞增殖的抑制作用具有明显的时间和剂量依赖性，这种抑制作用在停药以后能部分逆转；熊果酸还能抑制人类克隆肿瘤细胞系 HCT15，拮抗白血病活性，能有效地抑制 P3HR1 细胞及慢性髓性白血病细胞 K562 的增殖。

体外试验证明，齐墩果酸可抑制肿瘤生长，还有降低不良辐射损伤即降低放疗对鼠造血组织损伤的作用。齐墩果酸可抑制组织多肽抗原（tissue peptide antigen，TPA）诱导的皮肤癌，进一步研究表明，齐墩果酸抑制 TPA 诱导的鸟氨酸脱羧酶（ornithine decarboxylase，ODC）活性及 mRNA 水平，这种抑制主要是在转录水平。还有研究报道从 1 000 种植物提取物和纯化合物中筛选出齐墩果酸等 7 种物质作为人 DNA 连接酶 I 的天然抑制物，它们可以通过发挥变构效应而破坏该酶的活性部位，研究不同活性物质对鉴定它们对于这些酶的特定细胞学功能有重要意义，也为抗肿瘤药物的研发提供重要基础。通过用细胞间信息传导能力、细胞循环模式、诱导凋亡和形态学分化的三维空间细胞外培养系统，发现齐墩果酸对鼠乳房上皮细胞有诱导分化作用。

柠檬苦素和诺米林喂饲豚鼠可增强小肠黏膜和肝脏中谷胱甘肽转移酶活性，抑制化学物质的致癌作用，尤以诺米林效应显著（Lam et al.，1989）。在仓鼠试验中也得到类似结果，柠檬苦素处理可抑制仓鼠口腔癌的形成，抑制率达 60%。此外，在饮食中加入诺米林还可抑制苯并芘（BP）诱导的肺癌发生，外用柠檬苦素类化合物也能抑制小鼠皮肤癌的启动和促发，诺米林在启动阶段的抗癌作用较强，柠檬苦素在促发阶段的抗癌作用较强。

大量动物试验结果表明，饮食中摄入的硫代葡萄糖苷能抑制肿瘤细胞形成，可能是通过诱导谷胱甘肽转移酶和 UDP-葡糖醛酸基转移酶等解毒酶和抑制细胞色素 P450 等途径来达到抗癌功效。人肿瘤细胞的体外试验结果表明，硫代葡萄糖苷还有可能通过抑制细胞有丝分裂，从而促进细胞凋亡来抑制肿瘤细胞形成，但目前很少有研究表明硫代葡萄糖苷是通过直接抗氧化作用来抑制肿瘤细胞形成。

总之，果蔬生物活性物质的摄入和抗氧化效应的增强可能预防、减少或延缓 DNA 氧化，影响控制细胞增殖和细胞凋亡的细胞信号转导通路。

20.3.6 保护肝脏

果实萜类化合物具有减轻肝损伤和抑制肝纤维增生的功效。田丽婷等（2002）报道了齐墩果酸对 CCl₄ 引起的大鼠急慢性肝损伤的保护作用，经治疗后，大鼠肿大的线粒体与扩张的粗面内质网得到恢复，急性和慢性肝损伤的肝细胞气球样变性、坏死和炎性反应明显减轻；肝内甘油三酯蓄积减少，糖原量增多；肝纤维化大鼠的肝纤维增生得到明显改善，肝胶原蛋白含量减少，表明齐墩果酸具有防治肝硬化的作用。熊果酸对于 CCl₄ 诱导的抗氧化酶改变也有保护作用，它能明显抑制 CCl₄ 诱导的小鼠血清丙氨酸和天冬氨酸的升高，改善超氧化物歧化酶、过氧化氢酶、谷胱甘肽还原酶及谷胱甘肽过氧化物酶活性，并保持谷胱甘肽的体内水平。熊果酸对乙醇诱导的离体肝细胞毒性也具有保护作用。

谷胱甘肽与酶对于保证细胞的完整性和代谢的正常进行至关重要。谷胱甘肽由谷氨酸、胱氨酸和甘氨酸组成，在体内有氧化还原作用。它有两种存在形式，即氧化型和还原型，还原型对保证细胞膜的完整性起重要作用。维生素 C 是一种强抗氧化剂，可使氧化型谷胱甘肽还原为还原型谷胱甘肽。酶是生化反应的催化剂，有些酶需要有自由的巯基（—SH）才能保持活性。维生素 C 能够使二硫键（—S—S—）还原为—SH，从而提高相关酶的活性，发挥抗氧化作用。由上可知，维生素 C、谷胱甘肽、巯基在细胞内形成有力的抗氧化组合，清除自由基，阻止脂质过氧化及某些化学物质的毒害作用，保护肝脏的解毒能力和细胞的正常代谢。

20.3.7 其他

血管壁强度与维生素 C 的摄入有关。微血管是所有血管中最细小的，管壁可能只有一个细胞的厚度，其强度、弹性是由具有交联作用的胶原蛋白决定的。当体内维生素 C 不足时，微血管容易破裂，血液流到邻近组织，这种情况在皮肤表面发生，则产生淤血、紫癜，在体内发生则引起疼痛和关节胀痛，严重时在胃、肠道、鼻、肾脏及骨膜下面均可有出血现象，甚至死亡。另外，健康的牙床紧紧包住每一颗牙齿，牙龈是软组织，当缺少蛋白质、钙、维生素 C 时易出现牙龈萎缩、出血，维生素 C 可以防止牙龈萎缩、出血。

苹果酚类物质主要包括原花青素、酚酸、儿茶素、表儿茶素等物质。试验证明，苹果多酚提取物对芽孢杆菌、枯草杆菌、大肠杆菌、假单胞菌均有很强的抑制作用，且对革兰氏阴性菌的抑菌效果强于革兰氏阳性菌。其对芽孢杆菌、枯草杆菌、大肠杆菌、假单胞菌的最低抑制浓度均为 0.1%，抑菌活性热稳定性较强，且在 pH 5~6 及无机盐含量低于 0.3 mol/L 的环境中抑菌效果最佳。

在中国古代传统医学和现代医学中均记录杨梅粗提物可作为治疗肠道疾病的有效止泻剂，利用小鼠模型，发现杨梅果肉粗提物可以抑制霍乱弧菌的生长和繁殖，但并不抑制正常肠道菌群如大肠杆菌和枯草杆菌的生长（Zhong et al.，2008）。一些研究已经证实杨梅止泻的作用部分归因于其抗菌能力，在最小抑制浓度（MIC）为 2.07~8.28 mg/mL 时，杨梅果肉提取物显著抑制沙门氏菌、李斯特菌属细菌和志贺氏杆菌等的生长；含有矢车菊素-3-O-葡萄糖苷、杨梅素、槲皮素以及槲皮素-3-O-葡萄糖苷的提取物部分表现出较高的体外抑菌能力和体内止泻能力（Yao et al.，2011），因此，推测这些黄酮类物质可能与杨梅粗提物止泻活性密切相关。

20.4 研究展望

随着民众对健康需求越来越高，人们渴望更多地了解果蔬中的活性物质成分、含量及其作用机理。发达国家如美国对果蔬等园艺产品抗癌成效、机理、成分分析等都有长期的研究，并积累了许多科研成果，认为很多慢性疾病或人类衰老相关疾病的发生都与人体内氧自由基的过量积累有关。果蔬中富含的生物活性物质，如黄酮类化合物，大多都是很好的天然抗氧化剂或氧自由基清除剂，被认为是其发挥保健作用的主要生物活性物质。

不同水果蔬菜提供不同的营养（维生素、矿物质、膳食纤维等）和生物活性化合物。越来越多的证据表明，水果蔬菜等植物性食物之所以对健康有益，是其所含的生物活性物质和其他营养物质协同或互相作用的结果。因此，消费者应养成营养健康均衡的饮食习惯，从不同的水果、蔬菜、全谷物和其他植物性食物中获得营养物质、抗氧化物质等生物活性物质。

园艺产品营养保健研究是多学科、多部门共同推进的成果，而深入了解园艺产品营养品质有利于我国园艺产业的可持续发展与消费指导，也为农业、农村和农民的增收与发展提供科学依据。

（李鲜 孙崇德 陈昆松 主编）

主要参考文献

李鲜，陈昆松，张明方，等，2006. 十字花科植物中硫代葡萄糖苷的研究进展 [J]. 园艺学报，33（3）：

675 - 679.

柳占彪，王鼎，王淑珍，等，1994. 齐墩果酸的降糖作用 [J]. 中国药学杂志，29（12）：725 - 726.

田丽婷，马龙，堵年生，2002. 齐墩果酸的药理作用研究概况 [J]. 中国中药杂志，27（12）：884 - 886.

温馨，王兴亚，孙崇德，等，2017. 黄酮类化合物调节肥胖相关炎症研究进展 [J]. 中草药，48（14）：2972 - 2978.

闫淑霞，李鲜，孙崇德，等，2015. 槲皮素及其糖苷衍生物降糖降脂活性研究进展 [J]. 中国中药杂志，40（23）：4560 - 4567.

Ahn J，Gammon M D，Santella R M，et al，2005. Associations between breast cancer risk and the catalase genotype，fruit and vegetable consumption，and supplement use [J]. American Journal of Epidemiology，162：943 - 952.

Assini J M，Mulvihill E E，Sutherland B G，et al，2013. Naringenin prevents cholesterol - induced systemic inflammation，metabolic dysregulation，and atherosclerosis in *Ldlr*$^{-/-}$ mice [J]. Journal of Lipid Research，54：711 - 724.

Aune D，Chan D S M，Greenwood D C，et al，2012. Dietary fiber and breast cancer risk：a systematic review and meta - analysis of prospective studies [J]. Annals of Oncology，23：1394 - 1402.

Ayaz F A，Hayirlioglu - Ayaz S，Gruz J，et al，2005. Separation，characterization，and quantitation of phenolic acids in a little - known blueberry (*Vaccinium arctostaphylos* L.) fruit by HPLC - MS [J]. Journal of Agricultural and Food Chemistry，53：8116 - 8122.

Baye K，Guyot J P，Mouquet - Rivier C，2015. The unresolved role of dietary fibers on mineral absorption [J]. Critical Reviews in Food Science and Nutrition，57：949 - 957.

Bengmark S，2006. Curcumin，an atoxic antioxidant and natural NFκB，cyclooxygenase - 2，lipoxygenase，and inducible nitric oxide synthase inhibitor：a shield against acute and chronic diseases [J]. Journal of Parenteral and Enteral Nutrition，30（1）：45 - 51.

Bors W，Heller W，Michel C，et al，1990. Radical chemistry of flavonoid antioxidants [J]. Advances in Experimental Medicine and Biology，264：165 - 170.

Boyle S P，Dobson V L，Duthie S J，et al，2000. Absorption and DNA protective effects of flavonoid glycosides from an onion meal [J]. European Journal of Nutrition，39：213 - 223.

Burda S，Oleszek W，2001. Antioxidant and antiradical activities of flavonoids [J]. Journal of Agricultural and Food Chemistry，49：2774 - 2779.

Buscemi S，Rosafio G，Arcoleo G，et al，2012. Effects of red orange juice intake on endothelial function and inflammatory markers in adult subjects with increased cardiovascular risk [J]. American Journal of Clinical Nutrition，95：1089 - 1095.

Cantos E，Espín J C，Tomás - Barberán F A，2002. Postharvest stilbene - enrichment of red and white table grape varieties using UV - C irradiation pulses [J]. Journal of Agricultural and Food Chemistry，50：6322 - 6329.

Cassidy A，Rimm E B，O'Reilly É J，et al，2012. Dietary flavonoids and risk of stroke in women [J]. International Journal of Stroke，43：946 - 951.

Chanet A，Milenkovic D，Deval C，et al，2012. Naringin，the major grapefruit flavonoid，specifically affects atherosclerosis development in diet - induced hypercholesterolemia in mice [J]. Journal of Nutritional Biochemistry，23：469 - 477.

Chen L W，Stacewicz - Sapuntzakis M，Duncan C，et al，2001. Oxidative DNA damage in prostate cancer patients consuming tomato sauce - based entrees as a whole - food intervention [J]. Journal of the National Cancer Institute，93：1872 - 1879.

Chu Y F，Sun J，Wu X Z，et al，2002. Antioxidant and antiproliferative activities of common vegetables [J]. Journal of Agricultural and Food Chemistry，50：6910 - 6916.

Dew T P，Day A J，Morgan M R A，2005. Xanthine oxidase activity *in vitro*：effects of food extracts and components [J]. Journal of Agricultural and Food Chemistry，53：6510 - 6515.

Ding X，Guo L，Zhang Y，et al，2013. Extracts of pomelo peels prevent high-fat diet-induced metabolic disorders in C57BL/6 mice through activating the PPARα and GLUT4 pathway [J]. PLoS One, 8: e77915.

Dragsted L O, Strube M, Larsen J C, 1993. Cancer-protective factors in fruits and vegetables: biochemical and biological background [J]. Pharmacology and Toxicology, 72: 116 – 135.

Edwards C A, Xie C R, Garcia A L, 2015. Dietary fibre and health in children and adolescents [J]. Proceedings of the Nutrition Society, 74: 292 – 302.

Fukuchi Y, Hiramitsu M, Okada M, et al, 2008. Lemon polyphenols suppress diet-induced obesity by up-regulation of mRNA levels of the enzymes involved in β–oxidation in mouse white adipose tissue [J]. Journal of Clinical Biochemistry and Nutrition, 43: 201 – 209.

Genkinger J M, Platz E A, Hoffman S C, et al, 2004. Fruit, vegetable, and antioxidant intake and all-cause, cancer, and cardiovascular disease mortality in a community-dwelling population in Washington County, Maryland [J]. American Journal of Epidemiology, 160: 1223 – 1233.

Gennaro L, Leonardi C, Esposito F, et al, 2002. Flavonoid and carbohydrate contents in Tropea red onions: effects of homelike peeling and storage [J]. Journal of Agricultural and Food Chemistry, 50: 1904 – 1910.

Guardia T, Rotelli A E, Juarez A O, et al, 2001. Anti-inflammatory properties of plant flavonoids. Effects of rutin, quercetin and hesperidin on adjuvant arthritis in rat [J]. Farmaco, 56 (9): 683 – 687.

Heidemann C, Schulze M B, Franco O H, et al, 2008. Dietary patterns and risk of mortality from cardiovascular disease, cancer, and all causes in a prospective cohort of women [J]. Circulation, 118: 230 – 237.

Herman-Antosiewicz A, Singh S V, 2004. Signal transduction pathways leading to cell cycle arrest and apoptosis induction in cancer cells by *Allium* vegetable-derived organosulfur compounds: a review [J]. Mutation Research/Fundamental and Molecular Mechanisms of Mutagenesis, 555 (1 – 2): 121 – 131.

Higdon J V, Delage B, Williams D E, et al, 2007. Cruciferous vegetables and human cancer risk: epidemiologic evidence and mechanistic basis [J]. Pharmacological Research, 55: 224 – 236.

Ibrahim S S, 2008. Protective effect of hesperidin, a citrus bioflavonoid, on diabetes-induced brain damage in rats [J]. Journal of Applied Science Research, 4: 84 – 95.

Joshipura K J, Hu F B, Manson J E, et al, 2001. The effect of fruit and vegetable intake on risk for coronary heart disease [J]. Annals of Internal Medicine, 134: 1106 – 1114.

Jung U J, Lee M K, Jeong K S, et al, 2004. The hypoglycemic effects of hesperidin and naringin are partly mediated by hepatic glucose-regulating enzymes in C57BL/KsJ-db/db mice [J]. Journal of Nutrition, 134 (10): 2499 – 2503.

Kaczmarczyk M M, Miller M J, Freund G G, 2012. The health benefits of dietary fiber: beyond the usual suspects of type 2 diabetes mellitus, cardiovascular disease and colon cancer [J]. Metabolism: Clinical and Experimental, 61 (8): 1058 – 1066.

Kanno S, Shouji A, Asou K, et al, 2003. Effects of naringin on hydrogen peroxide-induced cytotoxicity and apoptosis in P388 cells [J]. Journal of Pharmacological Sciences, 92: 166 – 170.

Kanno S, Tomizawa A, Hiura T, et al, 2005. Inhibitory effects of naringenin on tumor growth in human cancer cell lines and sarcoma S-180-implanted mice [J]. Biological and Pharmaceutical Bulletin, 28: 527 – 530.

Kawaii S, Tomono Y, Katase E, et al, 1999. Antiproliferative effects of the readily extractable fractions prepared from various *Citrus* juices on several cancer cell lines [J]. Journal of Agricultural and Food Chemistry, 47: 2509 – 2512.

Kawaii S, Lansky E P, 2004. Differentiation-promoting activity of pomegranate (*Punica granatum*) fruit extracts in HL-60 human promyelocytic leukemia cells [J]. Journal of Medicinal Food, 7: 13 – 18.

Kim H, Moon J Y, Kim H, et al, 2010. Antioxidant and antiproliferative activities of mango (*Mangifera indica* L.) flesh and peel [J]. Food Chemistry, 121: 429 – 436.

Lam L K T, Hasegawa S, 1989. Inhibition of benzo[a]pyrene-induced forestomach neoplasia in mice by citrus limonoids [J]. Nutrition and Cancer, 12 (1): 43 – 47.

Li J M, Che C T, Lau C B S, et al, 2006. Inhibition of intestinal and renal Na$^+$-glucose cotransporter by naringenin [J]. International Journal of Biochemistry and Cell Biology, 38 (5 – 6): 985 – 995.

Liu R H, 2004. Potentia synergy of phytochemicals in cancer prevention: mechanism of action [J]. Journal of Nutrition, 134: 3479S – 3485S.

Liu R H, Finley J, 2005. Potential cell culture models for antioxidant research [J]. Journal of Agricultural and Food Chemistry, 53: 4311 – 4314.

Liu R H, 2013. Health-promoting components of fruits and vegetables in the diet [J]. Advances in Nutrition, 4: 384S – 92S.

Lucas E A, Li W J, Peterson S K, et al, 2011. Mango modulates body fat and plasma glucose and lipids in mice fed a high-fat diet [J]. British Journal of Nutrition, 106: 1495 – 1505.

Manthey J A, Guthrie N, Grohmann K, 2001. Biological properties of citrus flavonoids pertaining to cancer and inflammation [J]. Current Medicinal Chemistry, 8: 135 – 153.

McMahon M, Itoh K, Yamamoto M, et al, 2001. The cap 'n' collar basic leucine zipper transcription factor Nrf2 (NF – E2 p45 – related Factor 2) controls both constitutive and inducible expression of intestinal detoxification and glutathione biosynthetic enzymes [J]. Cancer Research, 61: 3299 – 3307.

Menendez J A, Ropero S, Lupu R, et al, 2004. Dietary fatty acids regulate the activation status of Her-2/*neu* (*c-erb*B-2) oncogene in breast cancer cells [J]. Annals of Oncology, 15 (11): 1719 – 1723.

Menichini F, Tundis R, Loizzo M R, et al, 2011. *C. medica* cv Diamante peel chemical composition and influence on glucose homeostasis and metabolic parameters [J]. Food Chemistry, 124 (3): 1083 – 1089.

Milenkovic D, Deval C, Dubray C, et al, 2011. Hesperidin displays relevant role in the nutrigenomic effect of orange juice on blood leukocytes in human volunteers: a randomized controlled cross-over study [J]. PLoS One, 6: e26669.

Moghaddam G, Ebrahimi S A, Rahbar-Roshandel N, et al, 2012. Antiproliferative activity of flavonoids: influence of the sequential methoxylation state of the flavonoid structure [J]. Phytotherapy Research, 26: 1023 –1028.

Mulvihill E E, Assini J M, Sutherland B G, et al, 2010. Naringenin decreases progression of atherosclerosis by improving dyslipidemia in high-fat-fed low-density lipoprotein receptor-null mice [J]. Arteriosclerosis, Thrombosis, and Vascular Biology, 30: 742 – 748.

Mulvihill E E, Assini J M, Lee J K, et al, 2011. Nobiletin attenuates VLDL overproduction, dyslipidemia, and atherosclerosis in mice with diet-induced insulin resistance [J]. Diabetes, 60: 1446 – 1457.

Mutoh M, Takahashi M, Fukuda K, et al, 2000. Suppression of cyclooxygenase-2 promoter-dependent transcriptional activity in colon cancer cells by chemopreventive agents with a resorcin-type structure [J]. Carcinogenesis, 21: 959 – 963.

Noratto G D, Bertoldi M C, Krenek K, et al, 2010. Anticarcinogenic effects of polyphenolics from mango (*Mangifera indica*) varieties [J]. Journal of Agricultural and Food Chemistry, 58: 4104 – 4112.

Olsen A, Tjønneland A, Thomsen B L, et al, 2003. Fruits and vegetables intake differentially affects estrogen receptor negative and positive breast cancer incidence rates [J]. Journal of Nutrition, 133: 2342 – 2347.

Olsson M E, Gustavsson K E, Andersson S, et al, 2004. Inhibition of cancer cell proliferation in vitro by fruit and berry extracts and correlations with antioxidant levels [J]. Journal of Agricultural and Food Chemistry, 52: 7264 – 7271.

Ostertag E, Becker T, Ammon J, et al, 2002. Effects of storage conditions on furocoumarin levels in intact, chopped, or homogenized parsnips [J]. Journal of Agricultural and Food Chemistry, 50: 2565 – 2570.

Park H J, Jung U J, Cho S J, et al, 2013. Citrus unshiu peel extract ameliorates hyperglycemia and hepatic steatosis by altering inflammation and hepatic glucose-and lipid-regulating enzymes in *db/db* mice [J]. Journal of Nutritional Biochemistry, 24: 419 – 427.

Percival S S, Talcott S T, Chin S T, et al, 2006. Neoplastic transformation of BALB/3T3 cells and cell cycle of HL-60 cells are inhibited by mango (*Mangifera indica* L.) juice and mango juice extracts [J]. Journal of Nutrition，136：1300 - 1304.

Prasad S，Kalra N，Shukla Y，2007. Hepatoprotective effects of lupeol and mango pulp extract of carcinogen in-duced alteration in Swiss albino mice [J]. Molecular Nutrition and Food Research，51：352 - 359.

Prasad S，Kalra N，Shukla Y，2008. Induction of apoptosis by lupeol and mango extract in mouse prostate and LN-CaP cells [J]. Nutrition and Cancer，60（1）：120 - 130.

Qiu P，Dong P，Guan H，et al，2010. Inhibitory effects of 5-hydroxy polymethoxyflavones on colon cancer cells [J]. Molecular Nutrition and Food Research，54（S2）：S244 - S252.

Rodriguez J，Yáñez J，Vicente V，et al，2002. Effects of several flavonoids on the growth of B16F10 and SK-MEL-1 melanoma cell lines：relationship between structure and activity [J]. Melanoma Research，12：99 -107.

Serafini M，Bellocco R，Wolk A，et al，2002. Total antioxidant potential of fruit and vegetables and risk of gastric cancer [J]. Gastroenterology，123：985 - 991.

Simpson H L，Campbell B J，2015. Review article：dietary fibre-microbiota interactions [J]. Alimentary Pharma-cology and Therapeutics，42：158 - 179.

Song W，Derito C M，Liu K M，et al，2010. Cellular antioxidant activity of common vegetables [J]. Journal of Agricultural and Food Chemistry，58：6621 - 6629.

Souquet J M，Labarbe B，Le Guernevé C，et al，2000. Phenolic composition of grape stems [J]. Journal of Agri-cultural and Food Chemistry，48：1076 - 1080.

Sun J，Chu Y F，Wu X Z，et al，2002. Antioxidant and antiproliferative activities of common fruits [J]. Journal of Agricultural and Food Chemistry，50：7449 - 7454.

Sun C D，Chen K S，Chen Y，et al，2005. Contents and antioxidant capacity of limonin and nomilin in different tissues of citrus fruit of four cultivars during fruit growth and maturation [J]. Food Chemistry，93：599 - 605.

Sun C D，Zhang B，Zhang J K，et al，2012. Cyanidin-3-glucoside-rich extract from Chinese bayberry fruit protects pancreatic β cells and ameliorates hyperglycemia in streptozotocin-induced diabetic mice [J]. Journal of Medicinal Food，15（3）：288 - 298.

Taing M W，Pierson J T，Hoang V L T，et al，2012. Mango fruit peel and flesh extracts affect adipogenesis in 3T3-L1 cells [J]. Food and Function，3（8）：828 - 836.

Taing M W，Pierson J T，Shaw P N，et al，2013. Mango（*Mangifera indica* L.）peel extract fractions from dif-ferent cultivars differentially affect lipid accumulation in 3T3-L1 adipocyte cells [J]. Food and Function，4：481 - 491.

van Duijnhoven F J B，Bueno-De-Mesquita H B，Ferrari P，et al，2009. Fruit，vegetables，and colorectal cancer risk：the European prospective investigation into cancer and nutrition [J]. American Journal of Clinical Nutri-tion，89：1441 - 1452.

Vinson J A，Su X H，Zubik L，et al，2001. Phenol antioxidant quantity and quality in foods：fruits [J]. Journal of Agricultural and Food Chemistry，49：5315 - 5321.

Voorrips L E，Goldbohm R A，van Poppel G，et al，2000. Vegetable and fruit consumption and risks of colon and rectal cancer in a prospective cohort study：the Netherlands cohort study on diet and cancer [J]. American Jour-nal of Epidemiology，152：1081 - 1092.

Waladkhani A R，Clemens M R，1998. Effect of dietary phytochemicals on cancer development [J]. International Journal of Molecular Medicine，1：747 - 753.

Wang H，Cao G H，Prior R L，1996. Total antioxidant capacity of fruits [J]. Journal of Agricultural and Food Chemistry，44：701 - 705.

Wang P Y，Fang J C，Gao Z H，et al，2015. Higher intake of fruits，vegetables or their fiber reduces the risk of type 2 diabetes：a meta-analysis [J]. Journal of Diabetes Investigation，7：56 - 69.

Wolfe K L，Kang X M，He X J，et al，2008. Cellular antioxidant activity of common fruits [J]. Journal of Agri-cultural and Food Chemistry，56：8418 - 8426.

Yao W R，Wang H Y，Wang S T，et al，2011. Assessment of the antibacterial activity and the antidiarrheal function of flavonoids from bayberry fruit [J]. Journal of Agricultural and Food Chemistry，59：5312 – 5317.

Yun J M，Afaq F，Khan N，et al，2009. Delphinidin，an anthocyanidin in pigmented fruits and vegetables，induces apoptosis and cell cycle arrest in human colon cancer HCT116 cells [J]. Molecular Carcinogenesis，48：260 – 270.

Zang L Q，Shimada Y，Kawajiri J，et al，2014. Effects of Yuzu (*Citrus junos* Siebold ex Tanaka) peel on the diet-induced obesity in a zebrafish model [J]. Journal of Functional Foods，10：499 – 510.

Zbarsky V，Datla K P，Parkar S，et al，2005. Neuroprotective properties of the natural phenolic antioxidants curcumin and naringenin but not quercetin and fisetin in a 6-OHDA model of Parkinson′s disease [J]. Free Radical Research，39：1119 – 1125.

Zhang X N，Huang H Z，Zhao X Y，et al，2015. Effects of flavonoids-rich Chinese bayberry (*Myrica rubra* Sieb. et Zucc.) pulp extracts on glucose consumption in human HepG2 cells [J]. Journal of Functional Foods，14：144 – 153.

Zhong Z T，Yu X Z，Zhu J，2008. Red bayberry extract inhibits growth and virulence gene expression of the human pathogen *Vibrio cholerae* [J]. Journal of Antimicrobial Chemotherapy，61：753 – 754.

图书在版编目（CIP）数据

园艺学进展 / 陈昆松，徐昌杰主编 . —北京：中国农业出版社，2021.11
普通高等教育农业农村部"十三五"规划教材　全国高等农林院校"十三五"规划教材
ISBN 978-7-109-28138-7

Ⅰ.①园…　Ⅱ.①陈…②徐…　Ⅲ.①园艺－高等学校－教材　Ⅳ.①S6

中国版本图书馆 CIP 数据核字（2021）第 066429 号

中国农业出版社出版
地址：北京市朝阳区麦子店街 18 号楼
邮编：100125
责任编辑：田彬彬　　文字编辑：刘　佳
版式设计：王　晨　　责任校对：沙凯霖
印刷：中农印务有限公司
版次：2021 年 11 月第 1 版
印次：2021 年 11 月北京第 1 次印刷
发行：新华书店北京发行所
开本：889mm×1194mm　1/16
印张：23.5
字数：620 千字
定价：58.00 元